**텃밭 가꾸기 대백과**

이 도서의 국립중앙도서관 출판시도서목록(CIP)은 e-CIP홈페이지(http://www.nl.go.kr/ecip)와
국가자료공동목록시스템(http://www.nl.go.kr/kolisnet)에서 이용하실 수 있습니다.(CIP제어번호 : CIP2016008394)

# 텃밭 가꾸기 대백과

### 흙부터 재배·수확·나눔까지

개정판 6쇄 발행 2023년 12월 1일
개정판 1쇄 발행 2016년 4월 11일
초판 1쇄 발행 2015년 3월 2일

지은이 조두진
펴낸이 윤미정

펴낸곳 푸른지식 출판등록 제2011-000056호 2010년 3월 10일
주소 서울특별시 마포구 월드컵북로 20(동교동) 삼호빌딩 303호
전화 02)312-2656 팩스 02)312-2654
이메일 dreams@greenknowledge.co.kr
블로그 www.gkbooks.kr

글·사진 ⓒ 조두진 2015, 2016
ISBN 978-89-98282-70-7 13520

이 책은 저작권법에 따라 보호받는 저작물이므로 무단전재와 복제를 금지하며,
이 책 내용의 전부 또는 일부를 이용하려면 반드시 저작권자와 푸른지식의 서면동의를 받아야 합니다.

잘못된 책은 바꾸어 드립니다.
책값은 뒤표지에 있습니다.

디자인 닷웨이브 instagram @dot_wave_

흙부터 재배·수확·나눔까지
# 텃밭 가꾸기 대백과
조두진 지음

개정판

푸른
지식

개정판 서문

# 흙과 함께한 농부였던 아버지의 뜻을 따라

책 출간 1년여 만에 개정판을 낸다. 지난 1년 동안 많은 독자들께서 '텃밭 가꾸기 대백과'를 읽어 주셨다. 텃밭 가꾸기 관련 책으로 전체 도서 베스트셀러에 오르고, 자연과학분야 판매 1위를 차지한 책은 이 책이 처음이라는 서점 직원의 말을 듣고 우쭐해 하면서도 그만큼 아쉬움도 컸다. 좀 더 세세하게 설명했더라면 좋았을 텐데, 라는 마음이 들었던 것이다.

처음 책을 쓰기 시작할 때는 '이 정도 문제는 굳이 설명하지 않아도 독자들이 미루어 짐작하시겠지.' 혹은 '이런 정도는 도시농부들이 텃밭을 가꾸는 동안 자연스럽게 터득하시겠지.' 라고 생각했던 부분이 더러 있었다.

그러나 막상 책을 출간하고 보니 '여러 해 농사를 지은 데다 따로 공부를 해온 내게는 평범한 문제이지만, 농사를 전혀 모르는 도시농부들 입장에서는 몹시 생경스러운 부분일 수 있겠구나' 하는 아쉬움이 있었던 것이다.

책을 읽어보신 아버지의 말씀도 개정판의 필요성을 더했다. 아버지는 40대 중반까지 시골에서 농사를 지었다. 아버지가 농사를 짓던 시절에는 요즘 농부들처럼 한두 가지 작물만 전문적으로 재배했던 것이 아니라, 집에서 필요한 거의 모든 작물을 재배했다. 까닭에 현대 도시농부들이 텃밭에서 재배하는 여러 종류의 채소재배에 관한 전통적인 노하우를 많이 알고 계셨다.

예컨대, 8월 말에 배추모종을 옮겨 심고 나면 뜨거운 햇볕에 모종이 축 늘어진다. 게다가 모종을 옮겨 심는 과정에서 부주의로 뿌리에 붙은 흙이 떨어져 나가버리면 옮겨 심은 모종이 죽어버리기도 한다. 뜨거운 여름 햇볕에 잎은 왕성하게 증산작용을 하는데, 아직 활착하지 못한 뿌리는 수분을 흡수하지 못하기 때문이다.

그래서 많은 텃밭 관련 책들은 해질 무렵에 모종을 옮겨 심을 것을 권유한다.

그런데 오후 늦게 모종 정식 작업을 하다 보면 해가 져서 작업이 어려운 경우가 종종 발생한다. 텃밭에 조명 시설이 없으니 작업에 어려움을 겪는 것이다. 일주일에 한번 정도만 텃밭에 올 수 있는 도시농부들의 경우 당일 모종작업을 끝내지 못하고 다음 주말까지 기다리느라 모종 정식 시기를 놓쳐버리기도 한다.

아버지는 한낮에 모종을 내셨다. 대신 모종 위에 넓은 나뭇잎을 덮어 그늘을 만들어 주었다. 나뭇잎을 덮는 데도 요령이 있었다. 덮은 잎이 바람에 날아가지 않도록 잎자루 부분에 흙을 덮고, 모종의 남쪽과 서쪽을 가려 여름철 한낮의 강한 햇빛이 모종에 직접 닿지 않도록 하고 동쪽과 북쪽은 틔어주어 오전 햇빛은 들어가도록 해 주었던 것이다. 그렇게 2,3일 쯤 지나 뿌리가 활착하면 덮어두었던 잎을 걷어냈다. 특히 뿌리에 붙은 흙이 일부라도 떨어져 나간 모종을 옮겨 심는 경우에는 이 방법이 필수적이다. 옛날 농부들의 지혜였다.


개정판에서는 사진을 많이 추가하고, 자세하게 설명을 덧붙였다. 경우에 따라서는 사진 설명이지만 단순히 사진에 대한 설명 차원을 넘어 농사정보가 되도록 했다. 방대한 분량의 책 전체를 읽기 부담스러운 농부들에게는 사진과 사진 설명만으로도 작물을 재배하는 데 필요한 어느 정도의 정보는 얻을 수 있을 것이라고 기대한다.

텃밭 농사와 갈무리에 필요한 팁들도 보강했다. 여름철 대량으로 수확한 가지를 잘 말리고, 잘 보관하는 법, 매년 쪽파 종구를 구입하지 않고 텃밭에서 실한 쪽파 종구를 얻는 법 등도 사진과 설명을 덧붙였다.

도시농부들의 많은 사랑을 받아 순조롭게 책 판매가 이루어지고 있음에도 굳이 개정판을 내자는 필자의 제안이 출판사로서는 부담스러웠을 것이다. 경제적인 부담을 감수하면서 개정판 출간에 흔쾌히 동의해 주신 출판사에 감사의 말씀을 드린다. 덕분에 더 알찬 내용으로 꾸밀 수 있게 되었다.

영혼에는 감동이 필요하고, 육체에는 땀이 필요하다. 텃밭을 가꾸기 시작하면 일상에서 땀을 흘리고 감동을 맛볼 수 있다. 텃밭 가꾸기는 그야말로 건강하고 아름다운 노동이다. 모든 도시인들에게 텃밭 한번 가꿔보시라고 강권하고 싶다.

2016년 조두진

머리말

# 짓는 재미와 나눔을 추구하는
# 텃밭 농부를 위한 행복 안내서

작물을 심고 가꾸는 것은 농부지만, 농사는 하늘과 함께하는 작업이다. 어떤 면에서 사람은 조력자라고 할 수 있다. 아무리 재주가 좋은 농부라도 서리가 내리고 땅이 어는 날씨에 씨앗을 싹트게 하고, 작물을 자라게 할 수는 없다. 하늘을 바라보며 농사 짓는 것은 자연의 순리에 따르는 것이며, 동시에 자연의 선물을 받는 것을 의미한다. 하늘과 함께 농사를 지음으로써 사람은 기다림을 배우고, 인내심을 배우고, 거역할 수 없는 자연의 힘을 피부로 느끼게 된다.

나는 농사를 지으면서 '내가 할 수 있는 일이 많지 않다'는 것을 알았고, 그럼에도 '내가 해야 할 일과 할 수 있는 일이 있음'을 몸으로 느꼈다. 그런 면에서 농사는 내게 겸손과 절제와 기다림을 빈틈없이 가르쳐 주었다고 할 수 있다.

돈을 벌겠다는 것을 목표로 한다면 도시 텃밭은 어울리지 않는다. 시간과 노력, 비용 투입에 비해 생산물이 턱없이 부족하기 때문이다. 밭의 규모를 늘려도 마찬가지다. 또한 텃밭 농사의 가장 큰 즐거움이 '건강한 유기농 채소'를 얻는 것이라고 생각하는 것도 오산이다. 그 정도를 바란다면 텃밭 농사에 투자할 시간과 비용을 '유기농 채소'를 사는 데 쓰면 그만이다. 텃밭 농사보다 더 경제적이고 손쉽게 유기농 채소를 살 수 있는 곳은 얼마든지 많다.

이 책은 집 근처(멀어도 자동차로 한 시간 이내 거리)에 텃밭을 마련하고 취미로 농사를 지으며 땀 흘리는 농사의 행복, 흙의 생명 활동, 건강 관리, 여가시간 활용, 홀로 고요히 즐기는 사색의 즐거움, 이웃과 나눔, 채소를 기르며 채소에 이야기 담기 등을 통해 보람을 찾으려는 사람들을 위한 책이다.

　텃밭 농사를 지으며 내가 얻은 가장 큰 기쁨은 홀로 종일 땀 흘리며 즐거워할 수 있다는 것이었다. 농사는 골프나 테니스처럼 상대가 필요하지 않다. 배우자나 자녀와 함께 농사지을 수 있다면 더 좋겠지만, 혼자서도 얼마든지 즐겁다. 홀로 짓는 농사는 시간을 맞출 필요도 없고, 대화를 나눌 필요도 없다. 홀로 웅크리고 앉아 땀을 흠뻑 흘리고, 허리를 펴고 뉘엿뉘엿 지는 붉은 해를 바라보면 그만이다. 땀을 흘린 뒤 집으로 돌아와 샤워하고 나면 상쾌하기 이를 데 없다.

　옛사람들은 섭생의 시작으로 몸을 수고롭게 하고 마음을 편안하게 하라고 말씀하셨다. 나는 몸을 수고롭게 하고 마음을 편안하게 하는데, 텃밭 농사만 한 게 없다고 생각한다. 그러니 바쁜 시간을 억지로 쪼개 텃밭으로 달려가서 오늘 해야 할 일을 서둘러 끝내고 후다닥 약속 장소로 달려갈 궁리를 하지는 말자. 밭에서 혼자만의 시간을 느긋하게 즐기고, 햇빛을 몸으로 만끽하고, 하루가 다르게 자라는 식물과 대화를 나누고, 생명의 신비를 만끽하려는 자세가 필요하다. 농작물 수확뿐만 아니라 재배하는 과정 모두 텃밭 농부가 누리는 즐거움이기 때문이다.

　그러나 분명한 것은 텃밭 농사를 짓는 목적이 땀 흘리고 홀로 사색하는 데에 있는 것만은 아니라는 사실이다. 따라서 농사를 완전히 망치고도 기분이 좋을 수는 없고, 매년 농사를 망쳐가면서 텃밭을 계속 가꿀 의지를 불태우기도 어렵다.

　이 책은 까짓것 배추 한 포기, 무 한 뿌리, 상추 한 잎 못 먹어도 좋으니 가장 이상적인 농사, 실험적인 농사를 짓겠다는 사람, 혹은 아직 누구도 해내지 못한 특별한 농법의 세계를 개척하려는 학자를 위한 책이 아니다. 더구나 수확 따위는 없어도 좋다, 밭에서 땀 흘리고 사색하며 혼자만의 시간을 즐기면 된다는 도학자적인 태도를 가진 사람을 위한 책도 아니다. 이른바 자연 재배나 태평농법처럼 5~7년 혹은 10년, 20년을 수확 없이 버티면서도 자신이 원하는 재배법을 찾아 나서는 사람을 위한 책도 아니다. 열심히 땀 흘리는 만큼 우리 가족이 넉넉하게 먹을 분량의 건강한 채소도 얻고, 기르는 재미와 나눠 먹는 행복도 얻자는 것이 이 책의 목표다.

　취미로 텃밭을 가꾸는 도시 농부들뿐만 아니라 5년 혹은 10년 뒤에 귀농을 생각하는 사람들에게도 이 책을 권하고 싶다. 전문적인 농부가 된 뒤에도 이 책을 기준으로 농사를 지으라는 말은 아니다. 다만 이 책은 적어도 내가 농사에 적합한 사람인가, 혹은 나중에 전문적으로 농사를 짓는다면 어떤 작물을, 어디에서, 얼마나 지어야 할 것인지 정도를 판단하는 자료가 될 수 있으리라 생각한다.

2015년　조두진

# 이 책의 사용법

## 1. 책을 읽기 전 간단 가이드

**첫번째, 도시에서 텃밭을 가꾸려는 사람들을 위해 썼다**

재배 목적, 재배 조건, 재배 작물 선택과 품종, 재배 방식, 병충해 방제, 수확과 보관에 이르기까지 소규모 텃밭 농부에게 적합한 농사법을 중심으로 설명하고 있다.

가령 판매를 목적으로 하는 전업 농부는 한두 개의 품종을 대량 재배해서 일시에 출하하지만, 자가소비를 목적으로 하는 도시 텃밭 농부는 여러 품종을 조금씩 재배하면서 조금씩 차례로 수확하는 것에 초점을 맞추는 것이 바람직하다. 이 책은 이 같은 차이점에 주목하면서 텃밭 농부를 위해 썼다.

이 외에도 텃밭 농부와 전업 농부의 재배 목적에는 차이가 크다. 전업 농부는 재배하는 작물을 거의 100%를 최상품으로 만들어야 하므로 비료와 농약을 많이 투여하기 마련이다. 계절에 순응해 제철에 생산하기보다는 조금 일찍, 혹은 조금 늦게 생산·출하해 이익을 극대화하는 데 초점을 맞춘다. 따라서 비닐하우스나 냉·온방 장치 같은 각종 시설을 설치한다. 그러나 텃밭 농부는 모든 작물을 최상품으로 만들 필요가 없다. 따라서 화학 비료와 농약을 쓰지 않거나 쓰더라도 매우 극소량만 쓰는 것이 바람직하다. 또한, 인위적인 시설을 설치해 비계절 채소를 생산하기보다는 자연의 순환에 최대한 따르는 방식으로 제철 채소를 재배한다. 이 책은 이런 차이점에 초점을 두고 썼다.

그러나 이 책에서는 텃밭 농부가 원하는 유기농법, 자연농법을 축으로 전업 농부는 어떻게 작물을 재배하는지에 대해서도 간단하게 설명을 덧붙였다. 텃밭 농부가 전업 농부의 재배 방식을 모두 따를 필요는 없지만, 병해충 피해가 심각할 때는 전업 농부의 노하우를 이용하는 것도 한 방법이기 때문이다.

텃밭 농부는 전업으로 농사짓는 사람이 아니라, 여가 생활과 취미 혹은 정신 건강을 위해 농사짓는 사람이다. 따라서 이 책은 일주일에 한두 번쯤 밭에 나갈 수 있는 도시 농부의 입장에서 썼다. 나 역시 일주일에 한 번 정도 텃밭에 나가고, 때때로 2주일 만에 밭에 나간 적도 있었다. 그래서 일주일에 한 번 밭에 나가서 일하는 것을 기준으로 하되, 2주일에 한 번 밭에 나갔을 때 맞닥뜨리게 되는 상황에 대해서는 별도로 취급했다.

### 두번째, 햇빛은 가장 좋은 비료다

채소 재배와 관련해 가장 중요하게 고려해야 할 것은 햇빛의 양이다. 수익 극대화에 초점을 두는 전업 농부는 작물을 최대한 빨리, 크게 키우는 것이 목표다. 그래야 토지 이용 효율을 높일 수 있고, 단위면적당 생산량과 수익을 높일 수 있다. 그러나 텃밭 농부는 작물을 빨리, 크게 키우기보다는 작물 고유의 성장 속도에 맞춰 타고난 크기 정도로 키우는 것을 목표로 한다.

유기질 비료든 화학 비료든 비료를 적게 주면 작물은 크기가 작고 성장 속도도 느리지만 그만큼 햇빛을 받는 시간은 늘어난다. 사람의 육체가 햇빛을 받아 생산할 수 있는 에너지는 많지 않다. 사람이든 짐승이든 모든 동물이 먹는 햇빛 에너지는 식물이 햇빛을 받아 만든 에너지다. 말하자면 사람을 포함한 모든 동물은 식물을 통해 2차 햇빛 에너지를 섭취하는 것이다. 텃밭에서 천천히 느리게 키운 채소는 그만큼 햇빛을 많이 머금고 있다고 할 수 있다. 건강하고 맛있고 영양가가 높은 것은 두말할 필요가 없다.

그렇다고 볼품없이 작기만 한 채소가 좋다는 말은 아니다. 볼품없는 채소는 분명 무엇인가 결핍된 상태다. 채소를 원래 크기대로 정상 속도로 키운다고 하니 물도 비료도 주지 않고 손 놓고 있어도 된다는 말이구나, 볼품없는 채소가 좋은 채소라는 말이구나, 하고 생각해서는 안 된다. 작물을 제 크기와 제 속도로 키우려면 물과 비료는 덜 주지만 오히려 손길은 많이 가기 마련이다.

흔히 건강을 생각하는 도시인은 벌레가 많이 파먹은 채소, 잘 자라지 못하고 다소 기형적으로 생긴 채소를 건강에 좋다고 오해한다. 그러나 벌레가 구멍을 숭숭

낸 채소도 오염 위험이 있기는 마찬가지다. 오히려 벌레가 옮기는 세균과 함께 벌레의 분비물이 묻어 있을 가능성이 높기 때문이다. 기형적으로 생긴 채소 역시 영양 부족이나 불균형을 증명하는 것이므로 이를 좋은 채소로 오해해서는 안 된다.

이 책에서 소개하는 재배법은 화학 비료든 유기질 비료든 가능한 한 적은 양을 쓰도록 하고, 크고 윤기 나지만 싱거운 채소가 아니라 작지만 제맛을 내는 알찬 채소를 기르는 데 초점을 맞춘다. 이렇게 가꾼 채소는 작지만 단단하며 채소 고유의 맛을 낸다. 이런 방식으로 내가 재배한 채소를 먹어본 사람들은 "지금까지 먹어본 채소 중에 가장 맛있다"라고 말했다.

### 세번째, 유기농 재배가 무조건 가장 좋은 재배법은 아니다

자연 재배, 유기농 재배, 관행 재배 모두 장단점이 있다. 도시 텃밭 농부는 유기농 재배를 중심으로 하되, 작물에 따라 자연 재배법, 관행 재배법을 조금씩 탄력적으로 적용할 수 있도록 했다. 유기농 재배를 고집하다가 수확을 전혀 하지 못하면 농사짓는 재미를 잃기 때문이다. 더불어 관행 재배법을 조금씩 적용한다고 해서 무조건 나쁜 것도 아니기 때문이다.

이 책의 내용은 여기서 소개하는 세 가지 농사법(유기농, 관행농, 자연 재배) 중 어느 것이 내게 맞는지, 내가 재배하고자 하는 작물과 맞는지, 내가 귀농하고자 하는 지역과 맞는지 판단해보는 자료가 될 수 있다고 믿는다. 남들이 유기농 농사를 짓는다고 나도 무턱대고 유기농을 지을 일은 아니다. 나 혼자 유기농을 고집한다고 되는 것도 아니다. 내 밭 근처에 농약과 비료를 모두 사용하는 관행농법 농가가 있다면 유기농 재배는 불가능하다. 바람과 물을 따라 농약과 비료가 내 밭으로 오기 때문이다. 따라서 작물에 따라, 지역에 따라, 내가 선호하는 재배 방식과 내가 원하는 수입, 나만의 판로에 따라 재배 방식은 달라져야 한다.

자연 재배 역시 마찬가지다. 국내외 일부 학자나 실험적 농부들이 자연 재배를 성공적으로 하는 것은 사실이다. 이 사람들의 성공담은 텃밭 농부의 귀를 솔깃하게 한다. 그러나 자연 재배법을 시행하는 사람들이 그저 손 놓고 있어도 자연 재배에 성공한 것은 아니다. 관행 재배나 유기농 재배보다 자연 재배가 훨씬 힘이 많이 든다. 게다가 자연 재배는 아직은 일부 작물에 한정되어 있다. 지금까지 성공한 사례로 널리 평가받는 품종은 벼와 사과를 비롯한 몇몇 작물 정도다.

국내외 전문가와 일부 학자가 벼와 사과 등 일부 품목에서 자연 재배를 성공했지만, 이들의 성공 사례가 다른 사람들에게도 그대로 적용되는 것도 아니다. 그대로 따라 했지만 실패했다는 사람들 사례는 많다. 자연 재배는 아직 일반화되지 않은 재배법이다. 이제 막 텃밭 농사를 시작하는 사람이 자연 재배라는 말에 솔깃해 무작정 따라 하면 실패로 이어질 가능성이 매우 크다.

농사짓는 방법 중 어느 것이 가장 좋다고 단언하기는 어렵다. 농부의 취향에 따라, 또 주어진 조건에 따라, 재배하고자 하는 작물에 따라 적합한 방법이 다르기 때문이다. 이 책은 이처럼 다른 조건을 고려함과 동시에 도시농부학교에서 초보 텃밭 농부들을 가르치면서 얻은 경험을 바탕으로 한다. 농사짓는 목적에 따라, 이 책이 제시하는 재배 방식과 책에 소개된 솔직하고 다양한 경험담을 바탕으로 판단의 기준을 세우는 것이 옳다고 본다. 일단 유기농법을 중심으로 하되, 필요에 따라 농약과 화학 비료도 일부 사용하는 관행농법을 곁들이며, 자연농법에 대해서도 경험을 덧붙이고자 한다.

자연농법, 유기농법, 관행농법이라는 세 가지 방식으로 다양한 규모의 농사를 지어본 경험을 통해, 나는 도시 텃밭 농부에게는 호미와 물뿌리개 정도로 지을 수 있는 약 $33m^2$(10평) 정도의 규모가 적합하다는 결론을 내렸다. 일주일에 한 번 정도밖에 밭에 갈 수 없는 도시 텃밭 농부는 이 정도 규모의 작은 밭을 가꿀 때 비로소 완전한 유기농, 혹은 어느 정도 자연 재배를 할 수 있다고 본다. 그 이상 규모의 밭에 작물을 가꾸면서 완전한 유기농이나 자연 재배는 어렵다. 전업 농부라도 별다른 시설 없이 완전한 유기농 재배를 하자면 500평 이상의 면적을 감당하기는 어렵다고 생각한다. 1년 내내 밭에만 매달려도 그 이상은 어렵다고 본다. 도시 농부가 일주일에 한 번 정도 밭에 나가면서 밭을 관리하기에는 10평도 벅차다. 특히 그것이 봄철과 여름철 농사라면 더욱 그렇다.

## 네번째, 진짜 초보 농부들에게 꼭 알려주고 싶은 것들

이 내용은 직접 농사짓는 행위와 관련해 그다지 중요한 부분은 아니다. 그런데도 가장 먼저 언급하는 것은 그만큼 많은 텃밭 농부가 이러한 시행착오를 겪기 때문이다.

텃밭 농사를 지으려는 사람들은 무엇이든지 많이 심고, 빨리 심고, 최고로 잘 키워보자는 열망에 사로잡혀 종종 실수를 저지른다.

1) 가장 흔한 실수가 아직 날씨가 충분히 따뜻해지지 않았는데 일찍 모종을 밭에 옮겨 심어 냉해를 입는 경우다. 봄 농사에서 모종은 조금 늦다 싶어도 상관없다. 봄 농사에서 모종을 옮겨 심을 때는 이른 편보다 오히려 다소 늦은 편이 유리할 때가 많다. 모종이 아니라 봄에 파종(播種, 씨뿌리기)한다면 너무 이른 시기란 없다. 아직 때가 아니면 씨앗은 싹트지 않으니 말이다. 따라서 봄에 씨앗을 뿌려 심는 작물은 될 수 있으면 서둘러 파종하는 것이 재배 기간과 수확 기간을 연장하는 방법이 될 수 있다. (여름에 모종을 심거나 파종해 가을에 기르는 농사는 또 다르다. 너무 일찍 심으면 꽃대가 올라오거나 병에 걸리기 쉽지만, 너무 늦게 심으면 채 다 자라기도 전에 겨울을 맞이할 수 있으므로 주의가 필요하다.)

그러나 작물마다 싹이 트는 데 필요한 온도가 다르기 마련인데, 비교적 봄이 무르익은 뒤에야 싹이 트는 작물을 3월에 파종할 경우 채소 싹이 나기도 전에 풀이 주변을 가득 덮어버리는 경우가 있다. 가령 5월에 파종해야 적당한 참깨, 들깨, 검은콩, 혹은 4월에 파종해야 하는 콜라비, 옥수수, 땅콩 등이 이에 해당한다고 할 수 있다. 이런 작물을 3월에 파종하면 뒤늦게 싹이 나더라도 이미 주변을 점령한 풀에 눌려 자라지 못하고 죽어버린다. 게다가 이때는 풀과 내가 파종한 채소가 뒤섞여 밭을 매기도 어렵다. 따라서 각 씨앗의 파종 시기에 맞춰 밭을 일구고 거름을 넣고 파종하는 것이 적당하다. 봄에 일찍 파종하는 것이 좋다는 말은 각 작물의 파종 기간 안에서 가능한 일찍 파종하는 것이 좋다는 말이다.

2) 텃밭 농부가 흔히 저지르는 또 하나의 잘못은 쓸데없는 물건을 너무 많이 구입하는 것이다. 초보 농부는 꼭 필요한 준비물 외에 목초액(나무로 숯을 만드는 과정에서 나오는 연기를 액화하여 채취한 액체), 이엠(EM, Effective Microorganisms, 유용미생물), 최고급 어박(魚粕, 기름을 짜고 남은 물고기의 찌꺼기) 비료 등 텃밭에 좋다고 알려진 값비싼 천연 비료나 천연 농약 등을 지나치게 많이 사는 경향이 있다. 적당히 해도 된다. 질 좋은 천연 비료나 값비싼 천연 농약을 듬뿍 뿌려주는 것보다 자주 텃밭에 들러 작물을 살펴보고, 작물의 요구에 맞게 주변 풀을 뽑아내고, 물을 충분히 주고, 김매기를 자주 해주고, 병든 잎이나 포기를 제거하는 것이 더 중요하다. 텃밭에서 소규모로 작물을 키우는 데는 비용보다 농부의 정성이 더 효과적이다. 초보 농부라서 재배법을 잘 몰라도 정성을 기울이면 작물이 알아듣는다. 거짓말 같지만 사실이다.

3) 비싼 영양제를 따로 줄 필요도 없다. 집에서 만든 퇴비나 시중에서 값싸게 판

매하는 퇴비에도 웬만한 영양분은 다 들어 있다. 작물에 좋다는 제품을 사는 데 신경을 쓰기보다 작물을 자주 둘러보는 데 신경 쓰는 편이 훨씬 낫다.

'작물은 농부의 발걸음 소리를 듣고 자란다'는 말은 결코 빈말이 아니다. 밭고랑이 반들반들해질 정도로 자주 다녀보라. 어떤 작물도 기대에 어긋나지 않을 것이다. 모쪼록 텃밭에 도전하는 도시 농부에게, 또 향후에 귀농을 꿈꾸는 도시인에게 이 책이 실체적인 도움이 되기를 바란다.

## 2. 이 책에 나오는 구분법

★☆☆
★★☆
★★★

이 책에서 평가하는 '난이도'는 무농약에 천연 비료(퇴비, 축산물 등 유기농 비료)만을 사용할 때 기준이다. 가령 이 책에서 고추는 재배 난이도가 높은 작물로 분류하지만 전업 농부처럼 농약과 화학 비료를 사용한다면 고추 역시 어렵지 않게 재배할 수 있다.

또한 이 책에서는 씨앗을 뿌리는 것이 유리한 경우와 모종을 사서 심는 것이 유리한 경우, 씨앗과 모종 모두 괜찮은 경우로 구분하는데 이 역시 소규모 텃밭 농부를 기준으로 한 것이다. 대규모 전업농은 웬만큼 육묘(育苗, 어린모나 묘목을 키우거나 기름)하기 어려운 작물일지라도 모종보다는 씨앗으로 재배하는 것이 경제적이다. 그러나 씨앗으로 모종을 만드는 데는 상당한 시설과 시간, 공간이 필요하다. 가령 고추나 토마토, 오이, 가지의 경우 전업 농부는 시설하우스, 난방 장치 등이 갖춰져 있고, 종일 작물 관리에 신경을 쓸 수 있으므로 씨앗을 심는 것이 유리하다. 그러나 많아야 10여 포기를 심는 텃밭 농부는 모종을 사 심는 것이 훨씬 경제적이기 마련이다.

씨앗과 모종 모두 괜찮다고 평가하는 기준 역시 텃밭 농부에 맞춘 것이다. 가령 옥수수는 새 피해만 줄일 수 있다면 굳이 모종을 구입해 심을 이유가 없다. 따라서 이 책의 기준을 바탕으로 각자 자신의 상황에 맞게 응용하면 무리가 없을 것으로 본다.

목차

- 개정판 서문  흙과 함께한 농부였던 아버지의 뜻을 따라 ···5
- 머리말  짓는 재미와 나눔을 추구하는 텃밭 농부를 위한 행복 안내서 ···7
- 이 책의 사용법 ···10

## 제1부

### 초보 농부, 텃밭으로 가다
— 처음 짓는 텃밭 농사 —

**제1장 농사를 짓기 전에 꼭 알아야 할 것들**
- 텃밭 마련하기 ···30
- 꼼꼼 텃밭 농사 준비물 ···37
- 무엇을 얼마나 심을까 ···41
- 본격적으로 씨 뿌리기 ···48
- 물 주는 데도 요령이 있다 ···63
- 식물의 구조와 생태 ···66
- 농사혁명 멀칭 ···72
- 튼튼한 성장을 위한 지주세우기 ···82
- 종묘상 나들이 ···86
- 텃밭에 흔한 잡초들 ···88
- 온 가족이 즐거운 텃밭 재배를 위해 ···104
- 남은 채소는 어떻게 하지 ···108

**제2장 흙을 알아야 한다**
- 흙은 살아있다 ···114
- 내 텃밭의 흙은 어떤 성질일까 ···115
- 좋은 흙, 나쁜 흙 ···117
- 농사짓는 흙은 표토 ···119
- 자연 그대로의 흙으로 짓는 농사, 자연 재배 ···120
- 밭 만들기 ···121

**제3장 건강한 밭을 위한 영양분, 비료**
- 비료의 구분법 ···130
- 비료를 구성하는 성분 ···134
- 비료의 다양한 종류 ···142
- 직접 만드는 천연 비료 ···144

**제4장 농약 제대로 알기**
- 원료에 따른 종류 ···158
- 천연 농약의 종류 ···159
- 천연 방제를 이용한 예방법 ···161
- 화학 농약의 용도별 종류 ···163
- 농약의 다양한 사용 방법 ···165
- 텃밭에 흔한 해충과 질병 ···167

# 제2부

## START! 작물 재배
— 계절별로 짓는 제철 작물 —

### 제1장 봄에 심는 작물

- 상추 … 180
- 근대 … 192
- 치커리 … 198
- 셀러리 … 202
- 취나물 … 206
- 쑥갓 … 212
- 브로콜리 … 218
- 양배추 … 224
- 대파 … 229
- 아욱 … 238
- 부추 … 242
- 돌산갓과 겨자채 … 249
- 당근 … 255
- 총각무 … 263
- 청경채 … 269
- 감자 … 273
- 엇갈이배추 … 285
- 열무 … 288
- 곰취 … 293
- 돌나물 … 298
- 옥수수 … 300
- 땅콩 … 312
- 돼지감자 … 318
- 머위 … 322
- 여주 … 326
- 콜라비 … 332
- 시금치 … 338
- 히까마 … 344
- 검정콩 … 351
- 강낭콩 … 360
- 작두콩 … 365
- 우엉 … 370
- 참깨 … 378
- 고추 … 386
- 파프리카와 피망 … 398
- 가지 … 402
- 오이 … 412
- 토란 … 421
- 야콘 … 425
- 생강 … 432
- 강황(울금) … 437
- 토마토와 방울토마토 … 442
- 고구마 … 458
- 호박 … 468
- 들깨 … 482

### 제2장 여름에 심는 작물

- 케일 … 492
- 김장 무 … 498
- 김장 배추 … 506
- 쪽파 … 522

### 제3장 가을에 심는 작물

- 마늘 … 530
- 양파 … 537
- 춘채 … 546
- 상추와 시금치 … 550

**제3부**

# 내 집 안에 작은 텃밭

— 실내 텃밭 가꾸기 —

준비물 …556
옥상 텃밭 …559
발코니와 거실 텃밭 …565

**부록**

1. 꼭 알아야 할 농사 용어 …574
2. 찾아보기 …588

## TIP 꼭 알아야 할 텃밭 농사 팁

텃밭 분양 현황: 텃밭을 어디에서 구할까 …36
이어짓기와 그 예방법 …47
좋은 씨앗과 좋은 모종 고르는 법 …51
작물을 심을 때는 기다림이 필요하다 …58
솎아내기에도 규칙이 있다 …62
가뭄 해소에 필요한 물의 양 …65
잎을 무작정 키우면 좋을까 …68
식물마다 뿌리 모양이 다르다 …68
억새와 갈대 구분하기 …97
흙도 숨을 쉰다 …116
내 밭의 토성, 쉽게 확인하는 법 …116
점질토와 사질토의 장단점 …116
푸석푸석한 흙을 만들려면 …118
지렁이는 훌륭한 농사꾼 …118
비료를 줄 때 주의점 …132
작물의 성장과 질소 비료 …135
복합 비료를 사용할 때 주의할 점 …135
토양을 중화시키는 석회 비료 …138
비료는 어떻게 주어야 할까 …143
퇴비가 좋은 이유 …146
이엠 간단히 만드는 법 …150
비료에 욕심은 금물 …150
좋은 유기질 비료 고르는 법 …150
음식물 쓰레기로 만드는 고품질·유기질 비료 …154
유기농은 좋고, 관행농은 나쁘다? …154
북주기 할 흙이 부족해요 …235
곰취와 동의나물 구분법 …297
수확이 늦어 단단해진 옥수수 활용법 …311
여주를 기를 때 유의할 점 …328
우엉 잎을 대량으로 수확하고 싶다면? …376

국산 참깨와 수입 참깨 구별법 …385
집에서 고추 말리기 …397
토마토 이어짓기 피해 예방법 …449
진정한 토마토 맛 …452
열과에 강한 토마토와 오래 생산하는 토마토 …452
세파농법(世波農法)이 주는 선물 …456
고구마 순이 다 말라 죽었어요! …461
고구마 덩굴 뒤집을까, 말까? …465
고구마는 텃밭이 없어도 키울 수 있다 …465
미니단호박의 종류 …471
호박, 꽃은 피는데 열매가 없다? …473
부슬비가 효자 …502
허브 식물로 나비 퇴치 …502
김장배추, 묶을까 말까? …519

저자가 교감으로 있는 대구도시농부학교의 텃밭 풍경이다. 도시농부학교 참가자들은 교실에서 농사 이론 수업을 듣고 봄, 여름, 가을, 겨울을 보내는 동안 아래 텃밭에서 직접 땀을 흘리며 수확하는 즐거움을 누린다.

**옥상에서 본 전경**
도시농부학교 텃밭 전경이다. 대구도시농부학교의 가장 큰 장점은 아파트가 밀집한 도심에 텃밭이 있어 자주, 쉽게 밭에 올 수 있다는 점이다. 텃밭 뒤로 보이는 것은 대구자연과학고의 논으로 벼가 한창 자라고 있다. 도심에서 논둑길을 걷는 것은 큰 즐거움이다.

**도시농부학교 봄**

이른 봄 도시농부학교 참가자들이 농사 준비에 공을 들인 텃밭의 풍경이다. 같은 이론교육을 받았지만 사람들마다 기르는 작물도 농사짓는 방법도 제각각이다. 어떤 사람은 비닐멀칭을 했고, 어떤 사람은 비닐멀칭을 하지 않았다. 가족이 함께 농사짓는 사람도 있고, 나 홀로 농사를 짓는 사람도 있다. 어떤 방법이 가장 좋다고 말할 수는 없다. 소규모 텃밭농사는 대규모 전업농사와 달리 개인이 자신의 취향에 따라, 다양한 방식으로 농사를 지을 수 있다는 점이 큰 매력이다.

**도시농부학교 여름**

얼마 전까지만 해도 맨살을 드러내고 있던 도시농부학교 텃밭이 녹색물결을 이루고 있다. 휑하던 텃밭이 녹음의 물결이 출렁대는 숲으로 변한 것이다. 자연과 농부의 힘은 이처럼 대단하다. 사진에는 텃밭의 고랑과 이랑의 구분이 없지만 밭 안으로 들어가면 그 안에 수많은 이야기와 질서가 있음을 발견할 수 있다. 텃밭을 직접 가꾸다 보면 행인의 눈에는 보이지 않는 작은 이야기를 접할 수 있어 마음이 절로 풍성해진다.

### 도시농부학교 **가을**

한여름 더위가 지나고 가을 문턱에 도착한 도시농부학교 텃밭 풍경이다. 어떤 작물은 수확이 끝났고, 어떤 작물은 이제 새롭게 가을 결실을 향해 달려가는 중이다. 텃밭의 작물은 마치 사람살이의 풍경과 같다. 이제 막 밭에 도착하는 작물이 있는가하면, 화려한 날들을 보내는 작물이 있고, 이제는 떠날 채비를 하는 작물이 있다. 사람살이도 그렇지 않을까. 텃밭을 가꾸면서 사람의 인생을 본다.

### 도시농부학교 **겨울**

눈 내린 다음 날 풍경이다. 양지에는 눈이 녹았고, 음지에는 아직 눈이 녹지 않았다. 부풀어 올랐던 흙도 이제 단단하게 굳어 휴식기에 들어가고 있다. 겨울이 오면 세상 만물이 다 잠들고 쉬는 것처럼 보인다. 그러나 이 추운 날에도 깨어서 살아가는 작물이 있다. 겨울을 넘기고 이듬해 결실을 맺는 마늘, 양파가 그렇고, 밭에서 겨울을 나야 맛이 각별해지는 시금치와 상추도 마찬가지다. 김장배추 수확 때 수확하지 않고 남겨 두었던 배추(봄동)는 겨울 추위에 얼었다 녹았다를 반복하며 겨울맛을 품는 중이다.

제1부

| 처음 짓는 텃밭 농사 |

# 초보 농부, 텃밭으로 가다

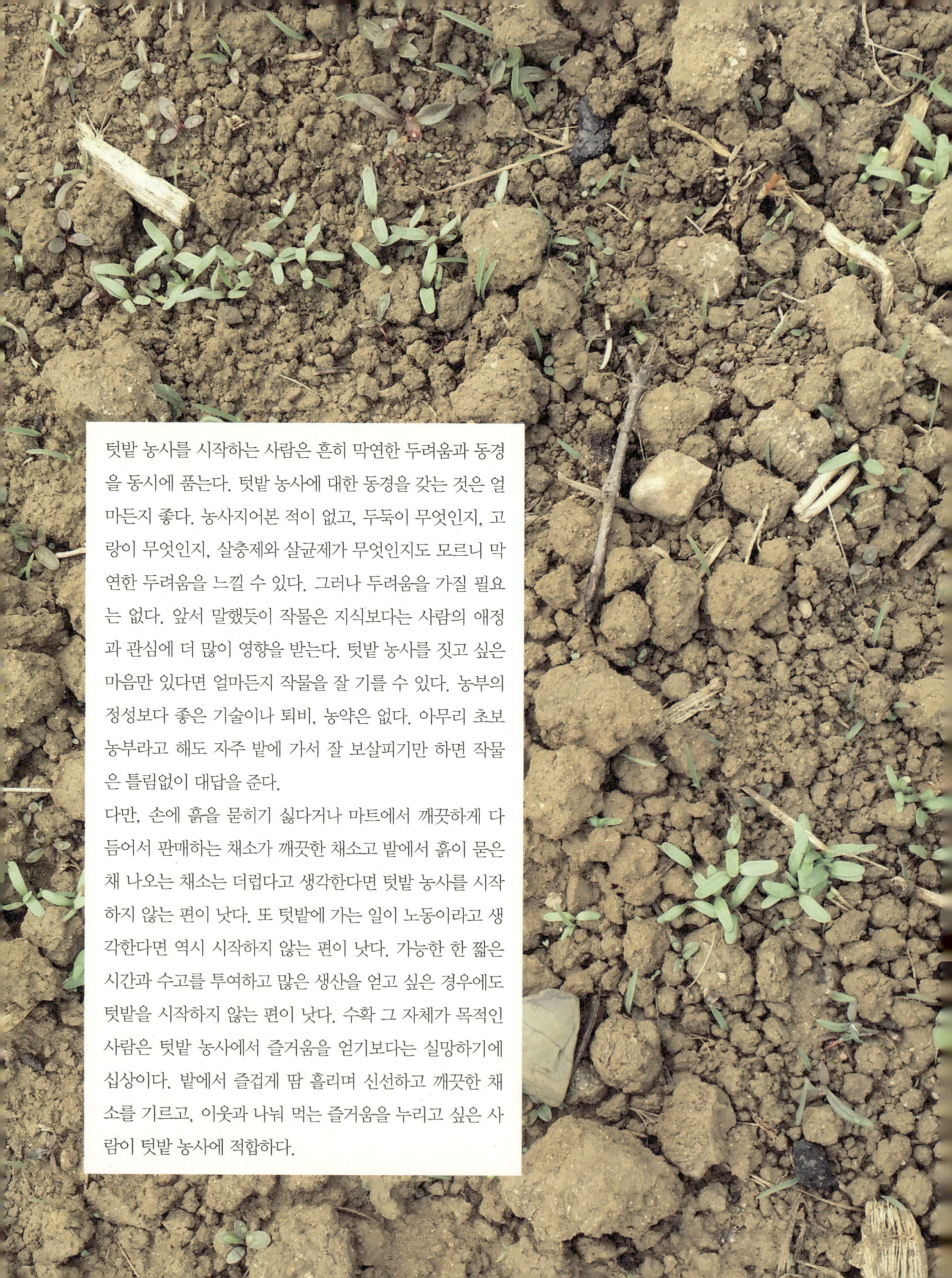

텃밭 농사를 시작하는 사람은 흔히 막연한 두려움과 동경을 동시에 품는다. 텃밭 농사에 대한 동경을 갖는 것은 얼마든지 좋다. 농사지어본 적이 없고, 두둑이 무엇인지, 고랑이 무엇인지, 살충제와 살균제가 무엇인지도 모르니 막연한 두려움을 느낄 수 있다. 그러나 두려움을 가질 필요는 없다. 앞서 말했듯이 작물은 지식보다는 사람의 애정과 관심에 더 많이 영향을 받는다. 텃밭 농사를 짓고 싶은 마음만 있다면 얼마든지 작물을 잘 기를 수 있다. 농부의 정성보다 좋은 기술이나 퇴비, 농약은 없다. 아무리 초보 농부라고 해도 자주 밭에 가서 잘 보살피기만 하면 작물은 틀림없이 대답을 준다.

다만, 손에 흙을 묻히기 싫다거나 마트에서 깨끗하게 다듬어서 판매하는 채소가 깨끗한 채소고 밭에서 흙이 묻은 채 나오는 채소는 더럽다고 생각한다면 텃밭 농사를 시작하지 않는 편이 낫다. 또 텃밭에 가는 일이 노동이라고 생각한다면 역시 시작하지 않는 편이 낫다. 가능한 한 짧은 시간과 수고를 투여하고 많은 생산을 얻고 싶은 경우에도 텃밭을 시작하지 않는 편이 낫다. 수확 그 자체가 목적인 사람은 텃밭 농사에서 즐거움을 얻기보다는 실망하기에 십상이다. 밭에서 즐겁게 땀 흘리며 신선하고 깨끗한 채소를 기르고, 이웃과 나눠 먹는 즐거움을 누리고 싶은 사람이 텃밭 농사에 적합하다.

## 제1장

# 농사를 짓기 전에 꼭 알아야 할 것들

텃밭 마련하기
꼼꼼 텃밭 농사 준비물
무엇을 얼마나 심을까
본격적으로 씨 뿌리기
물 주는 데도 요령이 있다
식물의 구조와 생태
농사혁명 멀칭
지주가 필요한 작물
종묘상 나들이
텃밭에 흔한 잡초들
온 가족이 즐거운 텃밭 재배를 위해
남는 채소는 어떻게 하지

# 텃밭 마련하기

내게 맞는 텃밭을 구하는 것이 농사 성공의 시작이다. 자주 갈 수 없는 곳, 한 번 갈 때마다 상당한 준비와 각오가 필요한 곳은 텃밭으로 적합하지 않다. 옥답과 쑥대밭이 처음부터 따로 있는 것이 아니다. 주인이 어떻게 하느냐에 따라 같은 밭이라도 옥답이 될 수도 있고 쑥대밭이 될 수도 있다. 그러니 첫 텃밭을 구할 때 주의를 기울여야 한다. 주변의 누군가가 '빈 밭 있는데, 농사지어볼래?'라고 권한다고 해서 무턱대고 달려갔다가는 실패하기에 십상이다. 텃밭 농부에 따라 밭을 고르는 기준은 조금씩 다를 수 있지만, 대체로 우선해야 할 기준은 아래의 순서대로라고 보면 된다.

## | 집에서 가까운 곳 |

텃밭을 구하는 가장 중요한 기준은 집에서 얼마나 가까우냐는 것이다. 자동차를 타고 한 시간 이상을 가야 한다면 자주 가기 어렵고, 그만큼 농사에 실패할 가능성이 높아진다. 농사는 규모가 크든 작든 농부가 자주 들러봐야 성공할 수 있다.

병충해 방지와 잡초 뽑기, 물 주기 등 텃밭 재배에서 신경 써야 할 부분은 한둘이 아니다. 텃밭은 1주일에 적어도 한 번은 가야 하고, 2주 이상 못 가는 날이 생기면 작물 재배가 어려워진다. 특히 작물과 잡초가 하루가 다르게 자라고, 병충해가 만연하는 여름에 2주 정도 밭에 못 나가면 쑥대밭이 되어 포기하게 되는 경우가 많다.

걸어서 10분, 20분 이내의 거리에 있는 밭이면 가장 좋고, 자동차를 타고 가더라도 30분 안팎의 거리에 위치한 곳이라면 괜찮다. 집과 직장 사이 혹은 자주 들

도시농부들이 텃밭에서 봄 농사 준비에 한창이다.

리는 곳 근처에 텃밭이 있으면 오가는 길에 들릴 수 있으므로 더욱 좋다.

텃밭 농사에서 문전옥답이란 말은 '집 앞에 있는 옥답'이라는 말이 아니라 '집 근처에 있어야 옥답이 된다'는 말이다. 좀 척박한 땅이라도 집 근처에 있어 자주 돌보면 옥답이 되고, 옥답이라도 멀어서 내버려 두면 금세 척박한 땅이 되고 만다.

부지런한 사람, 농사에 푹 빠져 있는 사람이라면 아파트나 도심 주택단지의 자투리땅보다는 도심에서 조금 떨어진 근교의 밭을 구해서 조금 크게 농사를 지어 보는 것도 재미있다.

자동차 소리와 매연이 없는 곳, 가끔 산비둘기 구구대는 소리만 들리는 곳, 누구의 간섭도 받지 않는 곳에서 농사지을 수 있다면, 그야말로 건강한 노동인 동시에 완전한 휴식이 될 수 있다고 확신한다. 그러나 처음 텃밭을 시작하는 농부라면 집에서 가까운 밭일수록 좋다는 것을 명심하자. 자동차를 타고 한 시간 이상 가야 한다면 휴식이 아니라 피로하고 성가신 노동이 되기에 십상이다.

| 물이 있는 곳 |

작물 재배에는 햇빛과 토양만큼 물이 중요하다. 빗물에 의존해 키울 수도 있지만, 소규모로 단기간에 키우는 작물이 많은 텃밭 농사를 짓다 보면 물을 주어야 할 때가

많다. 특히 밭작물은 2주 이상 비가 오지 않으면 가뭄을 타기 시작하고, 4주 이상 비가 오지 않으면 큰 피해를 볼 수 있다. 따라서 밭 근처에 반드시 물이 있어야 한다.

기존에 운영되는 텃밭을 이용한다면 양수기 등으로 물이 충분히 공급되는지를 살펴야 한다. 집에서 물을 떠다가 나르겠다는 생각은 애당초 하지 않는 것이 좋다. 자동차로 그렇게 퍼 날라 봐야 작물 해갈에는 그다지 도움이 되지 않는다. 한꺼번에 많은 양을 떠다 나를 수도 없을 뿐만 아니라, 뜨거운 여름날 물을 몇 번 떠 나르다 보면 금세 지치고 텃밭을 포기하게 된다.

## | 그늘지지 않는 곳 |

작물 재배에서 햇빛과 물은 빼놓을 수 없다. 높은 건물 등으로 그늘이 진다거나 큰 나무가 주변에 있어 그늘지는 시간이 많다면 재배할 수 있는 작물 종류에 제한이 많다. 나무나 건물이 있어 하루 중 특정한 시간에 그늘을 피할 수 없다면, 그늘이 지는 쪽은 다소 햇빛이 적어도 되는 작물을 배치하는 것도 한 방법이다.

### ① 강한 햇빛이 있어야 하는 작물
가짓과 작물(가지, 토마토, 고추, 감자 등), 무, 고구마, 콩과 작물, 옥수수, 딸기, 양파, 당근, 수박, 참외, 오이, 호박, 브로콜리 등

### ② 햇빛이 다소 약해도 되는 작물
잎채소류(상추, 배추 등), 토란, 부추, 생강, 파류, 쑥갓, 양배추, 대파, 쪽파, 시금치, 땅두릅 등

### ③ 약한 햇빛을 좋아하는 작물
미나리, 참나물, 머위, 곰취, 생강, 고추냉이, 파드득나물 등

## | 재배하고자 하는 작물과 기온이 맞는 곳 |

밭의 기온을 사람이 어떻게 할 수는 없다. 그러나 비교적 고온을 좋아하는 작물과 저온을 좋아하는 작물은 따로 있다. 따라서 계절의 특성에 맞게 채소를 재배하려면 작물의 특성을 알 필요가 있다.

가령 서늘한 기후를 좋아하는 배추는 봄과 가을에 모두 재배할 수 있으나 봄보다는 늦여름에 파종해 가을에 재배하는 것이 유리하다. 아래의 ①과 ②는 저온성 작물이고, ③과 ④는 고온성 작물이다. 저온성 작물 중에는 강한 추위에도 견디는 것①과 강한 추위에는 약한 것②이 있고, 고온성 작물도 더위에 견디는 정도가 서로 다르다.

① 추위에 강한 작물(생육 적온 10~18℃)
완두, 잠두, 무, 순무, 당근, 배추, 시금치, 양배추, 파, 양파, 춘채, 경수채, 다채

② 추위에 다소 약한 작물(생육 적온 10~18℃)
감자, 브로콜리, 셀러리, 양상추, 파드득나물, 마늘, 쪽파, 쑥갓

③ 25℃ 이상의 더위를 견디는 작물
가지, 피망, 고추, 오크라, 여주, 수세미, 계대백과, 토란, 생강, 고구마, 부추, 차조기

④ 25℃ 이상의 더위에는 약한 작물
토마토, 오이, 옥수수, 단호박, 멜론, 수박, 강낭콩, 우엉, 아스파라거스

## | 토질이 좋은 곳 |

토질은 좋을수록 좋다. 그러나 토질이 매우 좋은 밭을 텃밭으로 분양할 가능성은 희박하다. 텃밭 농부가 입맛대로 밭을 구하기는 어렵다. 따라서 토질은 텃밭 농부 스스로 어느 정도 보완해가며 농사짓겠다는 자세가 바람직하다. 돌이나 모래가 너무 많아 양분이 머물 수 있는 시간이 없는 밭, 점질(진흙 성질)이 너무 강해 물이 빠지지 않는 밭만 아니라면 두둑의 높이를 조절하고, 퇴비를 충분히 주고, 밭갈이를 정성스럽게 함으로써 어느 정도 보완할 수 있다.

전업 농부라면 토질에 따라 작물 재배와 수확량에 큰 영향을 받기 마련이지만, 소규모 텃밭 농부라면 위의 세 가지 조건이 맞는다면 토질이 다소 나빠도 그런대로 농사를 지을 수 있다. 토질은 농부의 노력에 따라 어느 정도 개선할 수 있고, 소규모로 농사짓는 텃밭 농부라면 더욱 그렇다.

지나치게 모래나 진흙 성분이 많지 않으면서 흙이 다소 거무튀튀한 빛깔을 띠고

텃밭에 습한 곳, 물이 흐르는 곳이 있다면 미나리를 재배하기 적합하다. 이처럼 텃밭의 사정에 맞게 작물을 심으면 효과적이다. 토질이 건조한 곳에는 토마토, 습한 곳에는 토란, 물이 흐르는 곳에는 미나리 등이 제격이다.

있다면 유기질이 많은 좋은 밭이라고 할 수 있다. 마른 날 호미로 깊이 팠을 때 물이 배어 나오지 않으면서도 습기가 있고, 지렁이가 발견된다면 최상의 토질이다.

텃밭 농부는 조금씩 여러 품종을 심는 것이 여러모로 유리하지만, 토질에 따라 재배하는 작물의 종류와 양을 조정해보자. 이 또한 텃밭 농사의 재미라고 할 수 있다. 농사는 결코 농부 혼자, 자기 마음대로 짓는 것이 아니다. 햇빛, 비, 기온, 토질 등 자연이 허락하는 조건에 맞추는 것 또한 농부의 자세다.

### ① 물이 많은 밭에서 자라는 작물
미나리

### ② 다소 습한 밭에서 잘 자라는 작물
근대, 가지, 토란, 오이, 생강, 셀러리, 양파, 파드득나물

### ③ 다소 건조한 밭에서 잘 자라는 작물
고구마, 들깨, 참깨, 땅콩, 강낭콩, 토마토, 호박

## | 재배 작물과 토양 성질이 맞는 곳 |

밭 토양은 크게 산성과 알칼리성 혹은 중성으로 구분할 수 있다. 물론 약산성, 약칼리성을 띠기도 한다. 대체로 여러 해 농사를 지은 밭은 산성을 띠게 된다. 산성 토양은 석회를 뿌려 중화한 후 농사짓도록 한다.

토양이 산성과 알칼리성을 띠듯이 작물 중에도 산성을 좋아하는 작물, 알칼리성을 좋아하는 작물이 따로 있다.

### ① 산성에 강한 작물(pH 5.0~5.5)
토란, 감자, 고구마, 수박

### ② 산성에 비교적 강한 작물(pH 5.5~6.0)
토마토, 가지, 무, 순무, 당근, 오이, 호박, 옥수수

### ③ 산성에 비교적 약한 작물(pH 6.0~6.5)
배추, 양배추, 부추, 양상추

### ④ 산성에 약한 작물(pH 6.5~7.0)
강낭콩, 시금치, 파, 양파, 쪽파

## | 텃밭을 살까 |

텃밭 농부가 일부러 땅을 살 필요는 없다고 본다. 주변에 알아보면 10평(33㎡) 정도 텃밭을 사지 않고 구하기는 그다지 어렵지 않다. 농협이나 자치단체에서 빌려주는 땅도 있고, 주변의 지인을 통해 알아보아도 쉽게 구할 수 있다.

텃밭 농사를 짓겠다는 욕심에 땅부터 덜컥 사들이면 낭패를 당하기에 십상이다. 주위에서 땅을 사놓고 1~2년 농사짓다가 버려둔 사람을 많이 봤다. 땅을 구입하기 전에 3~4년 정도 농사지어본 뒤에 땅을 살지 말지 판단해도 늦지 않다.

텃밭 농사를 위해 땅을 구입할 때 판단 기준은 ▷ 육체적으로 또 정신적으로 내가 앞으로 농사지을 수 있을 것인가, ▷ 집에서 거리는 적당한가, ▷ 근처에서 물을 쉽게 구할 수 있는가, ▷ 나중에 근처로 이사할 것인가, 혹은 이사하지 않을 생

## TIP 텃밭 분양 현황: 텃밭을 어디에서 구할까

전국 각 시·도의 농협본부에서 텃밭을 분양한다. 전국에 16개 농협본부가 있으며, 도 단위의 지역본부는 '농촌지원팀'에서 담당하고, 시 단위에서는 '지도경제팀'에서 담당한다. 농협이 텃밭 농사를 짓겠다는 도시인과 토지를 소유한 농업인을 연결해주는 것이다. 텃밭은 위치에 따라 3.3㎡(1평)당 1년에 5천~1만 원에 임대할 수 있다.

지방자치단체(구·군청)에서도 관할 행정구역 내 토지를 대상으로 텃밭을 운영하는 경우가 있다. 주로 자치단체의 농정계에서 담당하며, 행정기관이 직접 분양하는 것이 아니라 도시농업센터나 농협 등과 연계해 분양하는 경우가 대부분이다.

분양 면적과 가격은 천차만별이다. 도심 지역은 텃밭으로 이용할 수 있는 토지보다 텃밭 농사를 짓겠다는 사람이 많아서 비용이 비싼 편이고, 외곽 지역은 비교적 저렴하다. 심하면 같은 면적이라도 서너 배 이상 가격 차이가 나는 곳도 있다. 일부 지자체는 '도시농업지원센터'의 텃밭농사교육프로그램을 이수한 사람에 한해 텃밭을 분양하기도 한다.

도시 농업이 가능한 면적(추정치)은 서울 51.15㎢, 부산 23.73㎢, 대구 20.74㎢, 인천 18.04㎢, 광주 12.58㎢, 대전 12.16㎢, 울산 10.46㎢로 일반적으로 우리가 짐작하는 것보다 훨씬 넓다. 텃밭을 구하려고 마음먹으면 비교적 어렵지 않게 구할 수 있다는 말이다. 서울의 경우(2012년 기준) 자투리 텃밭이 3천 398개소, 옥상 텃밭이 104개소, 도시농업공원형 시범농원이 3개소가 있다.

개인이 분양하는 경우도 있다. 위치에 따라 다르기는 하지만 서울·경기 지역은 대체로 16.5㎡(5평)에 10만 원 안팎에서 분양하며, 지방은 33㎡(10평)에 5~10만 원으로 다양한 가격대에서 분양하고 있다. 농민이 각종 주말농장 설비를 갖추고 전문적으로 분양하는 곳도 있으며, 단순히 빈 땅만 빌려주는 경우도 있다.

각이라면 나중에 매각하기 용이한 곳인가, ▷ 가격은 적당한가, ▷ 밭의 크기가 너무 크지는 않은가, ▷ 쉽게 팔리지 않아서 한동안 내버려 두는 경우에도 내 가정 경제에 피해가 없는가, ▷ 농사를 지어서 이웃과 친지에게 나누어주고도 남는 농산품은 판매가 용이한가(가까운 곳에 공판장이 있거나 마을 전체 집하장 등이 있으면 더욱 좋다) 등 고려해야 할 것이 많다. 그러나 결코 조급하게 땅을 사들일 필요는 없다. 땅이 없어 텃밭 농사를 못 짓는 사람보다 땅을 덜컥 사놓고 후회하는 사람이 훨씬 많다.

## 꼼꼼 텃밭 농사 준비물

텃밭 재배에 필요한 기본적인 준비물 역시 한꺼번에 다 사지 않도록 한다. 기본적인 준비물로 모자, 의자, 호미, 과도, 삽, 괭이, 장갑, 물뿌리개, 가위, 토시, 긴 옷, 장화, 물, 비닐 팩, 모종삽, 소형 분무기 등이 있다.

이 외에도 작물에 따라 지주(支柱), 멀칭비닐(Mulching Vinyl, 농작물이 자라는 땅을 덮는 비닐), 그물망, 한랭사(寒冷紗, 가는 실로 거칠게 평직으로 짜서 풀을 세게 먹인 직조물), 트레이포트(모종판), 노끈 등 다양한 준비물이 필요하다. 그러나 한꺼번에 구입하지 말고, 필요할 때마다 그때그때 구입해 쓰도록 한다.

나머지는 농사를 지어가면서 필요할 때마다 하나씩 구입하는 편이 좋다. 같은 물건을 사더라도 일단 농사를 지어보고 구입하면 내게 어떤 도구나 비료가 필요한지 정확하게 알 수 있다.

천연 영양제나 천연 농약 등도 마찬가지다. 소규모 텃밭 농부에게 영양제나 농약은 그다지 필요하지 않다. 시중에 파는 퇴비 한두 포 정도를 준비해 밑거름과 웃거름으로 쓰면서 부지런히 밭에 들러서 풀을 뽑아주고, 물을 주고, 병들거나 시든 가지를 제거해주고, 북주기(식물이 잘 자라고 넘어지지 아니하게 뿌리나 밑줄기를 흙으로 두두룩하게 덮어 주는 일)를 해주는 것만으로도 작물은 충분히 잘 자란다.

텃밭 농부에게 유용한 소형 분무기. 페트병마다 필요한 영양제나 약제를 미리 넣어두고, 필요할 때마다 분무기만 부착해 사용하면 된다. 종묘상에서 보통 1만 원 안팎에 판매한다.

산 근처나 산자락 밭에서 채소를 재배할 경우 고라니 방지용 펜스를 설치해야 한다. 나일론 끈으로 된 이 펜스는 멧돼지에게는 무용지물이다. 펜스가 고라니의 힘을 견딜 수는 없지만 겁이 많은 고라니는 펜스에 닿으면 피하기 때문에 유용하다.

일반적인 호미. 땅을 파거나 모종을 심을 때 유리하다. 개당 2천 원(2014년 기준).

반달 모양 호미. 지면에 닿는 면적이 넓어 풀을 맬 때 유리하다. 개당 3천 원(2014년 기준).

새총. 붉은색 약제로 새들이 싫어하는 냄새가 난다. 콩이나 옥수수 등을 밭에 직접 파종할 때 새총을 묻혀 파종하면 조류 피해를 예방할 수 있다. 종자소독 기능도 있다.

모종삽.

### 1 삼각 호미
삼각호미는 텃밭 농부에게 가장 기초적인 농사도구로 흙을 파거나 풀을 뽑을 때, 또 모종을 아주심기하거나 밭을 고를 때 다양하게 사용한다.

### 2 반달호미
삼각호미와 비슷하나 김매기 작업을 할 때 주로 쓴다. 삼각호미보다 면적이 넓어 땅을 슬슬 긁어주는 작업에 유리하다.

### 3 과도
텃밭에 나갈 때 과도를 늘 지참하면 밭에서 작물을 손질할 수 있다. 수확한 채소를 밭에서 손질하면 집에 음식물 찌꺼기가 남는 것도 방지하고 흙 묻은 채소를 집으로 가지고 오지 않아서 좋다. 손질 후 나온 찌꺼기는 그대로 두면 썩어서 퇴비가 된다.

### 4 낫
키가 큰 풀을 베거나 그늘을 지우는 나무의 잔가지를 칠 때 사용한다. 참깨나 들깨를 벨 때도 사용한다.

### 5 약초 괭이
구마나 감자를 캘 때 사용한다. 호미나 일반 괭이로 감자나 고구마를 캐면 감자나 고구마에 상처가 나기 십상이지만 약초 괭이로 캐면 피해가 덜하다.

#### 6 물뿌리개

물을 줄 때 쓴다. 씨앗을 파종한 뒤에는 반드시 물줄기가 가늘게 나오도록 하는 덮개를 씌워 뿌려야 씨앗이 한쪽으로 쏠려가거나 유실되는 것을 방지할 수 있다.

#### 7 삽

땅을 파거나 엎을 때, 퇴비를 뿌릴 때 사용한다.

#### 8 괭이

이랑을 만들 때 사용한다. 땅을 파기도 하고, 두둑과 고랑을 정리할 때, 북주기, 사이갈이, 제초작업 등에 사용한다.

#### 9 쇠스랑

땅을 팔 때 사용한다. 전업농부들은 주로 기계가 끄는 쟁기로 땅을 파거나 뒤엎지만 좁은 면적을 가꾸는 텃밭 농부들에게는 쇠스랑과 삽 정도면 충분하다.

#### 10 가위

곁순을 자르거나 순지르기 할 때, 각종 끈을 자를 때 사용한다.

#### 11 장갑

아무리 간단한 작업이라도 농사를 할 때는 반드시 장갑을 끼도록 한다. 농사용 장갑은 손바닥 면에 고무칠이 되어 있는 것이 좋다. 밭에는 다양한 식물이 있고, 사소한 작업을 하다가도 손이나 팔을 긁힐 수 있으므로 장갑과 긴 팔옷, 장화는 필수품이다.

#### 12 간이 분무기

PET 병에 끼워서 사용하는 소형 분무기. PET 병마다 필요한 약제나 영양제를 넣어두었다가 사용하면 편리하다. 종묘상에서 쉽게 구입할 수 있다. 비교적 큰 면적에 농사를 짓는다면 간이분무기는 적합하지 않다. 넓은 면적에 농사를 지을 경우엔느 등에 지고 사용하거나 끌고 다니면서 사용하는 대형 분무기가 필요하다.

#### 13 농사용 방석

끈이 달려 있어서 다리에 끼워서 사용하는데, 방석이 엉덩이에 착 달라붙어 있기 때문에 쪼그려 앉아 작업할 때 편리하다.

# 무엇을 얼마나 심을까

초보 농사꾼은 욕심이 앞서서 일단 많이 심으려고 한다. 그러나 많이 심는 것이 능사는 아니다. 너무 많은 작물은 사람을 지치게 하고 텃밭의 재미를 반감한다. 게다가 작물을 제대로 관리하지 못해서 병해충에 시달릴 위험도 그만큼 커진다. 재배가 비교적 쉬운 작물부터 조금씩 시작해 차츰 종류와 양을 늘리는 게 좋다. 텃밭 농부의 재배에는 몇 가지 원칙이 있다.

### | 다품종 소량 재배로 시작한다 |

텃밭 농부는 전업 농부가 아니다. 종일 밭일에 매달릴 수 없고, 농장비도 부족하므로 너무 넓은 밭을 구하거나 너무 많은 양을 심으면 몸이 견디지 못한다. 게다가 수확한 작물을 다 소비할 수도 없다.

전업 농부라면 일손을 줄이고, 기계화의 이점을 살려야 하는 만큼 단일 품종을 많이 심는 편이 관리와 유통, 판매에 유리하다. 그러나 판매가 목적이 아닌 텃밭 농부는 계절별로 반찬이 될 만한 여러 품종을 조금씩 재배하는 편이 좋다. 계절별로 다양한 작물을 심어야 텃밭에 갈 때마다 작물이 자라는 재미도 만끽할 수 있고, 수확할 것이 있어 더 즐겁다. 여러 품종 중에서도 우리 가족이 즐겨 먹는 품종을 우선순위로 정한다.

### | 쉬운 작물부터 시작한다 |

수박, 오이, 참외 등 생각만 해도 즐거운 채소가 있다. 그러나 초보인 텃밭 농부가

텃밭에서 수박을 기르면 색다른 재미가 있지만 효율면에서 다소 떨어진다. 수박은 직접 파종해서 재배하기보다는 모종을 구입해 기르는 것이 질병 예방에 도움이 된다.

텃밭에서도 참외를 재배하기는 하지만 재배 면적을 효율적으로 쓰기 어려워진다. 밭이 매우 넓지 않다면 참외나 수박은 기르지 않는 것이 좋다.

무작정 도전했다가는 낭패를 당하기 십상이다. 텃밭에 기르기에 적합한 채소는 가족이 자주 먹는 채소이면서도 쉽게 기를 수 있는 작물이 좋다. 처음부터 기르기 어려운 작물에 도전했다가 텃밭 농사를 망칠 수 있고, 자칫하면 텃밭에 대한 의욕마저 사라질 수 있다. 이 책에서 말하는 '재배 난이도'는 무농약 재배를 기준으로 한다. 아래의 구분 역시 무농약과 이어짓기를 하지 않는 것을 전제로 할 경우를 기준으로 한 것이다.

### ① 비교적 재배하기 쉬운 작물
상추, 근대, 시금치, 열무, 총각무, 가지, 엇갈이배추, 쑥갓, 고구마, 감자, 옥수수, 야콘 등.

### ② 재배 난이도가 보통인 작물
김장 배추, 김장 무, 방울토마토, 애호박, 토란, 청둥호박(늙은호박), 여주, 봄무, 봄배추, 브로콜리, 피망, 파프리카, 당근, 생강, 콩류 등.

### ③ 재배하기 어려운 작물
일반 토마토, 고추, 오이, 참외, 수박, 멜론 등(참외, 수박, 멜론 등을 텃밭에서 기르기에는 여러모로 어려움이 따른다).

## 특이한 작물보다 평범한 작물부터 재배한다

텃밭을 가꾸다 보면 남들이 기르지 않는 작물 혹은 시중에서 값비싸게 팔리는 작물을 기르고 싶다는 생각을 갖기 마련이다. 왠지 그래야 텃밭 임대료라도 건질 것 같은 기분이 들 수도 있다. 결론부터 말하면 초보 텃밭 농부는 특이한 작물, 비싼 작물보다는 흔하고 값싼 작물을 선택하는 것이 좋다.

히까마(일명 얌빈)처럼 낯선 작물, 멜론이나 수박처럼 매력적인 작물은 초보 텃밭 농부가 기르기에 적합하지 않다. 시중에 비싸게 팔리는 작물은 그만큼 기르는 데 큰 비용과 많은 노력, 뛰어난 기술이 있어야 하는 작물이다. 그런 작물에 함부로 도전했다가 오히려 텃밭 이용 효율성만 낮아지고, 텃밭 재배의 재미를 잃을 수 있다. 게다가 그런 작물은 많이 먹지도 않는다. 보통 사람들은 히까마나 멜론보다는 상추나 고추, 배추, 감자를 훨씬 즐겨 먹는다.

## 재배 기간을 고려하여 선택한다

초보 농부라면 재배 기간이 짧고 재배가 쉬운 작물부터 시작하는 것이 좋다. 재배 기간이 길면 밑거름, 웃거름, 물 주기, 잡초, 병해충에 그만큼 더 신경을 써야 한다. 오랜 기간 재배하고도 수확이 거의 없거나 너무 적으면 실망하게 되고, 이듬해에는 텃밭 농사를 포기하게 될 수도 있다. 따라서 처음에는 재배 기간이 짧고 재배가 쉬운 작물부터 심는다. 그렇다고 한두 종류만 심는다면 평소에는 수확할 것이 전혀 없어 재미가 덜하고, 수확할 때 한꺼번에 많이 수확하게 되어 다 먹지도 못해 곤란해질 수 있다. 따라서 재배하는 작물 종류와 함께 규모 역시 잘 정해야 한다. 상추, 근대, 아욱 등 잎채소와 열무, 총각무 등은 작물별로 $1.6m^2$(0.5평)만 심어도 4인 가족이 충분히 먹을 수 있으므로 너무 많이 심지 않도록 한다.

① **재배 기간이 짧고 수확을 일찍 시작하는 작물**
상추, 열무, 총각무, 근대, 아욱 등

② **재배 기간이 보통인 작물**
무, 배추, 가지, 고추, 토마토, 시금치, 고구마, 콩(검은콩, 노란콩), 토란, 호박, 당근, 쪽파 등

### ③ 재배 기간이 긴 작물

마늘, 양파, 대파, 돼지감자, 부추(첫 재배 때), 야콘, 울금(강황), 마, 토란 등

## | 함께 심으면 좋은 작물과 나쁜 작물을 알아야 한다 |

작물 간에도 사람처럼 관계가 있다. 어떤 작물은 함께 심으면 병해충을 예방하거나 성장을 좋게 하는 반면, 어떤 작물은 함께 심으면 서로의 성장에 방해되기도 한다. 어느 정도 거리를 두면 별 상관이 없지만, 좁은 텃밭에서 여러 가지 작물을 심을 때는 상호 보완적인 작물과 상호 배척하는 작물을 알아두면 도움이 된다.

### 함께 심으면 좋은 작물

|  | 병해충 예방 | 성장 촉진 |
| --- | --- | --- |
| 토마토 | 마늘, 양파, 가지, 바질 | 바질, 파슬리 |
| 가지 | 마늘, 양파, 토마토, 옥수수 | 콩(풋콩) |
| 오이 | 마늘, 양파, 바질 | 강낭콩(덩굴 없는 종) |
| 옥수수 | 가지 | 호박 |
| 당근 | 로즈메리 | 마늘, 완두, 로즈메리 |
| 양파 | 토마토 | 양상추 |
| 배추 | 셀러리 |  |
| 양상추 |  | 양파, 마늘 |
| 시금치 | 보리지(borage) | 강낭콩(덩굴 있는 종) |
| 무 |  | 파, 쪽파, 양파 |

### 함께 심으면 나쁜 작물

|  | 성장 방해 |
| --- | --- |
| 토마토 | 옥수수, 감자 |
| 옥수수 | 토마토 |
| 강낭콩 | 피망, 파, 쪽파, 양파 |
| 감자 | 토마토, 로즈메리 |
| 파류 | 강낭콩 |

## 해를 넘기는 작물은 신중하게 고른다

일반적으로 임대형 텃밭은 매년 3월부터 12월까지 빌려서 쓴다. 1년 동안 빌려 쓰고 밭을 옮겨야 하는 텃밭이라면 해를 넘긴 후에 수확하는 작물이나, 해를 넘겨서도 수확할 수 있는 작물은 심지 않는 것이 좋다.

마늘, 양파(모종) 등은 10월경에 심어 이듬해 6월에 수확하므로 텃밭에 적합하지 않다. 또 부추나 시금치 등은 여러 해 동안 수확하거나 해를 넘겨 수확하는 경우가 있으므로 금방 옮겨야 할 텃밭에는 적당하지 않다. 9~10월 파종한 시금치는 그해 10월부터 수확해 이듬해 봄에도 수확할 수 있으므로 밭을 옮겨야 할 경우 하반기 농사는 짓지 않는 편이 낫다.

대파 역시 봄에 파종해서 여름에 옮겨 심고, 가을부터 이듬해 봄까지 수확할 수 있는데, 1년짜리 텃밭에 심으면 봄 수확을 포기해야 한다. 산에서 주로 자생하는 것으로 요즘 텃밭에서도 가끔 볼 수 있는 머위나 곰취 역시 2~3년에 걸쳐 수확하는 작물이므로 이동이 잦은 임대형 텃밭에는 적합하지 않다.

## 밭의 모양에 따라 신중하게 선택한다

작물과 밭 모양이 무슨 상관일까 의아할 수 있지만, 텃밭 재배 역시 전업농처럼 밭 모양에 따라 재배 작물에 차이가 난다.

밭이 한쪽 구석에 있고 뒤쪽으로 언덕이나 울타리가 있다면 오이, 호박 등 덩굴을 길게 뻗는 작물을 뒤쪽에 심어도 좋다. 그러나 다른 텃밭 사이에 있거나 밭이 좁다면 덩굴을 길게 뻗는 작물은 어울리지 않는다. 오이나 호박이 다른 작물의 성장에 막대한 영향을 미치는 데다가 옆 텃밭지기와 갈등이 발생할 수도 있기 때문이다. 또 사람이 자주 오가는 길가에 밭이 있다면 쉽게 뽑아갈 수 없는 채소(토란, 우엉 등)를 길가 쪽에 심고 무, 배추, 상추, 고추, 옥수수, 가지, 당근 등은 밭 안쪽이나 뒤쪽에 심어 다른 사람의 손을 타는 것을 방지해야 억울한 일을 당하지 않는다.

## 토질과 방향에 따라 선택한다

내 입맛에 꼭 맞는 텃밭을 임대하기는 어렵다. 아무리 작은 텃밭이라고 해도 농사는 하늘과 땅과 내가 함께 짓는 작업이다. 따라서 우선 내가 원하는 밭을 찾되 일단 밭을 구한 다음에는 밭이 점질토여서 물 빠짐이 나쁜 곳인지, 사질토여서 물 빠짐이 좋은 곳인지를 파악한 뒤 적합한 작물을 재배한다. 또, 두둑의 높이를 조절해서 사질토나 점질토의 단점을 극복하려고 노력해야 한다.

또 밭의 남쪽에는 키가 작고 햇빛이 많이 있어야 하는 작물을, 밭의 북쪽에는 키가 커서 그림자를 드리우는 작물을 심는다.

## | 이어짓기는 신중하게 한다 |

작물 중에는 이어짓기(연작) 장해를 일으키는 종류가 있다. 이어짓기 장해란 같은 작물을 같은 자리에 해마다 심었을 때 토양 전염성 병해충이 늘어나고, 특정 양분이 계속 소모되어 토양이 나빠지는 것을 말한다.

첫 텃밭을 분양받았다면 그 전에 앞사람이 어떤 작물을 심었는지를 알아보아야 한다. 무턱대고 작물을 심었다가는 이어짓기 손해를 입어 농사를 망칠 수 있다. 또, 같은 자리에서 다음 해에 다시 농사지을 때 역시 전년도에 심었던 작물을 고려해 이어짓기 장해를 입지 않도록 해야 한다.

이어짓기 장해를 예방하려면 특정한 작물을 3~4년 간격을 두고 재배하거나, 접목 모종(接木苗)이나 내병성이 강한 씨앗을 이용하는 것이 좋다. 접목 모종과 내병성이 강한 씨앗은 값이 조금 비싼 편이지만, 이어짓기로 발생하는 피해를 예방할 수 있어서 유리하다.

① **이어짓기 장해가 심한 작물:** 1~5년 간격을 두고 재배해야 한다.

가짓과 작물(고추, 토마토, 감자, 가지는 3~5년에 1회 재배), 십자화과 작물(무, 배추, 갓, 열무, 총각무, 청경채, 유채, 브로콜리, 양배추, 케일은 1~5년에 1회 재배), 박과 작물(참외(3년), 수박(5년)), 오이(2년), 대파(1년), 쪽파(1년), 생강(1년), 쑥갓(3년), 토란(3년), 우엉(4~5년), 피망(3년), 파프리카(3년), 땅콩(2년), 완두(5년) 등.

② **이어짓기 장해가 거의 없는 작물:** 이어짓기 장해가 거의 없는 작물도 같은 자리에서 연달아 오래 재배하면, 특정 양분 용탈(溶脫, 토양 속을 흐르는 물이 토양의 가용성 성분을 용해하여 운반·제거하는 현상)이 심해지고, 특정 작물에 영향을 미치는 병해충이 늘어난다. 즉, 지나친 이어짓기는 병해충 증가와 수확량 감소로 이어진다.

호박, 파, 양파, 고구마, 옥수수, 소송채, 당근, 상추 등.

## TIP 이어짓기와 그 예방법

### 이어짓기 장해 예방법

같은 작물을 같은 자리에서 이어짓지 않고, 3~4년에 한 번씩 돌려짓는 것이 좋다. 그러나 돌려짓기를 하더라도 같은 과 작물을 번갈아 심는 것은 이어짓기 피해를 일으킨다. 가령 가짓과 작물인 고추, 토마토, 가지, 감자 등을 번갈아 심으면 이어짓기 장해가 발생한다.

전업농가에서는 이어짓기 장해를 방지하기 위해 작물을 심기 전에 입자형 토양살충제로 흙을 소독하거나 살균제, 살충제 등으로 특정 작물에 발생하는 병해충을 퇴치한다. 또, 이어짓기로 발생하는 토양 중 양분 및 특수 성분의 불균형 또는 결핍, 토양 반응의 악화, 독소의 집적 등을 만회하고자 인위적으로 양분을 보급한다.

소규모 텃밭 농부라면 농약이나 화학 비료 보충보다는 돌려짓기와 천연 약제, 한랭사, 손으로 해충 직접 잡기 등으로 상당한 정도 예방할 수 있다.

### 이어짓기로 도움이 되는 작물도 있다?

거름과 퇴비로 영양분을 충분히 공급할 수만 있다면 이어짓기 장해로 피해를 보는 대신 오히려 다음 작물을 재배하기 좋도록 흙의 상태를 개선하는 작물도 있다. 바로 파, 쪽파 등이다. 또 콩류는 이어짓기하면 피해가 발생하지만, 콩의 뿌리혹박테리아(근류균)가 공기 중의 질소를 땅속에 고정하므로 콩을 재배하면 다른 작물을 재배하기 좋은 조건의 토양이 된다.

### 이어짓기 장해가 없는 작물도 있다?

흔히 '이어짓기 장해가 없는 작물'로 알려진 작물이 있지만, 엄밀한 의미에서 이어짓기 장해가 없는 작물은 없다. 비록 병충해가 아니더라도 특정 작물을 계속 심을 경우 특정 영양분이 많이 빠져나가기 마련이므로 텃밭 농부는 이어짓기하지 않는 것이 좋다. 전업 농부는 이어짓기 장해를 극복하려고 엄청난 거름과 비료를 투여하고, 토양살충제, 살균제 등을 사용한다. 텃밭에서는 굳이 농약과 많은 양의 거름을 투입해가며 같은 작물을 같은 자리에서 기를 필요는 없다고 본다.

# 본격적으로 씨 뿌리기

## | 씨앗의 크기에 따라 농사법이 다르다 |

작물에 따라 씨앗의 크기는 천차만별이다. 깨알보다 더 작은 씨앗부터 엄지손가락만한 씨앗까지 있다. 씨앗이 싹트는 데는 온도와 수분이 필수적이다. 거기에 더해 어떤 씨앗은 햇빛을 받아야 싹이 트고, 어떤 씨앗은 어두워야 싹이 튼다.

광발아(光發芽) 씨앗은 햇빛을 받아야 싹이 잘 트는 것으로 주로 상추, 배추, 부추, 근대, 우엉 등 작은 씨앗이 이에 해당한다. 이런 씨앗은 뿌린 뒤에 손바닥이나 빗자루로 흙을 슬슬 쓸어주는 정도만 해도 싹이 난다.

암발아(暗發芽) 씨앗은 어두워야 싹이 잘 트는 씨앗으로 호박, 오이, 수박 등 조금 큰 씨앗과 가지, 고추, 토마토 등 가짓과 작물이 이에 해당한다. 이런 씨앗은 파종 뒤에 씨앗 크기의 두 배 이상 흙을 덮어 주어야 잘 발아한다.

광발아와 암발아도 중요하지만, 씨앗이 크면 클수록 대체로 겉껍질이 두껍기 때문에 발아하는 데 많은 수분이 필요하다. 따라서 큰 씨앗일수록 깊이 묻어야 흙에서 수분을 공급받을 수 있다. 서리태나 메주콩처럼 씨앗이 큰 종자는 3㎝ 정도 흙을 덮어주어야 발아가 잘 된다. 심한 사질토 밭이 아니라면 겉흙은 말라 있어도 3㎝ 정도만 내려가면 수분을 보유하고 있기 때문이다. 그러나 상추처럼 매우 작은 씨앗은 아침에 내리는 이슬만으로도 싹을 틔울 수 있어서 일부러 묻어주지 않아도 된다. 물론 0.5㎝ 정도 묻어주면 발아가 더 잘 된다.

## 씨앗을 심을까, 모종을 심을까

텃밭 농부 입장에서 씨앗을 심는 것이 유리한 작물이 있고, 모종을 심는 것이 유리한 작물이 있다. 모종값이 비싼 만큼 대규모 전업농이라면 웬만한 작물은 씨앗을 심는 쪽이 유리하다. 그러나 소규모 텃밭 농부가 씨앗을 심어 모종을 만들고, 다시 모종을 심기까지는 많은 시간(60~80일)과 노력이 필요하고, 때로는 열선, 비닐하우스, 보일러와 같은 시설도 있어야 한다. 따라서 텃밭 농부 입장에서 무조건 직파(直播, 직접 씨를 뿌리는 일. 곧뿌림)를 고집할 필요는 없다.

봄과 가을에 종묘상에 나가면 다양한 종류의 모종이 나와 있다. 아래의 심는 방식에 따른 분류는 소규모 텃밭 농부를 기준으로 한 것이다. 가령 고구마는 텃밭 농부의 경우 5월 중순 종묘상에 나온 고구마 순을 심는 편이 좋지만, 전업 농부라면 미리 씨고구마를 심어 순을 기른 다음 순을 잘라 심는다.

### ① 직파가 유리한 작물
상추, 무, 총각무, 열무, 근대, 아욱, 참깨, 콩, 시금치, 김장 무, 돌산갓, 쑥갓, 쪽파, 갓, 엇갈이배추 등

### ② 모종이 유리한 작물
김장 배추, 고추, 오이, 가지, 토마토(방울토마토 포함), 배추, 고구마, 양파, 양배추 등

### ③ 종자 및 관아로 재배하는 작물
감자, 마늘, 돼지감자, 울금, 생강, 야콘 등

### ④ 직파와 모종 모두 괜찮은 작물
상추, 옥수수, 호박, 케일, 청경채, 들깨, 부추, 땅콩, 콩 등

### ⑤ 기타
울금, 야콘, 호박 등은 씨앗을 구하기 어렵거나 필요 이상 대량

좋은 들깨 모종(왼쪽)과 웃자란 들깨 모종(오른쪽)

건강한 오이 모종.

으로 구입해야 하는 경우가 많으므로 처음 심을 때는 모종을 사서 심고, 두 번째 심을 때부터는 전년도에 수확한 씨앗이나 관아(뿌리나 줄기 사이의 새싹이 나오는 생장점)를 보관해두었다가 심으면 된다. 그러나 미니단호박처럼 에프원(F1, first filial generation, 잡종 제1대) 종자의 경우 첫해 모종을 구입해 심고, 거기서 나온 씨앗을 받아 이듬해 심으면 같은 종류의 호박이 나오지 않으므로 유의한다.

직파 재배보다 모종 재배를 선택하는 일반적 기준은 다음과 같다.

### ① 육묘 기간이 길고 특별한 시설이 필요한 작물
고추, 가지, 오이, 토마토, 참외, 고구마 등

### ② 소규모 텃밭 농부 입장에서 많이 심을 필요가 없는 작물
가지, 토마토, 오이, 양배추, 여주, 참외 등

### ③ 종자를 구하기 어렵거나 많이 필요하지 않는데도 종자 포장이 대포장인 작물
야콘, 호박, 미니단호박 등

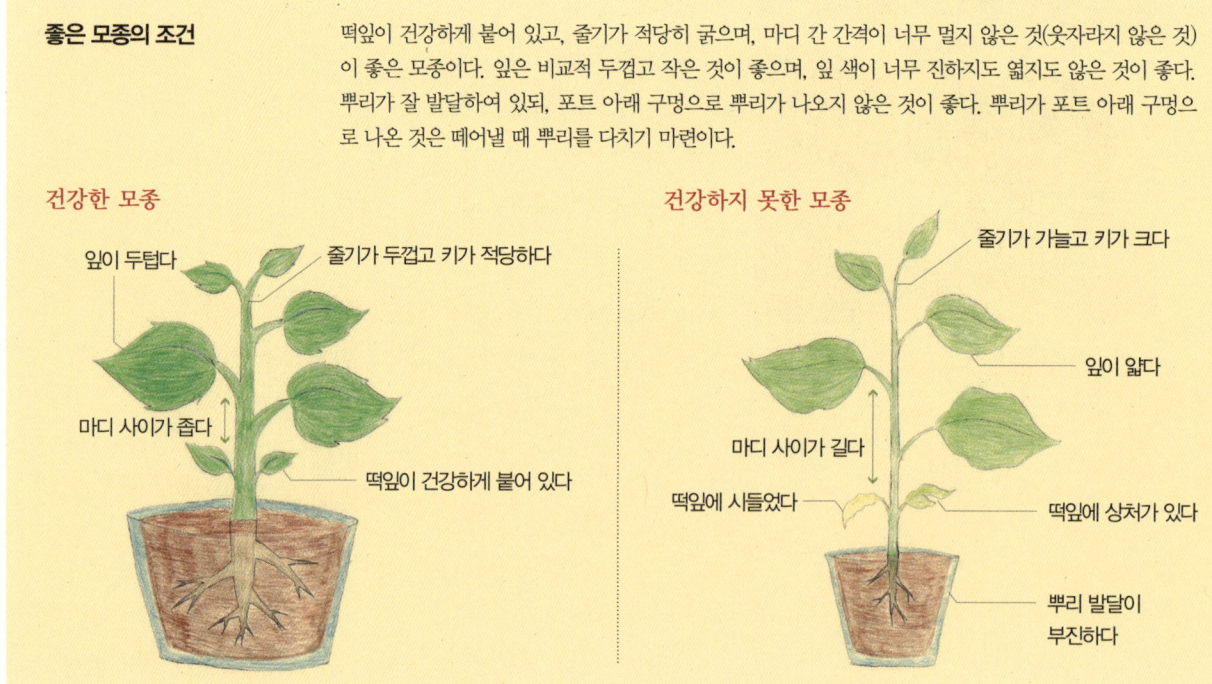

**좋은 모종의 조건** 떡잎이 건강하게 붙어 있고, 줄기가 적당히 굵으며, 마디 간 간격이 너무 멀지 않은 것(웃자라지 않은 것)이 좋은 모종이다. 잎은 비교적 두껍고 작은 것이 좋으며, 잎 색이 너무 진하지도 옅지도 않은 것이 좋다. 뿌리가 잘 발달하여 있되, 포트 아래 구멍으로 뿌리가 나오지 않은 것이 좋다. 뿌리가 포트 아래 구멍으로 나온 것은 떼어낼 때 뿌리를 다치기 마련이다.

## TIP 좋은 씨앗과 좋은 모종 고르는 법

좋은 씨앗의 가장 큰 기준은 제조일자(입봉일자)다. 씨앗에 따라 1년이 지나면 발아율이 현저히 떨어지는 것(예를 들어, 대파)과 2년 혹은 3년이 가도 별 변화가 없는 것이 있다. 씨앗 봉투에 적힌 제조일자가 최근 것일수록 좋다.

또 주의해야 할 것은 봄 재배용, 가을 재배용으로 구별하는 작물은 계절에 맞는 씨앗을 사야 한다는 것이다. 가령 봄에 가을 재배용 상추 씨앗을 심으면 추대(抽臺, 꽃대가 올라오는 것)가 빨라 수확량이 확연히 줄어들고, 수확 기간이 짧아지기 마련이다.

구입한 씨앗이 남았을 때는 밀봉해서 냉장고에 보관하면 이듬해에 다시 사용할 수 있다. 이때 역시 씨앗의 보증기간을 잘 고려해서 보관 여부를 결정해야 한다. 또 아무렇게나 보관하면 이듬해 발아에 나쁜 영향을 줄 수 있으므로, 봉투에 적힌 보관 방법을 준수하는 것이 좋다.

모종 역시 종묘상이나 재래상 주인이 주는 대로 받을 것이 아니라, 자신이 한 포기 한 포기 지정해서 구입하는 것이 좋다. 이는 쑥스럽거나 미안해할 일이 아니다. 자칫 모종을 잘못 사면 1년 농사를 망칠 수 있기 때문이다. 또, 일단 구입한 모종이 별로 좋지 않을 경우 이듬해에는 종묘상을 바꾸는 것이 좋다. 종묘상 역시 자신이 직접 모종을 기르는 경우보다는 전문 농가에서 사들이는 경우가 많은데, 거래처 농가에 따라 모종 품질이 큰 차이가 있을 수 있기 때문이다.

종묘상에서든 재래시장에서든 모종을 살 때는 이른바 '뜨내기'보다는 일정한 상점이나 구역을 정해서 매년 장사하는 사람으로부터 구입하는 것이 좋다. 매년 같은 장소에서 판매하는 상인일수록 건강하고 좋은 모종을 팔 가능성이 더 높기 때문이다.

좋은 모종은 떡잎이 건강하게 잘 붙어 있고, 줄기가 비교적 굵고 짧으며, 마디 사이의 간격이 짧은 것이다. 떡잎이 누렇게 바랬거나 떨어진 것은 모종이 포트에 오래 보관되었거나 병해충에 약할 가능성이 높고, 마디 사이가 먼 것은 햇빛 부족으로 웃자란 모종일 가능성이 높다. 또, 포트 밑구멍으로 뿌리가 나오지 않은 것이 좋은 모종이다. 모종 뿌리가 포트 밑으로 나온 것은 땅속으로 뿌리가 파고 들어가 있었을 가능성이 높다. 이를 들어서 옮기면 뿌리 끝이 잘리기 때문에 생장점이 다치게 되고, 나중에 밭에 옮겨 심으면 제대로 성장하지 못한다.

건강하지 못한 모종은 잎 색이 너무 진하거나 엷은 것, 웃자라 마디 간격이 넓고 줄기가 가는 것, 떡잎이 없거나 누렇게 변했거나 상처가 난 것, 식물체보다 포트가 작은 것, 잎의 두께가 얇고 크기가 비교적 큰 것, 모종 뿌리가 포트 구멍 밖으로 나온 것 등이다.

④ **모종을 키우기 어려운 작물**
양파, 곰취, 오이 등

## | 씨앗마다 심는 깊이가 다르다 |

어떤 씨앗은 다소 깊게 심어야 하고, 어떤 씨앗은 다소 얕게 심어야 한다. 간단히 말하면 크기가 큰 씨앗일수록 발아에 더 많은 수분과 온도가 필요하므로 다소 깊게 심어야 하고, 씨앗이 작을수록 얕게 심어야 한다. 어두워야 싹이 나는 씨앗이 있고(암발아), 햇빛을 받아야 싹이 나는 씨앗(광발아)도 있다. 일반적으로는 씨앗 크기의 세 배 정도 깊이로 묻고 흙을 덮어주면 된다.

상추처럼 바람에 날릴 정도로 작은 씨앗은 땅에 0.5㎝ 정도 선을 긋고 줄뿌림한 다음 손바닥이나 빗자루로 살짝 쓸어주고 물을 뿌리기만 해도 발아가 된다. 쑥 갓이나 무의 씨처럼 조금 큰 씨앗은 씨앗이 흙 밖으로 드러나지 않을 정도(1㎝)의 깊이로 심어주고 물을 주면 발아한다.

콩처럼 큰 씨앗은 3㎝ 정도 깊이로 심어주고 물을 주면 잘 발아한다. 일반 콩보다 더 큰 작두콩 씨앗은 발아에 수분을 많이 필요하므로 물수건에 침종(浸種, 씨담그기)한 후 더 깊이 심어주어야 한다.

## | 점뿌림, 줄뿌림, 흩어 뿌림 |

파종 방법에는 크게 줄뿌림, 점뿌림, 흩어 뿌림 등 세 가지가 있다.

가장 일반적인 방법은 줄뿌림이다. 이랑을 만들고 두둑 위에 15~20㎝ 간격으

줄뿌림(상추 1개월)

점뿌림(무)

흩어 뿌림(춘채)

로 깊이 0.5㎜ 정도로 직선 줄을 긋고 그 속에 씨앗을 차례대로 파종하는 방법이다. 줄뿌림할 때는 엄지와 검지로 씨앗을 집어 살살 비벼주듯이 뿌려주면 된다. 주로 상추, 근대, 쑥갓, 청경채, 총각무 등 작은 씨앗을 파종할 때 쓰는 방법이다. 씨앗을 파종한 뒤 손이나 빗자루 등으로 선을 따라 흙을 살짝 쓸어주고 물을 주면 된다. 줄뿌림하면 나중에 잡초를 매기 좋고, 초보 텃밭 농부 입장에서는 막 올라온 싹이 채소인지 잡풀인지 구분하는 데도 유리하다.

점뿌림은 다소 씨앗 입자가 크거나 무처럼 작물이 자라는 데 일정한 공간이 필요한 작물을 심을 때 많이 사용하는 방법이다. 또 근대처럼 씨앗 하나에서 두세 개의 싹이 나오는 경우에도 일정한 공간 확보를 위해 점뿌림한다. 가느다란 막대기로 씨앗이 묻힐 만큼 흙을 찔러 구멍을 내고 구멍 속에 종자를 한 개 또는 두세 개 정도 넣어주고 흙을 덮으면 된다. 막대기로 일일이 구멍

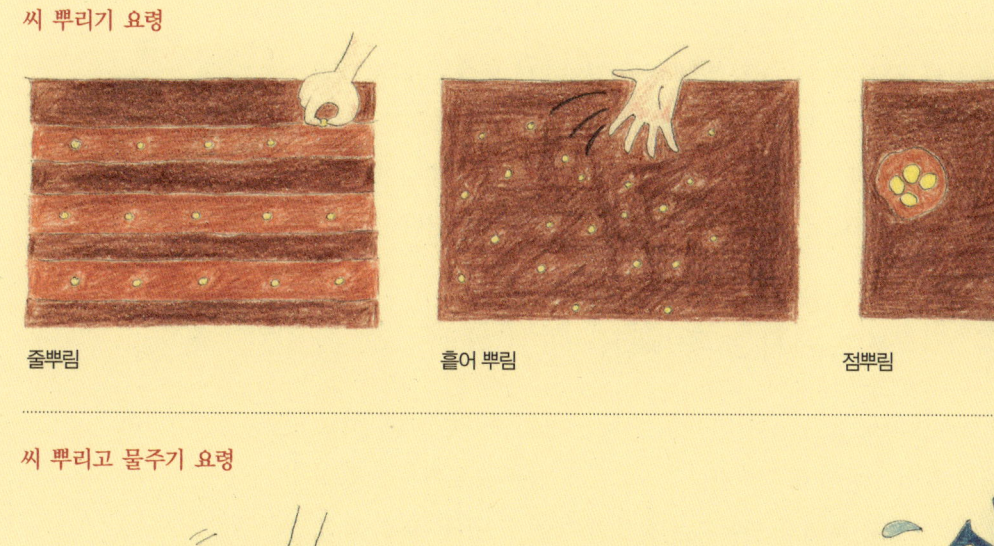

**씨 뿌리기 요령**

줄뿌림  흩어 뿌림  점뿌림

**씨 뿌리고 물주기 요령**

파종 후 가볍게 흙을 누른다   물을 살살 준다

을 뚫고 씨앗을 넣고 흙을 덮기가 번거롭다면 1㎝ 깊이로 줄을 그은 다음 듬성듬성 씨앗을 놓아주고, 새싹이 조금 자란 다음 솎아주기를 해도 무방하다.

흩어 뿌림은 종자의 크기가 매우 작을 때 쓰는 방법으로 종자를 두둑 위에 흩어 뿌린 다음 신문지나 짚 등을 덮어주는 방법이다. 상추를 흩어 뿌려놓고 조금씩 솎아 먹으면서 작물이 자랄 공간을 확보할 수 있다. 그러나 초보 텃밭 농부가 흩어 뿌리면 싹이 트고 난 초기에는 작물과 작물 사이에 나는 잡초를 구분하지 못해 김매기를 못하는 경우가 발생하기도 한다. 2~3주 김매기를 하지 못한 상태로 두면 잡초가 작물보다 더 빨리 자라 작물의 생육에 지장을 주기도 한다. 때때로 작물과 잡초의 뿌리가 엉켜 풀 뽑기를 할 수 없는 지경이 되는 경우도 있으므로 초보 농부는 이 방법을 피하는 것이 좋다.

## | 모종을 직접 길러볼까 |

텃밭 농부가 모든 작물의 모종을 길러 본밭에 심을 필요는 없다. 모종을 기르는 데 많은 시간과 노력, 시설이 필요하기 때문이다. 그러나 들깨, 콩, 호박 등은 특별한 시설이 필요하지 않으므로 모종을 길러 정식(定食, 아주 심기, 밭에 옮겨 심는 것)하는 것도 좋다. 콩은 조류 피해를 줄이기 위해, 들깨와 호박은 시간적인 측면에서 텃밭 공간을 더 효율적으로 이용하기 위해서다.

호박은 본밭에 6월에, 들깨와 콩은 6월 말에 아주 심기하면 된다. 따라서 3월 말부터 텃밭에 감자를 재배하고, 감자를 캐낸(6월 20일경) 자리에 들깨와 콩, 호박 등을 옮겨 심어도 된다. 들깨와 콩 등은 밭 한쪽 작은 면적에 빽빽하게 심어서 모종을 기르고, 호박은 넓은 포트에서 모종을 길러 본밭에 옮겨 심으면 된다.

## | 포트에서 모종 빼기 |

모종을 빼기 전에 모종 포트에 물을 흠뻑 뿌리고 한 시간 정도 그대로 두면, 식물의 뿌리와 포트 안의 흙이 단단하게 밀착한다. 그렇게 한 뒤에 포트에서 모종을 빼야 흙이 부서지거나 모종과 뿌리가 떨어지는 것을 방지할 수 있다. 포트 밑의 구멍 크기에 따라 볼펜 크기의 나무줄기나 그보다 더 가느다란 나무줄기로 포트 밑구멍을 살짝 쑤셔서 모종을 싼 흙과 모종 포트가 분리되도록 한 다음, 포트를 거꾸로 잡고 모종을 빼내면 쉽게 빠진다. 모종 포트 밑의 구멍을 찌를 때는 살짝만 찌르면 된다. 모종 뿌리를 감싼 흙과 포트는 밀착해 있는데, 이 밀착한 것이 떨어지기만 하면 된다. 깊이 찌르면 모종 뿌리가 다칠 수 있다. 이때 검지와 중지 사이에 모종을 끼우고 빼내면 편리하다.

## | 모종 심기 |

포트에서 빼낸 모종을 심을 때 깊이는 원래 모종을 덮고 있던 깊이만큼만 심는다. 초보 농부는 흔히 모종을 조금 깊게 심는 경향이 있는데, 이렇게 할 경우 뿌리 내림이 나빠질 뿐만 아니라 줄기가 흙에 묻혀 땅속의 병균에 오염될 위험도 있다. 깊게 심는 편보다는 차라리 얕게 심는 편이 낫다. 모종을 심은 뒤에는 두 손바닥으로 살짝 눌러준다. 너무 강하게 누르지 않도록 유의한다.

**모종 빼기 요령**

포트 밑을 살짝 찔러주면, 포트와 작물 뿌리를 감싸고 있는 흙이 분리되므로 쉽게 빼낼 수 있다.

포트에 물을 흠뻑 뿌린다

포트 밑 구멍을 막대기나 손으로 찌른다

**모종 심기 요령**

O

X

X

포트에서 모종을 뺄 때는 모종 포트에 물을 흠뻑 뿌리고 한 시간쯤 뒤에 포트를 90도로 세우고 포트 밑구멍에 맞는 가느다란 나무줄기로 살짝 구멍을 쑤셔준다. 깊이 찌르면 모종 뿌리가 상할 수 있으므로 살짝 쑤셔준다.

모종 포트 밑구멍을 가느다란 나무줄기로 찔러주면 사진처럼 모종이 살짝 튀어나온다. 포트를 기울여도 되고, 모종을 살짝 당겨도 된다.

포트에서 모종을 꺼낼 때는 한 손의 검지와 중지로 모종 줄기를 잡고, 다른 손으로 모종 포트를 잡으면 편리하다.

제대로 뺀 모종은 사진처럼 모종을 감싼 흙이 조금도 떨어지지 않은 상태다. 이렇게 하기 위해서는 모종을 빼기 전에 포트에 흠뻑 물을 뿌려준 뒤 모종 뿌리와 흙이 잘 밀착하도록 해야 한다. 또 처음부터 뿌리가 잘 발달한 모종을 사야 흙이 뿌리에서 떨어지지 않는다. 사진은 야콘 모종이다.

모종을 심은 뒤에는 모종 주변으로 원을 그리듯 호미로 홈을 파고 물을 주면 된다. 1차로 물을 주고 물이 땅속으로 완전히 스며든 다음 2, 3차로 물을 주면 좋다. 뿌리 주변에서 물이 공급되므로 모종 뿌리는 물을 찾아 맹렬히 옆으로, 아래로 뻗는다. 이렇게 해야 뿌리 활착이 빨라진다.

흙이 많이 떨어져나간 모종을 심을 때는 물을 흠뻑 주고 다른 작물의 잎을 덮으면 좋다. 모종 잎의 증산작용을 줄이고, 뿌리가 활착하는 데 효과적이다. 사진에서는 김장배추 모종 위에 포도 잎을 덮고, 잎이 바람에 날아가지 않게 흙으로 약간 덮었다. 이때 모종의 동쪽과 북쪽이 조금 드러나게 해서 햇빛을 받게 하면 좋다.

모종은 날씨가 좋은 날 옮겨 심어야 한다. 초보 텃밭 농부가 급한 마음에 전날 비가 내려 질척한 땅에 8월 말 모종을 냈다. 빗물로 떡이 진 땅에 모종을 심기보다는 차라리 1주일 늦추는 게 낫다. 차라리 조금 늦더라도 흙이 잘 말랐을 때 땅을 갈고 모종을 심어야 나중에 생육이 좋다.

옆 텃밭 농부의 배추가 한창 결구(結球, 배추 따위의 채소 잎이 여러 겹으로 겹쳐서 둥글게 속이 드는 일)할 때인 11월 중순, 이 밭의 배추는 제대로 성장하지 못해 결구는커녕 다 자라지도 못했다. 점질토 밭인 데다가 질척할 때 모종을 심는 바람에 흙이 덩어리지고, 물이 마르면서 흙덩어리가 벽돌처럼 단단해져서 뿌리가 제대로 내리지 못했기 때문이다.

## TIP 작물을 심을 때는 기다림이 필요하다

일단 텃밭 농사를 짓겠다고 결심하고 나면 마음이 급해진다. 이런저런 농사용 장비도 눈에 띄는 대로 사들이고, 인터넷 서핑이나 종묘상 혹은 재래시장 쇼핑을 하면서 작물에 좋다는 천연 약재도 마구 사들인다. 아직 제때가 아닌데도 종묘상이나 길가에 모종이 나왔다 싶으면 부리나케 달려가 모종을 사들여서는 서둘러 심는다. 그렇게 하면 낭패를 보기에 십상이다. 서둘러서 좋을 것은 없다.

지역마다 조금씩 차이가 있을 수 있지만 텃밭 농부가 선호하는 고추, 가지, 토마토, 오이 등의 모종은 5월 10~15일 사이에 심는 것이 가장 안전하고, 활착(活着, 옮겨 심거나 접목한 식물이 서로 붙거나 뿌리를 내려서 사는 것)도 잘 된다. 날씨가 예년보다 따뜻하다고 해서, 또는 사람이 덥다고 느낀다고 해서 식물이 뿌리를 뻗을 시기가 된 것은 아니다.

사람은 대기 온도에 영향을 많이 받지만, 식물은 땅에 뿌리를 내리고 있는 만큼 대지 온도에 영향을 많이 받는다. 기온이 한동안 고르게 따뜻해야 비로소 땅 온도도 올라간다. 게다가 낮에 따뜻해도 밤에 온도가 급격하게 내려가는 경우가 흔한 4월에는 고추, 오이, 토마토, 가지 등 모종을 심어도 제대로 뿌리를 내리지 못한다.

따라서 4월 말경에 모종이 시중에 나와 있다고 하더라도 느긋하게 참고 기다렸다가 5월 10일이 지나서 심어야 냉해를 받지 않는다. 급한 마음에 일찍 심은 모종이 냉해를 입으면 최악의 경우 죽거나, 죽지 않더라도 제대로 발육하지 못하거나 결실이 매우 부실해진다.

씨앗으로 심는 작물은 다소 일찍 심어도 괜찮다. 아직 때가 아니면 심어도 발아가 되지 않으므로 피해가 없거나 있어도 미미하다. 물론 앞서 밝혔듯이 풀이 먼저 밭을 차지하지 않도록 유의해야 한다. 그러나 온도, 습도, 빛 등이 모종을 기르기에 알맞은 특수 시설을 갖춘 곳에서 길러서 파는 모종은 이른 시기에 노지에 심으면 피해가 크다는 사실을 명심하자.

4월에 들어 낮 동안 날씨가 따뜻해지자 여주와 고추, 가지, 오이의 모종을 사다 심었다. 지금은 멀쩡하게 보이지만 4월에는 아직 밤 기온이 많이 내려가는 날씨가 많아 냉해를 입기 일쑤다.

4월 초에 아주 심기했던 여주 모종이 4월 15일쯤 보니 냉해를 입어 죽어 있다. 온도와 습도가 최적으로 관리되는 시설에서 키운 모종은 아직 밤 날씨가 안정되지 않은 시기에 심으면 냉해를 입어 죽고 만다.

4월 초에 심었던 가지다. 4월 15일에 확인해보니 냉해로 죽어가고 있다.

4월 초에 아주 심기했던 고추 모종이 4월 22일쯤 보았을 때 누렇게 말라가고 있었다. 냉해를 입은 이 모종은 겨우 살아난다고 해도 제대로 성장하지 못하고 열매도 거의 맺지 못한다.

냉해를 입어 죽어가는 고추 모종.

## | 모종 물 주기 |

모종을 심은 뒤에는 호미로 모종 주위를 원을 그리듯이 파고, 천천히 물을 준다. 한 차례 물을 주고 난 뒤 물이 땅속으로 완전히 스며들 때까지 기다렸다가 두세 차례 물을 더 준다. 모종에 바로 물을 주기보다 주변에 원을 그리고 물을 주면 뿌리가 물을 찾아 맹렬히 뻗기 때문에 옆으로, 아래로 잘 자란다. 물을 준 뒤에 물 준 자리에 마른 흙을 덮어주면 흙이 단단해지는 것을 막는다. 평소에 물을 준 뒤에도 마른 흙을 긁어서 덮어주면 물이 증발하면서 흙이 마르는 것을 예방할 수 있다.

## | 모종, 어디서 살까 |

해마다 4~5월이면 모종이 쏟아져 나온다. 모종이든 다른 용품이든 되도록 단골집을 정하고 구입하는 것이 좋다. 그래야 바가지를 쓰는 일도 없고, 나쁜 모종이나 씨앗을 살 가능성도 떨어진다.

   모종은 될 수 있으면 가게를 내고 영업하는 종묘상에서 사는 것이 좋다. 그것도 대량으로 판매하는 곳일수록 더욱 좋다. 초보 텃밭 농부는 어떤 모종이 좋은지, 어떤 모종이 나쁜지, 모종이 어떤 환경에서 자랐는지, 자라는 과정에서 냉해를 입지는 않았는지 등을 구분하기가 매우 어렵다. 그러나 오랜 세월 영업한 전문 종묘상은 모종을 길러내는 농가의 사정을 아는 경우가 많다. 나쁜 모종을 주면 거래를 끊어버리므로 농가에서도 전문 종묘상과 거래할 때는 좋은 모종을 내놓기 마련이다. 따라서 종묘상에서 모종을 구입하면 전문가의 검증을 거칠 수 있다는 장점이 있다.

   조금 싸기는 하지만 길에서 좌판이나 트럭에 싣고 파는 모종은 파는 사람도, 사는 사람도 서로 모르므로 나쁜 모종을 사도 대책이 없다. 게다가 이들 중에는 자신이 모종을 길러서 파는 사람도 있는데, 간혹 잘못 길러낸 모종도 섞어 파는 경우가 있으니 주의를 기울여야 한다. 몇 번 농사를 지은 뒤에, 그래서 좋은 모종과 나쁜 모종을 잘 구별할 수 있을 때에는 어디에서 사더라도 걱정이 없다.

## | 솎아내기 |

텃밭 재배에서 거의 모든 작물은 솎아내기를 한다. 보통 한 구멍에 재배할 포기보다 더 많이 심어서 두세 차례 솎아내기를 거쳐 최종적으로 한 포기만 재배한다.

### 모종 심고 물 주기

모종 주위에 홈을 만든다

물을 흠뻑 준다

마른 흙으로 덮어 흙 표면이 단단하게 굳지 않도록 한다

가령 김장 무의 경우 한 구멍에 서너 개의 씨앗을 파종해서 어느 정도 자라면 차례로 솎아내기를 해서 최종적으로 한 포기의 김장 무만 자라도록 하는 것이다.

처음부터 씨앗 한 개만 심지 않고, 서너 개를 심어 솎아내기를 하는 까닭은 발아하지 않을 경우를 대비하고, 발아한 것 중에서도 충실한 포기를 확보하기 위해서다. 아직 어린 싹이 해충의 공격을 받는 경우 공격을 분산하는 데도 서너 개를 함께 심는 것이 유리하다. 자칫 씨앗을 아끼려는 마음으로 한 구멍에 씨앗 한 개씩만 심었다가는 낭패를 볼 수 있다.

> **TIP** 솎아내기에도 규칙이 있다

모든 작물은 동시에 파종해도 싹이 트고 자라는 데 차이가 있다. 어떤 포기는 일찍 싹이 나서 잘 자라고, 어떤 포기는 늦게 싹이 나기도 한다. 무조건 일찍 싹이 난 것을 기르는 것도, 늦게 싹이 난 것을 기르는 것도 아니다. 솎아내는 데에도 일정한 규칙이 있다.

상추나 근대, 쑥갓, 돌산갓, 열무 등 솎아서 반찬으로 이용할 수 있는 작물은 대체로 먼저 싹이 나서 크게 자란 포기를 솎는다. 이렇게 하면 파종하고 2~3주쯤부터 어린 채소를 솎아서 이용할 수 있을 뿐만 아니라, 옆에서 자라는 작은 포기들에게는 자랄 수 있는 공간을 제공할 수 있으므로 장기간에 걸쳐 수확할 수 있다.

반대로 호박이나 김장 무, 콩, 옥수수처럼 솎아서 반찬으로 이용할 수 없는 채소는 부실하게 자라는 포기를 솎아서 제거한다. 이렇게 해서 튼실한 포기가 더욱 튼실하게 자랄 수 있는 공간을 마련해주는 것이다.

# 물 주는 데도 요령이 있다

초보 텃밭 농부가 가장 자주 잘못을 저지르는 것이 물 주기다. 본인은 매주 물을 흠뻑 줬는데 작물이 통 자라지 않는다는 초보 농부를 자주 본다. 이는 작물이 물을 받아들이는 방식과 텃밭 농부가 물을 주는 방식에 차이가 있기 때문이다.

도시농부학교 수강생들에게 자주 들려주는 이야기 중 하나는 '작물에 물을 줄 때는 흠뻑 줘야 한다'는 것이다. '물이 줄줄 흘러내리도록 주라'는 말에 수강생들은 정말 물이 줄줄 흘러내릴 정도로 주고 떠난다. '두둑 밖으로 줄줄 흘러내리도록 주라'는 말은 그만큼 많이 주라는 말이지, '물이 고랑으로 줄줄 흘러내릴 정도면 충분하다'는 뜻이 아니다.

밭을 부드럽게 갈아엎었다고 하더라도 한두 번 물을 주고 나면 물이 마르는 과정에서 흙 표면이 딱딱하게 굳는다. 마치 시멘트를 발라놓은 것처럼 단단해진다. 이런 땅에 물을 뿌리면 곧 흘러내리고 만다. 작물의 뿌리까지 스며드는 물은 거의 없고, 대부분 고랑으로 흘러내려 엉뚱한 곳으로 가버리는 것이다.

### 두둑에 물 주기

두둑에 그냥 물을 주면 물이 모두 흘러내린다. 흙 표면이 딱딱하게 굳어 있기 때문이다. 이때는 호미로 두둑을 긁어 준 다음 물을 주면 잘 스며든다.

작물에 물을 주는 데도 요령이 필요하다. 호미로 딱딱하게 굳은 흙 표면을 긁어준 다음 물을 주면 물이 훨씬 잘 스며든다. 작물이 많이 자라 흙 표면을 긁어주기 힘들 때는 1차로 물을 뿌려 약 3~4분 정도 기다렸다가 단단한 겉흙이 물로 풀어지면 그 위에 다시 물을 줘야 한다. 2~3분 정도 물이 스며들 시간을 기다렸다가 충분히 물을 준다. 그리고 다시 2~3분 정도 기다렸다가 물을 흠뻑 또 준다. 이처럼 단단한 겉흙에 물을 뿌리고, 겉흙이 물에 풀린 다음 서너 번 더 물을 흠뻑 주어야 비로소 깊은 뿌리까지 물이 닿는다.

특히 배추나 무처럼 많은 물이 필요한 작물, 뿌리가 깊이 내리는 작물은 물 주기에 신경을 써야 한다. 물이 많이 필요한 작물을 재배할 때는 두둑을 만들 때부터 물주기가 용이하도록 만들면 효과적이다. 이랑을 만들어 두둑을 높인 다음 두둑 양쪽에 작물을 심을 자리를 두고, 두둑 가운데 물받이 고랑을 내 물을 가두면 된다.

## | 물, 얼마나 자주 줄까 |

물을 자주 주라는 말에 초보 농부는 하루에 한 번, 혹은 이틀에 한 번 물을 조금씩 준다. 모종을 밭에 옮겨 심은 직후가 아니라면 이런 식으로 물을 주는 것은 좋은 방법이 아니다. 물은 1주일에 한 번 정도 흠뻑 주는 것이 좋다. 물을 너무 자주, 그것도 적게 주면 뿌리는 아래로 뻗지 못하고 얕은 곳에 머문다. 날이 갈수록 거름의 영양분은 아래로 내려가는데 영양분이 부족한 위에 뿌리가 머물러 있으니 작물이 필요한 영양분을 충분히 흡수할 수 없게 된다.

게다가 얕은 뿌리는 그만큼 바깥 환경에 영향을 쉽게 받는다. 기온이 지나치게 내려간다거나 올라갔을 때도 얕은 뿌리는 그만큼 견디기가 어렵다. 어쩌다가 1주일에 한 번도 밭에 못 나가는 경우가 생겼을 때도 깊은 뿌리는 그만큼 더 잘 견딜 수 있다. 물은 1주일에 한 번, 흠뻑 주는 것이 좋다. 1주일 안에 비가 많이 내렸다면 더 주지 않아도 된다.

물이 많다고 좋은 것은 아니다. 물이 너무 많으면 뿌리가 호흡하기 힘들고, 너무 가물면 뿌리가 흙 속의 영양분을 빨아들이지 못한다. 산소와 물의 균형이 맞아야 뿌리가 호흡하기도 좋고, 영양분을 흡수하기도 좋다.

사질토냐 점질토냐에 따라 다르지만, 다소 많은 비가 내리고 하루 정도 지나면 흙 속에 50%는 고체, 25%는 공기, 25%는 수분이 남아 뿌리가 산소와 수분과 영양분을 흡수하기 가장 좋은 상태가 된다. 그러나 열흘에서 보름이 지나면 흙 속의

보름 동안 비가 내리지 않다가 3mm 정도 비가 내렸지만 흙의 표면만 젖을 뿐 조금만 파보면 마른 흙 그대로이다. 물은 한번 줄 때 흠뻑 주도록 해야 한다. 대충 줄줄 뿌리면 땅 속으로 거의 스며들지 않는다는 것을 알 수 있다.

> **TIP** **가뭄 해소에 필요한 물의 양**
>
> 물을 얼마나 주어야 가뭄이 해소되는 걸까. 1주일에 한 번 물을 듬뿍 준다면 가뭄 걱정은 없다. 중간에 비가 한 번 내렸다면 그 주는 물을 주지 않아도 된다. 그러나 사정이 생겨 2주 정도 밭에 못 갔고, 그동안 비가 내리지 않았다면 물을 얼마나 주어야 할까. 가장 쉽게는 '대충 많이 주면' 된다.
>
> 과학적으로 볼 때 작물의 심한 가뭄을 해소하는 데 필요한 비의 양은 일반적으로 30㎖ 정도다. 강우량 30㎖는 330㎡(100평)에 10t의 비가 내리는 것을 말한다. 따라서 33㎡(10평) 텃밭의 가뭄을 완전히 해소하는 데는 1t, 즉 1,000ℓ의 물이 필요하다. 우리가 흔히 생각하는 양보다 훨씬 많은 양의 물이 필요한 셈이다.

물이 12% 안팎으로 줄어든다. 이때 남은 물은 토양에 강하게 흡착되어 있어 식물이 흡수하기 어려운 상태가 된다. 따라서 물은 1주일 혹은 길어도 열흘마다 한 번씩 흠뻑 주는 것이 좋다.

## ｜물, 하루 중 언제 줄까｜

식물이 광합성을 하려면 물과 햇빛, 이산화탄소가 필요하다. 활발한 광합성을 위해서는 하루 중 아침 일찍 물을 주는 것이 좋다. 물을 주고 나서 식물의 뿌리가 물을 흡수하기 시작할 때 자외선이 강한 오전 햇빛이 비치면, 식물은 활발하게 광합성을 할 수 있다. 오전 햇빛에 자외선이 더 많기 때문이다. 아침에 물 줄 기회를 놓쳤다면 해질 무렵에 주는 것이 좋다. 다음 날 오전 광합성에 큰 도움이 되기 때문이다.

그러나 식물체가 지나치게 시들시들하다면 아침, 점심, 저녁 가리지 말고 곧바로 물을 주는 것이 좋다. 이때 물의 온도는 기온과 비슷한 것이 가장 좋다. 추운 날에 뜨거운 물을 주거나 더운 날에 너무 차가운 물을 주면, 식물의 뿌리가 놀란다. 이론적이기는 하지만 식물에 가장 적합한 물 온도는 지온(地溫)과 비슷한 온도다.

# 식물의 구조와 생태

식물은 크게 뿌리와 줄기, 잎, 열매, 꽃으로 나누어진다. 열매 대신 잎을 수확해 먹는 식물도 있고, 뿌리나 줄기를 수확하는 작물도 있다. 우리가 먹는 감자와 생강 등은 덩이줄기이며, 양파와 마늘은 비늘줄기, 토란은 뿌리줄기에 해당한다.

식물이 생육하려면 빛과 온도, 토양과 무기양분, 물과 공기 등 다양한 조건들이 갖춰져야 한다. 이러한 조건이 자연환경 속에 마련되어 있을 때 비로소 작물은 자랄 수 있으며, 뿌리와 잎, 줄기 등을 통해 자신의 성장에 필요한 영양분을 흡수한다.

## | 잎 |

잎은 크게 물관부와 체관부, 기공(氣孔) 등으로 구성돼 있다. 또한 잎 안에는 엽록체가 있다. 잎의 3대 기능은 식물 전체에 영양을 공급하는 광합성, 생명 활동에 필요한 에너지를 얻는 호흡, 이용하고 남은 물을 식물체 밖으로 내보내는 증산작용이다. 잎이 없으면 식물은 생기를 잃고 죽고 만다.
엽록체는 잎의 가장 큰 역할인 광합성을 담당하고, 물관부는 뿌리나 잎이 빨아들인 물을 잎으로 운반한다. 체관부는 만들어진 영양분을 운반하는 역할을 한다.
잎은 식물이 광합성을 하는 데 가장 중요한 역할을 담당한다. 광합성을 하려면 물($H_2O$), 이산화탄소($CO_2$), 햇빛 에너지가 필요한데 잎은 햇빛을 직접 받고, 뒷면의 기공을 통해 공기 중의 이산화탄소를 빨아들인다. 그리고 뿌리가 흡수해 줄기를 통해 올라온 물을 만나 광합성을 하고, 탄수화물 즉, 당분이나 전분을 만들어낸다. 이렇게 만들어낸 영양분을 잎이나 줄기, 열매에 저장하며, 때로는 뿌리로 보내 저장하기도 한다.

　식물의 열매가 충실해지려면 당분이 많아야 한다. 이 당분을 만드는 것이 바로 잎이다. 따라서 잎이 부실하면 당분이 부족하고, 나중에 열매도 작아지기 마련이다. 어떤 작물이든 초기에는 잎과 줄기를 키우고, 나중에 열매를 맺기 마련이다. 초기에 질소 비료를 많이 주어 잎을 키우는 이유가 여기에 있다.

　초보 농부가 감자나 토마토, 오이, 가지 등 열매채소를 키우는 과정에서 식물체의 잎이 영양분을 모두 빼앗아가지 않을까 우려해 잎을 모조리 따버리는 경우를 보았다. 결국, 열매는 자라지 못했다.

　잎과 뿌리가 영양을 흡수해 저장한 것이 '열매'라고 보면 된다. 열매는 자기 혼자 자기 덩치를 키우지 못하므로 잎을 모조리 따버리면 식물체가 허약해지거나 죽어버린다. 열매 하나를 키우는 데는 반드시 몇 장의 잎이 필요하다는 사실을 기억하자. 특히 어떤 작물이든 열매 바로 아래위에 달린 한두 장의 잎은 반드시 필요한 잎이다.

　그러나 벌레가 갉아 먹어 부실한 잎, 노화되어 낡은 잎은 따주는 것이 좋다. 잎은 햇빛을 받아 광합성을 하고 그 영양분을 뿌리로 보내지만, 낡은 잎은 광합성 능력이 떨어지고 오히려 영양분을 소비하기 때문이다. 게다가 낡은 잎이 많이 달려 있으면 통풍이 나빠지고, 안쪽의 건강한 잎이 받아야 할 햇빛도 가리므로 빨리 따주도록 한다.

　노쇠한 잎이 아니더라도 지나치게 잎이 웃자라서 통풍을 방해하고 열매에 닿아야 할 빛을 차단할 정도라면, 적당히 잎을 솎아주어야 한다. 그래야 병해를 예방해서 식물체와 열매를 더 튼튼하고 크게 키울 수 있다.

### 🏷️ TIP  잎을 무작정 키우면 좋을까?

식물의 광합성에 잎이 가장 큰 역할을 한다. 무작정 잎을 키우려고 요소 비료를 듬뿍 주면 좋을까?

잎채소를 먹는 경우에는 요소질 비료를 좀 많이 주어 잎을 무성하게 키우는 것이 좋다. 식물의 성장 초기에는 식물체의 몸집을 키우고자 질소(요소) 비료를 많이 필요로 한다. 또, 가지를 키울 때 초기에 많이 수확한 후, 여름에 강한 전정(剪定, 가지치기)을 해서 새로운 잎과 열매를 키우고자 할 때는 질소 비료를 많이 주어야 한다.

그러나 질소 비료를 무작정 많이 주면 식물이 '영양생장' 즉, 자기 몸집만 키울 뿐 열매를 맺는 '생식생장'에 무심해져 버린다. 따라서 적당한 양의 요소 비료를 주되, 성장을 봐가며 웃거름으로 주는 것이 좋다. 특히 토마토, 가지, 오이 등은 작물이 첫 열매를 맺고 난 뒤에 요소 비료를 웃거름으로 주는 것이 좋다.

특히 질소 비료를 듬뿍 주면 잎이 지나치게 많이 커질 뿐만 아니라 너무 부드러워져 벌레가 많이 꼬인다는 점을 기억하자.

## 모든 식물이 광합성을 할까?

앞서 동물과 식물의 가장 큰 차이점은 광합성이라고 밝힌 바 있다. 동물은 광합성을 못 하지만, 식물은 광합성을 한다. 그렇다면 모든 식물이 광합성을 할까? 아니다. 광합성은 엽록체를 가진 녹색식물만 한다. 엽록체가 없는 버섯이나 실새삼 등은 스스로 양분을 만들어내지 못한다. 따라서 이런 식물은 다른 식물이 만들어낸 영양분을 먹고 산다. 이들을 기생식물이라고 부른다.

### 🏷️ TIP  식물마다 뿌리 모양이 다르다

모든 식물의 뿌리는 원뿌리, 곁뿌리, 수염뿌리로 구성되어 있을까? 아니다. 가운데 길고 곧게 뻗은 원뿌리를 중심으로 곁뿌리와 수염뿌리가 나 있는 식물은 쌍떡잎식물이다. 씨앗을 뿌린 뒤 싹이 나올 때 두 잎의 떡잎이 올라오는 식물로 무, 당근, 강낭콩, 호박, 근대, 명아주 등이 이에 속한다.

줄기 아래 수염처럼 가느다란 뿌리가 여러 개 달리는 뿌리를 수염뿌리라고 하는데, 이는 외떡잎식물의 뿌리다. 옥수수, 바랭이, 벼, 보리, 강아지풀 등이 이에 속한다.

어떤 식물의 뿌리를 캐보면 그 식물이 쌍떡잎식물인지, 외떡잎식물인지 바로 알 수 있다.

지구에 사는 거의 모든 동물은 식물에 의존해 산다. 동물이 태양 에너지를 받아 직접 합성할 수 있는 영양분이나 에너지는 극히 미약하다. 동물은 식물이 태양 에너지를 받아 만들어낸 영양분이나 에너지를 흡수해 살아간다고 해도 과언이 아니다.

동물과 식물의 가장 큰 차이점은 광합성이다. 동물은 광합성을 할 수 없지만, 식물은 광합성을 통해 전분(澱粉), 당(糖) 등 유기화합물을 합성한다. 사람은 햇빛을 받아 비타민 D만 직접 만들어내지만, 식물은 그야말로 많은 것을 만들어내는 것이다.

잎은 광합성을 할 뿐만 아니라 직접 비료 성분을 빨아들이기도 한다. 비료 성분이 부족해 성장이 더디거나 식물체가 매우 허약할 때 땅에 비료를 주기보다 비료를 물에 녹여 희석한 다음 잎에 직접 뿌리면 흡수가 빨라 효과가 금방 나타난다. 이것을 '엽면시비(葉面施肥)'라고 한다. 식물의 성장을 봐가며 엽면시비를 해야 할 경우가 있지만, 효과가 빠르다고 해서 무작정 엽면시비를 하는 것은 식물의 다른 기관이 해야 할 일을 못 하게 하는 것이므로 식물체를 허약하게 만들 수 있다.

엽면시비는 응급조치 정도로 이해하는 것이 좋다. 뿌리는 뿌리대로, 줄기는 줄기대로, 잎은 잎대로 해야 할 역할이 있으며, 각자 제 역할을 할 때 식물체는 건강해진다. 빠른 효과에 재미를 붙여 엽면시비에만 의존할 경우 작물은 결국 약해지고 만다.

## | 줄기 |

줄기는 식물의 몸을 지탱하고 뿌리와 잎을 잇는 기관이다. 줄기에는 두 개의 통로가 있다. 하나는 뿌리에서 흡수한 물과 영양분을 잎으로 올려보내는 통로, 즉 물관부고, 다른 하나는 잎이 만든 양분을 식물의 몸 구석구석으로 보내는 통로, 즉 체관부다. 우리가 먹는 열매는 체관부를 통해 식물 안에서 이동한 양분이 저장된 창고라고 할 수 있다. 식물의 줄기 속에 관다발이 있는데, 이 안에 물관과 체관이 들어가 있다.

줄기는 스스로 양분과 물을 저장해 통통해지기도 한다. 가령 우리가 먹는 토란은 뿌리줄기에 양분이 저장되어 통통해진 것이고, 양파와 마늘은 비늘줄기에 양분이 저장되어 통통해진 것이다. 생강과 감자는 덩이줄기에 양분이 저장되어 커진 것이다. 한편, 우리가 먹는 고구마는 줄기가 아니라 덩이뿌리에 해당한다.

## | 뿌리 |

뿌리는 흙을 꽉 붙잡아서 식물체가 서 있도록 하는 역할을 한다. 또 물과 양분을 흡수해 물관부와 체관부를 통해 이동함으로써 광합성을 돕고, 식물을 성장을 돕고, 열매를 맺게 한다. 뿌리는 땅속에서 호흡한다. 따라서 장마철에 흙이 물에 오래 잠겨 공기가 없어지면 땅속에 사는 미생물뿐만 아니라 식물의 뿌리 역시 질식해 작물이 시들거나 죽어버린다.

김매기로 풀을 매는 동시에 코팅한 것처럼 딱딱한 흙 표면을 부드럽게 만들어 주는 이유는 공기가 땅속으로 잘 들어가게 하기 위해서다. 또 두둑을 높이거나 배수로를 만드는 것 역시 뿌리가 물에 오래 잠기는 것을 막기 위해서다.

뿌리는 크게 원뿌리와 곁뿌리, 수염뿌리로 나눈다. 나무든 채소든 캐보면 크고 비교적 곧게 난 뿌리가 있는데, 그것이 원뿌리다. 원뿌리 옆에 가지처럼 뻗어 나온 것이 곁뿌리다. 다시 곁뿌리에서 수염처럼 가느다랗게 퍼져 있는 것이 수염뿌리다.

영양분을 흡수하는 역할은 수염뿌리가 한다. 원뿌리와 곁뿌리는 식물체를 서 있도록 하는 동시에 수염뿌리가 잘 뻗어 나갈 수 있도록 돕는다. 따라서 옮겨심기 할 때 원뿌리뿐만 아니라 수염뿌리가 다치지 않도록 조심해야 한다. 원뿌리가 다치면 곁뿌리와 수염뿌리가 죽고, 수염뿌리가 다치면 영양분 흡수를 못 해 식물체가 허약해진다.

텃밭 재배를 하다 보면 모종을 옮겨 심은 후 1~2주 정도 식물체가 시들시들한 것을 볼 수 있다. 이것을 '옮겨 심은 몸살'이라고 하는데, 수염뿌리가 제대로 활착할 때까지 영양분을 제대로 흡수하지 못해서 발생하는 현상이다. 따라서 옮겨 심은 몸살을 줄이려면 최대한 수염뿌리를 다치지 않도록 하고, 물을 충분히 주어야 한다.

식물 뿌리는 물관과 체관, 표피, 뿌리털, 신장대, 생장점, 뿌리골무 등으로 구성되어 있다. 뒤에 좋은 모종을 고르는 법에서 설명하겠지만, 작물 포트 밖으로

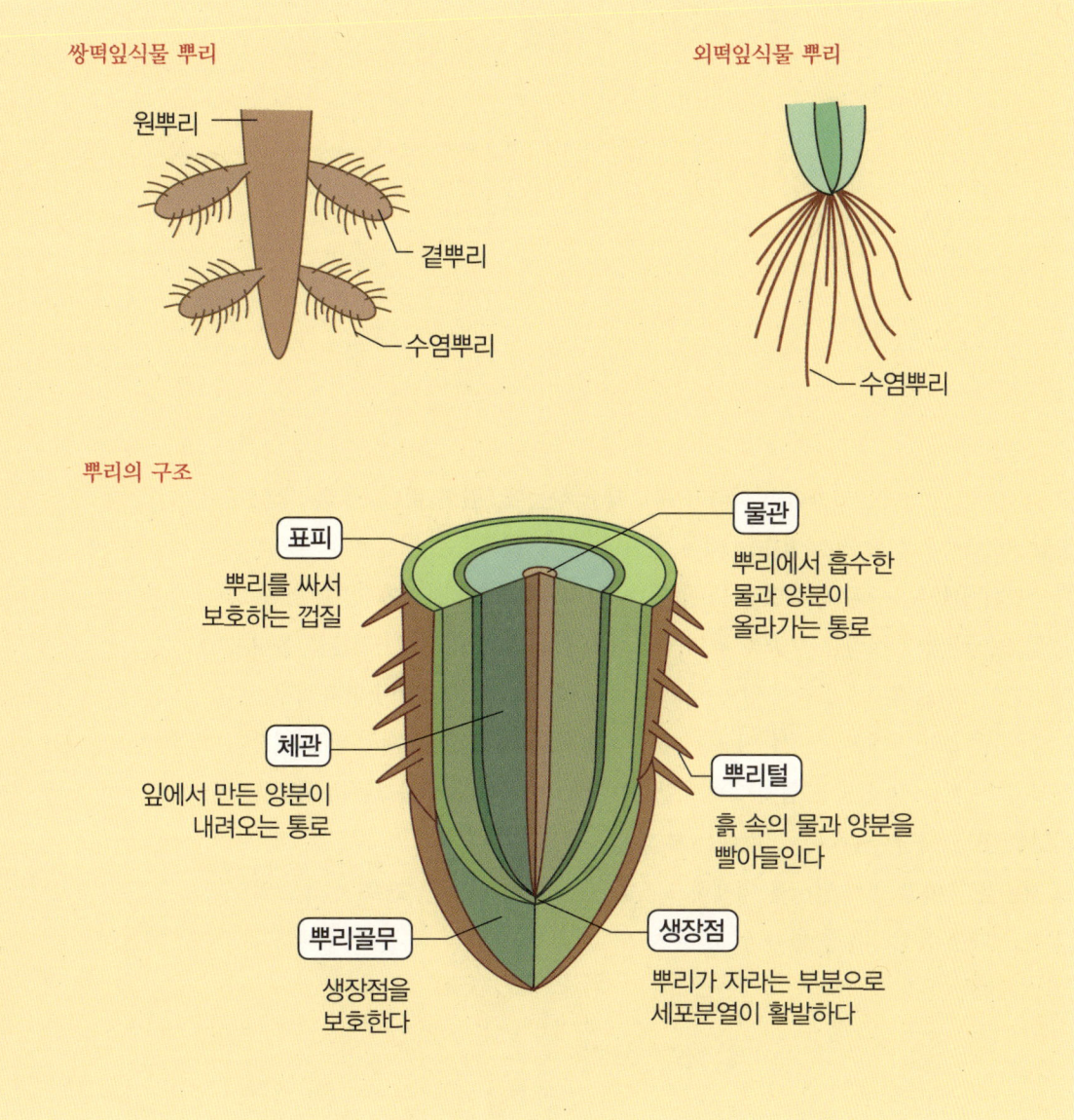

뿌리가 나온 모종이 좋지 않은 것은 옮기다가 뿌리 끝을 다칠 우려가 있어서다. 식물은 뿌리 끝에 생장점이 있는데, 이 생장점은 세포분열이 활발하고 이를 통해 뿌리가 자란다. 그러나 모종을 옮기다가 뿌리 끝을 다치면 성장이 정지되거나 장애가 발생한다. 뿌리골무는 뿌리의 맨 끝에 위치하고 있으며 생장점을 감싸고 보호하는 역할을 한다.

# 농사혁명 멀칭

멀칭(mulching, 피복)은 '농사혁명'이라고 부르기도 하는데, 검정 비닐, 투명 비닐, 혼합 비닐 등으로 밭을 덮어주는 것을 말한다. 멀칭 재료로는 비닐뿐만 아니라 짚, 낙엽, 신문지, 부직포, 뽑아낸 풀, 톱밥, 콩깍지 등 다양한 것들이 있다.

멀칭은 작물이 자라는 두둑을 덮어 줌으로써 잡초 발생을 막고, 지온을 올리며, 수분 증발을 막고, 빗물에 땅이 젖고 마르는 과정을 막아서 땅이 딱딱해지는 것을 방지하고, 비에 비료 성분이 쓸려가는 것을 막는다. 또 장마 때 흙탕물이 작물에 튀는 것을 막아 병균 침입도 예방할 수 있다. 주로 작물이 자라는 두둑에는 비닐을 덮고, 사람이 다니는 고랑에는 부직포나 짚을 덮는다.

지온을 높이고 벌레 발생을 억제하고 싶을 때는 투명 멀칭을, 잡초 번식을 막고 싶을 때는 검정 멀칭을 한다.

## | 멀칭의 효과 |

이른 봄에 멀칭을 하면 지온을 올릴 수 있어 작물의 생장을 촉진한다. 3월 말에 똑같은 깊이로 감자를 심었다면, 검은 비닐로 멀칭한 밭과 멀칭하지 않은 밭의 싹이 흙 위로 올라오는 기간은 두 배 이상 차이가 난다.

사람들은 흔히 날씨가 따뜻해지면 작물을 재배하기에 충분하다고 생각하지만, 작물은 땅속에 뿌리를 내리고 자라므로 기온만큼이나 지온이 중요하다. 한 며칠 기온이 따뜻했다고 해서 지온까지 알맞게 따뜻해지지는 않는다. 이럴 때 비닐 멀칭을 해두면 낮 동안 밭은 햇빛 에너지를 땅속에 가둘 수 있고, 노지보다 지온이 훨씬 빨리 올라간다. 비닐하우스를 생각하면 쉽게 알 수 있다.

텃밭 농부는 굳이 비닐 멀칭을 할 필요는 없다. 하지만 만약 멀칭을 했다면 수확할 때 조심스럽게 수확해 이듬해에 다시 이용할 수 있다. 멀칭을 재활용함으로써 비용, 일손도 줄이고, 환경도 지킬 수 있다.

밭작물 멀칭에 일반적으로 쓰는 검은 비닐.

　멀칭은 또 장마 때 흙탕물이 작물에 튀는 것을 방지해 전염병 예방에도 도움이 된다. 특히 고추밭에 멀칭을 해두면 탄저병(炭疽病) 예방에 상당히 도움이 된다.
　멀칭을 해둔 밭은 1년이 지나도 땅이 굳지 않고 푸슬푸슬해 다음 해에도 그대로 농사지을 수 있다. 전업 농부는 해마다 밭을 갈고 새로 멀칭을 하지만 소규모 텃밭 농부라면 올해 멀칭을 한 밭에서 작물을 수확할 때 비닐을 찢지 않도록 조심하면서 수확한다면 다음 해에도 굳이 멀칭을 새로 하지 않고 작물을 재배할 수 있다.
　비닐 멀칭을 하면 가뭄에도 흙이 쉽게 마르지 않고, 장마에도 땅이 많이 젖지 않아 수분이 거의 일정하게 유지되어서 작물의 생육이 안정적으로 이루어진다. 멀칭을 해둔 밭은 가뭄이 지나치게 길거나 수분이 특별히 많이 필요하지 않은 작물이라면 따로 물을 주지 않아도 된다.

같은 품종의 가지를 같은 날 심은 것이다. 멀칭을 하지 않은 가지는 시들어 있는데 반해 멀칭을 한 가지는 싱싱하다. 비닐 멀칭을 한 덕분에 수분이 충분하기 때문이다. 그러나 소규모 텃밭 농부는 굳이 멀칭하지 말고 자주 물을 주는 것이 좋다.

장마 때 비가 많이 내리면 두둑의 흙과 양분이 쉽게 유실되는데, 멀칭을 해둔 밭은 이런 유실이 적어 작물 재배에 큰 도움이 된다. 게다가 비가 내리고 땅이 마르기를 반복하면 흙 표면이 코팅한 것처럼 딱딱해지므로 자주 김매기를 해주어야 하지만, 멀칭을 한 밭은 흙 표면이 딱딱해지지 않는다. 무엇보다 잡초가 자라지 않거나 자라더라도 매우 적게 자라므로 풀 뽑기가 필요 없다.

## | 멀칭, 해야 하나, 말아야 하나 |

도시농부학교를 운영하다 보면 자신의 텃밭에 비닐 멀칭을 하는 사람도 있고, 하지 않는 사람도 볼 수 있다. 텃밭 농부들은 서로 인사를 나누기 마련이고, 그러다 보면 농사 정보도 나누게 된다. 어떤 사람은 멀칭을 꼭 해야 한다고 주장하고, 어떤 사람은 안 해도 된다고 주장한다. 주변 사람들의 주장이 엇갈리니 초보 농부는 어째야 좋을지 몰라 걱정하곤 한다.

전업 농부처럼 큰 면적에서 농사지으며, 일손을 줄이고, 하루라도 일찍 수확하고, 고른 품질의 농산물을 생산해야 한다면 멀칭을 하는 편이 유리하다. 그러나 소규모 텃밭 농부 입장에서는 멀칭을 해도 되고, 안 해도 된다. 10~20평 내외의 텃밭을 가꾸면서 1주일에 한 번쯤 밭에 들러서 작물을 돌볼 수 있다면 굳이 멀칭을 하지 않아도 된다. 멀칭을 하면 일손이 줄어드는 것은 사실이다. 하지만 텃밭 농부에게는 수확도 중요하지만, 농사짓는 일 그 자체가 큰 의미다. 밭에 갈 때마다 할 일이 있어야 자주 가게 되고, 자주 가다 보면 풀 한 포기라도 뽑고, 김매기라도 해주게 된다. 김매기를 자주 하고, 물을 잘 주는 것이 어떤 비료보다 낫다.

그러나 면적이 20평을 넘거나 1주일에 한 번 이상 밭에 갈 수 없는 처지라면 멀칭을 하는 것이 좋다. 4월과 5월 중순까지야 2주에 한 번쯤 밭에 가도 큰 문제가 없지만, 5월 말에서 6월을 지나면 풀이 하루가 다르게 자란다. 게다가 장마라도 오면 풀을 감당할 수 없게 된다. 텃밭이 온통 풀밭이 되면 밭에 들어가기도 어렵고, 농사짓겠다는 의욕마저 사라질 수 있다. 따라서 텃밭 면적이 넓거나 매주 텃밭에 갈 수 없는 사람은 멀칭을 하는 편이 낫다.

자주 텃밭에 들릴 수 없는 사람, 비교적 큰 규모의 밭을 가꾸는 사람은 두둑에 비닐 멀칭뿐만 아니라 고랑에 부직포 멀칭까지 하는 것이 좋다. 고랑에서 자라난 풀이 두둑을 침범하기 일쑤고, 통풍과 배수를 막아 작물에 나쁜 영향을 주기 때문이다. 특히 바랭이 같은 풀은 아주 약하게 시작하지만, 마디마다 뿌리를 내리며 옆으로 빠르게 번져서 비닐 멀칭 위를 덮어 버리기도 한다. 고랑에 풀이 많으면 사람이 들어가기 힘들고 아무래도 관리가 소홀해지기 십상이다.

20평 이내의 밭이라도 밭에 모래 성분이 많다면 멀칭을 해주는 것이 좋다. 이런 밭은 수분과 비료 성분이 쉽게 빠지기 때문이다. 그러나 이런 경우에는 굳이 비닐 멀칭을 하기보다는 짚이나 낙엽을 모아 멀칭을 해주는 것이 더 좋다.

어떤 작물을 심느냐도 멀칭 여부를 판단하는 기준이 될 수 있다. 고추처럼 장마에 취약한 작물, 감자처럼 알뿌리가 햇빛을 받지 않도록 해야 하는 작물, 가지처럼 일정한 수분이 필요하면서도 과습과 건조에 약한 작물 등을 재배할 때는 멀칭을 해주는 편이 유리하다.

따라서 멀칭 여부는 밭의 면적, 밭에 오는 빈도, 토질의 상태, 재배하는 작물 등에 따라 달라질 수 있다. 그러나 소규모 텃밭 농부는 조금 힘이 들고 성가시더라도 멀칭을 하지 않고 재배해볼 것을 권하고 싶다. 고추, 가지, 감자 등 작물도 소규모로 재배할 경우 비닐 멀칭 대신 짚이나 풀, 낙엽 멀칭만으로도 충분히 재배할 수 있다. 게다가 비닐 멀칭을 한 밭은 보기에도 안 좋고, 작물을 모두 수확한 다음 비닐을 깨끗하게 수거하지 않으면 토양도 오염된다.

비닐 멀칭을 하고 지주를 세운 다음 고추 모종을 심었다.

## | 멀칭을 하는 몇 가지 기준 |

경험상 10평 내외의 텃밭 농부라면 멀칭을 하지 않는 것이 좋다. 풀이 나면 풀을 매고, 비가 오지 않으면 물을 주는 과정이 모두 농사의 즐거움이기 때문이다. 그러나 개인마다 사정이 다르고, 작은 텃밭이라도 멀칭을 해야 하는 경우도 있다. 그렇더라도 아무 작물이나 다 멀칭을 하는 것이 아니라, 멀칭을 하는 몇 가지 기준이 있다.

첫째, 멀칭은 봄에 심는 작물에 주로 한다. 멀칭은 지온을 높이고, 수분을 보유하며, 풀을 예방하는 데 가장 큰 목적이 있다. 따라서 여름에는 이미 지온이 높은

투명 비닐은 지온을 높이고 수분을 유지하는 효과가 있지만, 햇빛을 통과시키므로 그 안에서 잡초가 자란다.

혼합 멀칭 비닐은 전체적으로 불투명한 검은 색이지만 가운데 투명한 비닐이 섞여 있다. 주로 멀칭을 먼저 하고 씨앗을 파종할 때 사용한다. 가운데 투명한 부분으로 햇빛이 들어가 기르고자 하는 작물만 싹트게 한다. 모종을 옮겨 심을 때는 굳이 혼합 멀칭 비닐을 사용할 필요가 없다.

데다, 가을로 가면서 풀 걱정도 없으므로 파종 전이나 모종을 옮겨심기 전에 풀을 뽑아내면 멀칭이 필요 없다.

둘째, 봄에 심는 작물이라도 고추, 파프리카, 토마토, 가지, 피망 등 주로 열매채소에 멀칭을 한다. 잎채소는 그 자체로 잎이 넓어 풀을 방지하므로 멀칭을 할 필요가 없는 데다, 멀칭을 하면 잎채소를 파종해서 솎아 먹는 재미가 없어진다. 또 감자처럼 이른 봄에 심는 뿌리채소도 멀칭을 하는 경우가 많다.

## | 다양한 멀칭 재료 |

### 비닐 멀칭

검은 비닐은 땅의 지온을 올릴 뿐만 아니라 잡초를 방지하는 효과가 있다.

가운데는 투명해서 햇빛을 통과시키고 양쪽은 검은 비닐인 '혼합 멀칭 비닐'은 작물이 자라는 위치에는 투명 비닐을, 나머지는 검은 비닐로 덮어 작물은 잘 자라게 하고, 잡초는 자라지 못하게 하는 효과를 낸다. 혼합 비닐 멀칭은 햇빛을 더 많이 통과시키기 때문에 검은 비닐보다 지온을 더 빨리 올린다.

투명 비닐 멀칭은 가을부터 이른 봄까지 상추나 배추를 길러 먹을 때 주로 사용한다.

### 신문지 멀칭

텃밭 농부는 신문지 멀칭도 이용해볼 만하다. 신문지 멀칭은 지온을 올려주는 효과는 거의 없으나, 두둑 위를 신문지로 덮고 물을 뿌려 흙과 흡착시킨 뒤 모종 심을 위치를 찢어 모종을 심어주면 상당 기간 풀이 자라는 것을 막아준다. 모종이 자리를 잡고 어느 정도 자란 다음에는 풀이 올라와도 모종이 풀에 치이지 않으므로 도움이 된다.

신문지 멀칭의 장점은 친환경적이라는 데 있다. 요즘 신문은 인쇄할 때 콩기름을 주로 쓰므로 멀칭을 하고 밭에 그대로 두어도 종이와 기름이 빗물에 녹으면서 쉽게 썩기 때문에 친환경적이다. 게다가 비닐과 달리 일부러 걷어주어야 하는 불편함도 없다.

### 풀 멀칭

작물 근처에 자라는 풀을 맨 다음 작물 근처에 덮어주면 수분을 유지하고 풀이 자라는 것을 예방하는 데 큰 도움이 된다. 풀을 뿌리째 뽑은 다음 흙은 탈탈 털고 자신이 재배하는 작물 아래 깔아두면 된다. 웬만큼 두툼하게 깔아도 비가 자주 내리고 햇볕이 뜨거운 여름에는 금방 썩어서 영양분이 된다. 주변에 보이는 풀을 수시로 뽑아 덮어주면 좋다.

### 낙엽 멀칭

나뭇잎도 훌륭한 멀칭 재료가 된다. 특히 솔잎과 단풍잎 등은 풀 씨앗이 싹트지 못하도록 막는 역할을 한다. 솔잎은 솔잎 속에 들어 있는 송진 덕분에 다른 나뭇잎과 달리 잘 썩지 않는다. 썩지 않고 오래 버티는 동안 다른 풀의 씨앗이 햇빛을 받지 못하도록 막는다. 단풍잎은 독을 품어 다른 풀의 씨앗을 죽게 한다. 따라서 단풍잎은 모종을 심은 뒤 혹은 재배하고자 하는 작물이 싹을 틔우고 어느 정도 자란 뒤 덮어주는 것이 좋다.

짚을 구해 고랑에 깔아주어도 아주 좋다. 시간이 지나면 저절로 썩어 거름이 되므로 나중에 걷어줄 필요도 없고, 영양분도 공급되고, 보기에도 좋다.

### 부직포 멀칭

부직포를 고랑에 깔아 잡초의 발생을 막으면 사람이 밟고 다녀도 찢어지지 않는다. 텃밭 농부 중에 두둑에 덮는 일반 검정 비닐을 고랑에 까는 사람이 있는데, 사람이 한두 번만 밟아도 찢어져서 멀칭의 효과가 없을 뿐만 아니라 찢어진 비닐이 이리저리 날려 밭만 더러워진다. 부직포는 햇빛을 막아 잡풀의 성장을 막지만, 비닐과 달리 물과 공기를 통과시키므로 흙 속에 사는 미생물의 활동에 나쁜

두둑에 솔잎을 두툼하게 깔았다. 솔잎 멀칭은 지온 상승 효과는 없지만, 수분 유지와 잡초 예방에는 상당한 도움이 된다.

이랑을 만든 뒤 작물이 자라는 두둑에는 멀칭을 하고, 사람이 다니는 고랑에는 부직포를 깐다. 소규모 텃밭 농부는 굳이 부직포를 깔지 않아도 되지만, 풀 관리가 어렵다면 고려해봐야 한다.

고랑에 짚으로 멀칭을 한 밭. 구할 수만 있다면 고랑에 짚으로 멀칭을 하는 것이 환경적인 면에서나 미관상으로도 좋다. 짚은 부직포와 달리 농사를 끝낸 뒤 걷어낼 필요 없이 그대로 두면 거름이 된다.

영향을 주지 않는다.

## | 멀칭비닐, 어떤 것을 얼만큼 살까 |

종묘상에 가면 다양한 너비의 멀칭비닐과 부직포가 나와 있다. 두둑의 너비에 따라 편리하게 구입하되, 가능하면 조금 두껍고 탄성이 있는 비닐을 구입해 찢어지는 것을 예방해야 한다. 값이 싸다고 얇은 비닐을 사용하면 너무 쉽게 찢어져서 멀칭의 효과가 떨어질 뿐만 아니라 밭에 폐비닐이 날려 엉망이 된다.

## | 멀칭고정핀을 쓸까 |

시중에는 멀칭비닐과 부직포를 고정하는 핀이 나와 있다. 비닐과 부직포를 깔고 핀을 박아 고정하는 것이다. 플라스틱과 금속 핀이 출시되어 있는데, 플라스틱은 쉽게 휘므로 금속 핀을 구입하는 것이 유리하다.

다만 두둑에 덮은 멀칭비닐을 고정할 때는 굳이 고정핀을 사용하기보다는 흙을 덮어주는 편이 비닐이 찢어지는 것과 바람에 날려 들리는 것을 예방하는 데 훨씬 유리하다. 멀칭고정핀은 잘 찢어지지 않는 부직포에 적합하며, 멀칭비닐에는 별 도움이 되지 않는다. 센 바람이 불면 오히려 비닐을 찢어버리는 원인이 되기도 한다.

멀칭고정핀 대신 흙을 덮어줄 때는 비닐 가장자리를 따라 흙을 골고루 덮어 주고, 두둑 위 비닐 가운데 부분에도 한두 삽씩 띄엄띄엄 흙을 덮어주도록 하자. 그래야 멀칭 비닐 안쪽에 공기가 들어가더라도 바람에 비닐이 날리지 않는다.

## | 멀칭은 언제 할까 |

비닐 멀칭이든 부직포 멀칭이든, 신문지나 짚 멀칭이든 모두 풀이 올라오기 전에 해야 한다. 풀이 올라온 다음이라면 풀을 제거해 준 뒤에 멀칭을 해야 흙과 밀착되고, 잡풀이 자라는 것을 막을 수 있다.

또 파종 후에 멀칭을 했다면 작물의 싹이 나는 것을 봐가며 구멍을 뚫어줘야 한다. 처음부터 구멍이 뚫린 멀칭비닐을 구입해 멀칭을 한 다음 씨앗을 뿌릴 수도 있고, 검은 비닐로 멀칭을 한 다음 호미로 일일이 구멍을 내가며 씨앗을 파종할 수도 있다. 모종을 심을 때는 미리 멀칭을 해둔 다음 해야 모종이 다치지 않는다.

한랭사는 조류로부터 콩과 옥수수 등 씨앗을 지켜줄 뿐만 아니라 거세게 떨어지는 빗줄기로부터 모종을 보호해준다. 무나 배추의 경우 벼룩잎벌레나 좁은가슴잎벌레의 공격을 막아주기도 한다. 모종이 어느 정도 자라고 나면 한랭사는 벗겨 준다.

널빤지와 비닐을 이용해 작은 비닐하우스를 만들면 겨울에도 싱싱한 채소를 즐길 수 있다. 또한, 이른 봄에 하우스 안에서 파종해 싹을 틔워 옮겨 심으면 생육 기간을 확보할 수 있어 늦서리를 피해 모종을 내야 하는 작물을 키우는 데 유리하다.

50% 차광막을 이용하면 여름의 뜨거운 햇볕을 가려 상추 등 더위에 약한 채소를 기를 수 있다. 다소 그늘 진 곳을 좋아하는 작물을 재배할 때는 차광막이 필수이다.

# 튼튼한 성장을 위한 지주 세우기

작물 중에는 지주를 세워주어야 하는 것들이 있다. 주로 키가 크고 열매가 많이 달리는 작물로, 오이, 가지, 고추, 토마토, 파프리카, 피망, 미니단호박, 얌빈, 작두콩, 덩굴을 벋는 강낭콩, 여주 등이 이에 해당한다.

지주는 모종을 심기 전이나 모종을 심은 직후에 곧바로 세워주어야 한다. 일정한 시간이 지난 뒤에 지주를 박을 경우 옆으로 번진 뿌리가 훼손될 수 있다.

열매의 무게가 많이 나가는 작물의 경우 일자 지주보다는 지주 두 개를 기대어 세우는 A자 형의 합장식으로 세우는 것이 튼튼하다.

오이는 지주와 함께 망을 씌워 줄기가 타고 올라갈 수 있도록 해야 한다. 고추와 피망, 파프리카는 1m 지주를 세우면 되지만, 가지는 1.5m 지주, 토마토는 2m 지주를 세워야 한다. 오이는 2m 지주를 합장식(A자 형)으로 여러 개 세우고 망을 씌워 주어야 한다.

일부 텃밭 농부는 알루미늄 지주 대신 주변의 나뭇가지를 세우는 경우도 있는데, 나무는 깊이 박을 수 없다. 나중에 장마를 만나고 바람이 세게 부는 데다 열매의 무게가 더해지면 넘어질 수 있으므로 전문 지주를 사용하는 편이 낫다. 한번 사놓으면 여러 해에 걸쳐 사용할 수 있다.

나는 알루미늄 지주 대신 철근 지주를 사용한다. 철근 지주는 초기 비용이 알루미늄보다 조금 더 들고 무게도 무겁지

일자 지주. 고추에 적합한 지주다.

삼각형 합장식 지주. 토마토, 오이 등 열매의 무게가 많이 나가는 작물에 적합한 지주다. 일자 지주보다 튼튼하다.

### 지주 세우기

포기당 한 개씩 지주를 세운다.

고추 지주를 세울 때는 두세 포기마다 한 개의 지주를 세우고, 지그재그로 끈을 둘러 포기를 고정해도 된다.

양쪽에 삼각형으로 지주를 세우고 끈으로 잘 묶은 다음 지주와 지주를 이어주는 끈을 쳐 작물을 고정할 수도 있다.

### 지주 끈 묶는 요령

끈을 묶을 때, 지주에는 단단하게 조여 매고, 작물 줄기에는 8자로 넉넉하게 여유를 주어 묶도록 한다. 작물 쪽에는 손가락 한 개가 들락거릴 정도의 여유를 두어야 작물이 잘 자랄 수 있다.

흘러내린다

지주에 단단히 맨다

---

만, 쉽게 휘거나 부러지는 경우가 없어 오래 사용할 수 있다. 두께 지름 1cm, 길이 8m 철근이 개당 4천 원 안팎인데, 이를 2m 길이로 자를 경우 네 개가 나오니, 지주 한 개에 1천 원 정도로 알루미늄 지주보다 2~300원 비싸다. 가격보다는 무겁다는 점이 더 큰 단점이다. 한꺼번에 들고 운반하기 어려운 만큼 여성 텃밭 농부가 사용하기에 어려울 수 있다.

## | 지주 세우는 요령 |

지주는 땅속 깊이 박아야 한다. 두둑 위에 지주를 박되, 지주가 두둑 아래 원래 지면을 뚫고 들어가도록 망치 등으로 단단히 박아주어야 한다. 두둑의 흙은 원래 지면보다 부드러우므로 두둑에 대충 박아두었다가는 여름철에 비가 자주 내려서 땅이 젖으면 지주가 넘어지기 쉽다.

지주를 박을 때 손을 다치지 않도록 반드시 망치 등을 사용한다. 키가 큰 지주를 박을 때는 의자나 플라스틱 상자 등을 밑에 놓고 밟고 올라서서 박아야 깊고 안전하게 박을 수 있다. 팔을 쳐들어 박자면 힘도 많이 들고 제대로 박기도 어렵다.

키가 2m 이상 자라는 토마토에 1m짜리 고추 지주를 사용했다. 아직 모종이 어릴 때는 지주가 남아도는 것 같지만, 처음부터 작물에 맞는 지주를 세워야 한다.

페트병 등을 거꾸로 꽂아두면 눈에 잘 띄어서 걸릴 염려가 없고, 걸리더라도 다치지 않는다.

끈을 묶을 때, 지주에는 단단하게 묶고, 작물에는 느슨하게 묶도록 한다.

덩굴성 작물은 모종을 내기 전에 유인줄을 둘러야 일하기도 편하고 작물에 피해를 주지 않는다. 작물이 어느 정도 자란 뒤에 유인줄을 두르거나 지주를 박으면 작물이 다치는 경우가 발생하기 쉽다.

모두 어설픈 지주다. 아직 작물이 어릴 때는 나무 막대기로 대충 세워도 되지만, 땅속 깊이 박을 수 없어서 장마철이면 어김없이 넘어지고 만다.

# 종묘상 나들이

초보 텃밭 농부는 종묘상을 어렵게 생각한다. 손바닥만 한 텃밭 농사를 지으면서 종묘상을 들락거리려니 왠지 쑥스럽다고 생각하기 때문이다. 아무리 작은 농사를 지어도 농부는 농부다. 게다가 대도시 근처에 있는 종묘상은 전업 농부가 아니라 텃밭 농부나 집에서 화초를 가꾸는 사람을 대상으로 하는 곳이 많다. 전업 농부가 아니라고 쑥스러워할 필요는 전혀 없다.

몇 군데 종묘상을 알아본 후, 자주 가는 종묘상을 정해놓자. 종묘상 주인과 인사라도 하는 정도가 되면 여러모로 농사 지식을 얻을 수도 있고, 품질 좋은 농자재, 모종, 씨앗 등을 정직한 값에 구입할 수도 있다. 될 수 있으면 종묘상을 가까이하는 것이 좋다. 그러나 견물생심이라고 종묘상에 가서 눈에 띄는 자재를 모두 구입하다 보면 부담만 커지고 별 쓸모도 없다. 종묘상 역시 대형 소매점이나 백화점을 이용할 때와 주의할 점은 똑같다. 필요한 물건을 미리 생각한 뒤에 구매로 들어가는 것이 좋다. 다만 종묘상에 가서 다양한 제품을 놓고 비교해보는 것은 좋다. 작물에 병해충이 발생했을 때도 사진을 찍거나 표본을 떼서 종묘상에게 보여주면 병해충 예방과 치료에 큰 도움을 받을 수 있다.

종묘상에 자주 들리다 보면 내가 미처 몰랐던 농사 정보를 얻기도 한다. 집이나 텃밭에서 가까운 단골 종묘상을 정해놓고 거래하면 좋은 모종, 좋은 정보, 좋은 약재를 사는 데 도움이 된다.

소규모로 농사짓는 텃밭 농부는 왠지 종묘상 나들이가 쑥스럽다고 생각하는 경향이 있다. 그러나 도심에 위치한 대부분 종묘상은 텃밭 농부를 주 고객으로 하므로 텃밭 농부에게 필요한 각종 농사 도구, 약재, 퇴비, 씨앗, 모종 등을 판매한다. 따라서 아무리 작은 규모로 농사짓는다고 하더라도 종묘상 출입을 꺼릴 이유가 없다.

# 텃밭에 흔한 잡초들

소규모 텃밭 농부에게는 병해충보다 오히려 풀이 더 큰 어려움이다. 작물보다 훨씬 다양한 풀들이, 작물보다 훨씬 강한 생명력으로, 빠르게 자란다. 3~4월에 처음 밭을 갈 때만 해도 풀은 별 걱정거리가 아닌 것처럼 보인다. 그러나 봄비가 서너 번 내리고, 기온이 본격적으로 올라가기 시작하는 5월부터 풀은 무지막지할 정도로 밭을 덮쳐온다.

텃밭에 자주 가서 풀이 어릴 때 매주면 훨씬 수월하지만, 일단 풀이 뿌리를 깊이 내리기 시작하면 웬만큼 잡아당겨서는 뽑히지도 않는다. 마른 땅에서 풀을 뽑다가 포기가 잘리면, 뿌리는 죽지 않고 다시 잎과 줄기를 낸다. 뽑아낸 풀이 흙에 닿거나 다른 풀 더미 위에 던져져서 버티다가 비가 오면 다시 뿌리를 내리고 왕성하게 자라기도 한다.

특히 여름 장마철 이전에 봄 농사를 끝낸 후 텃밭은 종종 비어 있기도 하는데, 장마와 무더위를 맞이한 밭은 2~3주 안에 쑥대밭이 되어버리기도 한다. 의욕적으로 봄 농사를 짓던 사람 중에는 여름 무더위와 장마철에 키만큼 자란 풀을 보면서 농사를 포기하는 사람도 많다.

풀을 그대로 내버려두면 작물은 풀에 싸여 죽고 만다. 생명력이 매우 강한 돼지감자(뚱딴지)나 호박, 다른 작물이 자라기 힘든 그늘진 곳에서 자라는 곰취, 키가 크고 잎이 넓어서 풀 걱정을 덜 하게 하는 가지 정도를 제외하면 풀밭에서 살아남을 수 있는 작물은 없다. 생명력이 강한 돼지감자나 가지 역시 초기에 한두 번쯤은 풀을 매줘야 한다. 아무리 생명력이 강한 작물도 야생에서 대대로 살아온 풀보다 강할 수는 없다.

농사를 짓겠다면 풀을 반드시 극복해야 한다. 그리고 풀을 극복하는 과정 자체가 바로 농사이기도 하다. 따라서 풀매기를 과외의 일로 생각하면 안 된다. 풀이

쑥 뿌리

쑥

무성하게 자라는 것이야말로 자연이 살아 있다는 증거며, 우리가 작물을 재배할 수 있는 근거이기도 하다. 풀 한 포기 나지 않는 밭에서는 작물도 키울 수 없다.

전업 농부는 풀을 막고자 두둑에는 비닐 멀칭을 하고, 고랑에는 부직포를 깐다. 심지어 제초제를 수시로 뿌리기도 한다. 33㎡(10평) 이하의 텃밭에서도 풀은 여간 골칫거리가 아니다. 그러나 될 수 있으면 비닐 멀칭을 하는 대신 풀과 씨름해보라고 권하고 싶다. 쪼그리고 앉아 호미로 풀을 매는 동안 또 다른 기쁨을 얻기도 한다. 초기에 몇 번만 풀을 매주면 작물이 어느 정도 자란 후에는 풀로 발생하는 피해가 현저하게 줄어든다.

텃밭은 내가 목표로 하는 작물을 재배하는 곳이다. 내가 의도하지 않은 풀을 흔히 '잡초'라고 부르며 해로운 식물로 분류한다. 그러나 텃밭의 잡초 역시 한방이나 민간요법 등에서는 좋은 약재로 쓰일 수 있다는 사실을 염두에 두고, 때로는 무조건 뽑아 없앨 것이 아니라 이용 방안을 찾아보는 것도 좋겠다.

### 쑥(국화과)

쑥은 쑥떡, 쑥국 등으로 이용하는 친숙한 풀이지만, 텃밭 농부 입장에서는 그야말로 가장 못마땅한 풀이다. 다년생으로 뿌리와 씨앗으로 번식하는데 좀처럼 퇴치가 어렵고, 넓게 번져서 작물을 못 쓰게 한다. 줄기가 사람 키만큼 자라는데, 여름철을 지나면서 관리를 제대로 하지 못하면 그야말로 쑥대밭을 만들어 버린다. 파괴되어 폐허가 된 것을 일컬어 '쑥대밭'이라고 하는데, 실제로 쑥이 자라기 시작하면 밭은 엉망이 되고 만다. 쑥을 잘 관리하지 못해서 여름 장마 뒤에 텃밭 농사를 포기하는 사람이 많다.

쑥을 제거할 때는 씨앗을 퍼뜨리기 전에 뿌리째 제거해야 한다. 씨앗을 퍼뜨린 후인 가을에 제거하거나 뿌리를 남겨두면 이듬해 다시 번진다. 쑥은 사람에게 매우 유용한 풀이지만, 텃밭에서는 그야말로 무서운 존재다. 사진은 3월의 쑥 뿌리인데, 얼마나 길게 자랐는지 뽑아내기도 어려웠다. 반면 말린 쑥을 태워 연기를 내면 해충을 쫓는 효과가 있다.

## 민들레(국화과)

동화작가 고㈜ 권정생 선생이 동화 『강아지똥』에서 아름다운, 또는 가치 있는 삶의 정수로 묘사한 꽃이다.

민들레에는 우리나라 토종 민들레와 서양 민들레가 있다. 토종 민들레는 흰 꽃 민들레와 노란 꽃 민들레가 있는데, 흰 꽃 민들레는 기력과 체력 증진에 좋다고 해서 약을 달여 먹기도 한다. 흰 꽃 민들레를 일부러 재배하는 농가도 있다.

서양에서 들어온 민들레는 흰색이 없고, 노란 꽃이 핀다. 우리나라 토종 노란 꽃 민들레보다 번식력이 훨씬 강하다. 서양 민들레는 토종 민들레와 달리 꿀벌이나 바람의 도움 없이도 스스로 꽃가루받이(수술 꽃가루가 암술에 붙는 것)를 할 수 있기 때문이다. 게다가 서양 민들레는 토종 민들레보다 자라는 속도가 훨씬 빠르다. 그래서 현재 우리나라 전역에서 흔히 볼 수 있는 민들레는 대부분 서양에서 들어온 품종이다. 시골뿐만 아니라 도심의 인도에도 조금만 틈이 있으면 씨앗이 뿌리를 내린다.

우리나라 토종 노란 꽃 민들레는 바깥쪽 꽃받침(총포)이 안쪽 꽃받침에 붙어 있지만, 서양 민들레는 바깥쪽 꽃받침이 안쪽 꽃받침에 붙어 있지 않고 아래로 젖혀 있다. 사진에서 보는 노란 꽃 민들레는 서양에서 들어온 품종이다.

민들레는 봄의 전령이지만 텃밭 농부 입장에서는 성가신 풀일 뿐이다. 입장에 따라 꽃도 이렇게 천덕꾸러기가 될 수 있다.

## 명아주(비름과)

텃밭에 단골로 등장하는 풀이다. 어찌나 생명력이 강한지, 가뭄에도 장마에도 끄떡없다. 명아주는 지방에 따라 도트라지, 는장이, 는쟁이 등 다른 이름으로 불린다. 새로 난 어린잎 상단부에 연한 흰색 가루를 뿌려놓은 듯한 것도 있고, 붉은색을 띠는 것도 있다. 다른 풀이나 재배 작물보다 자라는 속도가 무척 빠르다. 날씨

서양 민들레

지칭개는 국화과에 속하는 두해살이 풀이다. 엉겅퀴와 매우 흡사한데, 자세히 보면 꽃과 잎 모양이 다르다. 또 엉겅퀴는 잎에 가시가 있는 반면, 지칭개는 잎에 가시가 없다. 지칭개는 꽃이 5~7월에 피고, 엉겅퀴는 6~8월에 꽃이 핀다.

밭에서 흔히 볼 수 있는 풀

3월 말 도심의 길가에 핀 서양 민들레. 번식력이 좋은 서양 민들레는 곳곳에서 싹을 틔운다.

명아주

콩밭의 명아주

가 따뜻해지는 4월 하순부터 많이 등장한다.

어릴 때는 반달 모양의 호미로 슬슬 긁어주기만 해도 뿌리까지 잘 뽑히지만, 키가 1m 이상 자라고 나면 뽑기도 힘들고, 뿌리가 깊어 함부로 뽑으면 옆에 있는 작물 뿌리까지 상해를 입기도 한다.

텃밭 농부에게 명아주는 성가신 잡초지만, 채소가 귀하던 옛날에는 나물로 먹었다. 향기나 쓴맛이 거의 없어 잎에 묻어 있는 가루를 깨끗하게 털어내고 데쳐서 콩가루를 뿌리고 간장에 버무리면 훌륭한 나물이 된다. 너무 많이 먹으면 피부 트러블이 생긴다고 한다.

### 환삼덩굴(삼과)

길가나 빈 밭에 흔히 자라는 풀이다. 한해살이풀로 덩굴이 얽히고설키며 번지면서 3~4m까지 자란다. 줄기는 곁가지를 많이 벋으며 길게 자라는데, 주변의 작물이나 나무, 물체를 감고 기어오른다. 줄기 겉에 아래로 향하는 갈고리 모양의 침이 있어서 나무나 다른 작물을 단단하게 감는다. 생명력이 매우 강해 빠른 속도로 넓게 번지는 데다가 제거하기도 무척 어렵다.

텃밭에서 일하다 보면 환삼덩굴에 발목이 걸리기도 한다. 줄기가 맨살에 긁히면 생채기가 난다. 옛날 시골에서는 '까끄러기풀'이라고 불렀다. 작물을 휘감아 오르면서 고사(枯死)시킨다.

텃밭에서는 언제나 장갑을 끼고 긴소매 옷을 입어야 하지만, 특히 환삼덩굴을 제거하는 작업을 할 때는 손바닥에 고무 막 처리가 된 장갑과 긴소매 옷이 필수다. 맨살에 긁히면 생채기가 많이 난다.

텃밭 농부에게는 매우 성가신 풀이지만 몸의 열을 내리고 이뇨 작용을 하며, 해독 효과가 있다고 한다.

환삼덩굴 싹

환삼덩굴

### 실새삼(새삼과)

실새삼

일단 새삼이 텃밭에 침입하면 작물에 막대한 지장을 준다. 새삼은 잎이 없어서 스스로 광합성을 하지 못한다. 대신 흡기(吸器)를 숙주식물의 물관부와 체관부에 깊이 박아 숙주식물의 양분을 흡수한다. 새삼의 흡기는 일반 작물의 뿌리와 유사한 기능을 하는데, 숙주식물 속으로 뚫고 들어가 양분과 수분을 빼앗아 숙주를 말라 죽게 하거나 매우 허약하게 만들어 수확할 것이 없도록 한다. 주로 감자, 콩 등 줄기가 있는 작물에 자주 들러붙는다.

새삼은 씨앗에서 싹을 내는 즉시 제 몸을 지탱할 뿌리를 만든 후 가는 줄기가 나선형으로 자라 숙주식물에 도달한다. 새삼의 가느다란 줄기는 매우 빠르게 자라는데, 좀 과장하면 자라는 게 눈에 보일 정도다. 이렇게 자라 숙주식물의 줄기에 닿으면 숙주식물을 친친 감고 자신의 흡기를 내어 식물체 속으로 뚫고 들어간다. 흡기로 숙주식물의 물과 영양분을 빨아들이는 것이다.

줄기가 일단 숙주에 닿으면 뿌리는 썩어 없어진다. 따라서 새삼은 가운데를 자르거나 뿌리를 뽑는 방식으로 제거할 수 없다. 새삼을 제거하자면 친친 감고 있는 줄기를 하나하나 다 뜯어내야 한다. 흡기가 촘촘하게 생겨나 작물의 줄기를 몇 바퀴나 휘어 감고 옆의 가지도 계속 찾아가며 줄기를 벋어서 마치 거미줄처럼 작물에 엉겨 붙는다. 따라서 떼어내기가 쉽지 않다.

작물에 막대한 피해를 입히므로 발견하는 대로 일일이 뜯어서 없애야 한다. 조금만 방치하면 넓은 면적으로 금세 번진다. 텃밭 20~30평을 망치는 데 얼마 시간이 걸리지 않으므로 초기부터 철저히 막도록 한다.

새삼의 줄기는 가늘고 끈처럼 생겼으며 노란색·주황색·분홍색·갈색이다. 꽃은 종 모양으로 작고 노란색 또는 흰색을 띠며 꽃부리 끝이 갈라져 있다.

실새삼은 텃밭 작물에 막대한 피해를 주지만 한편으로는 한약재로 귀하게 쓰인다. 실새삼의 씨앗을 토사자(菟絲子)라고 하는데, 토사자는 신장과 간에 양기를 불어넣고, 신경쇠약증을 다스리며 피부 미용에 아주 좋다고 알려져 있다.

### 바랭이(볏과)

한해살이풀로 밭, 밭둑, 길섶 등에 매우 흔한 풀이다. 줄기가 땅 위를 기면서 줄기 밑 부분의 마디에서 뿌리를 내면서 번진다. 번지는 속도가 매우 빠른데, 작물을 재배하는 곳을 중심으로 비닐 멀칭과 부직포를 깔아둔 경우 그 위를 타고 넘어가며 전체 밭으로 번진다. 밭 한두 군데서 바랭이가 발생했다 하면 멀칭을 했거나 부직포를 깔았거나 간에 가리지 않고 덮어버린다. 따라서 밭둑이나 옆 밭에 난 바랭이도 철저하게 관리해야 한다. 비가 오고 나면 쑥쑥 자라므로 장마철에 밭 관리를 게을리하면 금세 바랭이밭이 되고 만다.

여러 갈래의 가느다란 뿌리가 땅에 단단히 박혀 있어 마른 땅에서 다 자란 바랭이를 뽑아내기는 매우 어렵다. 그렇다고 땅이 젖은 날 뽑으면 바랭이 뿌리에 묻은 흙을 털어내기 곤란하다. 비가 내리고 이틀이나 사흘 정도 지나 물이 빠지고 땅이 부드러울 때 뽑으면 쉽게 뽑을 수 있다.

키는 30~70㎝ 정도로 자란다. 그러나 쑥과 달리 사람이 밟고 지나가면 쉽게 넘어지고, 가을에 서리가 내리면 저절로 스러지고 마른다. 겨울을 지나고 봄이 되면 삭기 시작하고, 따뜻한 봄철 비가 몇 번 내리면 퇴비로 돌아간다.

텃밭의 바랭이는 뽑아서 뿌리의 흙을 털어낸 다음 작물 줄기 아래 깔아주자. 볏짚과 마찬가지로 나름대로 훌륭한 멀칭 재료도 되고 썩어서 퇴비도 된다. 여름에 무서운 속도로 자라는 바랭이를 뽑아 작물 아래 두툼하게 깔아주면 습도를 유지하고 풀 발생을 막는 데 상당한 도움이 된다.

바랭이

밭을 점령한 바랭이

도꼬마리

### 도꼬마리(국화과)

우리나라 전역의 들이나 길가에서 자라며, 높이 1m 정도의 줄기에 거센 털이 나 있다. 잎은 어긋나고 삼각형으로 생겼으며, 잎 가장자리에 큰 톱니들이 불규칙하게 나 있다. 열매는 대추 씨처럼 생겼으며, 겉에 달린 갈고리 모양의 가시가 뾰족뾰족 돋아 있는데, 이를 이용해 동물의 몸에 달라붙어 열매를 멀리 퍼뜨린다. 바로 이 때문에 텃밭 농부를 성가시게 한다. 옷에 달라붙기 때문이다. 그러나 인체에는 물론이고, 작물에도 큰 해를 끼치지 않는다.

텃밭 농부에게는 성가신 풀이지만, 가을에 열매를 따서 햇볕에 말리면 한방에서 두통·해열·발한제 등으로 쓴다. 감기에 걸렸을 때 잎을 말린 뒤 가루로 만들어 술에 타서 먹으면 효과가 있으며 고혈압에도 좋다고 한다.

### 도깨비바늘(국화과)

줄기는 네모지며 털이 나 있고, 키가 30~100㎝ 정도로 자란다. 잎은 마주나고 날개깃처럼 갈라졌다. 8~9월에 노란색의 꽃이 줄기 끝에 핀다. 열매 끝에 삼지창처럼 생긴 갈고리가 있어 사람이나 동물의 몸에 잘 붙는다. 이렇게 동물의 몸에 붙어 열매를 퍼뜨린다.

이른 봄 어린순을 캐서 나물로 먹으며, 귀침초(鬼針草)는 가을에 줄기와 잎을 따서 그늘에 말린 후 독이 있는 거미나 뱀에 물렸을 때 해독제로 쓴다.

산과 들에서 자라는 풀로 도꼬마리와 마찬가지로 성가실 뿐 인체나 작물에 큰 피해를 주지는 않는다. 풀이 무성한 텃밭에서 작업하다 보면 어느새 옷에 잔뜩 달라붙어 있다. 떼어내느라 애를 먹기도 한다.

어린도깨비바늘

도깨비바늘

## 억새(볏과)

산이나 들을 여행하는 사람들에게는 가을 절미(絶美)를 만끽하게 하는 낭만적인 풀이지만, 텃밭 농부에게는 매우 성가신 풀이다. 몇 해 동안 방치했던 밭을 일군 적이 있었는데, 억새가 지천으로 나 있었다. 전체 밭 중에 약 660㎡(200평) 면적에 억새가 많았는데, 모두 제거하는 데 3년이나 걸렸다. 기계의 도움 없이 손으로 뽑자니 제거도 어려웠지만, 웬만큼 뽑아내도 땅속에 남은 작은 뿌리 마디에서 다시 새순이 계속 올라왔기 때문이다.

억새는 여러해살이풀로 지상부의 줄기를 잘라내도 뿌리가 땅속에 남아 있어서 뿌리째 제거하지 않으면 퇴치할 수도 없고 억새 뿌리에 걸리거나 막혀 작물이 제대로 자라지도 못한다. 농부는 '밭에 억새가 나타나면 농사 다 망친다'는 말로 억새의 무서움을 경고한다.

억새는 한반도 전역에서 자라는 여러해살이풀로 높이는 1~2m다. 줄기는 원기둥 모양이고 약간 굵다. 잎은 길이 40~70㎝의 줄 모양으로, 너비 1~2㎝이며 끝은 차차로 뾰족해진다. 가을에 줄기 끝에서 산방꽃차례를 이루어 작은 이삭이 빽빽이 달린다. 참억새는 작은 이삭이 노랑을 띠고 억새는 자줏빛을 띤다.

## 쇠뜨기(속샛과)

빈 밭에 맨 먼저 나타나는 풀에 속한다. 뿌리가 깊어 뽑아내기가 쉽지 않지만, 호미로 슬슬 긁어주기만 하면 작물에 큰 피해를 주지는 않는다. 소가 잘 뜯어 먹어

쇠뜨기

비름

## TIP 억새와 갈대 구분하기

억새와 갈대를 혼동하는 경우가 흔하다. 둘 다 볏과 식물이지만 서식지가 다르다. 억새는 산이나 들에서 자라고, 갈대는 물웅덩이나 물가에서 자란다. 또 억새는 최대한 자라도 키가 2m 이상 되는 경우가 드물지만, 갈대는 웬만하면 3m가 넘는다. 줄기의 굵기도 다르다. 억새는 줄기가 5㎜ 정도로 가늘어서 잘 휘는 편이지만 갈대는 단단하다.

외견상 가장 뚜렷한 차이는 우리가 흔히 꽃이라고 부르는 수염처럼 생긴 이삭의 색깔과 모양이다. 억새 이삭은 색깔이 희거나 은색을 띠며 가지 끝에 가지런하게 피는데 반해, 갈대의 꽃은 헝클어진 머리처럼 덥수룩한 모습을 띤다. 또한, 갈대의 꽃은 짙은 갈색 또는 고동색을 띠는 경우가 많다.

갈대

억새

'쇠뜨기'라고 부른다. 포자낭(홀씨주머니)이 달리기 전의 어린 생식줄기를 '뱀밥'이라 하며, 날것으로 먹거나 삶아 먹는다.

키는 20~40㎝ 정도 자란다. 옆으로 뻗으며 자라는 흑갈색의 땅속줄기에서 모가 진 땅위줄기가 나온다. 땅위줄기는 두 종류인데, 하나는 포자를 만드는 생식줄기이며, 다른 하나는 포자를 형성하지 않는 영양줄기다. 영양줄기는 마디마다 많은 가지가 달리는데, 마치 우산을 펴놓은 것처럼 보인다. 영양줄기를 가을에 캐서 그늘에 말린 것을 문형(問荊)이라고 하며, 이뇨제나 지혈제로 쓴다.

### 비름(비름과)

비름 혹은 참비름이라고 부르며 예전에는 나물로 많이 먹던 풀이다. 한해살이풀로 키는 1m까지 자라며 5~6월경 텃밭에 나가면 쉽게 볼 수 있는 풀이다. 뿌리가 무척 깊어서 좀 자란 비름은 손으로 뽑기 힘들다. 농부 입장에서는 재배하는 작물의 영양분을 모조리 빼앗아 가니 성가신 풀이다. 잡초도 맬 겸, 어린 나물을 뜯어 무쳐 먹으면 일품이다. 쓴맛은 거의 없고, 살짝 달착지근한 맛이 난다.

### 쇠비름(쇠비름과)

두툼한 다육질 식물로 돼지풀, 도둑풀, 말비름이라고도 부른다. 밭이나 길에 드문드문 발생한다. 성장 속도가 매우 빠른 편이며 가뭄에도 강하다. 뿌리가 깊어 뽑아내기는 쉽지 않으나 쉽게 맬 수 있고, 작물에 큰 피해를 주지는 않는다. 키는 20㎝ 내외로 줄기는 적갈색을 띠며 비스듬히 옆으로 자라고, 뿌리는 흰색이지만 손으로 훑으면 원줄기처럼 붉은색으로 변하는 신기한 풀이다. 잎은 끝이 뭉뚝한 난형으로 마주나거나 어긋나지만, 윗부분의 잎은 돌려나는 것처럼 보인다. 6월부터 가을까지 노란색 꽃이 핀다.

쇠비름

### 소리쟁이(마디풀과)

여러해살이풀로 우리나라가 원산지다. 참소리쟁이와 돌소리쟁이가 있는데, 지역에 따라 소루쟁이, 솔구지, 소로지, 양제라고 부르기도 한다.

자라는 속도가 매우 빠르며 줄기는 곧고 키는 크게 자랄 경우 150㎝까지 자란다. 잎은 피침형 또는 긴 타원형으로 표면은 울퉁불퉁하지만 가장자리는 매끈하다. 뿌리에서 나는 잎은 어긋나며 길이가 30㎝나 되고, 줄기에서 나는 잎은 이보다 작다. 뿌리는 당근처럼 길게 자란다.

어린잎과 줄기는 삶아 나물로 먹기도 하며, 뿌리는 양제근(羊蹄根)이라 해서 한

돌소리쟁이

참소리쟁이

방에서 건위제(위장을 튼튼하게 하는 약제)로 사용한다. 뿌리를 날것으로 갈아 초와 섞어 바르면 피부병에 효과가 있다고 한다. 텃밭에 흔히 나타나는 풀이지만, 듬성듬성 나서 작물에 큰 피해를 주지는 않는다.

### 애기똥풀(양귀비과)

두해살이풀로 키는 50㎝ 정도 자라며 밭에 무척 흔한 풀이다. 줄기나 가지를 꺾으며 노란색 즙이 나온다. 이 즙이 아기 똥과 비슷하다고 여겨 애기똥풀이라고 부르기 시작했다고 한다. 잎이나 줄기를 잘랐을 때 나오는 노란색 즙에는 알칼로이드 성분이 들어 있어 식용할 수 없다.

잎은 어긋나고 날개깃처럼 갈라져 있으며, 갈라진 조각 가장자리에는 조그만 톱니가 있다. 노란색의 꽃은 5~8월에 가지 끝에서 핀다. 꽃잎은 네 장이지만 꽃받침 잎은 두 장이며, 양지바른 밭이나 길가에서 흔히 볼 수 있다. 열매는 콩꼬투리처럼 익는다.

가을에 줄기와 잎을 그늘에 말린 것을 백굴채(白屈菜)라고 하는데, 벌레에 물린 데 바르면 가려움증을 빠르게 해소한다. 특히 해 질 무렵 텃밭에서 일하다 보면 모기에 물리기에 십상인데, 이때 애기똥풀을 바르면 가려움을 해소할 수 있다. 금방 딴 잎을 피부 습진이 발생한 곳에 붙이면 효과가 있다고 한다.

### 질경이(질경잇과)

쌍떡잎식물이며 줄기는 없다. 여러해살이풀로 크기는 10~15㎝ 정도다. 타원형 잎이 뿌리에서 바로 나와 긴 잎자루를 내며 자란다. 양지바른 산과 들의 길가에 흔히 자라는데, 줄기가 없어서 땅에 붙어서 자란다. 자동차 바퀴나 사람의 신발이

애기똥풀

꽃핀 질경이

웬만큼 밟아도 죽지 않는다. 잔뿌리가 매우 많고 깊이 번지므로 가뭄에 견디는 힘이 강하며 토양을 거의 가리지 않고 어디서나 잘 자란다. 가뭄에 강한 만큼 질경이가 뿌리째 죽는 경우는 드물어서 질경이가 말라 죽는 해는 가뭄이 매우 심했음을 알 수 있다.

사람이나 동물의 신발이나 발에 씨앗이 묻어 번지므로 길가에 흔히 자란다. 그래서에 숲 속에서 길을 잃었을 때 질경이를 따라가면 어렵지 않게 길을 찾을 수 있다.

잎 가장자리는 약간 주름져 있으며 불규칙하고 뚜렷하지 않은 톱니가 나 있다. 꽃은 6~8월경 잎 사이에서 곧게 나와 하얗게 무리지어 핀다. 꽃받침과 꽃부리는 모두 네 갈래로 갈라지며, 수술은 꽃 밖으로 길게 나온다. 열매가 익으면 중간이 갈라지며 검은색 씨들이 밖으로 튕겨 나간다. 봄, 여름에는 어린순을 캐서 나물로 먹고, 가을에는 씨를 햇볕에 말려 이뇨제·치열제로 쓴다.

### 까마중(가짓과)

한해살이풀로 까마종이 또는 깜뚜라지라고 불리기도 한다. 밭이나 길가에서 흔히 자라는 풀로 줄기에서 가지가 옆으로 많이 나오며 키는 20~90㎝ 정도 자란다.

열매가 검게 익으면 단맛이 나서 어린 시절 많이 따 먹었다. 나중에 알고 보니 열매 안에 독성분이 있어서 많이 먹으면 안 된다고 한다.

한방에서는 까마중을 뿌리째 캐서 그늘에서 말려 약재로 쓴다. 줄기와 잎은 해열·산후복통에 쓰며, 뿌리는 이뇨에 쓴다. 봄에 어린잎을 삶아 독성분을 우려낸 다음 나물로 무쳐 먹기도 한다.

### 박주가리(박주가릿과)

여러해살이풀로 산이나 들에서 자라며, 줄기가 구불구불 옆으로 번지는데 3m가량 된다. 줄기와 잎을 자르면 하얀 젖 같은 즙이 나오는데, 이 즙은 사마귀나 종기에 바르면 효과가 좋다고 한다. 들에서 일하다가 벌레에 물렸을 때 이 즙을 바르면 가려움이나 부기가 쉽게 빠진다.

잎은 마주나며 잎끝은 뾰족하나 잎 밑은 움푹 들어가 있다. 봄에 어린줄기와 잎을 따서 삶은 다음 나물로 먹으며, 한방에서는 가을에 열매를 따서 말린 것을 나마자(蘿摩子)라고 해서 위장을 튼튼하게 하는 데 쓴다. 줄기가 치렁치렁 길게 자라서 텃밭에서는 못마땅한 풀이나 한방에서는 건강 지킴이로 유용하게 쓴다고 한다.

까마중

까마중 열매

박주가리

미국자리공

### 미국자리공(자리공과)

키가 1~1.5m까지 자라며, 강한 냄새가 나는 식물이다. 잎자루는 붉은색을 띠고, 잎에도 붉은색 맥을 띠는 경우가 흔하다. 뿌리에는 독이 있으며, 열매에는 붉은 염료가 들어 있어 옷감, 종이 등을 물들이는 데 쓴다.

북아메리카 동부 지방의 습지나 모래땅이 원산지인데, 텃밭에서도 흔히 자란다. 다 자란 줄기 역시 붉은색 또는 자줏빛이 돌고 독성이 있다. 아직 어린줄기(15㎝ 이하)는 껍질을 벗기고 삶아서 먹을 수 있다.

다 자란 미국자리공은 뿌리가 깊어 뽑아내기가 쉽지 않다. 작물 근처에서 자라는 개체는 작물을 덮어버리기도 한다. 따라서 초기에 뽑아내는 게 최선이다. 군락을 이루며 자라는 경우는 드물어서 작물 재배에 큰 방해를 주지는 않는다.

### 개여뀌(마디풀과)

빈터나 밭에서 흔히 자라는 한해살이풀이다. 키는 20~50cm 정도까지 자라는데 줄기는 털이 없고 적자색이 돈다. 밑 부분이 비스듬히 자라면서 땅에 닿으면 뿌리를 내리고 가지를 뻗는다. 잎은 어긋나고 가장자리가 밋밋하다. 잎은 양 끝이 뾰족하고 길이 3~8cm, 너비 1~2.5cm쯤 된다. 꽃은 6~9월에 피며 줄기나 가지 끝에 조그만 꽃이 이삭 모양의 꽃차례에 촘촘히 모여 달린다. 땅에 닿은 줄기에서 뿌리가 내리면서 넓게 번지므로 개여뀌가 밭에 자라기 시작하면 골칫거리다.

### 토끼풀(콩과)

토끼풀은 텃밭에 흔한 풀 중에 텃밭 농부에게는 그나마 반가운 풀이다. 우선 제거하기가 쉬울 뿐만 아니라 작물에 직접적인 방해가 되지 않을 경우 그냥 두면 오히려 유리한 면도 있다. 토끼풀은 콩과 식물로 뿌리에 공생하는 뿌리혹박테리아가 공기 중의 질소를 고정해 식물의 생장을 돕기 때문이다. 토끼풀이 많이 자란 곳은 토양이 비옥해 이듬해 농사를 지으면 작물이 잘 자란다.

    토끼풀은 여러해살이풀로 줄기는 땅 위를 기며, 각 마디에서 긴 잎자루를 가진 잎이 곧게 뻗어 나온다. 잎은 대부분 세 개의 잎으로 구성되어 있는데, 때로는 네다섯 개 또는 일고여덟 개의 작은 잎을 가지는 것도 있다. 풀잎의 중앙부에 브이(V) 자형의 흰 무늬가 있는 것도 있다. 봄에 잎겨드랑이에서 잎자루보다 더 긴 꽃자루가 나오고, 수많은 나비 모양의 흰 꽃이 공 모양을 이루면서 피어난다. 소나 양의 먹이로 쓰이며 거름으로도 많이 이용한다.

### 강아지풀(화본과)

한해살이풀이다. 길가나 텃밭에 자주 나타나지만, 크게 손해를 끼치지 않으며 제거도 쉽다. 꽃은 9월에 피고 원기둥꼴의 꽃이삭은 길이가 2~5cm로 연한 녹색 또는 자주색이다. 줄기는 20~70cm로 뭉쳐나고 옆으로 가지를 치는데 털이 없고 마디가 다소 길다. 잎의 길이는 5~20cm 정도다.

### 결명자(콩과)

텃밭 언저리에서 흔히 볼 수 있는 풀이다. 키가 1~1.5m 정도로 자라지만, 광범위하게 발생하지 않으므로 텃밭에 크게 해를 주지는 않는다. 눈을 밝게 해주는 씨앗이라는 뜻에서 '결명자(決明子)'라고 하는데, 이런 효과 때문에 밭에서 일부러 재

개여뀌　　　　　　　　　토끼풀

강아지풀　　　　　　　　결명자

배하는 사람도 있다.

　가을에 씨가 여물면 줄기째 베어 말린 다음 털어서 씨를 모은다. 이 씨를 보리차처럼 끓여 마신다. 7~8월에 잎겨드랑이에 노란 꽃이 피고, 잎이 진 뒤에 약 10㎝ 정도 되는 활 모양의 꼬투리가 열린다. 꼬투리 속에 윤기가 나는 종자가 한 줄로 들어 있는데, 이것이 결명자다. 텃밭에 큰 피해가 없다면 그대로 놔두었다가 씨앗을 털어 차로 끓여 먹어도 좋다. 야맹증과 변비, 고혈압, 동맥경화 예방 등에 효과가 있다고 알려져 있다.

# 온 가족이 즐거운 텃밭 재배를 위해

가족과 함께 텃밭 농사를 지으면 좋은 점이 많다. 현대사회는 가족 간에도 대화할 기회가 많지 않다. 텃밭 농사라는 공동의 작업은 가족 간의 유대감을 다지고, 성취감을 얻는 데 아주 제격이다. 특히 공통의 이야깃거리가 생긴다는 큰 이점이 있다. 텃밭 이야깃거리는 자녀 문제나 생활비 문제, 회사 문제 등 다른 이야깃거리와 달리 희망적인 이야기, 즐거운 이야기가 대부분이라는 점에서 더욱 좋다.

무엇보다 어린 자녀들과 함께함으로써 도시에서 태어나 자라는 아이들에게 자연을 선물할 수 있다는 장점이 있다. 흙을 만지고 작물을 기르는 동안 자녀들은 식탁 위에 음식이 올라오기까지 수많은 과정이 있음을 알게 되고, 그 과정에서 수고를 아끼지 않은 다른 사람을 생각하게 된다. 특히 흙을 뒤집고, 풀을 뽑고, 파종하고, 모종을 심고, 물을 주고, 작물이 자라는 것을 지켜보면서 자연의 위대함, 생명의 신비, 환경의 중요성 등을 깨달을 수도 있다.

## | 아이가 어릴 때부터 함께 |

농사는 단순한 반복 작업이다. 씨를 뿌리고, 물을 주고, 풀을 매고, 수확하는 일을 끝없이 반복한다. 그러나 이 단순하고 반복적인 작업이야말로 인생이기도 하다. 단순하고 반복적인 일이 거듭거듭 쌓여 삶이 되고, 문화가 되고, 사람살이가 된다. 그러니 인생이 덧없고 무의미하다고 여겨질 때, 혹은 무엇인가 거창한 일을 해내지 못하는 자신에게 실망할 때, 농사의 교훈을 새겨볼 수 있다면 단순하고 반복적인 삶이 얼마나 아름답고 고마운 것인지 느낄 수 있다.

젊은 부부라면 어린 자녀들과 함께 텃밭 농사를 지어볼 것을 권하고 싶다. 1주일 내내 공부에 찌들어 사는 어린 자녀들에게 텃밭 일은 땀을 뻘뻘 흘리며 몸을 움직이는 기회이자 훌륭한 휴식 시간이 된다. 먼지 풀풀 날리고 여러 사람의 거친 호흡으로 산소가 부족한 헬스클럽에서 흘리는 땀과 차원이 다르다.

아이들은 초등학교 4~5학년 정도까지는 텃밭에 잘 따라간다. 그러나 6학년만 되어도 텃밭에 가지 않으려 한다. 심지어 부모와 무엇을 함께하는 것을 싫어하는 경향도 있다. 그러니 가능하면 자녀가 어릴 때부터 함께 텃밭에 다님으로써 텃밭 농사가 빼놓을 수 없는 생활의 일부, 가족 행사의 하나라는 인식을 심어준다면 더욱 좋겠다.

흙을 만지고, 식물을 키우며 자연 속에서 자라는 아이들은 몸과 마음이 건강해진다. 1주일에 한 번 정도 교외의 텃밭에서 흘리는 땀만으로도 수많은 도시형 질병을 예방하는 효과가 있다. 그러니 여가 시간에 컴퓨터 앞에 앉아 인터넷 게임으로 시간을 보내는 아이들에게 넓은 들과 따사로운 햇볕을 선물해주자.

## | 어린 나이에도 할 수 있는 일 |

아직 어린 자녀들은 텃밭 농사에 별 도움이 안 된다. 그래서 아이와 함께 가는 것을 성가시다고 여기는 어른도 있다. 그러나 텃밭 농사는 수확만을 목표로 하는 작업이 아니다. 수고, 땀, 풀, 흙, 단순노동, 장마와 가뭄, 햇빛과 바람 등 텃밭 농사를 짓는 과정에서 만나는 모든 것이 수확이다. 그러니 작업 효율만을 생각해 자녀를 집에 두고 혼자 밭에 간다면 '작물 수확' 외에 다른 모든 가치를 잃는 것이나 다름없다. 햇빛 아래에서 흙을 만지고 식물을 기르는 일은 맑은 영혼과 건강한 땀을 구하는 일이다.

아직 어린아이들은 텃밭에서 호미를 들고 흙장난을 치는 것으로 충분하다. 부모가 일하는 동안 아이들은 흙장난을 치면서 놀게 하고, 수확할 때는 자녀들과 함께하면 더욱 좋다. 어린아이들은 자신이 직접 기른 것이 아니라도 자신이 수확한 것만으로 뿌듯한 만족감을 얻는다. 초등학교에 입학할 정도가 되면 물을 주거나 풀을 뽑을 수 있다. 초등학교 4~5학년쯤만 되어도 부모의 시범에 따라 파종도 하고, 모종을 심을 수도 있다. 아이들이 일을 거들다가 가지를 부러뜨리거나 채소를 밟아도 너무 타박하지는 말자. 간단하게 주의만 주면 될 것을 작물을 애지중지하는 마음에 심하게 나무라면 아이들은 더는 밭에 가지 않으려고 한다.

## 아이에게 일을 맡기자

아이들은 세상을 잘 모르지만, 가사나 텃밭 농사 등 일반적인 일에서는 어른이 생각하는 것보다 훨씬 잘한다. 사리 분별력도 있다. 자신의 어린 시절을 생각해 보면 충분히 짐작할 수 있는 일이다. 다만 요즘 어른들이 아이들을 과보호하고, 공부만 잘하면 다른 것들은 못해도 된다고 생각해서, 또는 다른 일보다는 공부만 하기를 바라므로 시키지 않을 뿐이다. 그러니 텃밭 농사를 지을 때는 웬만한 일은 맡겨도 된다.

그러나 주의할 사항도 있다. 호미, 낫, 삽, 괭이 등은 쓰기에 따라 흉기가 될 수도 있다. 아이들에게 농사 도구를 맡길 때는 '서두르지 말고, 조심하도록, 철저한 주의를 주어야 한다. 급한 마음에 서둘다 보면 손발을 심하게 다칠 수 있으므로 주의해야 한다. 농사짓다가 다치면 큰 상처가 될 수도 있다.

아이들은 부모와 함께 텃밭 농사를 지으면서 자신이 먹는 음식이 생산되는 과정을 알게 된다. 이런 경험은 농산물을 넘어 다른 영역으로까지 확대된다. 따뜻한 옷, 포근한 집, 편리한 대중교통, 학교 공부 등 자신이 접하는 모든 것이 하늘에서 공짜로 떨어진 것이 아니라 함께 사는 사람들의 수고와 도움에서 생겨난 것임을 알게 되는 것이다.

## 농사를 시작하기 전 충분히 상의하자

남편이 텃밭 농사를 지어보겠다고 하면 반대하는 아내가 있다. 반대로 아내가 텃밭을 가꾸겠다고 할 때 반대하는 남편도 있다. 텃밭 농사는 단순한 일이지만 아무나 하는 일은 아니다. 이른바 체질에 맞아야 한다. 손에 흙 묻히는 것이 싫은 사람, 뜨거운 햇볕 아래에서 일하는 것이 싫은 사람, 산과 들이라면 무조건 싫은 사람은 얼마든지 있다.

밭에서 땀을 뻘뻘 흘리며 일하는 것이 어떤 사람에게는 휴식이고 재충전일 수 있지만, 어떤 사람에게는 고된 노동이 될 수도 있다. 그러니 남편과 아내가 함께 텃밭 농사를 지으면 좋겠지만, 짓기 싫다는 사람을 억지로 밭으로 끌고 가려고 하면 가정불화만 생길 뿐이다. 싫다는 사람을 억지로 밭으로 끌고 가지는 말자.

텃밭 농사를 함께 짓기 싫어 하는 것은 물론 남편이나 아내 혼자 텃밭 농사를 짓는 것도 못마땅해하는 사람도 얼마든지 있다. 텃밭 농사를 짓는다며 남편이나 아내가 주말마다 집을 비우는 것도 싫고, 아내는 마트에서 깨끗하게 씻어서 파는 채소를 사 먹고 싶은데 남편이 직접 농사지은 흙 묻은 채소를 들고 와서 일거리를 만드는것을 싫어할 수도 있다. 초보 농부가 텃밭에서 재배한, 그래서 다소 볼품없고 벌레 먹은 채소를 못 봐주는 사람도 있기 마련이다.

그러니 텃밭 농사를 시작하기 전에 가족과 충분히 상의하는 것이 좋다. 가족이 함께 지을 수 있다면 가장 좋고, 그럴 수 없다면 남편이나 아내 혼자 농사짓는 것을 반대하지 않는 정도는 되어야 한다. 내가 혼자 농사짓는 것도 싫고 텃밭에서 들고 오는 흙 묻은 채소도 싫다는 배우자가 있다면, 텃밭을 시작하지 않는 것이 좋다. 배우자가 반대한다면 성공적으로 텃밭을 가꾸기는 무척 어렵다.

## | 잔소리, 지시는 금물 |

가족이 함께 텃밭 농사를 짓다 보면 못마땅한 구석이 있기 마련이다. 어른 입장에서는 아이들이 하는 일이 서툴러 보일 때도 있고, 일은 않고 장난만 치는 것 같아 꾸짖어 주고 싶을 때도 있다. 그렇더라도 꾸짖지 말자. 텃밭은 즐거운 곳이어야 한다. 일이 서툴러도, 일을 망쳐도 간단하게 주의하라고 하는 것으로 끝내고 즐겁게 농사짓도록 하자. 텃밭마저 부모가 아이들을 나무라는 공간이 되어서는 안 된다.

함께 텃밭에 와서도 일은 않고 잔소리와 지시만 하는 남편이나 아내도 있다.
'지주 좀 바로 세워라.' 깊이 잘 박아라. '가지치기하지 않고 뭘 하느냐' '풀 좀 뽑아주지 이게 뭐냐.'……. 이런 잔소리를 늘어놓을 작정이면 텃밭에 오지 않는 것이 좋다. 텃밭은 잔소리를 늘어놓거나 일방적으로 지시하는 곳이 아니라 스스로 일하는 곳이어야 한다. 스스로 먼저 하다가 힘이 부치면 도와달라고 해야지, 잔소리나 지시를 늘어놓기 시작하면 텃밭은 또 하나의 불화 원인이 될 뿐이다.

# 남은 채소는 어떻게 하지

텃밭을 가꾸다 보면 남는 채소를 어쩌지 못할 때가 있다. 33㎡(10평)만 재배해도 남아돌기 일쑤다. 그렇다고 이걸 판매할 수도 없다. 설령 판매한다고 해도 시간 낭비일 뿐 결코 금전적으로나 시간적으로나 경제적이지 못하다. 게다가 내 정성과 달리 잘 팔리지도 않고, 까다로운 손님을 만나 기분마저 나빠지기 일쑤다. 낯모르는 손님은 결코 텃밭에서 작물을 재배한 당신과 같은 심정이 아니기 때문이다. 텃밭 농사를 오래 지은 지인 중에도 초창기에 자신이 기른 채소를 팔겠다고 길가에 하루 내내 쪼그려 앉아 있었다는 사람이 있다. 그의 결론은 '절대 해서는 안 되는 일이다'였다. 그러니 애초부터 텃밭에서 기른 채소를 판매하겠다는 생각은 하지 않는 것이 좋다. 그렇다면 남아도는 채소를 어떻게 할까?

텃밭 가꾸기의 즐거움 중 하나가 내가 재배한 채소를 이웃과 나눠 먹는 것이다. 가까운 친인척, 친구, 이웃과 내가 기른 채소를 나눠 먹다 보면 없던 정도 생기고, 할 말도 많아지게 된다. 서먹서먹하던 이웃과 아주 자연스럽게 인사도 하게 되고, 이제는 사라지고 없는 것 같았던 공동체 문화도 복원되는 것을 느낄 수 있다. 아파트 경비원 아저씨들께 싱싱한 채소를 조금씩 드리면 그렇게 좋아하실 수가 없다. 내가 기른 채소를 나눠 먹는 일은 그야말로 즐거운 일이다.

그러나 이 일도 생각만큼 만만치가 않다. 처음 텃밭을 가꾸기 시작하면 주변에 자랑하기에 십상이고, 기르는 작물을 휴대폰으로 찍어 지인을 만날 때마다 보여주기도 한다. 그러다 보면 자연스럽게 '그 유기농 채소 나도 좀 달라'는 사람들이 생겨나기 마련이다. 흥겨운 기분에 '얼마든지 주마' 약속하지만 채소 나눠주는 일이 보통 일이 아니다. 나눠 달라는 사람은 많지만, 실제로 나눠주려면 작물이 먹기 좋을 만큼 자랐을 때에 다시 만나야 하는데 그게 쉽지 않다는 것이다.

일부러 자동차에 수확한 작물을 싣고 나눠주고자 집집이 찾아다니는 일은 생각보다 훨씬 번거롭다. 그리고 막상 갖다 줘도 그다지 기뻐하지도 않는다. 잘 아는 사람이 기른 유기농 채소를 먹고는 싶지만, 막상 받아놓고 보면 시중에서 판매하는 것보다 품질이 떨어지는 데다가 깔끔하게 다듬어져 있지 않기 때문이다.

그러니 이웃과 나눠 먹는 일 역시 무작정 낭만적으로만 생각할 일은 아니다.

## | 직접 기른 채소를 이웃과 나눌 때의 요령 |

내가 기른 채소를 이웃과 나눌 때는 몇 가지 기준을 두고 접근해야 한다. 우선 혈육이라고 해서 멀리 있는 친척과 나누기보다는 집에서 가까운 혹은 텃밭에서 가까운 이웃과 나누는 것이 좋다.

같은 동네에 살기에 오가는 길에 들러 채소를 전해줄 수 있는 사람, 아니면 매일 직장에서 만나는 사람, 아파트 경비 아저씨, 이웃집 할머니 등이 채소를 나눠 먹기 가장 좋은 사람들이다.

가까운 친인척이나 부모님 혹은 따로 사는 자녀라고 해도 채소를 나눠주려고 일부러 자동차를 타고 멀리까지 가는 일은 보통 번거로운 일이 아니다. 게다가 앞서 말했듯이 채소를 받은 사람들이 내 생각만큼 기뻐하거나 뿌듯해하지 않는다. 채소를 받아든 사람들의 인사는 그야말로 '인사치레'에 불과하다. 그러니 나눠주고자 너무 애쓰지 말 것을 권하고 싶다.

내가 기른 건강한 채소를 정말로 먹고 싶다는 사람이 있다면, 수확 철에 한 번쯤 함께 텃밭에 가서 직접 수확해가도록 하는 것이 좋다. 이때 그의 가족이 함께 와서 함께 수확하면 더욱 좋다. 초등학생인 자녀가 있다면 아이들에게는 커다란 추억이자 경험이 될 수 있다. 특히 채소를 좋아하지 않는 아이들도 자신이 수확한 것은 왠지 잘 먹는 걸 보면, 함께 밭에서 땀을 흘려보는 것이 무척 중요한 것 같다.

나는 텃밭이라고 하기에는 비교적 넓은 땅에 농사짓는다. 그러니 채소가 남아도는 것이 자연스럽다. 내 경우에는 남아도는 채소를 처리하려고 자주 만나는 친구들과 자주 가는 식당을 정해놓고 그 집에 채소를 갖다놓는다. 급하게 수확해야 할 채소는 만나기로 한 날 수확해서 가져가기도 하고, 때에 따라서는 채소를 나눈다는 명분으로 '번개팅'을 하기도 한다. 물론 식당 주인 몫도 넉넉하게 챙겨주면 더욱 좋다.

단골인 데다가 식당 주인 몫도 넉넉하게 챙겨주면 며칠이고 싱싱한 상태로 보관했다가 친구들이 오는 날 내주기도 한다. 도저히 일정이 맞지 않아 못 가게 될 경우에는 전화로 연락만 하면 주인이 알아서 요리하니 버릴 염려는 전혀 없다.

김장 배추를 심기 전에는 아예 누구한테 얼마나 나눠줄 것인지를 계산한 다음 파종하기도 한다. 그래야 낭비가 없다. 때로는 나눠줄 몫과 우리 집에서 먹을 몫을 미리 계산했는데, 병해충이 발생하거나 채소 서리꾼 피해를 당해 내 몫을 못 남기는 경우가 발생한 적도 있었다. 그 또한 텃밭을 재배하면서 겪는 소소한 일 중에 하나다.

## | 적당량의 씨앗을 뿌려, 적당량 |

남아도는 채소를 이웃과 나눠 먹는 것도 즐겁지만, 소규모 텃밭이라면 처음부터 남아도는 채소가 없도록 하는 것이 최선이다.

앞서 텃밭 농부의 재배 특징에서도 밝혔듯이 텃밭에서는 여러 가지 품종을 조금씩 재배하는 것이 가장 좋다. 그래서 사 먹는 채소의 수를 줄이고 최대한 내 텃밭에서 수확한 채소를 먹겠다는 목표로 작물을 재배하는 것이다. 상추나 엇갈이배추, 부추 등은 그야말로 작물별로 50$cm^2$씩만 지어도 4인 식구가 충분히 먹을 수 있다. 처음에는 솎아 먹고, 중간에는 잎을 따 먹고, 나중에는 포기째 수확해서 먹는다고 생각하면 봄에 파종해서 여름까지 내내 먹을 수 있고, 여름에 파종해서 초겨울까지 먹을 수 있다.

다품종 소량 재배에도 원칙이 있다. 첫 번째 원칙은 여러 작물 중에서도 내 가족이 즐겨 먹는 채소를 가장 많이 심는 것이다. 특별히 상추를 좋아하는 가족이라면 상추를, 깻잎을 좋아한다면 깻잎을 더 심는다. 방울토마토나 야콘, 고구마, 감자처럼 반찬거리 외에 간식으로 먹을 수 있는 채소를 다른 채소에 비해 많이 심는 것도 좋은 방법이다.

두 번째는 비교적 오래 저장할 수 있는 채소를 조금 넓게 심는 것이다. 아무리 냉장고가 있다고 해도 상추를 1주일 이상 저장하면 신선도가 확 떨어지기 마련이다. 따라서 잎채소는 가장 적게, 줄기채소는 그보다 조금 더, 열매채소는 또 그보다 조금 더 심는 편이 저장에 유리하다. 특히 얼려서 보관할 수 있는 고추나 오래 냉장으로 보관할 수 있는 감자 등은 비교적 많이 심어도 무방하다. 가지처럼 말려서 보관할 수 있는 채소도 저장에 별문제가 없다. 그러나 가지는 두 포기만 심어도 정말 많은 열매가 나오므로 너무 많이 심지 않도록 한다.

## 시차를 두고 씨 뿌리기

남아도는 채소가 안 생기도록 하는 또 하나의 방법은 차례로 심는 것이다. 씨앗을 구입했다고 해서 한꺼번에 모두 심을 필요는 없다.

한 번에 씨앗을 다 뿌리기보다는 재배할 수 있는 시기를 봐가며 3~4주 차이를 두고 조금씩 씨앗을 뿌리면 더 오래, 더 싱싱한 채소를 낭비하지 않고 먹을 수 있다. 한 번에 한 작물을 많이 파종하고, 많이 수확하면 식탁에 매번 같은 반찬이 올라오게 되고, 자칫하면 '그 텃밭인가 뭔가 한다고 온 가족을 편식하게 한다'는 가족의 핀잔을 들을 수도 있다.

전업 농부는 발아율을 염두에 두고 매년 새로운 씨앗을 사지만, 소규모 텃밭 농부는 굳이 그렇게 할 필요가 없다. 올해 심고 남은 씨앗은 봉투를 잘 밀봉해 내년에 심어도 보통 발아율이 80% 이상이다. 그러니 일부러 씨앗을 다 뿌리지 않도록 한다.

옥수수는 한자리에 군집으로 심어야 하지만(그래야 수분이 잘 된다), 그렇다고 30~40개를 한 번에 심기보다는 10개씩 군집을 이루도록 하되, 3~4주 정도 간격을 두고 4월 중순부터 7월까지 파종하면 비교적 오랜 기간 싱싱하고 맛있는 옥수수를 즐길 수 있다. 옥수수는 수확한 직후부터 맛이 떨어지므로 될 수 있으면 수확해서 빨리 쪄먹는 것이 좋기 때문이다. 수확한 옥수수를 먹을 때도 될 수 있으면 최근에 수확한 것을 위주로 쪄먹고, 남는 것은 그대로 남겼다가 다른 방식으로 이용하거나 이듬해 종자로 쓰면 된다.

흙은 식물이 살아가는 데 필요한 영양분이 모여 있는 곳이다. 농사는 흙에서 시작된다. 농사에서 가장 중요한 것은 햇빛과 흙과 물, 온도다. 햇빛을 사람이 어찌할 수는 없다. 하지만 흙은 그렇지 않다. 농사짓는 사람이 해야 하는 일 중에 가장 중요한 일은 흙의 상태를 관리하는 일이다. 내가 농사짓는 밭의 흙이 어떤 흙이냐에 따라, 어떤 흙으로 만드느냐에 따라 농사의 성패가 갈린다고 해도 과언이 아니다.

## 제2장
# 흙을 알아야 한다

흙의 구조
흙의 성질
흙도 숨을 쉰다
좋은 흙, 나쁜 흙
농사짓는 흙은 표토
푸석푸석한 흙을 만들려면
자연 그대로의 흙으로 짓는 농사, 자연 재배
밭 만들기

## 흙은 살아있다

흙은 고체, 액체, 기체로 구성되어 있다. 고체는 암석이 풍화되어 생긴 무기물과 풀이나 나뭇잎, 동물의 사체가 썩어서 생긴 유기물로 흙덩이의 약 50%를 차지한다. 그 나머지는 공기와 물이 차지한다. 흙덩이의 틈새에 공기와 물이 들어가 있는 것이다. 비가 내리면 물의 비중이 늘어나고, 가뭄이 심하면 공기의 비중이 늘어난다. 따라서 비가 많이 오래 내리면 물이 너무 많아 뿌리가 숨을 쉬기 어렵고, 가뭄이 심하면 뿌리가 흙 속의 영양분을 흡수하기 어려워진다. 흙 속의 모든 영양성분은 물에 녹아 뿌리에 흡수되므로 물이 부족하면 뿌리가 흙 속의 성분을 흡수하기 어려워지는 것이다.

　흙 속에 공기와 물이 들어갈 공간을 넓히고, 뿌리가 잘 뻗도록 하려면 땅을 푸석푸석하게(떼알구조) 해야 한다. 땅을 푸석푸석하게 만들려면 퇴비를 넣고, 땅을 깊이 갈아주는 것이 가장 효과적이다.

## 내 텃밭의 흙은 어떤 성질일까

흙을 성질별로 구분하면, 점토(粘土, 크기가 1/256㎜보다 작은 암석 부스러기 또는 광물 알갱이)와 미사(微沙, 알갱이의 지름이 0.002~0.02㎜인 가는 모래), 모래의 비율에 따라 크게 점질토(粘質土)와 사질토(沙質土)로 나눌 수 있다.

흙 속에 모래가 많은 상태를 사질토라고 하는데, 이 경우 배수와 통기성은 좋아지나 보수성(保水性)이 나쁘고 양분 용탈이 심해진다. 모래 함유량이 80%가 넘으면 양분 용탈과 건조 피해가 심해 농사짓기 어렵다. 반면, 점토가 많으면(40% 이상) 양분과 수분은 많이 보유할 수 있지만, 배수성과 통기성이 나빠져 식물 뿌리의 호흡이 어려워지고 생육이 불량해진다.

점토가 너무 많거나 모래가 너무 많을 경우 객토(客土, 토질을 개량하기 위하여 다른 곳에서 흙을 파다가 논밭에 옮기는 일)를 통해 토성(흙의 성분이나 성질)을 조절할 수 있다.

### TIP 흙도 숨을 쉰다

동식물과 마찬가지로 흙도 호흡한다. 흙 속에 사는 미생물이 대기 중의 산소를 들이마시고, 이산화탄소를 내뱉는 것이다. 이 과정을 통해 흙 속에 식물의 뿌리와 미생물이 사는 데 필요한 산소가 공급된다. 흙 표면이 너무 딱딱해서 공기가 들어가지 않거나 점질 토양이어서 기체가 머무는 공간이 적으면, 그만큼 미생물이 적고 호흡이 불량해지며 식물의 생육이 나빠진다. 유기질 퇴비를 많이 주고, 땅을 깊이 갈며, 지나친 점질 토양을 객토해서 흙이 호흡할 수 있도록 해주면 좋다. 흙의 호흡을 방해하는 것으로는 불량 퇴비, 과다 비료, 제초제 남용 등을 들 수 있다. 농약을 많이 사용하면 미생물이 죽고, 그만큼 흙의 호흡이 불량해진다.

### TIP 내 밭의 토성, 쉽게 확인하는 법

토양을 가장 쉽고 간단하게 파악하는 방법은 비교적 많은 비가 내린 다음날 밭에 들어가 보는 것이다. 비가 제법 많이 내리고 하루쯤 지난 뒤 밭에 들어갔을 때, 신발이 푹푹 빠지거나 신발에 흙이 잔뜩 묻어나오면 점질토에 가깝다. 이런 밭은 퇴비를 충분히 넣고 두둑을 보통보다 더 높인 다음 농사지어야 한다.

반면, 흙에 거의 신발 자국이 남지 않거나 묻어나오는 흙이 거의 없다면 사질토에 가깝다. 이런 밭은 비교적 두둑을 낮게 하는 편이 유리하다. 전반적으로 학교 운동장 흙처럼 모래 알갱이가 많이 보인다면 모래가 지나치게 많은 밭이므로 두둑을 거의 높이지 않는 방식으로 농사짓는 편이 유리하다. 따라서 무작정 두둑을 높일 것이 아니라 밭의 성질을 파악한 다음 그것에 맞게 두둑 높이를 조절해야만 작물을 잘 키울 수 있다. 농업기술원 또는 농업기술센터에 각 지역 토양에 대한 정보가 있으니, 내가 짓는 텃밭의 토성을 대략 짐작할 수 있다.

### TIP 점질토와 사질토의 장단점

점질토는 흙이 조밀해 뿌리 뻗음이 늦고 성장도 둔하다. 그러나 육질이 단단하고 맛있는 채소를 재배할 수 있다. 단, 지나치게 점질이 강할 경우에는 밭작물의 생장이 어렵다. 사질토에서는 작물의 뿌리뻗음이 좋고 성장이 빨라 대체로 작물을 기르는 데는 약간 사질토 밭이 점질토 밭보다 유리하다. 그러나 뿌리가 빨리 노화하기 때문에 병해충 피해를 입거나 열매가 약해지기 쉽다. 내 밭의 특성에 따라 토비와 짚 등을 적정량 섞어 토질을 개량할 수 있다.

## 좋은 흙, 나쁜 흙

좋은 흙이란 떼알구조의 흙을, 나쁜 흙은 홑알구조(낱알구조)의 흙을 말한다. 떼알구조는 흙 속에 공기와 물이 들어갈 수 있는 공간이 많은 구조를 말하고, 낱알구조는 공기나 물이 들어갈 수 있는 공간이 적은 구조를 말한다. 다시 말해 떼알구조란 '푸석푸석한 흙'을 말하고, 낱알구조란 '딱딱한 흙'을 말한다.

따라서 같은 질량의 흙이라도 낱알구조일 때는 부피가 작고, 떼알구조일 때는 부피가 커진다. 그렇게 부피가 넓어진 만큼 물과 공기가 많이 들어가고, 식물의 뿌리도 잘 뻗는다.

같은 토양의 밭이라도 봄에 싹이 잘 돋아나는 것은 딱딱한 흙(낱알구조)이 푸석푸석한 흙(떼알구조)으로 바뀌어서인데, 겨울 끝과 봄의 첫머리에 땅속의 물이 얼었다가 녹았다가를 반복하는 동안 흙의 부피가 늘어나기 때문이다. 같은 질량일 때 얼

**흙의 구조**

홑알구조        떼알구조

### TIP 푸석푸석한 흙을 만들려면

딱딱한 흙(낱알구조)을 푸석푸석하게(떼알구조) 만들려면 깊이 갈아주면 된다. 쟁기나 호미로 딱딱한 땅을 갈면 땅이 헐거워진다. 잘 썩어서 익은 퇴비를 넣고 땅을 갈아주면 부피가 더욱 늘어나 공기와 물이 들어갈 수 있는 공간이 많아지므로 더욱 좋은 흙이 된다. 특히 퇴비는 비료 성분과 물이 흡착할 수 있는 표면적이 넓고, 물과 비료 성분을 붙드는 힘도 강하므로 더욱 효과적이다.

농사짓기 전에 밭을 갈고 두둑을 만드는 것은 흙을 푸석푸석하게 만들어 공기와 물이 들어갈 공간을 넓히고 뿌리가 쉽게 뻗을 수 있는 공간을 확보하기 위해서다. 석회질 비료나 유기질 비료를 주고 밭을 갈면 흙 속에 떼알구조가 더욱 많아져 작물 재배에 도움이 된다.

### TIP 지렁이는 훌륭한 농사꾼

지렁이는 흙 속에 든 양분을 먹고 작물에 좋은 기름진 흙을 내놓는다. 게다가 지렁이가 땅속을 헤집고 다니며 굴을 만들어 흙의 부피를 넓히므로, 공기가 잘 통하고 물과 좋은 영양 성분이 흙 표면에 많이 부착되게 해 식물의 성장에 도움을 준다. 또 흙이 푸석푸석해지는 만큼 작물이 뿌리를 잘 뻗는 데도 도움이 된다.

지렁이는 과일이나 채소 껍질, 밥, 국수 등을 좋아한다. 생선이나 육류도 먹는다. 그러나 너무 많으면 이들 성분이 썩으면서 가스를 많이 내므로 좋지 않다. 소금기가 있거나 양념이 된 음식, 농약이나 다른 화학물질이 많이 들어 있는 과일은 오히려 지렁이를 죽게 한다.

화학 비료와 농약을 많이 쓰면 땅이 딱딱해질 뿐만 아니라 지렁이가 사라져 그만큼 농사가 어려워진다.

음은 물보다 부피가 크다. 따라서 땅속의 물이 얼었다가 녹았다가를 반복하는 동안, 땅속에 공간이 늘어나고 땅은 헐거워진다. 땅이 이렇게 헐거워지면 물과 공기가 들어갈 공간이 많아지고, 식물이 뿌리를 뻗기 쉽다. 게다가 흙 자체가 푸석푸석해서 새싹이 쉽게 고개를 내밀 수 있다.

## 농사짓는 흙은 표토

**표토(表土)** 우리가 흔히 보는 지구 표면의 흙을 말하며, 전체 땅의 극히 일부에 해당한다.

표토는 암석이 비와 바람, 기온, 공기 중의 산소와 탄산가스, 물 등과 반응해서 만들어진 것이다. 흙에는 암석이 녹으면서 나온 온갖 성분과 동식물이 세상에 나서 자라고 죽는 과정을 거치면서 발생한 유기물이 포함되어 있다. 또, 미생물이 유기물을 분해하는 과정에서 나오는 물질도 포함한다. 따라서 표토에는 작물이 자라는 데 필요한 온갖 영양분이 들어 있다. 그러나 농사짓는 과정에서 흙 속에 든 영양분을 식물체가 흡수하므로 지속적으로 퇴비를 넣어주어야 한다.

# 자연 그대로의 흙으로 짓는 농사, 자연 재배

요즘 자연 재배가 인기다. 퇴비도 농약도 주지 않고 밭을 갈지도 않는 방식의 재배로, 오직 물을 주고 풀을 뽑아줄 뿐 사람이 인위적으로 거의 간섭하지 않는 재배법을 말한다. 일본과 국내 일부에서 자연 재배를 성공했으며, 상당한 수익을 올리는 사람들도 있다.

그러나 자연 재배가 과연 얼마나 효과적인지는 의문이다. 자연 재배를 시도해서 성공했다는 사람들도 간혹 있지만, 자연 재배에 도전했다가 실패를 보았다는 사람들도 많다. 특히 자연 재배에 성공한 사례들은 과수(사과나무), 벼 등에 국한되는 경우가 많다. 한국의 자연 재배 학자 중에는 토마토, 가지 등을 재배하는 경우도 있으나 이 역시 대형 비닐하우스와 자동급수시설 등 상당한 시설을 요구한다.

지금까지 알려진 자연 재배는 깊게 내려가거나(일본의 사례) 넓게 퍼져 있는(국내의 사례) 뿌리, 혹은 미생물의 왕성한 활동을 바탕으로 한다. 그러나 텃밭 농부가 기르는 비교적 단기간 재배해서 수확하는 채소류의 작물은 대부분 일년생으로 뿌리가 깊이 혹은 넓게 번질 만큼 시간적인 여유가 없는 품목이 대부분이다. 게다가 특정한 작물이 자라기 적합한 특정한 땅을 선택할 수도 없다. 이미 정해진 땅에 작물을 재배하는 만큼 사람이 보살필 때와 보살피지 않을 때 식물 생장과 수확은 차이가 크다. 게다가 자연 재배가 손 놓고 있는 방식도 아니다. 오히려 관행 재배나 유기농 재배보다 훨씬 더 많은 노력과 노동을 투여해야 한다. 대규모 설비를 갖추어야 하는 경우도 있다. 따라서 텃밭 농부는 남들이 한다고 무조건 자연 재배를 시도할 것이 아니라 열심히 밭 갈고, 거름 주고, 물을 주며 키우는 방식이 적절하다고 본다.

# 밭 만들기

평평한 땅에 그냥 작물을 재배하면 작물이 제대로 자라지 않는다. 작물이 뿌리를 쉽게 내릴 수 있도록 푸석푸석하게 밭을 갈아주고, 비가 많이 내렸을 때 물 빠짐을 좋게 하고자 두둑과 고랑을 만들어야 한다. 고랑은 통풍을 원활하게 해 작물이 병충해를 입을 가능성도 낮춘다. 본격적인 농사의 시작은 밭 만들기에서부터다.

## 밭 만들기 과정

**1** 잡초는 뿌리째 뽑고 비닐, 나뭇가지 등 이물질도 제거한다.

**2** 삽이나 괭이, 호미로 30~40cm 정도 깊이로 흙을 뒤엎는다.

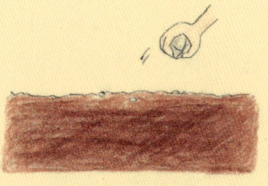

**3** 돌은 멀리 치운다. 처음 농사를 짓는 밭에서 돌을 모두 제거할 수는 없으므로 조금씩 할 수 있는 만큼 돌과 이물질을 치우고 농사를 시작한다. 적어도 작물의 뿌리가 내리는 곳은 이물질을 모두 제거한다. 아주 작은 돌은 그냥 두어도 무방하다.

**4** 밑거름으로 완숙 퇴비를 넣고 흙과 잘 섞어준다.

**5** 쇠스랑이나 괭이를 이용해 두둑을 만들어준다.

**6** 작업하기 편한 너비로 두둑을 고르고 위를 편편하게 해준다.

봄 파종을 위해 3월 초 밭을 갈았다.

봄 파종을 위해 3월 초에 밭을 갈고 나뭇재를 뿌렸다.

이랑을 만들려고 땅을 깊이 갈아엎었다. 땅을 갈아엎는 작업은 고되다. 그러나 잘 갈아서 완성된 이랑을 보는 것은 텃밭 농사의 큰 기쁨이다.

이랑을 만들려고 땅을 깊이 갈아엎었다. 땅을 갈아엎는 작업은 고되다. 그러나 잘 갈아서 완성된 이랑을 보는 것은 텃밭 농사의 큰 기쁨이다.

초보 텃밭 농부 중에는 비가 온 뒤에 아직 채 마르지 않은 밭을 일구는 경우가 있다. 마르지 않은 밭을 일구다가 해가 지거나 힘에 부치면 그대로 두고 가버리기도 한다. 그러나 이처럼 땅을 파 엎어 놓은 채로 며칠 두면 흙이 바짝 말라 벽돌처럼 덩어리지고 단단해진다. 이렇게 되면 망치로 흙을 두들겨 깨야 하는 번거로움이 따른다. 흙이 충분히 마른 다음 밭 흙을 뒤집도록 한다. 그날 뒤집은 흙은 그날 잘게 부숴야 벽돌처럼 덩이가 생기는 것을 방지할 수 있다.

## | 밭 갈기 |

밭을 가는 이유는 땅을 푸석푸석하게 해서 통기성을 좋게 하고, 수분 함유량을 늘리기 위해서다. 무엇보다 흙이 곱고 푸석푸석해야 작물의 뿌리가 잘 뻗는다. 따라서 흙을 깊게 뒤집어주는 것이 좋다. 농부는 봄 농사를 시작하기에 앞서 일찌감치 땅을 깊게 갈아엎는데, 이렇게 함으로써 햇빛으로 나쁜 균을 소독하는 효과도 있기 때문이다.

밭을 깊게 갈아준 뒤에는 덩어리진 흙을 잘게 부수는 작업을 해야 한다. 그래야 뿌리가 잘 뻗을 뿐만 아니라 거름 성분을 많이 보유할 수 있다. 특히 무나 당근처럼 땅속으로 깊이 뿌리를 뻗는 작물은 흙을 깊고 부드럽게 갈아주어야 뿌리가 잘 내리고, 기형 작물이 발생하지 않는다. 밭을 갈 때 땅속에 있는 돌이나 지난번 재배 때 남은 식물의 뿌리, 나뭇조각, 비닐 등은 모두 제거해야 한다. 그것들이 남아 있으면 뿌리가 뻗지 못하거나 기형이 나올 가능성이 높고, 비닐 등에 뿌리가 막힐 경우 썩어버리기도 한다.

## | 밑거름 넣기 |

밭을 간 뒤에 작물에 따라 필요한 밑거름을 넣고 흙과 잘 섞어준다. 이 작업은 파종이나 모종 심기 2주 전에 끝내야 한다. 거름을 흙과 섞으면 발효하면서 가스가 발생하는데, 이 가스가 작물의 뿌리를 말라 죽게 한다. 따라서 작물 심기 2주 전에는 거름을 섞어 가스 피해가 발생하지 않도록 유의한다.

농사를 오래 지어 산성화된 밭이나 산성토양을 싫어하는 작물을 재배할 경우 밭에 석회를 넣어주어야 한다. 석회는 밑거름을 넣기 1~2주 전에 미리 넣어주도록 한다.

땅을 뒤집은 뒤 밑거름을 넣는다.

트랙터를 이용해 로터리를 친 흙을 곱게 갈아준 밭.

## 두둑 만들기

두둑을 만드는 까닭은 퇴비를 넣어 흙을 갈고 높이를 높여서 물과 공기가 들어갈 공간, 식물의 뿌리가 뻗어 나갈 공간을 넓혀 주기 위한 것이다.

두둑의 너비는 일괄적으로 정해져 있지 않다. 작물에 따라, 밭 상태(점질토, 사질토 등), 즉 물 빠짐 정도에 따라 탄력적으로 적용하면 된다.

기본적으로는 사람이 팔을 뻗어서 작업하기 적당한 너비가 적합하다. 두둑 이쪽과 저쪽 고랑에 쪼그려 앉아 작업한다고 가정했을 때, 팔을 뻗어서 팔이 쉽게 닿아야 한다. 1m 너비의 두둑이라도 이쪽, 저쪽 고랑에서 번갈아 작업하면 되므로 별문제는 없다.

사질토냐 점질토냐에 따라 두둑의 너비가 달라진다. 물 빠짐이 좋아야 하는 고추밭의 경우 사질토라면 두둑의 너비가 다소 넓어도 되지만, 점질토라면 두둑의 너비를 좁혀야 물이 잘 빠진

같은 날 심은 같은 품종의 배추. 두둑 위에 심은 배추(왼쪽)는 한 달이 지나자 크게 자란 반면, 두둑 아래 고랑에 심은 배추(오른쪽)는 거의 자라지 못했다. 두둑을 만들면 통기성이 좋아지고, 수분 함량이 늘어나고, 땅이 부드러워 작물의 뿌리 내림이 좋아진다.

땅을 깊게 갈고, 흙을 잘게 부수고, 밑거름을 넣은 뒤 이랑을 완성했다.

두둑의 높이는 일률적이지 않다. 같은 작물을 키우더라도 밭 흙의 특성에 따라 두둑의 높이를 다르게 한다. 왼쪽 사진은 점질토 밭으로 두둑의 높이를 높였고, 오른쪽 사진은 사질토 밭으로 두둑의 높이를 낮췄다.

다. 다시 말해 물이 비교적 잘 빠지는 밭은 두둑의 너비는 넓게 높이는 낮게, 물이 잘 빠지지 않는 밭은 두둑의 너비는 좁게, 높이는 높게 만들어야 한다는 말이다.

재배하는 작물에 따라 두둑의 너비와 높이도 달라진다. 물 빠짐이 잘돼야 하는 작물은 두둑을 다소 좁게 만들어 두둑 하나에 작물을 한 줄로 심고, 수분이 많이 필요한 작물은 두둑을 넓히고 두 줄로 작물을 심는 것이 좋다.

두둑의 높이 역시 일률적으로 정해진 것이 아니다. 점질토라서 물이 잘 안 빠지는 밭은 두둑을 높이고, 사질토여서 물과 양분이 빨리 빠지는 밭은 두둑을 낮추어 수분과 양분을 오래 머물고 있도록 해야 한다. 즉, 다 같은 김장 무를 심더라도 사질토라면 두둑을 낮춰야 하고, 점질토라면 두둑을 높여야 한다.

125

여러 사람이 함께 사용하는 텃밭을 임대한다면 다 같이 고랑을 만들어야 한다. 안쪽 밭의 텃밭 농부는 고랑을 만들었는데 바깥쪽 밭의 텃밭 농부가 고랑을 만들지 않으면, 물이 빠지기는커녕 안쪽 밭으로 몰리게 된다. 물고랑 문제로 이웃 텃밭 농부들 사이에 다툼이 발생할 수도 있는 만큼 공동 텃밭을 이용할 때는 이웃 텃밭 농부에게 피해를 주지 않도록 세심하게 신경 써야 한다. 사진은 안쪽의 텃밭 농부는 물고랑을 만들었으나 바깥쪽의 텃밭 농부가 고랑을 만들지 않아 물이 고인 모습.

여름 끝자락에 파종하려고 갈아놓은 밭. 온갖 풀에 뒤덮여 있던 밭이 조금씩 맨흙을 드러내기 시작하면 힘든 줄도 모른다.

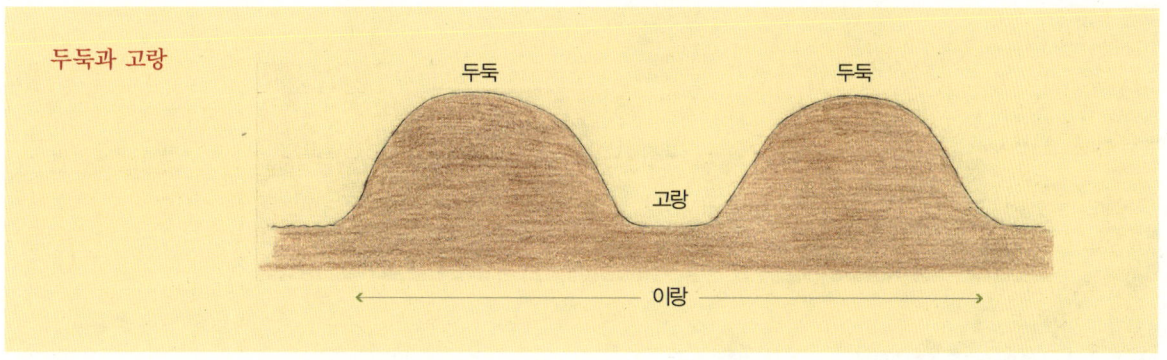

두둑과 고랑

또, 밭의 경사에 따라 두둑의 방향을 다르게 해야 한다. 경사면을 따라 두둑을 만들면 흙 유실이 많아 척박한 땅이 되기 쉽고, 양분 유실도 많다. 밭이 경사면에 있다면 이랑을 가로로 만들어야 흙과 양분의 유실을 최소화할 수 있다.

| 고랑과 이랑 |

두둑을 만들 때 흙을 끌어감으로써 그 옆에 생기는 낮은 길을 고랑이라고 한다. 사람이 다니는 통로, 바람길, 작물 간의 거리 유지, 배수로 역할을 한다. 작물을 될 수 있으면 많이 심고자 고랑을 지나치게 좁게 만드는 텃밭 농부가 있는데, 지나치게 고랑이 좁으면 작업하기 불편하고, 작물이 너무 빽빽하게 심겨서 자라는 데 방해가 된다.

이랑은 두둑과 고랑을 통틀어 가리키는 말이다.

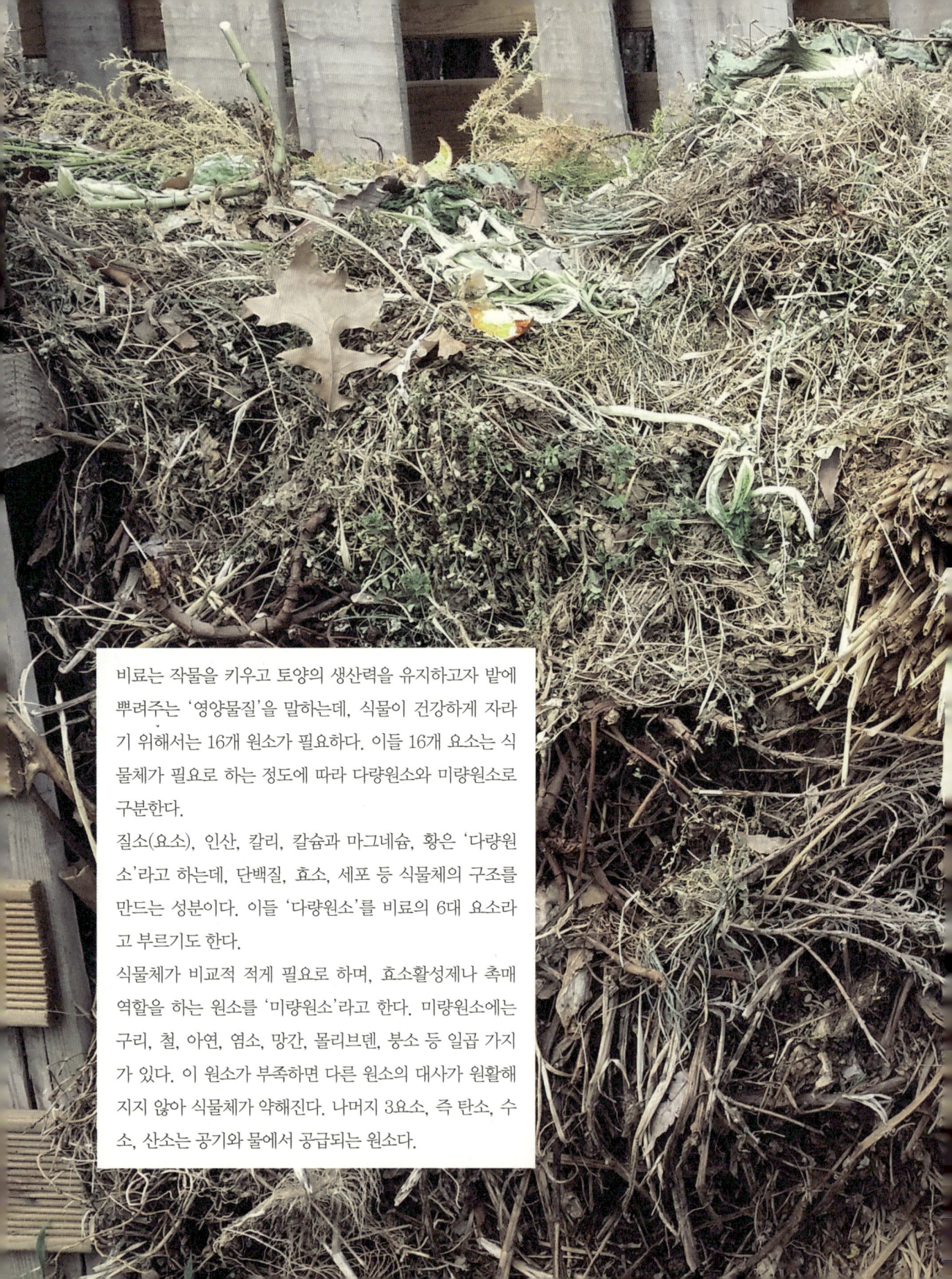

비료는 작물을 키우고 토양의 생산력을 유지하고자 밭에 뿌려주는 '영양물질'을 말하는데, 식물이 건강하게 자라기 위해서는 16개 원소가 필요하다. 이들 16개 요소는 식물체가 필요로 하는 정도에 따라 다량원소와 미량원소로 구분한다.

질소(요소), 인산, 칼리, 칼슘과 마그네슘, 황은 '다량원소'라고 하는데, 단백질, 효소, 세포 등 식물체의 구조를 만드는 성분이다. 이들 '다량원소'를 비료의 6대 요소라고 부르기도 한다.

식물체가 비교적 적게 필요로 하며, 효소활성제나 촉매 역할을 하는 원소를 '미량원소'라고 한다. 미량원소에는 구리, 철, 아연, 염소, 망간, 몰리브덴, 붕소 등 일곱 가지가 있다. 이 원소가 부족하면 다른 원소의 대사가 원활해지지 않아 식물체가 약해진다. 나머지 3요소, 즉 탄소, 수소, 산소는 공기와 물에서 공급되는 원소다.

# 제3장
# 건강한 밭을 위한 영양분·비료

비료주는 시기에 따른 구분
비료주는 방법에 따른 구분
비료효과의 속도에 따른 구분
비료의 성분별 특징
성질에 따른 비료의 종류
직접 만드는 천연비료

# 비료의 구분법

## | 주는 시기에 따른 구분 |

같은 비료라도 주는 시기에 따라 밑거름(기비, 基肥)과 웃거름(추비, 追肥)으로 구분한다. 작물에 따라 전량 밑거름으로 투입해야 하는 경우도 있고, 밑거름과 웃거름으로 나누어 투입해야 하는 경우도 있다. 또한, 비료의 성분에 따라 밑거름으로 많이 주는 경우도 있고, 웃거름으로 많이 주는 경우도 있다. 이는 작물마다 다르며, 이 책에서는 작물별 재배법을 따르면 된다.

### ① 밑거름
파종하거나 모종을 심기 전에 밭에 미리 주는 거름(비료). 파종 혹은 모종을 내기 2주 전에 주어야 한다.

### ② 웃거름
작물의 생장을 봐가며 추가로 주는 거름. 작물 재배 기간이 길거나 열매가 많고 큰 작물은 반드시 두세 차례 웃거름을 주어야 작물이 튼튼하게 자랄 수 있다. 작물의 잎에 직접 주는 '엽면시비' 역시 추가로 주는 거름이므로 '웃거름'에 속한다.

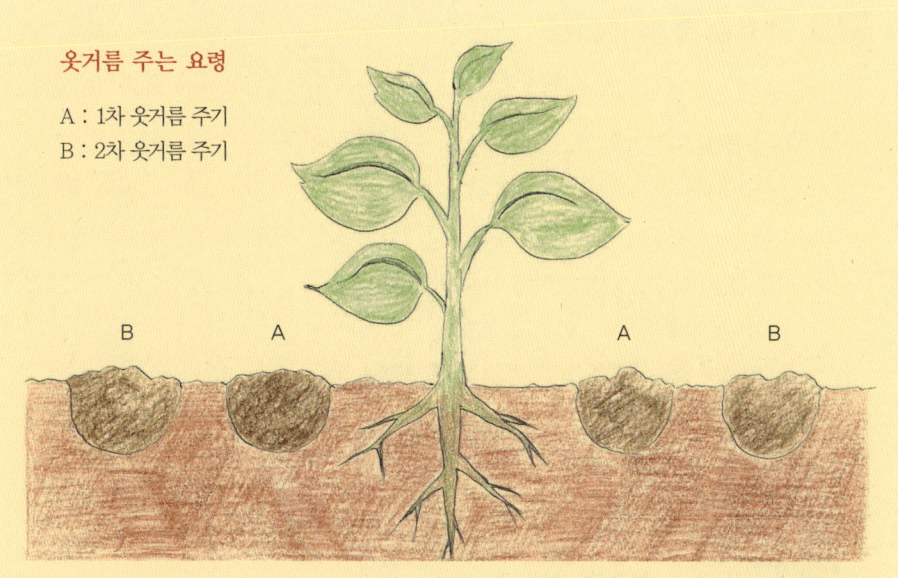

**웃거름 주는 요령**

A : 1차 웃거름 주기
B : 2차 웃거름 주기

**식물이 필요로 하는 영양분과 식물체 각 기관의 역할**

식물은 공기와 물에서 산소와 수소, 탄소를 흡수한다. 공기 중에서 얻는 질소는 잎과 줄기의 성장에 필수적이다. 인산은 꽃과 열매를 맺는 데 필요한 성분이며, 칼리는 뿌리의 발달에 필수적이다. 이 외에도 식물이 자라는 데는 칼슘, 마그네슘, 황, 철, 붕소, 구리, 아연, 망간, 몰리브덴, 염소 등 다양한 원소가 필요하다.

> **TIP** 비료를 줄 때 주의점

밑거름이든 웃거름이든 작물(작물 뿌리)에 직접 닿지 않도록 시비해야 한다. 밑거름은 적어도 씨 뿌리기나 아주 심기 2주일 전에 주어야 하고, 웃거름은 식물의 자람을 봐가며 두세 차례 준다. 1차 웃거름을 줄 때는 작물의 줄기에서 10㎝ 정도 거리를 두고 호미로 땅을 파서 거름을 한줌 정도 넣어준다. 2차와 3차 시비할 때는 지상부 식물 잎의 너비만큼 멀리 떨어진 곳에 호미로 땅을 파고 거름을 준다. 거름은 흙과 잘 섞어준다.

비료에 말라버린 가지

## | 비료 주는 방법에 따른 구분 |

### ① 토양시비
토양에 주는 비료(밑거름, 웃거름).

### ② 엽면시비
액체 비료 혹은 물에 녹인 요소 비료를 분무기 등으로 잎의 앞면과 뒷면에 분무하는 것. 엽면시비는 비료의 농도가 진할수록 잘 흡수되며, 잎의 앞면보다는 뒷면에서 흡수가 빠르다. 그러나 비료 농도가 지나치게 진하면 잎이 말라 죽을 수 있으므로 유의한다. 엽면시비는 밑거름보다 효과가 빠르다(웃거름).

## | 비료 효과의 속도에 따른 구분 |

### ① 속효성 비료
작물이 빨리 흡수할 수 있는 비료. 대부분의 화학 비료가 속효성(速效性) 비료에 속한다.

### ② 완효성 비료
토양 속에 있는 미생물의 작용으로 서서히 효과가 나타나는 비료. 퇴비와 분뇨 같은 유기질 비료는 모두 이에 속한다. 완효성(緩效性) 비료는 식물체에 영양을 공급하면서 토양을 개량하는 효과도 있다. 그러나 부피나 무게에 비해 영양분이 적어 화학 비료보다 훨씬 많은 양을 요구한다.

화학 비료 중에도 완효성 비료가 있으나 이는 유기질 비료처럼 미생물의 작용으로 효과가 천천히 나타나는 방식이 아니라 비료 알갱이에 아크릴수지 코팅이 되어 있어 물에 천천히 녹아서 땅에 흡수되도록 인위적으로 만든 것이다. 따라서 화학 비료는 속효성이든 완효성이든 토양개량 효과는 없다.

그런데도 화학 비료 중 완효성 비료가 장점이 많고 더 비싼 것은, 비료의 효과가 오래가고, 노동력이 절감되고, 일반 비료보다 양분 이용률이 높기 때문이다. 양분 이용률이 높다는 것은 토양오염도 그만큼 적다는 것을 의미한다.

# 비료를 구성하는 성분

| 다량원소 |

① **질소**

질소(N)는 식물의 세포 원형질의 주요성분인 단백질을 구성하는 성분으로, 작물에 대단히 중요한 양분이다. 식물의 몸집과 잎을 키우는 데 가장 중요한 비료로 생육 초기에 많이 필요하다. 그러나 너무 많이 주면 영양생장(몸집만 키움)에 치중하고 생식생장(결실을 맺음)을 하지 않으므로 필요한 양만 주도록 해야 한다.

질소가 부족하면 작물 발육이 약해지고 잎은 연한 황색이나 적갈색이 되며, 심하면 누렇게 말라 죽는다. 말라 죽지 않더라도 잎과 줄기가 약해져 결국 열매의 숫자도 적고 모양도 나빠진다.

식물은 질소를 무한정 받아들인다. 질소 비료를 주면 식물이 잘 자라므로 초보 농부는 질소 비료를 과다하게 주는 잘못을 저지르곤 한다. 그러나 질소 성분이 과하면 잎만 무성하고 열매는 빈약해지거나 통풍 부족으로 질병에 걸리기 쉽다. 또 잎이 웃자라서 식물체가 바람에 넘어지기도 쉽고 벌레도 많이 꼬인다.

질소는 빗물에 쉽게 녹아 흘러가므로 한꺼번에 많은 양을 사용하기보다 조금씩 여러 차례 나누어주는 편이 식물에도 좋고, 토양오염도 방지한다.

텃밭 농부는 초기에 질소 비료를 토양에 조금 적다 싶을 정도로 주는 것이 좋다. 부족하면 물에 녹여 엽면시비하는 것이 효과도 빠르고, 질소 과용으로 인한 토양오염도 예방할 수 있다.

유기질 질소 비료로는 가축분(닭, 돼지, 소 등 가축의 배설물로 만든 비료)과 볏짚, 톱밥 등이 있고, 화학 비료로는 요소 비료, 유안 등이 있다.

### TIP 작물의 성장과 질소 비료

질소 비료는 작물의 성장에 가장 중요한 역할을 한다. 특히 잎채소의 경우 질소 비료가 충분하면 보기도 좋고, 모양도 좋다. 그래서 농부는 질소 비료를 과용하기 쉽다. 그러나 질소 비료를 많이 주어 채소가 번무(繁蕪)하면 그만큼 벌레도 많이 꼬인다. 질소를 듬뿍 먹은 채소는 부드러워 해충의 집중 공격 대상이 되기도 한다.

반면, 질소 비료를 너무 적게 주면 작물이 잘 자라지 않는다. 게다가 잎이 뻣뻣하고 질기다. 현재 60~70대 이상 사람들은 화학 비료가 흔하지 않던 시절 농사지었고, 따라서 질소를 적게 주고 기른 작물을 많이 먹었다. 그래서 그 맛을 그리워하고, 유기농으로 지은 배추나 무의 맛을 보면 '맛이 기가 막히다'고 한다. 그러나 10~20대는 물론이고 30대도 유기농으로 지은 무나 배추로 담근 김치를 '질기고 맛없다'고 한다. 잎 자체가 뻣뻣해서 벌레가 덜 꼬이지만, 김치를 담그려고 소금에 절여도 숨이 잘 죽지 않는다. 이처럼 사람마다 '맛있다'고 생각하는 기준이 다르다.

화학 비료를 많이 주어 질소 비료를 많이 먹고 자란 채소는 육질이 두껍고 연하며, 맛은 싱겁고, 잎은 진한 녹색을 띤다. 이에 반해 유기질 비료나 퇴비로 재배한 채소는 질소 비료의 함량이 적어 잎 색이 연녹색을 띠며, 육질이 얇고 질기다. 다소 쓴맛과 고소한 맛이 난다.

유기질 비료로 재배한 배추로 김장을 하면 숨이 잘 죽지 않아 잎이 뻣뻣하며, 설을 지내고 3~4월은 돼야 맛이 들기 시작한다. 유기질 비료로 재배한 채소로 담근 김치는 잘 녹지 않아서 오래 보관할수록 맛이 더 나는 것이다.

유기농으로 재배한 채소가 더 맛있다는 평이 일반적이다. 상추 역시 질소 비료를 적게 주고 기르면, 더디게 자라지만 상추 특유의 맛이 더 난다. 시금치나 근대 등 대부분 잎채소가 모두 그렇다.

그러나 뿌리채소인 무나 구를 먹는 콜라비의 경우 질소 성분이 적으면 맛이 떨어진다. 따라서 유기농으로 재배한 채소는 다 맛있고, 화학 비료를 주어 키운 채소는 다 맛없다고 단정할 수는 없다. 작물에 따라 비료를 듬뿍 주어야 하는 것이 있고, 덜 주어야 오히려 맛있는 것이 따로 있는 셈이다.

### TIP 복합 비료를 사용할 때 주의할 점

복합 비료를 쓸 때는 인산이 적게 함유된 비료를 쓰는 편이 좋다. 토양에 인산이 많아지면 붕소 결핍이 쉽게 일어나고, 다른 양분의 흡수도 방해할 수 있다. 우리나라 농경지 중 논의 40%, 밭의 51%, 하우스 등 시설재배지의 80%가 인산 과잉이라고 한다. 복합 비료를 무심코 쓰기 때문이다.

## ② 인산

인산 비료는 개화와 결실, 뿌리 신장을 돕고 탄수화물 대사와 에너지 대사를 잘되게 하여 식물체를 튼튼하게 한다. 열매의 품질을 향상시키고 냉해를 예방하는 데도 도움을 준다.

주로 밑거름으로 주며, 식물의 생육 중기와 후기에 많이 필요하다. 많이 주어도 식물체가 받아들이는 데 한계가 있어서 과잉에 따른 장애는 거의 없다. 그러나 토양에 인산이 과다 축적되면 식물의 생육이 불량해지고 성숙기가 당겨져 열매의 수량이 감소한다. 또 인산의 길항작용(생물체의 어떤 현상에 대하여, 두 개의 요인이 동시에 작용하면서 서로 그 효과를 부정할 때 이 두 개의 요인 사이에서 일어나는 작용)으로 붕소, 규산 및 질소 등의 흡수가 억제된다.

인산이 부족하면 잎의 폭이 좁아지고 적갈색이 되며, 줄기는 가늘어지며 암녹색을 띤다. 꽃과 잎에 광택이 없고, 식물체 전체가 약해진다. 인산이 모자랄 때 응급 대책으로 제1인산칼리 0.3%를 몇 차례 잎에 뿌린다. 근본적으로는 산성토양을 개량하고 인산 함량을 높이는 등 토양을 개선해야 한다.

유기질 인산 비료로는 쌀겨, 깻묵, 달걀 껍데기, 뼛가루 등이 있고, 화학 비료로는 과인산석회, 중과인산석회가 있다. 천연 재료로 인회석이 있다.

## ③ 칼리

칼리(칼륨)는 식물 생육 초기와 중기에 필요하며 식물체 속의 전분이나 당분, 단백질의 생성과 이들 양분의 운반에 관여한다. 세포액의 삼투압을 증가시켜 수분 증발을 억제해 가뭄에 대한 저항성을 증대한다. 작물의 개화, 결실을 촉진하고 뿌리 발육을 돕는다.

칼리가 부족하면 작물 생장과 탄수화물 등 물질 생성 기능이 저하되고, 환경 적응성이 약화되어 쉽게 쓰러진다. 단백질 합성도 저하되어 품질과 저장성이 나빠진다. 세포의 압력이 떨어져서 증산과 호흡을 지나치게 하여 가뭄과 냉해의 피해도 커진다. 잎 둘레에 갈색 반점이 생기며, 어린잎은 안토시아닌의 영향으로 생장점에 가까울수록 청록색을 띠고, 늙은 잎은 담황색과 백색의 무늬가 생긴다. 결핍이 심하면 식물 전체가 황색이 되어 질소 결핍 증상과 구분이 어렵다. 또, 줄기와 뿌리가 약해져 잘 흔들린다.

과잉 공급되면 잎 가장자리가 말려 올라가거나 요철이 생기고, 잎맥에 황화 증상이 발생하며, 식물이 무르고 연약해진다.

유기질 비료로는 볏짚을 태운 재 등이 좋고, 시중에 황산칼륨 비료가 시판되고 있다. 시비할 때는 미발효 유기질 비료, 미발효 퇴비 등과 함께 쓰면 가스 장애가 발생할 수 있으므로 혼용하지 않도록 한다.

### ④ 석회

칼슘(Ca)은 펙틴산칼슘이나 수산화칼슘의 형태로 세포막에 많이 들어 있다. 펙틴산칼슘이 세포와 세포를 연결하는 작용을 하므로 칼슘이 부족하면 식물체의 조직이 파괴되기 쉽다.

칼슘이 부족하면 토양이 산성화되어 식물의 양분 흡수가 줄어들고, 새순이나 과일에 피해가 나타난다. 잎채소는 문고병(紋枯病, 잎집무늬마름병)이나 결구 불량 현상이 발생하고, 뿌리채소는 바람이 들거나 색채 불량, 저장성 약화의 원인이 된다. 토마토에는 배꼽썩음병이 생기고, 사과에는 고두병이 발생한다. 특히 기온이 높은데 석회가 부족하면 피해가 더욱 커진다. 전분질 집적 저하, 점액질 저하, 광택 부족, 병충해 저항력 약화 등 피해가 막대하다.

칼슘은 일정 농도 이상 되면 더는 녹지 않으므로 과용에 따른 직접적인 피해는 없다. 그러나 토양이 지나치게 알칼리성으로 변하게 되면, 칼슘 자체의 과용이 식물에 영향을 주지는 않지만, 미량원소(몰리브덴 제외)의 용해도가 떨어져 결핍증을 나타낼 수 있다.

칼슘은 조개껍데기, 산호와 천연 광물질인 돌로마이트, 인회석, 맥반석 등에 풍부하게 들어 있다.

### ⑤ 마그네슘

마그네슘(Mg)은 작물의 엽록소 구성 원소로 효소의 활성화와 질소 대사에 관여한다. 부족하면 잎의 기부(基部)에 짙은 녹색 반점이 생기고, 잎맥 사이가 황백색으로 변하다가 심하면 괴사한다.

### TIP 토양을 중화시키는 석회 비료

## 석회 시비의 주의점과 이점

석회 비료는 질소(요소) 비료보다 2주쯤 먼저 밭에 주어야 한다. 일반 비료를 파종 2주 전에 준다면, 석회는 4주 전에 준다. 석회 비료, 즉 칼슘이 물에 녹아 토양 표면에 흡착하는데, 이때 칼슘은 토양의 산도를 일시적으로 매우 높인다. 이때 질소 비료를 주면 높아진 토양의 산도와 작용해 암모니아 가스가 발생한다. 암모니아 가스는 발아하려는 씨앗과 뿌리에 막대한 피해를 준다.

석회를 뿌릴 때는 화상에도 유의해야 한다. 비가 내리거나 땀이 묻은 손으로 석회를 만지면, 물과 작용해 고열이 발생하므로 화상의 위험이 있다. 따라서 석회 비료는 맑은 날 시비해야 하며, 장갑과 긴 옷을 반드시 챙기고, 손으로 직접 시비하기보다 삽이나 모종삽 등으로 뿌려야 한다.

석회 비료는 산성토양을 개량할 뿐만 아니라 푸석푸석한 흙을 만드는 데도 도움이 된다. 흙 입자는 표면에 음전기를 갖고 있는데, 석회고토(石灰苦土)를 주면 양전기를 가진 석회(Ca)와 고토(Mg)를 중심으로 흙 입자가 모여들어 덩치를 이룬다. 이처럼 흙이 작은 덩어리를 이루는 것이 떼알구조로 덩어리가 생기는 만큼 흙의 부피는 늘어난다. 부피가 늘어나면 흙은 푸석푸석해지고, 공기와 물을 머금을 수 있는 공간이 늘어나고, 뿌리가 잘 뻗는 데도 도움이 된다.

## 석회의 신비한 역할

앞서 밝혔듯이 석회는 산성토양을 중화하는 역할을 한다. 식물이 잘 자랄 수 있는 토양 산도는 대체로 pH6.5~7의 중성이다. 대부분 식물은 토양이 중성일 때 영양 성분을 가장 잘 흡수할 수 있다. 그러나 우리나라 경작지 토양은 대부분 오랜 비료 사용으로 산성을 띠고 있다. 산성 토양에서는 화학 비료를 사용해도 효과가 절반으로 뚝 떨어진다. 토양 산도가 pH6 정도의 약 산성만 띠어도 인산의 효과는 48%나 떨어지고, pH5 정도의 강산성을 띠면 효과가 70% 가까이 떨어진다. 이런 토양에서는 질소의 효과 또한 60% 가까이 떨어진다. 토양이 산성화되면 비료를 많이 넣어도 별 효과를 얻지 못하는 것이다.

땅의 변화를 읽지 못하고 비료의 효과가 약하다고 판단해 화학 비료를 추가로 넣으면, 토양은 더욱 산성화되고 비료의 흡수율은 더욱 떨어지기 마련이다. 석회로 토양을 중화하는 것은 토양을 회복시키는 동시에 작물 재배를 쉽게 하고 비용을 줄이는 길이다. 평소에 퇴비를 적당히 사용하여 농사짓고 있다면 굳이 석회를 넣어주지 않아도 된다.

#### ⑥ 황

황(S)은 식물체의 단백질을 구성하는 데 필수적인 요소다. 황이 부족하면 대사가 약해지고, 생육이 부진해진다. 양배추, 브로콜리, 순무 등에 황이 부족하면 황백화 현상(엽록소가 형성되지 않고 카로티노이드(carotenoid)의 색조만 생성되는 현상)이 나타난다. 그러나 황은 산성이므로 과다 시비가 토양 산성화로 이어질 수 있다.

파, 마늘, 감자와 과일, 잎 식물, 꽃 등의 밭작물에 황은 필수적이다. 특히 파, 마늘, 양파처럼 향이 나는 작물을 키울 때는 황이 함유된 비료를 쓰는 것이 좋다. 그러나 벼농사에는 황이 큰 피해를 줄 수 있다.

## | 미량원소 |

소규모로 재배하는 텃밭 농부가 미량원소의 양까지 일일이 신경 쓸 필요는 없다. 퇴비 등 유기질 비료에 대부분 식물이 필요한 만큼 들어 있다. 그러나 미량원소가 따로 포함되어 있지 않은 일반적인 화학 비료만으로 농사짓고 있다면, 미량원소를 따로 넣어주어야 한다. 텃밭 농부는 굳이 미량원소를 따로 챙기기보다는 퇴비를 적당히 줌으로써 미량원소를 자연스럽게 공급하는 것이 편리하다. 미량원소에는 다음과 같은 것이 있다. 비록 미량이지만 그 역할은 지대하다.

#### ① 망간

식물의 엽록체는 망간(Mn) 결핍에 민감하다. 에이티피(ATP, adenocine triphosphate)와 효소 복합체를 연결해주는 역할을 하며, 산화 효소를 활성화함으로써 물질을 산화시킨다.

망간이 부족하면 조직은 작아지고 세포벽이 두꺼워지고 표피 조직 사이가 쭈그러드는 현상이 나타난다. 망간과 마그네슘 결핍 시 잎맥 사이에 황백화 현상이 일어난다. 특히 늙은 잎에서 황백화 현상이 먼저 발생한다. 과잉 흡수되면 늙은 잎의 선단(先端)에 갈색, 자색의 작은 점이 생긴다.

#### ② 아연

아연(Zn)은 효소의 구성분이자 효소의 활성화에 필요한 성분으로 망간, 마그네슘과 유사한 작용을 한다. 결핍 증상으로 잎맥 사이에 황백화 현상이 나타나며, 이 부분이 담녹색 또는 황색으로 진전되거나 희게 변한다.

### ③ 철

철(Fe)은 산화 효소의 구성분이며 엽록소 형성에 관여한다. 전자를 전달하는 단백질의 구성분으로 광합성, 질소 고정 등에 관여한다. 결핍되면 엽록소가 생성되지 않아 잎맥 사이에 황백화 현상이 나타나는데, 어린잎에서 먼저 나타난다.

### ④ 구리

구리(Cu)는 광합성 작용과 엽록소 형성에 기여한다. 결핍 증상은 생장이 억제되고, 탄수화물 및 단백질 생산이 줄어드는 것이다. 외관상 어린잎의 선단부부터 황화 및 백화 현상이 발생한다. 과잉 시 뿌리가 자라지 않는다.

### ⑤ 몰리브덴

몰리브덴(Mo)은 질소 효소와 질산환원 효소의 필수 성분이며, 질산환원 효소는 질산염을 아질산염으로 변화시킨다. 부족하면 생장과 광합성 작용이 저해되며, 작물체 내에 질산이 축적된다. 외관상 증상은 늙은 잎에서부터 황색이나 황록색으로 변하다가 괴사 반점이 생기고 잎끝이 위쪽으로 말린다.

### ⑥ 마그네슘

마그네슘(Mg)은 광합성 작용과 인산화 과정에서 모든 효소에 보조인자로 작용한다. 탄산가스 고정 효소를 활성화해서 탄산가스 고정량을 증가시킨다. 단백질 합성에도 관여하며 호흡 작용 등 관련 효소를 활성화 한다.

부족하면 잎에 황백화 현상이 발생한다는 점에서는 망간과 같으나, 망간이 부족할 때는 늙은 잎에서 먼저 나타나고, 마그네슘이 부족할 때는 어린잎에서 먼저 나타난다.

### ⑦ 붕소

복합 비료에는 꼭 붕소(B)가 들어 있다. 미량원소 중에서도 가장 중요한 역할을 하기 때문인데, 탄수화물 이동 및 효소의 활성제로서 작용한다. 즉, 붕소는 꽃이 피고 열매가 잘 맺도록 하는 역할을 한다.

결핍 시에는 생장 조직, 생장점 및 형성층에 피해를 주며, 뿌리 생육이 불량하다. 특히 텃밭 농부가 주로 재배하는 무와 배추에 붕소가 부족하면, 작물의 중심부가 흑갈색으로 부패한다. 붕소는 인산과 길항작용을 해서 토양에 인산이 많으면 붕소가 잘 흡수되지 않는다. 부족할 경우 어린잎에서 황화 현상이 먼저 나타나 말라 죽고, 열매가 듬성듬성 열린다. 과잉 시비 때에도 잎이 고사한다.

### ⑧ 그 외 미량원소

위의 미량원소 외에도 식물은 코발트(Co), 셀렌(Se, 셀레늄), 크롬(Cr, 크로뮴), 니켈(Ni), 요오드(I, 아이오딘)와 같은 극미량원소가 필요하다. 이런 원소가 부족하면 식물의 생장에 문제가 생긴다. 당장 사람 눈에 띌 정도로 심각한 문제가 보이지 않더라도 식물에는 지장이 있기 마련이다.

화학 비료에는 위와 같은 미량원소가 들어 있지 않다. 따라서 퇴비와 같은 유기질 비료를 충분히 써야 식물이 온전하게 자랄 수 있다.

# 비료의 다양한 종류

비료는 성질에 따라 유기질 비료와 무기질 비료, 즉 화학 비료로 구분한다.

유기질 비료란 유기물을 이용해 만든 비료로, 퇴비와 가축 분뇨 등을 썩힌 것을 포함해 어박, 골분(骨粉, 동물의 뼈를 쪄서 아교질을 뺀 다음 갈아서 만든 가루), 유박(油粕, 기름을 짜고 남은 깨의 찌꺼기로 깻묵이라고도 한다), 대두박(大豆粕, 콩에서 기름을 짜내고 남은 찌꺼기로 콩깻묵이라고도 한다), 식물성 유박, 채종(菜種, 채소의 씨앗) 유박, 미강(米糠, 쌀겨) 유박, 혼합 유박 등을 원료로 공장에서 만든 '유기질 비료'를 통칭한다. 따라서 퇴비, 부산물, 유박 등 생물체의 조직이나 기관으로 만든 비료 모두 유기질 비료에 속한다.

이에 반해 무기질 비료란 식물에 필요한 영양분을 화학적으로 만든 비료를 말한다. 시판되고 있는 화학 비료에는 요소 비료(질소 비료), 인산 비료, 칼리 비료가 따로 있고, 이를 합친 복합 비료(두 가지 이상이 비료 성분을 포함한 화학 비료로 요소, 인산, 칼리와 미량 요소를 한 개의 알갱이에 모두 포함한 비료와 배합 비료 즉, 요소별로 알갱이를 따로 만들어 필요에 따라 배합한 비료) 등이 있다.

텃밭 농부가 화학 비료를 구입한다면 굳이 비료별로 구분할 필요 없이 '복합 비료' 하나로도 충분하다. 다만 주요 비료 성분만 함유한 복합 비료만 쓸 경우 미량원소가 부족해지기 쉬우므로 퇴비를 함께 사용해야 한다.

## | 유기질 비료와 화학 비료의 차이 |

유기질 비료와 화학 비료 모두 식물체에 영양을 공급한다는 점에서는 동일하다. 유기질 비료와 잘 썩혀서 익힌 퇴비의 질소는 미생물에 의해 천천히 분해되어, 암모늄태로 변했다가 다시 질산태로 변해 작물에 흡수되어 단백질을 만든다. 그러

나 화학 비료의 질소는 물에 즉시 녹아 암모늄태를 거쳐 다시 질산태로 흡수된다.

따라서 화학 비료는 속도가 빠르고 유기질 비료는 속도가 늦다. 하지만 화학 비료는 물에 쉽게 녹으므로 용탈이 많아 자주 주어야 한다. 용탈이 많은 만큼 비용과 노동력이 많이 들고, 토양오염도 심하다. 유기질 비료는 미생물에 의해 분해되는 동안 토양을 개선하는 효과가 있지만, 화학 비료는 그런 과정이 없다.

> **TIP 비료는 어떻게 주어야 할까**
>
> 화학 비료든 퇴비든 그냥 흙 표면에 뿌리면 효과가 반감된다. 질소 성분이 빗물에 금방 씻겨 가버리기 때문이다. 화학 비료와 퇴비를 주고 땅을 갈아 엎어주면 화학 비료는 덜 씻겨가고, 퇴비는 흙 사이로 들어가 떼알구조 형성에 도움을 준다. 같은 양의 퇴비를 주더라도 호미나 괭이로 땅을 갈아엎어 주는 편이 훨씬 효과적이다.

# 직접 만드는 천연 비료

천연 비료는 화학 비료보다 효과가 약하고 대량으로 만들기도 어렵지만, 소규모 농사를 짓는 텃밭 농부라면 천연 비료를 직접 만들어 쓸 수 있다. 천연 비료는 일정한 제조 과정을 거치는 비료에서부터 그대로 쓸 수 있는 비료까지 다양하다.

뿌리채소에 좋은 비료로 숯가루, 나뭇재, 석회 등이 있고, 열매채소에 좋은 비료로 깻묵, 오줌, 계분(닭똥), 우분(쇠똥) 등이 있다. 쌀겨, 낙엽 등을 작물 주변에 덮어주면 서서히 썩으면서 잎에 좋은 영양분을 공급한다.

비료로 쓸 낙엽은 참나무류 낙엽처럼 활엽수 낙엽이 좋으며, 소나무, 잣나무 등 침엽수 잎은 퇴비로 쓰지 못한다. 작물 발아에 장해를 주기 때문이다. 밭 주변에 소나무가 많아 솔잎을 구하기 쉽다면 비료 대신 제초제로 쓸 수 있다. 솔잎을 고랑에 덮어주면 잡초가 싹트는 것을 막아준다.

낙엽이 쌓여 잘 부숙된 퇴비

## | 달걀·게·굴 껍데기 식초 |

달걀 껍데기와 게나 굴 껍데기를 식초에 녹여서 사용한다.

껍데기와 뼈를 살짝 볶거나 태워서 이물질을 제거한 후 식초에 녹인다. 통째로 식초에 넣어도 되지만 뼈나 게 껍데기는 망치로 부순 후 넣으면 더 빨리 녹는다. 껍데기를 해진 스타킹이나 매실망 등에 싸서 식초에 담그면 나중에 액비(液肥, 물거름)만 편리하게 떠서 쓸 수 있다.

달걀 껍데기의 흰 점막을 떼어내고, 식초에 담가 2주 정도 삭이면, 탄산칼슘이 빠져나온다. 이 식초계란액을 희석해서 작물 잎에 뿌려주면 된다. 밭에 뿌릴 때는 500배 희석해서 물 주듯이 주면 된다. 흰 점막을 떼기 어려우면 그대로 식초에 넣어도 된다. 달걀 껍데기를 식초에 담가두면 껍데기와 흰 점막이 분리되므로 나중에 나무 막대기나 채 등을 이용해 걷어내면 된다.

달걀 껍데기와 게 껍데기를 함께 쓰면 더욱 좋다. 게 껍데기의 키토산은 식물에게 보약이다. 식초키토산을 1천 배 이상 희석해서 잎에 보름 간격으로 뿌리면, 흑성병(黑星病, 검은별무늬병, 잎에 그을음이 생기고, 열매가 코르크처럼 되어버리는 현상)을 예방할 수 있다.

| 막걸리·설탕물 희석액 |

연한 설탕물이나 막걸리를 10배 정도 희석해서 작물에 주면, 작물의 뿌리 내림이 좋고 식물이 건강해진다. 식물이 당을 직접 섭취한다기보다, 당분을 좋아하는 유용미생물(EM)을 유인하기 위해서다. 유용미생물이 많으면 작물은 건강해진다.

| 나뭇재 |

나뭇재를 물과 섞어 뿌려주면 칼리 보급에 도움이 된다. 나뭇재는 칼리를 6~30% 함유하는데 짚재의 4%와 비교하면 많으며, 30% 정도의 석회를 함유한 염기성 비료이므로 산성토양의 개량에 큰 도움을 준다.

칼리는 광합성이나 아미노산으로부터 단백질을 합성할 때 필요하며, 칼리 비료가 부족하면 생육이 떨어지고 잎의 색깔이 짙어진다. 심해지면 잎에 갈색 반점이 생기고 잎끝이 붉게 된다.

| 천일염 |

천일염을 한 숟가락 정도 작물 근처에 뿌려주면 다양한 미네랄을 공급하여 작물이 건강해진다. 무나 토마토 등의 당도를 높여주는 역할도 한다. 물에 녹여서 엽면시비하면 더욱 효과적이다. 하지만 너무 진하게 주지 말아야 한다. 물 1ℓ에 천일염 한 숟가락(성인 숟가락) 정도가 안전하다.

## TIP 퇴비가 좋은 이유

퇴비는 토양구조를 개선한다. 토양에 퇴비(유기질)가 공급되면 미생물의 활동이 활발해진다. 미생물이 내놓는 점착성(粘着性, 끈끈하게 착 달라붙는 성질) 물질(폴리우로나이드, polyuronide)은 낱알구조인 흙 알갱이를 떼알구조로 만든다. 흙이 떼알구조가 된다는 것은 낱알구조의 흙이 뭉쳐져 커진다는 것을 의미한다. 덩어리가 커지는 만큼 흙 속에 공간이 많아지고, 부피가 늘어나 흙이 푸석푸석해진다.

이처럼 공간이 많아지면 물과 공기를 함유할 수 있는 체적(體積)이 넓어지고, 뿌리가 뻗을 수 있는 자리도 넓어져 식물이 튼튼하게 자란다. 흙 속에 수분이 많아지므로 가뭄에 견디는 힘도 강해지고, 공간이 넓어 장마나 비가 많이 내릴 때는 빗물이 쉽게 빠지므로 수해를 방지하는 데도 도움이 된다.

퇴비를 쓰면 비료 사용량도 줄어든다. 퇴비에 많이 포함된 유기물은 표면적이 넓어 비료 성분을 오래 붙드는 역할을 한다. 따라서 같은 양의 화학 비료를 주더라도 퇴비를 많이 뿌린 밭에 주면 빗물에 씻겨 내려가는 양이 적어서 비료 효과도 더 오래간다.

무엇보다 퇴비 속의 유기물을 먹고 사는 토양미생물이 늘어나는데, 이 미생물이 죽으면서 만들어지는 효소가 식물이 먹고 사는 암모늄태, 질산태, 황산, 인산, 미량원소를 만들어내 식물의 성장을 돕는다.

또한 퇴비는 지렁이를 늘어나게 해서 땅을 깊게 갈아주는 효과가 있다. 퇴비를 먹고 사는 지렁이가 땅속을 헤집고 다니면서 땅속에 굴을 만들면, 땅이 푸석푸석해져서 공기와 물이 들어갈 공간이 늘어난다. 지렁이가 많으면 작물의 뿌리 내림 역시 좋아진다.

퇴비는 식물로 하여금 알루미늄(Al)을 비롯해 토양 속에 들어 있는 중금속 흡수량을 줄이는 역할도 한다. 알루미늄의 독성이 강하면 식물의 뿌리가 잘 자랄 수 없다. 따라서 산성화되어 있거나 오염되어 있는 토양에는 퇴비 살포가 필수적이다.

## 퇴비

낙엽, 잘게 부순 나뭇가지, 풀 등 유기물을 발효시켜 만든 비료를 말한다. 앞서 재배한 작물의 줄기나 뿌리, 잎 등도 썩히면 훌륭한 퇴비가 된다. 종묘상에서 판매하는 퇴비의 종류도 다양하다.

퇴비는 원료에 따라 유기질 비료와 부산물 비료로 구분한다. 둘 다 미생물의 먹이가 되어 식물의 생장을 돕는다.

퇴비는 흙의 물리적 환경을 개선하는 데도 큰 역할을 한다. 퇴비를 넣고 땅을 깊이 갈아주면, 흙 속의 공간을 넓혀 공기와 물이 들어갈 자리를 마련해준다. 흙이 푸석푸석해지고 부피가 커짐에 따라 식물의 뿌리가 잘 뻗을 수 있는 환경이 된다. 공기와 물이 들어갈 공간이 넓어지면 식물이 필요한 양분을 많이 머금을 수 있고, 가뭄과 장마에 견디는 힘도 강해진다.

## 퇴비 만들기

자신만의 텃밭이 있다면 퇴비를 직접 만들어 쓰면 좋다.

밭 한 구석에 벽돌이나 나무판자 등을 이용해 퇴비장을 만든다. 밭에서 나는 짚, 풀, 낙엽, 잘게 자른 나뭇가지, 가축 분뇨, 한약재 찌꺼기, 과일 껍질, 남은 음식물 등 유기물을 넣고, 1차로 흙을 덮는다. 그 위에 물을 조금 뿌리고 다시 짚, 풀, 낙엽, 나뭇가지, 가축 분뇨 등을 얹고 흙을 덮는다. 이 과정을 몇 단계 반복해

### 퇴비 만들기

마른 풀, 염분을 뺀 음식물 쓰레기, 낙엽, 잘게 쪼갠 나뭇조각 등을 켜켜이 쌓는다. 한 칸 한 칸 쌓을 때마다 이엠(EM) 희석액이나 쌀겨, 막걸리 희석액, 잘 부숙된 밭 흙 등을 조금씩 섞어주면 더욱 질 좋은 퇴비가 된다. 이 같은 물질들이 유용미생물을 공급하거나 유용미생물이 살기 좋은 환경을 만들어 주기 때문이다.

공기가 부족하거나 건조해지면 미생물이 생장하기 어려우므로 1개월에 한 번씩 위아래를 뒤집어 공기를 통하게 해주고, 물을 뿌려 준다.

여름철에는 2개월, 늦가을부터 겨울에는 6개월 정도 지나면 완숙 퇴비가 된다. 잘 부숙한 퇴비는 원래 넣었던 재료의 원형이 사라지고, 검은 흙빛을 띠며 부슬부슬하고 구수한 냄새가 난다.

지난해 재배했던 콩을 털고 남은 찌꺼기를 잘게 잘라 깔아두었더니 6개월쯤 지나자 모두 썩어 훌륭한 퇴비가 되었다.

서 작업하기 편리할 정도의 적당한 높이까지 쌓는다. 단 남은 음식물을 너무 많이 쓰면 염도가 높아지므로 주의가 필요하다. 소금, 고춧가루 등으로 양념한 음식물은 물에 씻어서 써야 안전하다.

  흙을 중간중간 덮는 것은 흙 속의 미생물을 이용하기 위해서다. 중간중간 요소(질소) 비료를 조금씩 넣어주면, 부숙하는 데 필요한 탄질비(炭質比, 탄화 수화물 비율)를 맞추는 데 유리하다. 빗물이 들어가지 않도록 비닐로 잘 덮고 충분히 부숙할 때까지 그대로 둔다.

  안에서 열이 발생해 봄과 여름에는 2~3개월쯤 지나면 퇴비가 된다. 기온이 낮은 겨울에는 6개월쯤 지나야 좋은 퇴비가 된다. 열흘에 한 번쯤 쌓아둔 퇴비를 뒤집어주면 좋지만, 뒤집는 일이 무척 어렵다. 그대로 둬도 되지만, 처음 퇴비 재료를 쌓을 때부터 군데군데 나무 막대기를 여러 개 꽂아 두었다가 열흘 간격으로 뺐다가 다시 꽂아 주기를 반복하면 산소가 공급되어서 더 좋다.

### | 부숙한 퇴비 |

완전히 부숙한 퇴비는 퇴비 재료의 원형이 사라지고 다소 검은색을 띠며, 냄새가 거의 나지 않거나 구수한 냄새가 나고 덩어리가 부슬부슬하다. 퇴비 만들기에 들어가면 약 1주일이 지날 때부터 안에서 고온의 열이 발생하는데, 완숙한 퇴비에서는 열이 많이 나지 않는다. 따라서 열이 많이 나고 있다거나 냄새가 심하다면 아직 발효 중이므로 퇴비로 쓸 수 없다.

  아직 부숙 중인 낙엽이나 짚 등을 줄 때는 흙 속에 묻지 말고 작물 위에 그대로

퇴비사 앞뒤를 틔워 공기가 잘 통하도록 해주면 좋다. 그러나 비는 맞지 않도록 해야 한다.

덮어주는 편이 좋다. 완전히 부숙하지 않은 원료를 땅에 묻으면 열과 가스가 심하게 발생해 작물에 해를 끼친다. 부숙하지 않은 원료는 공기 중에서 천천히 썩어가도록 하는 편이 낫다.

## | 퇴비, 언제 만들까 |

퇴비는 가을과 겨울에 만드는 편이 유리하다. 퇴비화하는 과정에서 고열이 발생하는데, 여름에 만들면 온도가 지나치게 높아지고 냄새도 많이 난다. 또, 파리와 같은 벌레가 들끓어 구더기가 많이 발생한다. 여러 사람이 함께 짓는 공동 텃밭에서 여름에 퇴비를 만들면 이웃에 민폐를 끼치기에 십상이다. 가을 농사를 끝낼 무렵 밭 한 편에 퇴비를 만들기 시작해 이듬해 봄에 쓰는 것이 여러모로 유리하다.

## | 퇴비는 무조건 좋다? |

퇴비는 무조건 좋은 것일까? 충분히 썩히지 않은 퇴비는 안 주느니만 못하다. 썩히는 과정에서 온도가 60℃ 이상 올라가므로 작물이 말라 죽을 수 있다. 또 덜 썩힌 퇴비의 암모니아 가스가 뿌리와 잎에 심각한 피해를 주기도 하고, 퇴비에 있는 병원균을 식물이나 토양에 옮기기도 한다.

반면, 완전히 부숙한 퇴비는 부숙 과정에서 고온 상태가 되므로 병원성 미생물이 대부분 사멸하고 이로운 미생물만 남아서 유익하다. 그러나 썩히지 않은 퇴비의 미생물은 오히려 토양에 있는 질소를 이용해버린다.

### 🏷️ TIP  이엠 간단히 만드는 법

유기질 비료를 만들고자 매번 이엠을 사서 쓰기에는 비용도 부담되고 성가시기도 하다. 이엠은 집에서 간단히 만들 수 있다. 일단 한 번만 이엠 원액을 구입하면 그다음부터는 집에서 제조할 수 있다.

쌀뜨물 3ℓ에 흑설탕 50g, 소금 5g을 섞는다. 여기에 구입한 이엠 원액 100cc를 부어 잘 섞어준 다음 뚜껑을 덮어 상온에서 1주일 정도 두면 새콤달콤한 냄새가 나는데 발효가 다 된 것이다. 이것이 이엠 발효 원액이다. 이 원액을 퇴비를 만들 때 쓴다. 만든 원액 중 일부(약 100cc)를 남겨 다시 쌀뜨물과 흑설탕, 소금 등을 섞어 발효하면, 이엠 원액을 반복적으로 만들 수 있다.

주변에서 흔히 구할 수 있는 2.5ℓ 페트병을 사용해 이엠을 만들 때는 쌀뜨물 2ℓ에 흑설탕 30g, 소금 3g을 섞는다. 여기에 구입한 이엠 원액 70cc를 섞어서 잘 흔들어 1~2주일 정도 두면, 질 좋은 이엠 원액이 만들어진다.

이엠 원액을 물에 500배 희석해 작물의 잎에 자주 뿌려주면 작물이 건강해지고 병해충에 강해진다. 이엠 발효액을 100배 정도 희석해 음식물 쓰레기에 뿌려주면 악취를 없애주고, 이것을 밭 한쪽에 두면 좋은 퇴비가 된다.

### 🏷️ TIP  비료에 욕심은 금물

텃밭 농부는 건강한 채소를 기르려는 욕심으로 다양한 천연 재료를 마구잡이로 구입하는 경향이 있다. 그러나 밭에 자주 나가서 김매기와 잡초 뽑기, 퇴비 주기, 병해충 관리만 해도 건강하고 맛있는 채소를 기를 수 있다. 유기농 재배를 하는 것은 좋지만, 지나치게 비싼 천연 비료나 천연 농약 등을 사들이기보다는 직접 만들어 쓸 수 있는 것, 또 간편하게 만들거나 구할 수 있는 재료로도 충분하다. 작물에 좋다는 비료와 천연 농약에 관심을 기울이기보다 작물 자체에 관심을 기울일 것을 권한다.

### 🏷️ TIP  좋은 유기질 비료 고르는 법

좋은 유기질 비료의 원료는 어박, 골분, 깻묵, 잠용(蠶蛹, 누에의 번데기) 유박, 대두박, 채종 유박, 면실(綿實, 목화씨) 유박, 아주까리 유박, 미강 유박, 가공 계분, 맥주오니, 증제피혁분, 기타 식물성 유박 등이며, 질소, 인산, 칼리 함량의 합이 7% 이상이어야 한다. 앞에 언급한 원료 외의 다른 원료가 들어가 있거나 질소, 인산, 칼리 등의 함량이 7%에 미치지 못한다면 일단 좋은 유기질 비료로 보기 어렵다.

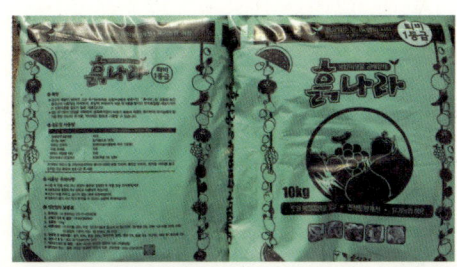

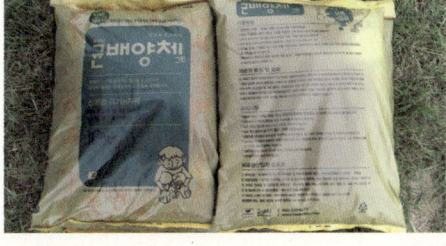

1등급 퇴비                                    축분 비료

　퇴비와 유기질 비료는 식물과 토양에 여러모로 도움이 된다. 그러나 유기질 비료와 퇴비 역시 화학 비료와 마찬가지로 과용하면 토양을 오염시킨다. 다만 퇴비는 화학 비료보다 비료 성분 함량이 워낙 적어서 웬만큼 많이 주어도 과용에 따른 피해가 거의 나타나지 않을 뿐이다. 지나치게 많이 주어서 이로울 것은 없다.

## | 유박 및 어박 비료 |

　어박, 골분, 유박(깻묵), 대두박, 식물성 유박, 채종 유박, 미강 유박, 혼합 유박 등을 원료로 만든 비료와 계분 가공 비료, 혼합 유기질 비료 등을 흔히 '유기질 비료'라고 부른다. 보통 비료처럼 질소, 인산, 칼리 함량에 대한 규정이 정해져 있고, 원료가 지정되어 있다. 원료가 엄격하게 규정되어 있는 만큼 유해 성분이 포함되었을 위험이 적다. 부숙이 되지 않아도 문제가 없다.
　식물박이라고 하여 모두 유기질 비료로 사용할 수 있는 것은 아니다. 야자박, 팜유박 등은 질소, 인산, 칼리 등 식물체가 필요로 하는 양분이 부족하므로 유기질 비료 원료로 사용할 수 없도록 규정하고 있다. 따라서 야자박, 팜유박 등이 든 유기질 비료는 좋은 비료가 아니다.

## 1. 부산물 비료

부산물 비료는 퇴비, 부숙겨, 재, 분뇨, 부엽토(腐葉土, 풀이나 낙엽 따위가 썩어서 된 흙), 아미노산 발효 부산 비료, 건조 축산 폐기물, 부숙왕겨, 톱밥, 토양미생물 제제 등이 있다. 함유해야 할 유기물 함량이 정해져 있고, 여러 원료를 섞으므로 중금속 등 유해 성분 함유량에 대한 규정이 있다. 부숙하지 않은 퇴비는 가스 장해 등이 발생하므로 반드시 부숙한 퇴비를 써야 한다.

텃밭 농부가 종묘상 등에서 20kg 포대 기준 4~5천 원 정도에 구입하는 유기질 비료는 거의 모두 부산물 비료라고 보면 된다. 시중에는 다양한 유기질 비료가 나와 있다. 부산물을 사용하지 않은 퇴비는 '부산물을 사용하지 않았다'고 명기한다.

무조건 '부산물 퇴비는 나쁘다'고 생각할 필요는 없다. 유해 성분이 기준치 이하이고, 잘 부숙하였다면 부산물 퇴비를 이용해도 좋다.

부산물 비료의 봉투를 뜯었을 때 물기가 많거나 냄새가 심하게 난다면, 나쁜 원료를 썼거나 완전히 부숙하지 않은 비료라고 할 수 있다. 따라서 부산물 비료를 고를 때는 될 수 있으면 물기가 적고 냄새가 적게 나는 것, 나더라도 구수한 냄새가 나는 비료를 구입하는 것이 좋다.

초보 텃밭 농부는 부산물 비료의 부숙 정도를 정확하게 알기 어려우므로, 부산물 비료를 밭에 살포한 뒤에는 적어도 2주 이상 지난 후에 작물 씨앗을 뿌리거나 모종을 심어야 가스 장애를 방지할 수 있다.

## 아미노산 어액비

통생선이나 생선의 내장을 삶아서 갈아준다. 여기에 당밀 500g, 이엠 100㎖, 물 500㎖를 부어주고 섞는다. 이 상태로 유리병 등에 넣고 잘 밀봉해서 1년 6개월 정도 두면 발효가 되어 좋은 아미노산 어액비가 된다.

충분히 발효된 뒤에는 위의 기름층을 걷어내고 아랫부분을 사용한다. 사용할 때마다 물에 1~2천 배 희석해서 엽면시비한다. 희석 농도는 작물이 어릴 때는 2천 배, 작물이 성장한 뒤에는 1천 배가 적당하다.

## 유기농으로 재배한 채소의 맛

식물을 유기농으로 재배할 때와 화학 비료를 사용하여 재배할 때 토양에 미치는 영향은 엄청나게 다르다. 그뿐만 아니라 유기농으로 재배한 채소와 화학 비료를 듬뿍 뿌려 재배한 채소는 맛과 향, 질감이 다르다. 단순하게 먹어보는 것만으로도 어느 정도 구분할 수 있을 정도다.

유기농으로 재배한 채소는 먼저 질감이 다소 질기고 딱딱하다. 그래서 벌레가 잘 꼬이지 않는다. 같은 품종의 배추라도 유기농으로 재배한 것은 소금에 절여도 숨이 잘 죽지 않는다. 이에 반해 화학 비료로 재배한 배추는 하루만 소금에 절이면 풀이 완전히 죽는다.

유기농으로 재배한 채소는 저장성이 우수하다. 오랜 시간이 흘러도 잘 물러지지 않는다. 화학 비료로 재배한 채소는 빨리 시들고, 연하지만 물이 많고, 채소 고유의 향 대신 쓴맛이 난다. 이에 반해 유기농으로 재배한 김장 배추는 이듬해 8~9월이 되어도 아삭아삭한 맛을 그대로 유지한다. 유기농으로 재배한 토마토는 단단해서 입에 넣고 씹으면 과즙이 탁 터지는 느낌을 준다. 이에 반해 화학 비료를 듬뿍 넣어 재배한 토마토는 물컹하게 씹힌다.

유기농으로 재배한 채소는 섬유질이 많아 첫맛이 다소 질기다고 느껴지나 씹을수록 고소한 맛이 나고, 연한 향을 느낄 수 있다. 화학 비료로 재배한 채소(특히 배추나 무)에 익숙한 젊은 도시인들은 유기농으로 재배한 채소를 질기고 맛이 없다고 느낀다. 하지만 나이 드신 분들, 화학 비료가 대량으로 생산되기 전의 채소를 먹어본 사람들은 유기농으로 재배한 채소를 보면 '이렇게 맛있는 채소를 어디서 구했느냐'는 반응을 보인다.

### TIP 음식물 쓰레기로 만드는 고품질 유기질 비료

도시 텃밭 농부는 시골의 전업 농부처럼 대규모 퇴비사를 만들거나 나뭇재 등 좋은 유기질 비료의 원료를 구하기가 쉽지 않다. 퇴비를 부숙할 때 나오는 지독한 냄새 때문에 도시에서는 유기질 비료를 만들기도 곤란하다. 대신 도시에 거주하는 사람들은 시골 사람들과 달리 음식물 쓰레기가 많이 나온다. 음식물 쓰레기와 이엠(EM)을 이용해서 질 좋은 유기질 비료를 만들 수 있다.

음식물 쓰레기에는 염분이 다량 들어 있다. 이것을 그냥 썩혀서 사용하면 토양을 상하게 할 뿐만 아니라 작물도 죽게 한다. 따라서 조미해서 염분이 많이 함유된 음식물 쓰레기는 한 번쯤 물에 씻어 주면 좋다. 일부러 물을 사용해 씻기보다는 개수대에 채반을 놓고, 음식물 쓰레기가 나올 때마다 채반에 부어놓고 설거지 때 나오는 물을 흘려주면 된다. 설거지할 때 나오는 물로 한 번 씻어주기만 해도 염분은 상당히 줄어든다. 채소나 기타 음식물을 다듬는 과정에서 나온 음식물 쓰레기는 일부러 씻어줄 필요가 없다.

이렇게 모은 음식물 쓰레기와 톱밥을 1 : 0.7의 비율(무게 기준)로 골고루 섞은 다음 이엠을 골고루 뿌려 다시 섞어서 용기에 넣고 뚜껑을 덮어두면 훌륭한 유기질 비료가 된다. 부숙 기간은 봄과 여름에는 3개월, 가을에는 6개월 정도다.

이엠(EM, Effective Microorganisms, 유용한 미생물균)은 환경 개선, 토양 개선 등 다양한 곳에 사용된다. 먹는 식품으로 나온 이엠이 있고, 토양 개선을 위해 사용하는 이엠 농자재가 있다. 이엠 원액 분말 100g으로 이엠 발효액 1t을 만들 수 있다. 원액을 사서 물에 희석해 토양에 뿌려주면 된다. 액상 이엠보다 분말 이엠의 유통기간이 세 배 정도 길다고 한다.

### TIP 유기농은 좋고, 관행농은 나쁘다?

텃밭 농사에 도전하는 사람들은 대부분 유기농을 선호한다. 화학 비료를 주고, 농약을 줄 바에야 무엇하러 텃밭 농사를 짓느냐고 반문한다. 그러나 유기농 농사는 말처럼 쉽지 않다. 대규모 전업농은 말할 것도 없고 5평(16.5㎡) 혹은 10평(33㎡) 규모라도 유기농으로 농사짓다 보면 여름 날씨에 하루가 다르게 쑥쑥 자라는 풀과 밤낮없이 사방에서 몰려드는 해충과 눈에 보이지도 않는 세균과 어둠처럼 소리 없이 스며드는 각종 질병과 씨름하느라 지친다. 급기야 수확할 게 하나도 없거나 거의 없을 때 이루 말할 수 없는 허탈감을 느끼고 농사를 포기하는 사람들도 많다.

유기농으로 깨끗하게 농사지어 먹는 것은 좋다. 그러나 유기농 농사를 짓자면 그만큼 많은 품을 팔아야 하고, 자기 나름의 천연 방제법과 천연 거름을 만들줄 알아야 한다. 그렇게 힘들게 농사지어도 관행농법과 비교하면 효과가 작고 수확이 너무 적다는 것을 알고는 '농사는 나 같은 사람이 짓는 게 아니구나!'라며 포기해버린다. 그러니 처음부터 너무 완벽하게 해내려고 생각할 필요는 없다. 완벽한 유기농에 도전하는 것은 좋다. 그러나 처음에 도무지 감당이 안 될 때는 아주 약한 농약이나 퇴비와 함께 아주 소량의 화학 비료를 주는 것도 나쁘지 않다. 앞서 밝힌 대로 텃밭 농사의 즐거움은 오직 유기농산물을 길러 먹는 데에 국한되지 않는다.

밭에서 흘리는 건강한 땀, 이웃과 나눠 먹는 즐거움, 마음의 여유, 식물이 자라는 모습을 바라보며 느끼는 희열, 계절에 변화에 따라 달라지는 풍경, 자연의 이치에 순응하며 기다리는 마음, 아무리 애를 써도 계절을 어찌할 수 없음을 피부로 깨달으며 받아들이는 과정, 집에 있을 때는 쑤시던 온몸이 밭에만 나오면 훨훨 날아갈 듯이 가벼워지는 느낌, 푸른 들판에서 불어오는 생명의 녹색 바람, 내가 기른 농산물을 어떤 선물보다 더 감사한 마음으로 받아주는 친구 등은 텃밭 농사를 통해 얻을 수 있는 더할 나위 없는 즐거움이다.

이 모든 즐거움을 '100% 유기농을 못 한다'는 이유로 포기할 필요는 없을 성싶다. 예컨대 고추에는 수많은 병이 있다. 그래서 전업 농부는 농약을 퍼붓는다고 하지만, 소규모로 재배하는 텃밭 농부라면 장마가 끝난 뒤에 딱 한 번 살균제만 뿌려도 상당한 효과를 거둘 수 있다. 시장에 내다 팔 고추를 생산하자면 여러 차례 농약을 쳐야겠지만, 조금 적게 수확해도 그만이고, 조금 모양이 덜 나도 괜찮다고 생각하면 1년에 한 번만 농약을 치면 된다. 이렇게 소량만 뿌린 농약은 비와 바람과 햇볕에 씻겨가고 날아가서 우리가 먹을 때는 흔적도 남지 않는다. 그러니 100% 유기농을 고집하느라 농사를 완전히 망치는 편보다는 적절한 시점에 최소한의 농약과 비료를 쓰는 것도 고려해볼 일이다.

사람이 한평생을 사는 동안 예방주사를 맞지 않아 각종 질병에 시달리는 것보다는 적절한 시점에 예방주사를 맞는 것이 건강을 유지하는 좋은 방법인 것과 비슷한 이치다. 여러 가지 질병에 시달려 모양이 이상하고, 벌레가 여기저기 다 뜯어 먹고, 곳곳에 기생충 알이 득실대며, 영양이 부족해 제대로 자라지도 않은 농작물을 '유기농'이란 이유로 '건강한 식품'이라고 생각하는 것은 도시인의 잘못된 상식이다. 평생 약에 의지해 사는 사람도 건강한 사람이 아니지만, 평생 약을 멀리하다가 큰 병을 앓는 사람, 혹은 그 후유증에 시달리는 사람을 '건강한 사람'이라고 부른다면 얼마나 설득력이 있을까.

농약과 화학 비료를 전혀 쓰지 않고도 깨끗하고 건강한 채소를 기를 수 있다면, 그렇게 하는 것이 옳다. 그러나 여건상 어렵다면, 최소한의 농약과 비료를 사용하는 것도 나쁘지 않다. 텃밭 농사의 장점을 유기 농산물을 길러 먹는 데 국한한다면, 시장에서 유기 농산물을 사서 먹는 편이 훨씬 경제적이다. 그렇다고 처음부터 화학 비료와 농약에 의존하는 것은 옳지 않다. 될 수 있으면 유기농에 도전해보자. 그 과정이 또한 즐거움이고 보람이기 때문이다. 조금씩 유기농과 관행농을 곁들여 하다 보면, 유기농에 대한 자신감도 생긴다.

농약은 식물 재배에 나쁜 영향을 주는 벌레와 균을 방제하거나 경작지의 잡초를 방지하고자 만든 약제를 말한다. 좋은 벌레와 나쁜 벌레를 규정하기는 어렵지만, 농사에서는 작물을 재배하는 데 해를 끼치는 벌레를 '나쁜 벌레'로 규정한다. 예전에는 효과에만 주목한 나머지 독할수록 좋은 농약이라는 평가를 받았다. 그러나 인체 유독성, 토양과 물 오염 등 문제가 불거지면서 근래에는 효과보다 안전에 주목한 저농약 제품, 친환경 제품 등도 많이 시판하고 있다. 요즘에는 고독성 농약은 아예 시판하지 않는다.

# 제4장
## 농약 제대로 알기

원료에 따른 종류
천연 농약의 종류
천연 방제
화학 농약의 용도별 종류
사용 방법에 따른 분류
텃밭에 흔한 해충과 질병

# 원료에 따른 종류

## | 천연 농약 |

자연에서 나는 재료를 원료로 만든 농약. 작물이나 인체, 토양에 피해가 없다. 개인이 직접 만들어 쓸 수도 있고, 공장에서 만들어 판매하는 제품도 있다. 판매하는 천연 농약은 매우 비싸다. 작물이나 인체 등에 피해는 없지만, 병해충에 대한 효과가 약해 자주 살포해야 한다. 살충제, 살균제, 기피제 등이 있다.

## | 화학 농약 |

농작물에 해로운 벌레, 병균, 잡초 따위를 없애거나 농작물이 잘 자라게 하고자 만든 약제나 약품. 살균제, 살충제, 제초제, 발아제, 생장촉진제 등이 있다.

# 천연 농약의 종류

### | 마요네즈 난황유 |

마요네즈(식용유와 달걀)와 물을 섞어서 만든 것으로 호박, 수박 등 박과 식물에 발생하는 흰가루병(잎이나 줄기에 흰가루 형태의 반점이 생기는 식물병), 응애 등의 예방과 제거에 효과적이다. 물 1ℓ에 마요네즈 10g 정도를 녹여 잎에 살포하면 된다.

### | 에틸알코올과 물 |

물 1㎖에 에틸알코올 한 숟가락을 섞어서 뿌려주면, 진딧물과 깍지벌레를 예방할 수 있다. 여기에 마늘을 빻아 그 즙을 섞어서 뿌려주면, 좁은가슴잎벌레, 벼룩잎벌레 등도 당분간 쫓아버릴 수 있다.

### | 설탕물과 물엿, 상한 우유 |

물엿을 물에 희석해 잎에 뿌려주면 진딧물이 끼는 것을 막는다. 다 먹지 못해 남은 우유(상한 우유도 가능)나 설탕물 등을 작물의 잎에 뿌려주면 진딧물 퇴치에 효과적이다. 수분이 마르면서 점성이 생겨서 진딧물이 그 자리를 뜨지 못하고 말라 죽는 것이다. 설탕물, 물엿, 우유 등을 잎에 뿌리고 사나흘 후에는 물을 뿌려 잎을 씻어주어야 한다. 식물의 기공이 막히면 성장에 장애가 된다. 막걸리와 물을 1 : 1로 섞어 잎에 뿌려주어도 진딧물 퇴치에 효과가 있다.

| 달걀 껍데기와 식초 |

달걀 껍데기와 게 껍데기를 식초로 녹여낸 물거름을 2주에 한 번씩 잎에 뿌려주면 영양도 공급하고, 벌레도 막을 수 있다. 그러나 이때 쓰는 식초의 양은 매우 적어야 한다. 최소 1천 배 이상 희석해야 안전하다. 식초가 식물의 잎을 태우기 때문이다.

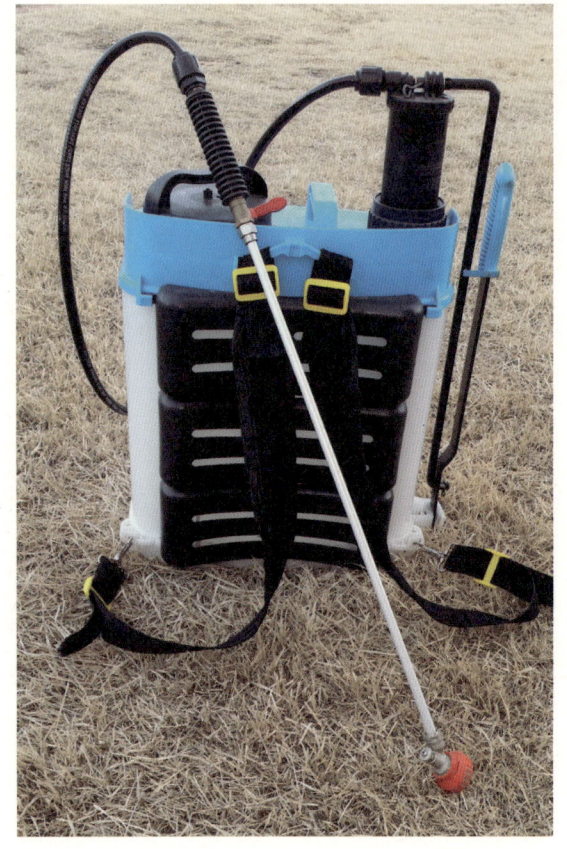

분무기

# 천연 방제를 이용한 예방법

2ℓ짜리 페트병 속에 해충 유인제를 넣어 만든 덫이다. 사진 1, 2, 3처럼 자른 다음 유인제를 하단의 안쪽에 소량 넣고, 4처럼 이어 투명테이프로 단단히 붙여주기만 하면 된다. 이 페트병 덫은 어른의 가슴에서 눈높이 위치에 매달아 둘 때 가장 효과적으로 해충을 유인할 수 있다.

| 연기 방제 |

식물이 꽃 피기 직전인 3월 중순과 과실이 커지는 시기인 동시에 장마기인 6~7월에 나무와 풀을 태워 연기를 쐬어주면 효과적이다. 수확을 10여 일 앞둔 시점에도 쐬어주면 좋다. 냄새가 많이 나는 쑥대를 태우면 더욱 효과적이다. 봄여름에 무성하게 자라는 쑥을 뿌리째 뽑아 말려두었다가 요긴하게 쓸 수 있다. 이때 나오는 연기는 살충 및 살균 효과는 거의 없으나 병해충을 쫓는 역할을 한다.

| 감이나 사과의 즙 |

감이나 사과 썩은 것을 붉은색 혹은 노랑 플라스틱 통이나 페트병 덫에 넣어 사람 눈높이 정도에 매달아 두면 벌레가 향기를 맡고 통으로 들어와 빠져 죽거나 나가지 못해 말라 죽는다. 페트병을 이용할 경우 겉에 매직으로 붉은색이나 노란색을 칠하면 더 효과적이다. 차가운 느낌을 주는 색일 경우 벌레가 적게 모인다.

페트병은 상단부를 자른 다음, 병 입구 쪽을 잘린 하단부 쪽에 거꾸로 박아 테이프 등으로 연결하면 된다. 이렇게 하면 입구가 넓어 벌레가 들어갈 수는 있어도 다시 나오려고 할 때 출구가 좁아 나오기 무척 어렵다. 감이나 사과의 즙을 이용할 경우 말벌도 모일 수 있으므로 조심해야 한다. 페트병을 잘라 만든 곤충 덫으로 여름 한철에만 페트병 한 개당 수백 마리의 파리류 벌레를 잡은 적도 있다.

| 이스트 |

이스트 덩어리에 약간의 물을 부어 페트병 등에 넣어두면 신 냄새를 좋아하는 파리가 꼬인다. 사과나 귤의 원액을 써도 된다. 이때도 역시 페트병 덫을 설치하면 파리가 들어가서 나오지 못하고 그 안에서 뜨거운 햇볕에 타 죽는다. 페트병과 이스트를 이용한 덫 놓기는 특히 호박을 키울 때, 호박과실파리 피해를 예방하는 데 아주 큰 효과를 발휘한다.

| 고추씨 추출액 |

에탄올(95%)에 빻은 고추씨를 1주일 담가 뒀다가 200배 희석해 사용한다. 매운맛과 냄새로 해충을 쫓는다.

| 히까마 열매 가루 |

히까마(얌빈)의 덩이뿌리는 식용으로 쓰고, 지상부에 달리는 콩은 잘 말린 후 갈아서 식물에 뿌리면 강력한 살충 효과를 낸다. 지상부에 달리는 콩은 독성이 강하므로 먹으면 안 된다.

| 은행잎 추출액 |

푸른 은행잎을 물에 끓여 얻은 원액 또는 푸른 은행잎을 짓찧은 생즙을 600~800배 희석해 사용한다. 진딧물, 토양선충류의 살균 작용을 한다. 고추 재배에 흔히 나타나는 탄저병·역병(疫病) 등을 예방하는 데도 효과가 있다. 고추는 장마철을 지나면서 농약을 쓰지 않으면 거의 다 죽고 만다. 은행잎을 부지런히 모아 믹서기 등으로 간 다음 짜낸 즙을 보관해두었다가 여름에 자주 고추밭에 뿌려주면 상당한 효과를 볼 수 있다. 이렇게 하고 남은 은행잎 찌꺼기는 닭 구충제로 사용할 수 있다.

# 화학 농약의 용도별 종류

| 살균제 |

식물에 병을 발생시키는 식물병원균(곰팡이나 세균)의 발생을 예방하거나 병을 치료할 목적으로 만든 약제.

| 살충제 |

식물에 해를 주는 해충을 죽이는 농약.

| 살균·살충제 |

살균제 성분과 살충제 성분을 혼합한 것.

| 제초제 |

잡초를 제거해 식물 생장의 방해 요소를 없애고자 만든 약제. 특정 잡초에만 효과를 발휘하는 선택성 제초제와 작물이나 잡초나 구분하지 않고 모두 적용되는 비선택성 약제가 있다.

## 생장조정제

식물의 생리 기능을 증진 또는 억제해 농작물의 수확 시기를 조절하거나 품질을 향상하고자 만든 약제.

## 종자처리제

살균제나 살충제로 파종하기 전에 종자를 담가 살균 또는 살충한다.

## 유인제

해충이 좋아하는 냄새를 이용해 유인하여 방제하는 약제로, 친환경 재배에 많이 쓰인다.

## 기피제

유인제와는 반대로 해충이 싫어하는 냄새나 맛을 이용해 피해를 방지하는 약제.

## 전착제

농약을 살포할 때 살포액이 해충의 몸이나 농작물의 표면에 잘 묻도록 해 약효를 높이거나 약효가 오래가도록 하려고 만든 약제.

# 농약의 다양한 사용 방법

### | 유제 |

액체 상태의 농약으로 독특한 냄새가 난다. 물과 섞어 사용하므로 노즐이 막힐 염려는 없으나 약물이 바람에 쉽게 날리므로 살포할 때 피부에 묻을 위험이 있다.

### | 수화제 |

물에 녹지 않는 농약 원제를 미세한 가루로 만든 것으로 물과 혼합해 살포한다. 살포액은 미세한 가루가 물속에 고르게 섞여 있는 상태이므로, 살포액을 만든 후 오래 내버려두면 가루가 가라앉아서 저어주어야 한다. 유제보다 식물의 잎에 안전하게 사용할 수 있으나, 역시 바람이 불면 날릴 수 있으니 주의해야 한다. 보관하기 편리하나 가루가 날릴 수 있어서 약을 물에 탈 때 주의해야 한다.

### | 액상 수화제 |

농약을 걸쭉한 액체로 만든 것이다. 물에 타서 살포액을 만들 때는 잘 저어야 하며, 노즐을 막히게 하는 경우도 있다. 가루가 날리지 않아 사용하기 편리하고 독성이나 환경 면에서도 유리하다.

## 수용제

물에 잘 녹는 농약 원제를 물에 잘 녹는 물질과 합쳐서 제조한 것이다.

## 분제

가루로 된 형태 그대로 살포하는 것으로 가격이 저렴하지만, 살포 시 바람에 날릴 수 있고 식물의 잎에 도달하는 유효 성분도 적다.

## 미분제

방제 효과를 높이고자 분제 농약보다 알맹이를 더욱 작게 하여 흩날리기 좋도록 만든 약제다. 주로 시설하우스 입구에서 고성능 동력살분기를 이용하여 살포한다.

## 입제

농약을 쌀알이나 들깨알 형태로 만든 것으로 무거워 흩날릴 위험이 적어 안전하다. 그러나 줄기나 잎에 부착되는 양이 적고 가격이 비싸다.

# 텃밭에 흔한 해충과 질병

다품종 소량 재배를 위주로 하는 소규모 텃밭에서 해충이 막대한 피해를 주는 경우는 드물다. 그러나 일단 해충이 나타나면 징그럽고, 비위가 약한 사람들은 나중에 먹을 때 께름칙하게 여기기도 한다. 또 소규모 텃밭이라도 어떤 해충은 막대한 피해를 주어 거의 수확을 못 하기도 한다.

병해충을 예방하고자 텃밭 농부가 전업 농부처럼 각종 농약을 다 쓴다면, 그만큼 보람이 적을 뿐만 아니라 깨끗한 채소를 직접 길러 먹겠다는 취지에도 어긋난다. 병해충이 만연해서 어찌할 수 없을 때는 소량의 농약을 살포할 수도 있겠지만, 작은 규모의 텃밭에서는 잘 관리하는 것만으로도 웬만한 병해충을 예방할 수 있다.

병해충을 예방하고 작물을 잘 키우려면 우선 이어짓기를 피하고, 작물을 심을 때 작물 사이의 간격을 충분히 주어 공기를 잘 통하게 해야 한다. 초보 농부는 흔히 될 수 있으면 많이 심어 많이 수확하려는 욕심에 빽빽하게 심는 실수를 저지른다. 빽빽하게 심는다고 수확이 많아지지는 않는다. 작물마다 그에 필요한 적당한 간격을 두어야 영양분 흡수도 잘 되고, 병충해도 방지할 수 있다.

또, 두둑을 높여 물 빠짐을 좋게 하고 밭에 자주 들러 가지치기, 곁순(풀이나 나무의 원줄기 곁에서 돋아나는 순) 따기, 늙은 잎과 병든 잎 따주기, 잡초 제거, 김매기, 진딧물 제거 등 작물을 정성 들여 보살핌으로써 병해충을 예방할 수 있다.

밭에는 다양한 해충과 질병이 있다. 해충이 질병을 부르기도 하고, 질병이 해충을 부르기도 한다. 작물마다 특히 많이 발생하는 해충과 질병이 있고, 이에 대한 대처법도 조금씩 다르다. 소규모 텃밭인 만큼 대부분 질병과 해충은 그다지 큰 피해를 주지는 않는다. 그러나 일부 품목에서 몇몇 해충과 질병이 치명적인 피해를 주기도 한다. 따라서 적당히 관리해도 되는 것이 있고, 바짝 신경을 써야 하는 것이 있다.

퇴비를 적당히 쓰면 확실히 해충이 줄어든다. 아마도 퇴비 속에 익충이 많이 생기면서 해충과 견제를 이루어서인 것으로 보인다. 화학 비료를 많이 쓰면 해충이 많이 들끓는다. 화학 비료의 질소 성분이 채소를 부드럽고 맛있게 하는데, 벌레가 이 맛을 좋아해서 들끓는 것이다.

따라서 텃밭의 해충을 줄이려면 화학 비료보다는 퇴비를 많이 쓰고, 작물을 빽빽하게 심기보다는 작물 사이에 간격을 주어 통풍이 잘되도록 해주고, 제때 옮겨 심고, 제때 곁순을 제거해주고, 제때 수확하고, 제때 풀을 매주고, 제때 물을 주는 것이 가장 좋은 방법이다.

농부가 자주 텃밭에 들리기만 해도 해충은 확실히 줄어든다. 작물의 병해충이 발생했을 때 병든 잎이나 포기를 멀리 버리거나 태워주면 그만큼 병해충이 번지는 것을 막을 수 있기 때문이다. 텃밭에 자주 발생하는 해충과 병해는 다음과 같다.

### | 거세미나방 애벌레 |

배추나 양배추 밑동을 갉아먹는다. 2~3㎝ 정도로 큰 벌레여서 먹는 양도 엄청나다. 거세미나방 애벌레는 낮에는 땅속이나 꽃송이 속에 숨는 기질이 있어 좀처럼 눈에 띄지 않는다. 그렇게 숨어 있다가 밤이 되면 나와서 활동한다.

배추나 양배추 모종의 밑동이 잘려 모종이 쓰러져 있다면 거세미나방 애벌레가 있다는 말이다. 포기 근처 땅을 파보면 발견할 수 있다. 활동 중인 거세미나방 애벌레를 잡으려면 전등을 들고 밤에 잡아야 하는데, 생각만큼 쉽지 않다. 천연 살충제를 자주 뿌려 애벌레의 활동을 저지할 수 있다.

담배거세미나방 애벌레. 텃밭에서는 배추에 자주 나타나는데 좀처럼 눈에 띄지 않는다.

담배거세미나방 애벌레 똥. 똥이 보이면 배춧잎을 뒤져 벌레를 찾아내도록 한다.

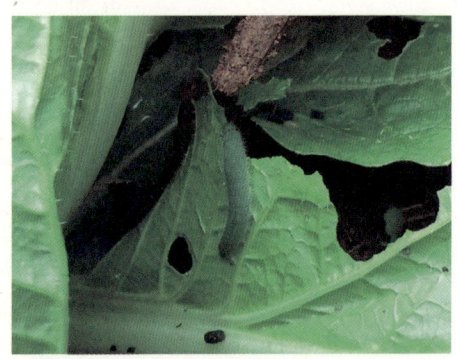

배추흰나비 애벌레. 배추가 결구할 무렵 많이 발생한다. 잎에 똥이 보이면 찾아서 없애도록 한다.

### | 배추흰나비 애벌레 |

배추나 양배추, 무, 케일, 브로콜리, 열무 등이 어느 정도 자라고 나면 자주 눈에 띈다. 왕성한 식욕으로 잎을 갉아 먹는데 잎의 군데군데가 크게 뚫어져 있다면 배추흰나비 애벌레가 먹은 것이다. 어린 애벌레는 물론이고 좀 큰 애벌레도 녹색이라 잎에 붙어 있으면 좀처럼 눈에 띄지 않는다.

배추흰나비 애벌레는 잎에 붙어 사는데, 잎에 검은 배설물이 있다면 배추흰나비 애벌레가 있다는 증거다. 배설물이 여기저기 많이 널려 있다면 한 포기 안에 두세 마리의 애벌레가 있을 수도 있다. 한 마리를 잡았다고 지나갈 게 아니라 잎을 한 잎 한 잎 잘 살펴보아야 한다. 작물 잎을 잘 살펴보면 어딘가 꼭 숨어 있다. 꽤 커서 징그럽기도 한데, 젓가락으로 집어내면 간단하다.

가을배추가 결구를 시작하면 잎이 오그라들어서 이 벌레를 찾아내기가 쉽지 않다. 쪼그려 앉아 일일이 잎을 뒤져보기는 어려운 만큼 슬슬 지나치면서 잎에 배추흰나비 애벌레의 검은 똥이 있는지 살펴보는 것이 쉬운 방법이다.

### | 담배나방 애벌레 |

담배나방 애벌레는 고추나 열매 속으로 파고들어 간다. 고추나 열매를 파고들어 직접 피해를 줄 뿐만 아니라 상처 난 부위를 통해 2차 감염을 유발한다. 전문 농가에서는 피해를 예방하려고 성페르몬을 설치해 유인하기도 하고, 살충제를 뿌리기도 한다. 소규모 텃밭 농부 입장에서는 굳이 농약을 치거나 유인제를 쓰기보다, 구멍 뚫린 고추를 발견하는 즉시 곳곳을 잘 살펴 벌레는 잡아내는 것이 좋다. 벌레 구멍이 나 있는 고추는 발로 짓이겨 그 속에 든 벌레를 완전히 박멸하도록 한다.

### | 벼룩잎벌레 |

벼룩잎벌레는 무와 배추, 양배추, 브로콜리, 케일, 열무에 자주 나타난다. 성충 크기가 2~3㎜ 정도로 아주 작지만 갉아 먹는 솜씨는 대단하다. 이 녀석들이 대거 나타나면 배춧잎이 마치 그물처럼 잎맥만 남아 있기 일쑤다. 엄청나게 높이 뛰어올라서 거의 손으로 잡을 수 없다.

3월부터 나타나 어린 모종에 피해를 주므로 철저히 방제해야 한다. 마늘이나 솔잎을 찧어 알코올과 섞은 천연 농약을 뿌려주면 녀석들이 잘 달라붙지 않는다. 천연 농약은 화학 농약보다 약성이 약하므로 1주일에 한 번쯤 뿌려줘야 효과를 본다. 작물의 잎이 어느 정도 자라 잎이 억세어지면 벼룩잎벌레의 피해가 거의 사라진다. 따라서 작물 재배 초기에 천연 농약으로 자주 방제하는 것이 중요하다. 모종이 어릴 때 한랭사를 씌워 벌레의 공격을 방지하면 상당히 효과적이다. 벼룩잎벌레의 피해를 줄이려면 전년도에 배추나 무, 양배추, 케일 등을 재배한 곳에서 같은 채소를 재배하지 않는 것이 좋다.

## | 좁은가슴잎벌레 |

무와 배추 등 십자화과 작물의 어린잎을 갉아 먹으며, 애벌레와 성충 모두 피해를 준다. 좁은가슴잎벌레 유충은 옅은 갈색을 띠지만, 조금 자라면 검은색을 띤다. 성충은 청색이 감도는 검은색 껍데기에서 반들반들 윤이 나는데, 얼핏 보면 작은 딱정벌레처럼 생겼다. 천연 농약으로 방제하면 어느 정도 효과를 볼 수 있다. 면적이 좁은 텃밭에서는 유충과 성충 모두 눈에 보이는 대로 잡아내는 것이 가장 좋

좁은가슴잎벌레 유충. 기어 다니며 배추나 무 잎을 갉아 먹는다. 대량으로 번지기 시작하면 채소를 못 쓰게 만든다.

좁은가슴잎벌레 성충. 배추나 무 잎을 갉아 먹는다. 한 번 발생하면 이듬해 또 발생하므로 이어짓기하지 않도록 한다.

모종을 심은 지 3주 지난 배추. 좁은가슴잎벌레가 창궐해 배추가 엉망이 되고 말았다. 예방하려면 이어짓기하지 않도록 해야 한다. 불가피하게 이어짓기해야 한다면 아주 심기 전 토양살충제로 흙을 소독해야 한다.

이십팔점박이무당벌레. 작물의 잎을 갉아 먹으므로 텃밭 농부 입장에서는 해로운 벌레다.

칠성무당벌레. 진딧물을 잡아먹으므로 텃밭 농부에게는 반가운 손님이다.

은 퇴치법이다. 기어 다니는 해충이기에 손이나 핀셋으로 잡을 수 있다. 성충 상태로 월동하는데, 한번 발생하면 매년 그 자리에 다시 발생하므로 십자화과 채소를 이어짓기하지 않는 것이 좋다. 이동성이 떨어지는 해충이므로 한 번 십자화과 작물을 재배한 곳에서 20m만 떨어져도 상당한 예방 효과를 기대할 수 있다.

### | 이십팔점박이무당벌레 |

무당벌레에는 칠성무당벌레와 이십팔점박이무당벌레 두 종류가 있다. 사람들은 흔히 무당벌레 하면 익충이라고 생각하고 내버려 두는 경우가 많다. 그러나 텃밭 농부에게 칠성무당벌레는 익충이고, 이십팔점박이무당벌레는 해충이다. 두 녀석 모두 살려고 먹는데, 칠성무당벌레는 텃밭 농부가 싫어하는 진딧물을 먹고 이십팔점박이무당벌레는 텃밭 농부가 애지중지 기르는 작물의 잎을 갉아 먹어서, 한 녀석은 귀여움을 받고 한 녀석은 미움을 받는다.

칠성무당벌레는 양쪽 날개에 각각 세 개의 점과 날개 상단부의 두 날개가 만나는 부분에 한 개의 점 등 모두 일곱 개의 점이 있다. 반면 이십팔점박이무당벌레는 등에 점이 무척 많다.

이십팔점박이무당벌레는 감자와 가지, 고추, 토마토, 오이 등에 자주 나타난다. 5월부터 나타나 잎을 닥치는 대로 먹어치우는 해충인 만큼 눈에 띄는 대로 바로 잡아야 한다. 일단 밭에 이십팔점박이무당벌레가 나타나면 잎 뒷면을 살펴서 이 녀석이 낳은 알이 있는지 확인해야 한다. 한 번 알을 낳기 시작하면 급속도로 번식하므로 알 역시 철저히 제거한다. 이십팔점박이무당벌레의 애벌레 역시 잎을 갉아 먹으므로 눈에 띄는 대로 잡아낸다.

### | 온실가루이 |

온실가루이는 하얀 날벌레로 주로 잎 뒷면에 붙어 있다. 1.4mm 정도의 작은 파리 모양이어서 흰색의 파리나 나방으로 오해하는 사람도 있다. 몸은 원래 옅은 황색이지만, 표면이 흰 왁스로 덮여 있어 흰색으로 보인다.

가지, 파프리카, 오이, 토마토 등에 나타나는데, 주로 잎 뒷면에 붙어 작물의 즙을 빨아 먹는다. 밀식(密植, 빽빽하게 심음) 재배로 인해 통풍이 잘 안 될 때, 기온이 많이 올라갈 때 자주 나타나며 잎을 툭 치면 날아간다. 온실가루이의 공격을 받은 식물은 잎과 새순의 생장이 어려워지고, 잎의 퇴색과 고사, 잎이 떨어지는 증상이 발생한다.

온실가루이의 배설물인 감로는 잎에 그을음을 발생하게 해 광합성을 어렵게 하며, 바이러스를 매개할 수도 있다. 잎에 그을음이 생기므로 온실가루이 피해를 당한 작물은 쉽게 발견할 수 있다.

전업농가에서는 온실가루이가 발생하면 이레 간격으로 살충제를 살포한다. 텃밭 농부는 천연 마늘액이나 은행잎액으로 어느 정도 방제할 수 있다.

텃밭에 가장 자주 나타나는 해충 중에 하나가 진딧물이다. 강낭콩, 고추, 감자 등에 흔하다.

## | 진딧물 |

진딧물은 배추, 무, 열무, 양배추, 케일, 고추, 호박, 오이 등 거의 모든 채소에서 발생한다. 검은색, 갈색, 녹색이 있는데, 검은색 진딧물이 가장 흔하게 눈에 띈다. 심하면 잎에 빼곡하게 달라붙어 작물의 즙을 빨아 먹는다. 진딧물이 대거 나타나 즙을 빨아 먹으면 잎이 오그라든다. 작물 줄기를 따라 개미가 이동하고 있다면 진딧물이 있을 가능성이 높다. 진딧물과 개미가 서로 공생하기 때문이다. 어떤 이는 개미가 진딧물을 사육한다고 말하기도 한다. 진딧물이 작물 즙을 빨고 단물을 내놓으면 개미가 이것을 먹는 것이다. 대신 개미는 진딧물을 칠성무당벌레로부터 보호해준다.

달팽이. 배추와 상추 등에 자주 나타난다.

진딧물은 크기가 매우 작아서 몇 마리밖에 없을 때는 발견이 쉽지 않다. 그러나 대부분 무더기로 나타나므로 쉽게 눈에 띈다. 진딧물은 작물 잎의 즙을 빨아 먹을 뿐만 아니라 다른 질병을 옮기는 역할을 한다.

진딧물이 일부 잎에 나타났을 때는 포스트잇 등을 붙였다가 떼어내면 방제할 수 있다. 많이 나타났다면 물엿이나 설탕물, 요구르트의 희석액을 뿌려주면 퇴치할 수 있다. 끈적끈적한 물엿에 진딧물이 붙어서 움직이지 못하는데, 햇빛에 수분이 증발하면서 끈끈한 물질만 남게 되어 진딧물이 말라 죽는 것이다. 물엿이나 설탕물, 요구르트 등을 잎에 뿌려준 뒤 1주일 안에 비가 오지 않는다면 물로 잎을 씻어주어야 한다. 끈끈한 액체가 진딧물을 잡는 동시에 작물 잎의 기공을 막아버리기 때문이다.

## | 달팽이 |

달팽이는 밭에 따라 나타나는 빈도 차이가 큰 작물이다. 어떤 밭에서는 전혀 볼 수 없고, 어떤 밭에서는 심심찮게 볼 수 있었다. 달팽이는 번식력이 뛰어나고 먹는 양도 엄청나서 큰 피해를 준다. 배추, 무, 양배추, 가지, 파프리카 등에 주로 나타나며 눈에 띄는 대로 잡아 없애야 한다. 이동성이 거의 없어서 잡기는 쉽다.

## | 메뚜기 |

메뚜기는 십자화과 식물에 자주 나타난다. 배추, 양배추, 무의 잎을 갉아 먹는다. 대규모로 나타나는 경우가 드물고 피해가 크지 않으므로 크게 신경 쓰지 않아도 된다.

## | 응애 |

응애는 거미류의 총칭으로 몸길이 2㎜ 미만의 작은 동물을 모두 칭하는 말이다. 응애는 노지에서는 거의 발생하지 않는다. 비닐하우스나 베란다 텃밭 등 주로 공기 흐름이 나쁜 곳에서 자주 나타난다. 응애는 무척 작아서 눈에 잘 띄지 않지만 일단 발생했다 하면 순식간에 번지면서 작물에 해를 가한다. 응애는 주로 잎의 뒷면을 공격하는데, 잎이 처음에는 백색으로 변했다가 점차 갈색으로 변하고, 결국 말라 죽는다. 전업농가에서는 응애가 대규모로 발생하면 엄청난 피해를 당할 수도 있지만, 소규모 텃밭에서는 크게 염려하지 않아도 된다.

 응애 방제법으로 마요네즈와 물을 섞은 난황유를 이레 간격으로 뿌려주면 효과적이다. 마요네즈액은 응애와 흰가루병 예방과 치료에 상당한 효과가 있을 뿐만 아니라 식용하는 음식인 만큼 인체에 무해하다.

## | 흰가루병 |

빈도가 높지는 않지만 거의 모든 작물에 다 나타나는 병이다. 작물의 잎 표면, 눈, 어린줄기, 열매, 꽃에 흰색 혹은 연한 회색 가루를 뿌려놓은 듯한 모습으로 나타난다. 흰 가루처럼 보이는 것은 아주 작은 무성포자가 사슬처럼 서로 엉켜 있는 것인데, 바람을 타고 퍼진다.

흰가루병에 걸린 부분은 느리게 자라고 뒤틀리게 된다. 시간이 지나면 잎은 노랗게 시들고, 꽃은 뒤틀리거나 작게 피며, 열매 역시 적게 열리거나 작아진다. 흰가루병이 발생한 잎이나 포기는 뽑아서 멀리 버리는 것이 좋다.

흰가루병 방제법으로 마요네즈와 물을 섞은 난황유를 이레 간격으로 뿌려주면 효과적이다.

## | 노균병 |

배추, 오이, 양파, 파, 시금치, 참외 등에 주로 발생한다. 대표적 곰팡이병인 노균병(露菌病, 버짐병)은 희미하고 작은 황녹색 반점이 생기거나 연두색으로 시작해 점차 황색의 다각형 무늬로 확대된다. 잎 전체로 번지며 심하면 잎이 구부러지고 뒤틀리며 말라 죽는다.

한번 노균병에 걸리면 제대로 성장하지 못하고, 성장하더라도 수확이 감소한다. 양파의 경우 알이 제대로 여물지 않는다.

노균병을 예방하려면 이어짓기와 빽빽하게 심는 것을 피해야 한다. 일단 노균병이 발생한 작물은 뽑아서 태워야 한다. 노균병 포자가 이리저리 옮겨 다니면서 주변 작물에 급속도로 감염을 일으키기 때문이다.

전업농가에서는 노균병을 방제하려고 종자를 소독한 후 파종하며, 다이센엠, 리도밀 등 살균제를 살포한다. 텃밭 농부는 이런 농약을 쓰기 어려운 만큼 병이 발생한 포기를 뽑아서 태우고, 주변 작물에 마요네즈액(난황유)을 뿌려주면 효과가 있다.

## | 탄저병 |

작물에 나타나는 대부분 병은 대규모 농에 심각한 피해를 줄 뿐 소규모 텃밭에서는 피해가 별로 없다. 설령 피해가 발생한다고 해도 천연 농약으로 방제하거나 손으로 잡아줄 수 있는 정도다.

그러나 고추에 나타나는 탄저병은 텃밭 농부에게도 예외가 아니다. 고추 재배에서 가장 큰 어려움을 하나 꼽으라면 탄저병 예방이라고 할 수 있다. 탄저병은 주로 장마가 끝난 뒤에 찾아오는데 일단 탄저병이 덮쳤다 하면 대책이 없을 정도로 큰 피해를 본다. 탄저균은 토양 속에 잠복해 있다가 온도와 습도가 높아지면 번식을 시작한다. 그래서 여름철 장마가 끝날 무렵이면 탄저병이 창궐한다.

탄저병이 발생한 고추밭. 일단 탄저병이 발생하고 나면 대책이 없다. 사전 예방이 최선이다.

작물이 탄저병에 걸리면 줄기와 열매가 비뚤비뚤한 원형 혹은 방추형으로 움푹 들어가며 그 부위가 누렇게 혹은 검게 변한다. 병원균은 고온을 좋아해서 기온이 28~30℃이고 습할 때 급속도로 번진다. 비바람이 불거나 태풍이 불 때 잘 번지며, 특히 작물에 상처가 난 부위로 쉽게 감염된다.

탄저병을 예방하려면 이어짓기를 피해야 하고, 질소 비료를 과다하게 주지 말아야 하며, 빽빽하게 심지 않아야 한다. 텃밭 농부에게는 비닐 멀칭을 추천하고 싶지는 않으나 고추 탄저병을 줄이려면 비닐 멀칭도 불가피하다고 본다. 탄저균이 땅속에 있다가 여름철 기온이 높고 비가 내릴 때, 땅에서 튀어 오르는 빗물을 타고 작물에 감염되는 경우가 많기 때문이다. 그러나 이렇게 한다고 해서 탄저병을 완전히 막을 수는 없다. 전업농가에서는 탄저병을 예방하려고 고추 재배 과정에서 서너 차례 이상 농약을 치기도 한다.

텃밭 농부가 사용할 만한 천연 농약으로는 현미식초와 물을 1 : 500으로 희석한 액이 있다. 탄저병이 발생하기 전에 뿌려주는데, 이틀에 한 번꼴로 장마 직전부터 장마가 끝날 때까지 뿌려주면 상당한 효과가 있다. 식초를 뿌릴 때는 고추 줄기와 잎, 열매뿐만 아니라 토양까지 흠뻑 뿌려준다. 이미 탄저병이 발생했다면, 병에 걸린 고추를 모두 뽑아내어 태워버린 다음 남아 있는 고추 포기에 현미식초 희석액을 듬뿍 뿌려준다.

제2부

| 계절별로 짓는 제철 작물 |

# START! 작물 재배

전업 농부에 비하면 텃밭 농부는 봄 작물 재배 준비가 좀 늦은 편이다. 그렇다고 하더라도 3월 초에는 봄 작물 재배 준비에 들어가야 한다. 작물에 따라 밑거름을 넣기 2주 전에 석회를 넣고, 씨앗을 뿌리기 2주 전에 밑거름을 넣어야 한다. 그러자면 늦어도 3월 초에는 밭 준비 작업에 들어가야 한다.

3월 초면 아직 추울 때다. 지역에 따라 그늘진 곳에는 아직 땅이 얼어 있는 경우도 있다. 그러나 날씨가 따뜻해질 때까지 무작정 기다리다 보면 파종이 늦어지고 따라서 재배 기간과 수확 기간이 짧아질 수밖에 없다. 특히 봄에 재배하는 작물 중에 치커리, 쑥갓, 돌산갓, 엇갈이배추 등은 해가 길어지면서 꽃이 피기에 십상이다. 꽃이 피면 더는 수확이 어려워지므로 최대한 서둘러 심어 오래 수확하는 것이 관건이다. 따라서 바깥 날씨가 다소 춥더라도 서둘러 밭 만들기 작업을 시작해야 한다. 특히 감자는 가능하면 본격적으로 장마가 시작되기 전에 수확을 마쳐야 한다. 파종이 늦어지면 미처 다 자라지 못한 감자를 수확해야 하거나, 장마철에 수확하는 바람에 저장성이 떨어질 수 있으므로 서둘러 파종하도록 한다. 겨우내 실내에 있다가 밭에 나가면 처음에는 춥다 싶어도 한창 밭을 만들다 보면 이마와 등에 땀이 맺히기 마련이고, 땀을 흘리고 나면 겨우내 움츠렸던 몸이 풀리는 기분 좋은 느낌도 만끽할 수 있다.

그러나 고추, 토마토, 가지, 여주, 브로콜리, 파프리카 등 텃밭 농부가 주로 모종으로 심는 작물은 너무 서둘러 심어 냉해를 입지 않도록 유의한다. 봄에 모종을 심는 작물은 날씨가 적당히 따뜻해지는 5월 10일경 심는 것이 좋다.

## 제1장 봄에 심는 작물

상추 근대 치커리 셀러리 취나물 쑥갓 브로콜리 양배추 대파 아욱 부추 돌산갓 겨자채 당근 총각무

청경채 감자 엇갈이배추 열무 곰취 돌나물 옥수수 땅콩 돼지감자 머위 여주 콜라비 시금치 히까마 콩

우엉 참깨 고추 가지 오이 토란 야콘 울강 토마토 고구마 호박 들깨등

재배난이도
★☆☆

# 상추
국화과

## | 재배 포인트 |

상추는 서늘한 곳에서 발아시켜야 싹이 잘 난다. 서늘한 기후를 좋아하며, 15~30℃에서 잘 자라는 작물이므로 한여름에 파종하면 발아가 거의 안 된다. 여름에 파종할 경우에는 씨앗을 두세 시간 정도 찬물에 담갔다가 젖은 키친타월에 싸서 냉장고나 서늘한 곳에 보관해 싹을 틔운 다음 그늘에서 두세 시간 정도 말려 파종하면 된다. 일단 싹이 난 상추를 밭에 심으면 잘 자란다. 그러나 고랭지가 아닌 곳에서 여름에 상추를 재배하고 싶다면 다소 그늘지게 해서 기온을 낮춰줘야 한다. 50% 차광막을 씌워 주는 것도 한 방법이다. 더위가 이어지면 금방 꽃대를 내기 때문에 수확할 것이 거의 없어진다.

상추는 가장 흔하게 재배하는 작물이며 기르기도 쉽다. 그러나 봄에 너무 늦게 파종하면 얼마 지나지 않아 꽃대가 올라와 수확기간이 짧아지고, 한여름에 파종하면 씨앗의 싹틈이 어려워 낭패를 본다. 봄에는 가급적 일찍 파종해서 오래 수확하고, 한여름에 파종을 원할 경우에는 찬물에 적신 헝겊에 씨앗을 싸서 냉장고에 넣어 눈을 낸 뒤 파종하면 된다.

상추 씨앗을 뿌린 뒤 물을 줄 때는 조심스럽게 뿌려야 한다. 씨앗의 부피가 큰 데다 워낙 가벼워 물을 확 뿌리면 씨앗이 쓸려가 한쪽에 빽빽하게 싹트는 경우가 발생한다.

줄뿌림한 상추. 그다지 풀 걱정을 하지 않아도 되므로 흩어 뿌림 해도 별문제는 없다. 상추 씨앗을 뿌릴 때는 엄지와 검지로 씨앗을 조금씩 쥐고 두 손가락을 살살 비벼주는 느낌으로 뿌리도록 한다.

상추는 그 종류가 매우 다양하다. 오른 쪽 사진은 청치마상추, 아래 사진은 적치마상추, 오른쪽 아래 사진은 흑치마상추다. 이처럼 잎을 한 장씩 수확하는 치마상추 외에 포기째 수확하는 양상추가 있다. 그러나 치마상추의 경우에도 초기에 솎음 수확할 때는 포기째 수확해 재식간격을 넓혀주도록 한다.

상추는 텃밭 농부가 가장 즐겨 기르는 작물이다. 가정에서 자주 먹는 데다 병충해 피해가 거의 없어 기르기도 쉽다. 따라서 초보 텃밭 농부라면 꼭 재배해 볼 만한 작물이다. 그러나 4인 가족이 1평 (3.3㎡)만 재배에도 상추가 남아돌 정도이므로 너무 많이 심지 않도록 한다. 추위에 강해 봄 파종은 물론이고, 늦여름에 파종해 겨울까지 수확할 수 있다.

### 상추의 종류

상추는 크게 결구하지 않는 잎상추와 결구하는 양상추로 구분한다. 잎상추는 다시 포기째 수확하는 '포기상추'와 잎을 차례로 수확하는 '치마상추'로 나눈다. 치마상추에는 잎이 녹색을 띠는 '청치마상추'와 붉은색을 띠는 '적치마상추', 짙은 적자색의 '흑치마상추'가 있다.

특별한 시설이 없는 텃밭 농부는 결구하는 양상추보다 결구하지 않는 잎상추가 재배하기 쉽다. 우리나라는 양상추 생육 적정 온도(15~20℃)인 봄과 가을이 짧아서 재배하기 어렵다. 잎상추 중에서는 포기째 수확하는 '포기상추'보다 수시로 잎을 따서 이용할 수 있는 '치마상추'를 기르는 것이 이용 측면에서 다소 유리하다. 여름철 고온기에는 청치마상추가 재배하기 쉽다.

봄에 심는 잎채소 중에 상추는 비교적 추대가 늦은 작물이다. 그래서 오래도록 수확할 수 있다. 그러나 7월 중하순을 지나면 꽃대가 올라온다.

## | 밭 만들기 |

상추는 우리나라 사람이 즐겨 먹는 작물이지만, 워낙 생산량이 많으므로 너무 넓은 밭에 기르지 않도록 한다. 4인 가족 기준으로 1평 (3.3㎡) 정도만 재배해도 충분하다. 이 정도만 재배해도 이웃에 나눠 주고도 남을 정도다. 가족이 상추를 특별히 좋아하는 것이 아니라면 0.5평만 재배해도 된다. 처음에는 자람이 더뎌 양이 부족해 보이지만 날씨가 따뜻해지고 비가 한두 번 내리면 무섭게 자란다.

씨뿌리기 4주 전에 석회를 뿌려 산성토양을 중화하는 것이 좋다. 그리고 씨뿌리기 2주 전에 3.3㎡당 1kg 정도의 유기질 비료를 넣고 밭을 잘 갈아준다. 두둑의 너비는 90㎝, 높이는 10㎝ 정도로 하되, 형편을 봐가며 탄력적으로 조절하면 된다. 물 빠짐이 잘되는 사질토라면 굳이 두둑을 만들지 않아도 되고, 점질토 밭이라면 두둑을 다소 높여 습해(濕害, 습기가 많아 생기는 여러 가지 피해)를 입지 않도록 해준다. 두둑을 만들지 않더라도 물고랑은 내주는 것이 좋다. 상추는 물과 거름이 충분하면 잘 자란다.

상추를 굳이 따로 재배하지 않고 다른 작물, 가령 토마토나 가지, 고추 등 키가 큰 작물 아래 길러도 잘 자란다. 이렇게 다른 작물 아래 심거나 상추를 심었던 두둑에 가지나 고추, 토마토 모종을 옮겨 심으면 풀도 예방할 수 있고, 땅도 효율적으로 이용할 수 있다. 다만 이렇게 키울 경우 상추를 단독 재배할 때보다 거름을 약간 더 주어야 한다.

## 씨뿌리기 혹은 모종 심기

봄 재배(3월 하순~4월 상순 파종)와 가을 재배(8월 중하순 파종) 모두 가능하다. 씨앗을 뿌려도 되고 모종을 심어도 된다. 잎을 한 장씩 수확하는 잎상추는 직접 파종해도 무난하지만, 결구하는 양상추는 재배할 수 있는 기간이 짧아서 어느 정도 자란 모종을 사서 심는 편이 유리하다. 3월 하순경 종묘상이나 재래시장에 가면 모종을 쉽게 구할 수 있다.

씨앗은 줄뿌림하되 줄 간격을 10㎝ 정도로 한다. 호미로 얕게 선을 그은 다음 씨를 뿌리면 된다. 너무 빽빽하게 파종하지 않도록 엄지와 검지로 씨앗을 잡고 1㎝ 정도 간격으로 씨앗을 뿌린다. 상추는 굳이 흙을 두껍게 덮어주지 않아도 된다. 따라서 파종한 뒤에 손바닥이나 빗자루로 흙을 살짝 쓸어주는 정도면 충분하다.

씨앗을 뿌린 후 물을 줄 때는 조심해야 한다. 물을 세차게 뿌리면 씨앗이 물을 따라 한쪽으로 쏠리게 되어 상추가 한쪽에 몰려서 발아하게 된다. 따라서 파종 후에는 물뿌리개의 앞 마개를 반드시 끼우고 조심스럽게 물을 주도록 한다.

모종을 심을 때는 본잎이 네다섯 장인 모종을 사서 15~20㎝ 간격으로 심는다. 포트에서 모종을 꺼낼 때 모종 흙이 부서지지 않도록 주의한다. 포트에서 모종을 빼기 전에 물을 흠뻑 뿌려 한 시간 정도 두었다가 빼면 모종 흙이 부서져 떨어지는 것을 방지할 수 있다. 물 덕분에 모종 뿌리와 포트의 흙이 단단히 밀착하기 때문이다. 앞서 모종 빼는 법에서 설명했듯이 포트 밑구멍을 가느다란 나뭇가지로 살짝 쑤셔 흙과 모종 포트가 분리되도록 하면 모종을 쉽게 뺄 수 있다.

모종을 옮겨 심은 뒤에는 모종 주변으로 원을 그리듯 호미로 홈을 파고 물을

상추는 씨를 뿌리고 한 달쯤 지났을 때부터 솎음 수확해 이용하면 된다. 빽빽하게 심긴 상추를 솎음 수확해주면 공간이 넓어지면서 상추가 더 잘 자란다.

흠뻑 뿌려준다. 첫 번째 물을 준 뒤, 물이 땅속으로 스며들기를 기다렸다가 두세 번 정도 물을 더 준다. 이렇게 하면 모종 뿌리가 물을 찾아 옆으로 아래로 맹렬하게 뻗어 가서 뿌리 내림에 유리하다.

## 솎아내기

기온이 높은 시기가 아니라면 씨를 뿌리고 1주일 정도 지나면 떡잎이 나오고 2주 정도 지나면 본잎이 나오기 시작한다. 너무 이른 봄에 파종하면 2~3주 지나야 떡잎이 나오는 때도 있다.

씨앗을 직접 뿌려서 기른 상추는 자람을 봐가며 솎아내서 무침으로 먹을 수 있다. 솎아내기를 해야 포기 간 간격이 넓어져 통풍도 잘 되고, 거름 성분 확보도 좋아 잘 자란다. 처음부터 충분한 간격(15~20㎝)을 두고 모종을 심었다면 솎아내기를 하지 않는다.

모든 살아 있는 것들은 일정한 거리를 요구한다. 동물이든 식물이든 마찬가지다. 거리를 유지해주지 않고 빽빽하게 심으면 잘 자라지 못한다는 점을 명심하자. 초보 농부는 흔히 좁은 면적에 많이 심으려고 욕심을 내지만 빽빽한 재배는 결코 다수확으로 이어지지 않는다.

잎상추는 1㎝ 간격으로 다소 빽빽하게 심었다가 조금씩 솎아내면서 수확하되, 큰 것부터 거두어들여서 이용한다. 잎상추는 보통 작물과 달리 솎음 채소로 이용할 수 있으므로 큰 것부터 솎아서 이용하고, 작은 것들이 차례로 자랄 수 있는 시간과 공간을 주면 꽤 오랫동안 조금씩 효과적으로 수확할 수 있다는 점을 기억하

자. 일반적으로 김장 무나 당근, 콩, 호박 등은 파종하고 일정한 기간이 지나면 성장이 빠른 포기를 자라도록 남기고 성장이 부실한 포기를 뽑아낸다. 작물에 따라 큰 것부터 솎아내는 것이 있고, 작은 것을 솎아내는 것이 있는데, 간단히 분류하자면 솎아서 먹을 수 있는 작물은 큰 것부터 솎아 먹고, 솎아서 버리는 작물은 부실한 것을 솎아낸다고 보면 된다. 몇 번의 솎음 수확으로 상추의 포기 간격이 15㎝ 이상이 되면 솎아내기를 중단하고, 한 장씩 잎을 수확한다.

## 웃거름 주기

상추는 수확 기간이 비교적 긴 작물이다. 비료가 충분하지 않다면, 특히 양상추는 결구하지 않으므로 결구하기 전에 웃거름을 준다. 첫 번째 웃거름은 모종을 옮겨 심고 2~3주 후에 준다. 3.3㎡(1평)에 유기질 비료 서너 줌을 골고루 뿌려준다. 두 번째 웃거름은 파종하고 2~3개월 후에 준다. 양상추는 결구를 시작할 무렵 준다. 3.3㎡에 유기질 비료 서너 줌을 뿌려주면 된다.

상추는 비교적 토양을 가리지 않고 가꾸기도 쉬운 작물이지만, 웃거름을 주지 않으면 더디게 자라고 맛도 떨어진다.

## 물 주기

상추는 비교적 물이 많이 필요한 작물이다. 비가 한 번 오고 나면 쑥쑥 자라는 것을 볼 수 있다. 1주일 동안 비가 내리지 않으면 물을 흠뻑 뿌려준다. 특히 결구하는 양상추는 물을 더 많이 먹는 작물이므로 수시로 물을 주도록 한다.

상추나 쑥갓, 엇갈이배추 등 잎을 이용하는 채소는 물을 주면 쑥쑥 자라지만, 물을 너무 자주 많이 주면 맛이 떨어진다. 전문 농가에서는 빨리 크게 키우려고 물과 비료를 듬뿍 주지만, 텃밭 농부는 물을 너무 자주 주지 않는 방법도 고려해볼 만하다. 물을 최대한 적게 주어 상추가 아무리 느리게 자라도 3.3㎡

일부는 물을 자주 주고 일부는 물을 주지 말고 빗물에만 의지하도록 내버려두면 다양한 맛의 상추를 즐길 수 있다. 물을 자주 준 상추는 빨리 자라므로 일찍 수확할 수 있고, 물을 주지 않고 내버려둔 상추는 늦게 자라는 만큼 다소 질기면서 특유의 향이 가득한 맛을 느낄 수 있다. 위 사진은 물을 거의 주지 않아 더디게 자란 덕분에 더욱 진한 맛을 안겨 준 상추다.

만 재배하면 한 가족이 실컷 먹고 남을 만큼 수확량이 많으니 염려할 것은 없다.

다양한 방식으로 상추를 재배한 경험에 비추어볼 때, 물과 비료를 적게 주면 상추는 특유의 향과 질감을 선사한다. 내가 기른 상추와 시장에서 사 먹는 상추는 맛이 확연히 다르다. 나는 시중에서 파는 크고 부드러운 상추의 맛이 밋밋한 까닭은 물과 비료 성분을 많이 투입해서라고 생각한다.

텃밭 농부는 판매를 목적으로 재배하지 않는 만큼 될 수 있으면 물을 적게 주어 잎을 작게 키우면 무척 맛있는 상추를 수확할 수 있다. 말하자면 가능한 한 자연의 힘으로 키우고 사람의 간여를 줄이는 것이다. 나는 이런 방법을 '세파농법(世波農法)'이라고 이름 지었다. 파도처럼 밀려오는 어려움을 겪고 성장한 사람이 풍부한 이야깃거리를 갖고 있듯이, 작물 역시 때맞춰 물을 주고 거름을 주기보다는 세파에 시달리도록 내버려두면 훨씬 좋은 맛을 낸다. 때맞춰 물을 주고 거름을 준 작물은 모양과 크기는 좋지만, 맛은 없다. 이에 반해 내가 키우는 작물은 자람이 더디고 조금 작지만, 훨씬 맛있고 영양가도 높다. 자람이 더딘 만큼 햇빛을 많이 받기 때문이다.

'세파농법'으로 내가 키운 상추를 본 사람들은 '대체 이게 뭐예요? 상추 같기는 한데?'라고 묻는다. 맛을 보고 나면 너도나도 조금 더 달라고 야단이다. 그만큼 진한 맛을 낸다. 미국의 어떤 기관이 발표한 자료에서 1970년대 거의 자연적인 방식으로 재배한 시금치와 2000년대 첨단 기술을 동원해 속성으로 키운 시금치는 비타민 함유량이 50배 가까이 차이가 난다는 내용을 본 적이 있다.

다만 모두 이렇게 재배한다면 자람이 더디므로 키우는 재미는 덜하다. 따라서 전체 상추 중 일부는 물을 듬뿍 주고, 일부는 물을 1/3만 주어서 향이 진하고 질긴 상추로 키워보는 것도 좋겠다.

그러나 가능한 한 자연에 맡겨 둔다고 해서 손 놓고 있어도 된다는 말은 아니다. 풀을 부지런히 뽑아주고, 어릴 때 솎아내기도 부지런히 해야 한다. 내가 말하는 세파농법이란 재배하는 작물에 비료와 물을 많이 주어 더 빨리, 더 크게 자라도록 돕지 않는다는 의미일 뿐 내버려둬도 된다는 말은 아니다.

| 풀 뽑기 |

상추밭에는 초기에 다양한 풀이 자란다. 그때 풀을 한두 번만 매주면 상추 잎이 넓게 퍼져서 풀 걱정을 그다지 하지 않아도 된다. 그러나 초기에 풀을 관리해주지 않으면 상추가 풀에 치여 잘 자라지 못한다.

상추가 아주 어릴 때는 풀매기가 쉽지 않다. 풀을 매다가 상추까지 다치게 하는 경우가 발생하기 때문이다. 이 같은 현상을 방지하고 풀을 효과적으로 매려면, 상추를 파종할 때 흩어 뿌림보다는 줄뿌림이 유리하다. 흩어뿌리기를 하고 나면 상추와 풀이 마구 섞여 자라서 관리가 어렵다. 거의 모든 잎채소는 줄뿌림하는 것이 관리하기에 편리하다.

풀은 어릴 때 뽑아줄수록 좋다. 아주 어릴 때는 호미로 슬슬 긁어주기만 해도 뿌리째 뽑히지만, 더 자라서 뿌리가 깊이 뻗고 나면 매기도 어렵고 풀을 매다가 상추 뿌리까지 상하게 하는 경우가 발생한다.

## 병해충과 처방

상추는 병해충 피해가 거의 없는 작물이다. 무농약으로 재배해도 특별한 문제가 발생하지 않는다. 다만 아주 가끔 거세미나방 애벌레가 양상추의 밑동을 갉아 먹어버리는 경우가 발생한다. 거세미나방 애벌레는 밤에 나와서 활동하고, 낮에는 흙 속으로 숨어버려서 잡아내기도 어렵다. 그러나 큰 피해를 주지는 않는 만큼 텃밭에서 굳이 농약을 사용할 필요는 없다.

상추에 흔한 벌레 달팽이와 달팽이 변(검은 점).

결구하는 양상추의 잎이 변색하는 것은 비료가 부족하기 때문이다. 특히 아래 잎이 변색하는 것은 질소가 부족할 때이며, 잎끝이 변색한다면 칼륨이 부족한 것이다.

상추에는 아주 가끔이지만 무름병, 진딧물, 도둑벌레, 달팽이 등이 발생한다. 그중에서도 진딧물 발생이 많은 편인데, 물엿이나 설탕물, 요구르트 등의 희석액을 뿌려서 퇴치할 수 있다. 다른 작물은 진딧물이 소규모로 발생했을 때 테이프를 붙였다가 떼서 퇴치할 수 있지만, 상추는 잎이 연해서 테이프를 붙였다가는 자칫 잎을 상하게 할 수 있음에 유의하자. 달팽이는 굳이 퇴치제를 쓰기보다는 보이는 대로 잡아주는 것이 좋다.

## 수확과 보관

텃밭 농부는 잎채소를 수확할 때 한꺼번에 수확하기보다는 조금씩 자주 거둬들이는 것이 좋다. 잎채소 수확 방법으로 솎음 수확, 잎을 따내는 수확, 포기째 뽑아내는 수확 등 세 가지가 있으며, 텃밭 농부는 이들 세 가지 방법을 모두 이용하는 편이 유리하다.

전년도 가을에 파종한 상추를 수확해 먹다가 그대로 겨울을 나게 하면, 이듬해 3월 봄에 씨를 뿌린 상추가 아직 싹을 내기도 전에 잎이 무성하게 자란다. 봄에 씨앗을 뿌린 다른 밭의 상추는 아직 본잎도 나오지 않았을 때인데, 지난 해 가을에 심어 겨울을 난 상추는 이처럼 무성하게 자랐다.

상추는 초기에 밀식되어 있을 때는 포기째 솎음 수확하지만, 몇 번 수확으로 일정한 간격이 유지되면 오래 수확할 수 있다. 잎을 따서 수확할 때는 한 포기에서 모두 따버리지 말고 3,4장 정도는 늘 남겨 두도록 한다.

가을 파종한 흑축면상추.

    이렇게 세 가지 방법으로 수확할 수 있는 잎채소로 근대, 상추, 쑥갓, 유채, 케일, 양배추, 아욱 등이 있다. 이외에 시금치, 돌산갓, 청경채, 총각무, 엇갈이배추, 열무 등은 솎음 수확과 포기째 수확 등 두 가지 방법으로 수확할 수 있다.

    결구하는 양상추는 5월 중순에서 6월 중순경 결구 부분을 눌러봐서 가운데가 꽉 차 있으면서 단단하면 수확한다. 포기를 옆으로 눕히고 밑동을 가위로 자르면 된다. 양상추는 기온이 30℃가 넘어가면 무름병에 걸리기 쉬우므로 6월 중순경, 늦어도 6월 하순에는 수확을 마쳐야 한다.

    잎상추는 포기 간격이 15~20㎝ 정도 될 때까지 큰 것부터 솎아내서 이용하고, 포기 간격이 충분해진 5월에는 아래 잎부터 따서 차례차례 수확한다. 봄에 심

2월의 상추. 한겨울을 노지에서 난 상추는 각별한 맛이 난다.

전년도에 파종해 일부 수확해 먹고 남아 있던 상추가 겨울을 나고 봄을 맞아 기지개를 펴고 있다. 상추는 추위에 강해 한겨울에도 뿌리째 죽지는 않는다. 이렇게 전년도에 파종해 밭에서 겨울을 난 상추에서는 진한 향이 난다. 속성으로 키운 상추와 확연히 다르다.

밭에서 겨울을 지낸 상추의 4월 모습.

은 상추는 4월 하순부터 솎음 수확할 수 있고, 5월부터는 한 장씩 잎을 따서 6월 말까지 계속 수확할 수 있다. 잎을 따서 수확할 때, 잎을 한꺼번에 다 따버리지 말고 포기 당 서너 장 이상 잎을 남겨두도록 한다.

상추는 6월 말을 지나면서 고온이 이어지고 비가 자주 내리면 마르면서 녹아버린다.

8월 중하순에 씨를 뿌린 상추는 9월 중하순부터 11월 상중순까지 수확할 수 있다. 11월 말에서 12월이 되어 기온이 영하로 내려가면 상추는 얼어버린다. 남부 지방에서는 그대로 두면 뿌리가 월동하여 이듬해 2월 말에서 3월에 다시 수확할 수 있다. 그러나 중부 이북 지방에서는 비닐을 덮어주지 않으면 월동이 어렵다.

## 양상추 재배

양상추(결구 상추)는 일반 잎상추보다 기르는 조건이 다소 까다롭다. 직접 씨앗을 뿌리지 않고 모종을 길러 옮겨심기하거나, 종묘사에서 모종을 사서 심는다.

양상추의 싹트는 온도는 15~20℃, 생육 온도는 15~20℃, 결구 온도는 10~16℃다. 특히 양상추의 비대(肥大)는 밤 온도가 10℃부터 15℃ 정도로 서늘할 때 이루어진다. 낮과 밤의 온도가 20℃ 이상이 계속되면 줄기가 자라고 꽃눈이 분화한다.

### 씨뿌리기

특별한 시설이 없는 텃밭 농부가 기온이 높은 시기에 재배하는 것은 불가능하므로 1월 중순에서 2월 중순에 씨앗을 뿌리고, 6월 초까지 수확을 끝낸다. 여름에는 8월 중순에서 10월 중순까지 씨뿌리기를 할 수 있으며, 11월 중순에서 12월 초까지 수확을 끝낸다.

양상추는 25℃ 이상의 온도에서 발아율이 급격히 떨어진다. 30℃ 이상이 되거나 4℃ 이하가 되면 전혀 발아하지 않는다. 여름철에 파종하려면 씨앗을 찬물에 두세 시간 정도 담갔다가 키친타월 등에 싸서 서늘한 장소나 냉장고에 넣어 싹이 나왔을 때 파종해야 발아율이 높다. 바로 파종하면 발아가 잘되지 않는다.

### 옮겨심기

양상추는 파종 탁자에서 이레에서 열흘간 육묘한 후, 본잎이 1~1.5매 정도 났을 때 트레이에 가식(假植, 종자나 모종을 제자리에 심을 때까지 임시로 딴 곳에 심는 일)한다. 이후 본잎이 네다섯 장이 되면 밭에 아주 심는다. 아주 심기할 때 포기 간격은 30cm 정도가 적당하다.

### 물 주기

양상추는 건조에 강하고 다습에 약하다. 따라서 이틀에서 사흘에 한 번 물을 준다. 다만 결구가 시작된 이후에는 토양에 수분이 많은 것이 좋으므로 매일 물을 주도록 한다.

### 재배 유의점

양상추는 생육 초기에 햇빛이 부족하면, 잎 두께가 얇아지고 잎 크기도 작아진다. 또, 건조한 사질토나 지하수위(땅속의 대수층 표면)가 높은 점질토에서는 생육이 나쁘다. 유기질이 풍부한 토양에서 재배하며, 자주 물을 주되 물 빠짐이 좋도록 해야 한다. 산성이 강한 토양, 즉 pH5 이하나 pH8 이상의 알칼리성 토양에서는 생육이 나쁘고 수확량도 무척 적어진다.

### 양상추가 결구하지 않을 경우

양상추는 비료가 부족하거나 잎이 너무 크거나 너무 작으면 결구하지 않는다. 알맞은 크기의 잎을 얻으려면 생육 적정 온도(15~20℃)에 맞춰 적절한 시기에 모종을 심고, 성장을 봐가며 웃거름을 잘 조절해야 한다.

### 수확

양상추는 잎상추처럼 잎을 한 장씩 수확하지 않고 포기째 거둬들인다. 결구 상태를 보아가며 결구가 먼저 된 상추부터 차례대로 수확해서 이용하면 된다. 양상추는 옆에서 눌러보아 결구가 단단해졌다고 판단되면 밑동을 잘라 수확한다.

 봄 재배는 대체로 씨를 뿌리고 90~120일이 지나면 수확하고, 가을 재배는 60~80일이면 수확할 수 있다. 수확 요령은 아침 이슬이나 서리가 없어졌을 때 결구 상태를 보아가면서 약간 일찍 수확한다. 겉잎이 달린 상태로 수확하고 나중에 다듬는다.

### 상추 재배 일정

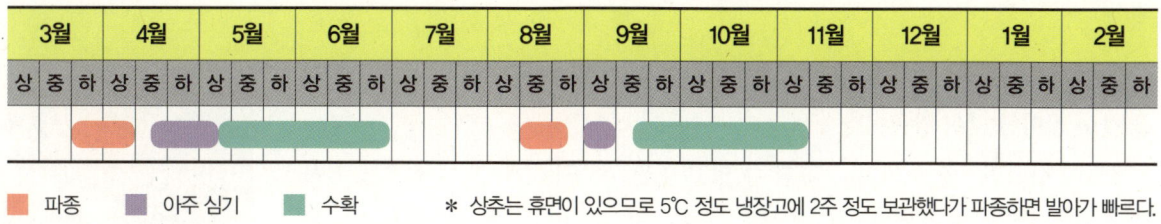

# 근대
명아줏과

재배난이도
★☆☆

| 재배 포인트 |

근대는 기온이 15℃ 이상 되면 언제든 기를 수 있는 작물이다. 기르기 쉽고 된장을 풀어 끓이면 맛이 일품이다.

4월에 심으면 7월 초까지 수확할 수 있고, 8월 말 또는 9월 초에 심으면 가을에 수확하다가 겨울을 넘겨 이듬해 4월과 5월까지 수확할 수 있는 두해살이 식물이다. 파종에서 수확까지 70일 정도 걸리므로 밭이 빌 때 짬짬이 기를 수 있다. 그러나 한여름인 6~8월에는 씨를 뿌리지 않는 것이 좋다.

병해충과 더위에도 강해 초보 텃밭 농부도 쉽게 기를 수 있다. 시금치가 적게 나오는 여름에도 재배할 수 있으며, 비타민 A와 칼슘이 많이 들어 있으므로 꼭 길러볼 것을 권한다.

근대 씨앗. 엄지와 검지로 잡고 조금씩 줄뿌림하는 것이 초기 풀 관리에 유리하다.

## | 밭 만들기 |

씨뿌리기 2주 전에 3.3㎡(1평)당 유기질 비료 1kg 정도를 넣고 밭을 일군다. 두둑의 너비는 90㎝ 정도, 높이는 10㎝ 정도로 한다. 그러나 두둑이 높이와 너비는 형편에 따라 탄력적으로 조절하면 된다.

## | 재배 방법 |

근대는 잎채소 중에 씨앗이 큰 편인데, 씨앗 하나에서 싹이 두세 개 정도 나오므로 이를 고려해서 씨앗 간격을 조절한다. 상추처럼 빽빽하게 심으면 싹이 너무 복잡하게 나므로 씨앗 간 간격을 3~4㎝ 정도로 하면 된다.

빽빽하게 심었을 경우 본잎이 두세 장 정도 나왔을 때 1차 솎아내기를 하고, 솎아낸 잎은 샐러드로 이용한다. 조금 큰 근대 잎은 묽은 된장국을 끓일 때 넣어 먹으면 맛이 참 좋다.

파종 1주 안에 싹이 올라온다.

근대와 가장 잘 어울리는 된장국. 맛이 일품이다.

근대는 다른 잎채소에 비해 꽃대가 늦게 올라오는 편이다. 덕분에 비교적 오래 수확할 수 있다.

근대는 잎채소이지만 뿌리를 깊게 내린다. 따라서 밭을 깊게 갈아주는 것이 좋다.

파종 4주쯤 되면 조밀한 곳부터 솎음 수확해서 먹을 수 있다. 먼저 크게 자란 것부터 솎음 수확해서 늦게 자라는 포기가 생육할 수 있는 공간을 주면 수확 기간을 늘릴 수 있다.

봄에 씨를 뿌린 근대는 5월이 되면 놀라울 정도로 빠르게 성장한다. 이때부터는 본격적으로 솎음 수확해서 먹을 수 있다. 근대는 의외로 뿌리가 깊은 작물이다. 따라서 솎을 때는 옆의 포기가 상하지 않도록 밑동 부분의 흙을 눌러가며 솎아낸다. 포기의 키가 15㎝ 정도 되면 다시 솎아내서 이용할 수 있다.

가을에 씨를 뿌린 근대는 날씨가 많이 추워지지 않는다면 12월 초까지 수확할 수 있다. 서리가 내리고 기온이 많이 내려가면 근대 잎이 축 처지면서 땅에 붙는다. 그대로 두면 이듬해 4월경 다시 빠르게 성장하고, 이때 또 수확해서 먹을 수 있다. 그러나 4월 말에서 5월 초가 되면 꽃대가 올라오고 생을 마감한다.

### | 병해충과 처방 |

근대는 병해충이 거의 없다.

### | 물과 웃거름 주기 |

근대는 약간 습한 것이 좋다. 겉흙이 말랐다 싶으면 물을 준다. 한 번에 충분히 관수(灌水)한다.

밑거름이 충분하다면 굳이 웃거름을 주지 않아도 된다. 생육을 봐가며 두 번째 솎아내기를 한 뒤에는 포기 주변에 퇴비를 조금씩 뿌려주면 좋다. 잘 자란다면 굳이 웃거름을 주지 않아도 된다. 흔히 초보 텃밭 농부는 비료 성분이 부족할 것을 염려해 많이 주는 경향이 있다. 상품화해서 판매할 것이 아니므로 비료는 조금 적다 싶을 정도로 주고, 자람을 보아가며 너무 적다 싶을 때 웃거름으로 조금 더 주도록 한다.

### | 수확과 보관 |

근대는 수확해서 오래 보관할 수 없으므로 한꺼번에 거둬들이기보다 조금씩 솎아내면서 이용하는 것이 좋다. 수확할 때는 뿌리째 뽑아내기보다 가위로 밑동을 자르는 편이 유리하다. 뽑아내다가 옆에 남은 작물 뿌리를 상하게 하는 경우가 종종 발생하기 때문이다. 너무 크게 기르면 단단하고 맛도 없어진다. 포기의 키가 25~30㎝ 정도가 되면 수확한다. 한 손으로 포기를 잡고 가위로 밑동을 잘라

6월, 싱싱하게 자라는 근대.

내면 된다.

    텃밭 농부는 근대가 25㎝ 정도 자랐을 때 한꺼번에 수확하지 말고, 파종하고 4~5주쯤부터 차례로 솎음 수확으로 이용한다. 최종적으로 포기 간격이 10㎝ 정도 될 때까지 솎음 수확한 다음, 이후부터는 솎음 수확하지 말고 기르면서 아래 잎부터 두세 장씩 수확해서 먹으면 오래 이용할 수 있다. 이때 한꺼번에 많이 따내지 말고 포기 당 두세 장씩만 따고, 포기당 잎을 다섯 장 이상 항상 남겨둔다.

**근대 재배 일정**

| 3월 | | | 4월 | | | 5월 | | | 6월 | | | 7월 | | | 8월 | | | 9월 | | | 10월 | | | 11월 | | | 12월 | | | 1월 | | | 2월 | | |
|---|---|---|---|---|---|---|---|---|---|---|---|---|---|---|---|---|---|---|---|---|---|---|---|---|---|---|---|---|---|---|---|---|---|---|---|
| 상 | 중 | 하 | 상 | 중 | 하 | 상 | 중 | 하 | 상 | 중 | 하 | 상 | 중 | 하 | 상 | 중 | 하 | 상 | 중 | 하 | 상 | 중 | 하 | 상 | 중 | 하 | 상 | 중 | 하 | 상 | 중 | 하 | 상 | 중 | 하 |

■ 파종　■ 씨받기　■ 수확

＊ 근대는 기온이 올라가는 시기에 언제든지 파종할 수 있다.

# 치커리
## 국화과

재배난이도 ★☆☆

| 재배 포인트 |

치커리는 초여름에 꽃대가 쉽게 올라오므로 일찍 씨앗을 뿌려 일찍 수확하는 것이 관건이다. 상추를 재배할 수 있는 곳이면 어디서나 쉽게 재배할 수 있다. 치커리는 1~2주 정도 저온(6℃)을 거친 뒤, 해가 길어지면 꽃대가 쉽게 올라온다. 따라서 3월에 파종해 5월에 거둬들이거나 저온 과정을 거치지 않도록 재배하는 것이 관건이다.

쉽게 추대하므로 텃밭 농부 입장에서는 봄, 여름 재배보다는 9월 상순에 파종해 10월 말에서 11월까지 수확하는 가을 재배가 쉽다.

봄에 씨를 뿌린 치커리는 여름에 꽃대가 쉽게 올라오므로 초보 텃밭 농부는 여름이나 가을 파종이 쉽다.

| 밭 만들기 |

씨뿌리기 4주 전에 3.3㎡(1평)당 석회 700~800g을 넣고 잘 갈아준다. 씨뿌리기

봄에 파종한 치커리. 파종 1주일 때 모습.

봄 파종 치커리는 4주가 지나면 솎음 수확해 이용할 수 있다. 부지런히 솎아서 이용하도록 한다.

늦여름에 파종한 치커리 10월 17일 모습. 이쯤이면 수확해서 먹기 충분하다.

11월 중순의 치커리. 늦여름에 파종해 가을부터 수확하는 재배 방식이 봄 파종보다 추대가 늦어 오래 수확할 수 있다.

다양한 종류의 치커리.

2주일 전에 유기질 비료 2~3kg 정도를 넣고 잘 일군 다음 이랑을 만든다. 너비 1m, 높이 15㎝ 정도의 두둑을 만든다. 치커리는 물 빠짐이 좋은 밭을 선호하므로 물 빠짐이 나쁠 경우 두둑을 20㎝ 이상 높여준다.

## | 씨뿌리기 |

치커리는 모종을 심기보다는 직접 씨뿌리기 하는 것이 유리하다. 점뿌림 혹은 줄뿌림하되 줄 간격은 20㎝ 이상이 되도록 한다.

## | 물 주기 |

치커리는 물 빠짐이 좋은 밭을 좋아하지만, 토양이 건조해서는 안 된다. 게다가 뿌리가 얕아서 토양이 건조해지지 않도록 수시로 물을 주어야 한다. 한 번에 물을 많이 주면 모가 웃자라거나 병에 걸리기 쉬우므로 조금씩 자주 주는 것이 좋다. 김장 무나 김장 배추처럼 한 번에 물을 많이 주는 작물과 다른 점이다. 대체로 뿌리가 얕은 식물은 한꺼번에 물을 많이 주기보다 조금씩 자주 주는 것이 좋고, 뿌리를 깊이 내리는 작물은 한꺼번에 많은 양을 주어서 물이 뿌리 아래까지 깊숙이 스며들도록 해주는 것이 좋다.

## | 솎아내기 |

텃밭 농부가 잎채소를 기를 때는 전업 농부와 달리 차례로 솎음 수확하는 재미를 얻을 수 있다. 상추와 마찬가지로 치커리 역시 먼저 자라는 것부터 솎음 수확함으로써 수확 기간을 길게 가질 뿐만 아니라 포기 간격도 넓혀줄 수 있다. 차례로 솎음 수확하면서 최종적으로 포기당 사방으로 20㎝의 간격이 생기도록 해주면 된다.

## | 병해충과 처방 |

치커리 병해는 주로 비닐하우스 등에서 재배하는 전업농가의 밭에서 자주 발생한다. 어린줄기와 뿌리가 물러지는 잘록병(입고병, 立枯病)이 발생하기도 하고, 주로 아래 잎에 흰가루병이 발생하기도 한다. 노균병과 진딧물이 발생하기도 하지만, 심

7월 무성하게 자란 치커리.

7월 25일. 이미 꽃대가 많이 올라왔다.

한 정도는 아니다. 노지에서 재배하는 텃밭 농부는 굳이 약제를 사용할 필요가 없다. 밭 주변 잡초를 철저히 매고, 병든 포기를 신속하게 제거하면 염려할 정도는 아니다.

| 수확 |

치커리는 솎음 수확해서 쌈으로 먹을 수 있다. 대체로 씨뿌리기 4주쯤부터 잎을 수확할 수 있으며, 파종하고 60일 정도 지나면 포기째 수확할 수 있는데, 지역에 따라 다소 차이가 있다. 수확이 너무 늦어지면 해가 길어져 꽃대가 쉽게 올라오므로 서둘러 거둬들이도록 한다.

### 치커리 재배 일정

| 3월 | | | 4월 | | | 5월 | | | 6월 | | | 7월 | | | 8월 | | | 9월 | | | 10월 | | | 11월 | | | 12월 | | | 1월 | | | 2월 | | |
|---|---|---|---|---|---|---|---|---|---|---|---|---|---|---|---|---|---|---|---|---|---|---|---|---|---|---|---|---|---|---|---|---|---|---|---|
| 상 | 중 | 하 | 상 | 중 | 하 | 상 | 중 | 하 | 상 | 중 | 하 | 상 | 중 | 하 | 상 | 중 | 하 | 상 | 중 | 하 | 상 | 중 | 하 | 상 | 중 | 하 | 상 | 중 | 하 | 상 | 중 | 하 | 상 | 중 | 하 |

■ 파종  ■ 수확

재배난이도
★★★

# 셀러리
미나릿과

## | 재배 포인트 |

셀러리는 서늘한 기후를 좋아하는 채소다. 그러나 발아 온도는 22~25℃이므로 이른 봄에 텃밭 농부가 씨앗을 뿌려 발아시키기는 어려운 채소다. 따라서 모종을 직접 기르기보다는 종묘상에서 모종을 구입해 심는 것이 유리하다. 잔뿌리가 많고 병해충 피해가 없는 모종을 고르도록 한다. 직접 씨앗을 뿌려 발아하고자 한다면 노지에 바로 파종하기보다는 포트에 파종하고, 비닐 등을 덮어 보온해주는 것이 좋다. 밭에 그냥 씨앗을 뿌리면 셀러리 싹이 나기 전에 풀이 먼저 밭을 덮어버려서 성공하기 어렵다.

셀러리는 육묘 기간이 길고 육묘 작업이 번거로우므로 텃밭 농부는 모종을 사서 기르는 편이 유리하다.

셀러리는 원래 미나릿과의 습지 식물이므로 물을 충분히 주어야 한다. 건조한 환경은 금물이다.

봄에 파종해 저온 상태에 있다가 날씨가 더워지고 해가 길어지면 곧 추대하므로 텃밭 농부 입장에서는 봄보다 여름에 씨앗을 뿌리는 것이 유리하다.

## | 밭 만들기 |

셀러리는 거름이 많이 필요한 채소다. 배수가 잘되면서도 촉촉한 땅을 좋아한다. 밭을 만들 때 3.3㎡(1평)당 유기질 퇴비 10kg 이상을 밑거름으로 넣어준다. 이때 깻묵, 석회, 계분 등도 넉넉하게 넣어준다. 석회는 3.3㎡당 서너 줌을 넣어주면 된다. 밑거름을 넣고 흙과 잘 섞은 뒤, 너비 1m, 높이 15cm 정도의 두둑을 만든다.

## | 재배 방법 |

1m 너비 두둑에 두 줄로 심되, 직접 씨를 뿌리든 모종을 심든 포기 간격을 35~45cm 정도 되도록 한다. 셀러리는 씨앗이 매우 작아서 엄지와 검지로 가볍게 집어도 일고여덟 개 이상을 집게 된다. 따라서 파종할 경우 점뿌림하고 싹이 트고 자라는 것을 봐가며 두세 차례 솎아내기를 해서 최종적으로 포기 간격이 35~45cm가 되도록 한다.

### 씨뿌리기

재배 일정표에는 봄에 파종하는 것만 표시했다. 그러나 셀러리는 재배 시기를 다양하게 조정할 수 있으며, 시기에 따라 장단점이 있다. 텃밭 농부는 사는 지역과 텃밭의 계속 이용 여부 등 자신의 상황을 고려해 적절한 재배 시기를 택하면 된다.

남부 지방의 경우 5~6월에 파종해 11~12월 수확하거나 7~8월에 파종해 겨울을 넘기고 이듬해 3~4월에 수확할 수 있다. 한여름에 씨앗을 뿌릴 경우에는 한랭사 등을 씌워서 서늘하게 해주어야 한다.

셀러리는 씨앗이 작을 뿐만 아니라 발아율이 낮고, 발아 기간도 무척 긴 작물이다. 씨를 뿌리고 싹이 나는 데 10~30일 정도가 필요하며, 이때 풀이 자라나 셀러리 싹이 나더라도 묻히기 일쑤다. 따라서 파종할 경우에는 풀 관리에 무척 신경

셀러리는 원래 습지 식물이므로 물을 자주 주어야 한다. 물 주기가 어려운 밭에서는 기르기 어렵다.

셀러리는 비료 성분이 많이 필요한 작물이다. 옮겨 심고 20일이 지날 무렵부터 거름을 조금씩 자주 주도록 한다. 비료 성분이 부족하면 줄기가 자라지 않는다.

을 써야 한다. 밭에 직접 씨뿌리기보다는 트레이에 육묘해서 옮겨 심는 것이 좋다. 싹이 나고 본잎이 두세 장이 나오면 포기 간격이 1㎝ 이상이 되도록 솎아낸다. 이후 본잎이 서너 장이 나오면 지름 9㎝ 포트에 이식해 간격을 넓혀주어야 웃자람을 방지할 수 있다. 육묘 기간이 60~120일 정도 필요하므로 관리에 바짝 신경을 써야 한다.

셀러리는 여름 더위를 넘기기 어려운 작물이므로 봄 파종을 할 경우 집에서 일찌감치 육묘해 길렀다가, 늦서리가 끝나면 곧 옮겨 심어서 여름철 장마가 오기 전에 수확하는 것이 좋다. 한여름 장마 기간이 되면 포기가 물러지는 무름병이 발생해 많이 말라 죽는다. 장마를 무사히 넘기고 나면 초겨울까지 셀러리를 수확할 수 있다.

### 물과 웃거름 주기

셀러리는 건조한 것에 매우 약한 작물이다. 육묘 기간에 충분한 물과 함께 웃거름도 주어야 한다. 기온이 높은 시기나 육묘 후반기에는 하루에도 여러 번 물을 주고, 질소와 인산, 칼리가 들어가 있는 비료를 물에 녹여 수시로 주도록 한다. 수분 유지를 위해 짚이나 낙엽 등을 두툼하게 덮어주면 좋다.

## | 병해충과 처방 |

진딧물이 많이 발생한다. 진딧물이 매개하는 오이모자이크 바이러스와 잠두시듦병 바이러스가 피해를 준다. 육묘 시기에 한랭사를 덮어 진딧물이 접근하지 않도록 철저하게 관리해야 한다. 또 병에 걸린 포기가 보이면 즉시 제거하도록 한다.

9월의 셀러리. 날씨가 서늘해지면서 셀러리가 왕성하게 자라기 시작한다. 물을 자주 줄 수 없을 때는 짚을 포기 아래 두툼하게 깔아주면 수분을 유지할 수 있고 풀도 방지할 수 있다.

셀러리는 먼저 자라는 아래 줄기부터 수시로 수확해서 이용한다. 잎에 전체적으로 윤기가 나기 시작하면 포기째 뽑아 수확한다.

이를 그대로 내버려두면 바이러스가 급속하게 확산할 수 있다.

진딧물은 새잎과 새 줄기에 많이 발생하는데, 전문 농가에서는 메소밀 수화제, 포리스 유제 등 약제를 1주일 간격으로 살포해 방제한다. 텃밭 농부는 굳이 약제를 살포하기보다는 진딧물을 철저히 제거하고, 과습을 피하면 무름병과 모자이크병 등을 억제할 수 있다.

셀러리는 육묘 기간이 길어 병해도 육묘 때 많이 발생한다. 따라서 텃밭 농부는 직접 씨앗을 뿌려 기르기보다는 모종을 사서 기르는 것이 좋다.

| 수확 |

안쪽 잎이 꼿꼿이 설 무렵에 조금씩 수확해서 먹으면 된다. 밑동에서 나오는 곁눈을 수시로 잘라 수확하면 된다. 재배 시기에 따라 다르지만 대체로 옮겨 심은 뒤 60일쯤 지나 잎에 윤기가 나기 시작하면 뿌리째 수확할 수 있다.

## 셀러리 재배 일정

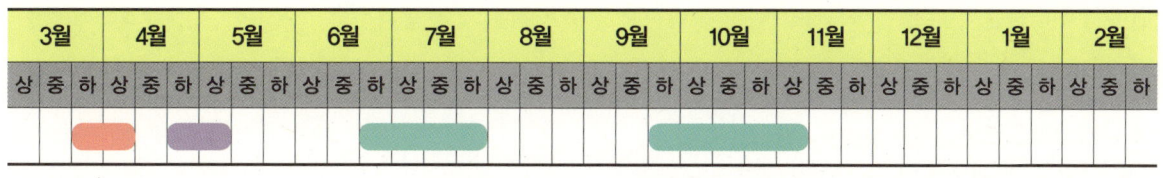

* 남부 지방에서는 5~6월에 파종해 11~12월에 수확하거나, 7~8월에 파종해 이듬해 3~4월에 수확할 수 있다. 고산지대에서는 5월 말에 파종해 7월 중순경 정식하고, 10월 초부터 수확할 수 있다. 셀러리 재배의 관건은 시기가 아니라 물과 비료의 적정한 공급이다.

# 취나물
국화과

재배난이도
★☆☆

| 재배 포인트 |

취나물은 일부러 애써서 재배하기보다는 봄에 밭 한쪽에 씨를 뿌려두거나 산이나 들에서 취나물을 뿌리째 뽑아와 심어두면 매년 이용할 수 있는 채소다. 별다른 병충해가 없고, 병이나 벌레에 강하다. 주변에 나는 풀만 가끔 관리해주면 된다.

처음부터 파종해서 먹을 만큼 잎을 얻으려면 이듬해까지 기다려야 하므로, 주변에서 취나물을 뿌리째 뽑아서 포기나누기 방식으로 옮겨 심는 것이 좋다.

| 밭 만들기 |

특별히 밭을 만들지 않아도 된다. 한낮에 다소 그늘지는 곳이면 적당하다. 따라서 키 큰 활엽수 아래 심는 편이 좋다. 나무 아래 북쪽에 심어 오전과 오후에는 빛이

들고, 한낮에는 그늘이 지는 환경이면 더 좋다.

## 재배 방법

### 포기나누기

파종보다는 뿌리를 옮겨 심는 편이 더 빨리 잎을 수확하는 데 유리하다.

늦가을에 잎이 진 후 또는 봄에 아직 잎이 나지 않았을 때 뿌리를 뽑아 포기를 나누어 옮겨 심고 물을 주면 된다. 봄에 잎이 나 있는 취나물도 포기째 옮겨 심을 수 있다. 옮겨 심고 1주일 정도 하루에 한 번 물을 주면 금세 자리를 잡는다. 취나물 포기가 원래 심어져 있던 깊이로 심는다. 너무 깊게 심지 않도록 주의한다.

### 씨뿌리기

3월 말에서 4월까지 파종할 수 있다. 취나물은 휴면성(休眠性, 식물의 종자가 성숙한 후 일정한 시간이 지나야 싹이 트는 성질)이 있다. 따라서 씨뿌리기 전에 적신 키친타월에 싸서 냉장고에 보름쯤 보관했다가 파종해야 잘 발아한다. 귀찮다고 그냥 밭에 파종하면 거의 싹이 안 날 수 있으므로 유의한다. 특히 봄에 이상 고온이 지속되면 씨앗이 발아하지 못하고 썩어버리는 경우도 있다.

파종 2주일 전에 높이 10cm 정도 높이의 두둑을 만들고 3.3㎡(1평)당 1kg 정도의 유기질 비료를 뿌려주고 밭을 잘 갈아준다. 씨앗 간 1cm, 줄 간 20cm 간격으로 씨앗을 뿌린다. 취나물을 씨앗 크기가 매우 작은데, 심을 때 줄뿌림해야 나중에 풀 관리가 편하다.

## 병해충과 처방

병충해에 강하다. 다른 작물과 비교하면 병충해 피해가

봄날의 취나물. 잎이 연하고 고소하다.

종묘상에서 구입한 취나물 씨앗. 취나물은 씨앗을 뿌려도 되고, 포기나누기로 번식해도 된다. 더 빨리, 더 많이 수확할 수 있다는 점에서 포기나누기가 유리하다. 씨앗은 3~4월에 어느 때나 파종할 수 있으나 봄에 이상 고온이 지속되면 씨앗이 발아하지 못하고 썩어버리기도 한다.

8월 말에서 9월 사이에는 취나물에 하얀 꽃이 핀다. 이때 잎은 이미 억세기 때문에 수확해서 먹을 수 없다.

줄기가 점점 억세져서 잎 위주로 수확한 취나물.

12월에 취나물의 잎이 완전히 진 후부터 봄에 새잎이 나기 전까지 포기 나누기로 취나물을 옮겨 심을 수 있다.

3월을 맞이해 취나물이 새잎을 내고 있다.

취나물은 한 번 심으면 매년 수확해서 먹을 수 있다. 연한 잎줄기를 잘라 먹으면 며칠 지나지 않아 다시 새 잎줄기가 올라온다. 사진은 3월 말 취나물로 잎줄기를 잘라 수확하고 일주일이 지나자 새로 잎줄기가 올라와 수확해도 좋을 정도가 됐다.

5월의 취나물. 취나물은 5월 말이면 거의 수확기가 끝난다. 5월 이후에는 취나물 잎을 먹기 힘들기 때문에 부지런히 잘라 먹도록 한다.

5월의 취나물. 취나물은 5월 이후에는 줄기가 질기고 향도 약하다.

거의 없다고 해도 과언이 아니다. 다만 취나물이 자랄 때 풀도 함께 자라므로 자주 풀을 매준다. 특히 취나물 잎을 잘라 수확하고 나면 풀보다 키가 작을 수 있으므로, 취나물을 수확할 때 옆의 풀도 꼼꼼하게 매준다.

### | 웃거름 주기 |

굳이 웃거름을 주지 않아도 된다. 그러나 잎을 수확한 뒤에 유기질 비료를 조금씩 뿌려주면 훨씬 잎의 성장이 빠르고, 잎도 두텁고 부드럽다.

### | 수확과 보관 |

잎 크기가 10~12cm 정도 되었을 때가 수확하기에 가장 알맞은 시기다. 뿌리를 다치지 않게 베어서 수확하면 새순이 계속 올라오므로 1년에 두세 차례 정도 수확할 수 있다. 뿌리째 포기를 나누어 심은 취나물은 그해 5월부터 잎을 수확할 수 있다.

씨를 뿌려 기른 취나물은 이듬해 4월 중순부터 5월까지 수확할 수 있다. 역시 잎을 잘라 먹고 웃거름을 조금 주면 다시 잎이 난다. 2년 차에도 같은 방식으로 거둬들일 수 있다. 그러나 파종한 취나물을 그해에 수확하면 뿌리 성장이 약해지므로 해당 연도에는 잎을 수확하지 않도록 한다. 포기나누기든 씨뿌리기든 6월이 되면 잎이 질겨지고 향기도 옅어져서 수확해서 먹기 어렵다. 그러나 억센 잎줄기를 제거하고 연한 잎을 위주로 요리해 먹는다면 10월까지 계속 수확해 먹을 수 있다.

### | 꽃대 제거 |

한번 취나물을 심었으면 굳이 파종으로 번식하기보다는 포기나누기로 번식하는 편이 유리하다. 따라서 6월부터 조금씩 올라오는 꽃대는 모두 제거하는 것이 좋다. 꽃대는 6월부터 8월 말까지 올라오고 꽃을 피우는데, 꽃대가 올라오자마자 제거하면 뿌리가 튼실해지므로 이듬해 봄에 뿌리를 캐서 포기나누기를 하기에 유리하다.

## 취나물 재배 일정

| | 3월 | | | 4월 | | | 5월 | | | 6월 | | | 7월 | | | 8월 | | | 9월 | | | 10월 | | | 11월 | | | 12월 | | | 1월 | | | 2월 | | |
|---|---|---|---|---|---|---|---|---|---|---|---|---|---|---|---|---|---|---|---|---|---|---|---|---|---|---|---|---|---|---|---|---|---|---|---|---|
| | 상 | 중 | 하 | 상 | 중 | 하 | 상 | 중 | 하 | 상 | 중 | 하 | 상 | 중 | 하 | 상 | 중 | 하 | 상 | 중 | 하 | 상 | 중 | 하 | 상 | 중 | 하 | 상 | 중 | 하 | 상 | 중 | 하 | 상 | 중 | 하 |
| 파종 | | | 파종 1년차 | | | | | | | | | | | | | | | | | | | 아주 심기 | | | | | | | | | | | | | | |
| | | | | | 파종 2년차 | | | | | | | | | | | | | | | | | | | | | | | | | | | | | | |
| 포기 나누기 | | | 포기나누기 1년차 | | | | | | | | | | | | | | | | | | | | | | | | | | | | | | | | |
| | | | | | 포기나누기 2년차 | | | | | | | | | | | | | | | | | | | | | | | | | | | | | | |

■ 파종   ■ 아주 심기   ■ 수확   ■ 포기나누기

재배난이도
★☆☆

# 쑥갓
국화과

| 재배 포인트 |

쑥갓은 기온이 10℃ 이하이거나 30℃를 넘으면 발아가 잘 안되므로 씨앗을 뿌리는 시기에 유의한다. 서늘한 기후를 좋아하며, 생육하기에 적당한 온도는 15~20℃다. 고온에 비교적 강해 일단 발아한 뒤에는 한여름에도 재배할 수 있다.

쑥갓은 해가 길어지면 꽃대가 올라오므로 봄 파종의 경우 3월 중순에 씨를 뿌려 빨리 길러서 거둬들이는 것이 유리하다. 6월에 접어들면서 해가 길어지면 금방 꽃대가 올라와 수확할 수 없게 된다.

초보 농부도 기르기 쉬운 작물이며, 봄과 가을 모두 재배할 수 있다. 초보 농부 입장에서는 봄 재배보다는 늦여름에 씨앗을 뿌려 가을에 재배하는 것이 쉽다.

쑥갓 씨앗은 다른 잎채소에 비해 크다. 또 한 개의 씨앗에서 여러 개의 싹이 나오므로 15~20cm 간격으로 골을 파고, 씨앗이 겹치지 않도록 뿌려야 한다.

파종 1주일 만에 싹이 올라온 쑥갓. 쑥갓은 봄과 가을 모두 재배할 수 있지만, 봄 재배의 경우 꽃대가 일찍 올라오므로 일찍 파종하고 일찍부터 솎음 수확하는 것이 좋다.

## | 밭 만들기 |

산성토양에 약하므로 씨뿌리기 4주 전에 토양 보정을 위해 3.3㎡(1평)당 고토석회(苦土石灰, 석회질 비료) 300g을 뿌려준다. 씨뿌리기 2주 전에 3.3㎡당 유기질 비료 1kg을 넣고 밭을 잘 갈아준다. 두둑의 너비는 90cm 정도, 높이는 10cm 정도로 하되, 내 밭의 토질을 봐가며 탄력적으로 조절한다.

## | 재배 방법 |

### 씨뿌리기

쑥갓은 직접 씨앗을 뿌리는 작물이다. 종묘상에 가면 잎의 넓이에 따라 소엽종, 중엽종, 대엽종 등 여러 가지 종류의 쑥갓이 나와 있다. 보편적으로 중엽종을 재배한다.

쑥갓은 씨앗이 조금 큰 편이다. 하나의 씨앗에서 여러 개의 싹이 나오므로 15~20cm 간격으로 골을 파고, 씨앗이 겹치지 않도록 골고루 뿌려준다. 씨앗을 뿌린 뒤 대략 1cm 정도 흙을 덮어주고 물을 흠뻑 뿌려준다. 이때 쑥갓 씨앗이 흙 위로 나오지 않도록 물뿌리개를 이용해 조심스럽게 뿌린다.

### 솎아내기

전업농가에서는 씨뿌리기 때 충분한 간격을 유지하여 특별히 솎아주기를 하지 않는다. 하지만 텃밭 농부 입장에서는 솎아낸 어린 쑥갓을 반찬으로 이용할 수도 있는 만큼 두세 차례에 걸쳐 솎아내기를 한다.

씨를 뿌린 시기에 따라 다소 다르기는 하지만 파종 2~3주를 지나 4월 하순이 되면 본잎이 어느 정도(7cm 안팎) 자라는데, 이때부터 솎아서 어린 채소로 이용하면 쑥갓 고유의 향이 일품이다. 1~2차 솎아내기로 포기

파종 3주가 지난 쑥갓.

파종 4주 만에 솎음 수확했다. 아직 어린 쑥갓이지만 쑥갓 고유의 향을 진하게 풍긴다. 상추에 곁들여 쌈으로 이용하면 제격이다.

파종 4주에 들어가는 쑥갓으로, 이때부터 솎음 수확해야 그나마 오래 수확할 수 있고, 남아 있는 포기도 잘 키울 수 있다.

간격을 15㎝ 정도로 유지하는 것이 좋다.

### 마디 자르기

가을 재배(여름 뿌림)의 경우 쑥갓이 15㎝ 정도 자랐을 때, 아래 잎 서너 장을 남기고 윗마디를 잘라 수확하면, 남은 아래 잎에서 곁눈이 나와 자란다. 이렇게 자란 곁눈 역시 잎 서너 장을 남기고 수확하면, 다시 잎이 나와서 여러 차례에 걸쳐 장기간 수확할 수 있다.

## 병해충과 처방

텃밭 농부가 걱정할 정도로 심각한 병충해는 없다. 그러나 너무 습할 때는 탄저병이 발생할 수 있고, 너무 건조하면 노균병이 발생할 수 있으므로 물 관리에 신경 쓴다. 비가 오지 않을 경우 이틀이나 사흘에 한 번씩 물을 주는 것이 좋다. 적어도 1주일에 한 번쯤은 물을 주도록 한다.

간혹 진딧물이 발생하기도 하는데, 그다지 큰 피해를 주지는 않는다. 물엿이나 설탕물의 희석액으로 퇴치할 수 있다.

## 웃거름 주기

밑거름이 충분하다면 특별히 웃거름을 주지 않아도 된다. 그러나 사질토 밭이어서 비료 성분이 잘 씻겨 내려간다면 본잎이 대여섯 장일 때 3.3㎡(1평)당 유기질 비료 500g 정도를 뿌리고 물을 주면 잘 자란다. 또 가을 재배 때 마디를 잘라 수확한 이후 유기질 비료를 조금 주면 새잎의 성장이 빠르다.

솎음 수확으로 포기의 간격이 어느 정도 확보되면 줄기를 수시로 잘라 수확한다.

쑥갓은 조금 자란 뒤에 원줄기를 잘라 수확하면 곁가지가 나와 또 수확할 수 있다. 쑥갓은 6월 초면 꽃대가 올라오는 만큼 5월부터 부지런히 잘라서 수확해야 한다. 가을 재배에서도 원줄기를 잘라 수확하면 곁가지가 나오므로 여러 번 수확할 수 있다.

## 수확과 보관

봄 파종 쑥갓은 6월이면 잎이 억세지고 꽃대가 올라와서 더는 수확이 어렵게 된다. 게다가 쑥갓은 금방 시들어 신선도가 떨어지는 작물이므로 텃밭 농부 입장에서는 씨앗을 뿌리고 약 3주가 지날 무렵부터 솎음 수확을 시작해 자주 조금씩 부지런히 수확해서 먹는 것이 좋다.

쑥갓은 잎이 잘 시들어서 봄철과 여름철에는 저녁때 거둬들이는 것이 유리하다. 봄에 파종한 쑥갓은 키가 15㎝ 정도 되면 가위로 밑동을 잘라 수확한다.

남부 지방에서는 8월 하순에서 9월 상순에 씨앗을 뿌려 가을에 수확하는데, 일부를 남겨 두었다가 겨울을 넘겨 봄에 곁가지에서 나오는 잎을 수확할 수도 있다. 중부 지방에서는 월동 재배를 할 수 없으며, 남부 지방에서도 이듬해 텃밭 이용 여부를 파악한 후 월동 재배를 시도한다.

**쑥갓 재배 일정**

| 3월 | | | 4월 | | | 5월 | | | 6월 | | | 7월 | | | 8월 | | | 9월 | | | 10월 | | | 11월 | | | 12월 | | | 1월 | | | 2월 | | |
|---|---|---|---|---|---|---|---|---|---|---|---|---|---|---|---|---|---|---|---|---|---|---|---|---|---|---|---|---|---|---|---|---|---|---|---|
| 상 | 중 | 하 | 상 | 중 | 하 | 상 | 중 | 하 | 상 | 중 | 하 | 상 | 중 | 하 | 상 | 중 | 하 | 상 | 중 | 하 | 상 | 중 | 하 | 상 | 중 | 하 | 상 | 중 | 하 | 상 | 중 | 하 | 상 | 중 | 하 |

■ 파종　■ 수확

# 브로콜리
## 십자화과

재배난이도 ★★☆

| 재배 포인트 |

브로콜리는 양배추의 일종이지만 열매가 아닌 꽃봉오리를 먹는 채소이므로 꽃이 피기 전에 수확해야 한다. 특히 장마와 수확 시기가 겹치면 오랜 비에 꽃봉오리가 상할 수 있으므로 너무 어린 것이 아니라면 다소 일찍 거둬들이는 것이 낫다.

케일과 잎 모양이 흡사하므로 심을 때 표시해두면 관리하기 편리하다. 케일은 잎을 먹지만 브로콜리는 꽃봉오리를 먹는 채소인데, 케일과 브로콜리를 혼동해 브로콜리 잎을 뜯어 먹게 되는 수가 있다. 잎을 따 먹어 버리면 꽃의 크기가 매우 작아진다.

브로콜리는 봄철과 가을철에 모두 재배할 수 있지만, 텃밭 농부에게는 가을 재배가 쉽다. 모종은 더위에도 강하지만, 자라면서 더위에 약해져서 봄 재배는 다소 어려움이 따른다. 가을 재배는 8월 하순경 씨를 뿌리면 된다. 재배 기간이 긴 작물인 만큼 씨앗을 뿌리기보다 모종을 사서 심는 편이 유리하다.

봄에는 모종을 사서 심는 것이 편리하고, 여름 재배 때는 씨앗을 직접 뿌리는 것이 편리하다.

두 사진 모두 왼쪽이 브로콜리, 오른쪽이 케일이다. 모습이 흡사해 함께 기르다가는 자칫 케일로 잘못 알고 브로콜리 잎을 뜯어 먹어 버리는 경우가 있다. 브로콜리는 꽃을 먹는 작물인 만큼 잎을 따 먹어 버리면 꽃이 피지 않거나 피어도 부실해진다. 자세히 들여다보면 브로콜리 잎은 민들레나 왕고들빼기만큼은 아니더라도 잎 허리가 갈라져 움푹 들어가 있고, 케일은 잎에 갈라진 부분이 없다.

## | 밭 만들기 |

아주 심기 2주 전에 유기질 퇴비를 충분히 넣어주고 잘 갈아준다. 브로콜리는 습해를 입으면 병에 걸리기 쉬우므로 배수 관리를 잘해야 한다. 자라면 면적을 넓게 차지하므로 너비 90㎝의 두둑을 만들어 40㎝ 간격으로 두 줄씩 심어준다. 초기에 잡초 피해가 많이 발생할 수 있으므로 2주마다 한 번씩 잡초를 뽑아 그 자리에 덮어주면 좋다.

모종을 옮겨 심고 3주가 지난 브로콜리(왼쪽)와 케일(오른쪽).

봄에 모종을 옮겨 심은 브로콜리. 날씨가 따뜻해지면 하루가 다르게 자란다. 잎이 워낙 무성하게 자라서 웬만큼 크고 나면 풀 걱정을 안 해도 된다.

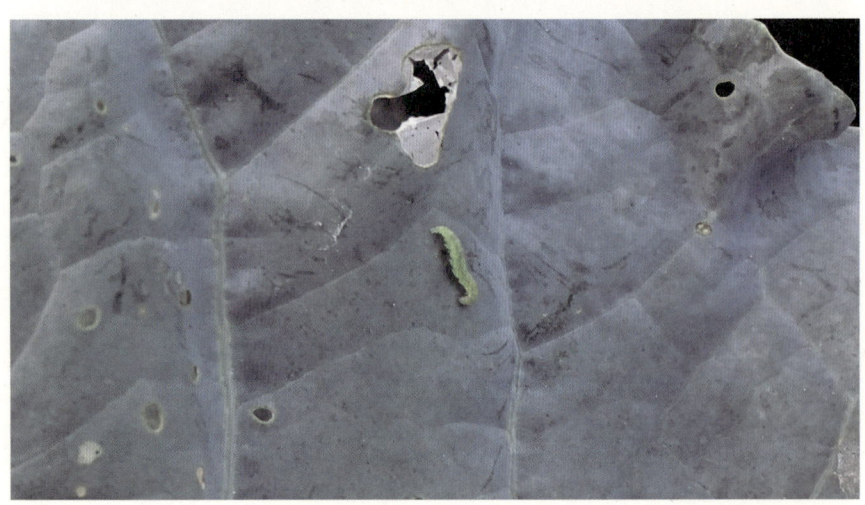

날씨가 따뜻해지면서 브로콜리는 하루가 다르게 자라지만, 이내 벌레가 나타나 잎을 무참하게 갉아 먹는다. 굳이 농약을 쓰지 않아도 한여름 기온이 높은 시기를 지나면서 벌레는 서서히 사라진다.

## | 재배 방법 |

시중에는 4월 중하순부터 모종이 나온다. 그러나 낮에는 따뜻해도 밤에는 기온이 상당히 내려갈 수 있으므로 모종은 날씨가 적당히 따뜻해지고 늦서리 피해가 없어지는 5월 상순에 심는 것이 좋다.

텃밭 농부에게는 가을 재배가 쉽지만, 여름에는 시중에 모종이 잘 나오지 않으므로 가을 재배를 원한다면 7월 중하순에 씨뿌리기하고 8월 중하순에 아주 심기해서 11월에서 12월 초까지 수확하면 된다. 날씨가 따뜻한 남부 지방은 이듬해 1월까지도 수확할 수 있다.

## | 물 주기 |

브로콜리는 비교적 물이 많이 필요한 작물이다. 비가 오지 않는다면 사흘에 한 번쯤 물 주기를 해야 한다. 그러나 뿌리가 물에 잠기면 안 되므로 적당한 양을 주도록 한다. 물을 너무 자주 주면 뿌리가 썩을 수 있으므로 주의한다. 여름철에는 겉흙이 마르지 않을 정도로 물을 주면 된다. 물은 저녁에 주는 편이 좋고, 가을이 되면 물을 자주 주지 않도록 한다.

## | 병해충과 처방 |

붕소가 부족하면 생장점이 말라 죽을 수 있다. 또 모종을 기르는 과정에서 냉해를 입거나 너무 빽빽하게 심었을 경우, 또 질소가 지나치게 많을 경우에 성장이 나빠진다. 밑거름으로 퇴비를 많이 넣어주고, 성장을 봐가며 웃거름을 주도록 한다.

십자화과 작물에 자주 나타나는 배추흰나비 애벌레, 좁은가슴잎벌레, 벼룩잎벌레, 달팽이가 자주 발생한다. 십자화과 작물과 이어짓기하지 않도록 한다. 형편상 어쩔 수 없이 이어짓기해야 한다면, 파종 1~2주 전에 토양살충제를 뿌려주거나 한랭사를 씌워 재배하면 된다. 이어짓기가 불가피한 전문 농가에서는 주로 토양살충제를 사용한다.

진딧물도 자주 발생하는데 물엿 희석액을 뿌려서 퇴치한다. 고온 다습한 환경에서는 십자화과 채소에 일반적으로 나타나는 무름병, 노균병이 발생할 수 있으므로, 포기 간 간격을 유지해 통풍이 좋게 하고, 배수와 온도 관리에 주의해야 한다.

브로콜리 잎은 직박구리와 같은 새가 아주 좋아한다. 새가 잎을 쪼아 먹어서 찢어지거나 구멍이 숭숭 뚫렸을 때는 브로콜리 주변 사방에 기둥을 세우고 그물망 등을 쳐주어야 한다. 그러나 도심의 텃밭에서는 새 피해가 거의 없다.

## | 웃거름 주기 |

아주 심고 20일 정도 지난 뒤 뿌리에서 20㎝ 이상 떨어진 곳에 퇴비를 한 줌씩 넣어주면 잘 자란다. 이후 대략 4주마다 한 번씩 퇴비를 주면 된다.

## | 수확과 보관 |

꽃봉오리의 입자가 퍼져 성겨지기 전에 수확한다. 꽃봉오리 크기가 10㎝(230g 이상)에서 13㎝가 되면 골라 수확하되, 꽃봉오리 밑의 줄기를 15㎝ 정도 남기고 잎도 두세 장 함께 붙여 수확한다. 수확이 늦어서 꽃이 피게 되면 맛이 떨어진다. 수확기를 하루 이틀만 놓쳐도 꽃봉오리가 너무 커지거나 꽃봉오리 입자가 퍼지므로 유의한다. 날씨가 맑고 선선할 때 수확해야 하며, 이슬이나 빗물 등이 묻어 있지 않은 것을 수확해야 저장성이 높아진다. 수확한 뒤에는 바로 냉장고에 넣어야 한다.

큰 꽃봉오리를 거둬들이고 나면 옆에서 곁순 꽃봉오리들이 다시 자란다. 이것을 키워서 또 수확할 수 있다. 곁순 꽃봉오리들은 큰 꽃봉오리만큼 자라지는 않는데, 지름이 1.5~2㎝가 되면 거둬들이기에 적당하다. 한 포기에서 10~15개 곁순 꽃봉오리를 수확할 수 있다.

1주일에 한 번 정도 밭에 가는 도시 텃밭 농부 입장에서는 꽃봉오리가 다소 작더라도 일찍 거둬들이는 것이 좋다. 꽃봉오리 지름이 5㎝ 정도여서 다음 주에 수확할 요량으로 남겨두었다가 다음 주에 사정이 생겨 밭에 못 가게 되면, 꽃봉오리가 너무 커지는 데다가 꽃을 피우는 바람에 수확하기 곤란하다.

6월 하순 브로콜리 꽃봉오리가 맺히기 시작했다. 일단 꽃봉오리가 맺히면 잘 살펴서 조기에 수확하도록 한다. 꽃봉오리 지름이 12~15cm 정도 되면 거둬들이도록 한다. 꽃봉오리와 그 아래의 줄기를 10cm 정도 붙여 수확해 먹으면 된다.

수확 적기를 놓쳐서 꽃봉오리가 지나치게 커지고, 꽃을 피우는 바람에 쓸 수 없게 되어 버린 브로콜리 꽃. 꽃봉오리가 맺히고 불과 며칠 사이에 꽃이 피었다. 브로콜리는 자칫하면 수확기를 놓칠 수 있으므로 유의해야 한다. 늦게 수확하기보다는 차라리 다소 일찍 거둬들이는 것이 좋다.

### 브로콜리 재배 일정

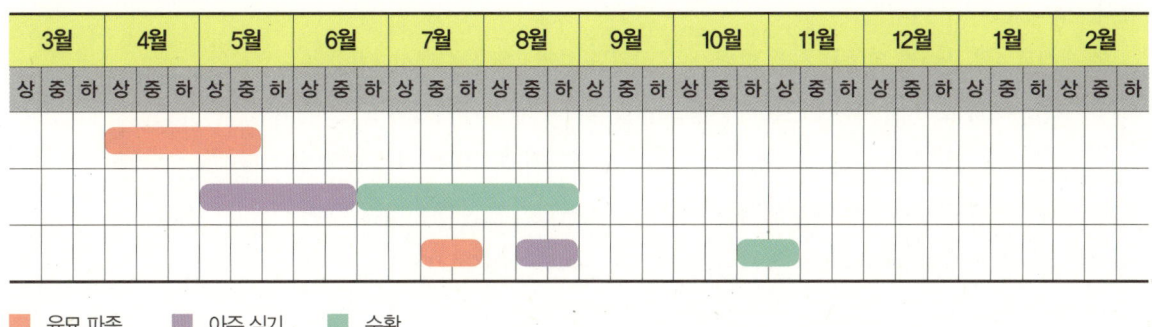

■ 육묘 파종    ■ 아주 심기    ■ 수확

재배난이도
★★★

# 양배추
십자화과

| 재배 포인트 |

양배추를 재배하려고 이른 봄에 집안이나 비닐하우스에 씨앗을 뿌리고, 모종을 기르자면 많은 시간과 노력이 필요하다. 특히 봄철 육묘 작업은 물 관리, 온도 관리 등 성가신 일이 한둘이 아니다. 따라서 씨앗을 직접 뿌려서 기르기보다 모종을 사서 기르는 것이 유리하다.

봄 재배로 4월 중순경 모종을 사서 밭에 아주 심기를 하면 6월 하순에서 7월 초순까지 수확할 수 있고, 가을 재배로 8월 상순경 모종을 심어 11월경 수확할 수도 있다. 초보 농부는 8월 상순경 모종을 사서 심고 10월부터 11월까지 수확하는 가을 재배가 쉽다. 양배추는 추위에는 강하나 더위에는 약해 기온이 올라가면 자라지 않는 데다, 기온이 높은 시기 병해충에 약해서 봄에 심고 여름에 수확하기는 어렵다. 다만 여름에는 양배추 모종을 파는 곳이 많지 않다는 점에 유의해야 한다.

양배추는 일고여덟 포기만 재배해도 충분한 만큼 모종을 직접 키우기보다는 종묘상에서 모종을 사서 재배하는 것이 편리하다. 봄에 심어 여름까지 재배할 수도 있고, 여름에 심어 가을에 수확할 수도 있다. 초보 텃밭 농부는 여름에 심어 가을에 재배하는 것이 쉽다.

양배추는 봄과 여름, 그리고 월동 재배 모두 가능하나 전업 농부가 아닌 텃밭 농부가 월동 재배를 하기는 어렵다.

### | 밭 만들기 |

양배추는 땅이 비옥해야 잘 자란다. 이어짓기 장해가 발생하므로 십자화과 채소를 재배한 밭에서는 3~4년간 간격을 두는 것이 좋다.

씨앗을 뿌리거나 모종을 옮겨심기 4주 전에 3.3㎡(1평)당 고토석회를 여섯 줌 정도 뿌리고 흙과 잘 섞어준다. 씨뿌리기나 옮겨심기 2주 전에 3.3㎡당 10kg 정도의 완숙 퇴비를 넣고 밭을 잘 일구어준다. 퇴비가 부족하다면 퇴비와 함께 복합비료 한 숟가락 정도를 섞어서 뿌려주어도 된다. 두둑의 너비는 대략 1m 정도로 하고, 높이는 10㎝ 정도 되도록 해준다. 양배추는 포기 간격이 45㎝ 정도 되어야 한다는 점에 유의해서 밭의 크기를 결정한다.

5월에 모종을 옮겨 심은 양배추의 7월 8일 모습. 아직 잎이 무질서하게 자라고 있지만, 곧 결구 준비를 하면서 양배추 모양을 띤다.

7월 중하순, 서서히 결구를 준비하고 있다.

결구한 양배추. 7월 25일 모습.

## | 재배 방법 |

봄 재배를 한다면 파종 후 온도 관리에 신경을 쓴다. 특히 3월의 야간 기온은 매우 낮으므로 보온 대책을 마련해야 한다. 낮에는 햇볕이 잘 드는 곳에 두고, 물이 마르지 않도록 관리한다. 현실적으로 텃밭 농부가 모종을 직접 길러 아주 심기는 어렵다. 밭에 심을 묘는 키가 5㎝ 이상 자란 것을 선택해야 한다.

   옮겨 심을 때는 모종의 뿌리에 붙은 흙이 떨어지지 않도록 특히 유의해야 한다. 아주 심기 후에는 호미로 모종 둘레에 원을 그리듯 홈을 파고 물을 충분히 준다. 한 차례 물을 주고, 물이 다 빠지기를 기다렸다가 두세 차례 물을 더 준다. 이렇게 하면 뿌리가 잘 뻗는다. 여름에 모종을 심는다면 해충 피해가 크므로 한랭사를 씌워서 예방한다.

| 병해충과 처방 |

모종을 기르는 과정에서 냉해를 입으면 조기에 꽃대가 올라오는 경우가 발생한다. 예방하려면 육묘 과정에서 온도 관리를 철저히 해주되, 이것이 어렵다면 종묘상에서 튼튼한 모종을 사서 키우는 것이 좋다. 물 관리가 제대로 되지 않으면 양배추 구(球)가 터지기도 한다. 날씨가 너무 더울 때는 결구하지 않는 경우도 발생한다. 또 잎 수가 충분하지 않을 때에도 결구하지 않는다. 이는 결구하는 십자화과 작물에 공통으로 나타나는 현상이다. 모종을 심는 시기를 놓쳐 잎이 충분히 자라지 못하면 이 같은 현상이 발생하므로 아주 심기 시기를 잘 지키도록 한다.

십자화과 작물에 일반적으로 등장하는 배추흰나비 애벌레, 벼룩잎벌레, 달팽이 등이 등장한다. 예방하려면 이어짓기를 피해야 한다. 봄 파종에는 배추벌레, 가을 파종에는 도둑벌레가 많이 나타난다. 불가피하게 이어짓기해야 한다면 옮겨심기 2주 전에 토양살충제를 뿌려 토양 속 해충을 퇴치한다.

양배추는 농약을 쓰지 않아도 잘 자란다. 그러나 여름 무더위에 약하므로 7월 장마와 본격적인 무더위가 오기 전에 수확하는 것이 좋다.

병해로 뿌리혹병, 무름병, 노균병 등이 생기기도 하는데, 소규모 텃밭에서는 잘 발생하지 않으니 굳이 염려하지 않아도 된다. 이 같은 병은 온도가 높고 습기가 많은 환경에서 자주 발생하는데, 예방을 위해 농약을 치기보다는 7월 초 안에 수확하는 것이 좋다. 성장 후기에 밭이 너무 습하면 무름병이 발생하기 쉬우므로 밭이 늘 젖어 있지 않도록 유의한다.

| 풀 뽑기 |

양배추를 아주 심은 뒤에는 한두 번쯤 풀을 매주어야 한다. 봄철 재배 때는 밭에 심고 2~3주 안에 첫 번째 풀을 매고, 2~3주 뒤에 다시 한 번 매준다. 여름철 재배 때는 8월 상순 아주 심고 2주쯤 지나 한 번쯤만 매주면 풀 걱정을 안 해도 된다.

| 웃거름 주기 |

양배추는 웃거름이 필요한 작물이다. 첫 번째 웃거름은 아주 심기하고 3주쯤 지났을 무렵 포기당 한두 줌 정도 퇴비를 넣어주면 된다. 포기에서 15㎝ 정도 떨어

진 곳에 호미로 구멍을 파거나 원을 그리듯 홈을 파고 퇴비를 넣어준 다음 흙과 잘 섞어주면 된다. 비가 곧 오지 않을 때는 거름을 준 뒤 물을 흠뻑 뿌려주면 더욱 효과적이다. 두 번째 웃거름으로 결구가 시작될 무렵 포기당 한 줌 정도의 퇴비를 넣어주고 흙과 잘 섞어준다.

밑거름이든 웃거름이든 거름을 준 뒤에는 흙과 잘 섞거나 흙으로 덮어주어야 한다. 거름이 햇빛에 노출되면 거름 속 미생물이 죽고 그만큼 효과가 감소한다는 점에 유의하자.

8월 초에 수확한 양배추. 텃밭 농부는 한꺼번에 다 수확하지 말고 자람을 봐가며 먼저 결구한 것부터 차례로 수확해 이용하면 된다.

| 수확과 보관 |

양배추는 포기가 차면서 단단해지면 수확 적기다. 손바닥으로 양배추 위를 눌러 보아서 단단하면 결구가 되었으므로 거둬들이면 된다. 텃밭 농부는 조금씩 수확해서 이용할 수 있다.

결구되기 전에 바깥쪽 잎을 한 번에 두세 장씩 떼서 이용할 수도 있다. 다만 한꺼번에 잎을 많이 따버리면 결구가 되지 않으므로 포기당 두세 장씩만 수확하도록 한다. 양배추뿐만 아니라 십자화과 작물은 잎 수가 부족하면 결구가 잘되지 않는다. 따라서 북주기, 김매기, 잎 따기 등을 할 때 잎을 다치지 않도록 유의한다.

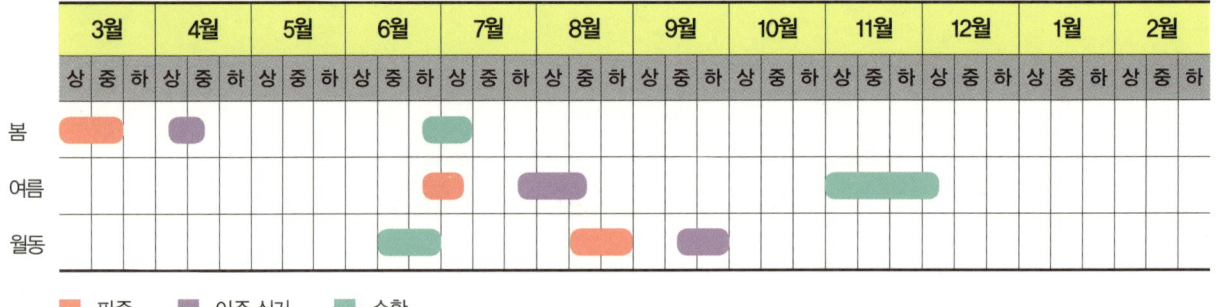

# 대파
백합과

재배난이도
★★☆

## | 재배 포인트 |

대파는 씨앗을 뿌려도 되고, 모종을 사서 심어도 된다.

대파는 물 빠짐이 좋은 밭을 선택해야 한다. 북주기를 잘해야 연백(軟白) 부위를 넓힐 수 있다. 전업 농부처럼 잘 재배하려면 힘들지만, 텃밭 농부 입장에서는 씨앗을 뿌려서 연필 굵기 정도로 자랐을 때 옮겨심기만 해도 상당한 수확을 기대할 수 있는 작물이다. 옮겨 심을 때 될 수 있으면 바로 세워 심어야 구부러지지 않고 곧게 뻗은 대파를 수확할 수 있다. 대파는 옮겨 심을 때 비스듬히 기대어 심는다. 여기서 바로 세워 심어야 한다는 말은 흙에 묻히는 부분이 구부러지지 않게 해야 한다는 의미지, 처음부터 비스듬히 기대지 말고 똑바로 세워 흙을 덮으라는 말은 아니다.

종자의 수명이 짧으므로 씨앗을 구입할 때 씨앗 봉투에 적힌 채종(採種, 좋은 씨앗을 골라서 받음) 시기를 꼭 확인해야 한다. 씨앗을 받은 지 1년 이상 지나면 발아율이 현저하게 떨어진다. 씨앗을 뿌려 발아시키고 키우자면 시간이 오래 걸리므로 빨리 수확하고 싶다면 모종을 사서 심는다.

## | 밭 만들기 |

대파는 물 빠짐이 좋은 밭에서 재배해야 한다. 물이 잘 빠지지 않으면 줄기가 짓무르는 증상이 나타나기도 한다. 그러므로 물 빠짐이 좋은 사양토(沙壤土, 모래 진흙) 밭에서 재배한다. 사정이 여의치 않다면 잘 썩힌 퇴비를 많이 넣어 물 빠짐과 수분 보유력을 높여준다.

씨뿌리기 혹은 옮겨심기 2주 전에 3.3㎡(1평)당 600g 정도의 고토석회를 넣어 밭을 잘 일군다. 씨뿌리기 또는 옮겨심기 1주 전에 3.3㎡당 퇴비 5kg 혹은 유기질 비료 1kg을 넣고 밭을 일군다. 이때 요소 비료와 인산 비료, 칼리 비료(칼륨 비료)를 평당 한 주먹씩 넣어주면 더욱 좋다.

두둑의 너비는 1m, 높이는 20㎝ 정도로 하여 물 빠짐이 좋도록 한다. 밭의 사정(면적, 물 빠짐 정도)에 따라 두둑의 너비와 높이는 탄력적으로 조절한다. 물 빠짐이 나쁜 밭이라면 너비는 좁히고 높이는 높여 물 빠짐을 좋게 하고, 물 빠짐이 좋은 밭이라면 두둑의 너비를 넓히고 높이는 낮춘다.

## | 재배 방법 |

대파의 싹트는 온도는 15~25℃(적어도 4℃ 이상은 되어야 한다)이며, 잘 자라는 온도는 20℃ 전후다. 일단 자라기 시작하면 저온에 강해 0℃ 부근에서도 피해가 없다. 일반적으로 봄에 파종해 여름에 옮겨 심고 가을에 수확을 시작해 겨울을 넘기고 이듬해 봄에 다시 수확한다.

### 씨뿌리기

파는 꽃 한 개에서 1천 개 이상의 씨앗을 얻을 수 있지만, 씨앗의 수명이 매우 짧다. 일반적으로 생산 후 1년 정도밖에 못 쓰므로 종자를 살 때 채종 연도를 꼭 확인해야 한다. 될 수 있으면 전년도에 생산된 씨앗을 쓰는 것이 좋다. 밭 한쪽 구석에 줄뿌림으로 직파해서 모종을 길러도 되고, 128공 플러그트레이에 4~5개씩 뿌려서 길러도 된다.

대파는 싹트는 온도가 15~20℃이고, 싹트는 기간이 닷새에서 이레 정도다.

3월에 일찌감치 씨앗을 뿌려야 하지만, 너무 일찍 파종하면 싹트는 데 상당한 기간이 걸릴 수도 있다. 주로 3월 하순부터 4월 상순까지 씨를 뿌리면 11월에 두껍고 튼튼한 대파를 수확할 수 있다.

### 모기르기

대파는 씨를 뿌려서 모종을 기르는 데 40~50일 정도로 비교적 긴 시간이 걸리는 작물이다. 따라서 밭 사정이 여의치 않다면 모종을 사서 심거나 플러그트레이에 씨앗을 뿌렸다가 옮겨 심는 편이 유리하다.

　씨뿌리기할 때는 줄 간 10㎝ 정도로 홈을 파고 1~2㎝ 간격으로 씨앗을 뿌려준다. 씨앗을 뿌린 뒤에는 2~3㎜ 정도로 가볍게 흙을 덮고 물을 흠뻑 뿌려준다. 씨앗을 뿌린 뒤 짚이나 풀을 덮어 습도를 유지하면 발아가 잘 된다. 일단 싹이 지상부로 나오고 나면 덮어둔 짚이나 풀을 제거한다.

　파 모종은 자라는 기간이 긴데, 이때는 풀도 함께 자라는 시기다. 초기부터 풀 관리를 잘해주지 않으면 파 모종이 풀에 치여 자라지 못하거나 자라더라도 웃자라 연약한 모종이 되어버린다. 파 모종을 기르는 시기에는 적어도 텃밭에 1주일에 한 번은 들러야 한다. 파보다 풀이 훨씬 빨리 자라므로 풀 관리를 하지 않으면 엉망이 되고 만다.

### 옮겨심기

싹이 나고 30~40일 정도 지나면 모종의 키가 10㎝ 정도로 자란다. 이때 빽빽하게 심긴 부분을 솎아서 이용할 수 있다. 파 모종의 키가 25㎝ 정도 자라고, 굵기가 연필 정도가 되면 옮겨심기에 적당하다. 모종용 플러그트레이에 키웠다면 옮겨심기 한 시간 전에 물을 흠뻑 뿌리고, 밭 한쪽에 심었다면 두 시간 전에 물을 흠뻑 뿌려 흙과 뿌리가 가능한 한 많이 붙어 있도록 한다.

　미리 만들어둔 밭에 깊이 20㎝, 폭 15㎝ 정도의 골을 만든다. 이때 파낸 흙은 골의 북쪽에 쌓도록 한다. 다시 말해 파낸 흙이 쌓여 있는 쪽보다 파 모종이 남쪽에 오도록 심어야 한다는 것이다. 파 모종이 북쪽 흙벽에 기대고 있어야 남쪽에서 쏟아지는 햇빛을 충분히 받을 수 있다.

　파를 옮겨 심을 때는 될 수 있으면 똑바로 세우도록 한다. 똑바로 세워서 심은 모종은 나중에 일자로 잘 뻗은 대파가 되지만, 지나치게 눕혀서 심은 파는 파의 연백 부분이 휘어진다. 판매를 목적으로 하는 전업농가에서는 연백 부분을 늘리

직파 2주 뒤의 모습.

직접 씨앗을 뿌려 기른다면 다른 풀에 점령되지 않도록 잘 관리해야 한다. 아직 어린 대파는 다른 풀에 묻히면 죽고 만다.

파종 한 달이 지난 대파(4월).

봄에 씨를 뿌린 대파를 옮겨 심었다. 연필 굵기 정도 자랐을 때가 옮겨심기 적기다. 축 늘어져 있지만 곧 일어난다.

옮겨 심고 1주일이 지나자 서서히 일어나고 있다.

모종을 옮겨 심고 2주일이 지나자 모두 자리를 잡고 꼿꼿이 섰다.

전년도 가을에 파종해 봄에 모종을 옮겨 심은 파에서 꽃줄기가 올라오고 있다. 꽃줄기가 올라오면 파가 자라지 않으므로 바로 따줘야 한다.

전년도 가을에 파종해 기른 대파에서 이듬해 4월 중순 꽃이 피고 있다.

고 곧게 하고자 모종을 옮겨 심을 때 바로 세워 심으려고 노력한다. 앞서 밝혔듯이 여기서 똑바로 심는다는 말은 비스듬하게 기대어 심지 않는다는 말이 아니라, 기대어 심되 흙에 묻히는 부분이 구부러지지 않도록 한다는 말이다.

전업농가에서는 파를 심고자 파내는 골과 골 사이를 75~85㎝ 정도로 되게 하지만, 소규모 텃밭 농부가 이렇게 농사를 지으면 텃밭이 남아나지 않는다. 따라서 골과 골 사이 거리를 30~40㎝ 정도로 한다. 텃밭 농부의 경우 모두 큰 파로 키우지 않고 작을 때부터 솎아서 먹는다면 골과 골 사이를 25㎝ 정도로만 해도 된다. 중간중간 솎아 먹다 보면 자연스럽게 간격이 확보된다.

골과 골 사이 거리를 형편에 따라 조절하되, 모종의 간격은 10㎝ 정도로 한다. 모종 간격 역시 솎음 수확 계획에 따라 다소 좁힐 수 있다. 그러나 5㎝ 이하로 너무 빽빽하게 붙여 심는 것은 바람직하지 않다.

옮겨 심은 뒤에는 파의 뿌리 부분이 완전히 덥히도록 3㎝ 정도 흙을 덮어주고 물을 흠뻑 뿌려준다.

파는 산소가 많이 필요한 작물이며, 뿌리로 호흡한다. 따라서 모종을 심을 때 3~4㎝ 간격으로 자른 짚을 흙과 함께 섞어서 뿌리를 덮어주면 파의 뿌리 호흡이 좋아진다.

### 모종 사기

밭 사정상 봄에 대파 씨앗을 뿌리지 않았다면 5월 상순경 대파 모종을 사서 옮겨 심어도 된다. 텃밭 농부 중에는 마음이 급해 4월에 대파 모종을 사서 심는 경우도 있는데, 모종을 구입해서 심는다면 5월 이후가 좋다.

오이, 호박, 여주, 참외, 토마토, 고추 등도 마찬가지로 냉해를 피하려면 밤 날씨가 완전히 따뜻해지는 5월에 밭에 심는 것이 좋다. 우리나라는 봄에 비가 자주 내리는데, 특히 파는 비가 자주 내리는 4월의 봄 날씨를 피해 5월에 아주 심는 것이 유리하다. 파는 비가 잦거나 물 빠짐이 나쁘면 줄기가 쉽게 짓무른다.

### 꽃대 제거

가을에 파종해 월동하고 봄에 아주심기 했을 때 날씨가 더워지면서 꽃줄기가 자라고 파꽃이 피는 경우가 있다. 꽃줄기가 자라면 파가 성장하지 않으므로 꽃줄기는 올라오는대로 제거해주도록 한다. 전년도에 모종한 파는 이듬해 봄에 다시 자라고 여름에 꽃을 피우고 생을 마감하므로 그대로 두도록 한다.

텃밭 면적을 아끼려고 두둑 가장자리에 기대어 심은 대파.

두둑에 기대어 심은 대파는 2주일 뒤 모두 섰고, 두둑에 씨 뿌렸던 상추도 무럭무럭 자란다.

## 북주기

파는 북주기가 필수적인 작물이다. 키가 큰 작물이라 넘어짐을 방지함과 동시에, 흙을 덮어 연백 부분을 길게 하기 위해서다. 흙을 덮어주면 햇빛이 차단되어 부드러운 식감을 만끽할 수 있다. 판매용 대파는 연백 부분의 길이와 곧기가 상품성을 결정하므로 전업농가에서는 연백 부분을 늘이고자 북주기를 철저히 한다.

   1차 북주기는 모종을 아주 심기하고 40일쯤 지났을 때, 2차 북주기는 1차 북주기 후 30일쯤 지났을 때 한다. 첫 번째 북주기는 다소 얕게 하고, 두 번째 북주기는 파 잎이 갈라지는 부분 근처까지 덮어주도록 한다. 3차 북주기는 모종을 아주 심기하고 세 달쯤 지났을 때 실시한다. 흙의 양이나 시간적 여유가 없다면 자가소비를 목적으로 하는 텃밭 농부는 굳이 3차 북주기를 하지 않아도 무방하다.

봄에 파종한 대파에서 그해 7월 꽃대가 올라왔다. 이럴 때는 바로 제거해준다.

## 풀 뽑기

파는 모종을 기를 때는 물론이고 옮겨 심고 난 뒤에도 풀을 제때 관리해주어야 한다. 육묘 때는 아직 어린 파 모종이 풀에 치이는 것을 막으려면 초기부터 풀을 매주어야 한다. 옮겨 심고 난 뒤에는 장마철 많은 비로 풀이 급속도로 자라므로 한두 번쯤 풀을 매주어야 파가 풀에 싸여 약해지지 않는다.

## TIP 북주기 할 흙이 부족해요

파나 감자 등을 북주기하다 보면 흙이 부족함을 많이 느끼게 된다. 이를 막으려면 작물을 처음 심을 때부터 흙을 충분히 확보하도록 해야 한다. 감자나 파를 심을 때 미리 땅을 깊게 파내 한쪽에 쌓아두면 효과적이다. 이미 작물을 심은 뒤에 흙을 파내면 얕게 퍼진 파 뿌리가 상하게 되므로 흙은 미리 확보해야 한다. 파의 경우 모종을 밭에 심기 전에 골을 팔 때, 파낸 흙을 모종 북쪽에 잔뜩 쌓아올렸다가 1, 2차 북주기를 하면서 그 흙을 끌어내려 파 밑 부분을 덮어주면 편리하다. 이처럼 파 북쪽에 흙을 잔뜩 쌓아올리면 모종 아주 심기 때 파를 바로 이 흙벽에 기대게 할 수 있으므로 파 모종을 너무 눕히지 않을 수 있어 곧은 파를 수확하는 데도 도움이 된다.

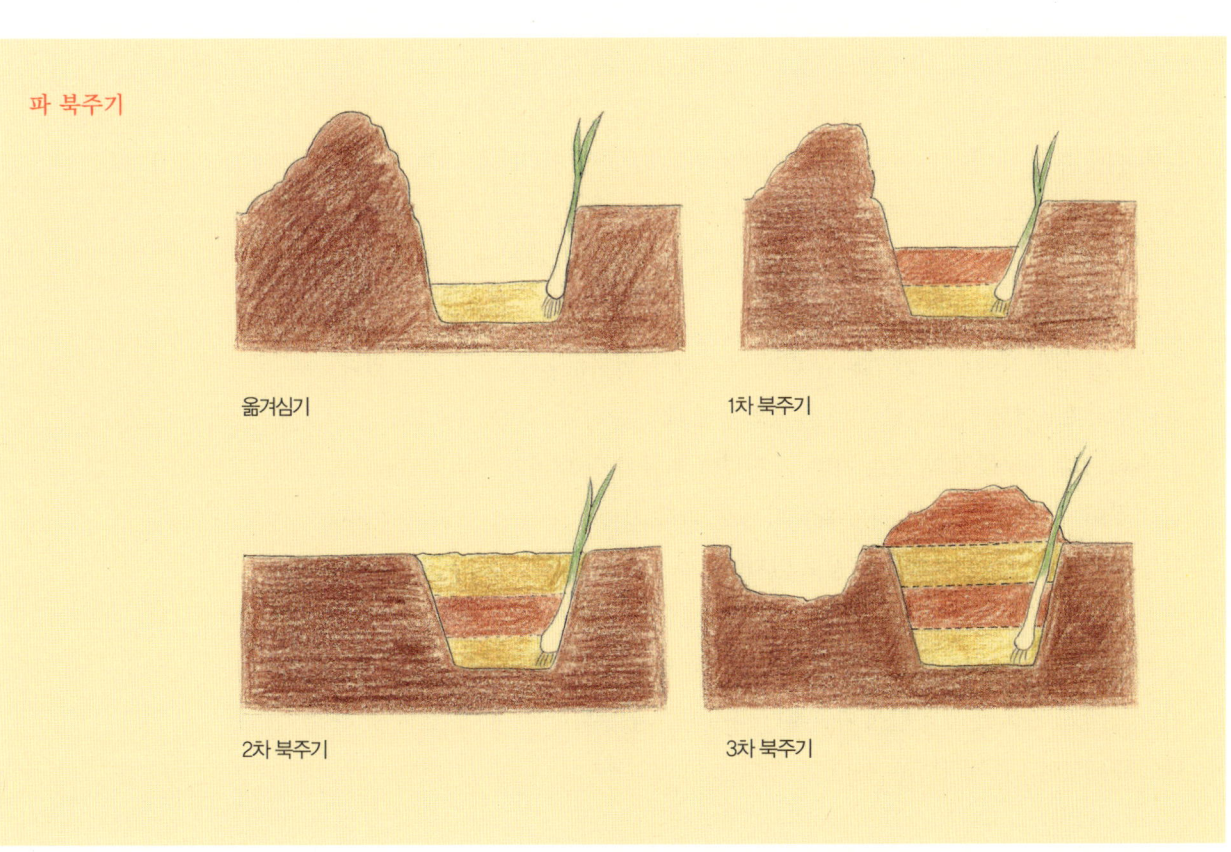

파 북주기

| 병해충과 처방 |

주요 병해로 녹병(綠病, 식물의 잎이나 줄기에 녹균이 기생해서 생기는 병)이 있고, 충해로 파밤나방, 파총채벌레 등이 있으나 소규모 텃밭에서 걱정할 정도는 아니다. 대파나 쪽파 모두 병해충이 드문 작물이다.

| 웃거름 주기 |

대파는 자라는 기간이 길어 웃거름을 주어야 한다. 1차 웃거름은 장마가 끝난 뒤 골을 따라 유기질 비료를 조금씩 뿌려주고 흙과 잘 섞어준다. 월동 재배할 경우에는 2차 웃거름으로 이듬해 2월에 골을 따라 유기질 비료를 조금씩 뿌려주고 흙과 잘 섞어주면 된다. 웃거름을 주고 1주일 이상 비가 오지 않으면 물을 흠뻑 뿌려준다.

| 수확과 보관 |

봄에 씨를 뿌린 대파는 그해 9월부터 11월까지 수확할 수 있다. 기온이 0℃까지 내려가도 괜찮으므로 남부 지방에서는 11월 말까지도 수확해 이용할 수 있다. 또 겨울을 나고 이듬해 4월 중하순부터 6월까지 이용할 수 있는데, 이듬해 봄 수확 한계 시기는 지역에 따라 편차가 있다.

대파를 월동 재배하면 한 개의 뿌리가 여러 개로 번지는 것을 확인할 수 있다. 조금만 남겨두어도 겨울을 난 뒤에 적어도 두세 배의 수확을 기대할 수 있다.

흔히 텃밭 농사를 오래 짓는 사람 중 전년에 씨를 뿌린 대파가 이듬해 5월과 6월 파꽃이 익어서 터질 때까지 수확하지 않고 파를 그대로 두는 것을 볼 수 있다. 이들 중에는 씨앗을 받으려는 사람도 있지만, 상당수 텃밭 농부는 파 씨앗이 떨어져 다시 새로운 모종이 자라는 것을 기다리는 경우다. 따라서 텃밭 사정이 허락한다면 파꽃이 익어서 터질 때까지 몇 포기를 그대로 남겨두었다가 이듬해 봄 모종이 어느 정도 자라면 옮겨 심어 가을부터 다시 대파를 수확할 수 있다. 대파 꽃 하나에서 씨앗이 1천 개 정도 나온다.

전년도에 심어 겨울을 나고 이듬해 3월 새롭게 자라기 시작한 대파.

전년도에 심어 밭에서 겨울을 난 대파의 꽃(이듬해 5월).

대파 씨앗이 여물고 있다. 검은 것이 씨앗이다. 꽃봉오리 하나만 꺾어도 1천 개 정도 씨앗을 얻을 수 있다.

## 대파 재배 일정

■ 파종   ■ 아주 심기   ■ 수확

재배난이도
★☆☆

# 아욱
아욱과

| 재배 포인트 |

아욱은 기온이 15℃ 이상 되면 언제든 파종할 수 있다. 그러나 초보 텃밭 농부 입장에서는 여름 파종보다는 봄 파종이 재배하기 쉽다. 특히 서울, 경기, 강원 등 중부 지방에 사는 텃밭 농부는 미처 아욱이 다 자라기도 전에 추위를 맞이할 수 있으므로 여름에 파종해 가을에 재배한다면 수확 기간이 짧아 불리하다. 아욱과 달리 배추나 무, 콜라비, 케일, 브로콜리는 여름에 파종해 기온이 서늘해지기 시작하는 가을에 재배하는 것이 봄 파종보다 쉽다.

키가 60~90cm까지 자라는 작물이므로 밭 가장자리에 파종하는 것이 좋다. 기르기 쉽고 병충해도 거의 없으며 된장과 약간의 고추장을 함께 풀어 국을 끓이면 맛이 일품인 작물이다. 한방에서는 아욱을 동규(冬葵), 말린 아욱 씨를 동규자(冬葵子)라고 하며 약으로 쓴다. 성질이 차 대소변을 원활하게 하고, 신장 기능을 튼튼하게 해준다고 한다.

아욱은 잎과 키가 큰 작물이므로 굳이 씨앗을 줄뿌림할 필요 없이 널찍하게 흩어 뿌린 후 일찍 자라는 것부터 솎음 수확해 이용해도 된다.

## | 밭 만들기 |

아욱은 토양을 그다지 가리지 않는다. 그러나 유기물이 풍부한 밭에서 더욱 부드럽고 튼실한 잎과 줄기를 수확할 수 있다. 따라서 씨뿌리기 2주 전에 3.3㎡(1평)당 1kg 정도의 유기질 비료를 뿌려주고 밭을 잘 일구어준다. 두둑의 너비는 작업하기 편하게 90㎝ 정도, 높이는 10㎝ 정도로 한다.

아욱은 다소 습하면서도 물 빠짐이 좋은 밭을 좋아하므로 두둑을 많이 높이지 않으며, 집 가까운 데 심어서 자주 물을 주도록 한다.

## | 재배 방법 |

아욱은 6월 말이면 꽃대가 올라오기 시작한다. 꽃대가 올라와도 잎을 이용할 수는 있지만, 수명이 다해간다는 말이므로 될 수 있으면 봄에 일찍 씨를 뿌려서 오래 길러 먹는 것이 좋다. 봄에 파종할 경우 3월에 씨앗을 뿌리는 것이 좋으며, 4월 중순에 파종하면 얼마 수확하지도 못하고 꽃대가 올라온다.

아욱은 봄과 여름에 파종할 수 있다. 여름 파종의 경우 7월 말에도 씨뿌리기를 하지만, 너무 더운 여름철을 피해 8월 중하순에 씨앗을 뿌리는 것이 유리하다.

### 씨뿌리기

흩어 뿌림보다는 줄뿌림이 풀 관리에 유리하다. 20㎝ 정도 간격으로 호미로 홈을 파고, 1㎝ 정도 간격으로 씨앗을 뿌려준다. 손바닥이나 빗자루로 쓰는 정도로 흙

아욱은 근대와 함께 된장국에 넣으면 일품이 작물이다. 봄 파종을 할 경우 꽃대가 일찍 올라오므로 될 수 있으면 일찍 파종해야 오래 수확할 수 있다.

을 가볍게 덮어주고 물을 흠뻑 뿌려준다.

대체로 씨를 뿌리고 1주일 정도면 싹이 나지만, 아주 이른 봄에 파종했다면 3주 정도 지나야 싹이 나는 경우도 있다.

## | 병해충과 처방 |

특별한 병해충은 없다.

## | 웃거름 주기 |

비교적 단기간에 재배하는 작물이므로, 밑거름을 넣었다면 굳이 웃거름을 주지 않아도 된다. 다만 초기에 주변에 나는 풀을 몇 번 뽑아주어야 한다. 잎이 무성해지고 나면 풀 걱정을 하지 않아도 된다.

## | 수확과 보관 |

다른 잎채소와 마찬가지로 텃밭 농부라면 아욱 역시 한꺼번에 수확하기보다 파종 5주째부터 키가 15㎝ 정도 자랄 때까지 비좁은 곳을 중심으로 솎음 수확하고, 두세 번에 걸친 솎음 수확으로 최종적으로 포기 간격을 20㎝ 정도 되도록 한다.

45일 정도면 솎음 수확할 수 있고, 이후 남은 포기의 키가 30㎝ 정도 되면 윗부분의 줄기를 잘라 연한 잎을 수확한다. 아랫부분의 줄기와 잎은 그대로 둔다. 그러면 다시 곁가지가 자라고 연한 잎을 다시 수확할 수 있다. 줄기 윗부분을 잘라 수확할 경우, 예쁜 아욱 꽃을 볼 수는 없지만 연한 잎을 많이 수확할 수 있다는 장점이 있다.

또 한 가지 방법으로 상추나 근대처럼 포기 간격이 복잡한 초기에는 솎음 수확하다가 포기 간 간격이 20㎝ 정도 되면 아래 잎부터 차례로 수확해도 된다. 아래 잎이 너무 억세지기 전에 수확하면 부드러운 잎을 계속 수확할 수 있다.

아욱은 6월부터 꽃대가 올라오는데, 꽃대가 올라와도 잎은 7월 상순까지 계속 수확할 수 있다. 그러나 7월 장마가 끝날 무렵 아욱의 생명도 서서히 끝난다. 더는 효과적인 수확이 어렵다고 판단될 때, 뿌리째 뽑아내고 다른 작물을 심으면 된다. 된장과 고추장을 풀어 국을 끓이면 근대처럼 시원한 맛을 낸다.

6월 1일 무성하게 자라는 아욱.

아욱은 잎채소치고는 키가 크게 자라는 작물이다. 싹이 나고 잎이 커지기 시작하면 부지런히 솎음 수확해서 공간을 확보해준다.

솎음 수확한 아욱. 초기에는 포기째 수확해 공간을 확보해주고, 나중에는 아래 잎부터 수확하면 된다.

7월 중순. 이미 꽃대가 많이 올라왔다. 꽃대가 올라와도 조금 더 수확할 수 있지만, 오래가지 못한다.

## 아욱 재배 일정

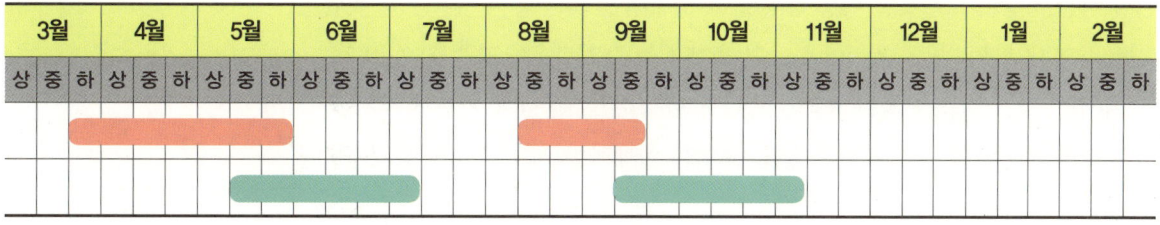

재배난이도
★☆☆

# 부추
백합과

| 재배 포인트 |

부추는 산성토양에 약하므로 미리 고토석회를 뿌려 토양을 중화한다. 씨앗을 뿌리기보다는 모종을 옮겨 심는 편이 기르기 쉽고, 빨리 수확할 수 있다. 옮겨 심고 3년이 지나면 수확량이 감소하므로 포기를 캐서 다른 곳으로 옮겨 심는다.

병해충 피해가 작고 기르기 쉬운 작물이다. 다만 한번 심으면 여러 해에 걸쳐 수확하는 작물이므로 텃밭 이용 상황을 봐가며 심는 것이 좋다. 올 한 해 텃밭을 사용하고 내년에는 밭을 옮겨야 한다면 옮겨 심는 번거로움을 감수해야 한다.

부추 향에는 해충을 쫓는 효과가 있다고 한다. 감자와 함께 기르면 감자에 생기는 가지벼룩잎벌레를 쫓을 수 있다. 토마토 아래 심을 경우 뿌리썩음시듦병을 예방하는 효과도 있다고 한다.

부추는 씨앗을 뿌리기보다는 모종을 옮겨 심는 편이 기르기 쉽고, 빨리 수확할 수 있다. 종묘상에서 부추 모종을 구하기는 어렵고 재래시장에서 구하는 편이 쉽다. 부추를 재배하는 이웃이 있으면 포기나누기로 모종을 얻어 심으면 더 빨리 수확할 수 있다.

## | 밭 만들기 |

부추는 건조함에는 강하지만 습기가 많으면 생육이 나빠지므로 배수에 신경 써야 한다. 물 빠짐이 좋은 토양에 심되, 물 빠짐이 나쁜 밭이라면 두둑의 너비를 40㎝ 정도로 좁게, 높이를 20㎝ 정도로 하고, 두 줄로 씨를 뿌리거나 모종을 옮겨 심는다. 물 빠짐이 좋은 밭이라면 이랑 너비 1m, 높이 15㎝ 정도가 적당하다.

부추는 중성(pH6.0~7.0)토양에서 잘 자라므로 농사를 오래 지어서 산성화된 토양이라면 씨뿌리기 4주 전에 3.3㎡(1평)당 한 줌 정도의 석회를 골고루 뿌리고 흙과 잘 섞어준다. 씨뿌리기 2주 전에 3.3㎡당 유기질 비료 1kg을 뿌리고 잘 갈아둔다.

## | 재배 방법 |

부추는 싹트는 온도가 18~20℃이므로 봄에 부추를 파종하면 씨앗이 싹틀 때까지 상당한 시간이 걸린다. 그 사이에 다른 풀이 많이 자랄 수 있으므로 풀 관리에 유의한다. 아직 어린 부추가 풀에 휩싸이면 자라지 못하고 죽는다. 특히 부추와 붙어 있는 풀을 뽑을 때는 부추 뿌리가 함께 뽑히지 않도록 주의한다.

### 씨뿌리기
씨앗을 뿌릴 때에는 줄 간격을 10㎝ 정도로 하여 호미로 홈을 파고, 1~2㎝ 간격

부추는 기온이 20℃ 가량 되어야 싹이 난다. 따라서 3월에 파종할 경우 부추 싹이 나기 전에 풀이 먼저 밭을 점령할 수도 있으므로 4월에 파종하는 것이 안전하다. 사진은 파종하고 10일가량 지나 싹이 나오기 시작한 부추.

씨앗을 뿌리고 한 달쯤 지난 부추모. 정식하기 전에라도 솎아주기를 하면 부추의 자람이 조금 더 빨라진다.

전년도부터 이미 재배하던 부추가 번져 촘촘하게 되면 포기나누기로 다른 곳에 옮겨 심으면 된다. 포기나누기할 때는 두세 포기 정도씩 나눠서 심으면 되는데, 뿌리가 엉켜 잘 떨어지지 않을 때는 가위로 잘라도 된다. 사진에 보이는 부추는 네 포기 정도로 나누어 심으면 된다.

244

으로 씨앗을 뿌린 후 가볍게 흙을 덮고 물을 흠뻑 뿌려준다. 물을 뿌릴 때 씨앗이 흙 밖으로 나오지 않도록 주의한다.

### 모종 심기

씨앗을 직접 뿌리고 2~3개월 지나면 부추 모종의 키가 15㎝ 정도로 자란다. 이때 포기당 간격이 15㎝ 정도가 되도록 뿌리째 캐서 옮겨 심으면 된다. 모종을 옮겨 심고 나면 2주 정도는 축 늘어진 상태로 지낸다. 그러나 크게 걱정할 것은 없다. 다만 모종을 옮겨 심을 때 물을 흠뻑 주고, 1주일 동안 비가 오지 않으면 다시 물을 흠뻑 준다. 자리를 잡고 나면 특별히 관리하지 않아도 잘 자란다.

## | 병해충과 처방 |

병충해로 잿빛곰팡이병, 잘록병, 뿌리응애, 파좀나방 등이 있으나 소규모 텃밭에서는 크게 걱정할 정도로 발생하지 않는다.

## | 웃거름 주기 |

부추는 여러 해에 걸쳐 수확하는 작물이므로 수시로 웃거름을 준다. 첫 번째 웃거름은 씨를 뿌리고 새싹이 난 후 3개월이 지날 무렵에 준다. 작물의 줄 사이로 유기질 비료를 조금씩 흩어 뿌리고 흙과 잘 섞어주면 된다. 이때 물을 흠뻑 뿌려주면 비료분 흡수가 빨라진다. 수확할 때마다 웃거름과 물을 주어야 새롭게 성장한다.

## | 수확과 포기나누기 |

3, 4월에 씨앗을 뿌려 6월에 옮겨 심을 경우 9월을 지나면서 부추의 키가 25㎝ 정도 되는데, 이때쯤이면 적은 양이지만 첫 번째 수확을 할 수 있다. 하지만 첫해에 수확하지 않고 거름을 주어 초세(草勢)를 키우면 이듬해 더 많은 수확을 기대할 수 있다.

첫 번째 수확할 때는 포기 밑동을 3~4㎝ 정도 남기고 가위로 자른다. 너무 바싹 잘라버리면 다음 성장이 더디므로 반드시 남겨 둔다. 수확 때마다 새로운 성장을 위해 유기질 비료를 조금씩 뿌려주면, 자른 부분에서 다시 새눈이 나와 자란다.

첫 번째 수확 후 1개월쯤 지나면 다시 키가 25㎝쯤 자라는데, 1차 수확과 같은

씨앗을 직접 뿌려 기른 부추. 빽빽하게 심겨 있으므로 솎아주는 것이 좋다. 부추는 모종을 심기보다 포기나누기로 옮겨 심는 것이 편리하다.

부추 모종을 옮겨 심으면 축 늘어져 맥이 없지만, 물을 자주 주고 1~2주가 지나면 뿌리가 자리를 잡고 생기를 되찾기 시작한다. 사진은 모종을 옮겨 심고 1주일가량 지난 모습.

5월 중하순의 부추. 무럭무럭 자란다.

방식으로 수확한다. 두 번째 이후부터 수확할 때는 앞서 수확 때 잘라낸 부위에서 1.5㎝ 정도 윗부분을 잘라 수확하면 된다. 너무 바싹 자르면 성장이 더디다는 것을 기억해두자. 이 같은 방식으로 11월 상순까지 수확할 수 있다.

　월동 후 이듬해 2월경에 유기질 비료를 뿌려주면 4월부터 다시 11월까지 부드러운 부추를 계속 수확할 수 있다. 수확한 뒤에는 다음 성장을 위해 웃거름을 뿌려준다. 매년 그렇게 수확할 수 있다. 3년 정도 수확하고 나면 수확량이 감소하는데, 이때 포기를 캐서 다른 곳으로 옮겨 심으면 된다.

### 포기나누기

부추는 한 장소에서 계속 재배하면 알뿌리가 자꾸 번지면서 수확량이 늘어난다. 그러나 한 장소에서 자라느라 여러 포기가 뭉쳐서 자라고, 줄기가 복잡해지면서 약해진다. 4~5년이 지날 무렵 포기째 파내 새로운 장소에 띄엄띄엄 옮겨 심으면 다시 건강하게 번식한다. 다시 4~5년이 지나면 또 옮겨 심으면 된다.

부추를 파종하거나 옮겨 심은 해에는 수확하지 말고 세력을 키우는 것이 좋다. 월동하고 나면 이듬해 4월부터 수확할 수 있다. 사진 왼쪽은 수확하기 전 모습이고, 오른쪽은 밑을 잘라 수확한 뒤의 모습이다.

밑동의 흰 띠처럼 보이는 것은 부추를 1차 수확한 흔적이다. 첫 번째 수확할 때는 포기 밑동을 3~4㎝ 정도 남기고 가위로 자른다. 너무 바싹 잘라버리면 다음 성장이 더디게 된다. 잘린 부분에서 다시 새 눈이 나와 자란다. 첫 번째 수확 후 1개월쯤 지나면 다시 자라는데, 1차 수확과 같은 방식으로 수확한다. 두 번째 수확할 때는 앞서 수확 때 잘라낸 부위에서 1.5㎝ 정도 윗부분을 잘라 수확하면 된다. 수확한 뒤에 새잎 성장을 촉진하려면 거름을 조금씩 뿌려준다.

겨울을 넘기고 있는 부추. 사진은 1월의 모습이다. 생기가 전혀 없어 보이지만 날씨가 따뜻해지면 금방 싱싱하게 자란다.

전년도에 옮겨 심은 부추는 이듬해 4월만 되어도 잎이 무성하게 자란다.

흰 부추 꽃을 보는 재미도 쏠쏠하다.

    포기나누기를 할 때는 큰 포기를 파낸 다음, 나누기 쉬운 부분에서 둘에서 네 줄기씩 손으로 나누어 새로운 밭에 약 20㎝ 간격으로 심으면 된다. 포기나누기로 옮겨 심은 부추는 1년 동안 수확하지 않고 거름을 주어 기르는 것이 이듬해 성장과 수확에 유리하다.

### 부추 재배 일정

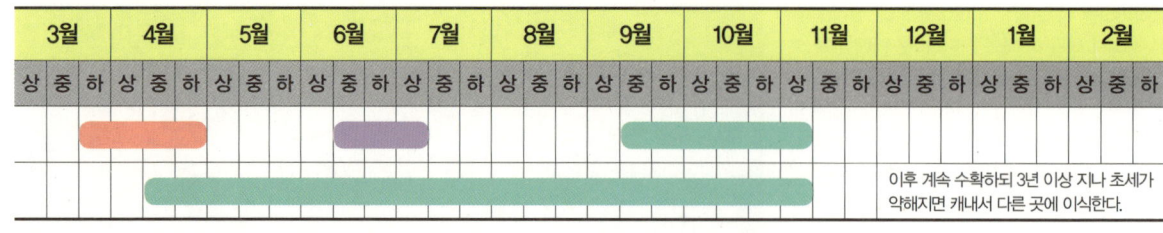

■ 파종　■ 아주 심기　■ 수확

이후 계속 수확하되 3년 이상 지나 초세가 약해지면 캐내서 다른 곳에 이식한다.

* 3~4월에 시장에서 파는 뿌리를 구해서 심으면 빨리 번식시킬 수 있다.

# 돌산갓과 겨자채

십자화과

재배난이도
★☆☆

돌산갓 씨앗

| 재배 포인트 |

돌산갓은 유기질이 풍부하고 보수력이 좋은 땅에서 잘 자란다. 물 빠짐이 좋은 사질 토양에서는 두둑의 높이를 낮추도록 한다. 다소 서늘한 기후를 좋아하나 추위에 약하므로 가을 재배의 경우 늦어도 11월 말에는 수확을 마치는 것이 좋다.

봄, 가을에 재배할 수 있으나 초보 농부에게는 가을 재배가 유리하다. 봄에 재배한다면 워낙 꽃대가 잘 올라오는 작물이므로 어느 정도 자랐다고 생각하면 빨리 수확해서 먹는 것이 좋다. 봄 재배는 5월 하순이면 꽃대가 올라오고, 가을 재배는 10월 말에 꽃대가 올라와 버리므로 수확해서 이용하기가 어렵다. 봄에 재배할 경우 돌산갓이 어느 정도 자라면 50% 차광막을 쳐서 그늘을 만들어주면 추대를 다소 늦출 수 있다.

## 밭 만들기

양토(壤土, 점토가 25~37.5% 함유된 흙)에 유기질이 풍부한 퇴비를 밑거름으로 넣어준다. 물을 좋아하는 작물이므로 사질 토양보다는 점질 토양이 재배에 유리하다. 사질 토양에 재배할 경우 두둑의 높이를 10㎝ 이하로 낮추고, 너비는 1m 정도로 넓히는 것이 좋다. 사질토에서는 1주일에 두세 차례 이상 물을 주어야 발육이 좋아진다. 물을 자주 주면 거름 성분이 빨리 빠져나가므로 웃거름을 충분히 주도록 한다.

## 재배 방법

기온이 높은 시기에 씨앗을 뿌리면 발아가 늦거나 생육 상태가 불량할 수 있다. 또 봄에 조기 파종하거나 늦게 수확하면 꽃대가 올라오는 경우가 있으므로, 적기에 파종하고 적기에 수확해야 한다.

### 씨뿌리기

초보 농부 입장에서는 봄 재배보다는 가을 재배가 쉽다. 봄에 씨앗을 뿌리면 꽃대가 쉽게 올라와 거의 수확을 못 하는 경우가 발생할 수도 있다. 가을 재배는 11월 하순에 수확해 갓김치 김장을 할 수 있어서 이용 측면에서도 유리하다.

호미로 두둑에 홈을 길게 판 다음 씨앗을 줄뿌림하고, 흙을 조금만 덮어준 후 물을 뿌려 준다. 수분이 충분하다면 씨앗을 뿌리고 약 1주일이면 싹이 올라온다.

돌산갓은 줄뿌림과 흩어 뿌림 모두 좋다. 싹이 일찍 올라오므로 풀 걱정을 덜 해도 되고, 먼저 자라는 것부터 솎음 수확해 이용하면 되므로 굳이 반듯하게 줄을 지어 파종할 필요는 없다.

파종 3주 된 돌산갓.

파종 4주 된 돌산갓. 이 정도 자라면 큰 것부터 수확해서 이용한다.    솎음 수확한 돌산갓. 파종 4주 된 모습이다.

### 솎아내기

돌산갓은 잎이 넓고 키가 비교적 크게 자라는 작물이므로 싹이 나오고 2주쯤부터 두세 차례 솎음 작업을 통해 최종적으로 포기당 15cm 이상 간격을 유지해주는 것이 좋다. 솎아낸 어린 채소를 먹을 수 있으므로 크게 자라는 포기부터 솎아내는 것이 이용 측면에서 유리하다.

### | 병해충과 처방 |

아직 싹이 어릴 때 십자화과 채소에 공통으로 나타나는 벼룩잎벌레 피해가 있다. 벼룩잎벌레는 채소가 조금 자라고 나면 그다지 피해를 주지 않으니 크게 염려할 것은 없다. 다만 십자화과 채소를 재배한 장소에서는 3~4년 정도 재배하지 않는 것이 좋다.

### | 거름주기 |

갓은 생육 기간이 짧은 만큼 밑거름을 충분히 주도록 한다. 3.3m²(1평)당 퇴비 5kg 정도로 다소 많은 양을 주어야 수확이 좋고, 꽃대가 조금이라도 늦게 올라온다. 특히 밭이 사질 토양이어서 물 빠짐이 좋다면, 생육 기간이 짧아도 웃거름을 주어야 자람이 좋다.

### | 수확 |

돌산갓은 워낙 꽃대가 쉽게 올라오는 작물이다. 봄에 파종하면 5월 말에 꽃대가 올라오고, 가을에 파종해도 10월 말이면 꽃대가 올라온다. 가능한 한 일찍 씨를

봄 파종 돌산갓은 꽃대가 일찍 올라오므로 조금 자란 뒤부터는 텃밭에 갈 때마다 수확해서 이용한다.

해가 길어지고 날씨가 더워지면서 벌써 꽃대가 올라오기 시작했다(5월 22일). 꽃대가 올라오면 더는 수확할 수 없으므로 일찍부터 수확해 이용하는 것이 좋다.

뿌려서 일찍 수확하는 것이 유리하다. 파종하고 40~50일이면 수확할 수 있다.

꽃대가 쉽게 올라오는 만큼 키가 50㎝ 정도 되면 지체없이 수확하는 것이 좋다. 김장을 하기에는 아직 시기적으로 이르더라도 꽃대가 올라온다면 수확해서 일찍감치 김치를 담그는 것이 좋다.

경험으로 볼 때, 꽃대가 올라오는 시기를 조금이라도 늦추려면 생육 환경을 매우 좋도록 해주어야 한다. 식물체는 물과 거름을 충분히 주면 생장생식보다는 영

김장 무·배추와 함께 겨자채(갓)를 조금 길렀다가 김장을 할 때 갓김치를 담그면 맛이 각별하다.

9월 파종한 겨자채의 10월 25일 모습.

11월 초순 모습.

양생식에 집중하는 경향이 있으므로, 물과 거름을 적당히 주어 돌산갓이 자손 번식을 위해 꽃을 피우기보다는 자기 덩치를 키우도록 하면 꽃대가 올라오는 시기를 다소 늦출 수 있다.

## | 겨자채 재배 |

적갓이라고도 불리는 겨자채는 코를 톡 쏘는 듯한 매운맛을 가진 작물로 영양가가 높아 쌈, 샐러드로 이용하는 건강 채소다. 돌산갓과 재배 방법은 비슷하며 4월 상중순경 파종해 6월 말까지 수확할 수 있고, 9월 상중순 파종해 10월 말부터 11월 말까지 수확할 수도 있다.

생육 기간이 짧은 만큼 거름은 모두 밑거름으로 준다. 생육 상태가 극히 불량하면 속효성 웃거름을 다소 주어도 괜찮다. 꽃대가 올라오기 쉬운 작물이므로 제때 씨를 뿌리고 제때 수확해야 한다.

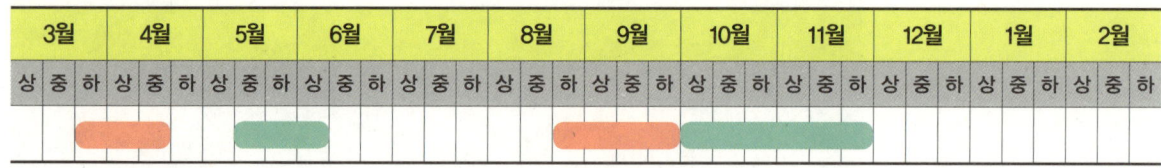

# 당근
### 산형과

재배난이도 ★★☆

## | 재배 포인트 |

당근 씨앗

당근은 재배 기간이 4~5개월로 조금 긴 편이고, 씨앗을 발아시키는 것이 어려우므로 초보 농부가 재배하기에는 다소 어려운 작물이다. 저온에는 비교적 강하지만 고온에 약하다. 18~22℃의 시원한 기후에서 잘 자란다. 씨앗을 뿌리고 싹이 날 때까지 흙이 마르지 않도록 짚이나 풀을 덮어주고 물을 자주 주어야 한다. 밭 흙을 곱게 갈아야 뿌리 모양이 좋아진다.

1년에 봄과 가을 두 번 재배할 수 있으나 텃밭 농부 입장에서는 가을 재배, 즉 7~8월에 씨앗을 뿌려 11월경 수확하는 편이 쉽다. 특히 봄에 너무 일찍 씨를 뿌리면 꽃대가 올라와 수확할 수 없으므로 주의해야 한다. 또 2~3년이 지나 오래된 종자를 뿌려도 꽃대가 많이 올라온다. 봄에 재배한다면 7월 안에 수확을 끝내도록 한다. 수확이 늦어지거나 기온이 높은 날씨가 이어지면 더위에 당근이

3월의 당근 새싹. 초보 텃밭 농부는 봄 파종보다 여름에 파종해 가을에 기르기가 쉽다.

흙 속에서 상해버리는 경우도 있다. 저장성 측면에서도 봄 재배보다 가을 재배가 유리하다.

## | 밭 만들기 |

당근은 발아가 잘 안 되는 작물이며 수분 관리가 잘 되어야 하는 만큼 물 빠짐이 좋은 사질 토양에서 재배하는 것이 좋다. 이어짓기 장해는 거의 없지만, 선충(線蟲)류의 피해를 당하기 쉬운 작물이어서 씨뿌리기 전에 토양 소독이 필수적이다.

산성토양에 약하므로 씨뿌리기 4주 전에 평당 한 줌 정도의 석회를 뿌려준다. 이후 씨뿌리기 1~2주 전에 10㎏ 정도의 퇴비를 넣고 잘 갈아준 다음 두둑을 만들어준다. 당근은 뿌리를 재배하는 작물이므로 땅을 깊이 파주는 것이 좋다. 특히 흙에 덩어리가 있으면 뿌리가 갈라지거나 울퉁불퉁해지므로 밭 흙을 곱게 갈아주어야 한다.

밭이 건조하거나 완숙 퇴비가 부족하면 당근뿌리혹선충이 발생하는데, 일단 발생하고 나면 방제가 어려우므로 밭을 만들 때 완숙 퇴비를 충분히 넣고 수분 관리를 빈틈없이 해야 한다.

두둑의 너비는 1m, 높이는 15㎝ 정도가 적당하다. 그러나 모든 작물 재배에서 두둑의 높이와 너비는 일률적이지 않다. 물이 잘 빠지는 사질토 밭은 조금 낮게, 점질토 밭은 조금 높게 해준다. 점질토 밭이라면 두둑의 너비 역시 50㎝ 정도로 좁혀 물 빠짐을 좋게 해준다.

전업 농부는 두둑 너비를 이렇게 조절하는 대신 밭 전체에 트럭 수십 대 분량의 새 흙을 넣고 덮어서 자신이 재배하고자 하는 작물에 맞는 조건을 갖춘다. 소규모 텃밭 농부는 이렇게 할 수 없으므로 두둑의 높이와 너비를 조절하는 방법을 택한다.

## | 재배 방법 |

당근은 뿌리 길이를 기준으로 소형종(15㎝ 미만), 중형종, 대형종(15㎝ 이상)의 세 종류가 있다. 주황색 당근뿐만 아니라 노란색 당근이나 보라색 당근 등 다양한 색깔의 당근이 있다. 주로 재배하는 것은 주황색 당근으로 베타카로틴뿐만 아니라 안토시아닌 등 기능성 성분을 많이 함유한다고 한다. 텃밭 농부는 20㎖ 이하짜리로 포장된 소포장 종자를 사용하면 된다. 당근 씨앗은 기온에 따라 발아율이 크게 차이가 나므로 파종량보다 조금 많은 양을 준비한다. 또 종자의 유효 기간이 짧은 편이므로 씨앗 봉투 겉면에 적힌 유효 기간을 꼭 확인해야 한다.

### 씨뿌리기

당근은 모종을 길러서 옮겨 심는 작물이 아니라 직접 씨앗을 뿌려서 기르는 작물이다. 옮겨심기를 하면 당근의 뿌리가 갈라지는 '가랑이 당근'이 생긴다. 이런 현상은 무, 총각무 등도 마찬가지다. 김장 무는 포트에 육묘해서 판매하는 것도 있는데, 흙이 많이 붙어 있는 것은 갈라짐이 덜하긴 하지만, 땅속뿌리가 굵어지는 작물은 되도록 직접 씨를 뿌려 기르는 것이 좋다.

당근을 파종하고 풀을 덮어준 다음 물을 흠뻑 뿌려주었다. 당근은 초기 수분 관리가 매우 중요하다.

당근 씨앗을 뿌리고 열흘쯤 지나자 싹이 났고, 2주일쯤 지나자 본잎이 나왔다.

8월에 파종한 당근. 9월 초순 모습.

봄 파종이라면 시기를 일률적으로 정하지 말고, 내가 농사를 짓는 지역에 벚꽃이 필 무렵에 씨앗을 뿌리면 적당하다. 가을 재배는 9월에 파종하면 되는데, 장마가 끝날 무렵 흙에 수분이 많을 때 씨를 뿌리는 것이 좋다.

당근은 줄뿌림하는 것이 좋으며, 옮겨 심지 않는 작물이므로 줄 간 간격을 30cm 정도로 하고, 씨앗 간 간격은 1~2cm 정도로 한다. 씨뿌리기 후 흙은 대략 0.5~1cm 정도 덮어주고 물을 흠뻑 뿌려주면 된다. 물을 줄 때는 당근 씨앗이 지상으로 드러나지 않도록 주의한다. 당근은 발아에 수분이 많이 필요하므로 겉흙이 마르지 않도록 자주 물을 뿌려준다. 씨앗을 뿌린 뒤 짚을 덮어주고, 발아할 때까지 약 열흘간 짚이 마르지 않도록 물을 뿌려주면 효과적이다.

당근은 최소한 두 번 이상 솎아내기를 해야 한다는 점을 고려해서 씨앗을 네다섯 개 정도로 넉넉하게 뿌린다. 발아도 어렵지만 발아한 뒤 초기 성장도 순조롭지 않은 경우가 많으므로 넉넉하게 씨앗을 뿌려 솎음 작업을 통해 튼실한 포기를 선택하도록 한다.

### 솎아내기

당근은 솎아내기가 무척 중요하다. 솎아내지 않으면 뿌리가 굵어지지 않고, 통풍이 잘되지 않아 줄기가 상하는 경우도 발생한다. 특히 봄에 파종한 당근은 포기 사이를 넓게 해주어야 건강하게 자란다. 씨뿌리기 후 두 번 정도 솎아내기를 한다. 당근은 솎아낸 잎과 줄기를 이용하는 작물이 아니므로 생육이 부실한 포기를 중심으로 솎아낸다. 반면 상추나 열무, 총각무, 쑥갓 등은 솎아낸 작물을 먹을 수 있으므로 생육이 빠른 것을 솎아서 먹는다.

첫 번째 솎아내기는 씨앗을 뿌리고 30~40일 정도 지난 때로 본잎이 한두 장일 때 실시한다. 첫 번째 솎아내기를 할 때는 12cm 간격 안에 튼튼하게 자란 두 포기 정도를 제외한 나머지를 솎아낸다. 이때 옆 포기가 뽑히지 않도록 주의해야 한다. 열흘쯤 뒤 본잎이 대여섯 장일 때 두 번째 솎아내기를 하며 15cm 간격 안에 세력이 가장 좋은 한 포기를 남기고 모두 솎아낸다.

솎아내기를 한 뒤에는 남겨서 키우는 포기의 주변 흙이 뜨지 않도록 흙을 잘 눌러준다.

### 물 주기

당근은 물 주기를 잘해야 하는 작물이다. 씨앗을 뿌린 후 물을 듬뿍 주고, 1주일 이상 비가 오지 않으면 다시 물을 흠뻑 준다. 그러나 지나치게 물을 자주 주면 잔

당근은 어릴 때 다소 빽빽하게 심어서 기르다가 어느 정도 자라기 시작하면 솎아내기를 해줘야 남아 있는 뿌리가 굵어 진다. 당근은 솎아내서 먹을 것이 아니므로 발육이 늦은 것을 중심으로 솎아낸다.

10월에 접어들면서 무성하게 자라는 당근.

뿌리가 많이 발생하고, 당근 뿌리 표면도 거칠어진다. 겉흙이 마를 때 물을 주는 것이 좋으며, 물주는 간격은 이레에서 열흘 정도다.

### 흙덮기와 풀 뽑기

당근 뿌리가 햇볕에 노출되면 어깨 부분이 검붉어지므로 노출되지 않도록 흙으로 덮어주어야 한다. 봄 재배의 경우 씨를 뿌리고 3~4주쯤 뒤에 풀을 매주면 당근이 우거지면서 풀이 덜 난다. 가을 파종 때 역시 새싹이 난 후 한 번쯤만 풀을 매주면 된다.

## | 생리 장해와 병해충 |

뿌리 갈라짐 현상은 당근에 자주 발생하는 생리 장해(병원균과 해충 이외의 요인으로 발생하는 장애)다. 흙 속에 돌이나 자갈, 나무뿌리 등이 있을 때 뿌리가 이것들을 피하면서 갈라진다. 김장 무에서도 똑같은 이유로 뿌리 갈라짐 현상이 발생한다. 전업농가는 땅을 충분히 잘 갈고, 돌과 나무뿌리 등을 완전히 제거하므로 이런 현상이 드물지만 텃밭을 임대해서 사용하는 텃밭 농부에게는 뿌리 갈라짐 현상이 흔히 발생한다.

그 다음으로 자주 발생하는 것이 뿌리 터짐 현상이다. 장기간 가뭄이 들었다가 비가 많이 오거나, 자주 물을 주지 않다가 한꺼번에 많은 물을 주면 발생한다. 상품성은 없으나 먹는 데는 아무런 지장이 없다.

당근에 발생하는 병으로는 검은잎마름병, 무름병, 흰가루병이 있고, 충해로는 배추벌레, 진딧물, 산호랑나비 유충 등이 있다. 무농약 재배를 하는 텃밭 농부 입장에서는 특별한 대책이 없다. 그러나 당근은 벌레와 병해에 강한 작물로 통풍과 수분 관리에 신경 쓰면 소규모 텃밭에서는 심각할 정도로 병충해가 발생하지는 않는다. 전업농가에서는 이 같은 병해 발생 초기 살균제와 살충제를 1주일 간격으로 두세 차례 정도 살포해서 방제한다.

## | 웃거름 주기 |

당근은 파종에서부터 수확까지 3~4개월 정도 걸리는 작물이다. 생육을 봐가며 두세 차례 웃거름을 주어야 한다. 첫 번째 웃거름은 솎음 작업을 끝내고 바로 주는 것이 좋고, 두 번째 웃거름은 첫 번째 웃거름을 주고 15~20일이 지날 무렵 주면 된다. 세 번째 여름에 씨앗을 뿌린 당근이 10월 중순 뿌리가 굵어지면서 땅이 갈라지고 있다.

당근은 수확이 늦어지면 질겨지기도 하고, 갈라지기도 하므로 적기에 수확한다. 밑동을 살펴 뿌리 굵기를 보고 수확 시기를 가늠한다.

수확한 당근.

웃거름은 두 번째 웃거름 후 15~20일경에 주면 된다. 당근을 심은 줄 사이로 유기질 비료를 골고루 뿌리고 흙과 잘 섞어주거나 물을 주면 잘 흡수한다.

## | 수확과 보관 |

파종하고 대략 80일쯤 되면 당근 잎이 아래로 처지기 시작한다. 이때부터 줄기가 잘 자란 포기부터 수확을 시작한다. 뿌리 위쪽 지름이 4~5㎝는 되어야 당근으로 이용 가치가 있다. 흙을 조금 파서 당근 뿌리 머리의 굵기를 확인하고 수확하면 된다.

파종하고 110일쯤 되면 밭에 남아 있는 당근을 모두 수확한다. 봄에 씨앗을 뿌린 당근은 7월의 본격적인 더위가 시작되기 전에 모두 수확해야 한다. 수확 시기를 놓치면 뿌리가 갈라지고 딱딱해져서 맛이 떨어지므로 주의한다. 잎이 누렇게 될 정도면 이미 수확 시기가 지난 것이므로 그 이전에 수확하도록 한다.

수확은 줄기의 아랫부분을 잡고 힘껏 당겨 올리면 되지만, 토양이 단단할 경우 뿌리가 뽑히지 않을 수 있는데, 이때는 삽으로 포기를 떠올린 다음 줄기를 잡고 흙을 털면 된다. 무리하게 당기면 뿌리가 끊어진다. 당근 뿌리는 햇볕에 오래 노출될 경우 표면이 붉게 변할 수 있으므로 뽑은 뒤 너무 오래 햇볕에 노출하지 않도록 한다.

수확한 당근은 줄기를 자르고 뿌리만 갈무리한다. 잘라낸 줄기는 썰어서 밭에 뿌려두면 좋은 유기질 거름이 된다. 한꺼번에 먹을 수 없을 만큼 수확량이 많을 때는 흙이 묻은 채로 땅속에 비스듬히 묻어 저장하면 오래 보관할 수 있다.

### 당근 재배 일정

| 3월 | | | 4월 | | | 5월 | | | 6월 | | | 7월 | | | 8월 | | | 9월 | | | 10월 | | | 11월 | | | 12월 | | | 1월 | | | 2월 | | |
|---|---|---|---|---|---|---|---|---|---|---|---|---|---|---|---|---|---|---|---|---|---|---|---|---|---|---|---|---|---|---|---|---|---|---|---|
| 상 | 중 | 하 | 상 | 중 | 하 | 상 | 중 | 하 | 상 | 중 | 하 | 상 | 중 | 하 | 상 | 중 | 하 | 상 | 중 | 하 | 상 | 중 | 하 | 상 | 중 | 하 | 상 | 중 | 하 | 상 | 중 | 하 | 상 | 중 | 하 |

■ 파종　■ 수확

# 총각무

십자화과

재배난이도
★☆☆

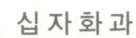

| 재배 포인트 |

총각무는 4월과 9월에 파종할 수 있으며, 60일 정도면 수확할 수 있어서 얼갈이(늦겨울이나 초가을에 심은 푸성귀)로 재배하기 적당하다. 총각김치, 동치미 등으로 활용할 수 있고, 흩뿌려 심은 뒤 중간중간 솎아 먹기에도 적합한 작물이다. 밭 흙을 곱게 갈아야 이상한 모양의 무가 나오지 않는다. 십자화과 작물과 이어짓기할 경우 병해충이 많으므로 이어짓기는 피한다.

| 밭 만들기 |

김장 무와 마찬가지로 총각무 역시 땅속으로 비교적 깊이 뿌리는 내리는 작물이므로 밭을 깊고 곱게 갈아주어야 한다. 밭이 딱딱하면 뿌리가 잘 내려가지 못하

고, 돌이나 나뭇가지 등이 있으면 뿌리가 갈라지는 현상이 발생한다.

잎채소는 뿌리를 먹는 채소가 아니라 땅속에 돌이나 나뭇가지 등이 좀 있어도 무관하지만 무나 당근은 큰 손해를 입게 된다. 따라서 밭을 갈 때 작은 이물질까지 깨끗하게 정리하는 것이 좋다.

총각무 역시 일반 무와 마찬가지로 수분이 많이 필요한 작물이다. 밭이 건조해지면 생육이 나빠지고, 매워서 맛도 떨어진다.

씨뿌리기 4주 전에 석회와 붕사를 넣고 밭을 잘 일구어준다. 씨뿌리기 2주 전에 유기질 비료를 3.3㎡(1평)당 10kg 정도 넣고 밭을 일구어준다. 두둑의 너비는 90㎝, 높이는 20㎝ 정도가 적당하나 토양의 성질을 봐가며 점질토의 경우 두둑을 좀 더 높이고, 사질토의 경우 조금 낮추는 것이 좋다.

파종 2주일 된 총각무.

파종 1주일 된 총각무. 재배 기간이 짧은 만큼 흩어 뿌림 혹은 점뿌림해서 수시로 솎아 먹을 수 있도록 한다.

## | 재배 방법 |

한여름 무더위를 피하면 봄과 가을에 모두 파종할 수 있어 연중 재배할 수 있는 작물이다. 뿌리를 얻고자 한다면 씨앗을 뿌리고 50일은 지나야 하지만, 40일만 지나도 잎과 어느 정도의 뿌리를 얻을 수 있어서 텃밭 농부는 수시로 수확해서 먹는 편이 좋다.

### 씨뿌리기

총각무는 한 구멍에 씨앗 두세 개 정도를 점뿌림하는 것이 관리하기 좋으나 흩어 뿌림해도 무관하다. 다만 흩어 뿌릴 경우 씨앗의 낭비가 심하고, 씨앗 간 간격이 일정치 않을 경우가 많아서 주의가 필요하다. 넓은 밭은 파종할 때 작업의 편의를 위해 점뿌림보다 흩어 뿌림하는 경우가 있으나 텃밭 농부는 작은 텃밭을 이용하는 만큼 쪼그려 앉아 점뿌림하는 것을 권하고 싶다.

한 구멍에 두세 개의 씨앗을 뿌리는 것은 발아되지 않을 경우에 대비하고, 발아 후에는 벼룩잎벌레 등의 공격을 분산하기 위해서다. 또 생육 초기에는 몇 포기가 경쟁하면서 자라는 것이 앞으로 성장에도 도움이 된다.

### 솎아내기

총각무는 수분이 충분하면 씨앗을 뿌리고 사흘에서 닷새 정도면 싹이 나오는데, 파종 1~2주 만에 1차 솎음 작업을 하고, 3주에 2차 솎음 작업을 해서 최종적으로 총각 무 간격을 10㎝ 정도 유지하도록 해야 생육이 좋다.

초기에 솎아낸 총각무는 음식에 이용할 것이 아니므로 솎아낼 때는 생육이 나쁜 것, 벌레가 많이 먹은 것 순으로 솎아내고, 최종적으로 가장 튼실한 한 포기를 재배한다. 총각무와 반대로 상추와 열무 등은 솎아서 요리로 이용할 수 있으므로 생육이 빠른 것부터 수확해서 이용하면 장기간 이용할 수 있다.

한편 전업 농부는 한꺼번에 수확하고, 한꺼번에 출하하는 것을 목표로 작물을 재배한다. 따라서 생육을 고르게 하려고 성장이 지나치게 빠르거나 지나치게 늦은 것을 솎아내 전체적으로 균일하게 자라도록 한다.

### 물 주기

크게 자라고 오랫동안 자라는 김장 무만큼은 아니더라도 총각무 역시 물이 많이 필요하며, 물 관리가 중요하다. 물이 적으면 뿌리 모양이 이상해지거나 생리 장해로 병에 걸리기 쉽다. 따라서 비가 오지 않을 때에는 최소한 1주일에 한 번 이상 듬뿍 물을 주어야 한다.

물을 줄 때 두둑 위에 줄줄 뿌리면 땅속으로 스며들지 않고, 고랑으로 철철 흘러넘쳐서 정작 무에는 물이 별로 공급되지 않는다. 이것을 예방하려면 1차로 물을 주고 10분쯤 간격을 주어 겉흙이 젖기를 기다린 다음 2차, 3차 물 주기를 해야 물이 무 뿌리까지 충분히 도달할 수 있다.

4월에 총각무를 파종할 경우 한창 자라는 5월에 우리나라는 혹독한 봄 가뭄에 해당하므로 두둑을 넓게 만들고 높이를 너무 높이지 않도록 하는 것이 물을 주는 데 유리하다. 두둑이 높을수록 흘러내리는 물의 양이 많아지기 때문이다.

그러나 8월 말에서 9월 초에 총각무를 파종할 경우 여름 끝에 비가 자주 내리거나 태풍 등의 영향으로 비가 많이 내릴 수 있으므로 두둑의 높이를 다소 높이는 것이 유리하다. 총각무는 재배 기간이 짧은 만큼 첫 한 달 동안 물을 얼마나 충분히 주느냐에 따라 생육이 크게 달라진다. 그러나 가을 재배는 두둑을 너무 낮추면 습해를 입을 수 있으므로 유의한다.

## | 병해충과 처방 |

일반 무와 마찬가지로 아직 싹이 어릴 때 벼룩잎벌레의 공격을 받을 수 있다. 특히 봄 재배는 각종 나방 유충이 총각무 뿌리를 갉아 먹는 경우가 많이 발생한다.

파종 20일 정도가 지나면 솎아서 먹을 수 있을 만큼 자란다.

빽빽하게 심겨진 총각무를 솎아서 재식 간격을 유지해주어야 제대로 자란다.

십자화과 작물과 이어짓기할 경우 병해충에 극심하게 시달린다. 벼룩잎벌레, 나비애벌레 등이 나타난다. 사진은 벼룩잎벌레 피해를 본 총각무.

이어짓기할 경우 지상부의 줄기가 멀쩡하더라도 땅속에서는 다양한 나방 유충이 나타나 무 뿌리를 갉아 먹는다. 심하면 대부분 뿌리를 망쳐놓기도 한다. 전업농가에서는 이 같은 피해를 방지하기 위해 파종 전에 토양살충제로 토양을 소독한다.

잎이 아래로 늘어지면서 수확기가 되었음을 알리는 총각무.

나방 유충이 대거 발생하면 총각무 뿌리를 거의 못 쓰게 되는 경우가 있으므로 유의해야 한다. 이를 예방하려면 십자화과 작물과 이어짓기하지 않도록 하는 것이 중요하다. 전업농가에서는 토양살충제 등으로 토양 소독을 철저하게 한다.

| 웃거름 주기 |

재배 기간이 짧은 작물이므로 밑거름을 충분히 주는 것으로 거름주기를 끝낸다. 다만 성장이 둔하거나 잎이 연두색을 띨 경우 거름이 부족하다는 것이므로 효과가 빠른 액체 비료를 잎에 뿌려주면 좋다.

총각무는 생육 기간이 짧은 작물이므로 웃거름으로 퇴비나 고형 비료(固形肥料, 고체 형태의 배합 비료)를 흙에 뿌리는 것은 별로 효과가 없다. 미처 빗물에 녹아 작물에 흡수되기도 전에 수확해야 하기 때문이다.

| 수확과 보관 |

총각무는 씨를 뿌리고 50~60일 정도면 뿌리가 10~15cm 정도로 자라는데, 이때 수확하면 된다. 봄 파종은 50일 정도에 수확하고, 가을 파종은 60일 정도에 수확하면 적당하다.

수확이 늦어지면 꽃대가 올라오고, 줄기가 두꺼워지면 뿌리는 아삭함보다는 푸석푸석한 식미(食味)가 돈다. 아니면 매우 딱딱해서 먹기 곤란해진다. 따라서 늦게 수확하는 것보다는 차라리 조금 일찍 수확하는 것이 유리하다.

봄 파종은 늦어도 장마 전에는 수확을 마치고, 가을 파종은 늦어도 서리가 내리기 전에 수확을 끝내야 한다. 서리를 맞으면 잎이 질기고, 뿌리가 딱딱해진다.

### 총각무 재배 일정

| 3월 | | | 4월 | | | 5월 | | | 6월 | | | 7월 | | | 8월 | | | 9월 | | | 10월 | | | 11월 | | | 12월 | | | 1월 | | | 2월 | | |
|---|---|---|---|---|---|---|---|---|---|---|---|---|---|---|---|---|---|---|---|---|---|---|---|---|---|---|---|---|---|---|---|---|---|---|---|
| 상 | 중 | 하 | 상 | 중 | 하 | 상 | 중 | 하 | 상 | 중 | 하 | 상 | 중 | 하 | 상 | 중 | 하 | 상 | 중 | 하 | 상 | 중 | 하 | 상 | 중 | 하 | 상 | 중 | 하 | 상 | 중 | 하 | 상 | 중 | 하 |

■ 파종   ■ 수확

# 청경채
## 십자화과

재배난이도
★☆☆

## | 재배 포인트 |

청경채 씨앗. 봄 재배 청경채는 해가 길어지면서 쉽게 꽃대가 올라온다. 따라서 초보 텃밭 농부는 봄 재배보다 가을 재배가 쉽다.

청경채는 십자화과 작물과 이어짓기할 경우 이어짓기 장해가 발생한다. 산성토양을 싫어하므로 씨뿌리기 4주 전에 고토석회로 산성토를 중화한다.

초보자는 봄 파종보다 가을 파종이 재배하기 쉽다. 봄에 씨앗을 뿌리면 일찍 꽃대가 올라오므로 수확 기간이 짧아 효율적이지 못하다. 봄에 파종하는 경우 5월 중순에 한랭사나 50% 차광막을 씌어 더위를 피하도록 해주면 꽃대가 올라오는 때를 늦출 수 있어 오래 수확할 수 있다.

상추와 마찬가지로 모종을 내서 심기도 하고, 바로 씨앗을 뿌려 먼저 자라는 것부터 솎아서 먹기도 한다. 재배 기간이 짧은 데다 통통한 뿌리 부분이 아삭아삭한 느낌을 주어서 먹기에 좋다. 병충해에 강해 초보자라도 키우기 쉽다. 1~2월 한겨울과 7~8월 한여름을 제외하면 언제라도 씨를 뿌려도 된다. 초보자도 쉽게 기를 수 있는 작물이다.

## | 밭 만들기 |

파종 1주 된 청경채 싹.

청경채는 건조에 약하므로 두둑의 높이는 10㎝ 이하로 한다. 물이 많이 필요한 작물이므로 물을 자주 주도록 한다.

두둑 너비는 자신의 취향에 따라 결정하되 1m를 넘지 않도록 한다. 1m를 넘으면 관리하기 불편하다. 청경채는 잎채소인데도 비료가 많이 필요한 작물이므로 씨뿌리기 2주 전에 3.3㎡(1평)당 5㎏ 정도로 넉넉하게 퇴비를 넣어주고 밭을 잘 갈아준다. 산성토양을 싫어하므로 퇴비를 넣기 2주일 전에 고토석회를 평당 한 줌씩 뿌리고 밭을 잘 갈아 토양을 중화해주는 것이 좋다.

## | 씨뿌리기 |

청경채는 1년 내내 파종할 수 있으나, 여름철 고온 다습에 약하므로 봄이나 가을에 씨앗을 뿌리는 것이 좋다. 봄 파종은 꽃대가 올라오기 쉬워서 초보자는 봄 파종보다 가을 파종이 쉽다.

호미로 두둑에 얕게 깊이 0.5~1㎝ 정도의 골을 파고 씨앗을 1~2㎝ 간격으로 줄뿌림한다. 흩어 뿌림할 경우 풀과 마구 섞여 자라므로 풀을 매는 데 어려움이 많다. 풀매기가 어려워 그대로 두면 풀이 청경채를 덮어버려 자라지 못한다. 씨뿌리기 줄 간격은 대략 30㎝ 정도가 적당하다. 씨앗을 뿌린 뒤에는 물을 흠뻑 뿌려준다. 청경채는 나흘에서 이레면 싹이 난다. 건조에 약하므로 물 관리를 잘 해주어야 한다.

## | 솎아내기 |

청경채는 뿌리 부분이 부풀어서 솎아주어야 하는데, 파종 3주가 지날 무렵부터 큰 것부터 솎아서 이용하면 된다. 본잎이 둘에서 네 장일 때 첫 번째 솎아주기를 해서 포기 간격이 2㎝ 정도 되게 하고, 본잎이 다섯에서 일곱 장일 때 두 번째 솎아주기를 해서 포기 간격이 5㎝ 정도 되게 한다. 본잎이 일곱에서 아홉 장이 되면 세 번째 솎아주기를 하는데, 포기 간격이 10㎝ 정도 되게 한다. 솎을 때는 옆에 남기는 포기의 뿌리가 상하지 않도록 주의한다. 당근처럼 생육이 부진한 것을 솎아내서 버리는 것과 달리 청경채는 성장이 빠른 것부터 솎아서 무쳐 먹을 수 있다.

봄 파종의 경우 3주만 지나면 솎음 수확할 수 있을 만큼 자란다. 일찍부터 부지런히 솎음 수확한다. 조금만 더 지나면 꽃대가 올라와 수확할 수 없게 된다.

솎음 수확한 청경채.

이렇게 큰 것부터 솎아서 이용하면 작은 것들이 자랄 수 있는 공간을 제공할 수 있고, 차례로 조금씩 이용할 수 있다. 따라서 텃밭 농부 입장에서는 한 번에 수확하기보다는 큰 것부터 차례로 수확하는 편이 좋다. 이렇게 큰 것부터 솎아서 이용하기 적당한 작물로는 상추, 엇갈이배추, 열무, 청경채, 근대, 아욱, 돌산갓, 겨자채, 쑥갓, 김장 무 등이 있다.

| 병해충과 처방 |

십자화과 작물인 만큼 십자화과에 나타나는 배추흰나비 애벌레, 벼룩잎벌레, 진딧물 등이 자주 발생한다. 특히 어린싹이 벼룩잎벌레의 집중 공격을 받아 못 쓰게

되는 경우가 종종 발생한다. 따라서 십자화과 작물과 이어짓기를 피해야 한다. 부득이 이어짓기해야 한다면 씨뿌리기 전에 토양살충제로 밭을 소독해야 한다. 물을 줄 때마다 잎을 잘 살펴 배추흰나비 애벌레를 잡고, 진딧물을 퇴치한다.

## | 거름주기 |

재배 기간이 짧고 거름이 많이 필요하지 않은 작물이다. 따로 웃거름을 넣어주지 않아도 된다. 그러나 자람이 눈에 띄게 늦거나 부실하다면 청경채를 심어둔 골 주변으로 퇴비를 조금 넣어주면 매우 잘 자란다. 웃거름을 준다면 포기 부분이 부풀어 오를 때가 적기다.

## | 수확과 보관 |

파종 3주가 지날 무렵부터 큰 것부터 솎아서 이용한다. 이런 식으로 솎아주다 보면 포기 간 간격이 충분히 넓어지고 작은 것들도 크게 자란다. 다 자란 것은 포기 부분이 부풀어 오르면서 단단해진다. 본격적으로 수확할 때도 역시 포기가 큰 것, 그러니까 다 자란 것부터 밑동을 잘라 수확하면 된다. 키가 20㎝ 정도 되고 포기가 부풀어 오르면 수확 적기다. 너무 자라면 맛이 떨어진다.

봄 파종은 날씨가 더워지면 쉽게 꽃대가 올라온다. 따라서 좀 작더라도 일찍 수확하는 것이 좋다. 청경채뿐만 아니라 쑥갓, 열무, 돌산갓, 엇갈이배추 등도 봄에 씨앗을 뿌리면 더위에 쉽게 꽃대가 올라오므로 조금 자란 뒤에는 그늘막을 씌워주는 것도 추대를 늦추는 좋은 방법이다.

청경채는 수분 함량이 많은 데다 신선함이 장점이므로 한꺼번에 수확하기보다 밭에 갈 때마다 한두 포기씩 수확해서 이용하면 신선한 맛을 만끽할 수 있다.

**청경채 재배 일정**

| 3월 | | | 4월 | | | 5월 | | | 6월 | | | 7월 | | | 8월 | | | 9월 | | | 10월 | | | 11월 | | | 12월 | | | 1월 | | | 2월 | | |
|---|---|---|---|---|---|---|---|---|---|---|---|---|---|---|---|---|---|---|---|---|---|---|---|---|---|---|---|---|---|---|---|---|---|---|---|
| 상 | 중 | 하 | 상 | 중 | 하 | 상 | 중 | 하 | 상 | 중 | 하 | 상 | 중 | 하 | 상 | 중 | 하 | 상 | 중 | 하 | 상 | 중 | 하 | 상 | 중 | 하 | 상 | 중 | 하 | 상 | 중 | 하 | 상 | 중 | 하 |

■ 파종   ■ 수확

# 감자
가짓과

재배난이도
★☆☆

| 재배 포인트 |

감자는 이어짓기 피해가 나타나므로 가짓과 작물인 고추, 토마토, 가지 등과 이어 짓기하지 않는다. 집에서 먹다 남은 감자를 씨감자로 사용하면 바이러스에 감염된 종자일 위험이 있는 만큼 믿을 만한 종묘상에서 씨감자를 구입해서 심는 것이 좋다. 함께 농사짓는 텃밭 농부 서너 명이 공동으로 강원도 고랭지 씨감자 한 상자를 사서 나눠 심어도 된다.

봄에 가장 먼저 심는 작물이면서, 텃밭 농부가 꼭 길러볼 만한 작물이다. 기르기 쉽고, 그저 삶기만 하면 먹을 수 있어서 요리도 쉽다. 하지 무렵 땅속에서 주먹만 한 감자를 캘 때는 세상을 다 얻은 듯한 기쁨을 느낀다. 봄에 심어 6월 말에서 7월 초까지 감자를 재배하고, 8월 말에는 김장 배추와 김장 무 등 하반기 작업을 시작할 수 있어서 텃밭 이용 효율도 높다.

## | 밭 만들기 |

감자는 땅속에서 덩이줄기(우리가 먹는 감자)가 자라므로 토양에 유기물 퇴비가 풍부하도록 해주어야 한다. 유기물 퇴비가 많은 흙은 푸슬푸슬해서 그만큼 공기도 많고, 영양분을 머금을 체적도 넓다. 따라서 밑거름으로 유기물 퇴비를 충분히 넣어준다.

90㎝ 너비에 20㎝ 높이의 두둑을 만들어 주고 30㎝ 간격으로 두 줄로 심는다. 감자는 덩이줄기가 굵어지는 시기에 많은 물이 필요하고, 알이 굵어진 뒤에는 물이 덜 필요하다. 그러나 우리나라는 5월에 가뭄이 심하고, 6월 하순부터 장마가 시작되어서 기후가 감자를 키우기에는 다소 부적합하다. 5월에는 따로 물을 많이 주어야 하는 불편이 따르고, 6월에는 비가 자주 내려 불편하다. 또 장마 전에 감자를 캐자니 자칫하면 생육 기간이 너무 짧고, 그 시기를 지나면 장마 기간에 수확해야 하는 상황을 맞이할 수도 있다. 따라서 감자는 될 수 있으면 이른 봄에 심는 것이 좋다. 3월 첫째, 혹은 둘째 주에 밭을 만들고, 늦어도 3월 하순에는 씨감자를 심는 것이 좋다. 대부분 다른 농사는 4월 초에 시작해도 별 상관이 없지만 감자만큼은 일찍 심도록 하자.

### 비닐 멀칭

감자는 텃밭 농사에서 가장 일찍 심는 작물이다. 그런 만큼 아직 지온이 올라가지 않아 감자가 더디게 자란다. 이를 방지하려고 많은 텃밭 농부가 밭에 비닐 멀칭을 해서 지온을 올리고, 수분도 유지하며, 잡초도 방지한다.

앞서 밝힌 바대로 비닐 멀칭을 '농사의 혁명'이라고까지 부른다. 비닐 멀칭을 하면 지온이 올라가 감자가 잘 자라고, 잡초를 예방하며, 5월과 6월 초순의 가뭄에도 안전하게 대비할 수 있다. 게다가 검은 비닐로 멀칭을 하면 햇빛을 차단하므로 북주기를 해줄 필요도 없다. 그러나 비닐 멀칭은 그 자체로 환경오염을 일으키는 만큼 소규모 텃밭 농부라면 비닐 멀칭을 하지 않고 농사를 지어볼 것을 권한다. 10평 이상 규모의 텃밭에 감자를 심었다면 1주일에

비닐 멀칭을 한 감자밭에서는 씨를 뿌린지 한 달 만에 싹이 훌쩍 자랐다. 그러나 멀칭을 하지 않은 밭에서는 더 기다려야 한다. 초보 텃밭 농부 중에는 기다려도 감자 싹이 올라오지 않아 땅을 파보는 경우도 있다. 씨감자가 땅속에서 썩거나 죽는 경우는 거의 없으므로 염려하지 말고 기다리면 된다. 다만 감자 싹이 올라오기 전에 풀이 먼저 자라는 바람에 감자 싹이 올라와도 잘 자라지 못하는 환경이 될 수 있으므로 부지런히 풀매기를 해준다.

감자는 땅속 알이 굵어지면서 지상부로 나오므로 두세 차례 북주기를 해주어야 한다. 북주기를 하지 않으면 감자가 햇빛에 노출돼 녹색으로 변하고, 독성을 띠게 된다. 투명 비닐로 멀칭을 한 초보 텃밭 농부는 나중에 비닐 위에 다시 흙을 덮어 주는 수고를 해야 했다.

검은 비닐로 멀칭을 한 경우 따로 북주기를 하지 않아도 된다.

감자를 심을 때 멀칭을 하는 농부가 많다. 지온을 높여 감자가 빨리 자라도록 하고, 잡초도 방지하기 위해서다. 굳이 멀칭을 할 필요는 없지만 멀칭을 한다면 검은 비닐로 해야 한다. 위 사진처럼 투명 비닐은 햇빛을 통과시키므로 비닐 안에서 풀이 무성하게 자란다.

북주기를 해주지 않으면 감자 알이 굵어지면서 지상으로 나온다. 감자는 햇빛을 받으면 녹색으로 변하는데, 이때 독성물질 솔라닌(solanine)이 생기므로 먹으면 안 된다. 요리할 때는 녹색 부분을 베어낸다. 솔라닌 발생을 예방하고 감자 알을 굵게 만들기 위해서는 6월 초에 북주기를 철저히 해준다.

한 번 가는 텃밭 농부가 풀을 관리하기는 어려우므로 멀칭을 하는 것도 하나의 선택이 될 수 있다.

감자 재배에서 비닐 멀칭을 할 때는 반드시 검은 비닐을 사용하거나 가운데가 투명하고 양쪽은 검은색인 혼합멀칭비닐을 사용해야 한다. 초보 농부 중에는 투명한 비닐로 멀칭을 하는 경우가 있는데, 투명 비닐은 지온 상승과 수분 유지 효과는 있으나 잡초 방지 효과가 없어서, 영양분 손실은 물론이고 비닐 안의 감자가 햇빛을 받아 녹색으로 변해버리기도 한다. 불가피하게 투명한 비닐로 멀칭을 했다면 감자 잎과 줄기가 어느 정도 자란 뒤에 비닐 위에 흙을 덮어 비닐 안쪽으로 햇빛이 들어가지 않도록 해야 한다.

## | 재배 방법 |

텃밭 농부 중에는 집에서 먹다가 남은 감자를 심는 사람이 더러 있다. 감자는 바이러스가 치명적이라서 이는 바람직하지 않다. 바이러스 감염을 피하려면 씨감자용으로 판매되는 감자를 심는 편이 좋다. 인터넷 쇼핑몰에서는 강원도 고랭지에서 씨감자용으로 재배한 감자를 판매하는데, 대부분 20kg 단위로 포장해 판매해서 소규모 텃밭 농부에게는 부담스러운 양이다. 이웃 텃밭 농부와 공동으로 구매해도 좋고, 종묘상을 방문해 소량으로 씨감자를 살 수도 있다. 간혹 소량으로 씨감자를 판매하지 않는 종묘상도 있으나 몇 군데 둘러보면 소량으로 씨감자를 판매하는 종묘상이 반드시 있다. 보통 1만 원 단위로 한 봉지씩 판매한다.

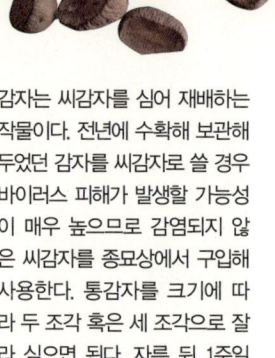

감자는 씨감자를 심어 재배하는 작물이다. 전년에 수확해 보관해 두었던 감자를 씨감자로 쓸 경우 바이러스 피해가 발생할 가능성이 매우 높으므로 감염되지 않은 씨감자를 종묘상에서 구입해 사용한다. 통감자를 크기에 따라 두 조각 혹은 세 조각으로 잘라 심으면 된다. 자른 뒤 1주일 정도 표면을 말렸다가 심으면 토양 속 병균이 침입하는 것을 방지할 수 있다.

### 어떤 품종을 심을까

감자는 여러 가지 품종이 있으나 '수미 감자'와 '대지 감자'가 가장 많이 보급돼 있다. 수미와 대지는 역병과 바이러스에 강하고 생산량도 많다. '대지 감자'는 봄과 가을 재배 모두 적합한 품종이다. 그러나 텃밭 농부 입장에서는 가을에 김장 배추와 무 등을 심어 밭 이용 효율을 높이려면 봄 재배가 유리하다고 생각한다.

### 씨감자 자르기

씨감자를 통째로 심어도 그만이지만 그렇게 하면 씨감자 소모가 많고, 나중에 많은 싹이 올라와 싹을 따주는 일도 번거롭다. 따라서 적당한 크기로 잘라 심는데, 대략 30g 안팎이면 된다. 일일이 무게를 재서 자를 수 없는 만큼 조금 큰 달걀의 반쪽 크기 정도로 잘라 심으면 된다. 감자는 뿌리를 내리기 전에 씨감자에서 영양분을 흡수하므로 씨감자를 너무 작게 자르면 성장이 나빠진다.

한 조각에 눈이 두세 개 정도 붙어 있도록 씨감자를 자른다.

　표면이 오목하게 들어간 부분이 싹이 나는 눈이다. 따라서 감자를 두 쪽 혹은 세 쪽으로 자를 때는 조각마다 씨눈이 두세 개 이상 들어가도록 자른다. 자를 때는 칼을 소독해가며 잘라야 하는데, 옆에 냄비를 두고 물을 끓이면서 칼 두 개를 번갈아가며 감자를 자르고 끓는 물에 소독하는 방식으로 하면 된다. 혹시 한 개의 감자에 있을지도 모를 바이러스가 다른 감자에도 옮아가지 않도록 하기 위해서다. 그러나 바이러스가 없다고 보증하는 고랭지 씨감자를 구입했다면 굳이 그렇게 하지 않고, 칼 하나로 잘라도 별 피해가 없다.

감자를 3월 말경 심으면 싹이 올라오는데 한 달 이상 걸린다. 싹이 난 감자를 심으면 지상부로 새 싹이 훨씬 일찍 나온다.

### 씨감자 심기

자른 씨감자를 1주일 정도 그늘에 말려서 심으면 좋다. 잘린 단면에 습기가 있는 그대로 묻으면 씨감자가 썩을 수도 있고, 흙 속의 병균에 쉽게 노출되기 때문이다. 1주일 정도 말릴 여유가 없다면 잘린 단면에 재를 묻혀 파종하면 병균 감염의 위험이 현저히 줄어든다. 그마저도 여유가 없다면 잘라낸 그대로 심어도 큰 문제는 없다. 대량 생산하는 전업 농부라면 위험을 무릅쓸 수 없지만, 텃밭 농부 입장에서는 병균 피해를 본다고 해도 극히 소량이니 너무 신경 쓰지 않아도 된다.

씨감자는 눈이 약간 난 것을 심는 게 훨씬 성장이 빠른데, 3월 말에는 아직 지온이 낮아서 성장이 더디다. 따라서 따뜻한 집에서 어느 정도 눈을 나오도록 했다가 심으면 빨리 성장할 수 있다. 굳이 모판흙에 묻을 것은 없고, 플라스틱 그릇에 씨감자를 넣고 따뜻한 곳에 두기만 해도 싹이 잘 난다.

감자를 심는 깊이는 10㎝ 정도가 적당하다. 잘린 단면이 아래로 가도록, 즉 씨눈 혹은 싹이 난 부분이 위로 오도록 심고 흙을 덮어주면 된다. 감자 싹이 지표를 뚫고 올라오는 데는 상당한 기간이 필요하다. 3월 말에 심은 감자가 4월 말이 되어야 지표로 싹을 내밀기도 한다. 워낙 성장이 더디므로 텃밭 농부 중에는 혹시 감자 싹이 땅속에서 죽어버린 것은 아닐까 싶어 땅을 파보는 사람도 있을 정도다.

지금까지 텃밭 농사를 지으면서 감자 싹이 올라오지 않는 경우는 한 번도 없었다. 싹이 더디게 올라오는 것은 지온이 아직 낮은 데다, 깊이 심었기 때문이다. 감자는 반드시 싹이 올라오니 느긋하게 기다리면 된다. 특히 감자는 일단 땅 위로 싹을 내고 나면 무서운 속도로 자라는 만큼, 3월 말경에 심었거나 싹을 어느 정도 길러 4월 초에 심었다면 충분히 길러서 수확하는 데 아무런 문제가 없다.

### 눈따기

씨감자를 반으로 잘라 심으면 대개 넷에서 여섯 개의 싹이 올라온다. 이 싹을 다 기르면 감자가 지나치게 많이 달려 알이 작아진다. 따라서 땅 위로 올라온 감자 싹의 길이가 10㎝쯤 됐을 때 두 개 정도만 남기고 모두 따준다. 대략 씨감자를 심고 1개월 혹은 40일이 지날 무렵이다. 크게 자란 것을 남기고, 작은 것을 솎아내면 된다.

감자 싹을 제거할 때는 땅 위에 나온 부분뿐만 아니라 씨감자와 붙은 부위까지 따내야 하는데, 싹을 잡아당기다 보면 땅속에 묻힌 씨감자까지 뽑혀버리기에 십상이다. 따라서 한 손으로 씨감자가 묻혀 있는 부분의 흙을 누르고 다른 손으로 제거할 싹을 잡아당겨 뽑아내도록 한다.

씨감자를 자른 뒤 나뭇재를 묻혀 주면 병균 침입을 예방할 뿐만 아니라 감자가 자라는 데도 도움이 된다.

씨감자를 심을 때는 잘린 단면이 사진과 같이 아래로 향하도록 한다. 실제 심을 때는 땅속 10㎝ 안팎 깊이로 심어 싹이 땅 위로 나오지 않도록 한다.

5월 중순 무성하게 자라는 감자.

씨감자를 심으면 보통 대여섯 개의 줄기가 올라온다. 이 중에 튼튼하게 자라는 두세 개의 줄기만 기르고 나머지는 제거한다. 줄기를 제거할 때는 한 손으로 밑동을 누르고, 다른 손으로 제거할 줄기를 뽑아내도록 한다.

5월이면 감자밭에 풀이 무성하게 자란다. 풀을 매지 않으면 감자에 갈 영양분을 풀이 흡수하므로 감자알이 작아진다. 심하면 수확할 것이 없는 경우도 있으므로 철저한 풀 관리가 필요하다.

감자밭의 환삼덩굴과 실새삼. 환삼덩굴이나 실새삼이 번지면 작물이 말라 죽으므로 철저하게 제거해야 한다.

5월 말에서 6월 초, 땅속에서 감자알이 굵어지면서 흙 표면에 금이 가기 시작한다.

### 풀 뽑기와 북주기

감자 잎과 줄기가 무성하게 자라기도 전에 풀이 먼저 자란다. 이것을 그대로 내버려두면 나중에 감자를 찾기도 어려울 정도로 풀밭이 되어버린다. 따라서 4월 말이나 5월 초에 반드시 김매기를 해주어야 한다.

감자알은 씨감자를 심은 위치에서부터 위로 올라오면서 달리므로 감자 줄기가 자라는 것을 봐가며 두세 차례에 걸쳐 북주기를 해주어야 한다. 그래야 감자알이 성장할 수 있는 공간을 확보할 수 있다. 북주기를 해주지 않으면 감자가 땅 위로 나와 햇빛을 보게 되어서 껍질이 녹색으로 변한다. 그러면 독성 물질인 알칼로이드(alkaloid)가 합성되는데, 이 부분을 먹으면 중독을 일으킨다. 또 같은 조건이라면 북주기를 하는 편이 북주기를 하지 않는 편보다 감자알이 굵다. 북주기를 통해 자연스럽게 흙을 긁어주게 되므로 풀도 제거할 수 있어 좋다.

그러나 사실 북주기 작업은 고되다. 따라서 북주기가 어렵거나 귀찮다면 두둑을 만들고 먼저 검은 비닐 멀칭을 한 다음 구멍을 내고 씨감자를 심으면 된다. 검은 비닐 멀칭을 해주면 김매기도 북주기도 할 필요가 없다. 다만 소규모 텃밭 농부가 비닐 멀칭까지 하는 것이 바람직하지는 않다. 스무 포기 정도 감자를 기른다면 쉬엄쉬엄 재미삼아 북주기를 해보는 것도 좋겠다.

5월 말이면 예쁜 감자 꽃이 핀다. 감자 꽃을 따 주어야 감자알이 커진다.

감자는 북주기를 해주어야 한다. 북주기를 해주지 않으면 감자가 자랄 공간이 부족해 알이 굵어지지 않을 뿐만 아니라 감자알이 지상으로 나와 햇빛에 노출돼 녹색을 띠게 된다. 녹색 부위는 매우 강한 독성을 띠므로 먹으면 안 된다.

### 실험적인 방법

한 번은 눈따기의 번거로움을 피하려고 감자 싹이 8~9㎝ 이상 자라도록 따뜻한 집에서 기른 다음, 본밭에 옮겨심기 전에 두 개의 싹만 남기고 나머지 싹을 모두 제거한 후 심은 적이 있다. 또 북주기를 하지 않으려고 싹이 난 이 씨감자를 20㎝ 정도로 깊이 묻은 적도 있다. 햇빛이 아주 잘 드는 밭인 데다가 싹을 9㎝ 가량 길러서 심은 덕분에 깊이 묻었는데도 더디게 자라지 않았고, 북주기를 하지 않아도 아주 굵은 감자를 수확했다. 북주기도 성가시고, 눈따기도 성가시며, 멀칭을 하고 싶지 않다면 이런 방법을 써보는 것도 좋겠다. 그러나 이렇게 하려면 땅을 깊이 갈고, 두둑을 높여야 하며, 씨감자의 싹을 충분히 길러서 심어야 한다. 물론 햇볕이 아주 잘 드는 밭이어야 함은 말할 필요도 없다. 자칫 너무 오래 깊이 심었다가 싹이 지상으로 나오기까지 시간이 너무 걸려 필요한 생육 기간을 확보하지 못하는 경우도 발생한다. 몇 해 감자 농사를 지어본 다음 경험을 바탕으로 응용해보는 것이 좋겠다.

### 감자 꽃 제거

감자를 기르다 보면 몇몇 개체에서 꽃이 피기도 하는데, 예뻐서 보기에는 좋지만 기르는 농부 입장에서는 별로 득이 없다. 감자는 씨앗으로 번식하지 않고 땅속에서 자라는 덩이줄기로 번식하기 때문이다. 꽃이 피면 감자알이 작아지므로 한두 개 정도 관상용으로 남겨두고 나머지는 바로바로 제거하는 것이 좋다.

### 물 주기

감자는 알이 굵어지는 시기(대략 5월 하순에서 6월 초순)에 물이 많이 필요하다. 이 시기 우리나라는 가뭄이 심하다. 비가 오지 않으면 자주 물을 주는 수고를 아끼지 않아야 한다. 물은 너무 자주 주기보다 1주일에 한 번 정도 주도록 하고, 한 번 줄 때 많이 주는 것이 좋다. 어느 밭이나 마찬가지인데 밭두둑을 만들 때는 흙이 부슬부슬하지만, 비가 서너 번 내려 흙이 젖었다가 마르기를 반복하다 보면 지표면은 마치 코팅한 것처럼 단단해진다. 그냥 물을 주면 대부분 물이 고랑으로 흘러내리고 만다. 고랑만 흥건하지 실제로 작물이 자라는 두둑은 물을 거의 못 받는 것이다. 따라서 호미로 두둑 표면을 슬슬 긁어주고 물을 주는 것도 좋고, 한 번 물을 주어 겉흙 표면이 충분히 젖은 뒤에 두세 차례에 걸쳐 물을 주는 것이 좋다. 앞서 두둑 위에 물고랑 만드는 법에서 소개한 것처럼 처음부터 비교적 넓게 두둑을 만들고 가운데 고랑을 파고, 양쪽으로 작물을 심으면 물을 더 효과적으로 줄 수 있다.

물이 두둑 아래 고랑으로 흘러내리는 것을 방지하는 요령으로 몇 차례 나누어 물을 주는 방법이 있다. 또는 괭이로 두둑 가운데를 길게 판 뒤 물을 주면 물이 고랑으로 흘러내리지 않고 두둑 아래로 내려가 작물이 물을 충분히 흡수할 수 있다.

6월경 이후에는 물을 주지 않는 것이 좋다. 이때 감자알은 덩치를 키우기보다는 단단해지는 데 집중해야 저장성이 좋아지기 때문이다.

## 병해충과 처방

감자밭에 자주 등장하는 해충은 이십팔점박이무당벌레다. 초보 농부는 이 벌레를 칠성무당벌레로 오해해 익충인 줄 알고 내버려두는 경우가 종종 있다. 5월부터 나타나 감자 잎을 닥치는 대로 먹어치우는 해충인 만큼 눈에 띄는 대로 잡아야 한다. 일단 밭에 이십팔점박이무당벌레가 나타나면 잎 뒷면을 살펴서 이 녀석이 낳은 알이 있는지 확인해야 한다. 한번 알을 낳기 시작하면 급속도로 번식하므로 알 역시 철저히 제거한다. 이십팔점박이무당벌레의 애벌레 역시 잎을 갉아 먹으므로 눈에 띄는 대로 잡아낸다.

단, 진딧물을 잡아먹는 익충인 칠성무당벌레와 혼동하지 않도록 주의한다. 이십팔점박이무당벌레는 등에 점이 매우 많고, 칠성무당벌레는 양쪽 날개에 각각 세 개의 점과 날개가 겹치는 부분에 한 개의 점 등 모두 일곱 개의 점이 있다.

감자밭에 나타난 칠성무당벌레. 점이 일곱 개인 칠성무당벌레는 진딧물을 잡아먹는 곤충으로 텃밭 농부 입장에서는 익충이다.

이십팔점박이무당벌레는 잎을 갉아 먹어서 텃밭 농부에게는 해롭다.

무당벌레 알.

## | 웃거름 주기 |

감자는 생육 기간이 비교적 짧아서 거름은 모두 밑거름으로 준다. 밑거름으로 유기질 비료를 충분히 주었다면 따로 웃거름을 줄 필요는 없다. 하지만 생육이 현저하게 부진하다고 판단되면 웃거름을 주도록 한다.

## | 수확과 저장 |

봄에 심은 감자는 하지 무렵에 수확하는데, 늦어도 장마가 오기 전에 수확해야 한다. 잎과 줄기가 누렇게 변하면서 쓰러지는 줄기가 반 이상 나오면 수확할 때가 된 것이다. 맑은 날 수확하며, 그늘에서 두세 시간쯤 말린 뒤 어두운 곳에서 보관해야 한다. 감자는 햇빛이나 자외선에 노출되면 녹색으로 변하기 쉽고, 독성 물질인 알칼로이드가 합성된다.

호미로 감자를 캐다 보면 감자알 표면에 상처를 입히는 경우가 종종 발생한다. 이를 예방하려면 약초용 두발괭이를 사용하면 효과적이다. 일반 호미나 반달 모양의 호미를 사용해 감자를 캐면 감자에 상처를 많이 내게 된다. 상처 난 감자는

수확한 감자는 반나절 정도 그늘에서 말린 다음 보관해야 한다.

하지를 전후해 감자를 수확한다. 곧 장마가 닥치므로 수확이 늦어지지 않도록 한다. 감자는 맑은 날 수확해야 한다.

저장성이 나쁠 뿐만 아니라 독성 물질을 분비할 수도 있다. 두발괭이로 감자를 캘 때도 감자 포기 바로 옆에 괭이를 박아 넣기보다는 조금 떨어진 곳에 괭이를 박아 넣은 뒤 괭이를 끌듯이 잡아당기면 감자알에 상처를 덜 나게 할 수 있다.

한때 감자를 먹고 중독됐다는 이야기가 종종 들리던 시절이 있었다. 6.25 때 굶주린 사람들이 오래된 감자를 먹고 목숨을 잃었다는 이야기도 있다. 실제로 먹는 채소 중에서 감자는 버섯 다음으로 중독 사고가 자주 발생한다고 한다.

감자 싹과 녹색으로 변한 껍질은 솔라닌(solanine)을 비롯해 유독성 알칼로이드 배당체(配糖體)가 많으므로 요리할 때 녹색으로 변한 부분과 싹을 제거해야 한다. 덜 익거나 싹이 난 감자의 독성은 끓여도 제거되지 않는다. 특히 작은 감자는 체적에 비해 표면적이 커서 독성 물질인 알칼로이드 함유량이 높다. 또 수확하는 과정에서 호미에 찍히거나 베여 상처 난 감자를 요리할 때는 상처 난 부위를 충분히 깎아내는 게 좋다. 특히 감자 껍질에는 유독 물질이 많은 만큼 요리할 때는 반드시 껍질을 벗긴다.

감자는 휴면성이 있어서 캐서 그늘에 잘 말린 다음 저장하면 상당 기간 저장할 수 있다. 그러나 아파트 베란다 등에서 그냥 저장할 경우 처음 몇 달은 문제 없으나 환경에 따라 4~6개월 정도 지나면 싹이 난다. 특히 따뜻한 곳에 보관하면 쉽게 싹이 난다. 싹에는 독이 있으므로 먹으면 안 된다. 적정한 저장 온도는 4℃ 정도이며, 냉장고에 보관할 경우 이듬해 봄까지도 저장할 수 있다.

먹을 때는 감자 싹과 녹색으로 변한 부분을 충분히 도려내야 안전하다. 수확한 후 베란다에서 서너 달 보관하다가 냉장고로 옮길 경우, 이미 싹이 난 감자는 싹을 도려내고 냉동 저장하면 오래 보관할 수 있다. 보관하기 전에 껍질을 벗기고, 적당한 크기로 자른 다음 냉동실에 보관하면 나중에 꺼내서 바로 요리할 수 있다.

### 감자 재배 일정

| 3월 | | | 4월 | | | 5월 | | | 6월 | | | 7월 | | | 8월 | | | 9월 | | | 10월 | | | 11월 | | | 12월 | | | 1월 | | | 2월 | | |
|---|---|---|---|---|---|---|---|---|---|---|---|---|---|---|---|---|---|---|---|---|---|---|---|---|---|---|---|---|---|---|---|---|---|---|---|
| 상 | 중 | 하 | 상 | 중 | 하 | 상 | 중 | 하 | 상 | 중 | 하 | 상 | 중 | 하 | 상 | 중 | 하 | 상 | 중 | 하 | 상 | 중 | 하 | 상 | 중 | 하 | 상 | 중 | 하 | 상 | 중 | 하 | 상 | 중 | 하 |

■ 파종　■ 수확

# 엇갈이배추
### 십자화과

재배난이도
★☆☆

엇갈이배추는 재배 기간이 두 달 정도로 짧아 연중 파종할 수 있다. 그러나 씨앗을 뿌리고자 하는 시기에 따라 봄에는 내서성이 강한 품종, 여름에는 내한성이 강한 품종을 선택해야 조금이라도 더 오래 수확할 수 있다.

## | 재배 포인트 |

엇갈이배추도 배추와 재배하는 방법이 같다. 연중 재배할 수 있지만 한여름과 한겨울에는 재배하기 어렵다. 엇갈이배추는 재배 기간이 짧아 다른 작물을 재배하고 후속 작물을 재배하기 전에 잠시 밭이 빌 때 재배하는 경우가 많다. 심는 시기 기온에 따라 내한성(耐寒性, 추위를 견디는 성질), 내서성(耐暑性, 더위를 견디는 성질)이 강한 종자를 구별해서 심는 것이 좋다.

엇갈이배추를 좀 늦은 봄에 심었다가 거의 수확도 하지 못한 상태에서 꽃대가 올라오는 바람에 농사를 망친 적이 있다. 씨앗 봉투 뒷면에 내서성 혹은 내한성에 강한 정도를 표시하고 있으니 잘 살펴보고 구입해야 한다. 그러나 배추는 기본적으로 서늘한 기후를 좋아하므로 내서성이 강한 품종이라고 하더라도 봄부터 여름까지 재배하기는 어렵다. 5월 하순이면 꽃대가 올라와 버리는 경우가 허다해서

거의 같은 시기에 심었지만, 내서성이 강한 엇갈이배추(위)는 5월 10일 현재에도 잘 자라고, 내서성이 약한 작물(아래)은 5월 10일에 꽃대가 올라오고 있다.

수확 기간이 짧아진다. 5월 중순경 한랭사나 50% 차광막을 쳐서 그늘을 만들어 주면 꽃대가 올라오는 때를 늦출 수 있다.

| 밭 만들기 |

씨뿌리기 2주 전에 3.3㎡(1평)당 1kg 정도의 유기질 비료를 넣고 밭을 잘 갈아준다. 두둑의 너비는 90~100㎝ 정도, 높이는 물 빠짐 정도에 따라 5~15㎝ 정도에서 탄력적으로 조절한다.

| 재배 방법 |

호미로 줄 간격 20㎝ 정도로 골을 파고, 2~3㎝ 간격으로 씨앗을 뿌린다. 씨앗이 겹치지 않도록 주의한다. 흙을 살짝만 덮어주고 물을 흠뻑 주면 된다. 씨를 뿌리고 사나흘이면 싹이 나기 시작하고 이레 정도면 거의 대부분 발아한다.

| 병해충과 처방 |

십자화과 작물을 재배했던 장소에 이어짓기할 경우 배추잎벌레 등의 피해가 나타난다. 따라서 십자화과 작물과 이어짓기하지 않도록 한다.

늦여름에 파종한 엇갈이배추. 11월 상순 모습. 엇갈이 작물은 봄보다는 가을에 재배할 때 수확 기간이 더 길다.

봄에 파종하려면 가능한 한 일찍 씨앗을 뿌려 조금이라도 오래 수확할 수 있도록 한다.

| 웃거름 주기 |

잎채소로 그다지 거름이 많이 필요하지 않은 작물인 데다가 재배 기간이 짧아 따로 웃거름을 주지 않는다.

| 수확 |

엇갈이배추는 씨앗을 뿌리고 30일가량 지나면 수확할 수 있다. 큰 것부터 솎아서 이용하면 된다. 성장이 빠른 작물이므로 파종 3주쯤부터 큰 것을 솎아 이용해도 된다. 봄 재배의 경우 5월에 기온이 며칠 동안 갑자기 올라가거나 건조하면 꽃대가 쉽게 올라오므로 될 수 있으면 어릴 때부터 솎아 먹는 편이 유리하다. 그러나 너무 심하게 솎을 경우 포기 간 간격이 넓어지면서 잎이 억세지므로 어느 정도 붙어서 자라도록 한다.

거름과 물을 충분히 주고, 어느 정도 자란 뒤에 50% 차광막을 설치해 그늘을 만들어주면 꽃대가 올라오는 것을 다소 늦출 수 있다. 꽃대가 올라오지 않더라도 장마 전에는 모두 수확하도록 한다. 한여름 고온기가 되면 잎이 억세진다.

### 엇갈이배추 재배 일정

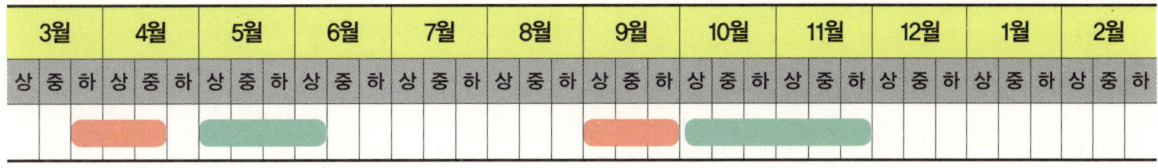

파종　　수확　　　　　　　　　* 10월에 파종한 엇갈이배추를 비닐로 덮어주면 12~2월까지도 수확할 수 있다.

재배난이도
★☆☆

# 열무
십자화과

## | 재배 포인트 |

열무는 십자화과 작물과 이어짓기하지 않도록 한다. 봄과 가을에 수시로 씨를 뿌려 기를 수 있다. 40일이 지나면 수확할 수 있을 만큼 재배 기간이 짧으므로 앞 작물을 수확한 후 다른 작물을 심기 전에 잠시 밭이 빌 때 재배할 수 있다. 그러나 특별한 시설 없이 여름에 씨앗을 뿌려 기르기는 매우 어렵다. 적어도 한여름 무더위가 한풀 꺾이는 8월 말이나 9월 초에 씨앗을 뿌려 가을에 재배하는 것이 기르기 쉽다.

봄에 씨를 뿌려 여름철 열무김치로 이용하면 제격이며, 흩뿌려 심은 뒤 중간중간 솎아 먹기에도 적합한 작물이다.

열무는 재배 기간이 짧아 작물을 재배하고 나서 다음 작물을 재배하기 전까지 비는 밭에 재배하면 제격이다. 그러나 한여름 고온기에는 싹이 나지 않는다.

열무는 봄과 가을 모두 재배할 수 있다. 사진은 가을에 파종한 열무.

## | 밭 만들기 |

열무는 습한 밭과 건조한 밭을 모두 싫어한다. 따라서 물 빠짐이 좋은 밭이면 두둑 높이를 10㎝ 정도로 하고, 물 빠짐이 나쁜 밭은 두둑을 20㎝ 이상 높인다. 열무는 재배 기간이 짧으므로 거름은 밑거름 위주로 한다. 씨뿌리기 2주 전에 3.3㎡(1평)당 완숙 퇴비 7~10㎏이나 유기질 비료 1㎏ 정도를 넣고 밭을 잘 갈아준다. 질소 비료를 많이 주면 잘 자라는 것처럼 보이지만, 병에 약하고 벌레가 많이 꼬이므로 완숙 퇴비나 유기질 비료를 사용한다.

열무는 건조에도 약하므로 날씨가 더운 여름철에는 하루에 한 번씩 물을 주는 것이 좋다. 물을 줄 때는 흠뻑 주도록 한다. 물뿌리개로 슬슬 뿌리면 표면만 젖을 뿐 열무 뿌리까지는 물이 거의 도달하지 않는다.

## | 재배 방법 |

호미로 20㎝ 간격으로 줄을 긋고, 1~2㎝ 간격으로 씨앗을 뿌린다. 열무의 싹트는 온도는 15~30℃이며 35℃ 이상이면 발아하지 않는다. 씨앗을 뿌린 뒤에는 흙을 3㎜ 정도로 가볍게 덮고 물을 흠뻑 뿌려준다. 이때 물에 씨앗이 쏠려 한쪽으로 몰리지 않도록 물뿌리개를 이용해 조심해서 물을 준다.

열무가 잘 자라는 온도는 20℃ 전후이며 13℃ 이하로 떨어지거나 30℃ 이상이 되면 성장에 장애가 발생하고 식감도 떨어진다. 따라서 언제나 심을 수 있는

씨앗을 뿌리고 1주일 정도면 싹이 올라온다.

파종 2주 만에 훌쩍 자랐다. 파종 3주쯤부터 수시로 솎아야 밭에 남아 있는 열무가 자랄 수 있는 공간을 확보할 수 있다.

작물이기는 하지만 적합한 기온일 때 심도록 한다.

## | 풀 뽑기 |

밭을 만들 때 풀을 잘 매주면 그다지 걱정하지 않아도 된다. 다만 봄 재배의 경우에는 열무가 아직 성장하기도 전에 풀이 먼저 돋아나 자라므로 한 번쯤 매주면 이후에는 열무 잎이 우거져 풀 걱정을 안 해도 된다.

## | 병해충과 처방 |

여름에 재배할 경우 장마기와 겹쳐 습해를 입을 수 있고, 고온 다습한 환경 때문에 무름병과 같은 병해가 쉽게 발생한다. 비가 많이 내릴 때는 비닐 등으로 덮어 비를 맞지 않도록 하고, 두둑이 침수되지 않도록 배수로 관리를 해야 한다.
　벼룩잎벌레 등이 나타나므로 십자화과 작물과 이어짓기하지 않도록 하고, 한랭사를 쳐서 해충 침입을 막아야 한다.

## | 웃거름 주기 |

특별히 웃거름을 주지 않아도 되지만, 성장이 부진하다고 판단되면 물에 질소 비료를 녹여 잎에 조금만 뿌려주면 된다. 거름이나 햇빛, 물이 부족한 경우 뿌리가 굵어지지 않으므로 유의한다.

파종 4주에 솎은 열무.

해가 길어지고 날씨가 더워지면 쉽게 꽃대가 올라오므로 수시로 솎음 수확해서 먹도록 한다. 씨를 뿌린 뒤 40일이면 다 자라는데, 잎이 아래로 늘어지기 시작하면 모두 수확한다.

봄에 파종한 열무에서 꽃이 피고 있다. 열무는 해가 길어지면 금방 꽃대가 올라오므로 초기부터 부지런히 솎아 먹고, 나머지도 제때 수확해야 한다.

| 수확과 보관 |

열무는 너무 빽빽하게 심으면 웃자라기에 십상이다. 따라서 조금 빽빽하게 심은 다음 큰 것부터 수시로 수확해서 먹어야 수확 기간도 길어지고, 작물도 잘 자란다. 봄에 씨앗을 뿌리고 3주쯤 지나면 큰 것부터 조금씩 수확할 수 있다. 기온이 높은 8월이나 9월에 파종했을 경우 씨를 뿌리고 열흘 정도 지나면 큰 것부터 조금씩 수확할 수 있다. 큰 것을 수확하면 공간이 생겨 옆에 작은 것들이 잘 자란다.

봄에 파종한 작물은 40일, 여름에 파종한 작물은 30일이면 다 자란다. 수확기를 넘기면 초여름부터 꽃대가 올라와 수확해서 이용할 수 없으므로 적기에 모두 수확하고 후속 작물을 심는 것이 좋다.

**열무 재배 일정**

■ 파종　■ 수확

# 곰취
### 국화과

재배난이도 ★★★

## | 재배 포인트 |

곰취 재배에 다시 도전했다. 곰취는 800m 정도 고산지대의 나무 그늘 아래에서 잘 자란다. 일반 노지에서 재배하기는 참 어렵다.

곰취는 산나물의 제왕으로 불리며, 식성에 따라서는 쌈 채소 중에 비할 것이 없을 만큼 맛있다고 하는 사람도 있다. 어린잎은 연한 데다 쌉싸름해서 맛이 좋다. 산속의 그늘지고 다소 습하면서도 물이 잘 빠지는 부식토에서 잘 자라는 나물이라 햇빛이 쨍쨍 내리쬐는 텃밭에서는 잘 자라지 못한다. 모종 몇 포기 사다가 1년 키워서는 먹을 만한 것이 많지 않고, 2년 혹은 3년쯤 길러야 어느 정도 번식하고 잎을 얻을 수 있으므로 텃밭의 임대 사정을 고려해 재배 여부를 결정한다.

경험으로 볼 때 초보 농부가 텃밭에서 기르기는 쉽지 않다. 곰취는 해발 800m 이상의 고산지대의 큰 나무 아래 그늘진 데서 잘 자라는데, 대부분 텃밭은 햇빛이 잘 드는 데다 해발이 낮은 곳에 있어서 기르기에 적합하지 않다. 해발이 높은 곳에서 잘 자라던 곰취를 텃밭으로 옮겨 심으면 첫해는 겨우 넘기는 경우가 있지만, 이듬해에는 대부분 말라 죽고 만다. 초보 텃밭 농부에게 권장할 만한 작물은 아니다.

말발굽 모양의 곰취 잎.

| 밭 만들기 |

일교차가 크고 부엽토층이 두꺼우며 비교적 서늘한 고랭지가 적합하다. 곰취는 강한 햇볕을 싫어하고 무더위에 약하다. 주로 해발 800m 이상 되는 시원한 곳의 나무 그늘에서 잘 자란다. 그늘이 없는 곳이라면 30~50% 차광막을 씌워주어야 한다. 텃밭에 그늘이 드리우는 자리가 있다면 그곳에 심는다.

배수가 잘되는 사질토에 잘 썩은 나뭇잎을 두툼하게 깔아주면 좋다. 비교적 질소 거름이 많이 필요하므로 씨를 뿌리거나 옮겨심기 2~3주 전에 잘 썩힌 퇴비를 적당히 넣어주고 이랑을 만들어야 한다.

| 재배 방법 |

곰취 씨앗. 종묘상에서 쉽게 씨앗을 구할 수 있지만, 평지에서 텃밭 농부가 씨앗을 뿌려서 곰취를 기르기는 무척 어렵다.

나무 그늘이 드리우지 않는 곳이라면 여름에 반드시 30~50% 차광막을 덮어주어 여름의 강한 직사광선에 노출되지 않도록 한다. 텃밭에서는 이 작업이 매우 번거로우므로 활엽수 나무 아래 곰취를 심는 것이 좋다. 이렇게 심고 풀을 매주고 물을 주면 6월에 잎이 꽤 자라고, 이듬해 3월 하순부터 6월 상순까지 어느 정도 수확할 수 있다.

밭에 아주 심고 이듬해 6월이면 꽃대가 올라오는데, 씨앗을 얻을 목적이 아니라면 꽃대를 제거해주는 것이 더 많은 잎을 수확하는 데 유리하다. 2~3년이 지나면 곰취 뿌리 둥치가 꽤 굵어지는데 한 둥치에서 수십 장을 따낼 수 있다. 그러나 이파리를 너무 많이 따버리면 이듬해 잘 자라지 않는다.

### 씨뿌리기

곰취는 두 가지 방법으로 번식시킬 수 있다. 첫째는 3월에서 4월 초에 씨앗을 뿌려 발아시키는 방식이다. 또 하나는 곰취가 휴면에 들어가는 10월 이후 혹은 새싹이 나오기 전인 3월경 포기를 나누어 심는 방식이다. 처음 곰취 재배를 시작한다면 4월 중순경 재래시장이나 종묘상에 가서 모종을 사다 심는 방법이 가장 무난하다. 재래시장에서는 주로 세 포기 천 원, 종묘상에서는 두 포기 천 원에 판매한다.

곰취는 해발 800m 부근, 나무 그늘에서 잘 자란다. 사진은 감나무 그늘에 심은 곰취인데, 결국 1년을 버티지 못하고 말라 죽었다.

첫해와 두 번째 해 곰취 재배에 실패하고 세 번째 해에 곰취를 길렀다. 나무 그늘이 지는 데다 나뭇잎이 몇 해 동안 쌓여 땅이 푸석푸석하고 수분이 많은 곳에서 그나마 자랐다.

곰취는 휴면하므로 직접 파종할 때는 휴면 타파를 위해 씨앗을 봉투째로 5℃ 정도의 냉장고에 넣어 보름 정도 저온 처리하도록 한다. 그러나 이렇게 저온 처리를 해도 발아율이 60%에 그칠 만큼 발아율이 낮다.

곰취를 키우던 첫해에 나무 그늘이 드리우는 곳이 아니라 햇빛이 잘 드는 텃밭에 씨앗을 뿌렸는데, 싹이 전혀 나지 않았다. 햇빛이 온종일 들고, 그해는 마침 초봄부터 날씨가 따뜻했던 것이 원인인 듯했다. 두 번째 해에는 감나무 그늘에 심었는데, 이 역시 작황이 별로 좋지 않았다. 세 번째 해에는 산속에 있는 밭의 나무 그늘에서 재배해서 그럭저럭 수확을 얻었지만 만족할 정도는 아니었다.

전업 농부는 발아율을 높이려고 씨뿌리기 전에 발아촉진제인 지베렐린액에 30분 정도 담갔다가 파종한다. 씨앗 값이 비싼 데다 씨가 매우 작고 날개가 달려서 바람이 불면 날아가므로 씨앗을 뿌릴 때 주의해야 한다.

0.5cm 깊이로 골을 파고 씨앗을 하나씩 넣어 준다. 흙을 얕게 덮고 그 위에 짚이나 신문지를 덮어주고 열흘 정도 땅이 마르지 않도록 조금씩 자주 물을 뿌려주면 싹이 튼다. 싹이 트고 열흘 정도 더 지난 후 덮어두었던 짚이나 신문지를 걷어낸다.

어느 정도 자라 본잎이 나오면 포기 사이 25cm, 이랑 넓이 50cm 간격으로 밭에 아주 심는다. 곰취는 줄기가 1~2m까지 자라고, 잎도 넓어서 아주 심기할 때 충분한 간격을 유지해주어야 한다. 텃밭에 나무 그늘이 없다면 키우기 힘든데, 건물 벽 아래 길러 하루 중 햇빛이 비치는 시간을 줄여주는 것도 한 방법이다.

씨뿌리기 외에 포기나누기로 개체 수를 늘릴 수 있다. 3월 초 잎이 나오기 전이나 잎이 진 후 오래된 포기를 파서 3~4 등분 하여 포기나누기를 하는 방법으로도 개체 수를 늘릴 수 있다. 텃밭 농부는 씨앗을 뿌리기보다는 모종을 사서 심는 편이 유리할 수 있다.

| 병해충과 처방 |

특별히 병해충 피해는 없다. 다만 어린 곰취 잎은 연하고 향긋해서 무당벌레와 나비 애벌레가 자주 갉아 먹는다. 곰취 잎에 구멍이 숭숭 뚫려 있거나 잎 가장자리가 찢어져 나간 것은 이런 벌레가 갉아 먹은 것이다. 그러나 겨울을 나고 봄에 어린잎을 먹는 만큼 일부러 해충을 퇴치할 필요는 없다. 구멍 난 부분, 찢어져 나간 부분을 잘라내고 먹으면 된다.

수확한 곰취 잎.

| 수확과 이용 |

곰취는 키가 1~2m까지 자라며 3월 하순부터 6월 상순까지 꾸준히 수확할 수 있다. 어린잎과 줄기를 나물로 먹는다. 한 해에 두세 번 수확할 수 있는데, 자랄수록 쓴맛이 강해지고 질겨서 먹기 어렵다. 수확할 때마다 주당 두세 개 정도의 잎을 남기고 수확하면 된다. 꽃대가 올라오면 잎 수확을 그만두어야 한다.

곰취와 닮은 곤달비.

  곰취는 쌉싸름하고 달콤한 맛이 나며 향기가 무척 싱그럽다. 이 독특한 맛은 고기 맛을 좋게 해주어서 곰취를 '고기 도둑'이라고 부르기도 한다. 생잎으로 먹기도 하고 데쳐 먹기도 한다. 삶아서 냉동 저장했다가 수시로 나물을 무쳐 먹어도 된다. 생잎에 삼겹살을 싸서 먹으면 맛이 일품이다. 소금물에 절였다가 고춧가루, 마늘, 젓갈 등 양념을 넣어 깻잎 요리처럼 먹으면 아주 맛이 있다. 생것을 된장에 찍어 먹어도 맛이 좋다.

## TIP 곰취와 동의나물 구분법

곰취와 동의나물은 어린잎이 둘 다 둥근 심장형이고 잎에 톱니가 있어 헷갈린다. 그래서 동의나물을 곰취인 줄 알고 따다 먹었다가 심심찮게 중독 사고를 일으킨다. 동의나물에는 베라트린(Veratrine), 베르베린(Berberine), 헬레보린(Helleborin), 아네모닌(Anemonin), 퀘르세틴(Quercetin) 등의 성분이 있어 수포, 부종, 토사, 구토, 복통, 어지럼, 허탈 증세를 유발한다. 그러니 산이나 계곡에서 함부로 곰취라고 생각해서 채취해 먹으면 위험하다.

곰취와 동의나물 꽃은 모두 노란색이지만, 곰취는 여름인 7~9월에 꽃이 피고, 동의나물은 4~5월에 꽃이 핀다. 또 곰취는 가운데 잎맥이 깊고 잎끝까지 길게 뻗어 가지만, 동의나물은 잎맥이 중앙에서 방사형으로 옅게 뻗어 있다. 곰취 잎에는 약한 털이 있지만, 동의나물 잎에는 털이 없어 매끄러운 느낌을 준다. 곰취 잎의 톱니는 깊고 다소 불규칙적이지만, 동의나물 잎의 톱니는 얕고 규칙적이다. 곰취는 줄기에 홈이 파여 있고, 줄기 아랫부분이 연한 자주색을 띤다.

그러나 이런 설명으로 곰취와 동의나물을 구별하기는 어렵다. 마치 곰취와 똑 닮은 동의나물도 있다. 따라서 씨앗으로 자신이 직접 재배한 곰취나 검증된 곳에서 판매하는 것이 아닌 산에서 채취한, 할머니들이 곰취라고 따다가 길가에서 판매하는 나물을 함부로 사 먹으면 위험하다.

한방에서는 동의나물의 수염뿌리와 잎, 줄기를 약용으로 쓴다. 골절상, 삔 데, 인대 손상, 화상, 피부병 등에 나물을 짓찧어 외용으로 붙인다.

### 곰취 재배 일정

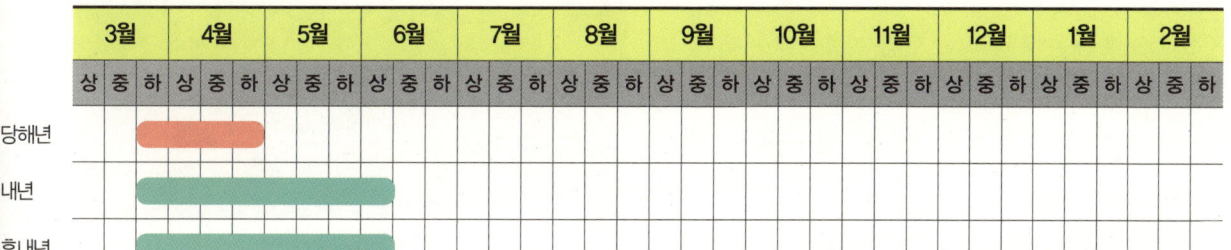

재배난이도
★☆☆

# 돌나물
돌 나 물 과

| 재배 포인트 |

돌나물은 일부러 거름을 주거나 물을 줄 필요도 없이 줄기를 잘라다 심어 놓으면 곧 뿌리를 내리고 잘 자란다. 아침에 내리는 이슬만 받아먹어도 싱싱함을 유지할 정도로 가뭄에 강하다. 텃밭 귀퉁이에 키우면서 물김치를 담글 때 뜯어다 넣으면 국물에 시원한 맛을 더한다. 겉절이나 초고추장 무침으로도 많이 먹는다. 고기를 먹고 난 뒤에 한 젓가락 정도 먹으면 입안의 느끼한 느낌을 없애준다. 지방에 따라 돋나물, 돋냉이 등으로 불리기도 한다.

가뭄에 강해 물이 거의 없어도 꿋꿋하게 자란다.

어느 정도 자라면 수시로 수확해서 먹는다. 뿌리를 뽑지 말고 잘라서 수확하면 또 잎과 줄기가 자란다.

돌나물은 일부러 두둑을 만들고 심기보다는 다른 작물을 심고 남은 두둑 가장자리에 심으면 된다.

| 재배 방법 |

### 재배 적지

돌나물은 밭두렁이나 텃밭 두둑의 귀퉁이, 모서리 등 물기가 금방 말라버려서 다른 작물을 키우기 어려운 자투리 장소에서 재배하기 좋은 나물이다.

　돌나물은 다육 식물에 속하는데, 잎이나 줄기 속에 수분을 많이 포함해서 사막이나 산 등 메마른 지역에서도 잘 산다. 우리나라에서는 돌이나 바위 틈새에 뿌리를 내리고 자란다. 물이 고이는 땅, 물기를 많이 머금은 땅은 오히려 적합하지 않다.

### 번식

돌나물은 옆으로 줄기를 뻗으며 번지는 작물이다. 줄기를 조금 얻어다 심으면 마디에서 뿌리를 내리고 옆으로 번지기 시작한다. 누워서 하늘을 보며 번지는 작물이라고 해서 와경천초(臥莖天草)라고도 한다. 5~6월에 노란색 꽃이 피며 잎과 줄기가 마르기 시작한다. 여름에는 휴면에 들어갔다가 가을이 오고 서늘한 바람이 불기 시작하면 뿌리에서 다시 새순이 올라온다.

| 수확 |

봄과 가을에 연한 잎과 줄기를 수확해서 먹는데, 뿌리가 다치지 않도록 줄기 밑동을 잘라 거둬들이면 여러 번 수확할 수 있다.

재배난이도 ★☆☆

# 옥수수
벼과

| 재배 포인트 |

옥수수는 콩과 마찬가지로 씨앗을 바로 심으면 새 피해를 볼 가능성이 높다. 까치나 비둘기가 씨앗을 파먹거나 갓 올라온 싹을 쪼아버리므로 유의해야 한다. 직접 씨앗을 뿌리기보다는 포트에 모를 길러 본잎이 두세 장 정도 되었을 때 밭에 옮겨 심는 것이 좋다. 포트에 육묘하는 과정이 번거로워 직파하고 싶다면, 옥수수 씨앗에 조류기피제인 '새총'을 묻혀서 한두 시간 정도 말린 뒤에 심으면 피해가 없다. 조류기피제 '새총'은 빨간색 물감 같은 형태인데 종묘상에서 쉽게 구할 수 있다. 새총액 한 숟가락 정도만 하면 옥수수나 콩을 두 줌 이상 처리할 수 있어서 한 통 사다 놓으면 텃밭 농부는 3~4년 동안 계속 이용할 수 있다.

옥수수 재배에서 가장 어렵고도 중요한 것은 수확 시기를 가늠하는 것이다. 수확 시기를 놓치면 딱딱해져서 맛이 떨어지고, 수확 시기에 닿지 않은 것은 아직 덜 익어 먹기 곤란하다.

## | 밭 만들기 |

옥수수는 흡비력(吸肥力, 거름을 빨아들이는 힘)이 강해 척박한 땅에서도 유기질 비료를 넉넉하게 넣어주면 잘 자란다. 파종에서 수확까지 재배 기간이 3개월 안팎으로 짧으므로 미리 밑거름을 넉넉하게 넣어준 다음 씨를 뿌리는 것이 유리하다.

옥수수는 키가 2m 이상 자란다. 따라서 밭 가운데 옥수수를 심으면 다른 작물에 피해를 줄 수 있으므로 밭 가장자리에 심는 것이 유리하다.

흔히 옥수수는 척박한 땅에서도 잘 자란다고 알려져 있지만, 거름 양이 부족하면 옥수숫대와 열매가 크게 자라지 않으므로 밑거름을 넉넉하게 넣어준다. 밭을 만들 때 밑거름으로 포기당 유기질 비료 1kg 정도 넣어주면 잘 자란다.

옥수수는 웬만한 땅에서도 잘 자라지만, 지나친 점질토나 지나친 사질토 밭에서는 재배가 원활하지 않다. 20~30㎝ 간격으로 두 줄을 아주 심기 하는 것이 가루받이에 좋으므로 두둑 너비는 60㎝ 정도로 하면 적당하다.

물이 비교적 잘 빠지는 밭에서 옥수수를 재배한다면 일부러 두둑을 만들지 않아도 된다. 두둑을 만들지 않고 평평한 곳에 30㎝ 정도 간격으로 씨앗을 심은 뒤, 옥수수 키가 자라고 뿌리가 땅 밖으로 드러날 때 포기 옆의 흙을 긁어 뿌리 부분을 덮어주면 자연스럽게 두둑과 고랑이 생길 뿐만 아니라 북주기 효과까지 있어 6월 말에서 7월 장마철에 옥수수가 비바람에 넘어지는 것을 예방할 수 있다.

모종을 구입해 심은 옥수수.

새가 옥수수 씨앗을 파먹으므로 집에서 모종을 길러 옮겨 심는 것이 좋다. 기를 장소가 마땅치 않아 바로 씨앗을 뿌려야 한다면 조류 기피제 새총을 발라 말린 후 심는다.

| 재배 방법 |

씨앗을 직접 뿌리려면 밭에 유기질 비료를 넣고 1~2주 후에 씨앗에 조류기피제 새충을 처리해 심는다. 종묘상에서 파는 옥수수 씨앗은 이미 소독과 새충처리가 돼 있는 경우가 많다. 또 다른 방법으로 밭 한구석에 옥수수 씨앗을 뿌리고 한랭사를 쳐서 모를 기르면 새 피해를 예방할 수 있다. 집에서 종자용으로 보관해둔 옥수수라면 직파보다는 육묘한 뒤 옮겨 심을 것을 권한다. 포트에 씨앗을 심어 모를 기른다면 대략 15~25일 정도 소요되고, 날씨가 따뜻한 4월 중순경 밭 한쪽 구석에 씨앗을 뿌린다면 15일이면 옮겨 심을 정도로 자란다. 텃밭에서 열 포기 안팎으로 재배할 생각이라면 종묘상에서 모종을 사서 심는 편이 유리하다.

### 씨뿌리기

너무 이른 봄에 씨를 뿌리면 싹이 난 뒤 늦서리에 피해를 볼 수 있으므로 4월 하순부터 5월 말까지가 파종 적기다. 텃밭 농부는 한꺼번에 씨앗을 뿌리지 말고 1~2주 정도 간격을 두고 서너 차례 파종하면 차례차례로 수확해서 먹을 수 있다. 그러나 시기를 둔다고 해서 달랑 한두 포기씩 파종하면 가루받이가 잘 안 되어 이가 빠진 옥수수가 나오므로 한 번 씨앗을 뿌릴 때 열 포기 이상 군락으로 파종하는 것이 좋다. 또 옥수수 간 거리를 너무 띄워 드문드문 심을 경우에도 가루받이가 잘 안 돼 이가 빠진 옥수수가 나올 수 있으므로 주의한다.

  옥수수는 수꽃이 암꽃에 떨어져 수분한다. 암꽃은 한 번 피면 열흘 정도 꽃가루를 받을 수 있지만, 수꽃의 꽃가루는 단 하루만 가루받이할 수 있다. 대부분 식물이 그러하듯 옥수수 역시 자기 포기의 꽃가루를 받아 가루받이하는 것을 싫어한다. 따라서 가루받이 확률을 높이려면 두세 줄로 여러 포기를 심는 것이 좋다.

  옥수수는 봄 재배, 가을 재배를 모두 할 수 있는데, 초보 농부 입장에서는 봄 재배가 쉽다. 가을 재배를 원한다면 서리가 내리기 전인 10월 중순 이전에 수확할 수 있도록 일정을 조정해야 한다. 그러자면 7월 상순 또는 중순경에 파종해야 한다. 그러나 이때는 장마철이라 습기가 많아서 피해를 보기 쉬우므로 배수를 철저히 해주어야 한다.

### 아주 심기

본잎이 두세 장 정도 나왔을 때가 아주 심기 가장 좋은 시기다. 포기 간 거리는 25㎝ 정도가 적당하다. 아주 심기할 때는 다른 종과 멀리 떨어진 곳(200미터 이상)에 심

파종 11일 된 옥수수(5월 15일). 이처럼 옥수수는 한꺼번에 씨앗을 뿌리지 말고 2~3주 간격을 두고 파종하면 차례로 수확해서 먹을 수 있다. 수확하는 순간부터 맛이 떨어지므로 자가소비를 목적으로 하는 텃밭 농부는 파종 시기와 수확 시기를 조정함으로써 조금씩 차례로 수확해서 바로 쪄 먹으면 좋다.

파종 2주 된 옥수수(4월 25일).

옥수수는 파종하고 4주쯤 지나면 키가 훌쩍 자란다.

때때로 옥수수 뿌리 근처에서 곁순이 올라오기도 하는데, 제대로 자라지 못하고 열매도 부실하므로 바로 제거하도록 한다.

어야 교잡이 발생하지 않는다. 다른 종이 근처에 있으면 옥수수 알의 색깔이 다양하게 나오는 경우가 많다. 아주 심기한 뒤에는 포기 주변에 원을 그리듯 홈을 파고 충분히 물을 준다.

### 물 주기

옥수수는 알이 굵어지는 7~8월에 물이 많이 필요하다. 우리나라는 이 무렵 비가 자주 내려서 물 걱정은 덜하다. 그러나 가뭄이 이어진다면 충분히 물을 주어야 충실한 옥수수를 수확할 수 있다.

### 순지르기

옥수수는 곁순이 나온다. 곁순이 30㎝ 정도 자랐을 때 제거해주는 것이 성장에 도움이 된다. 그러나 곁순의 세력이 매우 약하다면 굳이 제거하지 않아도 괜찮다.

옥수수는 포기당 두세 개의 열매가 달리는데, 맨 위에 달리는 열매가 가장 크다. 텃밭 농부는 포기당 한두 개의 열매를 목표로 하고, 나머지는 일찌감치 제거해야 실한 열매를 얻을 수 있다. 열매를 세 개 이상 남겨봐야 얻을 게 없다.

어렸을 때를 떠올려보면 어른들이 키우던 재래종 옥수수는 한 포기에서 적어도 네다섯 개의 열매를 얻었다. 비록 크기는 다소 작았어도 수확이 괜찮았다. 근래에 출시된 개량한 옥수수는 거의 두 개 안팎의 열매가 열리고, 그중에서도 먹을 만한 열매는 한두 개밖에 되지 않는다. 개인적인 생각이지만, 대부분 작물은 개량형이 더 나은데 옥수수만큼은 재래종이 더 나았다는 생각이 든다.

### 북주기

옥수수는 줄기에서 뿌리가 발달하면서 지상에 뿌리가 드러난다. 김매기를 할 때 북주기를 같이 해주면, 여름 장마와 바람에 견디는 힘도 좋아지고 성장도 좋아진다. 옥수수는 뿌리가 얕고, 키는 큰 작물이어서 바람에 넘어지기 쉽다. 넘어진 것은 일으켜 세워준다. 하지만 지주가 필요한 정도는 아니다. 대학흑찰옥수수와 같은 신품종은 바람에 견디는 힘이 강한 편이지만, 장마철 비바람에는 쓰러지는 포기가 많이 나온다. 대학흑찰옥수수든 일반 옥수수든 장마가 닥치기 전에 옥수수 상단 부분을 끈으로 서로 묶어주면 웬만해서는 넘어지지 않는다. 그러나 이 작업은 매우 번거롭다. 그래서 옥수수 포기를 모두 묶기보다는 넘어지는 포기가 나올 때마다 일으켜 세워 북주기를 하고, 옆 포기와 상단부를 묶어주는 것이 편리하다.

일명 '개 꼬리'라고 불리는 옥수수 수술. 여기서 가루가 떨어져 아래의 암술에 맺힌다.

옥수수 수술과 떨어진 가루.

넘어진 옥수수는 바로 세우고 북주기를 하거나 옆의 옥수수와 끈으로 묶어 넘어지지 않도록 해준다.

옥수수는 키가 큰 작물이라 비바람이 심하면 곧잘 넘어진다. 키가 어느 정도 자라면 넘어지지 않도록 미리 북주기를 한다. 땅 위로 드러난 뿌리가 덮일 정도면 된다.

### 가루받이

옥수수의 꼭대기에 나오는 것이 수술인데, 일명 '개 꼬리'라고 부른다. 옥수수에 실처럼 달리는 것이 암술이며 일명 '옥수수수염'이라고 부른다. 수술에서 떨어진 꽃가루가 암술에 묻어 가루받이가 이루어진다. 옥수수수염이라고 불리는 암술 한 가닥 한 가닥이 가루받이한 후 한 알 한 알의 옥수수 알이 된다.

    이 수염들이 제대로 가루받이가 안 되면 이가 빠진 옥수수가 나온다. 옥수수를 너무 드문드문 심으면 가루받이가 제대로 안 될 수 있으므로 반드시 군락을 이루어 심도록 한다. 원만한 가루받이를 위해 최소한 열 포기 이상은 심는 것이 좋다. 또 다른 종류의 옥수수 꽃가루가 암술에 묻으면 교잡이 이루어져 품종이 다른 옥수수, 즉 옥수수 알맹이 색깔이 다른 옥수수가 나온다. 따라서 특정 품종의 옥수수를 먹고 싶다면 다른 품종과 충분한 거리(200m 이상)를 두고 심어야 한다.

    옥수수의 암술(수염)은 처음에 날 때 약간 노란빛 혹은 연둣빛을 띠는 흰색인데, 수술에서 꽃가루가 떨어져 가루받이가 되면 갈색으로 변한다. 옥수수는 한 포기에 암술이 두세 개 달리는데, 맨 위의 열매가 가장 크게 자란다. 텃밭 농부는 한 포기당 두 개의 열매를 목표로 하는 것이 바람직하며, 세 번째 암술 수염이 나오면 바로 제거해 나머지를 크게 키우는 것이 좋다.

수술에서 떨어진 가루가 암술에 골고루 묻어야 하는데 듬성듬성 묻는 바람에 이가 빠진 옥수수가 되고 말았다. 옥수수를 너무 드문드문 심으면 가루받이가 제대로 안 될 수 있으므로 반드시 군락을 이루도록 심는다. 최소한 열 포기 이상, 두세 줄로 심는 것이 좋다.

빠짐없이 가루받이가 된 옥수수.

다른 종과 가까운 거리에 심어 혼합 가루받이가 된 옥수수.

가루받이가 이루어지기 전 암술은 연둣빛을 띠는 흰색이다.

가루받이가 이루어진 암술은 갈색을 띤다.

가루받이가 이루어진 옥수수를 새가 쪼아 먹었다. 옥수수 알맹이를 싸고 있는 겉껍질에 손상이 생기면 새 피해를 입기 쉽다.

옥수수는 병해충 피해가 적은 작물이다. 그러나 가끔 진딧물이 몹시 심하게 꼬이거나, 사진처럼 나방류의 유충이 옥수수 열매 껍질에 구멍을 내고 들어가 열매를 파먹는 경우가 있다. 옥수수에 구멍을 내고 들어가 속을 파먹는 유충도 있다. 피해가 심각하게 나타나지는 않으므로 굳이 약제를 사용할 필요는 없다.

## | 병해충과 처방 |

비바람에 쓰러진 옥수수를 내버려두면 새나 쥐가 옥수수를 갉아 먹는다. 그러므로 쓰러진 옥수숫대는 바로 세워주어야 한다. 또, 옥수수가 익을 무렵 까치, 쥐 등이 극성을 부린다.

텃밭에서 옥수수를 기를 때 특별한 병해는 없는 편이다. 다만 나방류의 유충이 갉아 먹어서 피해를 주는 경우가 있다. 조명나방은 유충이 이삭 속으로 파고들어 피해를 주므로, 유충이 보이면 바로바로 잡아준다. 전문 농가에서는 조명나방을 예방하려고 재배 기간에 살충제를 두 번 정도 살포한다. 하지만 소규모 텃밭 농부는 굳이 살충제를 뿌릴 필요는 없다고 본다.

## | 웃거름 주기 |

웃거름 주는 시기는 모를 아주 심고 6주쯤 지났을 때로 개 수술(꼬리)이 나오기 시작할 무렵이 가장 좋다. 웃거름으로 질소와 칼리 비료를 주면 열매가 충실하게 달린다. 포기 주변에 호미로 구덩이를 파고 포기당 한 줌 정도 유기질 비료를 넣어주면 된다.

옥수수가 약 50㎝ 정도 자랐을 때 잎이 약간 연노란색을 띤다면 비료가 부족한 상태이므로 포기당 복합 비료 한 숟가락이나 유기질 퇴비 한두 줌을 추가해준다. 비료분이 부족하면 옥수수의 키가 작고, 잎은 노란색으로 변하며, 열매가 부실해진다. 반대로 비료분이 많으면 잎이 검어지고, 키가 너무 크며, 열매는 부실해진다.

소규모 텃밭 농부 입장에서는 대체로 씨뿌리기 전 밑거름과 키가 30㎝ 정도 자랐을 때 1차 웃거름, 수술이 나왔을 때 2차 웃거름을 준다고 생각하면 된다. 포기 옆에

옥수수는 수확 시기를 가늠하는 것이 재배의 초점이다. 언제 수확하느냐에 따라 맛이 크게 차이가 난다. 한두 개 정도 껍질을 까서 손톱으로 알맹이를 눌러보는 것이 가장 확실한 방법이다.

수확한 옥수수는 바로 쪄 먹도록 하고, 불가피하게 저장할 경우에는 옥수수가 대에 달려 있던 방향대로 세워서 보관하면 맛이 떨어지는 시기를 늦출 수 있다.

호미로 흙을 파고 유기질 비료 한두 줌씩을 넣은 다음 흙과 잘 섞어주면 된다.

옥수수는 키가 큰 작물이라 풀 걱정을 덜 하게 하는 작물이다. 그래도 웃거름을 줄 때쯤이면 옥수수 아래에 풀이 엉망으로 올라와 있다. 거름을 줄 때 한 번쯤 풀매기를 해주면 좋다. 뽑아낸 풀은 옥수수 아래에 그대로 덮어준다.

## 수확과 보관

옥수수 재배에서 가장 어렵고도 중요한 것이 수확 시기를 찾는 것이다. 봄에 파종했을 경우 대체로 7월 중순부터 8월 초순까지 수확하는데, 옥수수의 수확 적기는 수염이 약간 말랐을 때다. 원래 암술은 흰색이나 약간 노란빛 혹은 연둣빛이 도는 흰색을 띠지만, 수분하면 갈색을 띠게 된다. 이 갈색이 검은색으로 변하기 시작한다는 것은 곧 수염이 마르기 시작했다는 것으로 수확 시기에 가까워졌다는 것을 의미한다.

수염이 마르기 시작하면 옥수수 한두 개의 이삭을 벗겨 알맹이 상태를 확인해서 정확하게 수확 시기를 판단할 수 있다. 알맹이를 손톱으로 눌렀을 때 약간 자국이 생기면 수확하기 가장 좋은 시기다. 알맹이를 눌렀을 때 쉽게 터지면 조금 더 기다렸다가 거둬들여야 한다. 너무 일찍 수확하면 저장성이 나빠진다. 그러나 완전히 단단해진 뒤 거둬들이면 딱딱해져서 쪄 먹기에 불편하다. 늦게 수확하면 너무 딱딱해서 여간 삶아도 물러지지 않으며, 차진 식감은 사라지고 딱딱한 과자를 씹는 듯한 느낌을 준다. 다 익은 뒤에 비가 자주 내리면 옥수수가 매달린 채 싹이 나오기도 한다. 그러므로 적기 수확에 신경을 써야 한다.

산자락에 있는 텃밭에서 옥수수를 재배할 때는 멧돼지의 약탈에 주의해야 한다. 옥수수가 자라는 내내 나타나지 않던 멧돼지가 옥수수가 익을 즈음엔 어김없이 나타나 모두 훔쳐 먹는다. 멧돼지는 옥수숫대를 발로 밟아 넘어뜨린 다음 열매만 핥아 먹는다. 멧돼지 피해를 처음 보는 텃밭 농부는 '사람이 훔쳐 간 것'으로 오인하는 경우가 허다하다. 높은 데 매달린 열매를 멧돼지가 따 먹었다고는 상상조차 못 하기 때문이다. 멧돼지가 옥수숫대를 밟아 넘어뜨린 다음 열매를 핥아 먹고 가버리면 옥수숫대가 서서히 일어나는데, 나중에 이것을 본 텃밭 농부는 사람이 따 갔다고 오해하는 것이다.

옥수수 수확은 아침 일찍 하는 것이 좋다. 한낮을 지난 뒤에 수확하면 당분과 수분이 떨어진다. 옥수수는 수확한 직후부터 당도가 떨어지기 시작한다. 수확 후 한 시간만 지나도 단맛이 훨씬 떨어지는 것을 확연히 느낄 수 있다. 따라서 수확

옥수수를 원래 달렸던 모습대로 세워서 보관하면 에틸렌 가스 분비가 줄어들어 숙성 시기를 늦출 수 있다. 사진처럼 껍질은 벗기지 않은 채 망에 넣어 바람이 잘 통하는 그늘에 보관하는 것이 좋다.
옥수수를 차례로 조금씩 수확하고자 한다면 파종할 때부터 2~3주 간격을 두고 10개씩 심는 것이 좋다.

> **TIP** **수확이 늦어 단단해진 옥수수 활용법**
>
> 옥수수는 수확 시기를 놓치면 매우 단단해져 쪄 먹기 힘들어진다. 여간 삶아서는 물러지지 않는다. 이때는 일반 냄비에 찌지 말고, 밥을 짓듯 압력밥솥에 찌면 한결 부드러워진다. 보리밥을 짓듯 옥수수를 미리 한 번 삶아서 쌀과 함께 밥을 지으면 훌륭한 혼식이 된다.

하자마자 바로 쪄서 먹을 때 맛이 가장 좋다.

텃밭 농부가 옥수수를 수확하면 한 번에 다 먹을 수 없다. 그러니 수확 시기의 차이가 나도록 파종 시기를 2~3주 단위로 조절하는 것이 좋고, 거둬들인 뒤에는 곧바로 쪄서 냉동 보관하면 처음 땄을 때 맛을 거의 그대로 유지할 수 있다.

사정상 수확해서 바로 쪄 먹을 수 없다면, 열매가 원래 매달려 있던 방향대로 세워서 보관하면 부패를 촉진하는 에틸렌 가스(ethylene gas)의 발생을 억제할 수 있어 선도를 오래 유지할 수 있다.

씨알이 튼튼한 옥수수 한두 개를 껍질을 벗겨 잘 말려두면 내년에 종자로 쓸 수 있다. 그러나 대학흑찰옥수수와 같은 품종은 에프원(F1) 품종이라 씨앗을 받아 다음 해에 다시 심어도 같은 품종의 옥수수가 나오지 않는다. 이런 품종의 옥수수를 기르고 싶다면 매년 종자를 다시 구입해야 한다. 수확한 후 남는 옥수숫대는 잘게 썰어서 토양에 넣어두면 훌륭한 유기물 퇴비가 된다. 콩 줄기와 옥수숫대를 잘게 썰어 다음 해에 농사를 지을 자리에 두툼하게 깔아두면, 이른 봄에 풀이 나는 것을 예방할 수 있고, 작물을 파종하거나 아주 심기한 뒤에는 밭에 수분을 유지하는 데도 상당한 도움을 받는다. 다만 진딧물이 많이 꼬이는 강낭콩 줄기는 그대로 잘라서 깔지 않고, 태워서 재로 이용한다.

**옥수수 재배 일정**

| 3월 | | | 4월 | | | 5월 | | | 6월 | | | 7월 | | | 8월 | | | 9월 | | | 10월 | | | 11월 | | | 12월 | | | 1월 | | | 2월 | | |
|---|---|---|---|---|---|---|---|---|---|---|---|---|---|---|---|---|---|---|---|---|---|---|---|---|---|---|---|---|---|---|---|---|---|---|---|
| 상 | 중 | 하 | 상 | 중 | 하 | 상 | 중 | 하 | 상 | 중 | 하 | 상 | 중 | 하 | 상 | 중 | 하 | 상 | 중 | 하 | 상 | 중 | 하 | 상 | 중 | 하 | 상 | 중 | 하 | 상 | 중 | 하 | 상 | 중 | 하 |

■ 파종　■ 아주 심기　■ 수확

재배난이도
★★☆

# 땅콩
콩과

## | 재배 포인트 |

땅콩은 물 빠짐이 좋은 사질 토양에서 재배하는 것이 좋다. 밭을 만들 때 고토석회를 넣어주면 열매가 풍성해지고 질이 좋아진다. 수확한 뒤에는 햇빛에 잘 말려야 오래 저장할 수 있다.

파종에서 수확까지 재배 기간이 긴 편이지만, 재배 자체는 별로 어렵지 않다. 비타민 E가 많이 들어 있어 노화 방지에 도움이 되며, 혈중 콜레스테롤을 낮춰주는 올레(oleic)산이 들어 있다. 땅콩은 씨방 자루가 땅속으로 들어가 열매가 달려서 낙화생(落花生)이라고 불리기도 한다.

씨앗용 땅콩

땅콩 씨뿌리기. 한 구멍에 2,3개씩 넣되, 씨앗이 겹쳐지지 않도록 넣는다.

| 밭 만들기 |

땅콩 재배에는 물 빠짐이 중요하다. 점질토 밭은 땅콩을 재배하기에 부적합하고, 사질토 밭이 좋다. 모래가 많이 섞인 밭에서도 잘 자란다. 3.3㎡(1평)당 열 줌 이상의 고토석회를 넣고, 너비 80㎝, 높이 20㎝ 정도의 두둑을 만든다. 고토석회가 부족할 경우 빈 꼬투리가 많이 발생할 수 있으므로 석회를 반드시 넣도록 한다. 비옥한 땅이라면 굳이 밑거름을 넣지 않아도 된다. 박토(薄土)라면 평당 5㎏ 정도의 유기질 비료를 넣어준다.

| 씨뿌리기와 아주 심기 |

추위에 약하므로 날씨가 적당히 따뜻해진 다음 햇볕이 잘 드는 곳에 재배한다. 적당한 생육 온도는 25~30℃다.
  20~25㎝ 간격으로 씨앗을 뿌리되 1㎝ 정도 깊이의 구멍에 두세 개 씨앗을 넣어준다. 씨앗을 넣을 때는 다소 간격을 두어 씨앗이 서로 겹치지 않도록 해준다. 씨뿌리기 후 물을 주어야 빨리 발아한다. 직파할 경우 씨앗이 발아하고 키가 10㎝

땅콩은 모종을 심어도 되고, 씨앗을 뿌려도 된다. 사진은 씨앗을 뿌린 후 3주 지난 땅콩.

5월 하순의 땅콩. 더디게 자라던 땅콩은 이즈음부터 빠르게 자란다.

옮겨 심고 3주 지난 땅콩.

정도 자라면 솎아내어 한 곳에서 한 포기만 자라도록 한다.

    발아 온도가 높고 새나 쥐가 씨앗을 훔쳐 먹는 경우가 많으므로 모종을 키워서 옮겨 심는 편이 유리하다. 텃밭 농부가 모종을 일일이 키워서 심기에는 어려움이 많으므로 6월에 종묘상에서 모종을 사서 심는 것도 좋은 방법이다. 모종을 심을 경우에도 역시 20~25㎝ 간격을 유지하도록 한다.

## 병해충과 처방

생육 기간 중 진딧물 피해를 볼 수 있으므로 마시고 남은 우유나 요구르트, 설탕물의 희석액으로 제거한다. 진딧물이 몇몇 잎에 집중되어 있을 때는 약제보다 포스트잇 같은 약한 접착테이프로 제거한다.

풍뎅이가 땅콩을 갉아 먹는 경우가 종종 발생하는데, 미숙한 퇴비를 사용하면 풍뎅이가 발생하기 쉬우므로 완숙 퇴비를 쓰도록 한다.

씨뿌리기 직후 새가 씨앗을 먹어버리는 경우가 있으므로 한랭사로 새 피해를 막는다. 몇 포기만 심었다면 일부러 한랭사를 구입하기보다는 페트병을 반으로 잘라 모를 심은 자리에 씌워주면 된다.

## 웃거름 주기

씨앗을 뿌리고 6~7주가 지나면 노란 꽃이 핀다. 이때 포기 주변에 웃거름을 주고 거름과 흙을 잘 섞어준다. 포기당 유기질 비료는 한 줌, 화학 비료는 한 숟가락 정도를 사방에 골고루 주면 된다.

노란 꽃이 지고 나면 꽃이 달려 있던 곳에서 씨방 자루가 자라 땅속으로 들어가 꼬투리를 맺게 되는데, 이때 땅을 평평하게 해주면 좋다. 꽃이 피고 난 뒤에 잡초 제거를 겸해서 호미로 포기 주변 흙을 긁어주면 씨방 자루가 땅속으로 파고 들어가는 데 유리하다. 그러면 씨방 자루가 자라 땅으로 향할 때 일부러 북주기를 해주지 않아도 씨방 자루가 땅속으로 들어간다.

## 수확과 보관

품종에 따라 9월 하순에서 11월 초쯤 잎줄기가 누렇게 변해가면 수확하기 좋은 시기다. 판단이 잘 서지 않을 때는 한 포기 정도 뽑아서 땅속에 묻힌 열매 상태를 확인해보는 것도 좋다. 수확할 때는 덩굴을 잡고 포기째 뽑는다. 거둬들인 뒤에는 충분히 건조한 다음 꼬투리를 까야 한다. 충분히 건조되지 않으면 곰팡이가 생긴다. 수확한 땅콩의 흙을 털어내고 한나절 정도 찬바람을 맞힌 다음 건조에 들어가면 맛이 더 좋다.

비닐 멀칭을 한 경우 땅콩 꽃이 필 무렵 씨방이 잘 내려가도록 비닐을 찢어준다.

멀칭 비닐을 찢어준 모습.

땅콩 꽃이 피었다가 지고 나면 씨방 자루가 자라 땅속으로 들어간다. 그 끝에 열매가 달린다.

한두 뿌리 캐내서 땅속 열매를 확인하면 수확기를 정확하게 가늠할 수 있다.

모종을 사서 심은 땅콩. 풀 관리가 어려운 밭이라면 씨앗을 직접 뿌리기보다 모종을 내는 것이 유리하다.

무성하게 자라는 땅콩.

땅콩 잎이 시들면서 수확기가 다가왔음을 알린다. 품종에 따라 일찍 수확하는 종류와 늦게 수확하는 종류가 있다.

## 땅콩 재배 일정

■ 파종    ■ 수확

재배난이도
★☆☆

# 돼지감자
### 국 화 과

| 재배 포인트 |

땅속에서 덩이줄기(알)가 자라지만 가짓과인 감자와 달리 국화과 작물이다. 따라서 가짓과 작물과 번갈아 심어도 이어짓기 피해는 없다.

키가 2m 이상 크게 자라는 데다 잎도 크고 번식이 빨라 다른 작물이 자라는 데 방해가 될 수 있다. 따라서 작은 텃밭에서 재배하기는 부적합하다. 어느 정도 넓은 밭이 있다면 밭 한쪽 구석에 조금 심어 재배하는 것이 좋다. 그러나 번식이 빨라 일부러 심지 않아도 해마다 점유 면적이 늘어나므로 잘 관리하지 않으면 밭 전체가 돼지감자밭이 될 수 있으므로 유의해야 한다. 워낙 잘 자라는 데다가 한 번 심으면 매년 따로 심지 않아도 미처 다 캐지 못하고 땅속에 남아 있는 작은 덩이줄기에서 새싹이 나와 해마다 급속하게 번진다.

햇빛이 잘 드는 밭에 덩이줄기를 심기만 하면 잘 자랄 정도로 재배하기 쉽다.

6월 하순이 되면 돼지감자는 급속도로 자라면서 주변의 풀을 모두 눌러버린다.

5월 돼지감자 싹. 워낙 성질이 강건해 이미 다른 풀이 자라는 장소에서 뒤늦게 싹을 내도 햇빛이 드는 곳이면 어디서든 잘 자란다.

돼지감자 덩이줄기. 우리가 먹는 부분이며 종자로 심는 것이기도 하다. 4월 하순경 눈이 한두 개 붙어 있는 정도로 잘라서 심으면 잘 자란다. 대체로 엄지 한 마디 크기 정도면 적당하다.

5월 돼지감자.

생명력이 강하고, 키가 크며, 잎도 넓은 편이어서 초기에 한 번쯤 풀을 매주면 풀 걱정도 없다. 풀을 매주지 않아도 잘 자라지만, 풀이 많으면 거름 성분을 빼앗기므로 수확해보면 알이 볼품없이 작을 수밖에 없다. 따라서 한두 번 정도는 풀을 매주는 것이 좋다.

'뚱딴지'라는 이름으로도 알려졌으며, 이눌린(inulin) 성분이 많아 당뇨에 좋다고 알려지면서 찾는 사람이 늘고 있다. 자색 돼지감자와 미백색 돼지감자의 두 종류가 있다. 자색 돼지감자가 보기에도 좋고, 조금 더 비싸다.

| 밭 만들기 |

굳이 밭을 만들지 않아도 된다. 그러나 토질이 부드럽고 유기물이 풍부하면 훨씬 크고 많은 알을 수확할 수 있다. 감자처럼 두둑을 만들 필요는 없으나 나중에 수확할 때 땅을 파야 한다는 점을 고려해 토심(土深)이 깊고 부드러운 곳에서 재배하는 것이 수확할 때 편하다.

돼지감자 꽃(9월 10일). 국화과 작물답게 꽃이 국화와 많이 닮았다.

돼지감자는 거름 성분이 충분하면 키가 2m 이상 자라는데, 줄기가 클수록 나중에 덩이줄기도 크다.

지상부의 잎과 줄기가 시들기 시작하는 12월초부터 땅이 얼기 전까지 수확할 수 있다. 다 수확하지 못한다면 그대로 땅속에 두었다가 이듬해 봄 땅이 녹으면 다시 거둬들인다.

| 재배 방법 |

날씨가 충분히 따뜻해지는 4월 하순경 심는 것이 좋다. 3월에 심어도 무관하나 4월 말이 되어야 싹이 나온다.

달걀만큼 큰 돼지감자는 잘라서 심으면 된다. 돼지감자는 울퉁불퉁하게 튀어나온 부분에서 싹이 나오므로 한 조각에 울퉁불퉁한 부분이 두세 개 정도 되도록 잘라서 심는다. 심는 간격은 30~40㎝ 정도로 하고, 깊이는 3~4㎝ 정도로 한다. 돼지감자와 달리 우리가 흔히 먹는 감자는 오목하게 들어간 부분에서 싹이 나온다.

돼지감자는 키가 2m 이상 자라는 작물이다. 해바라기와 비슷한 모양으로 자라지만, 야생 국화꽃처럼 생긴 노란 꽃이 9월에 핀다. 특별히 관리할 것은 없으나 키가 많이 자란 뒤 8월 이후 비바람에 넘어지는 경우가 종종 생긴다. 넘어진 포기는 바로 세워주고, 꺾어진 줄기는 잘라내도록 한다.

## 병해충과 처방

별다른 병해충이 없다.

## 웃거름 주기

초기에 밑거름으로 충분하나, 8월 이후에도 키가 2m를 넘지 않으면 웃거름을 조금 뿌려준다. 돼지감자는 지상에서 자라는 줄기의 영양분이 10월 이후 땅속 덩이줄기로 내려가 쌓이므로, 지상부 줄기가 작으면 나중에 덩이줄기도 작다. 따라서 키가 너무 작다 싶으면 거름을 주어 키가 더 자라도록 해야 충실한 알을 수확할 수 있다.

## 수확과 보관

돼지감자를 그냥 보관하면 이듬해 곰팡이가 필 수 있다. 잘게 썰어 말리면 오래 저장할 수 있다.

돼지감자는 서리가 내리고 지상부 줄기가 시들기 시작해야 땅속 덩이줄기가 커지기 시작한다. 줄기가 시들면서 줄기의 영양분이 아래로 내려가 땅속 덩이줄기가 커진다. 따라서 줄기가 시드는 11월 하순부터 땅이 얼기 전까지 자유롭게 수확한다.

시든 줄기를 옆으로 눕히듯이 뽑고 수확하는데 호미로 캐면 알맹이에 상처가 많이 날 수 있으므로 약초괭이로 땅을 파는 것이 더 좋다. 한꺼번에 많이 수확하면 보관하기 어려우므로 조금씩 거둬들이고, 12월 초 땅이 얼기 직전에 많은 양을 수확해서 겨우내 먹으면 된다. 이때도 모두 거둬들이지 말고 2월 말이나 3월 초 땅이 녹으면 나머지를 수확하면 일부러 냉장 보관하지 않아도 된다. 3월에 나머지를 모두 수확할 때 작은 알맹이를 그대로 놔두면 4월 말에 다시 싹이 나와 자라기 시작한다.

수확한 돼지감자는 잘 씻어서 냉장 보관해야 하며, 냉장 보관이 여의치 않을 때는 가래떡처럼 얇게 썰어 말린 뒤, 차로 끓여 먹으면 좋다.

### 돼지감자 재배 일정

| 3월 | | | 4월 | | | 5월 | | | 6월 | | | 7월 | | | 8월 | | | 9월 | | | 10월 | | | 11월 | | | 12월 | | | 1월 | | | 2월 | | |
|---|---|---|---|---|---|---|---|---|---|---|---|---|---|---|---|---|---|---|---|---|---|---|---|---|---|---|---|---|---|---|---|---|---|---|---|
| 상 | 중 | 하 | 상 | 중 | 하 | 상 | 중 | 하 | 상 | 중 | 하 | 상 | 중 | 하 | 상 | 중 | 하 | 상 | 중 | 하 | 상 | 중 | 하 | 상 | 중 | 하 | 상 | 중 | 하 | 상 | 중 | 하 | 상 | 중 | 하 |

■ 파종   ■ 수확

\* 돼지감자는 12월에 다 캐내지 말고 남겨두었다가 3월 땅이 녹은 뒤 나머지를 캐면 보관하기 편리하다.

재배난이도
★☆☆

# 머위
국화과

| 재배 포인트 |

머위의 쓴맛과 부드러운 질감은 봄철 입맛을 돋운다. 그래서 머위를 즐겨 먹는 먹는 사람이 많지만, 텃밭에서 일부러 기르는 사람은 드물다. 머위는 물기가 좀 있는 나무 그늘에서 잘 자라는데, 땅속으로 줄기를 뻗으며 옆으로 자란다. 땅속줄기에서 잎이 나오면서 번식한다.

여러해살이풀인 만큼 심은 첫해에는 수확할 것이 거의 없고, 2년 차 이후부터 본격적으로 수확할 수 있다. 임대 텃밭이라면 다음 해에도 그 자리에서 농사지을 수 있을지 고려한 다음 재배한다. 텃밭 한쪽에 머위 줄기를 심어 두면 매년 잎을 수확할 수 있다.

머위는 일부러 밭을 만들지 않아도 된다. 다소 그늘지는 곳도 좋고, 습기가 있는 곳에서도 잘 자란다. 그러나 물에 뿌리가 늘 잠기는 땅에서는 자라지 못한다.

생명력이 워낙 강해 풀과 섞여도 기죽지 않고 꿋꿋하게 자란다.

벌레가 잎을 갉아 먹어 구멍이 숭숭 뚫려 있거나 잎 가장자리가 잘려나간 경우를 가끔 볼 수 있다. 그러나 워낙 생명력이 강해서 생장에는 지장이 없다.

## | 재배 방법 |

### 재배 적지

일부러 밭을 만들 필요는 없다. 머위는 다소 그늘지고 습기가 있는 장소에서 잘 자란다. 텃밭에 나무 그늘이 지는 곳이 있어서 다른 작물을 재배하기 어렵다면, 머위나 곰취를 심으면 좋다. 습기를 좋아하지만, 물에 뿌리가 늘 잠기는 곳은 적당하지 않으므로 물이 고이지 않는 장소를 택한다. 논둑이나 밭둑, 돌이 많은 밭 등 장소를 가리지 않을 정도로 생명력이 강하다. 뿌리가 튼튼하게 내리므로 웬만한 가뭄에도 끄떡없다.

### 번식

땅속에서 줄기를 뻗으며 번식하는 작물이다. 줄기 아래로는 뿌리가 내리고, 위로는 잎이 나온다. 규모가 좀 큰 재래시장에서는 머위 줄기(시장에 가면 '머위 뿌리'라며 판매한다)를 살 수 있는데, 4월 중순경 줄기를 사다가 20cm 정도 간격으로 잘라 땅에 심으면 잘 자란다. 심는 깊이는 3~4cm 정도로 하면 적당하다.

시골에 가면 산기슭에서 흔히 머위를 볼 수 있으므로 줄기를 조금 캐내서 심어도 된다. 캐낸 줄기가 마르지 않도록 흙과 함께 넣어서 운반한다. 머위는 일단 한 번 심고 나면 계속 옆으로 번지므로 내버려 두면 된다.

## | 거름 주기 |

따로 거름을 주지 않아도 되는 작물이다. 그러나 자람이 너무 약하다고 판단되면 봄에 잎을 수확한 다음 주변의 잘 썩힌 나뭇잎 거름을 넣어주면 좋다. 머위

머위는 생명력이 강하고 웬만한 환경에 견디지만 기름진 땅에서 훨씬 잘 자란다. 위 사진은 나무 그늘에서 자라는 모습(5월 19일)이고, 아래 사진은 햇빛이 잘 들고 기름진 땅에서 자라는 모습(4월 30일)이다.

주변에 흙을 살짝 파고 거름을 넣어준 다음 흙을 덮어준다.

## | 수확 |

파종한 첫해 혹은 포기나누기 첫해는 잎을 수확하지 않도록 한다. 잎을 그대로 두어야 포기 성장이 빨라지고, 이듬해 더 많은 잎을 수확할 수 있다.

머위는 꽃과 어린잎, 줄기를 먹는다. 꽃은 꽃봉오리째 먹고, 잎은 쓴맛이 강해서 아주 어릴 때만 먹는다. 어른 손바닥보다 작은 어린잎으로 쌈을 싸먹거나 된장을 넣고 무쳐 먹는다. 조금 자라면 잎자루를 잘라 얇은 껍질을 벗기고, 살짝 데쳐서 된장 무침이나 샐러드를 하거나 초고추장 등에 찍어 먹는다. 잎자루의 아래쪽은 옅은 보라색을 띠고 위쪽은 연한 녹색을 띤다.

줄기를 심은 첫해에는 먹을 만한 잎이 없다. 또 심은 첫해에 나오는 잎은 뜯어 먹기보다 그대로 두어야 머위가 성장하는 데 도움이 된다. 따라서 첫해에는 수확하지 말고 이듬해부터 수확한다고 생각하면 된다.

4월 중순경 잎이 어른 손바닥 크기 정도 되었을 때 거둬들여서 먹으면 된다. 그대로 놔두면 잎 지름이 30cm까지 자라는데, 너무 크면 질기고 맛이 덜하다. 5월에는 줄기를 수확해 국거리나 나물로 쓴다. 이듬해부터는 잎자루를 뜯어 먹고 나면 또 금세 새싹이 자란다.

**머위 재배 일정**

재배난이도
★★☆

# 여주
박 과

| 재배 포인트 |

여주는 발아 적정 온도가 25~28℃로 높은 편이므로 기온이 충분히 올라간 뒤에 파종한다. 일찍 파종하면 싹 틔우기가 어렵고, 늦게 파종하면 생육 기간이 짧아 불리하므로 씨앗을 직접 뿌리기보다 모종을 사서 심는 것이 좋다. 덩굴을 유인해서 통풍이 잘 되도록 해주어야 한다. 수확이 늦어지면 열매가 주황색으로 변하면서 과피(果皮, 열매의 씨를 둘러싸고 있는 부분)가 찢어지고 씨앗이 나온다. 열매가 아직 녹색일 때, 조금 미숙한 열매를 수확하도록 한다.

 곁가지 제거 작업, 지주와 망 설치 등이 성가시지만, 병해충에 강해 초보자도 기르기 쉽다. 비타민 C 함유량이 무척 높다. 대부분의 토양에서 잘 자라지만 날씨가 따뜻한 지역에서 키우기가 쉽다. 박과 작물을 심었던 자리에 심으면 이어짓기 장해가 심하게 발생한다. 파를 심었던 자리에 재배하면 좋다. '쓴 오이'라고 불리

5월 상중순 모종을 옮겨 심는데, 초기에는 성장이 매우 둔하다. 날씨가 무더워지는 6월 중하순이 되면 무럭무럭 자란다. 다른 풀이 먼저 점령하지 않도록 풀 관리에 신경 써야 한다. 어느 정도 자라고 나면 풀 걱정을 안 해도 된다.

여주는 발아 온도가 높고 싹 틔우기가 어렵다. 따라서 씨앗을 심어 모를 기르기보다는 종묘상에서 모종을 사서 심는 것이 유리하다. 사진은 종묘상에서 구입한 모종이다.

기도 하며 당뇨에 좋다고 한다.

| 밭 만들기 |

아주 심기 1개월 전에 퇴비를 충분히 넣어서 흙을 부드럽게 해준다. 퇴비를 충분히 넣어야 보습력이 뛰어나고 과실 비대와 색깔이 좋아진다. 포기당 10kg 정도의 퇴비를 넣어주도록 한다. 이랑 폭은 1.5m 정도로 하고, 타고 올라갈 지주와 가로대 혹은 울타리를 설치해준다.

| 재배 방법 |

뿌리가 난 여주 씨를 밭에 심고 자주 물을 주면 싹이 난다. 남부 지방이라면 처음부터 주당 2~2.5m 정도의 충분한 간격을 주고 심어도 좋고, 중부 이북 지방은 찬 날씨를 고려해 상토에 임시로 심은 다음 싹이 나고 이어서 본잎이 두세 장 나오면 밭에 옮겨 심으면 된다.

여주는 고온성 채소로 저온에 약하다. 밭에 옮겨 심는 시기는 5월 10일경으로 날씨가 적당히 따뜻해진 다음이 적합하다. 아주 심은 이후라도 밤에 기온이 많이 내려간다면 비닐봉지 등으로 모종을 씌워준다.

> **TIP** **여주를 기를 때 유의할 점**
>
> 여주는 덩굴 식물이라 타고 올라갈 울타리를 만들어주면 좋다. 지주 하나만 세운다면 붙잡고 올라갈 곳이 좁으므로 양쪽에 지주를 세우고 가로대를 여러 개 설치해주면 좋다.
>
> 여주는 물이 많이 필요한 작물이다. 아침저녁으로 물을 충분히 주면 잘 자란다. 잎 수가 많고, 잎 두께가 얇아서 물을 자주 충분히 흡수하지 못하면 잎이 타버린다. 초세를 강하게 유지하면서 착과(着果, 과실나무에 열매가 열림)하도록 하고, 초세가 너무 강해 착과하지 않는다면 물을 적게 주어 초세를 약하게 한다. 모든 작물은 초세가 너무 강하면 번식보다는 자기 덩치 키우기에만 몰두하므로 크기를 봐가며 거름이나 수분 공급을 조절한다. 여주는 수분 공급을 줄임으로써 초세를 쉽게 관리할 수 있다.

아주 심을 때 뿌리에 달린 흙을 털어 내지 말고 함께 심는다. 깊게 심으면 병에 걸리기 쉬우므로 육묘했던 깊이만큼만 심는다.

## 모기르기

여주는 씨앗을 심어 모종을 키우기 어렵다. 텃밭 농부는 대부분 씨앗을 싹 틔우는 데 실패한다. 껍질이 두껍기 때문이다. 또 많은 양을 소비하는 작물이 아닌 만큼 텃밭 농부 입장에서는 모종을 서너 포기 사서 재배하는 것이 유리하다.

여주는 더위에 강하고 햇볕이 잘 드는 곳을 좋아한다. 생육 온도는 20~30℃다. 따라서 모종을 사서 심을 때는 충분히 날씨가 따뜻해지는 5월 상순(중부 지방은 5월 중순)에 심는 것이 좋다. 모종을 살 때는 본잎이 서너 장인 것을 고른다.

굳이 씨앗을 심어 모종을 내고 싶다면, 4월 중순경 싹이 잘 트도록 손톱깎이로 여주 씨앗 꽁지를 살짝 잘라준 다음 여주 씨앗을 미지근한 물(30℃ 정도)에 열두 시간 정도 담근다. 물은 네 시간마다 갈아준다. 물에 담가 두었던 씨앗을 물에 적셨다가 꼭 짠 수건으로 감싼다. 그리고 이 수건을 비닐봉지에 넣고 봉지 입구를 접어 집안의 따뜻한 곳(30℃)에 보관한다. 이렇게 하면 약 나흘이나 닷새 만에 뿌리가 나온다. 온도가 낮으면 1주일에서 열흘 정도 소요될 수도 있다. 보관하는 동안 썩을 수 있으므로 하루에 한 번씩 미지근한 물에 씨앗을 헹구고, 수건도 새로 미지근한 물에 적셔서 꼭 짠 다음 씨앗을 감싸도록 한다. 뿌리가 나온 씨앗을 밭에 심고 물을 주면 싹이 난다.

이 과정이 번거로우면 여주 씨앗 꽁지를 살짝 잘라준 다음 미지근한 물(30℃ 정도)을 채운 컵에 담그고 하루 서너 번씩 물을 갈아준다. 닷새쯤 지나면 꽁지에서 뿌리가 나온다.

### 덩굴 유인하기와 순지르기

전업 농부는 집 주위에 울타리를 설치하고, 망을 쳐서 여주 덩굴을 유인한다. 몇 포기 정도 기르는 텃밭 농부는 나무 근처에 심어 나무를 타고 올라가게 해도 되고, 에이(A)자 지주를 양쪽에 세우고 나뭇가지나 줄로 가로대를 설치해 타고 올라가게 해도 된다. 지주를 세우지 않고 땅바닥에 기게 하면 바람에는 강하나 면적을 많이 차지하고, 장마 때 피해가 생길 수도 있다.

박과 작물은 대부분 원줄기에 암꽃이 적어서 열매가 잘 맺히지 않는다. 본잎이 대여섯 장 정도 났을 때 원줄기를 순지르기(초목의 곁순을 잘라 내는 일)하고, 아들 줄기와 손자 줄기를 길러 암꽃이 많이 피도록 해야 수확이 많다. 여러 갈래로 뻗어 나온 아들 줄기와 손자 줄기가 겹쳐지지 않도록 서로 다른 방향으로 유인한다.

날씨가 더워지면서 아들 줄기와 손자 줄기가 지나치게 무성해져서 과실에 닿는 햇빛을 가리면, 덩굴을 과감하게 제거해서 햇빛이 과실에 닿도록 해주어야 한다.

여주는 덩굴을 뻗는 작물이라 좁은 텃밭에서 재배하기는 쉽지 않다. 밭 가장자리에 키 큰 나무나 울타리가 있다면 덩굴이 타고 올라가도록 유인해줘서 다른 작물에 피해를 주지 않고 재배할 수 있다. 덩굴이 땅바닥에 기게 하면 면적을 많이 차지할 뿐만 아니라 병해를 입기 쉽다.

## | 병해충과 처방 |

비교적 병해충에 강한 편이다. 그러나 박과 작물에 흔한 흰가루병, 진딧물, 진드기, 응애 등이 발생할 수 있다. 천연 진딧물 방제액이나 설탕물, 남은 우유 등의 희석액을 뿌려주면 해결된다. 마요네즈액으로 흰가루병과 응애를 방지할 수 있다. 진딧물을 내버려두면 바이러스병 발생의 원인이 된다. 박과 작물을 심었던 자리에는 심지 않는 것이 좋다.

## 웃거름 주기

초세가 강하면 웃거름을 줄 필요가 없으나, 초세가 약하다면 뿌리에서 30~40㎝ 거리 사방에 복합 비료 한 숟가락씩을 주거나 퇴비를 1kg 정도씩 넣어주면 된다. 열매가 다소 많이 달렸다고 판단될 때도 웃거름을 주어 열매 크기를 키우도록 한다.

## 수확과 보관

여주는 열매가 열린 후 기온이 낮으면 35일, 기온이 높으면 12일이면 수확할 수 있다. 표면의 돌기가 뚜렷해지고 윤기가 나려고 하면 수확할 때다. 열매는 오이보다 큰데, 몸통이 통통해지면서 속이 여물므로 너무 통통해지기 전에 따낸다.

수확은 7월부터 9월까지 하는데, 여주는 완전히 익어 주황색을 띠는 것보다 약간 덜 익어 초록빛이 돌 때 유효 성분이 더 많다고 한다. 과육 껍질에 윤이 나면 종자를 감싸는 종의(種衣)가 붉게 숙성되므로 광택이 나타나기 전에 수확해야 한다. 덩굴이 단단하기 때문에 가위로 수확한다. 완전히 익은 여주는 주황색을 띠며 열매가 갈라지므로 아직 덜 익어 녹색을 띨 때 거둬들이도록 한다.

표면의 돌기가 뚜렷해지고 윤기가 나려고 할 때 수확하면 된다. 몸통이 통통해지면서 속이 여물므로 그 전에 따내는 것이 좋다.

여주는 꽃이 피고 15~20일 정도면 수확할 수 있다. 정확한 수확 시기를 알기 위해서는 꽃이 핀 날짜를 기록해 두면 좋다.

7월 하순의 여주. 열매가 맺혀 자란다. 기온이 낮을 때는 착과 후 35일, 기온이 높을 때는 12일이면 수확할 수 있다.

8월의 여주. 아직 조금 더 익어야 한다. 여주는 7월 말부터 수확할 수 있는데, 꽃이 핀 뒤 15~20일쯤 지나 과피의 돌기가 부풀었을 때 미숙한 열매를 수확한다.

수확 적기 여주. 여주 수확은 7월부터 9월까지 하는데, 완전히 익어 주황색을 띠는 것보다 약간 덜 익어 초록빛이 돌 때 수확해야 유효 성분이 더 많다.

여주는 다 익지 않은 것을 수확한다. 사진의 여주 정도면 수확해야 한다. 여주 열매에서는 쓴맛이 나는데, 소금물에 담가두면 쉽게 없어진다.

위 사진의 여주는 수확기가 늦어 열매가 조금씩 노랗게 물들고 있다.

수확기를 놓치면 여주 열매는 주황색으로 변하면서 열매 과피가 찢어지면서 붉은 씨앗이 흘러나온다.

## 여주 재배 일정

| 3월 | | | 4월 | | | 5월 | | | 6월 | | | 7월 | | | 8월 | | | 9월 | | | 10월 | | | 11월 | | | 12월 | | | 1월 | | | 2월 | | |
|---|---|---|---|---|---|---|---|---|---|---|---|---|---|---|---|---|---|---|---|---|---|---|---|---|---|---|---|---|---|---|---|---|---|---|---|
| 상 | 중 | 하 | 상 | 중 | 하 | 상 | 중 | 하 | 상 | 중 | 하 | 상 | 중 | 하 | 상 | 중 | 하 | 상 | 중 | 하 | 상 | 중 | 하 | 상 | 중 | 하 | 상 | 중 | 하 | 상 | 중 | 하 | 상 | 중 | 하 |

■ 집에서 싹 틔우기　■ 가식(곁심기)　■ 아주 심기　■ 수확

# 콜라비
## 십자화과

재배난이도 ★★☆

| 재배 포인트 |

4월에 파종해서 6월에 수확할 수 있고, 8월에 파종해서 10월에 수확할 수도 있다. 초보자에게는 봄 파종보다는 여름에 씨를 뿌려 가을에 기르는 것이 쉽다. 봄 파종을 할 경우 너무 일찍 씨앗을 뿌리면 발아가 잘되지 않고, 그렇다고 너무 늦게 씨뿌리기를 하면 다 자라지도 않은 상태에서 기온이 지나치게 올라가서 꽃대가 나는 데다가 장마가 시작될 수도 있기 때문이다. 봄에 심고자 한다면 씨앗을 직접 뿌리기보다 모종을 사서 옮겨 심는 것이 유리하다.

콜라비는 서늘한 기후를 좋아하고 생육 온도는 15~23℃ 정도, 발아 온도는 15~30℃ 정도다. 발아 일수는 약 1주일이다. 양배추보다 저온이나 고온에 견디는 힘이 강하고, 병충해도 많지 않아 초보자도 기르기 쉽다. 육질이 일반 무보다 치밀하고 단단하며 살짝 단맛이 돌아서 생으로 먹어도 좋다.

콜라비 씨앗

콜라비는 해가 길어지면 꽃대가 올라온다. 따라서 초보자는 해가 점점 길어지는 봄에 파종하기보다는 여름에 파종해 가을에 재배하는 것이 쉽다.

무농약으로 콜라비를 재배하고자 한다면 봄 재배보다 가을 재배가 쉽다. 사진은 봄에 재배한 콜라비에 창궐한 진딧물. 진딧물은 난황유로 퇴치할 수 있는데, 물 2리터에 달걀 노른자 1개, 식용유 두 숟가락을 넣고 잘 섞어주면 난황유가 완성된다. 또 진딧물이 니코틴에 약한 점을 이용해, 담배꽁초를 우려낸 물을 분무기로 뿌려주면 진딧물이 떨어진다. 식초를 물에 희석해서 일주일에 두 번 정도 뿌려줘도 진딧물을 퇴치할 수 있다.

봄 재배의 경우 기온이 올라가면서 밑동이 단단해져 식감이 떨어질 수 있으므로 조기에 수확한다. 십자화과 작물과 이어짓기하지 않도록 한다. 생육 기간 내내, 특히 초기에 물과 비료를 적당히 공급해주어야 한다.

## | 밭 만들기 |

콜라비는 땅속에서 자라는 일반 무와 달리 지상에서 줄기가 비대해지므로 토심에 크게 영향을 받지는 않는다. 그러나 유기질 비료가 충분한 토양에서 기르면 자람이 좋아진다. 비료 성분이 부족하면 콜라비 열매의 부드러운 식감이 많이 떨어진다. 퇴비를 충분히 넣어 밭의 보습력을 높이고, 비료 성분이 부족하지 않도록 잘 관리해야 한다.

 씨앗을 뿌리거나 모종을 옮겨심기 2주일 전에 3.3㎡(1평)당 약 1kg 정도의 유기질 비료를 넣고 밭을 잘 일구어준다. 비료가 충분하지 않으면 줄기의 크기가 작아지므로 비료를 충분히 준다. 두둑이 너비는 90cm 정도, 높이는 10~15cm 정도로 하되, 형편에 따라 탄력적으로 한다.

## | 재배 방법 |

콜라비는 직파와 모종 심기 모두 괜찮지만 봄 파종일 경우에는 모종을 사서 심는

콜라비는 씨앗 크기가 매우 작다. 점뿌림하되 한 구멍에 서너 개씩 뿌린 후 두세 차례에 걸쳐 솎아내기 한다. 초보 텃밭 농부는 병해가 심한 봄 파종보다는 여름에 파종해 가을에 재배하는 것이 쉽다.

파종 2주째 1차 솎아내기를 한다. 생육이 부실한 포기를 솎아낸다.

파종 3주째 자람을 봐가며 2차 솎아내기를 실시한다.

파종 6주를 맞이한 콜라비. 이 무렵에는 키울 포기만 남기고 솎아내 충분한 재식 간격을 유지하도록 한다.

편이 유리하다. 직접 씨앗을 뿌려서 모를 기르려다 어린싹이 벌레의 공격을 받아 못 쓰게 되는 일이 발생한다. 직파를 원한다면 씨뿌리기 후 한랭사를 씌우거나, 파종 전에 토양 소독을 해야 한다.

### 씨뿌리기와 솎아내기

씨앗을 점뿌림하되 간격은 15~20cm가 적당하다. 씨앗을 직접 뿌린다면 다소 조밀하게 파종했다가 자람을 봐가며 성장이 나쁜 포기를 솎아내는 방식으로 두세 차례 정도 솎아내기를 한다. 잎을 넓게 펼치며 자라므로 포기 간격을 15~20cm가 되도록 한다. 본잎이 나오면 1차 솎아내기를 시작하고, 본잎이 대여섯 장이 되면 한 포기만 남기고 나머지는 모두 솎아낸다. 한 포기만 남긴 뒤에 웃거름을 주고 사이갈이(작물이 자라는 도중에 김을 매어 두둑 사이의 골이나 그 사이의 흙을 부드럽게 하는 일)를 한다.

### 물 주기

콜라비는 전 생육 기간에 걸쳐 물이 많이 필요한 작물이다. 씨앗을 바로 뿌린다면 싹이 나고 뿌리가 잘 내릴 때까지 하루에 물을 두 번 정도 조금씩 준다. 본잎이 두세 장 나면 하루에 한 번 정도 물을 주면 된다. 날씨가 더운 시기에는 겉흙이 마르지 않을 정도로 물을 공급한다. 물을 제때 주지 않으면 거칠고 맛이 없어진다. 다른 작물과 달리 1주일에 한 번 물을 흠뻑 주는 것으로는 부족하다. 1주일에 한 번 물을 주어도 성장에는 문제가 없지만, 식감이 현저하게 떨어진다. 물을 자주 줄 수 없다면, 짚이나 낙엽을 충분히 덮어 흙 표면이 마르지 않도록 관리한다.

### 잎 따기

콜라비 줄기가 비대해지기 시작하면 위의 잎 대여섯 장을 남기고 구 아래쪽에 붙은 잎은 2~3cm 정도의 잎줄기만 남기고 잘라준다. 이렇게 하면 밑동에 영양분을 집중시킬 수 있어 구가 더 크게 자란다.

## 병해충과 처방

십자화과 작물이지만 병해충은 적은 편이다. 그러나 십자화과 채소와 이어짓기할 경우 고사병(枯死病)이 발생할 가능성이 매우 높다.

기온이 올라가면 진딧물이 발생하기 쉽다. 진딧물이 소규모로 발생하면 테이프를 발랐다가 떼어내면 된다. 대규모로 발생한다면 물엿이나 설탕물, 요구르트 등의 희석액을 잎에 뿌려준다.

잎에 구멍이 나 있거나 넓은 범위에 걸쳐 갉아 먹은 흔적이 있다면 배추흰나비 애벌레가 나타났을 가능성이 높다. 물을 줄 때 잎을 샅샅이 뒤져서 애벌레를 잡아낸다. 배추흰나비 애벌레는 주로 아침에 활동하고, 거세미나방 애벌레는 밤에 활동한다는 점을 기억해두자.

## 웃거름 주기

비료가 부족하지 않도록 웃거름을 주어야 한다. 본잎이 서너 장 났을 때 웃거름을 준다. 뿌리에서 약 10cm 정도 떨어진 곳에 호미로 홈을 파고 포기당 한 줌 정도의 퇴비를 넣고 흙과 잘 섞어준다. 콜라비는 웃거름이 부족하면 열매가 작아지거

파종 8주째 콜라비. 무성하게 자랐다.

콜라비 구가 탁구공 정도 크기가 되면 아래 잎을 잘라 영양분이 구에 집중되도록 한다. 자를 때 위에 달린 잎 대여섯 장을 남기고, 구 아래쪽에 붙은 잎은 모두 자르되 2~3㎝ 정도 잎줄기를 남기도록 한다.

나 맛이 떨어질 수 있으므로, 성장을 봐가며 3주에 한 번씩 웃거름을 주는 것이 좋다. 웃거름을 준 뒤에는 흡수가 잘되도록 물을 흠뻑 뿌려주도록 한다.

## | 수확과 보관 |

콜라비는 수확 시기를 놓쳐 지나치게 커지면 육질이 목질화(木質化, 식물의 세포벽에 리그닌이 축적되어 단단한 목질을 이루는 현상)되어 단단해지고 맛이 떨어진다. 봄 파종일 경우 6월 중에 수확을 끝내고, 여름 파종일 경우 10월 중, 늦어도 11월 초에는 수확을 끝내도록 한다. 대체로 씨뿌리기 후 60일이면 수확할 수 있는데, 땅 위로 나와 구 형태로 비대해진 줄기의 지름이 5~7㎝ 정도 되면 수확한다. 콜라비는 보라색과 연두색 두 가지가 있지만 속은 모두 하얀색이다.

가을에 수확해 잘 갈무리했다가 겨우내 과일처럼 먹으면 일품이다. 단맛이 돌아서 요리할 때도 감미료를 넣지 않는다. 생으로 그냥 먹어도 되고, 마요네즈에 찍어 먹어도 좋다. 깍두기나 무생채처럼 무로 할 수 있는 요리에 전반적으로 이용할 수 있다.

콜라비는 육질이 단단해 저장성이 좋다. 신문지로 콜라비를 싸고 비닐봉지에 넣어 서늘한 베란다에 보관하거나 냉장고에 보관하면 오래 두어도 단단함이 변하지 않는다.

8월 말에 파종한 콜라비, 10월 말 모습. 콜라비는 연두색과 자색이 있지만 속은 모두 흰빛에 가까운 연두색이다.

11월 상순이 되자 일부는 수확해도 될 만큼 크게 자랐다.

11월 7일 큰 것 일부를 수확했다.

## 콜라비 재배 일정

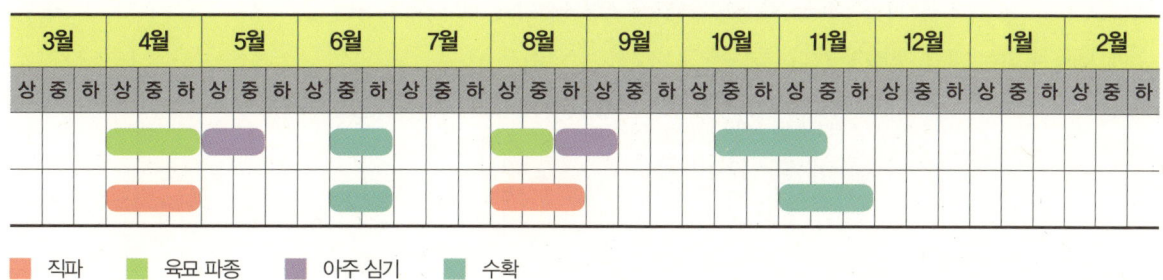

# 시금치
### 명아줏과

재배난이도
★☆☆

| 재배 포인트 |

시금치는 산성토양에 약하므로 고토석회로 반드시 토양을 중화해야 한다. 여름에 파종하고 싶다면 서늘한 곳에서 싹을 틔운 다음 씨앗을 뿌린다.

비교적 약광에서 잘 자라는 작물이므로 햇빛이 강한 여름에는 빛 가림이 필요하다. 서늘한 기후를 좋아하고, 평균기온 25℃ 이상에서는 생육이 정지하거나 꽃이 피므로 더운 시기를 피해 재배하는 것이 좋다. 초보자는 8월 하순에서 9월 상순에 씨를 뿌리는 가을 재배가 쉽다.

| 밭 만들기 |

시금치는 산성토양에 매우 약한 작물이다. pH7.0~8.0의 토양이 적당하며, pH5.5 이

하의 토양에서는 잎이 누렇게 변하면서 죽는다. 텃밭 농부가 매번 토양 검사까지 의뢰해서 농사짓기는 어려우므로 시금치를 재배하고자 할 때는 밑거름을 넣기 전에 매년 3.3㎡(1평)당 600g 정도의 석회와 붕사 3g 정도를 미리 뿌려두는 것이 좋다. 붕사 3g을 3.3㎡에 골고루 나눠 뿌리기는 어려운 만큼 2ℓ 정도의 물에 녹여 물뿌리개로 뿌려주면 쉽다.

석회를 뿌리고 1~2주 뒤에 밑거름으로 3.3㎡당 1kg 정도의 유기질 비료를 넣어준 다음 밭을 잘 일구어 준다. 두둑의 너비는 80㎝ 정도로 하고, 건조에 약하므로 두둑의 높이는 10㎝ 정도로 한다.

## 재배 방법

봄에 씨앗을 뿌린다면 3~4월에 씨를 뿌려 4~6월에 수확하는데, 고온기에 씨를 뿌리면 발아가 잘 안 될 뿐만 아니라 꽃대가 올라오므로 씨 뿌리는 시기와 품종의 선택에 주의해야 한다.

시금치는 서늘한 기후를 좋아하고 더위에 약해서 이른 봄과 가을에 씨를 뿌린다. 품종에 따라 3월부터 4월까지 직접 씨앗을 뿌릴 수 있는 시금치 씨앗이 나와 있다. 2월에 파종하는 경우도 있으나 기온이 지나치게 낮으면 발아에 시간이 오래 걸린다.

8월 하순에서 9월 상순에 직파해서 12월까지 수확할 수도 있다. 가을 재배 시금치는 겨울을 넘기고 이듬해 3~4월에 또 수확할 수 있다. 겨울 추위를 견디며 자란 시금치를 이른 봄에 수확해서 먹으면 그 맛이 일품이다. 월동 재배를 원한다면 겨울을 날 수 있는 품종인지 확인하고 씨앗을 구입해야 한다. 국내 품종은 월동할 수 있다.

시금치는 서늘한 기후를 좋아하는 작물인 만큼 초보 텃밭 농부는 8월 하순에서 9월 상순에 씨를 뿌리는 가을 재배가 쉽다. 여름에 파종하고자 할 경우 젖은 헝겊에 싸서 서늘한 곳에서 싹을 틔운 다음 씨앗을 뿌리도록 한다.

전년도 가을에 파종한 시금치는 겨우내 바짝 엎드려 겨울을 난다.

밭에서 겨울을 난 시금치의 4월 모습. 판매하려고 속성으로 재배한 시금치와 달리 겨울을 밭에서 난 시금치는 고유의 달짝지근한 맛이 난다. 속성으로 재배한 시금치보다 비타민 함량도 훨씬 많다고 한다.

### 씨뿌리기

시금치 씨앗은 씨껍질이 두터워서 24시간 물에 담갔다가 뿌려야 발아가 잘 된다. 발아 상태가 고르지 않으므로 집에서 미리 싹을 틔워서 뿌리면 균일하게 발아시킬 수 있다. 봄과 가을에는 따뜻한 실내에서, 여름에는 시원한 음지에서, 겨울에는 25℃ 정도인 방에서 사나흘 정도 젖은 수건에 싸서 싹을 틔우면 된다. 기온이 높으면 발아하지 않으므로 여름에 노지에 그냥 씨앗을 뿌리면 발아하지 않는다.

파종할 때는 호미로 줄 간 20㎝, 깊이 1㎝ 정도로 홈을 파고, 씨앗을 1㎝ 간격으로 넣고 살짝 덮어주면 된다. 밭에 바로 씨를 뿌린 뒤에 짚을 덮고 물을 흠뻑 뿌려주면 기온이 올라가는 것을 막고, 수분도 유지해서 발아에 유리하다.

월동 재배를 원한다면 9월 중순 또는 10월 초순에 씨를 뿌린다. 9월 중순에 많이 파종해서 일부는 10월부터 11월까지 수확하고, 일부는 남겨두었다가 이듬해 봄에 수확해도 된다.

### 솎아내기

대개 씨앗을 뿌리면 싹이 트고 약 1주일이 지났을 무렵 약간 솎음질을 하고, 2주일이 지났을 무렵 포기 사이가 4~5㎝ 정도 되도록 솎아준다. 본잎이 예닐곱 장 정도 되면 큰 것부터 솎아서 수확하면 된다.

## | 생리 장해와 처방 |

시금치는 대표적인 장일식물(長日植物, 일조시간이 12시간 이상이면 꽃봉오리를 맺는 식물)이다. 낮의 길이가 길어지면 꽃대가 올라오고 품질이 떨어진다. 따라서 봄 파종일 경우 될 수 있으면 일찍 심어 일찍 수확하는 것이 좋다. 또 질소, 인산, 칼리, 칼슘 등이 부족하거나 넘치면 생육이 좋지 않으므로 균형 있게 시비해야 한다.

텃밭 농부 중에는 종묘상에 가서 요소 비료를 사서 뿌리는 경우가 종종 있다. 일단 요소 비료를 뿌리면 잎이 무성해지고

파종하고 3주쯤 지나면 본잎이 나오기 시작한다.

여름 끝에 파종한 시금치 모습(11월 7일).

10월 중순 파종한 시금치 3주 된 모습.

9월에 파종할 경우 1주일 정도면 싹이 나온다. 시금치 싹은 마치 부추 잎처럼 생겼다.

파종 4주가 지나면 어느 정도 자라고, 5~6주가 되면 솎음 수확할 수 있다.

잘 자라므로 최고의 비료라고 생각하는 것이다. 그러나 요소 비료는 작물이 필요한 성분 중 요소, 즉 질소 성분만 있는 비료이므로 이 비료만 줄 경우 생리 장해가 발생한다. 인산과 칼리가 부족하면 수확량도 줄어들고, 내한성이 약해져 발육에 지장을 받는다. 또, 전체적으로 품질도 확연하게 떨어진다. 화학 비료보다는 퇴비나 유기질 비료를 쓰면 영양분을 골고루 투입할 수 있다. 굳이 화학 비료를 써야 한다면 복합 비료를 쓰는 것이 좋다.

## 병해충과 처방

텃밭에서 소규모로 기르는 시금치에는 병해가 많이 발생하지 않는다. 그러나 간혹 잘록병, 노균병 등이 발생한다. 잘록병은 시금치 뿌리와 줄기가 만나는 부분이 흑갈색으로 변하면서 쓰러지는 병인데, 토양이 지나치게 습하거나 지나치게 건조할 때 자주 발생하므로 토양 수분 관리를 어느 정도 하면 예방할 수 있다.

시금치에 가장 많이 발생하는 병은 노균병이다. 기온이 낮고 습기가 많은 조건에서 잎이 황록색으로 변하는 증상을 보인다. 토양이 지나치게 습하지 않도록 솎아내기를 철저히 해서 통풍이 잘 되도록 하면 텃밭에서는 크게 걱정하지 않아도 된다.

유기질 비료를 너무 많이 주면 해충이 쉽게 발생하므로 비료량을 적정하게 조정해야 한다.

## | 웃거름 주기 |

시금치는 짧은 기간에 급속히 성장하는 작물이다. 씨앗을 언제 뿌리느냐에 따라 파종에서 수확까지 걸리는 기간이 가을 파종은 50~60일, 여름 파종은 30~35일, 봄 파종은 40일 정도로 짧다. 따라서 거름은 밭을 만들 때 밑거름 중심으로 주되, 웃거름은 성장을 봐가며 두 번 정도 준다. 인산과 칼리 성분이 부족하면 수량도 적고, 추위에도 약하며, 품질도 나빠지므로 웃거름을 줄 때는 인산과 칼리 성분 중심으로 준다. 나뭇재를 뿌려주거나 종묘상에서 염화칼륨을 사서 물에 녹여서 뿌려주면 효과적이다.

## | 수확과 보관 |

시금치는 한꺼번에 수확해도 되고, 겉잎을 차례로 수확해도 된다. 키가 20~25cm가 되면 수확 적기다. 그러나 가정에서 조금씩 소비하는 텃밭 농부 입장에서는 어느 정도 자란 시금치의 겉잎부터 수확해서 조금씩 오래, 자주 먹는 편이 좋다.

전년도 10월에 파종해 밭에서 겨울을 난 시금치가 봄을 맞이했다. 가을에 파종한 시금치는 조금 자라다가 한겨울을 맞이하면 성장을 멈추고 겨울을 난다. 밭에서 겨울을 난 시금치는 햇빛을 오래 받아 시금치 특유의 고소한 맛이 일품이다.

초가을에 파종한 시금치. 겨울을 나려고 짚으로 보온했다. 사진은 11월 하순의 모습이다. 굳이 보온하지 않아도 시금치는 얼어 죽지 않는다. 그러나 이처럼 보온하면 12월에도 시금치를 수확할 수 있고, 이른 봄에 더 일찍 자란다.

전년도에 파종해 밭에서 겨울을 난 시금치는 4월에 접어들면 꽃대가 올라오므로 3월부터 부지런히 수확해서 먹어야 한다.

그러나 6월 말 이후 꽃대가 올라오기 시작하면 남은 시금치를 모두 거둬들여야 한다. 시금치는 저온에 강한 작물이므로 수확한 후 영하 4~5℃ 정도로 보관하면서 습도를 유지하면 오랫동안 저장할 수 있다. 가을에 재배하는 시금치는 수확하지 않고 월동한 후 이듬해 봄에 거둬들여도 된다. 단, 겨울을 날 수 있는 종자인지를 확인해야 한다. 월동 재배한 시금치는 이듬해 3~4월에 수확하는데, 4월이면 꽃대가 올라오고 5월이면 꽃이 피면서 수확이 끝난다.

### 시금치 재배 일정

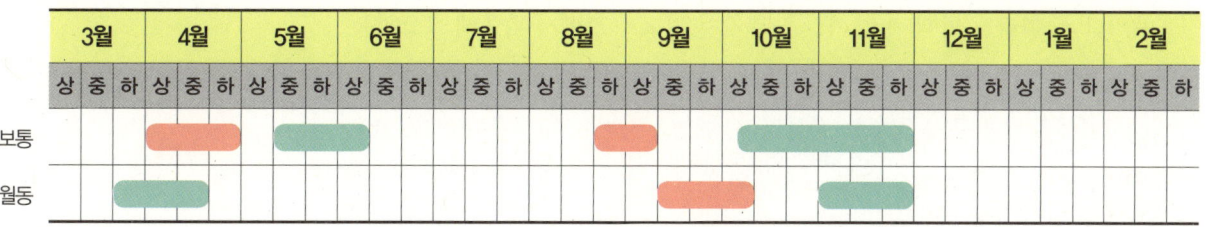

# 히까마
콩과

| 재배 포인트 |

히까마는 싹 틔우기가 어려우므로 모종을 구할 수 있다면 모종으로 심는 것이 좋다. 하지만 아직 국내에 많이 알려지지 않아 모종이 나와 있는 곳을 찾기 어렵다. 따라서 직접 씨앗을 뿌려야 하는데, 곧뿌림할 경우 싹이 나기도 전에 풀이 밭을 점령해버린다. 따라서 밭에 바로 씨앗을 뿌리지 말고 포트에서 파종해 육묘하는 것이 성공률이 높다.

덩굴식물이라서 지주가 필요한 작물이며 땅속에 자라는 덩이뿌리를 먹는다. 지상부에 꽃이 핀 후에 달리는 콩은 살충제로 쓰이는 화학 물질인 로테논(rotenone)을 함유하고 있어 매우 유독하다. 절대 먹으면 안 된다. 콩 씨앗은 수확해 말린 후 갈아서 천연 살충제로 이용할 수 있다.

'얌빈(yam bean)'으로도 불리며 멕시코 원산으로 미국과 유럽에서는 뛰어난 건

히까마 새싹. 싹이 나오는 데 오랜 시간이 걸렸다.

강식품으로 평가받는다. 물기가 많고 아삭하며 맛이 순무와 배, 마를 섞은 듯한데, 마처럼 걸쭉한 느낌이 없어 식감이 뛰어나다. 열량이 낮아 미국과 유럽에서는 다이어트용으로 인기를 끈다고한다.

## | 밭 만들기 |

배수가 잘되는 밭에서 재배해야 한다. 알뿌리가 매우 크게 자라므로 밭을 부드럽게 갈아주는 것이 좋으며, 유기질 비료와 퇴비를 충분히 넣어준다. 칼리 성분이 많은 비료를 넣어주면 좋다. 천연 비료로는 나뭇재가 아주 좋다. 한 줄로 재배하는 것이 유리하며 두둑의 너비는 40~50㎝, 높이는 20㎝로 한다.

히까마는 아직 국내에서 많이 생산되는 작물이 아니다. 주변 사람한테서 귀한 씨앗이라는 말과 함께 얻었지만, 전혀 싹이 나지 않았다. 국내 토양과 기후에 적응하지 못한 품종이었던 것이다. 히까마를 재배하고자 한다면 전문 업체가 판매하는 씨앗을 사서 심는 것이 안전하다.

## | 재배 방법 |

히까마는 고온성 작물이므로 품종 선택을 잘해야 성공할 수 있다. 국내 재배에 성공한 씨앗에서 나온 아들, 손자 씨앗이 아니라면 덩이뿌리가 맺히지 않을 수 있다고 한다. 따라서 국내에서 나온 씨앗을 구입하는 것이 좋다. 외국산 씨앗을 구입하려면 우리나라와 위도가 비슷한 미국 등 온대 지방에 적응한 조생종(早生種, 같은 농작물 가운데 다른 것보다 일찍 성숙하는 품종) 씨앗을 선택해야 한다.

싹이 나오기는 힘들지만, 일단 싹이 나오고 날씨가 더워지면 히까마는 비교적 빠른 속도로 자란다.

히까마는 마디마다 곁순이 발생한다. 지상부에서 열매를 얻는 작물이 아닌 데다가 줄기가 지나치게 무성해지면 병해충에 시달릴 수 있으므로 원줄기 하나만 키우고 아들 줄기는 나오는 대로 제거한다.

8월, 무성하게 자라는 히까마.

### 씨뿌리기와 모종 심기

직접 씨앗을 뿌려도 되고, 모종을 심어도 된다. 씨앗은 옥수수 알맹이 정도 크기인데, 발아가 잘 안 되는 작물이다. 씨뿌리기 전에 따뜻한 물에 24시간 정도 불려주면 발아율을 높일 수 있다. 따뜻한 물에 불려 눈이 조금 나왔을 때 파종하면 된다. 싹 트는 데 워낙 시간이 오래 걸려서 히까마 싹이 나오기 전에 다른 풀이 먼저 밭을 점령할 가능성이 매우 높다. 따라서 밭에 바로 씨앗을 뿌리는 것은 적합하지 않다.

우리나라 기후를 고려할 때 직파보다는 포트에 파종하고 작은 비닐하우스를 만들어 온도 관리를 해주면 대략 25일 만에 모종을 옮겨 심을 만큼 자란다. 포트에 파종할 경우 바닥에 비닐을 깔아 포트 구멍 아래로 나온 뿌리가 땅속으로 들어가지 않도록 한다. 그냥 흙바닥에 포트를 두고 파종하면 뿌리가 땅속으로 파고 들어가기도 하는데, 옮겨 심을 때 억지로 떼버리면 뿌리가 잘려 성장에 지장을 준다.

초보 텃밭 농부는 5월에 모종을 사서 심는 것이 유리하다. 6월에 아주 심기하

히까마는 덩굴을 벋는 작물이므로 지주를 세우거나 나무, 담 등을 타고 올라갈 수 있도록 해준다.

는 것이 좋지만, 종묘상에서는 대체로 5월에 모종이 많이 나오므로 이때 구입해서 심는다. 너무 일찍 모종을 심으면 냉해를 입으므로 주의한다.

모종을 심을 경우 포기당 간격을 30㎝ 정도로 하고, 곧뿌림할 경우 발아가 잘 안 되는 점을 고려해서 한 구멍에 서너 개의 씨앗을 넣되, 씨앗이 서로 겹치지 않도록 한다.

### 솎아내기
씨앗이 싹 트고 1주일쯤 후에 두 개만 남기고 솎아낸다. 싹 트고 25~30일경 튼튼한 포기 하나만 남기고 나머지 한 개는 솎아낸다.

### 지주 세우기
히까마는 덩굴성 식물로 1.5m 지주를 세워야 한다. 지주를 세우고 오이망을 쳐주면 덩굴이 타고 올라간다. 키는 지주보다 더 높이 자라지 않도록 1.2~1.5m 정도에서 순지르기를 해준다.

9월 초에 핀 히까마 꽃.

히까마는 콩과 작물이라 콩과 흡사한 꼬투리가 열리고 그 안에 열매가 맺힌다. 이 열매는 살충제의 원료가 될 만큼 독성이 강해 먹으면 안 된다. 보관했다가 이듬해 파종용 씨앗으로 사용할 수 있다.

수확한 히까마 열매.

씨앗봉투에 히까마를 파종하고 차광막을 씌워주어야 한다고 씌어있었지만, 재배해본 결과 차광막을 씌운 것과 씌우지 않은 것에 차이를 발견하지 못했다.

### 가지치기

원줄기 하나만 키우고 아들 줄기는 제거하도록 한다. 아들 줄기를 제거하지 않으면 지나치게 웃자라서 바람이 통하지 않아 병해충에 취약해진다. 곁가지는 나오는 대로 바로바로 제거한다.

### 꽃대 제거

히까마 7월 중순경 보라색 꽃이 피고 8월에는 꼬투리도 달리지만, 꽃은 따주는 것이 알뿌리를 키우는 데 유리하다.

콩 열매는 독이 있어 식용할 수도 없다. 다만 콩을 수확해 천연 살충제로 이용할 수는 있다. 텃밭 농부가 스스로 천연 살충제를 만들려고 생각한다면 콩 열매를 키우는 것도 괜찮다.

히까마는 씨앗 값이 무척 비싸다. 따라서 몇 포기는 채종을 위해 남겨두었다가 11월 초 씨앗이 완전히 여물고 나면 수확해 다음 해에 파종하면 된다. 그러나 콩을 키울 때와 키우지 않을 때 히까마 덩이뿌리의 크기에 차이가 있다.

감자를 키울 때와 마찬가지로 8월 무렵이면 땅속의 덩이뿌리가 커지면서 땅이 갈라지는 현상을 종종 보게 된다. 별문제는 없으니 신경 쓰지 않아도 된다.

### 차광막 설치 여부

히까마 씨앗 봉투에는 반드시 50% 차광막을 설치해야 한다고 나와 있다. 그러나 차광막을 설치한 포기와 설치하지 않고 노지에 그냥 재배한 포기 사이에 생육 차이를 확인할 수는 없었다. 두 번 재배해본 경험상 오히려 차광막을 설치한 포기의 성장이 더뎠다. 그런데도 차광막을 반드시 설치해야 한다고 씨앗 봉투에 씌어 있는 것으로 봐서는 다른 이유가 있을 것으로 짐작만 할 뿐 정확한 배경을 알지 못한다.

| 병해충과 처방 |

특별한 병해충은 없다. 다만 씨뿌리기 전에 토양소독을 해야 한다.

## 웃거름 주기

비교적 오래 자라는 작물이고 알뿌리도 크지만, 따로 웃거름을 주지 않아도 된다. 다만 줄기의 자람이 매우 부진하다고 판단되면 질소와 칼리 성분이 많은 유기질 비료를 포기당 한 줌씩 넣어준다.

## 수확과 보관

9월 하순부터 10월 중하순까지 수확할 수 있다. 심는 시기에 따라 수확 시기는 상당히 차이가 난다. 추위가 오기 전까지 밭에 오래 두면 덩이뿌리 크기가 더 커진다. 대체로 10월 하순에 수확한 것이 일찍 수확한 것보다 덩이뿌리가 더 컸다. 그러나 서리가 오기 전에 거둬야 하므로 지역에 따라 수확 시기를 잘 판단해야 한다.

히까마 덩이뿌리는 한 개 무게가 1~2.5kg 정도 된다. 아주 큰 것은 10kg 이상 되는 것도 있다고 하는데, 아직 그렇게 큰 히까마를 수확해본 적은 없다. 10~15℃ 정도 서늘한 곳에서 3~4개월 보관할 수 있다. 콩 열매는 매우 유독하므로 절대 먹으면 안 된다.

**얌빈(히까마) 재배 일정**

| 3월 | | | 4월 | | | 5월 | | | 6월 | | | 7월 | | | 8월 | | | 9월 | | | 10월 | | | 11월 | | | 12월 | | | 1월 | | | 2월 | | |
|---|---|---|---|---|---|---|---|---|---|---|---|---|---|---|---|---|---|---|---|---|---|---|---|---|---|---|---|---|---|---|---|---|---|---|---|
| 상 | 중 | 하 | 상 | 중 | 하 | 상 | 중 | 하 | 상 | 중 | 하 | 상 | 중 | 하 | 상 | 중 | 하 | 상 | 중 | 하 | 상 | 중 | 하 | 상 | 중 | 하 | 상 | 중 | 하 | 상 | 중 | 하 | 상 | 중 | 하 |

■ 파종   ■ 아주 심기   ■ 수확

# 검정콩
### 콩과

## | 재배 포인트 |

검정콩은 재배하기 쉬운 작물이다. 그러나 바로 씨앗을 뿌릴 경우 새 피해가 극심하므로 모종을 키워 옮겨 심는 편이 유리하다. 밭 한쪽에 씨앗을 뿌리고 한랭사 등을 덮어 새싹이 어느 정도 자랄 때까지 새 피해를 방지해야 한다. 옮겨심기는 작업이 번거로워 곧뿌림하고 싶다면 조류기피제인 '새총'을 입혀 씨앗을 뿌리면 된다. 조류기피제 새총은 종묘상에서 쉽게 구입할 수 있다.

산기슭 밭에서 재배한다면 고라니가 콩의 새싹을 뜯어먹으므로 밭 둘레에 망을 쳐서 고라니 피해를 막아야 한다. 이어짓기 피해가 발생하는 작물이므로 이어짓기하지 않는다.

서리가 내리고 난 다음에 수확한다고 해서 '서리태'라고 부른다. 겉은 검은데 속은 푸르다고 해서 '속청'이라고 부르기도 하지만, 실제 검정콩의 속은 푸른색

서리태를 그냥 파종하면 비둘기가 씨앗을 파먹거나 떡잎을 따먹어 버리는 경우가 흔하다. 이를 방지하려면 한랭사를 씌워 모종을 키워 옮겨 심거나 조류기피제 '새총'을 묻혀 파종해야 한다.

이 아니라 연두색이다.

### | 모종 심기보다 모 기르기 |

모종을 사서 심기보다 종자를 곧뿌림하거나 직접 모종을 길러서 옮겨 심는 편이 유리하다. 종자는 알이 굵고 윤기가 나는 것이 좋다. 알이 작으면 자람과 수확이 부실하다. 전업농가에서는 전염병을 예방하고자 파종 전에 베노람 수화제(가루약)로 소독한다. 소독을 원한다면 서리태 한 되에 베노람 수화제 한 숟가락을 풀어 뒤적거려 주면 된다.

서리태(콩)는 겉은 검고 속은 연두색을 띠고 있어서 '속청'이라는 별칭이 있다.

### | 밭 만들기 |

콩은 비료가 거의 필요 없는 작물이다. 지난해에 다른 작물을 심어 비료 성분이 남아 있다면 굳이 비료를 주지 않아도 된다.

비료 성분이 전혀 없는 밭이라도 33㎡(10평)에 20kg 퇴비 한 포면 충분하다고 생각한다. 토질을 거의 가리지 않으나 산성토양을 싫어하므로 밑거름 넣기 2주일 전에 석회를 3.3㎡(1평)당 한 줌 정도씩 뿌려주면 좋다. 요소(질소) 비료는 밑거름으로 주지 말고 성장을 봐가며, 약하다 싶을 때 웃거름으로 주도록 한다. 생육이 좋다면 굳이 요소 비료를 주지 않아도 된다. 두둑은 높이 10~15㎝, 너비 90㎝ 정도로 만든다.

### | 재배 방법 |

남부 지방의 경우 6월 10일경 파종하고, 북부 지방은 6월 20일 이후에 파종하는 것이 좋다. 5월 중 씨앗을 뿌리면 영양생장만 하고 생식생장을 하지 않는 경우가 발생한다.

모종을 기른다면 씨앗 간 간격을 10㎝ 정도로 띄워 나중에 옮겨 심기 편하게 한다. 본밭에 바로 씨앗을 뿌린다면 90㎝ 너비의 두둑에 두 줄로 심되 각 줄의 모종 간 간격은 50㎝ 정도로 충분히 띄워준다. 많이 심겠다고 좁혀 심으면 오히려 수확이 좋지 않다.

씨앗을 뿌리고 1주일 만에 싹이 나왔다. 밭 한쪽에 파종했다가 옮겨 심어도 되고, 처음부터 재식 간격을 유지해 씨앗을 뿌려도 된다.

6월 말에 파종한 서리태의 7월 하순 모습.

콩밭을 덮어버릴 정도로 무성하게 자란 명아주. 특히 묵은 밭에서는 풀이 많이 난다. 늦은 봄에 2,3주만 밭에 나가지 않으면 풀밭이 되고 만다. 콩이 밭 전체로 우거지기 전까지 두세 번 정도 풀을 매주어야 한다.

6월 말에 파종한 검정콩 모습(8월 8일). 무성하게 자라고 있다. 이 정도 자라면 풀 걱정을 안 해도 된다.

검정콩은 순지르기를 해주어야 곁가지가 많이 발생하고, 꼬투리가 많이 달린다. 성장이 좋으면 두 번, 성장이 평범할 경우 한 번 정도 순지르기 한다.

본밭에 곧뿌림한다면 한 개의 구멍에 두세 알을 넣어 싹을 틔운 다음 부실한 모종을 솎아내고 한 개만 키운다. 심는 깊이는 1~2㎝ 정도가 적당하다. 두둑 폭을 좁혀 한 줄로 심기보다 두둑 폭을 다소 넓혀 두 줄로 심으면 콩대가 서로 기댈 수 있어서 장마 기간에 넘어지는 것을 방지하는 데 도움이 된다.

## 순지르기

서리태는 마디마다 꽃이 피고 열매가 맺히므로 순지르기를 해서 마디를 많이 생기게 해야 다 수확할 수 있다. 그러나 일괄적으로 순지르기를 하지는 않는다. 성장을 봐가며 생육이 왕성할 때는 두 번 정도 순지르기를 하고, 생육이 보통일 때는 한 번 하고, 성장이 매우 약해 키가 크지 않을 때는 순지르기를 하지 않는다. 키가 쑥쑥 잘 클 경우 반드시 순지르기를 해야 넘어지지 않고, 수확량도 늘어난다. 장마로 키가 많이 자랐다면 반드시 순지르기를 해야 한다.

본잎이 다섯에서 일곱 장 정도 나왔을 때 1차 순지르기를 해준다(대체로 파종 1개월 무렵). 곁가지가 서너 개 정도 나오면 곁가지도 2차 순지르기를 해준다(8월 초 무렵). 콩은 왕성하게 자라므로 곁가지 길이를 15~20㎝ 정도 남겨두고 강하게 순지르기를 한다. 단 7월 10일 이후 씨앗을 뿌렸다면 1차 순지르기만 하고, 6월 20일 이전에 파종한 경우에는 2, 3차 순지르기를 한다.

일반적으로 콩대는 콩 꽃이 핀 뒤에도 보통 20㎝ 가량 더 자라는 만큼, 이를 고려해 20㎝가 더 자라 헛골이 모두 채워질 것 같으면 콩 꽃이 서너 번째 가지에서 한 두 개 보이더라도 낫으로 윗부분을 새순 바로 아래까지 잘라주는 것이 바람직하다.

전업농가에서는 대량으로 생산하므로 예초기(刈草機, 풀을 베는 데 쓰는 기계)로 순지르기를 하지만 텃밭 농부는 가위로 하나씩 잘라 주어도 된다.

### 끈 두르기

1차 순지르기 후나 태풍 소식이 오면 고춧대를 지주로 세우고, 끈을 둘러 콩이 넘어지는 것을 방지해야 한다. 쓰고 남은 플래카드 등으로 둘러주어도 되지만 텃밭 미관이 나빠지므로 끈을 치는 게 좋다. 몇 포기 안 된다면 고추 지주를 포기 당 하나씩 세워주면 된다.

### 북주기

서리태는 장마기를 거쳐 성장하는 데다 잎이 무성해서 북주기를 해주어야 한다. 북주기하지 않으면 콩이 넘어지기 쉽고, 넘어지면 통풍이 안 되거나 물에 잠겨 농사를 망치게 된다. 또 북주기해야 뿌리 발생이 좋아져 성장이 좋아진다. 1차 북주기는 본잎이 네다섯 장일 때, 2차 북주기는 본잎이 예닐곱 장일 때 실시한다(2차 북주기 할 때는 맨 아래 본잎이 흙에 묻히는 정도로 높게 해준다). 그러나 북주기 작업은 매우 고되다. 전업 농부처럼 다수확이 목표가 아닌 만큼 북주기를 하지 않고 고춧대를 세워 넘어지지 않도록 해주어도 된다.

## | 병해충과 처방 |

콩은 노린재 피해가 심하다. 콩꼬투리가 익기 전에 노린재가 잎이나 열매의 즙을 빨아 먹어 빈 꼬투리가 발생한다. 전업농가에서는 장마 직후 두세 차례에 걸쳐 살균제와 살충제를 혼합 살포해 콩모자이크병, 노균병, 탄저병 등 병과 노린재, 콩나방, 진딧물, 굴나방, 이십팔점박이무당벌레 등을 방제한다. 소규모 텃밭 농부는 굳이 살균제나 살충제를 살포하지 않아도 수확이 크게 떨어지지 않는다.

고라니 역시 서리태 싹을 갉아 먹는다. 산자락 밭에서 서리태를 재배할 때는 반드시 울타리를 둘러야 한다. 사진은 고라니 피해를 입은 서리태 싹.

콩밭에 자주 나타나는 노린재. 몇 마리 정도는 것은 문제가 안 되지만 노린재가 극성을 부리면 꼬투리가 쭉정이가 돼버린다. 천연 유인제 등으로 퇴치해야 한다.

9월을 지나면서 꼬투리가 조금씩 여물고 있다.

11월이 되자 검정콩 잎이 시들기 시작하면서 수확기가 다가 왔음을 알린다.

검정콩 털기. 1주일 정도 꼬투리를 바싹 말려야 잘 털린다.

콩깍지를 모아 퇴비를 만드는 과정. 늦가을에 콩을 수확한 뒤 작두로 잘게 썰어 두면, 이듬해 장마철이 지날 무렵 원형은 사라지고 좋은 퇴비가 된다. 병해충이 많이 발생한 콩깍지는 퇴비로 쓰지 말고 태워서 재로 이용하는 것이 좋다.

그래도 걱정된다면 노린재 방제를 위해 콩밭 주변에 코스모스를 심거나, 페로몬을 이용하거나, 은행잎을 갈아 잎에 뿌리거나, 커피를 진하게 타서 살포하면 효과가 상당하다. 천연 농약 살포는 장마가 끝난 뒤부터 1주일 간격으로 해주면 좋다.

멧돼지가 출몰하는 밭이라면 약국에서 화장실 청소용 세제인 크레졸비누액을 구입해 생수병에 넣어 밭 주변에 5미터 간격으로 설치하고, 위에 구멍을 뚫어주면 효과가 있다. 멧돼지가 그 냄새를 싫어하기 때문이다. 다만 비누액은 1주일 간격으로 교체해주어야 효과를 볼 수 있다.

고라니 역시 크레졸비누액이나 페엔진오일을 위의 방법처럼 설치해주면 효과가 있다. 시중에는 노루기피제인 '노루노'가 있는데, 이것을 사다가 고라니가 다니는 길에 뿌려주거나 망에 달아놓는 것도 방법이다.

| 웃거름 주기 |

장마가 끝난 뒤 성장을 봐가며 요소와 칼리 비료를 조금 주면 성장도 좋아지고, 열매도 충실해진다. 성장 상태가 좋다면 요소 비료는 주지 않아도 된다.

| 수확과 보관 |

꽃이 피고 60~70일 이후 수확할 수 있는데, 콩잎이 누렇게 변하면서 잎이 떨어지고 꼬투리와 서리태가 분리되어 흔들었을 때 달그락 소리가 나면 수확 적기다. 보통은 10월 첫서리가 내린 후다. 너무 일찍 수확하거나 너무 늦게 수확하면 수확량이 감소하므로 주의한다.

콩이나 팥, 깨 등은 아침 일찍, 즉 아침이슬이 마르기 전에 베어야 떨어지는 것이 적다. 한낮을 지나 습기가 다 말라버리면 꼬투리에서 쉽게 콩이 떨어져 수확량이 줄어든다.

콩대를 낫으로 벤 뒤에 밭에서 1주일 정도 충분히 말려야 콩이 잘 털리고, 쭈글쭈글한 콩이 나오지 않는다. 따라서 수확 전에 일기예보를 잘 살펴 앞으로 1주일 정도 비가 오지 않을 때 거둬들인다. 만약 중간에 비가 온다면 비닐 등으로 덮어 비를 맞지 않도록 해주어야 한다. 잘라낸 콩대를 서로 묶어 에이(A)자로 세우고, 비닐을 덮어주면 웬만큼 비가 와도 괜찮다. 잘 말린 후에 콩을 털고, 털고 난 뒤에도 사나흘 정도 충분히 말려야 오래 보관할 수 있다.

### 콩 재배 일정

## | 흰콩 |

흰콩(메주콩)의 재배는 서리태(검정콩) 재배 방법을 따른다.

흰콩 씨앗. 일명 메주콩이라고 불린다.

파종 1주일 만에 싹이 올라오고 있다.

텃밭이 좁거나 새 피해가 우려될 때는 미리 모종을 준비했다가 옮겨 심으면 된다. 종묘상에서도 흰콩 모종을 구할 수 있다. 사진은 6월 10일 모종을 옮겨 심은 모습.

무성하게 자라고 있다(7월 26일).

9월 16일 모습.

흰콩 잎이 서서히 시들고 있다(10월 17일). 수확기가 다가온 것이다. 잎이 조금 더 시들기를 기다렸다가 베어 말리면 된다.

10월 1일 팥 모습. 잎 모양이 콩과 비슷하지만, 꼬투리가 확연히 가늘다.

11월 초. 흰콩이 수확기에 이르자 잎이 시들고 있다.

베어낸 흰콩 줄기와 꼬투리 말리기. 비를 맞지 않는 곳에서 1주일 이상 잘 말려야 털기 쉽다.

흰콩 털기 작업. 콩알이 멀리 튀어 달아나기도 하므로 널찍한 멍석이나 포대를 깔고 털도록 한다.

# 강낭콩
### 콩과

재배난이도 ★★☆

## | 재배 포인트 |

강낭콩은 재배하기 쉬운 작물로 완두콩과 더불어 새 피해가 별로 없는 콩이다. 지금까지 강낭콩을 심어 새 피해를 본 적은 없다. 메주콩이나 서리태를 파종하고 나면 비둘기가 땅을 파서 찾아 먹는데, 강낭콩은 땅 위로 씨앗이 나와 있어도 먹지 않는 것을 확인했다.

강낭콩은 이어짓기 장해가 특히 심한 작물이므로 3~4년 간격을 두고 재배하는 것이 좋다. 진딧물이 많이 발생하므로 설탕물이나 먹고 남은 우유 등을 희석해서 자주 살포해준다. 일반 작물의 경우 진딧물이 텃밭 농사를 망칠 정도는 아니지만, 강낭콩은 진딧물이 굉장히 많이 발생해서 그냥 내버려두면 수확이 거의 없을 정도로 피해를 볼 수도 있으므로 반드시 퇴치해야 한다.

봄에 씨앗을 뿌린 강낭콩 모습(6월 10일). 강낭콩이 왕성하게 자라면서 진딧물도 많이 꼬이기 시작했다. 사진 속 위쪽 잎에 붙은 검은 점들이 진딧물이다.

## | 강낭콩 종류 |

강낭콩에는 덩굴이 벋는 종류와 덩굴이 벋지 않는 종류가 있다. 좁은 텃밭에서는 덩굴이 벋지 않는 종이 편리하다. 덩굴성과 비덩굴성은 덩굴의 유무 외에 생육 기간과 수확에도 차이가 있다. 사진은 덩굴을 벋지 않는 강낭콩.

강낭콩은 두 가지 종류가 있는데, 덩굴을 벋으며 자라는 만성종(蔓性種)과 덩굴을 뻗지 않고 키가 작고 생육 기간이 50일 정도로 짧은 왜성종(矮性種)이다. 덩굴강낭콩은 넝쿨이 있다고 '넝쿨콩', 울타리를 타고 올라간다고 '울타리콩'으로도 불린다. 키가 작고 덩굴이 지지 않는 강낭콩은 '앉은뱅이강낭콩'이라고도 부른다.

덩굴을 벋는 만성종은 고온과 병해에 강하고 키가 크고 곁가지가 많이 생겨 생육 기간과 수확 기간이 길며 수확량도 많다. 이에 반해 앉은뱅이강낭콩은 덩굴을 벋지 않으며 직립형이고 생육 기간이 50일 내외로 짧다. 만성종에 비해 고온에 약하고 저온기에 열매가 잘 달린다.

텃밭에서 여러 작물과 함께 기르기에는 덩굴을 벋지 않는 왜성종 강낭콩이 좋다고 생각한다. 다만 왜성종 강낭콩을 재배할 때는 3월 말에서 4월 초에 씨를 뿌려서 장마가 본격적으로 시작되기 전에 수확해야 한다는 점에 유의해야 한다. 장마를 만나면 콩이 꼬투리에 달린 채 싹을 낸다.

## | 밭 만들기 |

강낭콩밭은 물이 잘 빠지고 양지바른 곳이 좋다. 산성토양을 싫어하므로 씨뿌리기 3주 전에 1㎡당 한 줌씩 석회를 뿌려주면 산성토양 개량에도 도움이 되어 충실한 콩알을 얻을 수 있다. 씨뿌리기 2주 전에 유기질 비료를 조금 뿌려주고 파종한다. 콩은 대체로 비료가 거의 필요하지 않지만, 강낭콩은 크기가 큰 만큼 유기질 비료를 조금 넣어주는 편이 좋다. 복합 비료를 사용할 경우 33㎡(10평)에 서너 줌 정도면 충분하다.

강낭콩은 습해를 입기 쉬운 작물이므로 물 빠짐에 특히 신경 써야 한다. 덩굴이 있는 품종을 심을 때에는 너비 90㎝, 높이 10㎝ 정도로 두둑을 만들고 두 줄로 심되 파종 거리는 30~40㎝ 정도로 한다. 덩굴이 없는 품종을 심을 때는 두둑 너비 70㎝, 높이 10㎝ 정도로 하고, 포기 간격을 20~30㎝ 정도로 한다.

## | 재배 방법 |

씨앗을 심기 전에 물에 열두 시간 정도 담갔다가 심으면 발아가 더 빠르다. 한 구멍에 두세 개의 콩을 넣고 흙을 덮는다. 강낭콩이나 메주콩, 서리태 등은 비교적 씨앗이 큰 편이므로 3cm 정도 흙을 덮어주어야 습기도 유지되고 햇빛도 가릴 수 있어 발아가 잘 된다.

## 씨뿌리기

왜성종은 포기당 30cm 정도 간격을 유지하고, 만성종은 포기당 60cm 정도 간격을 유지해주는 것이 좋다. 비덩굴성인 왜성종은 파종이 늦으면 수확 전에 장마를 만나는데, 이렇게 될 경우 꼬투리 안에서 싹이 나버린다. 따라서 왜성종 강낭콩은 3월 말경 파종 시기를 지키는 것이 좋다. 덩굴을 뻗는 만성종은 4월에서 5월에 씨를 뿌려도 된다. 날씨가 따뜻하면 씨를 뿌리고 1주일이면 싹이 나오는데, 추운 곳에서는 3주가 걸릴 수도 있다.

## 지주 세우기

만성종은 덩굴을 뻗으므로 지주를 세워주어야 한다. 씨뿌리기 전에 지주를 세워주어야 작업 효율도 높다. 싹이 나온 뒤에 지주를 세우면 포기의 뿌리를 다치게 할 수도 있다. 왜성종은 지주를 세울 필요가 없다. 그러나 지나치게 무성하다면 쓰러지지 않도록 지주를 세워주는 것이 좋다.

## 물 주기

꽃이 필 때까지는 토양을 다소 건조한 상태로 관리하는 것이 좋다. 꼬투리가 생긴

봄에 강낭콩을 파종하고 열흘 만에 싹이 올라오고 2주 만에 본잎이 나왔다. 강낭콩은 파종 시기에 따라 발아 기간이 차이가 난다.

파종 후 3주 지난 강낭콩.

덩굴성 강낭콩을 심은 밭에 지주를 세우고 유인줄을 쳤다. 덩굴성 강낭콩을 심고자 한다면 처음부터 지주를 세우고 유인줄을 쳐야 한다.

옆으로 벋어가는 덩굴강낭콩.

강낭콩에 붙은 진딧물. 소규모로 발생한 진딧물은 방치해도 그만이지만 사진에서처럼 많이 발생한다면 요구르트나 설탕물 희석액으로 방제해야 한다. 그대로 두면 잎이 말라버린다.

뒤에는 꼬투리의 신장(伸長)과 비대에 수분이 많이 필요하므로 열흘에서 보름 간격으로 충분히 물을 준다. 물은 맑은 날 아침이나 오전에 주는 것이 좋다.

### 풀 뽑기

싹이 나고 낮 기온이 20℃를 넘어가면 하루가 다르게 자란다. 일단 콩이 우거지기 시작하면 풀이 자랄 공간이 없으므로 풀 걱정을 하지 않아도 된다. 다만 싹이 아직 어릴 때 한 번쯤 김매기를 해주면 좋다. 5월 중순을 지나면서 꽃이 피고, 6월 말이면 꼬투리가 익기 시작한다.

| 병해충과 처방 |

강낭콩은 같은 장소에서 연이어 재배하면 탄저병 발생이 많아져 생육이 불량하고 수확량도 감소함으로 2~3년 정도 다른 작물을 재배한 뒤 다시 심어야 한다. 기온이 높고 비가 자주 내리면 탄저병, 갈색무늬병, 흰가루병, 녹병, 바이러스병, 진딧물 등이 발생할 수 있다. 텃밭 농부 입장에서는 뾰족한 대책이 없다. 전문 농가에서는 살균제와 살충제로 병을 방제한다.

| 웃거름주기 |

왜성종 강낭콩은 생육 기간이 짧고 거름이 많이 필요한 작물이 아닌 만큼 웃거름을

꽃이 피고 있다. 장마가 본격적으로 닥치기 전에 열매를 수확하는 것이 좋다.

강낭콩이 익어가고 있다(6월 24일). 비덩굴성 강낭콩은 본격적으로 장마가 오기 전에 수확을 끝내야 한다. 그대로 비를 오래 맞으면 꼬투리에서 싹이 나와 못쓰게 된다.

강낭콩 꼬투리가 맺히고 있다. 아직 본격 장마가 시작되지 않았지만, 이런 속도로 자랄 경우 장마 전에 수확을 마무리하기 어렵다.

강낭콩 꼬투리를 따서 말리고 있다. 모든 콩은 충분히 말려야 털기 쉽고 저장성도 높아진다.

따로 주지 않아도 된다. 만성종은 생육 기간이 길고 수확량도 많은 작물이므로 생육 상태를 봐가며 꼬투리가 생길 무렵과 수확기에 포기당 유기질 비료 한 줌씩을 준다.

## | 수확과 보관 |

덩굴을 벋지 않는 왜성종은 6월 말에서 7월 초가 되면 꼬투리가 갈색으로 변하면서 잎이 지기 시작하는데, 이때가 수확 적기다. 본격 장마철에 접어들면 꼬투리에서 싹이 나므로 될 수 있으면 장마가 본격적으로 시작되기 전에 거둬들인다. 다소 덜 익어도 먹는 데 별 지장이 없으므로 수확 시기를 놓쳐 농사를 망치지 않도록 주의한다. 덩굴을 벋는 만성종은 여러 번에 걸쳐서 장기간 수확할 수 있다.

### 강낭콩 재배 일정

| | 3월 | | | 4월 | | | 5월 | | | 6월 | | | 7월 | | | 8월 | | | 9월 | | | 10월 | | | 11월 | | | 12월 | | | 1월 | | | 2월 | | |
|---|---|---|---|---|---|---|---|---|---|---|---|---|---|---|---|---|---|---|---|---|---|---|---|---|---|---|---|---|---|---|---|---|---|---|---|---|
| | 상 | 중 | 하 | 상 | 중 | 하 | 상 | 중 | 하 | 상 | 중 | 하 | 상 | 중 | 하 | 상 | 중 | 하 | 상 | 중 | 하 | 상 | 중 | 하 | 상 | 중 | 하 | 상 | 중 | 하 | 상 | 중 | 하 | 상 | 중 | 하 |

■ 아주 심기   ■ 수확   * 강낭콩은 장마철에 들면 꼬투리가 매달린 채 싹이 나므로 장마 시작 전에 반드시 수확해야 한다.

# 작두콩
## 콩과

재배난이도
★★★

| 재배 포인트 |

작두콩은 덩굴을 뻗는 데다가 잎이 넓은 작물이므로 작은 텃밭에 재배하기에는 비효율적이다. 밭 한쪽에 키 큰 나무나 벽이 있다면 덩굴이 타고 올라가도록 유인함으로써 밭 공간을 효율적으로 이용할 수 있다. 껍데기가 두꺼워 발아가 잘 안 되므로 미리 껍데기를 자르고 젖은 수건 등으로 침종(浸種, 씨담그기) 처리해 씨앗을 뿌리는 것이 좋다.

작두콩은 다양한 약리 효과가 있는 것으로 알려졌다. 비염, 축농증, 치질, 편도선염, 중이염, 갖가지 종기 등 화농성 질병에 효과가 탁월하다고 한다. 또 위와 장의 기능을 튼튼하게 해 구토, 복통, 설사, 변비에 좋다. 뱃속이 더부룩하고 소화가 되지 않을 때 작두콩을 차로 끓여 먹거나 가루로 만들어 먹으면 좋다고 한다. 어혈을 삭이고 혈액순환을 좋게 하는 효과가 있어, 심하게 부딪히거나 멍이 시퍼렇게 들었을 때 달여 먹거나 가루를 내어 붙이면 좋다고 한다.

## 재배 방법

### 씨뿌리기와 모기르기

씨뿌리기 전에 발아율을 높이고자 손톱깎이나 전지가위로 작두콩 껍데기를 1~3㎜ 정도 잘라 여덟 시간 정도 젖은 수건에 감쌌다가 파종하면 발아가 잘 된다. 이렇게 젖은 수건에 감싸두는 것을 침종 처리라고 한다. 콩 껍데기를 일부 잘라내지 않고 씨를 뿌리면 수분 흡수가 어려워 싹이 트지 않거나 발아하는 과정에서 썩어버리기도 한다. 특히 작두콩은 발아할 때 물이 많이 필요하므로 밭에 곧뿌림하면 발아율이 떨어진다.

4월 초에 육묘 트레이나 종이컵에 상토를 넣고 파종한다. 이 때는 작두콩의 배꼽이 아래로 향하게 한다. 작두콩 가운데 길게 줄이 나 있는 부분이 배꼽이다. 파종하고 이레에서 아흐레가 지나면 대부분 발아한다.

작두콩은 씨가 매우 크고 껍데기가 두꺼워서 파종하고 싹을 틔우기까지 기간이 매우 오래 걸린다.

### 아주 심기

4월 초부터 파종한 작두콩은 약 20일 정도 모종을 기른 후 5월 초에서 중순경 텃밭에 옮겨 심는다. 아주 심기 3주 전에 석회를 넣어주고, 옮겨심기 1주 전에 퇴비를 넣어주어 잘 갈아준다. 석회는 33㎡(10평)에 6kg, 퇴비는 33㎡에 두 포대(40kg)정도면 충분하므로, 이를 기준으로 밭 크기에 따라 가감한다.

주(株) 간 거리는 사방 50㎝ 이상 되어야 한다. 주 간 거리를 충분히 확보해야 잘 크고 수확도 많아지므로 한 평에 약 열 주 정도 심으면 적당하다.

### 지주 세우기

작두콩 열매가 크고 무거운 데다가 덩굴도 길게 자라는 만큼 2m짜리 합장식 지주를 튼튼하게 세워준다. 주변에 철망이나 키 큰 나무를 타고 올라갈 수 있도록 해주면 좋다. 지주를 세울 경우 오이망이나 노끈 등으로 지주끼리 연결해 작두콩 덩굴이 타고 올라갈 수 있도록 해준다.

### 순지르기

작두콩 역시 서리태처럼 순지르기를 해줘야 잎도 많아지고 곁가지가 늘어나 수확이 많아진다. 본잎이 셋에서 다섯 장 정도 자랐을 때 윗부분의 순을 따주면 곁가지가 많이 발생한다.

씨를 뿌리고 12일이 지나서야 떡잎이 올라오고 있다.

파종하고 3주가 지나서야 본잎이 나오기 시작했다.

6월 10일이 되자 본격적으로 자라기 시작했다. 작두콩 재배는 파종하여 모종을 내고 본잎이 대여섯 장 될 때까지 키우기가 매우 어렵다. 이후로는 튼튼한 지주를 세워 덩굴이 타고 올라갈 수 있도록 해주고 웃거름을 주면 별 탈 없이 건강하게 자란다. 검은콩과 마찬가지로 순지르기를 해주어야 분지(分枝, 원래의 줄기에서 갈라져 나간 가지)가 많아지고 열매가 많이 달린다.

날씨가 웬만큼 따뜻해도 싹이 나기 어려우므로 작두콩 한쪽 끝을 손톱깎이나 가위로 잘라낸다.

한쪽 끝을 잘라낸 작두콩 씨앗을 젖은 수건에 싸서 반나절 정도 수분을 흡수하도록 해야 발아가 잘 된다.

작두콩은 발아할 때까지 물이 매우 많이 필요해서 밭에 그냥 씨앗을 뿌리면 발아에 실패할 수 있다. 포트에 파종해 옮겨 심는 것이 좋다. 집 가까운 데 심어 자주 물을 줄 수 있다면 바로 씨를 뿌려도 된다. 파종할 때 작두콩의 배꼽이 아래로 향하도록 한다.

작두콩 꼬투리. 꼬투리를 수확한 뒤에는 잘 말린 후 털어야 잘 털린다.

각각 줄기는 8월 하순경 열네 번째 줄기쯤에서 순지르기 하여 더는 열매가 맺히지 않도록 해준다. 그 이후에 달리는 것은 익기도 전에 서리를 맞을 수 있고, 너무 많은 열매를 맺으면 양분이 집중되지 않아 부실해진다. 몇 번째 줄기인지 헷갈리므로 8월 하순부터 나오는 새순이나 곁순은 모두 제거해주면 간편하다.

| 병해충과 처방 |

생육 초기 진딧물이 많이 꼬이지만, 병충해 피해가 그다지 크지 않아 기르기 쉽다.

| 수확 |

서리 내리기 전인 10월 중순경 줄기를 잘라 한꺼번에 말린 후 수확하는 것이 편리하다. 수확 시기에 익은 콩이 서리를 맞으면 쉽게 썩으므로 서리 내리기 전에 반드시 수확한다. 콩깍지를 완전히 건조한 뒤 콩을 까야 한다. 안에서 달그락달그락 소리가 나면 제대로 마른 것이다. 덜 마른 콩을 까면 콩이 트고, 나중에 종자로 사용할 수도 없다.

작두콩 꼬투리가 손 한 뼘 길이를 훌쩍 넘게 자랐다.

작두콩 꽃.

작두콩 꼬투리가 주렁주렁 열렸다.

## 작두콩 재배 일정

| 3월 | | | 4월 | | | 5월 | | | 6월 | | | 7월 | | | 8월 | | | 9월 | | | 10월 | | | 11월 | | | 12월 | | | 1월 | | | 2월 | | |
|---|---|---|---|---|---|---|---|---|---|---|---|---|---|---|---|---|---|---|---|---|---|---|---|---|---|---|---|---|---|---|---|---|---|---|---|
| 상 | 중 | 하 | 상 | 중 | 하 | 상 | 중 | 하 | 상 | 중 | 하 | 상 | 중 | 하 | 상 | 중 | 하 | 상 | 중 | 하 | 상 | 중 | 하 | 상 | 중 | 하 | 상 | 중 | 하 | 상 | 중 | 하 | 상 | 중 | 하 |

■ 파종　■ 순지르기　■ 아주 심기　■ 수확

재배난이도
★★☆

# 우엉
국화과

| 재배 포인트 |

우엉은 뿌리를 깊이 내리는 작물이므로 땅을 깊숙이 갈아준다. 산성토양을 싫어하므로 고토석회로 중화한다. 이어짓기 피해가 심한 작물인 만큼 한 번 심은 곳에서는 4~5년이 지난 후에 재배하도록 한다. 우엉은 싹 틔우기가 잘 안 되는 작물인데, 특히 오래된 종자는 발아율이 현저히 떨어진다. 따라서 종자를 살 때 채종 및 포장 일자를 잘 살펴야 한다. 재배 기간은 길지만, 손이 거의 가지 않아 기르기 쉽다.

　전 세계에서 우엉을 먹는 나라는 우리나라와 일본 정도라고 한다. 식이 섬유가 풍부해 장운동을 좋게 하고, 동맥경화나 암 예방에도 효과가 있다고 한다.

## | 밭 만들기 |

우엉은 뿌리가 깊이 내려가는 작물이다. 따라서 흙이 부드럽고 토심이 깊되 파내기 쉬운 장소에 심어야 한다. 산성토양을 싫어하므로 밑거름 넣기 2주일 전에 3.3㎡(1평)당 한두 줌 정도의 고토석회를 뿌려 토양을 중화한다.

3.3㎡당 유기질 비료 1kg을 넣고 밭을 깊이 갈아준다. 최소 50㎝ 이상 깊이 갈아주어야 우엉이 크게 자란다. 보통 30~60㎝ 정도 자라는데, 토심이 깊고 영양분이 충분하면 150㎝까지도 자란다. 그러나 텃밭 농부는 너무 크게 키우려고 욕심내지 않는 게 좋다. 땅을 깊게 갈기도 힘들고 수확도 어렵기 때문이다. 대규모 전업농가에서는 굴착기를 동원해 밭을 헤집고, 수확도 하므로 길게 키우는 것이 유리하다.

물 빠짐이 좋은 밭에 재배한다면 굳이 두둑을 만들지 않아도 된다. 그런 경우 대략 1m 너비로 둘러가며 물 빠지는 고랑을 만들어주는 것으로 밭 만들기를 끝낸다.

## | 재배 방법 |

우엉은 두해살이 뿌리채소다. 저온에서도 잘 견디지만, 기온이 20℃ 이상 되어야 싹이 트고, 따뜻한 기후를 좋아해 여름에 잘 자란다. 이른 봄에 씨앗을 뿌리면 발아까지 긴 시간이 걸린다. 따라서 4월 하순에서 5월 상순에 씨앗을 뿌리는 것이 좋다. 이듬해 3월부터 우엉 잎을 얻고자 한다면 9월 혹은 10월(남부 지방)에 파종해도 된다. 그러나 해당

전년도에 심어 잎만 수확하고 뿌리는 그대로 둔 우엉의 1월 모습이다. 봄에 우엉을 파종해 11월쯤 뿌리를 수확해도 되지만, 잎을 많이 얻고 싶다거나 이른 봄에 우엉 잎을 수확하고자 한다면 이처럼 뿌리를 그대로 두면 된다. 우엉이 생을 마치기 전까지 이른 봄부터 늦은 봄까지 두 번 정도 잎을 수확할 수 있다.

우엉 뿌리를 길고 곧게 기르려면 토심이 깊은 밭을 선택하고, 이물질을 철저하게 제거해야 한다.

전년도에 심어 월동한 우엉. 4월 초인데 잎이 무성하다. 밭에서 겨울을 보낸 우엉에서는 이듬해 봄에 많은 양의 잎을 수확할 수 있다.

토심이 깊지 않아 우엉이 길게 자라지 못했다.

연도 가을에 뿌리 수확을 원한다면 4월 하순에서 5월 상순 파종하는 것이 좋다.

### 씨뿌리기

잎줄기가 60~70cm까지 자라는 데다 잎도 넓어서 옆에 기르는 작물과 충분한 거리를 두고 씨앗을 뿌려야 한다. 따라서 줄 간 60cm, 포기 간 18cm 정도의 간격을 유지한다.

파종 열흘 만에 올라온 우엉 싹.

파종 1개월 된 우엉.

파종 2개월 된 우엉.

파종한 해 6월 21 우엉.

파종한 해 10월 17일 우엉. 잎을 수확하고자 기르는 우엉으로 뿌리는 별로 발달하지 않는다.

우엉은 햇빛을 받아야 발아하는 광발아 씨앗으로 호미로 땅을 살짝 그은 다음 한 곳에 대여섯 개의 씨앗을 넣고 흙을 살짝만 덮어준다. 발아율이 낮은 작물이므로 한곳에 대여섯 개의 씨앗을 넣는데, 씨앗이 서로 겹치지 않도록 약간 간격을 두도록 한다. 씨를 뿌린 뒤에는 물을 흠뻑 준다.

잎을 수확하는 품종과 뿌리를 수확하는 품종이 따로 있으므로 기호에 따라 구분해서 심는 것이 좋다. 흔히 텃밭 농부는 뿌리보다는 잎을 수확하는 품종을 기른다. 뿌리를 수확하는 품종을 텃밭에서 기르기도 어려운 데다 나중에 땅을 깊이 파고 뿌리를 수확하는 작업이 힘들기 때문이다.

### 솎아내기
떡잎이 나오면 두 포기만 남기고 1차 솎아내기를 하고, 본잎이 둘에서 네 장이 나왔을 무렵 한 포기만 남기고 솎아낸다. 솎아서 이용할 것이 아니므로 너무 작거나 너무 큰 모종을 뽑아내, 재배할 모종의 크기가 비슷하도록 하는 데 초점을 맞

지상부의 잎이 시들기 시작하면 뿌리 굵기를 보고 수확한다.

뿌리가 곧게 뻗지 않았을 수도 있으므로 여유 있게 거리를 두고 땅을 판다.

춘다. 솎아낼 때 밑동을 손가락으로 누르면서 솎아야 남아 있는 다른 포기가 다치지 않는다.

### 풀 뽑기
우엉은 키가 크고 잎이 우거지는 작물이라 우엉을 파종하기 전에 한 번 풀을 매주고, 우엉 싹이 나고 어느 정도 자랄 무렵 한 번 더 풀을 매주면 풀 걱정을 안 해도 된다.

## | 병해충과 처방 |

진딧물이 많이 꼬인다. 때로는 엄청나게 많은 진딧물이 꼬이기도 하는데, 진딧물은 비가 내리면 대부분 사라진다. 그래도 남아 있다면 물엿이나 설탕물, 요구르트 등의 희석액으로 퇴치할 수 있다.

이어짓기할 경우 뿌리썩음병이 많이 발생한다. 봄에 파종하면 5~6월부터 수확기까지 발생하는데, 뿌리 끝과 뿌리 표면이 흑색으로 변한다. 심해지면 뿌리가 거의 부패해버리고, 더는 자라지 않는다.

이외에도 이어짓기할 경우 잎이 시들면서 뿌리가 썩는 병, 잎에 암갈색의 작은 반점이 생기다가 점점 확산하여 흑갈색으로 변하면서 건조한 날 잎이 부서지는 검은무늬세균병 등 다양한 병해가 발생한다. 따라서 이어짓기를 철저하게 피하고, 빽빽하게 심어 재배하는 것과 질소 비료 과용을 피해야 한다.

전년도에 심어 겨울을 난 우엉은 4월 말이면 이미 줄기가 억세게 올라온다. 이때 줄기를 바짝 잘라주면 땅속뿌리에서 다시 부드러운 잎이 올라오는데, 이렇게 한 번 더 수확하고 나면 우엉은 생명을 마친다.

## 웃거름 주기

우엉은 비교적 거름이 많이 필요한 작물이다. 두 번에 걸친 솎아내기 하여 최종적으로 한 포기만 남기고 기르다가 2주가 지나면 포기 주변(잎 아래)에 웃거름으로 유기질 비료 한 주먹을 준다. 호미로 흙을 살짝 파내어 유기질 비료를 넣고 흙과 잘 섞어준 다음 손바닥으로 눌러주면 더욱 좋다. 1차 웃거름을 주고 다시 2주가 지나면 2차 웃거름을 같은 방식으로 준다. 이후에는 잎이 워낙 우거져서 웃거름을 주기 불편하다. 굳이 주지 않아도 되지만 성장 상태가 매우 부실하다면 잎을 들치고 유기질 비료를 뿌려주고 호미로 긁어준다.

## 수확과 보관

우엉은 씨앗을 뿌리고 3개월이 지날 무렵인 7월부터 잎을 수확할 수 있다. 우엉 뿌리는 파종한 그해 10월부터 땅이 얼기 전까지 거둬들일 수 있다.

잎을 너무 많이 수확해버리면 뿌리 자람이 약해지므로 잎을 수확할 포기와 뿌리를 수확할 포기를 구분해서 관리하면 좋다. 즉, 뿌리를 키우고자 하는 포기는 잎을 처음에 조금만 수확하고, 뒤로는 수확하지 않는 것이다.

> **TIP** 우엉 잎을 대량으로 수확하고 싶다면?

파종한 그해 7월부터 잎을 계속해서 수확하되 뿌리를 거둬들이지 않고 그대로 두면 이듬해 3~4월에 많은 양의 잎을 수확할 수 있다. 땅속의 뿌리는 별다른 조치를 취하지 않아도 겨울을 날 수 있다.

우엉 뿌리를 수확하지 않고 그대로 두면 월동 후 이듬해 3~4월에 잎이 무성하게 자란다. 우엉 잎을 대량으로 수확한 뒤, 4월 말이나 5월 초순경 올라오는 줄기를 바싹 잘라주면 아래에서 다시 부드러운 잎이 올라와서 한 번 더 수확할 수 있다. 월동한 우엉은 이렇게 이듬해 봄에 두 번 잎을 수확하고 나면 생산이 끝난다.

잎은 손바닥 정도 크기일 때 수시로 수확한다. 이렇게 여러 번 잎을 수확하면 뿌리에 심이 생겨서 먹기 곤란하다.

전년도에 심어 가을에 뿌리를 수확하지 않고 겨울을 난 우엉이 3월을 맞아 새 잎을 내고 있다. 이렇게 밭에서 겨울을 난 우엉은 이듬해 봄에 많은 잎을 준다. 잎 수확을 목표로 한다면 가을에 뿌리를 뽑아 수확하지 말고 그대로 두면 이른 봄부터 맛있는 우엉 잎을 대량으로 수확할 수 있다.

불과 20여일 만에 잎을 수확해도 좋을 만큼 훌쩍 자랐다.

우엉 뿌리 수확 시기는 지상부의 줄기를 보고 판단한다. 줄기가 시들기 시작하면 땅을 약간 파서 뿌리의 굵기를 확인한 다음 어느 정도 굵어졌다고 판단되면, 먼저 잎꼭지를 짧게 잘라내고 뿌리 옆을 깊숙이 파낸 다음 뿌리를 옆으로 쓰러뜨리듯이 뽑아내면 된다.

흙이 부드러운 곳이라면 포기 밑동을 통째로 꽉 잡고 당기면 된다. 그러나 뿌리가 깊이 내려가는 작물이라 보통 토양에서는 캐기가 쉽지는 않다. 무리하게 잡아당기면 뿌리가 끊어져 버린다. 비가 많이 내린 다음 날 수확하면 다소 쉽다. 대규모로 우엉을 재배하는 농가에서는 굴착기를 동원해 수확하는 경우도 흔히 있다. 수확한 우엉 뿌리는 땅속에 비스듬히 묻어 저장하면 오래 보관할 수 있다.

### 우엉 재배 일정

* 우엉은 월동이 가능하므로 11월에 다 캐지 말고 내버려두면 이듬해 4월 초 새순을 맛볼 수 있다.

재배난이도
★★☆

# 참깨
참깻과

## | 재배 포인트 |

한 가족이 쓸 기름을 짤 정도의 깨를 얻자면 33㎡(10평) 정도는 재배해야 참기름 두세 병(소주병)을 얻을 수 있다. 소규모 텃밭을 분양받아서 농사짓는 입장에서는 밭 이용 효율 측면에서 매우 불리하다. 따라서 비교적 넓은 면적의 밭을 확보할 수 없다면 재배하지 않는 것이 좋다. 들깨는 잎으로 이용할 수 있으므로 서너 포기만 심어도 기르고 수확하는 즐거움을 느낄 수 있지만, 참깨는 잎이 아니라 깨를 얻는 작물이다.

참깨는 질병이 많아 무농약으로 재배하기 힘든 작물이다. 종자용으로 종묘상에서 포장·판매하는 씨앗은 종자 소독이 되어 있어서 재배 초기에 자주 발생하는 질병을 예방한다. 재배 초기 잘록병을 예방할 수 있다면 절반은 성공했다고 볼 수 있다. 따라서 굳이 참깨를 심고자 한다면 종묘상에서 코팅 처리 된 씨앗을 구입해 심는 것이 좋다. 재래시장에서 사온 참깨, 즉 소독 처리가 되지 않은 씨앗을

종묘상에서 구입한 참깨 씨앗은 소독과 함께 코팅이 되어 있다. 재래시장에서 구입한 참깨나 집에서 먹다가 남은 참깨를 심으면 잘록병이 발생해 수확할 것이 거의 없을 수 있다.

뿌리면 병해가 발생해 거의 수확이 없을 수도 있다.

## | 밭 만들기 |

배수가 잘되고 햇빛이 잘 드는 밭에서 재배한다.

참깨는 고온성 작물이다. 5월 중순경 씨앗을 뿌린다고 해도 참깨에게는 그다지 높은 기온이 아니다. 게다가 우리나라는 5월에 비가 잘 오지 않아 노지에서 재배할 경우 발아율이 상당히 떨어진다. 따라서 참깨 씨앗을 뿌린 뒤에는 짚으로 두툼하게 멀칭을 해주는 것이 좋다. 그러나 일단 싹을 틔운 뒤에는 웬만한 가뭄에도 잘 견디는 작물이다. 발아한 뒤에는 짚이 그늘을 드리우지 않도록 치워준다. 전문 농가에서는 짚이 아니라 참깨 전용 멀칭비닐을 사용한다.

참깨는 햇빛이 잘 들고, 바람이 잘 통하며, 물 빠짐이 좋은 모래 참흙에서 잘 자란다. 비교적 병이 많은 편이지만, 초기 잘록병 예방 처리를 하고, 물 빠짐이 좋은 밭에서 재배하면 무난하게 기를 수 있다. 물 빠짐이 나쁜 밭에서는 재배하기가 매우 어렵다.

씨뿌리기 2주 전에 3.3㎡(1평)당 1kg 정도의 유기질 비료를 넣고 폭 70㎝, 높이 10㎝ 정도의 두둑을 만들어준다. 물 빠짐이 좋지 않은 밭이라면, 두둑을 20㎝ 이상 높인다. 참깨는 토양의 산도는 그다지 가리지 않지만, 농사를 오래 지어 산성화된 밭이라면 유

참깨를 그냥 파종하면 참깨가 자라기도 전에 풀에 묻히기에 십상이므로 멀칭을 해서 심는 사람이 많다. 참깨는 참기름을 얻는 작물이라서 한두 포기 심어서는 얻을 것이 없다. 따라서 대량으로 심는 경우가 많고, 이럴 경우 풀 관리가 어려워서 비닐 멀칭을 하는 것이다.

기질 비료를 넣기 2주일 전에 3.3㎡당 한 줌 정도의 석회를 뿌리고 흙을 골고루 섞어 토양을 중성화한다. 참깨는 생육 기간이 비교적 짧고 멀칭을 해야 하는 작물이므로 웃거름을 주지 않고 전량 밑거름으로 준다. 그러나 요소 비료를 너무 많이 주면 키가 너무 자라서 쉽게 넘어지므로 주의한다.

참깨 전용 비닐(폭 90㎝에 10㎝ 포기 간격으로 구멍이 뚫려 있다)을 덮어 1~2주 정도 지온을 올린 다음 씨앗을 심으면 된다. 이어짓기 피해가 발생하는 작물이므로 한 번 재배한 곳에서는 1~2년 정도 지나서 재배하는 것이 좋다.

### 씨뿌리기

5월 중순에서 5월 말까지 파종하는 것이 좋다. 너무 일찍 씨앗을 뿌리면 싹이 튼 뒤 밤에 냉해를 입을 수 있다. 해발 200m 이상인 지역에서는 기온이 떨어지고 일조 시간이 부족하므로 5월 하순이 씨뿌리기가 가장 좋은 시기다. 참깨는 고온성 작물이어서 일찍 씨앗을 뿌려도 일정한 온도에 이르지 않으면 싹이 나지 않으므로 느긋하게 마음먹고 날씨가 충분히 따뜻해진 뒤 파종해야 한다. 게다가 일찍 씨앗을 뿌리면 참깨 싹이 나기 전에 풀이 무성하게 자라므로 관리에도 어려움이 많다. 일단 씨앗을 뿌리고 난 뒤에는 밭을 갈 수도 없는 만큼, 기온이 적당히 따뜻해진 다음 밭을 갈고 곧 참깨를 파종해 풀이 먼저 자리를 차지하지 않도록 한다. 산기슭에서 재배할 경우 고라니 피해에 대비해야 한다.

종묘상에서 구입한 참깨 종자는 대부분 잘록병 예방을 위한 소독이 되어 있다. 그러나 집에서 먹다가 남은 참깨를 심으면 잘록병으로 거의 수확을 못 하게 된다. 따라서 집에서 이용하고 남은 참깨를 파종할 경우 베노람 수화제에 담가 소독해야 한다. 베노람 수화제 300배 희석액에 세 시간 정도 종자를 담갔다가 건져서 그늘에 말린 후 파종하면 된다. 이때 뜨는 종자는 버려야 한다.

전용 비닐에 뚫린 구멍마다 네다섯 알을 넣어 파종한다. 될 수 있으면 얕게 심는다고 생각하고 참깨 알이 보일 듯 말 듯 할 정도로 심는다. 대엿새면 싹이 나는데, 발아 후 한 구멍에 두 포기를 남기고 솎아낸다. 본잎이 두세 장 정도 나오면 구멍마다 튼실한 포기 한 개만 남기고 나머지는 제거한다. 이때 발아가 되지 않아 빈 구멍인 상태로 남는 곳도 있는데, 솎아낸 것을 심어도 자라기 어렵다. 옮겨 심자면 별도의 포트에 길러야 하는데, 이것이 어려우므로 파종할 때 한 구멍에 네다섯 알을 넣는다.

위의 사진은 6월 10일, 아래 사진은 6월 22일 모습이다. 불과 열흘 차이지만 날씨가 더워지면서 왕성하게 성장했다.

### 끈 두르기

참깨는 자라는 과정에서 비바람을 맞아 쓰러지기 쉽다. 따라서 밭을 만들 때 미리 군데군데 지주를 튼튼하게 박아 두었다가 줄기가 어느 정도 자라면 끈을 팽팽하게 둘러친다. 농가에서는 쓰고 남은 현수막을 구해다가 참깨밭에 두르기도 한다. 끈보다는 넓은 현수막이 쓰러짐 방지에 훨씬 유리하나 미관상 보기 좋지 않다.

참깨는 몸집에 비해 잎 면적이 좁은 편이다. 따라서 광합성량이 부족하기 쉬워 장마가 길어지거나 햇빛양이 부족하면 수확량이 많이 줄어든다. 특히 열매가 맺히기 시작하는 6~7월에 비가 자주 오면 쭉정이가 많이 나온다. 특별한 시설이 없는 텃밭 농부가 어찌할 도리가 없는 피해다. 전업 농부 중에도 참깨를 비닐하우스 안에서 키우는 경우는 거의 없다. 따라서 여름에 햇빛이 부족하면 수확이 불가피하게 줄어든다.

### 순지르기

참깨는 무한화(無限花)로 하부에 처음 맺힌 꼬투리가 익어 벌어지는 데도 상부에서는 꽃이 계속 핀다. 하위부의 잎들이 노화되어 탄소동화작용을 할 수 없는데 윗부분은 계속 꼬투리가 발생하면 충분한 영양 공급을 받지 못하므로 알이 덜 여문 채로 끝나버린다. 게다가 늦게 달린 꼬투리는 익지도 못하고 서리를 맞게 된다. 따라서 충실한 알맹이를 얻고자 첫 꽃이 핀 후 35~40일경(5월 상순 파종 시 8월 5일, 6월 상순 파종 시 8월 20일경)에 순지르기(위에 자꾸 나는 꽃과 꼬투리를 잘라 더는 줄기가 자라지 않도록 함으로써 꽃이 피지 않도록 한다)를 하면 종자의 충실도가 좋고 색상이 좋아, 좋은 품질의 참깨를 생산할 수 있다. 꽃 피는 날짜를 일일이 기억하기 어렵다면 화방(씨앗 꼬투리) 수가 20~25개일 때 순지르기를 해주면 적당하다. 맨 아래쪽 꼬투리가 익어서 벌어질 때 순지르기를 해주는 것도 한 방법이다.

## | 병해충과 처방 |

참깨는 발아 초기부터 수확 직전까지 잘록병(입고병), 반점병, 돌림병(역병), 시듦병(위조병), 잎마름병(엽고병), 세균성 반점병, 풋마름병(청고병), 흰가루병, 바이러스병 등 헤아릴 수 없이 많은 병에 시달린다. 그중에서 특히 수량에 크게 영향을 미치는 병해로는 생육 초기에 발병하는 잘록병과 고온 다습할 때 발생하는 돌림병, 시듦병 및 생육 후기에 발생하는 잎마름병이 있는데, 이 병들을 참깨의 4대 병해라고 한다.

　참깨 생육 초기에는 저온으로 냉해를 입어 식물체가 쇠약해지고 잘록병이 많이 발생한다. 잘록병은 잎 가장자리가 갈색으로 변하거나 식물체 전체가 말라 죽는 증상이 나타난다. 이때에는 벤레이트-티 수화제를 1천 배 희석해서 타서 주면 방제할 수 있다. 종묘상에서 구입한 포장된 씨앗은 잘록병 예방 처리가 되어 있다. 참깨 재배에서 초기 잘록병을 겪지 않으면 50%는 성공했다고 볼 수 있다. 6월에는 진딧물이 잘 발생하므로 천연 약제를 살포해 차단한다.

　6월 하순의 장마 시작을 전후하여 8월 중순까지 고온 다습한 기후가 이어질 때 다양한 질병이 발생한다. 참깨는 고추만큼이나 장마를 싫어하는 작물이다. 이때 열흘 간격

7월 중순이 되자 꽃이 피기 시작했다. 참깨는 꽃이 계속 피고 꼬투리를 맺는다. 이렇게 되면 영양이 분산되고 덜 여문 알이 발생한다. 화방 수가 20~25개일 때, 혹은 맨 아래 처음 맺힌 꼬투리가 익어서 벌어질 때 순지르기를 해서 더는 꽃이 피지 않도록 해야 한다.

참깨 꽃과 꼬투리.

꼬투리가 점점 자란다.

으로 살균제인 벤레이트-티(잘록병 예방), 리도밀(역병 예방), 옥시동(위조병 예방) 수화제를 혼합 살포해주면 좋다. 또, 저독성 '프리엔' 액제로 잘록병을 막을 수 있다.

수확 시기가 가까워지면 나방 유충이 많이 발생한다. 8월 중순(수확 7~10일 전) 마지막 농약 살포 때는 꼬투리를 갉아 먹는 해충 방제를 위해 침투성 살충제를 뿌려주면 수확 시 꼬투리에 생기는 해충을 방제할 수 있어 더욱 좋다.

천연 농법으로 농사짓고자 한다면 마늘이나 은행잎의 즙액을 살포하거나 사과 식초와 설탕을 넣은 페트병 덫을 사용하면 도움이 된다.

## 웃거름 주기

참깨 재배에는 흔히 비닐 멀칭을 한다. 워낙 고온을 좋아하는 작물인 데다가 싹 틔우기가 늦어서 멀칭을 하지 않으면 풀 관리에 많은 신경을 써야 하기 때문이다. 자칫하면 참깨가 어느 정도 자라기도 전에 풀에 덮여 온데간데없이 사라지기도 한다. 이를 예방하려고 비닐 멀칭을 하는데, 그러다 보니 거름은 전량 밑거름을 주는 것이 일반적이다.

비닐 멀칭 대신 짚을 덮었다면 개화 후에 꼬투리가 충실해지도록 잘 썩힌 거름을 포기 사이에 한두 줌씩 넣어주고 흙과 잘 섞어주면 좋다. 비닐 멀칭을 했다면

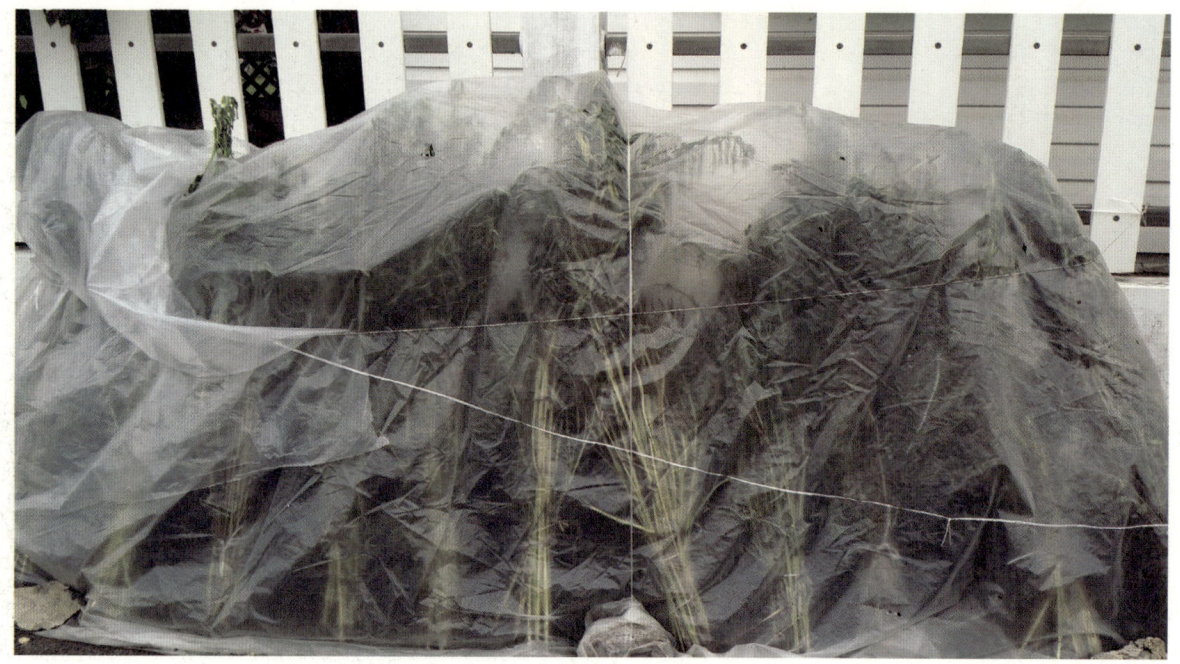
참깨는 잘라낸 뒤 비를 맞지 않도록 비닐 등을 덮어서 충분히 말린 다음 털어야 잘 털리고, 저장성도 높아진다.

웃거름 주기가 몹시 불편하므로 굳이 웃거름을 주지 않는다.

| 수확과 보관 |

참깨는 꼬투리가 터져버리기 전에 거둬들이는 것이 중요하다. 따라서 맨 아랫부분 꼬투리 한두 개가 익어서 벌어질 때가 수확 적기다. 5월 중순에 씨를 뿌리면 8월 하순부터 9월 초에 수확할 수 있다. 깨는 햇빛이 강한 낮에 수확하면 씨가 많이 떨어져 버린다. 그래서 '게으른 농부나 한낮에 참깨를 수확한다'는 말이 생겨났다. 콩, 팥 등도 마찬가지다. 이런 작물은 이슬이 마르기 전에 아침 일찍 베는 것이 좋다.

참깨는 잎이 노랗게 변해야 씨가 여문 것이므로, 아직 잎이 파란 것은 수확하면 안 된다. 익은 것부터 골라 수확하면 참기름 양이 많아진다. 물론 이렇게 차례로 수확하자면 일손이 훨씬 많이 간다.

잎을 딴 뒤에 대략 열다섯 포기씩 묶어서 말려야 빨리 잘 마른다. 바닥에 나무 플레이트나 비닐을 깔아 습해를 방지해야 한다. 전업 농부는 비를 맞히지 않으려

> **TIP** 국산 참깨와 수입 참깨 구별법
>
> 국산 참깨는 낟알이 잘고 길이가 짧다. 그리고 씨눈은 뾰족하다. 색깔이 다른 낟알이 비교적 조금 섞여 있다. 껍질이 벗겨진 낟알이 거의 없다. 가운데 골의 선이 희미하다. 낟알을 만져보면 촉감이 부드럽다.
>
> 수입 참깨는 낟알이 굵고 너비가 좁아 길어 보인다. 씨눈이 뭉툭하다. 색깔이 다른 낟알이 많이 섞여 있다. 껍질이 벗겨진 낟알이 섞여 있다. 가운데 골의 선이 뚜렷하다. 낟알을 만져보면 촉감이 거칠다.

고 비닐하우스 안에서 말리는데, 텃밭 농부는 비닐하우스가 없는 만큼 비닐을 덮고 끈으로 둘러주어야 말리는 과정에서 비를 맞지 않는다. 말릴 때 참깨 다발을 거꾸로 세우면 꼬투리 윗부분이 열리면서 씨앗이 떨어지므로 바로 세워서 말리도록 한다. 충분히 말리고 털어낸 뒤에도 다시 사흘 정도 널어서 말려야 장기간 보관할 수 있다.

흔히 참기름은 고소할수록 좋은 것으로 생각하는 경우가 많다. 그러나 향이 매우 진한 참기름은 참깨를 타기 직전까지 볶은 것이다. 이렇게 심하게 볶으면 기름이 많고 향도 진해서 판매자가 선호하는 방식이지만 건강에는 좋지 않다. 유럽에서는 깨를 볶지 않고 기름을 짜는데 기름양도 적고 맛도 덜하지만, 건강에는 더 좋다고 한다.

### 참깨 재배 일정

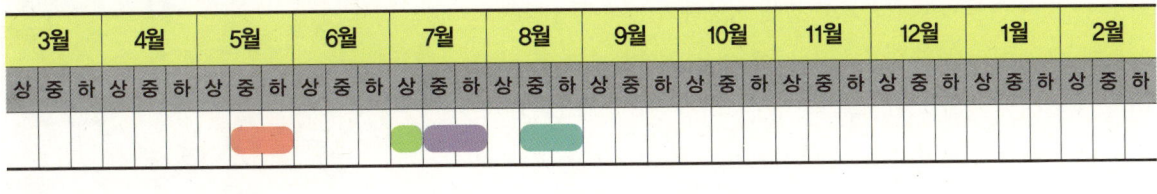

■ 파종   ■ 쓰러짐 방지용 줄 두르기   ■ 순지르기(끝순 잘라주기)   ■ 수확

\* 참깨의 순지르기 시기는 정해져 있지 않다.
  대체로 첫 꽃이 피고 25~40일경 순지르기를 하며, 꼬투리가 20~25개일 때가 적당하다.
  수확 시기 역시 맨 아랫부분 꼬투리 한두 개가 익어서 벌어질 때가 적기다.

# 고추
가짓과

재배난이도 ★★★

## | 재배 포인트 |

고추는 이어짓기 장해가 심각하게 발생하는 작물이다. 생리 장해가 많은 데다 여름 무더위와 장마철에 병충해가 많아 무농약으로 기르기 매우 어려운 작물이다. 습해에 매우 취약하므로 물 빠짐이 좋은 밭에서 재배하거나 두둑을 30㎝ 이상 높이도록 한다.

모종을 기르는 기간이 70~80일로 길고, 모종을 기르기에 적정한 온도는 낮에 25~30℃, 밤에 18~20℃가 유지되어야 하므로 텃밭 농부가 2월 중순부터 모종을 키우기는 어렵다. 따라서 모종을 사서 심는 편이 훨씬 유리하다. 추위에 매우 약하므로 날씨가 적당히 따뜻해진 5월 중순 모종을 사서 심는 것이 좋다.

4월 말, 도심 한 귀퉁이 텃밭의 고추다. 4월 중하순은 낮에는 따뜻하지만, 밤에는 기온이 뚝 떨어진다. 너무 일찍 고추 모종을 냈다가 냉해를 입은 모습이다.

냉해를 입은 고추 모종. 5월 1일, 이미 죽어가고 있다.

비닐 멀칭까지 하고 든든한 지주를 세웠지만 물 빠짐이 나빠 고추가 모두 말라 죽었다.

산자락 밭에서 고추를 재배하던 시절. 고라니가 고추순과 대를 올라오는 대로 잘라 먹는 바람에 열매가 거의 열리지 못했다. 고라니는 고추를 먹지는 않지만, 고춧대와 순을 잘라 먹어 버린다.

## 밭 만들기

고추는 습해에 약하므로 배수가 잘되는 밭에서 재배한다. 산성토양에서 재배하면 역병이 발생하기 쉽다. 따라서 모종을 옮겨심기 4주 전에 3.3㎡(1평)당 고토석회를 500g 정도 넣고 밭을 갈아준다. 모종을 옮겨심기 2주 전에 3.3㎡당 유기질 비료 1kg 정도를 넣고 흙과 잘 섞어준다. 여기에 잘 썩힌 퇴비를 충분히 넣어서 보습력을 높이면서도 물 빠짐이 좋도록 해주는 것이 좋다.

특히 고추는 뿌리가 얕게 퍼지는 작물이라서 여름에 비가 많이 내리고 바람이 불면 쉽게 넘어진다. 지주를 세워줘야 하고, 가급적이면 뿌리가 깊고 넓게 퍼지도록 하기 위해서는 토양에 잘 썩힌 퇴비를 많이 넣어주는 것이 좋다.

고추를 한 줄로 재배한다면 두둑 너비 60~90cm, 두 줄로 재배한다면 두둑 너비 120~150cm 정도로 만들어주고, 두둑의 높이는 30cm 정도로 높게 한다. 고추는 장마철 습해에 약해서 배수 관리에 특히 신경을 써야 한다. 여름철 장마 기간에 연속적으로 비가 내리므로 두둑을 높이고 배수로를 잘 확보해야 한다. 물이 잘 빠지지 않는 밭이라면 두둑을 넓혀서 두 줄 재배하기보다는 두둑을 좁혀서 한 줄로 재배하는 것이 유리하다.

고추 뿌리는 장마철에 이틀 이상 물에 잠겨 있으면 죽는다. 두둑을 높여 뿌리가 장마철에 물에 오래 잠기지 않도록 해야 한다. 고추는 습해에 매우 약하다는 점을 꼭 기억하자. 물 빠짐이 나쁜 점질토 밭이라면 비닐 멀칭으로 장마철에 빗물이 스며들지 않도록 조치해야 한다.

산기슭 밭에서 고추를 재배한다면 고라니와 꿩 피해에 대비해야 한다. 고라니는 고추 싹을 댕강댕강 잘라 먹는다. 고라니 출몰 지역에서는 망으로 테두리를 둘러야 한다. 꿩도 붉게 익은 고추를 쪼아버리는 만큼 대비해야 한다. 그러나 꿩 피해는 고라니 피해와 비교하면 그다지 심각하지는 않다.

### 멀칭

텃밭 농부에게 웬만하면 멀칭을 권하지 않지만 그러나 고추는 멀칭을 하지 않고 무농약으로 재배하기가 거의 불가능하다. 고추는 여름 장마철 수해와 병해에 매우 취약한데, 멀칭은 이를 예방하는 데 상당히 도움이 되기 때문이다. 볏짚을 구할 수 있다면 두툼하게 깔아주면 좋다. 비닐 멀칭보다 보기에도 좋고, 나중에 걷어내는 번거로움도 없다. 석회와 밑거름을 넣고 밭을 잘 일구어준 다음, 고추 모종을 심기 이틀이나 사흘 전에 미리 멀칭을 해두는 것이 좋다. 모종을 심고 난 다음 비닐 멀칭을 할 수는 없고, 설령 볏짚으로 멀칭을 하더라도 모종을 다치게 할 수 있으므로 멀칭을 먼저 해둔다.

고추는 건조와 습해에 모두 약하므로 멀칭으로 장마철 비 피해와 건조에 따른 피해를 예방하도록 한다. 집 마당, 혹은 가까운 곳에 물이 있어 물을 쉽게 줄 수 있다면 굳이 멀칭을 하지 않아도 된다. 물론 이 역시 장마철 습해를 입지 않는 토양, 지형일 때 가능한 이야기다.

풀을 베어 고추 대 아래 두껍게 깔았다. 장맛비로 흙탕물이 튀어 각종 병균이 침입하는 것을 막을 수 있다. 물이 잘 빠지는 밭에서는 토양 속에 수분을 유지하는 데도 풀 멀칭이 도움이 된다.

## | 재배 방법 |

### 모종 심기

고추는 매운맛의 정도에 따라 무척 매운 고추, 중간 정도 매운 고추, 거의 안 매운 고추 등 다양한 품종이 있다. 키가 작고 마디 사이가 가까운 모종이 좋은 모종이다. 병충해에 강한 품종을 사는 것이 재배하기 수월하다.

모종은 첫 번째 꽃이 피었거나 꽃봉오리가 맺혀 있는 것으로, 본잎이 열에서 열한 장 정도 나와 있는 것을 산다. 모종을 포트에서 빼기 한 시간 전에 물을 흠뻑

멀칭을 하지 않은 고추밭에는 풀이 무성하게 자란다. 고추의 생육 기간에 적어도 두세 번의 풀매기가 필요하다. 뽑아낸 풀은 멀리 치우지 말고 고춧대 아래에 덮어두면 풀도 예방하고, 수분도 유지하고, 장마철 흙탕물이 튀어서 발생하는 질병도 다소 방지할 수 있다.

줄기가 처음으로 와이(Y)자로 갈라지는 곳에 맺힌 열매를 '방아다리'라고 한다. 포기의 자람이 좋을 때는 '방아다리'를 기르고, 포기의 자람이 다소 더디다고 판단될 때는 '방아다리'를 제거해 고추 포기의 세력을 키우도록 한다.

뿌려 포트 흙과 뿌리가 잘 밀착되도록 하면 빼내기 수월하다. 포트 밑구멍을 가느다란 막대기로 살짝 찌른 후 빼면 쉽게 빠진다.

모든 모종이 다 그렇듯, 고추 역시 포트 안에서 흙이 덮여 있던 높이만큼만 땅에 묻히도록 한다. 특히 고추는 옮겨 심고 나면 햇빛에 시들해지는 것을 보게 된다. 따라서 해질 무렵에 심는 것이 좋은데, 텃밭 농부 중에는 김장용 고춧가루를 염두에 두고 고추를 많이 심는 사람들이 더러 있다. 이럴 경우는 어두워지기 전에 다 심고 물까지 주기가 어려우므로 낮에 심되 일기예보를 확인해서 비가 오기 전 날 심어주면 좋다.

### 첫 열매와 곁순 제거

본잎이 열 장에서 열한 장 정도 나오면 줄기가 와이(Y)자로 갈라지며(1차 분지), 그 사이에 첫 번째 꽃이 맺힌다. 이 꽃에 맺히는 열매를 '방아다리'라고 한다. 방아다리는 키워도 크게 자라지 않고, 열매에 영양을 집중하느라 고추의 성장을 방해하므로 따주면 포기 전체가 잘 자란다.

곁순도 제거해줘야 한다. 고추는 잎자루와 원줄기 사이에 곁순이 생기는데, 와

고추는 곁순을 제거해주어야 하는 작물이다. 줄기가 처음으로 와이(Y)자로 갈라지는 곳 아래까지 나온 곁순은 모두 제거한다. 곁순을 제거하지 않으면 비에 흙탕물이 튀어 병원균에 감염되기 쉽고, 고추포기의 자람도 늦어진다. 곁순은 줄기와 잎줄기 사이에 나오는 새순으로 왼쪽 사진은 곁순 제거 전, 오른쪽 사진은 곁순 제거 뒤의 모습이다.

건강하게 잘 자라는 고추. 6월 중순.

가지가 와이(Y)자로 갈라지는 곳마다 고추가 달린다.

고추는 지주가 필요한 작물이다. 고추 모종을 내기 전에 미리 지주를 박고 모종을 심는 것이 좋다. 고추 포기가 어느 정도 자란 뒤에 지주를 세운다면, 지주에 뿌리가 상할 수도 있다.

이(Y)자로 갈라지는 1차 분지 아래 나오는 곁순을 모두 제거해준다. 1차 분지 아래 생기는 곁순을 제거해주지 않으면 통풍이 불량해지고, 나중에 지주를 세우거나 줄을 쳐도 밑의 가지를 받쳐주지 못해 가지가 부러질 수 있으며, 지면과 가까운 흙 속의 병균에 노출될 위험도 크다. 이때 곁순은 제거하되, 잎은 그대로 두는 것이 좋다.

너무 조여 맨 지주. 어린 고추 모종 줄기는 가늘지만 자라면서 어른의 새끼손가락 굵기 이상으로 커진다. 따라서 지주를 묶을 때 고추 줄기 쪽에는 손가락 하나가 들락거릴 정도로 여유 공간을 두도록 한다. 지주 쪽에는 단단히 묶어 끈이 흘러내리지 않도록 한다.

그러나 장마가 시작되기 전에는 1차 분지 아래 잎을 모두 따준다. 이때가 되면 이미 잎은 쇠퇴해서 제 기능을 하지 못한다. 게다가 장마 때 흙탕물이 튀어 땅속에 있던 병원균에 감염될 위험도 커지므로 제거해주는 것이 낫다. 고추를 많이 심어 이 과정이 번거롭다면 첫 열매가 달리고 1차 분지 아래 곁순을 제거할 때 잎도 한꺼번에 따주어도 된다. 장갑을 낀 손으로 위에서 아래로 주르륵 훑으면 곁순과 잎이 한꺼번에 제거된다.

### 지주 세우기와 줄 매기

고추는 포기마다 지주를 세우고 묶어주거나 서너 포기 간격으로 지주를 세우고 줄을 쳐서 열매 무게에 가지가 찢어지는 것을 방지해야 한다. 모종을 심고 즉시 지주를 세우고 묶어준다.

2차 줄 매기는 고추의 성장을 봐가며 하되, 대략 모종을 심고 3주 정도 지날 무렵 해주면 된다. 고추를 묶어주지 않으면 고추 열매 무게 때문에 가지가 부러지거나 포기 전체가 비바람에 넘어질 수 있으므로 제때 묶어준다. 3차 줄 매기는 고추의 키가 1m 정도 자라는 시기로, 7월 말쯤에 해당한다.

지주를 땅에 대충 박았다면 두둑 아래 딱딱한 땅까지 지주가 파고들도록 망치로 단단히 박아주어야 한다. 두둑의 흙은 원래 지면보다 부드러워 비가 자주 내리고 땅이 젖게 되면 지주가 넘어지기 쉽다. 따라서 지주는 반드시 두둑 아래 원래 지면을 뚫고 들어가도록 깊이 박아주어야 한다.

고추는 포기 전체 키에 비해 뿌리가 얕고, 좁게 퍼진다. 따라서 장마철을 지나면서 비바람에 쉽게 넘어진다. 따라서 지주를 세우거나 두세 포기씩 줄로 묶어주어야 한다.

## 병해충과 처방

고추에는 그야말로 수많은 병충해가 있다. 여름 장마가 오기 전까지는 아무런 걱정이 없다. 그러나 일단 장마가 시작되고 나면 무농약으로 고추 농사를 짓기는 매우 어렵다. 전업농가에서는 고추 꽃이 필 때, 6월 중순, 7월 초순, 7월 말, 8월 중순 등 약 대여섯 차례 탄저병 약을 뿌린다. 이외에도 살충제, 살균제 등을 수시로 뿌린다.

그러나 텃밭 농부가 전업농가에서처럼 농약을 수시로 칠 수도 없다. 텃밭 농부가 고추에 나타나는 갖가지 병해충을 모두 알 수도 없고, 거기에 맞게 시시때때로 약을 살포할 수도 없다.

일부 텃밭 농부 중에는 여름철 장마와 함께 찾아오는 탄저병이 발생하기 전에 풋고추를 수확하고, 그 뒤에는 고추 농사를 포기하겠다는 경우도 있다. 그러나 그렇게 하기에는 너무 아깝다. 7월이면 장마가 오고 탄저병이 발생하는데, 5월에 고추를 심어 6월 중순부터 7월까지 잠시 수확하고 포기할 수는 없는 노릇이다.

이른바 자연농법, 유기농법, 관행농법 등 모든 방식으로 고추 농사를 지어본 경험에 비추어볼 때, 장마가 끝날 무렵 살균제와 살충제를 한 번 살포하면 상당한 효과를 거둘 수 있다. 농약을 전혀 치지 않을 경우 장마와 함께 고추가 100% 병에 걸린다고 볼 때, 장마 끝 무렵 살균제와 살충제를 혼합해 한 번 살포하면 대략 60~70% 정도의 고추를 수확할 수 있었다.

살균제, 살충제라면 무조건 나쁘다고 보는 사람이 많다. 농약은 기본적으로 좋지 않다. 그러나 농약을 전혀 살포하지 않고 농사를 모두 망치기보다는 단 한 번 농약을 살포해 상당한 수확을 할 수 있다면 농약을 쓰는 것이 나쁘지만은 않다고 본다.

게다가 농약을 살포한 뒤에 맺히는 고추는 농약 피해가 거의 없다고 볼 수 있다. 농약을 살포하고 2주만 지나면 비바람에 잔류 농약이 거의 없는 경우도 많다. 특히 요즘 출시되는 저독성 농약은 그다지 약효가 오래 가지 않는다. 농약을 살포할 당시에는 피지도 않았던 꽃이 피고 거기에 열매가 맺혀 커가는 모습을 볼 때, 농약을 무조건 거부할 것만은 아니라고 생각한다.

장마가 완전히 끝난 직후 한 번 살균제를 살포한 고추밭. 같은 날, 같은 품종의 고추를 심었지만, 살균제를 전혀 사용하지 않은 고추와 살균제를 한 번 살포한 고추밭은 1개월 뒤 전혀 다른 양상을 보였다.

## 유기농을 위한 방제

텃밭 농부는 웬만하면 농약을 사용하지 않는 것이 좋다. 그러나 고추 농사에서 농약을 사용하지 않고 손 놓고 있으면, 장마와 함께 고추가 100% 죽어버린다. 따라서 굳이 화학 농약을 사용하지 않더라도 천연 농약을 수시로 살포해 병해를 최대한 줄이는 노력이 필요하다. 고추에 가장 치명적인 병은 역병과 탄저병이다.

### 역병과 대책

역병은 장마가 끝난 후 햇빛이 나면 갑자기 고추 그루 전체가 시들면서 죽는 증상으로 나타난다. 고추 가지가 와이(Y)자로 갈라지는 부분에 발생하며, 갈라지는 부분이 마르면서 줄기 전체가 서서히 말라버린다.

풋고추의 열과는 주로 착색기에 닿을 무렵 자주 발생한다. 주로 저온과 고온 등 온도의 급변 혹은 토양 수분의 변화가 원인이다. 잎 수가 적어서 직사광선이 열매에 직접 닿을 경우에도 자주 발생한다. 수분 관리를 위해 재배포장에 유기물을 깊이 많이 넣어주고, 깊이 갈아 뿌리가 넓고 깊게 퍼지게 하면 예방할 수 있다. 또 지온 및 습도가 급변하는 일이 없도록 해주면 효과적이다.

장마가 끝나고 탄저병이 발생한 고추. 고추에 일단 탄저병이 발생하면 대책이 없다. 장마철 전후에 철저하게 관리해야 한다.

역병은 곰팡이가 병원균으로, 토양에서 1차 전염되며, 2차 전염은 빗물에 의해 발생한다. 비가 많이 오는 해에 발생하는데, 우리나라는 여름철에 긴 장마가 있으므로 방제하지 않으면, 100% 발생한다고 볼 수 있다.

역병 발생을 줄이려면 이어짓기를 금지하고, 질소 비료를 지나치게 많이 사용하지 않는다. 배수로를 정비해 물 빠짐이 좋게 한다. 비닐이나 짚을 깔아 비가 많이 내릴 때 흙탕물이 포기 줄기나 잎에 튀지 않도록 한다.

가장 좋은 방법은 포도밭 등에서 비닐을 포도나무 위에 덮듯이 고추 포기 위에 '비가림 시설'을 설치해 빗물이 고추 포기 아래 땅에 떨어지지 않게 하고, 물은 직접 관수하는 것이다. 역병에 걸린 고추는 모두 뽑아서 태워버린다.

### 탄저병과 대책

탄저병에 걸리면 고추 열매에 부정형의 반점이 생겨서 움푹 들어가며 마른다. 탄저병이 번지면 열매 전체가 누렇게 말라 죽는다. 탄저병이 일단 발생하면 대책이

진딧물은 개미와 공생 관계로 주로 함께 나타난다. 설탕물이나 요구르트 희석액으로 퇴치할 수 있다.

고추의 붕소 결핍 증상.

사진 왼쪽 고추의 구멍은 담배거세미나방 애벌레가 낸 구멍이고, 오른쪽은 탄저병이 진행되는 모습이다.

담배거세미나방 애벌레가 구멍을 낸 고추를 따서 잘랐다. 왼쪽 사진은 애벌레가 고추 안에 웅크리고 있는 모습이고, 오른쪽 사진은 애벌레를 밖으로 끄집어낸 모습이다.

고추밭에 등장한 노린재. 빽빽하게 달라붙어 있지만 텃밭 농부는 굳이 약제를 살포할 필요는 없다. 눈에 띄는 대로 잡아주는 정도면 충분하다.

싱싱하게 자라는 고추.

없다. 모두 뽑아서 먼 곳에서 태우는 수밖에 없다.

텃밭 농부 중에는 탄저병을 예방하고자 천연 농약으로 현미식초와 물을 1 : 500으로 희석해서 이틀 간격으로 뿌려주기도 한다. 특히 장마가 시작되기 전부터 장마가 끝날 때까지 거의 매일 뿌려 주면 상당한 효과가 있다. 이때 식초와 물 희석액을 뿌릴 때는 고추 줄기와 잎, 열매뿐만 아니라 토양까지 흠뻑 적셔주도록 한다. 물론 이미 탄저병이 발생한 포기는 모두 뽑아서 먼 곳에서 태워버리고, 남은 포기에 현미식초 희석액을 흠뻑 뿌려준다.

텃밭 농부에게 천연 방제법은 상당히 매력적인 수단처럼 보인다. 여타 많은 작물의 경우 천연 방제법으로 상당한 효과를 볼 수 있다. 또 굳이 천연 방제법이 아니더라도 큰 피해를 보는 경우는 드물다. 그러나 고추는 천연 방제법이 다른 작물에 활용할 때만큼 효과적이지는 않다는 점을 기억하자.

장마 직전부터 미생물 발효액 300배 희석액을 1주일 단위로 살포한 고추는 장마가 끝나고 8월 말이 되어도 역병이나 탄저병 등이 발생하지 않았다. 붉게 익은 고추 역시 깨끗했다. 다만 이 땅은 전년도에 고추를 심지 않았던 땅인 만큼, 미생물 발효액이 고추 이어짓기 장해까지 예방한다고 말할 수는 없다.

#### 주요 충해와 처방

고추에는 진딧물과 응애가 자주 발생한다. 진딧물은 물엿, 설탕물, 요구르트 등의 희석액으로 퇴치한다. 응애는 난황유(마요네즈액)로 퇴치한다.

또 거세미나방 애벌레, 노린재 등이 나타나 고추 줄기를 잘라버린다. 노린재는 고추 줄기의 즙액을 빨아 먹는데, 방제하지 않으면 빽빽하게 달라붙어 고추를 말라죽게 한다. 은행잎을 찧어서 짜낸 액제를 자주 뿌려주면 효과가 있다.

이외에 담배나방, 총채벌레, 잿빛곰팡이병 등 다양한 병해충이 있으나 탄저병만큼 큰 피해를 주지는 않는다. 통풍과 배수, 영양분 관리를 잘하면 탄저병과 역병 외에 웬만한 병해충은 그다지 문제가 되지 않는다.

## | 웃거름 주기 |

고추는 밭에서 오래 자라는 작물이다. 열매도 차례로 많이 열리는 작물이므로 웃거름은 필수다. 아주 심고 2달 정도 지나 고추가 많이 달릴 때 웃거름을 준다. 포기당 유기질 비료를 한 줌씩 준다고 보면 된다. 포기에서 약 15~20㎝ 정도 떨어진 곳에 호미로 홈을 파고 웃거름을 넣고 흙과 잘 섞어준다. 웃거름을 준 뒤에 물을 듬뿍 주면 거름 성분 흡수가 빨라진다.

짚이나 비닐로 멀칭을 했다면 멀칭 아래 거름을 주고 물을 준다. 멀칭 아래 유기질 비료를 웃거름으로 줄 경우 미리 유기질 비료와 흙을 섞어 2주쯤 두었다가 넣어주면 가스 피해가 없다. 두 번째 웃거름은 8월 중순에 포기당 한 줌씩 같은 방법으로 준다.

## | 수확과 보관 |

풋고추는 꽃이 피고 15일 정도, 홍고추는 45~50일 정도 지나면 수확할 수 있다. 같은 품종이라도 열매가 맺히고 나서 매달려서 익는 날짜가 길수록, 햇빛이 강하고 기온이 높을수록 매운맛이 강하다. 텃밭 농부는 고춧가루로 이용하기보다는 풋고추로 따서 이용하는 편이 유리하다.

고추는 말리는 과정이 매우 힘들고 청결도 보장하기 어렵다. 건조기를 사용하지 않고 태양초로 고추를 말리려면 매우 어렵다. 말리다가 실패할 가능성도 매우 높다. 따라서 풋고추로 수시로 수확해서 먹고, 남는 것은 된장 장아찌, 간장 장아

당시 초등학교에 다니던 아들이 아침 일찍 고추를 따고 있다. 무농약으로 재배한 고추인 만큼 수돗물에 먼지만 씻고 그대로 먹을 수 있다. 옆에 흰 꽃은 도라지꽃이다.

8월 중순 붉게 익어가는 고추.

찌 등으로 저장하면 겨우내 먹을 수 있다.

　100포기 이상을 재배해서 김장용 고춧가루로 이용하고 싶다면 한꺼번에 많이 따서 고추 건조 시설에 부탁해서 말리는 편이 좋다. 이렇게 하면 태양초 고추가 안 되지만 먹는 데는 아무런 문제가 없다. 태양초 고추를 만들고자 집에서 고추를 말리는 경우가 있는데, 도시에서 고추를 제대로 말리기는 매우 어렵다. 대부분 중간에 썩어 버려서 기껏 수확하고도 이용하지 못하는 사태가 발생할 수도 있다.

### TIP  집에서 고추 말리기

집에서 꼭 고추를 말리고 싶다면 2주 정도 바짝 신경을 써야 한다. 2주 정도 비가 오지 않아야 하며, 낮에는 밖에서 말리고, 밤에는 집안에 들여다 놓고 선풍기를 틀어서 계속 말려야 한다. 고추를 말리려면 먼저 고추를 수확한 다음 바로 햇빛에 내놓지 말고, 이틀이나 사흘 정도 그늘에서 말려야 한다. 그다음 낮에는 햇빛이 잘 드는 옥상이나 밖에 내놓고 말리고, 밤에는 실내에 갖다 놓고 선풍기로 말린다.

시골에서는 아스팔트 위에 고추를 널어놓고 말리기도 하는데, 이렇게 하다가 고추가 화상을 입어버리기도 한다. 고추를 채나 망에 얹어서 아래의 열기가 바로 고추에 닿지 않도록 하고, 아래로 공기가 통하도록 해야 한다. 그래야 잘 마른다.

고추를 말려본 경험이 많은, 할머니들은 고추를 반 잘라서 말리기도 한다. 그렇게 하면 고추를 빨리 말릴 수 있어서 그만큼 곰팡이가 슬거나 썩어버릴 위험이 적어진다. 이렇게 할 경우에도 낮에는 햇빛에서 말리고 밤에는 실내에 들여놓고 선풍기를 계속 틀어 놓아야 한다. 고추를 길바닥에서 말리면 온갖 먼지와 자동차 매연이 다 묻기 마련이다. 그렇다고 말린 고추를 씻어서 쓸 수도 없는 만큼 먼지나 자동차 매연이 없는 장소에서 말려야 한다. 도시에서 고추를 말리기는 이래저래 어렵다.

텃밭농부가 고추를 말리기는 쉽지 않다. 말리는 동안 낮에는 햇빛이 잘 들고 공기가 잘 통하는 곳에 두어야 하며, 밤에도 바람이 잘 통하는 곳에 두거나 선풍기를 틀어주어야 썩지 않는다. 뜨거운 아스팔트 위에 고추를 널어 말리면 고추가 타버리므로 주의해야 한다.

건조용 선반 아래에는 공기가 잘 통하도록 그물 바구니를 놓았다.

### 고추 재배 일정

| 3월 | | | 4월 | | | 5월 | | | 6월 | | | 7월 | | | 8월 | | | 9월 | | | 10월 | | | 11월 | | | 12월 | | | 1월 | | | 2월 | | |
|---|---|---|---|---|---|---|---|---|---|---|---|---|---|---|---|---|---|---|---|---|---|---|---|---|---|---|---|---|---|---|---|---|---|---|---|
| 상 | 중 | 하 | 상 | 중 | 하 | 상 | 중 | 하 | 상 | 중 | 하 | 상 | 중 | 하 | 상 | 중 | 하 | 상 | 중 | 하 | 상 | 중 | 하 | 상 | 중 | 하 | 상 | 중 | 하 | 상 | 중 | 하 | 상 | 중 | 하 |

■ 아주 심기   ■ 수확

재배난이도
★★☆

# 파프리카와 피망
가짓과

## | 재배 포인트 |

파프리카와 피망은 가짓과 작물로 이어짓기 피해가 발생한다. 고추의 사촌 격으로 생긴 모양도 기르는 방법도 고추와 흡사하다. 산성토양에 약하므로 고토석회로 토양을 중화한다. 고추와 같은 가짓과이나 여름철 무더위와 병충해에 강해 고추보다는 기르기 쉽다.

피망은 처음에는 녹색 열매가 달리지만 익으면 고추처럼 붉어진다. 파프리카는 녹색 열매가 달렸다가 빨강, 노랑, 주황색 등을 띤다. 파프리카 열매가 피망 열매보다 크고, 육질도 두껍다. 파프리카는 열매가 큰 만큼 숫자는 적다. 파프리카와 피망 모두 고추와 달리 말리거나 가루 내지 않고 생것으로 샐러드를 만들어 먹거나 볶아서 먹는다.

파프리카와 피망은 모두 고추의 사촌 격으로 모양과 재배법이 흡사하다. 고추와 마찬가지로 바로 씨앗을 밭에 뿌리기보다는 모종을 사서 심는 것이 훨씬 유리하다.

7월의 파프리카. 파프리카와 피망은 고추보다 병해충에 훨씬 강하지만, 습해에는 고추만큼이나 약하다. 따라서 파프리카와 피망은 모두 물 빠짐이 좋은 밭에서 재배해야 한다. 물 빠짐이 나쁜 밭에서 장마를 맞이하면 쉽게 말라 죽는다.

파프리카 첫 열매. 포기의 세력이 약하다면 첫 열매는 따주는 것이 좋다.

| 밭 만들기 |

고추와 재배 방식이 같으므로 비슷하게 밭을 만들어주면 된다.

| 재배 방법 |

파프리카와 피망은 씨앗 값이 무척 비싼 데다 씨앗부터 기르기는 어렵고 번거로우므로 모종을 사서 심는 편이 유리하다. 모종은 늦서리 피해를 예방하려면 5월 중순쯤 심는 것이 안전하다. 고온성 작물이어서 일찍 심어도 지온이 낮아 빨리 자라지 않는다. 일찍 심으면 오히려 냉해를 입을 위험이 크다. 일찍 심었을 때에는 비닐봉지 등을 씌워서 서리 피해를 방지하고, 온도를 확보하면 빨리 자란다.

### 모종 심기

고추와 같은 시기에 모종이 나온다. 고추 모종, 파프리카 모종, 피망 모종을 육안으로 구별하기는 매우 어렵다. 종묘상에서 한꺼번에 사들일 경우에는 바로 표시를 해두어야 헷갈리지 않게 심을 수 있다.

모종은 잎이 열두세 장이 나와 있는 것으로 첫 꽃이 피어 있는 것이 좋다. 파프리카와 피망 꽃은 열매의 색깔과 상관없이 모두 흰색이다. 마디 사이가 먼 것은 웃자라 연약한 모종이므로, 마디 사이가 짧은 모종을 선택한다.

파프리카와 피망은 고추보다 열매가 크므로 포기당 간격을 60㎝ 정도로 잡아준다. 모종은 날씨가 맑은 날 심는 것이 좋으며, 모종 심기 후에는 호미로 모종 주위에 원을 그리듯이 홈을 파고 물을 두세 차례에 걸쳐 듬뿍 준다.

### 가지치기

파프리카와 피망은 계속 가지가 갈라지면서, 가지가 갈라지는 곳마다 열매가 달린다. 일반 고추도 어느 정도 가지 정리를 해주어야 하지만, 피망과 파프리카는 열매가 큰 만큼 더욱 철저히 가지 정리를 해주면서 열매 숫자를 조절해야 한다.

원줄기가 올라오다가 와이(Y)자로 갈라지면서 첫 번째 열매가 열리는데, 이를 '방아다리'라고 한다. 첫 열매인 방아다리를 제거해줘야 포기 전체의 생육이 좋아지므로, 열매가 맺히자마자 바로 제거해준다. 고추와 마찬가지로 첫 번째 열매 아래 달리는 곁가지는 모두 제거해준다. 장갑을 낀 손으로 원줄기를 아래로 훑어

주면 한꺼번에 제거할 수 있다.

와이자로 갈라져서 자라는 두 개의 원줄기는 다시 와이자로 갈라지면서 열매를 맺는다. 포기 전체로 보면 '방아다리'에 이어 두 번째, 세 번째 열매인 셈이다. 이 두 번째, 세 번째 열매도 맺히자마자 곧바로 제거해준다. 이들 첫 번째에서 세 번째 열매는 일찍 달린 열매여서 크게 자라지 못할 뿐만 아니라 포기의 생육에 방해될 뿐이다.

이후 파프리카와 피망은 자라면서 다시 와이자로 갈라지기를 반복하는데, 매번 와이자로 갈라지는 자리에서 열매가 맺힌다. 한 포기에 열 개의 열매를 키운다고 생각하면 간편하다. 간단하게 생각하자면 맨 처음부터 발생하는 세 개의 와이자 가지에서 맺히는 열매를 모두 제거하고, 네 번째부터 열세 번째 와이자에 맺히는 열매를 기른다고 보면 된다. 가지별로 한 개 정도의 열매를 키우는 것이다.

그러나 일률적으로 네 번째부터 열세 번째 열매까지 기르는 것이 아니라 포기의 성장을 봐가며 결정한다. 특정한 방향으로 난 가지에 열매가 많이 맺혔다면 순서와 관계없이 열매를 제거하고, 열매가 덜 맺힌 쪽에서 더 기르는 것이 적당하다.

### 물 주기

피망과 파프리카는 물 관리를 잘해야 한다. 장마에 대비해 두둑을 높인 만큼 쉽게 건조해질 수 있으므로 비가 오지 않는다면 5~7월에는 이틀이나 사흘 간격으로 물을 준다. 장마가 끝난 뒤에도 맑은 날씨가 이어지면 이틀이나 사흘에 한 번쯤 물을 준다. 비닐이나 짚으로 멀칭을 해두었다면 그다지 신경 쓰지 않아도 된다.

## | 병해충과 처방 |

피망과 파프리카는 고추보다 병충해에 강하다. 그러나 고추와 마찬가지로 여름 장마철에는 여러 가지 질병이 생길 수 있으므로 바람이 잘 통하도록 관리하고, 땅에 떨어진 빗물이 작물에 튀

피망 열매. 어릴 때는 파프리카 열매와 구별이 잘 안 된다.

파프리카 열매.

파프리카 열매는 어릴 때 모두 녹색을 띠지만 자라서 익으면 붉은색과 노란색으로 달라진다.

지 않도록 짚이나 비닐 등을 포기 아래에 덮어준다. 또 물을 줄 때마다 잎을 씻어줌으로써 질병 전염을 예방할 수 있다.

가지, 고추, 피망, 파프리카 등 가짓과 작물은 공통으로 역병, 시들병 등에 약하므로 이어짓기를 피해야 한다. 시들병과 역병은 비가 많이 올 때 발생하기 쉬운데, 농사를 완전히 망치기보다는 장마가 끝난 뒤 약제 다코닐 등을 한 번쯤 살포해주는 것이 좋다. 약제를 살포하고 2주 정도 지나면 수확에 별문제가 없다.

## | 웃거름 주기 |

키울 열매인 네 번째 열매가 맺히고 나면 포기 주변에 양쪽으로 호미로 홈을 파고 유기질 비료는 한 줌씩 넣어준다. 이후 20일 간격으로 두세 차례 정도 유기질 비료를 넣어주면 10월 말까지 튼실한 열매를 수확할 수 있다.

## | 수확과 보관 |

녹색이었던 열매가 각각의 색깔로 변한 다음 수확하면 된다. 대체로 열매가 맺히고 25일 정도면 수확할 수 있다. 고추만큼 많이 먹는 채소는 아닌 데다가 오래 보관할 수 없으므로 한꺼번에 많이 수확하기보다 수시로 거두고, 그래도 남는 것은 냉장 보관한다.

파프리카/피망 재배 일정

■ 모종 심기   ■ 수확

* 파프리카와 피망은 씨앗을 심어 육묘하기보다 모종을 사서 심는 편이 훨씬 쉽다.

# 가지
## 가짓과

재배난이도 ★☆☆

| 재배 포인트 |

가지는 추위에 약하므로 날씨가 적당히 따뜻해지는 5월 중순경 모종을 심는 것이 좋다. 텃밭 농부는 흔히 마음이 급해 4월 중하순경 시중에 모종이 나오면 바로 사서 밭에 옮겨 심는 경우가 많은데, 십중팔구 냉해를 입어 못 쓰게 된다. 마음을 느긋하게 먹고 기다리다가 5월 10일 이후 밭에 심도록 한다.

고추, 토마토, 감자와 함께 가짓과의 대표 작물인 만큼 이어짓기 피해가 발생한다. 지난 해 가짓과 작물을 심었던 밭에서는 기르지 않도록 한다. 최소 2~3년의 돌려짓기가 필요하다.

여러 형태의 텃밭을 둘러보면, 텃밭을 가꾸는 사람마다 네다섯 포기 이상의 가지를 기르는 것을 흔히 볼 수 있다. 종묘상에서 한두 포기 달랑 구매하려니 쑥스러워 다섯 포기씩 사들이는 모양인데, 이렇게 많이 기르면 아무리 가지를 좋아하는 대가족이라도 처치 곤란이 돼버린다. 가지는 두 포기만 해도 충분하다. 워낙 잘 자라고 많은 수확을 안겨주므로 기르는 재미가 각별한 작물이다.

## | 밭 만들기 |

가지는 토양을 그다지 가리지 않는다. 그러나 유기질이 풍부하고 토심이 깊은 곳에서 잘 자란다.

 모종을 아주 심기 2주 전에 밑거름으로 3.3㎡(1평)당 1kg 정도의 유기질 비료를 넣고 밭을 잘 갈아준다. 물이 잘 빠지는 밭이라면 두둑을 너비 50㎝, 높이 20㎝ 정도로 하고, 물이 잘 빠지지 않는 밭이라면 두둑 너비 50㎝에, 높이 30㎝ 정도로 하되 탄력적으로 운용한다.

## | 재배 방법 |

씨앗을 직접 뿌려서 모종을 기르기에는 시간이 오래 걸리고 여러 가지 어려움이 많으므로 텃밭 농부는 종묘상에서 필요한 만큼 모종을 사서 심는 편이 훨씬 유리하다.

 고온성 작물인 만큼 날씨가 적당히 따뜻해진 다음 5월 중순경 심는 것이 좋다. 뿌리를 내리기까지 2~3주 동안은 옮김 몸살이 매우 심하지만, 뿌리를 완전히 내리고 6월이 되면 놀랍도록 왕성한 성장을 보인다. 가지는 키가 높이 자라고, 옆으로도 상당히 넓게 자라는 작물인 만큼 두둑에 한 줄로 심는다. 이때 포기 간 간격 역시 최소한 50㎝는 띄워야 한다.

 아직 어린 모종을 심을 때는 50㎝ 간격이 너무 넓어 보이지만, 날씨가 6월에 접어들 무렵이면 가지는 급성장하게 되는데, 이렇게 되면 50㎝도 결코 넓은 간격이 아니다. 텃밭 사정이 허락한다면 60~70㎝ 이상 간격을 띄워주면 더 좋다.

### 모종 심기

모종은 본잎이 예닐곱 장 이상 달린 것으로 웃자라지 않은 것이어야 한다. 웃자라마디 사이가 넓은 것은 허약한 모종이므로 구입하지 않도록 한다.

 다른 작물 모종 옮겨심기와 마찬가지로, 모종 포트에 물을 흠뻑 뿌리고 한 시간쯤 뒤에 포트에서 모종을 빼면 뿌리에 달라붙은 흙이 부서지거나 떨어지지 않는다. 포트 밑구멍을 가느다란 막대기로 살짝 찔러, 포트와 모종 흙이 분리되도록

가지 모종.

가지는 옮겨 심은 뒤 2~3주 동안 뿌리가 자리를 잡느라 거의 자라지 못한다. 그러나 날씨가 충분히 따뜻해지는 6월 중순이 되면 빠르게 자란다. 위 사진은 모종을 내고 2주 지난 것으로 수분이 마르지 않도록 부직포를 덮어 준 것이다. 아직 어린 가지 모종은 수분이 마르지 않도록 잘 관리해야 한다.

한 후 거꾸로 잡고 빼내면 쉽게 빠진다.

모종은 원래 흙이 붙어 있던 깊이로 심는다. 심은 뒤에는 호미로 모종 주변에 원을 그리듯 홈을 파고, 두세 차례에 걸쳐 물을 흠뻑 주도록 한다.

가지는 아주 심고 나면 옮김 몸살을 심하게 하는 편인데, 날씨가 따뜻한 5월 10일경에 심고 물을 충분히 주었다면 크게 걱정할 것은 없다. 2주쯤 지나면 뿌리가 완전히 자리를 잡고 성장하기 시작한다. 이후 6월이 되면 무서운 속도로 성장하고, 7~8월부터 많은 열매가 맺힌다.

## 지주 세우기

가지는 잎과 열매가 많이 달리고 키가 큰 작물이라서 지주를 세워야 한다. 모종을 심고 바로 지주를 세워야 뿌리가 다치지 않는다. 당장 지주가 필요 없다고 그대로 두었다가 나중에 심으면 한창 뻗어 가는 뿌리를 자를 수 있으므로 모종을 심고 바로 지주를 세워준다.

텃밭 농부 중에는 원줄기뿐만 아니라 나중에 아들 줄기까지 지주를 세워주는 경우도 있다. 여유가 된다면 포기마다 세 개 정도 지주를 세워 줄기를 묶어 주면 좋다. 그러나 원줄기에만 튼튼하게 지주를 세우고 잘 붙들어 매주면 아들 줄기와 손자 줄기는 아래로 축축 늘어져도 포기 전체가 쓰러지는 경우는 거의 없다.

가지 열매가 땅으로 축축 늘어지면서 주렁주렁 열리는 모양은 텃밭 농부에게 참으로 뿌듯한 기쁨을 준다. 때때로 늘어진 가지가 열매 무게를 못 이기고 꺾여 찢어져 버리기도 하는데, 다시 가지가 뻗어 나오므로 너무 아쉬워할 것은 없다. 게다가 너무 무성하면 바람이 통하지 않아 병해충이 발생하기도 쉽다.

가지는 날씨가 충분히 따뜻해진 뒤에 모종을 옮겨 심어야 한다. 하루라도 빨리 심어 기르고 싶은 마음에 4월 중하순부터 가지 모종을 심는 경우가 흔하다. 4월 중하순에는 낮은 따뜻하지만, 밤은 추운 날이 많다. 사진은 4월 초에 모종을 내는 바람에 냉해를 입은 가지다.

가지 모종을 일찍 내는 바람에 냉해를 입었더라도 죽지 않고 사는 경우도 있다. 위 사진은 모종을 4월에 내는 바람에 냉해를 입어 한창 열매를 맺어야 할 8월 상순에 쇠락해가는 모습이다.

### 냉해

텃밭 농부가 기르는 가지는 흔히 냉해를 입는다. 텃밭을 가꾸려는 열망에 들떠 너무 일찍 모종을 심기 때문이다. 시중에는 4월 초순부터 가지와 고추, 토마토, 오이 등 모종이 쏟아져 나온다. 그러나 이때 사다 심으면 십중팔구 냉해를 입어 죽거나 겨우 살더라도 자람이 부실해 수확량이 급감하거나 한창 열매를 달아야 할 여름에 일찍 시들어버린다.

우리나라의 4월 중순 날씨는 상당히 따뜻한 경우가 많다. 때때로 덥다고 느껴지는 날도 있고, 반소매나 반바지를 입는 사람도 많다. 그러나 날씨가 하루 이틀 따뜻해졌다고 지온까지 충분히 올라가는 것은 아니다. 가지를 비롯한 모든 채소는 기온뿐만 아니라 뿌리를 내리고 사는 지온에 더 많은 영향을 받는다. 따라서 4월에는 모종을 심어도 뿌리 내림이 안 되어 자라지 못한다. 4월 중순에 밭에 심은 가지 모종이나 5월 중순에 밭에 심은 가지 모종이나 자라는 속도는 거의 차이가 없다. 게다가 4월에 심은 모종은 밤에 기온이 뚝 떨어지기라도 하면 금방 냉해를 입고 만다.

가지, 고추, 토마토, 오이, 여주, 파프리카, 피망 등 모종은 완벽한 온도와 습도가 갖춰진 시설에서 재배한 작물이다. 이런 작물을 노지에 덜컥 심어 찬바람을 맞추면 냉해를 입을 수밖에 없다. 비록 늦서리는 완전히 끝났다고 해도 마찬가지다.

따라서 모종은 5월 10일을 전후에 심는 것이 가장 좋다. 차라리 조금 늦게 5월 15일경 심는 편이 4월에 심는 것보다는 훨씬 낫다. 기온이 낮을 때 모종을 심으면 열매가 딱딱해지고 크기도 작은 경우가 많다.

비닐 멀칭을 하지 않고 모종을 낸 가지. 5월 25일 한낮의 열기에 축 늘어져 있다. 그러나 물을 주면 곧 생기를 되찾는다.

비닐 멀칭을 하고 모종을 낸 가지. 5월 25일 한낮의 열기에도 싱싱하다. 비닐 멀칭이 수분 보유력을 높여 주기 때문이다. 그러나 소규모 텃밭 농부는 굳이 멀칭을 하기보다는 부지런한 손길과 잦은 발걸음으로 작물을 기르는 것이 여러모로 좋다.

### 물 주기

가지는 약간 습기가 있는 밭을 좋아한다. 여름 더운 날씨에 비가 오지 않으면 1주일에 한 번쯤 물을 주고, 포기 주변에 짚이나 나뭇잎을 두툼하게 덮어 습기를 유지하도록 한다. 그러나 비가 자주 내릴 때는 물이 잘 빠지도록 배수로를 깊게 만들어 준다. 토양에 물이 너무 많으면 가지의 뿌리가 썩고 병도 많이 발생한다.

### 순자르기

가지는 자라면서 마디마다 곁순이 발생한다. 이 곁순을 다 기르면 가지가 너무 많이 달려 열매가 부실할 뿐만 아니라 잎과 가지가 너무 많아져 통풍이 나빠지고, 햇빛도 잘 들지 않아 작물 자체가 연약해지고 병해에 걸릴 위험도 커진다. 특히 가지 열매는 햇빛이 잘 들어야 색깔이 좋고, 영양 가치도 높아진다. 따라서 곁순과 잎은 수시로 제거해주어야 한다.

가장 먼저 제거해야 할 곁가지는 첫 번째 열매(방아다리)가 맺히고 난 뒤, 첫 열매 아래에 난 모든 곁가지다. 이후에도 원줄기가 자라면서 곁가지는 계속 발생한다. 일반적으로 곁가지가 지나치게 복잡한 곳을 중점적으로 제거해주면 되는데, 텃밭 농부가 알아두면 좋을 간단한 요령은 다음과 같다.

첫째, 원줄기와 여기서 나오는 아들 줄기 중에 두 개, 또 아들 줄기에서 나온 손자 줄기 한 개까지 총 네 개의 줄기를 기른다고 생각하면 적당하다. 두 개의 아들 줄기에서도 많은 손자 줄기가 나오는데, 그중에 하나만 남기고 나머지 줄기는 모두 제거한다.

둘째, 원줄기와 함께 키울 아들 줄기 두 개와 손자 줄기 한 개를 결정하는 기준은 줄기의 방향이다. 각각 일정한 정도의 거리를 확보할 수 있는 네 개의 줄기를 기른다. 간격을 적당하게 떨어뜨려야 통풍에도, 햇빛 확보에도 좋기 때문이다. 작물의 위에서 보았을 때 기르고자 하는 네 개 가지의 각도가 대략 90도 정도면 아주 좋다. 그러나 꼭 이렇게 맞출 수는 없으므로 대략 일정한 간격을 유지하면서 기를 가지 네 개를 고른다고 생각하면 된다.

### 잎 따기

가지는 잎이 크고 많다. 오래되어 늙은 잎은 영양 공급원으로서 역할을 하기보다 영양을 소비하므로 늙은 잎, 상한 잎은 수시로 따준다. 또 가지는 햇빛이 안쪽까지 잘 들어야 건강하게 자라므로 늙은 잎이 아니더라도 너무 잎이 무성한 곳은 적당하게 잎을 따준다. 그렇다고 무작정 잎을 따버리면 포기 자체가 연약해지고, 열매가 부실해진다. 아무리 심하게 잎을 따내더라도 열매의 위·아래 잎 서너 장은 반드시 남겨야 한다.

가지 차먼지응애 피해. 차먼지응애는 한여름 고온기에는 발생하지 않으며, 노지에서 재배하는 가지의 경우 9월 말에서 10월 중순쯤부터 나타난다. 피해 부분을 잘라내고 먹으면 무방하다.

## | 병해충과 처방 |

가짓과 작물에 흔히 나타나는 이십팔점박이무당벌레가 잎을 갉아 먹는다. 눈에 띄는 대로 수시로 잡아준다. 진딧물을 잡아먹는 칠성무당벌레(등에 점이 일곱 개)와 혼동하지 않도록 한다. 또 가지 줄기를 파고들어 가는 나방 애벌레가 나타나기도 한다. 나방 애벌레가 나타나면 잎이 마르고 줄기가 시들면서 축 처진다.

장마와 함께 본격적인 무더위가 와서 역병이 발생하면 가지 열매에 하얀 밀가루 같은 것이 묻어 있다. 가지 열매껍질이 갈색으로 변하면서 목질화하는 현상이 발생한다면 이는 차먼지응애의 피해다. 응애가 발생했을 때 난황유(마요네즈액)를 뿌려주면 효과가 있다. 달팽이가 나타나 가지 열매 표면을 갉아 먹기도 하는데, 눈에 띄는 대로 잡아주면 되며, 텃밭에서는 염려할 정도의 피해는 없다.

경험으로 볼 때 차먼지응애, 역병 등은 작물체가 허약할 때 많이 발생한다. 따라서 평소에 통풍 관리, 물 관리, 거름 성분 관리를 잘하면 큰 피해를 보지 않는다. 차먼지응애가 발생한 가지 열매는 그 부위를 잘라내고 먹으면 된다.

## 웃거름 주기

가지는 기본적으로 비료 성분이 많이 필요한 작물이다. 게다가 이르면 5월 말부터 10월 말까지, 때에 따라 11월 초까지 열매를 계속 생산하므로, 두세 차례 웃거름이 필요하다. 비료 성분이 부족하면 열매가 부실해지고 줄기가 잘 자라지 못한다.

첫 번째 웃거름은 아주 심기하고 2개월 뒤에 준다. 포기에서 대략 15㎝ 떨어진 곳에 호미로 홈을 파고 유기질 비료를 한 주먹씩 포기 양쪽에 넣어주고 흙과 잘 섞어준다. 이후에도 1개월 간격으로 유기질 비료를 한 주먹씩 포기 근처에 넣어주는데, 먼저 포기의 동서쪽에 주었다면, 두 번째는 포기의 남북 양쪽에 넣어주면 좋다. 웃거름을 주기적으로 넉넉하게 넣어야 잘 자라고, 충실한 열매를 맺는다.

가지는 열매가 많이 달리는 작물이다. 따라서 많은 거름을 요구한다. 위 사진은 지나치게 많은 비료를 뿌리 근처에 준 경우다. 퇴비에서 나오는 가스나 비료에서 나오는 성분이 뿌리를 해쳐 작물을 죽게 할 수 있으므로 한꺼번에 너무 많이 주지 말고, 주더라도 줄기에서 적어도 10㎝ 정도 거리를 두고 주어야 한다.

## 갱신 전정

7월 하순에서 8월 상순경까지 가지는 많은 열매를 내놓느라 줄기와 잎의 기력이 많이 쇠진한 상태다. 이때 가지 포기의 힘을 회복시켜주기 위해 강한 가지치기를 해주어야 가을에 다시 많이 수확할 수 있다. 오래된 가지를 잘라내고 새로운 가지의 생장을 촉진하기 위한 갱신 전정(更新剪定)인 것이다.

갱신 전정은 원줄기와 아들 줄기 두 개, 손자 줄기 한 개에 각각 두 개 정도의 잎만 남기고 가위로 잘라준다. 이렇게 하면 키도 줄어들고 아들 줄기와 손자 줄기의 번무로 넓게 퍼졌던 포기의 덩치도 대폭 줄어든다. 갱신 전정 뒤에는 웃거름과 물을 듬뿍 주어 포기가 새롭게 성장할 수 있도록 해준다.

위 그림은 '약한 가지치기', 아래 그림은 '강한 가지치기'의 예다. 약한 가지치기를 원할 때는 줄기를 비교적 길게 남기고 자른다. 자른 뒤에는 웃거름을 주고 20일간 잎줄기를 기른다. 강한 가지치기를 원할 때는 줄기마다 잎을 한 개 정도만 남기고 자른다. 강한 가지치기를 한 뒤에는 웃거름을 주고 30일간 잎줄기를 기른다. 두세 포기 정도를 재배하면서 조금씩 자주 열매를 수확하는 텃밭 농부 입장에서는 약한 가지치기가 유리하다.

8월 초, 줄기와 잎이 무성한 가지. 그대로 두면 통풍이 나빠지고, 늙은 잎이 영양분을 만들기보다 소비를 많이 해서 작물체가 쇠약해진다. 작물의 자람을 봐가며 7월 말 혹은 8월 초순경 과감하게 가지치기를 실시한다.

가지치기 직후 모습. 가지치기한 뒤에는 질소질 거름을 듬뿍 주어 새로운 잎줄기가 잘 자라도록 해준다.

각각 가지 잎줄기 가지치기 2주(위)와 4주(아래) 경과. 가지치기한 뒤에 새로운 잎줄기가 나오면서 10월 말, 남부 지방은 11월 초까지도 싱싱한 열매를 수확할 수 있다.

6월 하순. 열매가 주렁주렁 달리기 시작하는 가지. 위 밭은 비닐 멀칭을 한 것으로 가지 열매가 다소 일찍 열렸다. 조금 늦더라도 가지는 많은 열매가 열리므로 조급하게 생각하지 않아도 된다.

11월에도 열리는 가지 열매.

한여름에 이르면 가지는 하루가 다르게 자르고, 많은 열매가 달린다. 한두 포기만 심어도 한 가족이 다 소비할 수 없다. 이때 수확한 가지를 十자 잘라 옷걸이에 걸어 말려두면 겨울에도 가지요리를 즐길 수 있다. 가지는 바람이 잘 통하는 곳에서 건조해야 잘 마른다. 아파트 베란다에서 창문을 닫아두고 말릴 경우 곰팡이가 슬기도 한다. 또 야외에서 말릴 때는 비를 맞지 않도록 해야 한다. 다 마른 가지라도 비를 맞으면 금방 곰팡이가 슨다.

| 수확과 보관 |

가지는 원줄기가 갈라지는 자리에 첫 번째 열매가 열린다. 이것을 '방아다리'라고 하는데, 가능하면 일찍 제거해주는 것이 좋다. 그러나 일괄적으로 제거할 것은 아니고 작물의 성장을 봐가며, 지나치게 포기의 성장이 빠르다고 생각되면 방아다리를 그대로 두어 열매에 힘을 쏟게 한다. 그러나 대체로는 첫 번째 열매인 방아다리를 제거해 작물의 세력을 키우는 것이 유리하다.

가지는 보라색 꽃이 피고 15~25일이면 열매 길이가 10~12cm가 되어서 수확하면 된다. 한꺼번에 일정한 크기의 작물을 출하하는 전업농가와 달리 텃밭 농부는 작을 때 수시로 수확해서 먹는 게 좋다. 1주일에 한 번쯤 밭에 가는 텃밭 농부 입장에서 조금 어리다고 그대로 두었다가 다음 주에 가면 너무 자라서 단단한 열매가 되어 있기 일쑤다. 조금 작다 싶어도 서둘러 거둬들이는 것이 좋다.

가지는 아직 덜 익었을 때 진한 보라색을 띠고, 완전히 익으면 보라색이 현저하게 옅어진다. 따라서 우리가 먹는 진한 보라색 가지는 아직 덜 익은 것이며, 덜 익은 것이 연하고 맛도 좋다. 너무 익으면 쓴맛이 난다.

가지는 두 포기만 길러도 7월 중순경부터 한 가정이 감당하기 어려울 만큼 많은 열매를 내놓는다. 그렇다고 매일 가지 반찬만 먹을 수도 없는 노릇이다. 이럴 때는 수확한 열매를 열십자로 잘라 옷걸이에 걸어 말려두면 더는 가지가 나오지 않는 늦가을부터 먹을 수 있다. 가지가 많이 나오기 시작하는 7월 중순 이후에는 비가 많이 내린다. 가지를 말릴 때는 해가 쨍쨍하게 나온 날을 택하도록 한다. 구름이 많이 끼거나 비가 내리는 날 말리면 마르다가 곰팡이가 슬어 못 쓰게 되는 경우가 있다.

**가지 재배 일정**

| 3월 | | | 4월 | | | 5월 | | | 6월 | | | 7월 | | | 8월 | | | 9월 | | | 10월 | | | 11월 | | | 12월 | | | 1월 | | | 2월 | | |
|---|---|---|---|---|---|---|---|---|---|---|---|---|---|---|---|---|---|---|---|---|---|---|---|---|---|---|---|---|---|---|---|---|---|---|---|
| 상 | 중 | 하 | 상 | 중 | 하 | 상 | 중 | 하 | 상 | 중 | 하 | 상 | 중 | 하 | 상 | 중 | 하 | 상 | 중 | 하 | 상 | 중 | 하 | 상 | 중 | 하 | 상 | 중 | 하 | 상 | 중 | 하 | 상 | 중 | 하 |

■ 아주 심기　■ 수확

# 오이

박 과

재배난이도 ★★★

## | 재배 포인트 |

오이는 텃밭 농부가 씨앗을 뿌려 재배하기보다 모종을 사서 키우는 편이 유리하다. 병충해가 많아 무농약으로 키우기 어렵다. 잘 자라는가 싶다가도 어느 날 갑자기 시들해지면서 죽어버리는 경우가 허다하다.

날씨가 적당히 따뜻해진 5월 초에 모종을 내고, 6월 중순부터 8월 말까지 수확한다. 지주와 망이 필요한 작물이다. 모종을 옮겨 심은 뒤 예닐곱 마디까지는 곁가지를 모두 제거해, 본줄기의 세력을 키우는 데 집중해야 한다.

암꽃과 달리 수꽃에는 씨방이 없다.

## | 밭 만들기 |

오이는 영양생장과 생식생장이 거의 동시에 이루어지는 작물이다. 따라서 재배 기간 내

합장식 오이 지주.

오이 품종에는 크게 길이가 다소 짧고 연둣빛이 도는 다다기오이와 길이가 길고 진한 초록색을 띠는 취청오이가 있다. 사진은 다다기오이(5월 28일).

취청오이(7월 8일). 오이는 품종과 심는 시기에 따라 열매가 맺히고 성장하는 정도가 사뭇 다를 수 있다.

오이는 다른 박과 작물과 마찬가지로 암꽃에 어린 오이 모양의 씨방이 달려 있다.

내 충분한 영양 공급이 필요하다. 특히 오이는 천근성 작물(뿌리가 깊이 내려가지 않고 지표면에서 얕게 퍼지는 작물)이므로 가뭄이나 장마에 취약하다. 물이 많이 필요한 작물이면서도 장마 때 물에 잠기면 시들시들해진다. 따라서 오이밭을 만들 때는 밑거름으로 퇴비와 같은 유기질 비료를 충분하게 넣어야 한다. 그래야 보습력과 통기성이 좋아져 오이가 성장하는 데 알맞은 환경이 된다. 한 포기당 10kg 정도의 퇴비를 밑거름으로 넣고 흙과 섞어준다. 퇴비가 부족하다면 포기당 2kg의 퇴비와 화학 비료 두 줌을 함께 넣어준다.

한 개 이랑에 한 줄로 오이를 심을 경우 80cm 너비의 이랑을, 한 개 이랑에 두 줄로 심고자 할 경우 160cm 폭의 이랑을 만든다. 밭의 성질을 참고하여 이랑 폭을 결정하면 좋다. 가령 물 빠짐이 잘 되는 사질토 밭이라면 수분 유지를 위해 160cm 폭의 이랑을 만들어 두 줄로 심는 것이 좋고, 물이 잘 안 빠지는 점질토의 밭이라면 80cm 폭의 이랑을 만들어 물 빠짐을 좋게 해준다.

오이를 심고 에이(A)자 지주를 세워야 하는데, 지주를 세우고 나면 잡초 제거에 어려움이 따르므로 신문지나 낙엽 등으로 두툼하게 멀칭을 해주면 보습에도 도움이 되고 풀을 방지하는 데도 도움이 된다. 오이가 자라 잎이 무성해지면 풀이 덜 올라오므로 굳이 비닐 멀칭을 하기보다는 신문지나 낙엽으로 멀칭해주는 것이 텃밭 농부 입장에서는 더 낫다.

## | 재배 방법 |

### 지주 세우기

오이는 덩굴을 뻗으며 자라는 작물이므로 합장식 지주를 세워서 올려야 한다. 2m 지주 두 개를 에이(A)자 형태로 세우고 단단히 고정한다. 여러 포기를 심을 때는 에이자로 열을 맞춰 지주를 세우고, 지주와 지주 사이는 오이망을 씌우거나 바인더 등으로 그물망을 만들어 오이 덩굴이 타고 갈 수 있도록 해준다.

텃밭 농부 중에는 간혹 일자 지주를 두 개 세우고 그 사이에 오이망을 씌워 재배하는 경우가 있는데, 나중에 오이가 자라면 무게를 이기지 못하고 쓰러지기에 십상이다. 반드시 에이자 지주를 세워야 오이를 재배할 수 있다. 지주의 간격이 너무 넓으면 나중에 오이 무게를 견디지 못한다. 대략 1.5m 간격으로 에이자 지주를 세워주면 적당하다.

### 망 씌우기

종묘상에 가면 오이망을 쉽게 구할 수 있다. 텃밭 농부는 오이망 한 개를 사면 몇 년 동안 쓸 수 있다. 다만 오이망이 끈이 가늘고 잘 엉키므로 조심스럽게 풀어야 한다. 오이망은 모종을 내기 전에 씌워야 한다. 모종을 심고 나서 망을 씌우면 작업이 번거로울 뿐만 아니라 작업 중에 오이망이 모종에 걸려 모종을 다치게 할 수도 있다.

### 모종 심기

모종의 간격은 30~40㎝가 적당하다. 모종 포트에 물을 흠뻑 뿌리고 한 시간이 지난 뒤 심는다. 너무 깊이 심지 말고 모종의 흙이 밭 지면과 평평하도록 심는다. 모종 흙이 지면 아래에 묻히도록 심는 것보다는 차라리 모종 흙이 지면보다 다소 올라오도록 얕게 심는 것이 낫다.

모종을 심은 뒤에는 호미로 모종 주변에 원을 파고 그 원에 물을 흠뻑 뿌려준다. 모종 뿌리에 바로 물을 주는 것보다 원을 그리고 물을 주면 뿌리가 더 빨리 옆

오이 모종은 날씨가 충분히 따뜻해지는 5월 상순에서 중순경 옮겨 심는 것이 좋다.

모종을 옮겨 심고 3주 지난 오이 모종. 뿌리가 자리를 잡고 자라기 시작한다. 위 사진의 지주는 오이 지주로 적합하지 않다. 오이는 망 지주를 세우는 것이 가장 좋고, 적어도 합장식 지주를 세우고 지주와 지주 사이에는 망이나 끈을 둘러주어야 한다.

오이 씨앗 봉투. 오이는 4월 중순부터 5월 중순까지 직접 파종해서 기를 수 있다. 그러나 대여섯 포기를 키우는 텃밭 농부 입장에서는 굳이 씨앗을 뿌리기보다는 모종을 사서 심는 편이 시간적으로나 경제적으로나 텃밭 이용 효율 면에서나 유리하다.

으로 뻗는다. 물을 한 번 준 뒤에 물이 다 내려가기를 기다렸다가 다시 물을 준다. 이 과정을 세 번 정도 반복하면 물이 충분히 공급된다.

### 씨뿌리기

씨앗을 직접 뿌릴 경우 4월 중순경 30~40㎝ 간격으로 5㎝ 깊이 구멍을 만든 후 씨앗 네다섯 개를 겹치지 않도록 넣고 흙을 덮는다. 씨앗이 발아하고 날씨가 따뜻해질 때까지 핫캡을 씌워 온도와 습도를 관리한다. 싹이 나오고 기온이 높아지면 낮에는 핫캡 아래쪽을 열어서 바람이 통하도록 하고 밤에는 핫캡을 닫아 냉해를 입지 않도록 한다. 텃밭 농부는 굳이 핫캡을 사지 말고, 다 쓴 페트병을 잘라 씌워주어도 된다.

싹이 나고 2주가 지날 무렵부터 솎아내기를 해서 최종적으로 5월 초순에는 한 포기만 남기도록 한다. 흙이 건조해지지 않도록 짚이나 낙엽을 두툼하게 덮어 준

오이 씨앗을 심어 싹이 났다.

씨앗을 직접 파종해 심은 오이 5월 25일 모습. 5월 초 모종을 사서 심은 오이보다 마디가 2개 쯤 적지만 자라는 데 큰 무리는 없다.

모종을 사서 심은 조선오이(다다기 오이) 5월의 모습. 씨앗을 직접 파종해 심은 오이보다 마디가 2개쯤 더 났다.

오이는 7월이면 하루가 다르게 자라고, 열매가 맺히고 일주일이면 수확할 정도로 크게 자란다. 오이는 그러나 본격적인 장마가 시작되면 병해충에 쉽게 망가진다.

5월 초에 모종을 심거나 씨앗을 파종한 오이는 6월 중순이면 수확을 시작할 수 있다.

오이 하단에 장애물이 있을 때, 혹은 영양분과 수분, 햇빛이 부족할 경우 이처럼 기형 오이가 발생한다. 오이 정식 전 넣은 밑거름은 대체로 7월 말, 8월 초가 되면 소진되는데, 영양분이 부족하고 햇빛이 잘 들지 않을 경우 이 같은 기형이 발생한다. 그러면 일단 따서 버리는 수밖에 없다. 열매 하단부에 장애물을 제거하고, 햇빛이 잘 들게 하며, 비료와 물을 충분히 주면 이 같은 현상을 예방할 수 있다. 효과가 느리게 나타나는 퇴비보다는 효과가 빠른 액체 비료를 주고, 물을 충분히 주면 예방할 수 있다. 그러나 텃밭농부 입장에서는 햇빛이 점점 약해지는 8월 초순경부터는 오이 농사를 마무리한다고 생각하는 것이 유리하다. 이때부터는 투여한 노력에 비해 수확이 눈에 띄게 줄어들기 때문이다.

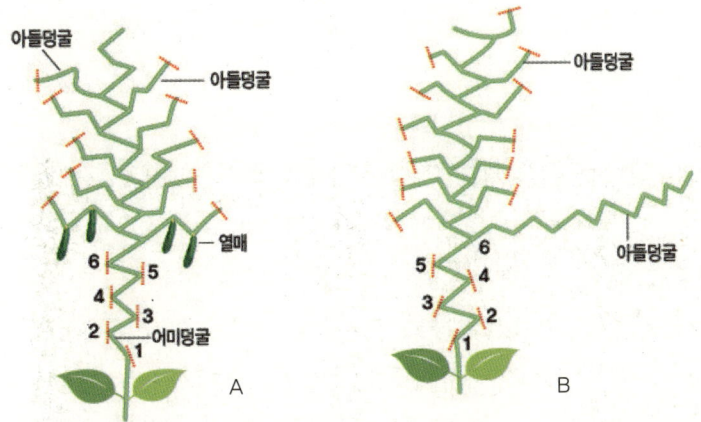

오이는 곁순이 끊임없이 나오는 작물이다. 어미 줄기에서 아들 줄기가 나오고, 아들 줄기에서 손자 줄기가 나온다. 이렇게 나오는 곁순을 모두 기르면 영양분이 분산돼 열매 크기가 작아질 뿐만 아니라 잎과 줄기가 너무 무성해서 통풍이 잘되지 않고, 햇빛도 들어가지 않아 병에 걸릴 위험이 커진다. 따라서 끊임없이 나오는 곁순을 적절하게 제거해야 한다. 제거하는 데는 크게 두 가지 방법이 있다. 그림 A는 어미덩굴을 순지르기 하고 아들 덩굴 2개를 키우는 방법이고, B는 어미덩굴과 아들덩굴 한 개를 키우는 방식이다.

다. 모종의 본잎이 네다섯 장 정도 나오면 핫캡을 걷어 준다.

### 순지르기

박과 식물인 오이 역시 곁순이 계속 나온다. 호박과 마찬가지로 원줄기에서 곁순인 아들 줄기가 나오고, 아들 줄기에서 손자 줄기가 나오는 것이다. 곁순을 다 기르면 영양이 분산될 뿐 아니라 너무 무성해서 바람도 통하지 않고, 햇빛도 잘 들어가지 않아 병에 걸릴 위험이 커진다. 따라서 곁순을 제거해야 하는데, 여섯 번째 마디까지 나오는 곁순은 모두 제거해준다. 곁순을 제거하더라도 잎은 그대로 두어야 한다.

일곱 번째 마디부터 나오는 아들 줄기는 키우되 두 마디를 남기고 순지르기 한다. 아들 줄기 역시 그냥 두면 계속 자랄 뿐만 아니라 손자 줄기를 내므로 오이밭이 아니라 쑥대밭처럼 되어버린다. 순지르기를 하지 않으면 더 많은 오이를 얻을 수 있을 것 같지만, 영양이 분산되고 통풍이 나빠져 제대로 성장한 오이를 얻을 수 없게 된다.

A방법은 어미 덩굴 하나를 기르는 방법이다. 일단 어미 덩굴의 여섯 번째 마디까지 나오는 아들 곁순을 모두 제거한다. 이때 어미 덩굴에서 나오는 잎은 그대로 두어야 한다. 일곱 번째 마디부터 나오는 아들 줄기는 기르되, 두 마디를 남기고 세 마디째 순지르기 하여 더 자라지 않도록 한다. 이렇게 하면 각 아들 줄기마다 두 개씩의 열매가 달린다.

B방법은 어미 덩굴과 아들 덩굴 하나를 기르는 방법이다. 어미 덩굴의 다섯 번째 마디까지 나오는 아들 줄기를 모두 제거하고, 여섯 번째 아들 줄기를 기른다. 이후 어미 덩굴에서 일곱 번째 마디부터 나오는 아들 덩굴은 A방법과 마찬가지로 두 마디까지만 남기고 제거한다. 이렇게 해서 어미 덩굴에서 나오는 아들 덩굴의 오이와, 여섯 번째 아들 덩굴이 자라면서 각 마디에서 나오는 손자 덩굴의 오이를 기른다.

그러나 사실 오이를 기르다 보면 잎과 줄기가 무성해지면서 어느 것이 어미 덩굴이고, 어느 것이 아들 덩굴이고, 손자 덩굴인지 구분이 되지 않는다. 소규모로 재배하는 텃밭 농부 입장에서는 간편하게 어미 덩굴의 여섯 번째 마디까지 나오는 아들 덩굴을 모두 제거하고, 그 뒤로는 방임하면서 열매를 수확하고, 지나치게 잎과 줄기가 번무한 곳을 수시로 제거해준다고 생각하면 쉽다.

오이 원줄기를 그대로 두면 계속 자란다. 그러나 너무 자라면 작업하기 불편하고 나중에 나오는 오이는 제대로 성장하기도 힘들므로 2m 높이 정도로 원줄기가 자라면 끝을 잘라 더 키가 자라지 않도록 해준다.

### 첫 열매 제거

오이는 첫 번째 나온 열매를 빨리 따주어야 포기에 양분이 집중될 수 있고, 작물이 건강하게 잘 자란다. 첫 번째 열매가 작을 때 바로 따주도록 한다. 작물의 세력을 봐가며 첫 번째 열매를 따주는 것은 가지, 고추도 마찬가지다. 가지나 고추 역시 첫 번째 열매를 따주면 작물이 더욱 건강하게 빨리 자란다.

### 물 주기

오이는 특별히 물이 많이 필요한 작물이다. 열매는 거의 대부분 물로 구성되어 있다. 따라서 비가 오지 않는다면 사흘에 한 번 정도 물을 주되, 한 번 줄 때 흠뻑 주어서 충분히 땅이 젖도록 해준다. 그래야 줄기가 굵고 마디 간격이 짧은 건강한 오이로 성장한다.

텃밭 농부는 흔히 흙 표면이 젖으면 물이 충분하다고 생각한다. 그러나 작물은 흙 표면의 물이 아니라 땅속에 스며든 물을 빨아들인다. 첫 번째 물을 주면 대부분 물이 두둑 아래로 흘러내리므로 일차적으로 물을 주어서 흙 표면이 젖은 다음, 다시 물을 주어 물이 땅속으로 잘 스며들도록 해야 한다.

비가 내리고 난 뒤 물이 마르면서 두둑은 마치 코팅한 것처럼 단단해지고 반들반들해지므로 물이 금방 스며들지 않는다. 따라서 물을 주기 전에 호미로 두둑을 슬슬 긁어준 뒤에 물을 주거나 1차로 물을 주어 흙 표면이 젖게 한 뒤에 2, 3차로 물을 주면 효과적이다. 오이의 경우 지주가 서 있기 때문에 호미로 흙 표면을 긁어주기는 힘든 만큼 1차, 2차, 3차, 4차에 걸쳐 시간 차이를 두고 물을 주는 것이 좋다.

### 잎 따기

오이 잎은 45일이 지나면 광합성 능력이 떨어진다. 먼저 난 아래 쪽 잎부터 병든 잎, 늙은 잎은 제때 따주어야 한다. 광합성 능력이 떨어지는 병든 잎이나 늙은 잎이 많이 남아 있으면 영양분을 만들기는커녕 소모만 할 뿐만 아니라 햇빛을 차단하고 통풍에도 방해된다.

그러나 무작정 많이 따주면 좋다고 생각하면 안 된다. 작물을 키우고 열매를 맺는 데 뿌리와 줄기, 잎은 각자의 역할이 있다. 오이 한 개를 키우는 데 열 개의 잎이 필요한 만큼 무작정 따버리면 곤란하다. 열매 한 개를 수확할 때마다 아래의 오래된 잎 한두 장을 따주도록 한다.

## | 병해충과 처방 |

오이에는 진딧물과 흰가루병, 이십팔점박이무당벌레가 해를 입힌다. 이를 예방하려면 일차적으로 오이, 호박, 참외, 수박, 박 등 박과 식물과 이어짓기를 피하는 것이 중요하다.

특히 진딧물은 오이에 가장 먼저 나타나는데, 어린 모종이 진딧물의 공격을 받으면 잎이 오그라들면서 성장을 못 한다. 마시고 남은 우유나 요구르트, 설탕물, 물엿 등을 물에 희석해서 뿌리면 해결할 수 있다. 희석 정도는 뿌렸을 때 끈적거림이 남아 있을 정도면 된다. 우유나 요구르트, 설탕물, 물엿 등과 함께 뿌린 물이 증발하면서 진딧물이 끈적끈적한 물질에 잡혀 말라 죽는 것이다. 설탕물, 물엿, 우유, 요구르트를 뿌리고 1주일이 지나도 비가 오지 않으면 물로 남은 찌꺼기를 씻어주어야 잎이 호흡을 잘할 수 있다.

호박, 오이 등에 자주 나타나는 흰가루병이 나타나면 발병한 잎을 따서 멀리 버리고, 다른 잎에는 마요네즈액을 뿌려 예방하도록 한다.

## | 웃거름주기 |

오이는 거름이 많이 필요한 작물이다. 첫 웃거름은 모종을 심고 2주 후에 준다. 한 포기당 화학 비료 한 숟가락 정도나 유기질 비료 두 줌을 포기 주변에 뿌리고 흙과 잘 섞어 준다. 이후 생육 상태를 보아 가며 20~25일 간격으로 웃거름을 주어야 한다.

## | 수확과 보관 |

노지에서 키우는 오이는 6월 상순부터 8월 중순까지 수확할 수 있다. 꽃이 피고 이레 정도면 수확할 수 있는데, 열흘이 지나면 너무 자라서 맛이 없다. 열매 길이가 20cm, 굵기가 3cm 정도 되면 가위로 꼭지를 잘라 수확한다.

오이는 오전에 수확해야 물도 많고 신선하다. 물이 많은 작물이지만 한낮을 지나면서 수분이 많이 빠져나가 버리기 때문이다. 또 1주일에 한 번 정도 밭에 가는 텃밭 농부라면 조금 작다 싶더라도 미리 수확하는 편이 좋다. 수확을 다음 주로 미루면 너무 자라서 맛이 없다.

모양이 굽거나 이상한 열매가 나오는 것은 수확 시기가 늦어져 작물로 가야 할 양분이 열매에 왔거나 고온의 날씨 속에 수분이 부족해서 작물체가 약해졌기 때문이다. 이런 열매 역시 먹는 데는 아무 문제가 없다. 오이 열매 모양이 이상하다고 판단하면, 웃거름을 주고 물을 충분히 공급해주면 된다.

오이 열매에 흰 가루가 생기기도 하는데, 이런 현상은 접붙이기하지 않은 오이에 발생하며, 수분 증발로부터 작물체가 스스로 보호하고자 발산하는 것으로 아무 문제가 없다.

**오이 재배 일정**

# 토란

천남성과

재배난이도 ★☆☆

## | 재배 포인트 |

토란은 밭에서 가장 습한 곳을 택해서 재배한다. 그러나 물이 늘 고여 있는 밭은 적합하지 않다. 사질토에서 재배한다면 두둑을 만들지 말고 짚이나 낙엽을 두툼하게 덮어 땅이 건조해지지 않도록 해야 한다. 이어짓기 장해가 발생하므로 한 번 재배한 곳에서는 4~5년간 재배하지 않는다.

씨토란은 싹이 난 쪽을 위로 향하도록 심는다. 심고 5~6cm 정도 흙을 덮고 물을 흠뻑 주도록 한다.

## | 밭 만들기 |

보습력이 좋은 밭에 심는다. 두둑의 너비 90cm, 높이 15cm 정도로 적당하다. 크게 자라는 작물이지만, 거름이 많이 필요하지 않으므로 씨뿌리기 2주 전에 포기당 유기질 비료 두 줌씩을 주는 정도로 밑거름을 넣고 흙과 잘 섞어준다.

토란은 싹이 틀 때까지 시간이 많이 걸린다. 비닐을 덮어 지온을 올려주면 발아 시기를 당길 수 있다. 싹이 나오면 비닐을 조금 찢어 토란이 자랄 수 있도록 한다. 본잎이 나오고 바깥 기온이 따뜻해지면 비닐을 벗겨낸다.

토란은 습한 토질을 좋아하기 때문에 이처럼 물이 흥건하게 고여 있어도 잘 자란다.

## | 재배 방법 |

파종 시기는 지역에 따라 조금씩 차이가 난다. 대체로 벚꽃이 필 무렵 심으면 적당하다. 씨토란은 싹이 난 쪽을 위로 향하도록 하고, 30㎝ 간격으로 심어 흙은 5~6㎝ 정도 덮는다. 발아 온도가 25~30℃로 높으므로 심은 뒤 투명한 비닐로 밭을 덮어주면 2~3주 뒤에 싹이 나온다. 그렇지 않으면 4주가 지나도 싹이 나지 않는다. 싹이 늦게 나면 그만큼 재배 기간이 짧아지므로 충실한 열매를 얻기 힘들다.

### 온도 관리

싹이 나온 뒤에도 밤에는 기온이 내려가 토란 재배에 적합하지 않으므로, 낮에는 비닐을 벗겨 주고, 밤에는 비닐을 덮어준다. 밭에 전체적으로 덮어둔 비닐을 벗겼다가 덮었다가 하기는 어려우므로 일단 토란 싹이 나오면 그 부근을 찢어주고, 조금 후 본잎이 나오면 비닐을 벗겨낸다. 이후 포기마다 밤에는 비닐봉지를 씌워주고, 낮에는 벗겨준다.

## | 병해충과 처방 |

나비목 박각시과의 해충이 나타나 작물을 갉아 먹는다. 유충이 보이면 눈에 띄는 대로 제거해준다. 이외에는 그다지 영향을 줄 만한 질병이 없다.

## | 웃거름 주기 |

밑거름을 넣었다면 따로 웃거름을 줄 필요는 없다. 그러나 더디게 자라는 것처럼

토란대는 자람을 봐가며 9월 하순부터 수확할 수 있다. 그러나 대체로 첫서리가 내릴 무렵 수확한다.

수확한 토란대를 적당한 길이와 두께로 잘라 껍질을 벗겨 말리면 겨우내 훌륭한 국거리 재료가 된다.

토란대를 수확한 뒤에도 알뿌리는 그대로 땅속에 두었다가 첫서리가 내릴 무렵 맑은 날 수확하도록 한다.

토란은 초기부터 잎과 줄기를 크게 키워야 알뿌리도 굵어진다.

비료가 부족하면 성장이 둔하고 잎이 연두색에 가까운 녹색을 띤다. 토란은 발아하고 2주가 지날 무렵과 또 1개월이 지날 무렵(장마 기간)쯤에 웃거름을 주어야 한다. 그렇게 하면 장마철을 지나면서 빠르게 자라는데, 비료성분이 부족하면 줄기와 잎이 커지지 않는다. 이럴 때는 포기 주변에 웃거름을 추가로 주도록 한다.

장마가 끝나고 무성하게 자라는 토란.

캐낸 토란은 흙이 묻은 채로 통풍이 잘되는 그늘에 말렸다가 땅속에 묻어 저장하면 된다.

보일 경우 장마 기간에 웃거름을 주면 무성하게 자란다. 토란은 지상부의 줄기와 잎이 크게 자라지 않으면 땅속 뿌리줄기도 크게 자라지 않는다. 자람이 부실하다 싶으면 포기당 한두 줌 정도의 유기질 비료를 주면 된다.

## 수확과 보관

9월 하순부터 수확할 수 있으나, 대체로 첫서리가 내릴 무렵 맑은 날을 골라 지상부 줄기를 먼저 거둔다. 줄기를 수확한 뒤 땅속 토란을 한 개씩 파내어 흙이 묻은 채로 그늘에서 말려 배수가 잘되는 땅속에 보관한다. 그대로 신문지에 싼 뒤 그늘지는 베란다에 보관해도 된다. 토란은 손질하기 번거로운 작물이다. 껍질을 벗기다가 즙이 피부에 닿으면 무척 가렵다. 따라서 긴소매 옷을 입고 고무장갑을 끼고 작업해야 한다. 만약 즙이 피부에 닿았다면 소금물에 담그면 가려움이 줄어든다.

### 토란대 수확

서리가 내리면 지상부의 토란이 서리에 말라 죽으므로 첫서리가 내릴 무렵 지상부 줄기를 먼저 수확해 갈무리하는 것이 좋다. 줄기는 바로 껍질을 벗기면 잘 벗겨지지 않는다. 하루 이틀 정도 햇빛에 말린 후 껍질을 벗기면 된다. 껍질을 벗긴 후 채반에 얹어 잘 말리면 오래 보관할 수 있다.

### 뿌리줄기 수확

줄기를 베어낸 뒤에도 뿌리줄기(알토란)는 그대로 땅속에 두었다가 서리가 내리고 기온이 영하로 내려가기 전에 캐낸다. 알토란은 국으로 끓여 먹으면 별미다. 수확한 알토란 중 일부는 흙이 묻은 채로 말렸다가 얼지 않을 정도 깊이로 땅속에 묻어두면 이듬해 씨토란으로 이용할 수 있다. 이때 빗물이 들어가지 않도록 짚이나 비닐을 덮어주도록 한다.

### 토란 재배 일정

| 3월 | | | 4월 | | | 5월 | | | 6월 | | | 7월 | | | 8월 | | | 9월 | | | 10월 | | | 11월 | | | 12월 | | | 1월 | | | 2월 | | |
|---|---|---|---|---|---|---|---|---|---|---|---|---|---|---|---|---|---|---|---|---|---|---|---|---|---|---|---|---|---|---|---|---|---|---|---|
| 상 | 중 | 하 | 상 | 중 | 하 | 상 | 중 | 하 | 상 | 중 | 하 | 상 | 중 | 하 | 상 | 중 | 하 | 상 | 중 | 하 | 상 | 중 | 하 | 상 | 중 | 하 | 상 | 중 | 하 | 상 | 중 | 하 | 상 | 중 | 하 |

■ 파종　■ 수확

# 야콘

국화과

재배난이도 ★☆☆

## | 재배 포인트 |

야콘은 물 빠짐이 좋고 통기성이 우수한 토양에서 재배하는 것이 좋으며 재배하기 쉬운 편이다. 따뜻한 기후를 좋아하므로 날씨가 적당히 따뜻해지는 5월 중순에 모종을 심는 것이 좋다. 요소 비료(질소)를 너무 많이 주면 키가 지나치게 자라 쓰러지기 쉬우므로 유의한다. 한 번만 모종을 사서 재배하면 이듬해부터는 야콘 덩이뿌리(열매) 위쪽에 달리는 관아(붉은빛을 띠는 덩어리)를 보관했다가 재배할 수 있다.

## | 밭 만들기 |

모종 심기 2주 전 3.3㎡(1평)당 10kg 정도로 넉넉하게 퇴비를 넣고 밭을 잘 일구어준다. 나뭇재를 밑거름으로 많이 넣어주면 좋다. 요소 비료는 밑거름으로 많이 넣기보다는 자

전년도에 수확한 야콘에서 떼어내 보관했던 관아를 심어 싹을 틔웠다. 야콘 모종을 직접 키운다면 아직 날씨가 추운 3월에 모종을 내야 한다. 비닐봉지 등을 모자처럼 씌워 지온을 높여주어야 한다.

실내에서 키운 야콘 모종이다. 아파트 발코니 등 실내에서 야콘 모종을 키울 경우 창문이 아무리 넓더라도 노지보다 햇빛이 부족하므로 햇빛을 따라 모종의 위치를 수시로 바꿔줘야 한다.

종묘상에서 구입한 모종이다. 처음 야콘을 재배한다면 종묘상이나 재래시장에서 모종을 사서 키우면 된다.

라는 것을 봐가며 웃거름으로 주는 것이 좋다.

농사를 오래 지은 땅이라면 퇴비를 넣기 2주일 전에 석회를 넣어 토양을 중화한다. 두둑의 너비는 90㎝, 높이는 40㎝ 정도로 한다. 물 빠짐이 좋아야 하는 데다 땅 속에서 덩이줄기가 자라는 작물이므로 두둑을 높여야 덩이줄기가 커질 수 있는 공간을 확보할 수 있다. 물 빠짐이 매우 좋은 밭이라면 두둑을 너무 높이지 않도록 한다.

## | 재배 방법 |

모종은 재래시장이나 종묘상에서 쉽게 구할 수 있다. 5월 중순 날씨가 적당히 따뜻해진 후 심는다. 야콘은 키가 2m까지 자라는 데다 옆으로 가지를 넓게 펼치고, 땅속에서는 덩이줄기가 자라는 작물이므로 70~80㎝ 간격으로 심는다. 옆으로도 상당한 공간을 차지하므로 한 이랑에 한 줄로 심는 것이 무난하다. 그러나 두둑의 너비를 140㎝ 이상 넓게 만들었다면 두 줄로 심어도 무방하다. 모종 간격을 너무 가까이하면 나중에 수확 작업 때 옆의 덩이줄기에 상처를 줄 수 있으므로 유의한다.

### 모 기르기
일단 야콘을 한 번 재배했다면 관아를 수확할 수 있으므로 이듬해부터는 관아를

모종을 옮겨 심고 주변을 빙 둘러가며 물을 흠뻑 주었다.

모종을 옮겨 심고 20일쯤 지난 야콘. 뿌리를 내리고 무럭무럭 성장하고 있다.

심어 모종을 기를 수 있다. 관아로 모종을 키우고 싶다면 3월 중순 햇빛이 잘 드는 베란다에 화분을 놓고 기른다. 베란다는 노지보다 햇빛이 부족하므로 모종이 웃자라거나 연약해질 위험이 크다. 따라서 베란다에서 키울 때는 오전과 오후에 위치를 옮겨 햇빛을 충분히 받을 수 있도록 해주어야 한다.

관아는 적당한 크기로 잘라 심으면 된다. 다만 잘라낸 관아를 그늘에 말려 상처가 아문 뒤에 심어야 한다. 자른 뒤 곧바로 심으면 상처가 난 곳부터 썩어 싹이 나지 않는 경우도 있다. 야콘 관아뿐만 아니라 생강도 마찬가지다. 잘라서 심는다면 일단 자른 뒤 그늘에서 자른 부위를 충분히 말려야 한다. 감자 역시 자른 뒤 1주일 정도 말려서 심어야 하나, 급하다면 그냥 심어도 괜찮다. 경험으로 볼 때 감자는 야콘이나 생강과 비교하면 잘라도 잘 썩지 않는다.

관아를 너무 조밀하게 심으면 나중에 옮겨 심는 데 어려움이 많으므로 최소한 15㎝ 이상 간격을 두고 심도록 한다. 처음부터 큰 포트에 한 포기씩 기르면 옮겨 심기에 편리하다. 야콘은 관아도 크고 모종도 커서 플러그트레이에 육묘하는 것은 적합하지 않다.

### 아주 심기

관아를 심고 수분이 마르지 않도록 관리하면 보름 정도면 싹이 나온다. 모종이 자라

각각 7월 하순과 8월 초순의 야콘. 더운 날씨에 비가 자주 내리면서 야콘이 하루가 다르게 자란다. 이 무렵 더디게 자란다 싶으면 웃거름을 추가로 주어야 한다.

서 커지더라도 5월 중순 날씨가 충분히 따뜻해지기 전에는 밭에 아주 심기하지 않도록 한다. 불가피하게 옮겨 심어야 한다면 옮겨 심은 후 핫캡을 씌워주도록 한다.

야콘은 키가 크고 곁가지가 많이 발생하며 잎도 매우 크게 자란다. 따라서 포기 간 간격을 최소 70㎝ 이상 유지하는 것이 좋다. 모종을 옮겨 심은 다음 2주 동안은 물을 자주 주어 뿌리가 빨리 활착할 수 있도록 한다.

옮겨 심는 불편을 없애려고 관아를 밭에 바로 심을 경우 싹이 늦게 나고, 이에 따라 자라는 기간이 짧아서 수확량이 적어진다.

### 풀 뽑기

밭을 일굴 때 풀을 뽑고, 6월 장마가 시작되기 전에 다시 풀을 매주면 이후에는 풀 걱정을 덜 해도 된다. 6월 장마와 고온기가 겹치면서 야콘이 빠르게 자라므로 주변에 뒤늦게 자라는 풀에 영향을 덜 받기 때문이다. 그러나 풀이 비료 성분을 빼앗아가므로 충실한 열매를 얻고자 한다면 풀 관리는 자주 해줄수록 좋다. 게다가 야콘은 곁가지가 많이 발생하고 잎이 넓어서 풀까지 가세하면 통풍이 나빠진다.

야콘은 무성하게 나오는 곁가지를 제거하지 않고 그대로 키우므로 원활한 통풍을 위해서 재식 때 충분한 간격 유지와 함께 풀을 적절하게 관리해주어야 한다. 뽑아낸 풀이나 짚, 낙엽 등을 야콘 포기 아래 덮어주면 수분 관리와 잡초 예방에 도움이 된다.

10월 초순의 야콘. 곧 수확할 수 있다.

거름 양에 따라 야콘은 수확량에 큰 차이가 난다. 거름을 충분히 공급하면 야콘은 키가 2m 이상 자라고 줄기도 열네 개 이상까지 생겨나면서, 땅속 덩이줄기 (우리가 먹는 부분)의 숫자도 많아지고 크기도 커진다.

### 물 주기

야콘은 9월에 덩이줄기가 빠르게 자란다. 이때 수분이 많이 필요한데, 비가 오지 않는다면 1주일에 한 번 정도 물을 주도록 한다.

## | 병해충과 처방 |

진딧물이 다소 꼬이지만 큰 피해를 주지는 않는다. 빽빽하게 심어서 바람이 잘 통하지 않는다면 온실가루이가 발생할 수 있다. 통풍 관리를 위해서는 주변의 풀을 제때 제거해주는 것이 좋다. 이외에 염려할 만한 병해충은 없다.

## | 웃거름 주기 |

밑거름을 충분히 넣었다면 따로 웃거름을 주지 않아도 된다.

야콘은 옮겨 심은 뒤에 더디게 자란다. 그래서 초보 텃밭 농부 중에는 비료가 부족하다고 생각하고 웃거름을 듬뿍 주는 경우가 많다. 5월과 6월 중순에 야콘이 더디게 자라는 것은 아직 기온이 야콘이 자라기에 충분할 만큼 높지 않아서다. 6월 하순이 되면 야콘은 빠르게 성장한다. 6월 하순, 7월이 되어도 야콘이 더디게 자라는 것 같으면 그때 포기당 두세 줌의 유기질 비료를 넣어주면 된다. 9월에 들어와 웃거름을 주기로 했다면 효과가 빨리 나타나는 화학 비료를 주어야 한다. 유기질 비료는 효과가 더디게 나타나서 자람에 큰 도움이 되지 않는다.

## 수확과 보관

야콘의 덩이줄기는 9월 이후 크게 자라므로 너무 일찍 수확하지 않도록 유의한다. 그러나 추위에 약한 작물이므로 첫서리가 내릴 무렵 수확해야 한다. 야콘과 돼지감자는 우선 지상부의 줄기와 잎을 키운 다음 생을 마칠 무렵 잎과 줄기의 영양분을 땅속의 덩이줄기로 운반하므로 너무 일찍 거둬들이면 수확량이 현저하게 감소한다. 야콘, 돼지감자, 울금, 생강, 고구마, 토란, 무 등 땅속줄기나 뿌리가 크는 작물은 우선 잎과 줄기가 크게 자라야 한다. 잎과 줄기가 크게 자라지 않으면 땅속뿌리나 줄기도 크게 자라지 않는다.

같은 날 심은 야콘도 거름을 얼마나 주었느냐, 지상부의 줄기와 잎의 크기가 어느 정도이냐에 따라 땅속 덩이줄기 수확량이 크게 차이가 나는 것은 두말할 필요가 없다. 매우 크게 키운 야콘 한 포기에서 수확한 덩이줄기의 양이 작게 자란 야콘 다섯 포기에서 수확한 양보다 더 많은 경우도 있었다.

야콘은 덩이줄기가 땅속으로 깊이 내려가지 않는다. 호미로 두둑의 흙을 조금 파내고 지상부 줄기를 당겨 뽑아낸다. 사질토 밭에서는 캐기가 쉬우나 점질토 밭이라면 땅이 굳어 야콘 덩이줄기가 끊어지기도 한다. 덩이줄기가 무척 잘 부러지므로 주의해서 뽑아내도록 한다. 점질토 밭에서 재배했다면 비가 내리고 하루쯤 지나 땅이 비교적 부드러울 때 캐는 것이 유리하다.

### 숙성

덩이줄기는 바로 먹기보다 15~20일 정도 숙성해서 먹으면 맛이 더 좋다. 바로 먹으면 아삭한 식감은 좋으나 단맛이 거의 없다. 흙이 묻은 채로 그늘에서 말린 다음 신문지로 싸서 스티로폼 상자에 넣어 얼지 않도록 보관

야콘은 성질이 강건하고 병해충이 거의 없는 작물이다. 어떤 방제 작업도 하지 않았지만, 야콘 잎은 한여름에도 깨끗하고 싱싱한 모습을 보여준다.

수확한 야콘 덩이줄기. 덩이줄기 상단 부분의 붉은 것이 관아다. 이것을 떼어 보관했다가 이듬해 봄에 심으면 모종을 얻을 수 있다. 관아는 엄지손가락 한 마디 정도 크기로 잘라 심으면 되는데, 자르고 난 뒤 그늘에 말려 상처 부위를 아물게 한 다음 심도록 한다.

하면 된다. 상자 뚜껑을 덮어주는 것이 좋은데, 뚜껑이 없다면 신문이나 비닐을 덮어 수분이 증발하지 않도록 한다. 숙성 과정에서 수분이 빠져나가 버리면 덩이줄기가 쭈글쭈글해진다. 햇빛에 그대로 말리면 당도는 빠르게 올라가나 겉이 매우 쭈글쭈글해진다. 껍질을 벗겼을 때 속살이 노란색을 띠면 충분히 잘 숙성된 것이다. 수확 과정에서 호미에 상처가 났거나 상한 덩이줄기는 따로 보관하거나 바로 먹도록 한다.

### 잎 수확

야콘은 땅속 덩이줄기를 목표로 재배하는 작물이지만, 연한 잎도 먹을 수 있다. 돼지감자와 달리 잎이 부드러워 살짝 데쳐서 나물로 무쳐 먹을 수 있다. 야콘 잎을 생으로 먹으면 매우 쓴 맛이 나므로 소금물로 살짝 데쳐서 이용한다. 덩이줄기를 캐기 전에 아직 연한 잎을 따서 수확하면 된다.

잎은 서리를 맞으면 금세 시들므로 서리가 내리기 직전 연한 잎을 먼저 거둬들이는 것이 좋다. 이때 수확해도 먹기 힘든 억센 잎은 그대로 두도록 한다.

### 관아 저장

수확한 야콘 덩이줄기 상단부에 붉은빛이 도는 것이 관아다. 이 관아를 떼어내어 신문지로 싸서 얼지 않게 보관했다가 이듬해 심으면 모종을 기를 수 있다. 화분에 흙을 깔고 관아를 넣은 뒤 다시 흙을 덮어 베란다에서 마르지도 얼지도 않도록 하는 것도 좋은 보관법이다.

### 야콘 재배 일정

| 3월 | | | 4월 | | | 5월 | | | 6월 | | | 7월 | | | 8월 | | | 9월 | | | 10월 | | | 11월 | | | 12월 | | | 1월 | | | 2월 | | |
|---|---|---|---|---|---|---|---|---|---|---|---|---|---|---|---|---|---|---|---|---|---|---|---|---|---|---|---|---|---|---|---|---|---|---|---|
| 상 | 중 | 하 | 상 | 중 | 하 | 상 | 중 | 하 | 상 | 중 | 하 | 상 | 중 | 하 | 상 | 중 | 하 | 상 | 중 | 하 | 상 | 중 | 하 | 상 | 중 | 하 | 상 | 중 | 하 | 상 | 중 | 하 | 상 | 중 | 하 |

■ 씨고구마 심기　■ 순 심기　■ 수확

# 생강
생강과

재배난이도
★★☆

| 재배 포인트 |

생강은 생육 온도가 25~30℃이므로 남부 지방에서는 재배하기에 적절하나, 중부 지방에서는 따뜻한 기간이 다소 짧아 재배에 어려움이 있다. 별다른 병해충이 없는데도 토양 습도, 온도, 풀 등 관리로 재배가 다소 어려운 편이다. 싹이 늦게 나므로 씨를 뿌리고 초기에 풀 관리에 특히 유의해야 한다. 생강이 어느 정도 자라기 전에 풀이 먼저 밭을 점령하는 경우가 많으므로 각별히 유의해야 한다.

　이어짓기 장해가 발생하는 작물이므로 한번 심은 곳에는 3~4년간 심지 말아야 한다. 시중에서 흔히 볼 수 있는 생강은 중국산으로 재래종보다 훨씬 크지만 매운맛이 거의 없어 생강 특유의 맛이 덜하다.

## 밭 만들기

생강은 고온 다습한 기후에서 잘 자라지만 토양의 물 빠짐 역시 좋아야 한다. 그러나 수분을 충분히 공급해야 뿌리가 굵어지고, 건조에 약하므로 흙 상태에 신경을 쓴다. 재배 기간이 긴 편이지만, 햇빛이 조금 덜 드는 장소에서도 기를 수 있다. 나무 그늘이 다소 지는 곳에 심어도 좋다.

## 재배 방법

씨생강을 종묘상에서 사다 심거나 지난해 저장해 둔 종강(種薑, 종자용으로 쓰이는 생강)에 싹을 내서 심는다. 싹을 낸 종강을 사서 심는다면 4월 하순부터 5월 초순 사이에 심는 것이 좋다. 씨생강을 구입할 때는 상처가 없는 것을 골라야 한다.

### 싹 틔우기

종강을 조각내서 심는다. 조각마다 세 개 이상의 싹이 붙어 있도록 하고, 조각 낸 종강의 무게가 60g 이상 되도록 한다. 종강에 싹을 내려면 3월 중순 상토에 종강을 심고 수분을 유지해준다. 그러면 4월 말경 싹이 나온다.

### 종강 심기

종강의 간격을 10~12㎝ 정도 확보하고, 싹을 위로 가게 3~4㎝ 깊이로 심고 짚이나 비닐로 멀칭을 해서 습도와 지온을 유지해준다. 너무 깊이 심지 않도록 주의하며 가능한 싹을 7~8㎝ 정도 낸 다음 심되, 싹의 윗부분 2㎝ 정도는 지상으로 나오도록 심는다. 땅속 종강이 뿌리를 내리고 나면 이내 새싹이 나온다.

생강은 씨앗이 아니라 종강을 심어 재배하는 작물이다. 큰 종강은 잘라서 심되, 조각마다 눈이 두세 개 이상 붙어 있도록 한다.

종강을 심을 때는 눈이 위로 오도록 한다. 너무 깊게 심지 않도록 한다.

생강은 다소 그늘진 곳에서도 잘 자란다. 사진은 고추 포기 아래 심은 생강.

생강은 싹이 트는 데 워낙 시간이 오래 걸리므로 따뜻하고 수분이 있는 곳에서 미리 싹을 내서 심는 것이 좋다.

생강은 초기에 성장이 매우 느리지만, 고온기에 접어들면서 빠르게 자란다. 땅속 수분이 유지되어야 하므로 짚이나 낙엽 등을 두툼하게 덮어주면 좋다.

싹이 난 생강을 심을 때는 싹의 윗부분이 지상으로 나오도록 심는다.

생강 싹. 대나무 잎을 닮았다. 초기에 더디게 자라서 풀에 덮이는 일이 없도록 주변 풀 관리를 철저히 해야 한다.

8월 하순(왼쪽)과 10월 9일(오른쪽)의 생강.

10월경 생강 밑동을 살펴보면, 알이 굵어지는 것을 확인할 수 있다. 잎이 절반 이상 누렇게 변할 무렵 수확하면 된다.

생강 잎이 시드는 모습이다(11월 7일). 잎이 70% 정도 시들었을 때 수확해야 덩이줄기(알)가 크다. 그 전에 수확하면 덩이줄기 크기가 작다. 사진보다 조금 더 시든 다음 수확해야 한다.

사진처럼 잎이 시든 뒤에 수확하면 된다.

수확한 생강.

### 풀 뽑기

6월까지는 성장이 느리나 7월 중순 이후가 되면 왕성하게 자란다. 생강이 자라기 전에 잡초가 먼저 거세게 자라므로 잡초 관리에 각별히 신경 써야 한다. 조금만 무심하면 생강은 잡초에 덮여 자라지 못하고 죽어버리거나 잡초에 시달리느라 수확이 매우 빈약해진다. 특히 종강을 심고 한참 지나야 싹이 나므로 그동안 잡초가 밭을 점령하는 일이 없도록 각별히 유의한다.

### | 병해충과 처방 |

병해충는 거의 없으나 조명나방 피해가 종종 발생해서 약제로 방제해야 한다. 또한 이어짓기 장해가 발생해 잎이 시들기 시작하면 순식간에 시들어버리며 대책이 없다. 이어짓기는 반드시 피해야 한다. 아직 수확할 때가 아닌 여름에 잎이 누렇게 변하는 또 하나의 원인은 물 부족 때문일 가능성이 높다. 이럴 때는 물을 충분히 주도록 한다. 생강 잎이 자연스럽게 누렇게 시들기 시작하는 시기는 10월 하순경이다.

### | 웃거름 주기 |

생강은 잎이 많이 나와서 커져야 알뿌리도 굵어진다. 잎이 부실하면 알뿌리도 부실해진다. 이런 현상은 땅속뿌리를 얻는 토란, 야콘, 돼지감자도 마찬가지다. 따라서 더디게 자란다 싶으면 웃거름을 줘야 한다.

씨생강을 심고 3개월쯤 지났을 때 웃거름을 준다. 장마가 끝난 다음 웃거름을 주는 것이 유실을 막는 데 효과적이다. 씨생강 한 개에 한 줌 정도의 유기질 비료를 주면 된다. 뿌리가 얕게 번지는 작물이므로 땅을 깊이 파서 거름을 주기보다 포기 주변에 거름을 주고 흙을 슬슬 긁어준다고 생각하면 된다. 흙을 긁어준 다음 손바닥으로 살짝 눌러주면 좋다.

8월 중하순경 포기의 키가 30~40㎝ 정도 되었을 때 두 번째 웃거름을 준다. 이때도 역시 땅을 너무 깊이 파지 말고 호미로 살짝 긁어주는 정도로 하고 포기당 유기질 비료 한 줌을 준 후 흙과 잘 섞어준다. 흙과 섞은 다음 첫 번째 웃거름과 마찬가지로 손바닥으로 살짝 눌러주면 좋다.

## 수확과 보관

생강은 잎과 알뿌리 모두 이용할 수 있다. 손가락으로 생각 줄기를 젖히고 포기 밑동을 살펴보아 밑동이 붉어지기 시작할 때면 생강 잎을 수확할 수 있다. 잎이 누렇게 될 때까지 기르면 튼실한 햇생강을 거둘 수 있다.

10월 하순경 잎이 누렇게 변해가면 알뿌리 수확기가 다가온 것이다. 수확은 잎이 상당히 마른 때가 적기다. 10~11월까지 수확할 수 있으나 종강으로 사용할 것은 서리 내리기 전에 일찌감치 거두어 보관한다. 13℃ 이하의 기온에 오래 노출되거나 서리를 맞으면 냉해를 입어 쉽게 상한다. 이듬해 봄에 쓰려고 종강을 보관하는 데는 다소 어려움이 따른다. 따라서 소규모 텃밭 농부는 이듬해 봄에 종강을 사서 쓰는 편이 유리하다.

생강은 열대 아시아가 원산지인 만큼 거둬들인 생강은 춥지 않은 곳에 보관해야 한다. 여름에도 냉장고가 아니라 베란다에 보관하는 것이 좋다. 냉장고에 두면 냉해를 입어 금방 상한다.

**생강 재배 일정**

| 3월 | | | 4월 | | | 5월 | | | 6월 | | | 7월 | | | 8월 | | | 9월 | | | 10월 | | | 11월 | | | 12월 | | | 1월 | | | 2월 | | |
|---|---|---|---|---|---|---|---|---|---|---|---|---|---|---|---|---|---|---|---|---|---|---|---|---|---|---|---|---|---|---|---|---|---|---|---|
| 상 | 중 | 하 | 상 | 중 | 하 | 상 | 중 | 하 | 상 | 중 | 하 | 상 | 중 | 하 | 상 | 중 | 하 | 상 | 중 | 하 | 상 | 중 | 하 | 상 | 중 | 하 | 상 | 중 | 하 | 상 | 중 | 하 | 상 | 중 | 하 |

■ 파종   ■ 수확

# 강황(울금)
## 생강과

재배난이도
★★☆

| 재배 포인트 |

강황(울금)은 날씨가 적당히 따뜻해진 다음인 5월 중순경 밭에 심고 풀 관리만 해주면 초보 텃밭 농부도 기르기 쉽다. 싹이 늦게 나므로 생강과 마찬가지로 초기에 주변 풀 관리에 특히 유의해야 한다. 병충해에 강해 유기질 거름만 충분히 주면 잘 자란다. 씨앗이나 모종을 심는 작물이 아니라 울금 뿌리를 엄지 크기 정도로 잘라 심는다. 울금 뿌리의 황색 색소 주성분은 커큐민(curcumin)인데, 이 커큐민은 이뇨, 이담, 간 해독, 종기 치료 등에 효과가 있다고 한다. 잎과 줄기를 강황이라고 하고 땅 속 덩이줄기를 울금이라고 한다.

| 밭 만들기 |

유기질 거름이 충분하고 배수가 잘되는 토양이 좋다. 뿌리가 자라는 작물인 만큼 토심

울금을 수확했을 당시 그대로의 모습이다. 파종할 때는 울금 뿌리를 엄지 크기로 잘라 상처 부위를 말린 후 심는다. 싹이 올라오는 데 시간이 오래 걸리므로 주변 풀 관리에 신경 써야 한다.

울금은 싹도 늦게 나오고 초기에는 자라는 속도도 느리다. 따라서 자주 가서 풀 관리를 해줄 수 없다면 집에서 싹을 틔워 어느 정도 키운 뒤 옮겨 심는 것이 좋다. 울금 뿌리는 심어놓고 내버려두면 풀에 묻혀버린다. 풀에 묻혀도 싹이 나고 어느 정도 자라지만, 자람이 매우 더뎌 수확할 것이 없어진다.

이 깊어야 하므로 밭을 갈 때 깊이 갈아준다. 3.3㎡(1평)당 10kg 정도 퇴비를 넣어주면 좋다. 처음 텃밭을 시작하는 입장이라 퇴비가 없다면 활엽수의 푸석푸석한 낙엽 퇴비를 구해서 충분히 넣어주면 좋다. 낙엽 퇴비는 푸석푸석하고 검은색을 띨 정도로 충분히 완숙된 것이 좋으며, 소나무와 같은 침엽수 잎은 퇴비로 쓰지 않아야 한다. 두둑은 50㎝ 너비에 20㎝ 높이로 올린다.

점질토 밭에서 재배한다면 퇴비를 더 많이 넣고 깊이 갈아준 다음 배수로를 잘 파주어야 한다. 쉽게 마르는 사질토 밭에서 기를 때는 비닐 멀칭으로 습도와 흙의 부드러움을 유지해주는 것이 좋다.

## | 재배 방법 |

4월 말에서 5월 중순까지 파종할 수 있으나, 가능하면 5월 초순까지 씨뿌리기를 마치도록 한다. 씨뿌리기 후 싹이 지상으로 올라올 때까지 대략 30~40일쯤 소요될 만큼 싹이 늦게 나는데, 싹이 늦게 나는 만큼 후반기에 뿌리가 자라는 시간이 짧아지므로 날씨가 따뜻해지면 조금이라도 일찍 심는 편이 좋다.

### 집에서 싹 틔우기

1주일에 한 번쯤 밭에 나가는 텃밭 농부 입장에서는 날씨가 따뜻해졌다고 당장 밭에 가서 울금을 심을 수 없다. 따라서 4월 중순경 집에서 화분에 울금을 놓고 흙을

날씨가 따뜻해지면 풀이 무성하게 자라므로 수시로 풀을 베어 주었다.

제때 풀 관리를 할 수 없어서 비닐 멀칭을 한 밭이다. 울금은 초기 성장이 더뎌서 풀 관리에 유의해야 한다.

7월 말의 강황. 강황은 추위에 약한 작물이다. 중부 지방에서는 제대로 키우기가 만만치 않다. 5월에 덩이뿌리를 심어도 싹이 나는 데는 한참 시간이 걸린다. 7월 말이면 다른 작물은 최대치로 자라지만 강황은 아직 키가 덜 자란 상태다.

9월 초 강황의 모습. 키가 많이 자랐다. 강황은 이용 부위에 따라 뿌리줄기를 강황, 덩이뿌리를 울금이라고 부른다.

9월 강황 꽃이 피었다.

10월 말 울금 잎이 시들고 있다. 울금, 생강, 돼지감자, 야콘 등은 잎줄기가 시들면서 잎줄기에 있던 영양분이 아래 덩이줄기로 내려가므로 잎줄기가 충분히 시든 뒤에 수확해야 한다.

11월 초 울금. 잎이 거의 다 시들었다. 수확할 때가 된 것이다.

수확한 울금. 울금은 캐기 쉽다. 비가 내리고 이틀이나 사흘쯤 뒤에 땅이 아직 다 마르지 않았을 때 그냥 쑥 뽑으면 된다.

살짝 덮어준 다음 분무기로 물을 뿌려주며 싹이 자라도록 한다. 이렇게 하면 집에서 싹이 어느 정도 자라므로 본밭에 1~2주일쯤 늦게 심어도 수확에 지장이 없다.

### 씨뿌리기

날씨가 따뜻해지는 4~5월경 파종한다. 그러나 이때도 밤 기온은 낮아서 싹이 잘 나지 않는다. 미리 집에서 싹을 틔운 다음 옮겨 심는 것이 좋다.

50㎝ 너비 두둑에 포기 간 간격을 30㎝로 해서 한 줄로 심는다. 비가 내리고 사나흘 뒤쯤 흙 속에 습기가 적당히 남아 있을 때가 적기다. 울금의 싹이 위를 향하도록 하여 2㎝ 정도 깊이로 심는다.

### 물 주기

울금은 물 관리를 철저히 해야 한다. 비가 내리지 않으면 1주일에 한 번 정도 물을 준다. 10월 말부터는 물을 주지 말고 울금 괴경(塊莖, 덩이줄기)이 단단해지도록 한다. 이렇게 하면 저장성도 좋아지고, 울금 본연의 독특한 맛도 더 강해진다.

## | 병해충과 처방 |

텃밭 농부가 걱정해야 할 만한 병해충이 없다.

## | 웃거름주기 |

싹이 올라오고 난 뒤 줄기의 성장을 봐가며 웃거름을 준다. 한여름이 지나고 9월쯤 웃거름을 준다. 성장이 좋을 때는 굳이 줄 필요는 없다. 울금이나 돼지감자, 야콘 등 뿌리를 얻는 작물은 지상부의 잎과 줄기가 얼마나 크냐에 따라 땅속뿌리나 줄기의 크기와 질이 결정된다. 따라서 지상부 잎과 줄기의 자람이 더디거나 왜소하다고 판단되면 웃거름을 주어 키와 줄기를 키우도록 한다.

## | 수확과 보관 |

서리가 내리기 시작하면 울금의 잎과 줄기가 시들어가면서 여기에 있던 유용한 성분이 땅속 덩이줄기로 내려가 저장된다. 따라서 울금이나 돼지감자, 야콘 등은

흙을 대충 털어내고 그늘진 곳에서 울금을 이틀이나 사흘 정도 말린 후 보관한다.

줄기와 잎이 거의 완전히 시들 때까지 기다렸다가 거둬야 한다. 서리가 내리고 잎이 완전히 시들면 수확한다. 울금은 11월 중 수확하는 것이 바람직하다.

## 울금 재배 일정

| 3월 | | | 4월 | | | 5월 | | | 6월 | | | 7월 | | | 8월 | | | 9월 | | | 10월 | | | 11월 | | | 12월 | | | 1월 | | | 2월 | | |
|---|---|---|---|---|---|---|---|---|---|---|---|---|---|---|---|---|---|---|---|---|---|---|---|---|---|---|---|---|---|---|---|---|---|---|---|
| 상 | 중 | 하 | 상 | 중 | 하 | 상 | 중 | 하 | 상 | 중 | 하 | 상 | 중 | 하 | 상 | 중 | 하 | 상 | 중 | 하 | 상 | 중 | 하 | 상 | 중 | 하 | 상 | 중 | 하 | 상 | 중 | 하 | 상 | 중 | 하 |
| | | | | | | ■ | ■ | | | | | | | | | | | | | | | | | ● | ● | ● | ● | | | | | | | | |

■ 직파   ● 수확

# 토마토와 방울토마토

**가짓과**

재배난이도 ★★★

## | 재배 포인트 |

토마토는 가짓과 작물로 이어짓기 피해가 심하게 발생하는 작물이다. 따라서 전년에 토마토나 가지, 고추, 감자 등을 심었던 자리에는 심지 않는 것이 좋다. 가짓과 작물은 최소 2~3년 이상 기간을 두고 심어야 한다.

일반 토마토와 방울토마토의 재배법은 비슷하다. 그러나 초보 텃밭 농부는 병해충에 더 강한 방울토마토를 기르는 것이 유리하다. 특히 텃밭이 산자락에 있거나 새가 많은 곳이라면 일반 토마토를 재배하기 어렵다. 토마토가 익을 무렵이면 새가 달려들어 토마토를 쪼아 구멍을 내버리기 때문이다. 방울토마토는 새 피해가 없다.

토마토는 영양가가 높고 카로틴(carotene)이나 비타민 등 피로 회복에 좋은 시트르산(citric酸, 구연산)이 풍부하다. 붉은색 성분인 리코펜(lycopene)

주렁주렁 매달린 토마토. 일반 토마토를 집안이 아니라 먼 밭에서 재배할 때는 그물을 쳐서 새가 쪼아먹지 않도록 한다. 방울토마토는 새 피해가 없다

씨앗을 뿌려 모종을 기르자면 보온을 위한 특별한 시설이 필요하고 시간도 오래 걸린다. 텃밭 농부는 모종을 사서 심는 것이 유리하다. 왼쪽은 일반 토마토 모종, 오른쪽은 방울토마토 모종이다.

은 암 예방 효과가 있다고 한다. 무엇보다 아이들이 매우 좋아하므로 텃밭 농부라면 꼭 길러볼 만하다. 방울토마토는 무농약으로 기를 수 있으나, 일반 토마토는 무농약으로 기르기 어렵다.

## 밭 만들기

토마토는 건조에 강하고 습해에 약하므로 물 빠짐이 좋은 밭을 좋아한다. 또 뿌리가 깊게 뻗으므로 깊이갈이를 하고, 두둑을 높여 물 빠짐을 좋게 해준다. 두둑의 높이는 20㎝ 이상이 좋다. 비가 오지 않으면 1주일에 한 번쯤 물을 주는 것이 좋다. 토마토는 건조에 강하므로 사정이 허락하지 않을 경우 2주에 한 번쯤 물을 줘도 무방하다.

토마토는 영양소가 부족하면 순의 성장이 멈추거나 잎이 마르고, 줄기에 이상 증상이 발생한다. 또 열매에 배꼽썩음이 발생하기도 한다. 따라서 밭을 만들 때 평당 유기질 비료 5㎏ 정도와 석회, 붕소를 넣어준다. 영양을 충분히 공급하고자 처음부터 지나치게 비료를 많이 주면 웃자라기 쉽다.

## 재배 방법

씨앗부터 기르자면 모종이 되기까지 관리가 어렵고 시간도 오래 걸린다. 게다가 열선이나 상토, 비닐하우스 등 준비해야 할 시설이 많다. 따라서 5월 상순경 모종을 구입해서 심는 것이 유리하다.

모종을 밭에 심기 전에 모종에 물을 흠뻑 주고 한 시간 정도 기다렸다가 모종을 포트에서 빼낸다. 그래야 뿌리와 흙이 잘 밀착되어 모종을 뺄 때 흙이 떨어지지 않는다. 모종 밑바닥의 구멍을 가는 나뭇가지로 살짝 쑤셔 포트와 고정된 모종을 약간 움직이게 한 뒤, 모종을 거꾸로 잡고 빼면 쉽게 빠진다.

### 모종 사기

어떤 작물이든 좋은 모종은 키가 지나치게 크거나 작지 않다. 적당한 키에 줄기는 굵으며 마디 사이가 짧은 것이 좋다. 마디 사이가 긴 것은 햇빛 부족으로 웃자란 모종이다. 모종은 첫 화방에 꽃이 핀 것이 좋고, 아직 꽃이 피지 않은 것을 샀다면 따뜻한 곳에서 조금 더 기른 다음 옮겨 심는 것이 좋다.

토마토 꽃은 한쪽으로 핀다. 따라서 열매도 한 방향으로 열린다. 여러 포기의 모종을 심을 때는 꽃 방향을 한쪽으로 위치하게 하면 수확하기 편리하다.

날씨가 충분히 따뜻해지는 5월 중순경 토마토 모종을 옮겨 심고 바로 지주를 세우도록 한다.

토마토는 모종을 옮겨 심은 직후 지주를 세우고, 자람을 봐가며 토마토 줄기 자람을 봐가며 끈으로 지주에 줄기를 여러 번 차례로 묶어 주어야 한다.

지주를 묶을 때, 지주 쪽은 단단하게 묶고 토마토 줄기 쪽은 손가락 하나가 들락거릴 정도로 느슨하게 감아주도록 한다. 초기에는 가늘지만 점점 자라면서 어른 엄지보다 더 굵게 자란다.

지주에 줄기 묶어주기가 늦는 바람에 열매의 무게를 이기지 못한 줄기가 꺾이고 말았다. 이럴 경우 꺾인 채로 키워도 된다. 다만 토마토 줄기가 땅을 기면서 자라게 되면 병해에 노출되기 쉬우므로 미리 묶어주기 작업을 해 주는 것이 좋다.

## 모종 심기

토마토의 생육 온도는 25~30℃다. 텃밭 농부는 빨리 재배하고 싶은 마음에 4월에 시중에 모종이 나오면 사다 심는 경우가 종종 있다. 그러나 육묘에 필요한 온도와 습도가 딱 맞는 시설에서 자란 토마토 모종을 아직 밤 기온이 찬 때에 심으면 냉해를 입어 죽거나 죽지 않더라도 한창 열매를 맺어야 할 때 시들시들해져 수확이 감소한다. 4월에 날씨가 한 며칠 상당히 따뜻하다고 하더라도 갑자기 기온이 내려갈 수 있고, 특히 밤에는 기온이 상당히 떨어지므로 5월 10일경 날씨가 적당히 따뜻해진 다음에 모종을 사서 심는 것이 좋다. 만약 텃밭이 해발이 높은 산 속에 있다면 5월 중순 이후에 모종을 심는 것이 좋다. 아주 심기는 첫 꽃이 핀 다음 하는 것이 좋은데, 너무 일찍 심으면 생육에 지장을 받는다.

토마토는 열매가 한쪽으로 맺힌다. 따라서 첫 꽃이 핀 모종을 심을 때 꽃 방향을 앞쪽으로 오게 심으면 나중에 열매를 따기 편하다. 앞뒤로 다 쉽게 다닐 수 있는 곳이라면 어떤 쪽으로나 심어도 되지만, 뒤쪽에 다른 작물이 있다거나 벽이 있어서 들어가기 불편하다면 꽃을 앞쪽으로 오도록 심도록 한다.

토마토는 키가 2m까지 자라고 잎이 무성한 작물이다. 따라서 간격을 최소한 50㎝ 정도는 띄워야 한다. 어린 모종을 심고 보면 간격이 너무 넓은 것 같아 더 가깝게 심고 싶은 욕심이 생기지만, 빽빽하게 심으면 통풍이 잘 안 돼 병해충에 시달리고 수확량도 줄어든다.

모종을 심을 때는 원래 흙이 덮여 있던 정도만 땅에 묻히도록 한다. 모종 뿌리를 감싸던 흙 높이보다 더 깊이 심으면 흙 속에 있는 병균에 감염될 수 있다. 딱 맞게 심을 수 없다면, 깊게 심는 편보다 약간 얕게 심는 편이 차라리 낫다.

### 지주 세우기

모종을 심은 뒤에 바로 지주를 세우자. 당장은 지주가 필요 없지만, 나중에 지주를 세우려면 토마토 뿌리를 다치게 하는 수가 있다. 1.8m 이상 지주를 사용한다. 모종이 심을 때는 비록 키가 작지만, 6월을 넘기면서 하루가 다르게 자라 키가 훌쩍 큰다.

지주는 일(1)자 지주보다 에이(A)자로 두 개를 엇갈려 세우는 것이 좋다. 토마토 무게가 상당해서 웬만큼 단단하게 지주를 박아도 일자로 세운 지주는 장마 때 비가 많이 내리고 바람이 불면 넘어지는 경우가 많다.

지주를 세운 뒤에는 바인더 등으로 잘 묶어준다. 이때 적당하게 자른 바인더를 지주에 꽉 묶은 다음, 토마토 모종 줄기를 휘감아 다시 지주에 꽉 묶어주면, 끈이 흘러내리는 것을 방지할 수 있고, 토마토 줄기를 졸라매지 않아 물과 영양분의 흐름을 방해하지도 않는다. 토마토 줄기는 갈수록 굵어지므로 손가락 하나가 쉽게 들락거릴 정도의 여유를 두고 묶어주어야 한다.

토마토는 무성하게 자라고, 과일도 무겁다. 게다가 여름 장마 기간에 비바람에 노출된 채 자란다. 따라서 반드시 튼튼한 지주를 세워야 한다. 때에 따라 고추 등은 나뭇가지 등을 지주로 쓸 수 있지만, 토마토만큼은 처음부터 튼튼하고 긴 지주를 세워주어야 한다.

지주를 땅에 박을 때는 두둑 높이보다 더 아래까지 내려가도록 충분한 깊이를 확보하도록 한다. 흙을 퍼 올린 두둑은 흙이 푸슬푸슬해서 지주를 박기는 쉽지만

토마토나 오이, 호박 등은 끈으로 줄기를 지주에 묶어줄 수도 있지만, 이처럼 전용 집게를 사용하면 더욱 편리하다. 집게 안쪽 부분은 끈을 집는 데 사용하고, 앞쪽 둥근 부위는 토마토나 오이 줄기가 들어가는 공간이다. 작물별로 집게의 둥근 부위 지름이 각각 다르므로 각 작물에 맞는 집게를 구입해야 한다.

그만큼 고정하는 힘이 약하다. 따라서 두둑 높이를 지나 지주가 잘 안 들어가는 깊이까지 박아야 한다.

## 물 주기

지주를 세운 뒤에는 모종을 빙 돌아가며 원을 그리듯 고랑을 내고 물을 흠뻑 준다. 모종에 직접 물을 주는 것보다 모종 주변에 원 모양으로 고랑을 내고 물을 흠뻑 주는 것이 뿌리 내림에 훨씬 유리하다. 모종이 물을 찾아 맹렬하게 뿌리를 뻗어 가기 때문이다.

## 곁순 제거

토마토 곁순은 나오는 대로 바로바로 따주고, 원줄기 하나만 키운다. 그래야 영양이 집중되어 줄기도 나무처럼 굵고 튼실해지며 충실한 열매를 얻을 수 있다. 곁순에도 꽃이 피고 열매가 달리므로 아깝다는 생각이 들 수도 있지만, 곁가지를 키우면 토마토 열매가 부실해지고, 바람이 잘 통하지 않아 병해충에 시달릴 위험이 커진다.

게다가 곁순이 무성해지면 세워둔 지주도 소용없을 정도로 옆으로 번져서 결국 땅으로 가지를 뻗고, 줄기가 땅바닥을 기기도 한다. 이렇게 되면 바람이 잘 통하지 않을 뿐만 아니라 흙 속의 병균에 감염되기도 쉽다.

곁순 제거 때는 가위보다는 손을 사용하는 것이 좋다. 가위에 묻은 바이러스가 토마토 절단면을 통해 감염될 수 있기 때문이다. 이미 많이 자라버린 곁순은 손으로 제거하기 어려운 만큼 곁순이 나오자마자 바로바로 제거해주는 것이 좋다. 다만 첫 화방에 열매가 맺히는 것을 확인한 다음 곁순을 제거한다. 첫 꽃에 열매가 맺히지 않았다면, 열매가 열릴 때까지 곁순 제거를 늦춘다.

곁순 제거 전과 곁순 제거 뒤의 모습. 토마토는 마디마다 곁순이 나오므로 제때 제거해주어야 한다.

곁순을 제거한 방울토마토와 제거하지 않은 방울토마토. 곁순을 제거하지 않으면 이리저리 덩굴이 뒤엉켜 작업하기 불편할 뿐만 아니라 통풍도 나빠지고 햇빛도 적게 들어가 열매의 맛도 떨어지고 식물체가 약해진다.

결순 제거를 지나치게 늦추면 결순이 자라 원줄기와 구분이 안 되는 경우도 있다. 이럴 때는 둘 중 하나를 선택해서 제거해야 한다. 너무 자란 결순을 제거하면 잘린 단면이 넓어 병균이 침입하기 쉬우므로 반드시 제때 결순을 제거한다.

제때 결순을 제거하지 않으면 어느 것이 원줄기고, 어느 것이 결순에서 나온 줄기인지 헷갈린다. 결순 제거 시기를 놓쳐 아들 줄기가 이미 두껍게 자라버렸다면 굳이 제거하지 말고 키우도록 한다. 두껍게 자란 아들 줄기를 자르면 아무는 데 시간이 걸리고 자칫 세균에 감염될 수 있다.

### 가루받이

토마토는 곤충이나 바람이 가루받이를 돕는다. 호박처럼 일부러 붓을 들고 문질러주지 않아도 된다. 벌이나 나비 같은 곤충이 거의 눈에 띄지 않아도 바람이 토마토 꽃을 흔들어 수분하도록 도와준다. 그래도 가루받이가 좀 덜 된다 싶으면 손가락으로 꽃이 달린 토마토 가지를 툭툭 쳐주면 된다. 특히 첫 꽃이 피었을 때 날씨가 너무 더우면 가루받이하지 못하고 떨어지는 경우가 많은데, 그럴 때는 꽃이 달린 가지를 툭툭 쳐주면 꽃가루가 잘 날려 쉽게 수분한다. 전업농가에서는 수분촉진제를 쓰기도 하지만, 텃밭 농부가 굳이 수분촉진제를 사용할 필요는 없다.

### 토마토 순지르기

토마토는 계속 키가 자라면서 열매를 맺는다. 그러나 8월이면 토마토의 성장이 둔화되고, 9월이면 이미 맺힌 열매라도 거의 익지 못하므로, 열매가 7단쯤 달렸을 때 원줄기를 제거한다. 5월 상순에 모종을 심으면 대략 7월 초순쯤 7단까지 열매를 맺는다. 따라서 한창 더운 7월 초순경 미리 원줄기를 잘라 더 키를 키우거나 열매를 맺지 않도록 해준다. 그래야 이미 맺힌 열매에 영양분이 충분하게 공급될 수 있다. 7월 초순쯤 맺힌 열매는 8월 말쯤 충분히 익혀서 수확할 수 있다. 7월 말 이후 핀 꽃도 열매가 맺히고 성장하긴 하지만, 채 익지도 못하고 재배가 끝난다.

초보 농부가 잎을 거의 다 따버렸다. 한 초보 농부가 잎이 영양분을 다 빼앗아갈까 봐 잎을 따버렸다. 잎이 없으면 열매는 자라지 않는다. 늙거나 병들어 쇠약한 잎 외에는 따내지 않도록 한다.

7월 초순경 원줄기를 순지르기 할 때는 맨 위에 핀 꽃 위의 잎 두 장을 남겨두어야 한다. 열매가 성장하고 익는 데 최소한 두 장 이상의 잎이 필요하기 때문이다.

순지르기 시기는 지역에 따라, 또 작물의 자람에 따라 탄력적으로 잡는 것이 좋다. 텃밭 농부는 대략 6단 혹은 7단까지 열매가 맺힌 후에

질소 비료 과다로 잎이 오글오글 말려들어 가고 있다.

장맛비로 토마토 열매가 터지고 말았다. 텃밭 농부는 비가림 시설이 없으므로 장마가 오기 전에 익은 열매는 미리미리 따내도록 한다.

순지르기를 한다고 보면 된다. 일반 토마토는 늦어도 7월 말에는 순지르기를 완료해야 한다. 9월 이후 해가 짧아지고 기온이 떨어지므로 8월에 피는 꽃은 충분히 익을 시간이 부족하다.

### 방울토마토 순지르기

방울토마토 역시 키가 계속 자란다. 따라서 키가 1.8m 정도 되었을 때 순지르기를 해주면 된다. 그러나 일반 토마토보다 크기가 훨씬 작은 방울토마토는 10월 중순까지도 열매가 익으므로 굳이 순지르기를 하지 않고, 1.8m쯤 높이에서 원줄기를 펜치 등으로 살짝 꺾어 두면, 줄기가 아래로 뻗으면서 꽃이 피고 열매가 맺힌다. 방울토마토의 원줄기를 순지르기 하지 않고 꺾어서 아래로 계속 키울 때는 웃거름을 다시 주어야 충실한 열매를 얻을 수 있다. 방울토마토는 처음 달리는 열매가 가장 크고 갈수록 작아지는데, 충분하게 영양분을 공급해주면 크기에 변함이 없다.

### 장마 대비

토마토는 키가 크고, 잎이 무성하며, 열매가 큰 작물이다. 또 토마토가 잘 자라는 여름에 우리나라는 장마가 온다. 장마에 철저하게 대비하지 못하면, 한창 수확해야 할 7월 하순과 8월에 수확이 끝나버리기도 한다. 토마토는 건조에는 강한 편이지만, 습해에 약한 작물이므로 철저하게 대비해야 한다.

### TIP 토마토 이어짓기 피해 예방법

토마토는 텃밭 농부가 가장 즐겨 재배하는 작물이다. 그러나 토마토 재배에는 '이어짓기 장해'라는 커다란 복병이 있다. 이어짓기할 경우 역병, 풋마름병은 물론이고, 각종 해충에 시달려 2년째는 전체 생산량의 50%, 3년째는 대략 80% 이상 피해를 보게 된다.

이어짓기 장해를 피하는 가장 좋은 방법은 가짓과 작물인 토마토를 한 번 재배한 곳에서 3~4년 이상 가짓과 작물을 재배하지 않는 것이다. 그러나 텃밭 농부가 이어짓기 장해를 피하려고 텃밭을 매년 옮길 수는 없는 노릇이다. 게다가 임대 텃밭일 경우 지난해 다른 텃밭지기가 가짓과 작물을 재배했다면 올해 내가 재배할 때는 이어짓기 장해가 나타나 농사를 망칠 수도 있다. 밭이 아주 넓어 밭을 구획해서 4~5년 주기로 토마토를 재배하면 이어짓기 장해를 방지할 수 있다. 그러나 소규모 텃밭 농부 입장에서는 그만한 면적의 밭이 없다.

농촌진흥청 시설원예시험장이 시설원예작물 이어짓기로 발생하는 세균, 곰팡이, 선충, 바이러스 등을 예방할 수 있는 친환경 농법을 2013년 발표했다. 1~2%의 에탄올을 이용해 토양 소독을 한 결과 멜론의 검은점뿌리썩음병이나 시듦병, 토마토의 풋마름병, 역병 등이 거의 발생하지 않았다는 것이다.

이 방식을 하우스 시설이 아닌 노지 텃밭에 내 나름대로 적용해보았다. 아직은 한 해밖에 시험해보지 않았지만, 상당한 효과가 있다고 판단된다. 물론 3~4년 이어짓기 할 경우 피해가 나타날 가능성은 있다.

소독 방법은 에탄올을 물에 섞어 1~2%(물 1t에 에탄올 10~20ℓ)로 희석한 다음 토양이 충분히 젖을 정도로 뿌려준 뒤 토양 표면을 비닐로 덮어 2주 정도 밀폐하면 된다. 33㎡(10평) 텃밭이라면 에탄올 희석액 1t 정도면 토양소독에 충분한 양이다.

에탄올은 토양 속에서 1주일 이상 지나면 분해돼 없어지므로, 환경오염도 거의 없고 인체에 독성도 없는 친환경 토양소독 방법이다. 덮어두었던 비닐은 열흘 정도 지난 뒤 걷어내면 된다. 밑거름 넣기 2주 전에 에탄올 희석액으로 토양을 소독해야 하므로 모종을 옮겨심기 4주 전부터 소독 작업에 들어가야 한다.

장마에 대비하기 위해서는 두둑을 높여서 물 빠짐을 좋게 해주고, 지주를 단단하게 세워 비바람에 넘어지지 않도록 해주어야 한다. 또 주 간 간격을 충분히 주고, 곁순 제거를 철저히 해서 바람이 잘 통하도록 해주어야 한다.

## | 병해충과 처방 |

흰가루병과 탄저병, 잿빛곰팡이병 등이 생기고 이십팔점박이무당벌레가 해를 입힌다. 주 간 간격을 최소 50㎝ 이상 넓혀서 바람이 잘 통하게 하고, 곁순을 바로바로 따주고, 늙고 쇠락한 잎을 미리미리 따주면 대부분 예방할 수 있다. 흰가루병이 발생한 잎은 즉시 따서 멀리 버리고, 마요네즈액을 뿌려주면 상당한 효과가 있다.

텃밭 농부가 몇 포기 키우는 토마토밭에서 탄저병이 발생할 가능성은 낮지만, 만약 탄저병이 발생했다면 전체를 못 쓰게 될 수도 있다. 천연 약제로 탄저병을 예방하기는 어려우므로 장마 때 땅에 떨어진 빗물이 튀어 다시 작물에 묻지 않도록 밑에 비닐 등을 깔아주면 좋다. 식초 희석액을 자주 뿌려주는 것도 탄저병 예방에 효과가 있다.

이십팔점박이무당벌레는 재배 기간 내내 성충과 애벌레가 잎을 갉아 먹는데, 감자, 가지 등에도 해를 입힌다. 이십팔점박이무당벌레는 손으로 잡을 수 있으므로, 눈에 띄는 대로 잡아서 처리하면 된다.

## | 질병과 처방 |

초보 농부가 재배하는 토마토에서는 잎이 돌돌 말리는 현상이 흔히 나타나는데, 질소 과잉 증상이다. 초보 농부는 영양이 부족하지 않나 하는 생각에 비료를 과용하는 경우가 많으므로 주의한다. 비료는 차라리 조금 적다 싶을 정도로 주는 것이 낫다. 낮과 밤 기온차가 심할 경우 대사가 원활하지 않아 탄수화물이 잎에 많이 축적되어도 잎이 말리는 증상이 발생한다. 특히 곁가지 순지르기 후 많이 발생한다. 충분히 물을 주고, 밤 기온이 너무 내려가면 보온한다.

토마토 잎 가장자리가 누렇게 마르는 것은 칼리 부족 현상이다. 또 토마토 잎 뒷면이 자색을 띠는 것은 냉해를 입었거나 인산이 부족하기 때문이다.

토마토 배꼽 썩음 현상은 칼슘이 부족할 때 발생한다. 밭을 만들 때 퇴비나 고토 석회를 충분히 뿌려 예방할 수 있다. 그러나 토양 중에 칼슘이 충분히 있어도 수분이 과다하거나 건조하면 흡수가 되지 않는다. 특히 비가림으로 재배할 경우 수분이 너무 많거나 적지 않게 잘 관리해야 한다. 또한 질소나 칼륨이 너무 많아도 칼슘이 잘 흡수되지 않으므로 칼슘 결핍이 잦은 밭에서는 질소나 칼륨을 지나치게 시비하지 않아야 한다.

일단 칼슘 부족 현상이 나타나면 석회를 뿌려도 흡수가 늦어 효과가 더디게 나타난다. 이때는 비료용 석회를 물에 녹여서 뿌리 근처에 뿌려주거나, 달걀껍질 등을 식초에 녹여 만든 천연칼슘 액제를 엽면시비 해주면 효과가 있다. 종묘상에서 염화칼슘 0.3~0.5%액이나 수용성 칼슘, 액상석회를 구입해 잎과 줄기 등 지상부 전체에 7일 간격으로 3~4회 살포해주면 효과가 빠르게 나타난다.

## | 열과 현상과 예방법 |

토마토는 익을 무렵 열매의 껍질이 갈라지는 현상(열과, 裂果)이 자주 발생한다. 경험으로 볼 때 일반 토마토가 심하고, 방울토마토는 조금 덜하다. 경험상 방울토마토 중에서는 대추방울토마토가 열과에 가장 강했다.

토마토 열과 현상은 크게 두 가지 이유에서 발생한다. 하나는 갑자기 대량의 수분을 공급할 때, 또 하나는 칼슘이 부족할 때다.

가장 대규모로 피해를 주는 것은 가뭄에 이어 찾아오는 장마다. 가뭄이 이어지다가 갑자기 비가 와서 흙 속에 수분이 많아지거나 햇볕이 너무 강한 것이 원인일 때가 많다. 서너 포기 정도를 심었다면 많은 비가 내릴 때 큰 비닐봉지 등을 씌워 빗물이 과육에 직접 닿지 않도록 해주고, 땅에도 물이 가능한 한 적게 고이도록 해주면 열과를 예방하는 효과가 있다.

전업 농부는 비가림, 해가림 시설 등으로 갈라짐 현상을 효율적으로 막을 수 있지만, 텃밭 농부가 해가림 시설까지 하기는 현실적으로 어렵다. 가뭄 끝에 갑

> **TIP** 진정한 토마토 맛

토마토를 빨갛게 익도록 두면 열매 껍질이 터지는 현상(열과 현상)이 많이 발생한다. 특별히 질병이 있어서가 아니라 가뭄이 심하다가 비가 내리면 터짐 현상이 더 심해진다. 그래서 전업 농부는 일찌감치 수확해버린다.

나는 종종 지인들에게 혹은 도시농부학교 참가자들에게 "토마토의 참맛을 보려면 터진 토마토를 먹을 각오를 해야 한다"라고 말한다. 일반 토마토의 경우 열매의 30%가 터질 무렵, 방울토마토의 경우 전체 중 약 10% 정도가 터질 무렵이 그야말로 열매가 제대로 익어 맛이 제대로 들었을 때이기 때문이다.

전업농가에서는 과육의 크기를 키우고 빨리 자라도록 하려고 물과 비료를 충분히 주지만, 텃밭 농부는 굳이 물을 주기적으로 주지 않아도 된다고 생각한다. 물이 조금 부족하면 토마토의 단맛과 신맛이 훨씬 높아지기 때문이다.

> **TIP** 열과에 강한 토마토와 오래 생산하는 토마토

방울토마토는 종류가 많다. 텃밭 농부는 크게 원형인 일반 방울토마토와 타원형인 대추토방울토마토로 구분하면 간편하다. 일반 방울토마토는 당도와 산도가 적절히 조화된 맛이 특징이고, 대추방울토마토는 당도가 높고 저장성이 뛰어나다.

경험으로 볼 때 장마철 열과에 견디는 힘은 대추방울토마토가 일반 방울토마토보다 다소 강하다. 그러나 대추방울토마토는 9월 중하순이면 거의 수확이 끝나는 데 비해 원형인 일반 방울토마토는 10월 하순까지도 비록 소량이지만 계속 수확할 수 있다. 가정에서 먹을 정도의 소량을 기르는 텃밭 농부라면 일반 방울토마토가 다 유리하다고 할 수 있겠다.

자기 많은 비가 내려 발생하는 열과를 막는 가장 좋은 방법은 평소 물 관리를 철저히 하고, 한꺼번에 많은 수분이 토마토 줄기와 열매에 몰리지 않도록 하는 것이다. 가뭄이 이어지다가 비가 많이 내릴 때에는 포기 밑 부분을 비닐 등으로 덮어 뿌리가 너무 많은 물을 한꺼번에 흡수하지 않도록 하는 것이 중요하다. 또 평소에 물을 자주 주어 비가 내릴 때 토마토가 한꺼번에 물을 흡수하지 않도록 하는 것도 한 방법이다.

붉게 익어가는 토마토.

7월의 뜨거운 햇볕 아래에서 하루가 다르게 익어가는 방울토마토.

　비가림 재배나 해가림 재배를 할 수 없는 텃밭 농부 입장에서 열과를 막는 가장 좋은 방법은 일기예보를 잘 살펴서 비가 내리기 전날 익은 토마토를 모두 수확하는 것이다. 열과는 주로 80% 이상 익은 토마토에서 많이 발생하므로 비가 내리기 전에 익은 토마토를 수확하면 열과를 예방할 뿐만 아니라 오랜 가뭄을 견뎌온 토마토 특유의 단맛도 느낄 수 있다.

　토마토 열과 현상의 두 번째 주원인은 칼슘 부족이다. 칼슘 부족 현상을 예방하려면 밭을 만들 때 미리 고토석회를 뿌려 칼슘을 충분히 공급해야 한다. 그런데도 마른 날씨에 열과가 발생한다면, 달걀 껍데기 등을 식초에 녹여 만든 천연 칼슘액제를 엽면시비 해주면 효과가 있다. 이미 열과가 발생한 뒤에 석회를 땅에 뿌리는 것은 효과가 늦을 뿐만 아니라 작물에 피해를 주기 쉬우므로 피하도록 한다.

## | 웃거름 주기 |

토마토는 열매가 많이 달리는 작물이므로 영양분 소비가 많다. 따라서 반드시 웃거름을 주어야 한다.

　어떤 작물이든 웃거름을 일괄적으로 주지 않는다. 성장을 봐가며 주어야 한다. 무성하게 잘 자라고 있는데도 웃거름을 주면 질소 과잉이 되어 다른 영양소 결핍으로 이어질 수 있고, 잎만 무성해질 뿐 열매도 잘 맺히지 않는다. 또 맛도 떨어진

밭에서 햇빛을 받아 제대로 익은 토마토는 그 맛이 각별하다. 우리가 시중에서 사 먹는 토마토는 대부분 아직 파란 열매를 따서 운반 도중 붉게 숙성되는 것이다. 그래서 아무런 맛이 없다. 그러나 햇빛을 받아 붉게 익은 토마토는 참 맛있다. 다만 일반 토마토는 햇빛을 받아 익으면 열매가 잘 터진다.

다. 토마토 웃거름은 생육 상태를 봐가며 한 번 혹은 두 번 정도 주도록 한다.

첫 번째 웃거름은 반드시 첫 열매가 맺히고 탁구공 정도 크기가 되었을 때 주어야 한다. 꽃은 피었지만 아직 열매가 열리지 않은 상태에서 거름을 주면 토마토가 영양생식에 집중할 뿐 번식을 소홀히 하는 경우가 있어 열매가 잘 맺히지 않는다.

토마토는 벌과 같은 곤충이나 바람으로 자연스럽게 수분한다. 주의할 것은 첫 꽃이 가루받이에 성공한 토마토와 가루받이하지 못한 토마토는 이후 열매가 열리는 데도 상당한 차이가 있다는 점이다. 따라서 첫 꽃이 피면 손가락으로 툭툭 쳐서라도 반드시 열매를 맺도록 유도해주는 것이 좋다.

두 번째 웃거름은 굳이 주지 않아도 되나, 열매가 많이 달렸다면 두 번째 웃거름을 주어야 충실한 열매를 얻을 수 있다. 두 번째 웃거름은 대체로 7월 말 혹은 8월 초순쯤 주는 것이 좋다.

토마토는 9월이 되면 급격하게 힘을 잃는다. 따라서 두 번째 웃거름은 흡수가 늦은 퇴비나 유기질 비료보다 흡수가 빠른 화학 비료가 좋다. 포기당 한 숟가락 정도 주면 충분하다. 두 번째 웃거름을 줄 무렵 토마토는 뿌리가 많이 퍼져 있으므로 줄기 바로 밑에 주기보다 줄기에서 10~15cm 떨어진 위치에 호미로 땅을 긁고 비료를 흩뿌린 뒤 흙을 덮어주면 된다.

토마토는 8월 말까지 전성기다. 그러나 곁순 제거와 순지르기를 적절하게 해서 통풍이 잘되게 하고, 햇빛이 잘 들게 하면 10월 중순까지도 어느 정도 열매를 얻을 수 있다. 이는 수익을 목적으로 하지 않는 텃밭 농부만이 맛볼 수 있는 재미다. 밭의 단위 면적당 수익을 우선하는 전업농부는 8월 말이면 남아 있는 토마토를 걷어낸다.

7월 초에 수확한 방울토마토와 다다기오이. 수확한 토마토는 빠른 시간 안에 씻어야 한다. 사진처럼 오래 물 속에 담가두면 토마토 껍질이 쉽게 터진다. 익은 토마토 열매의 당도 때문에 삼투압이 발생하고, 수분을 듬뿍 빨아들이기 때문이다. 붉게 익은 토마토 열매가 빗물에 노출될 경우 쉽게 터지는 까닭 역시 이 같은 삼투압 원리 때문이다. 토마토를 한꺼번에 많이 수확했을 때는, 한꺼번에 다 씻지 말고 종이 봉투 등에 넣어 냉장 보관하면서 먹을 만큼씩만 꺼내 씻어 먹으면 수분 때문에 토마토가 물러지거나 터지는 현상을 방지할 수 있고 오래 보관할 수 있다.

초보 텃밭 농부는 10월에도 일반 토마토에 달리는 열매를 보고 기대하며 익기를 기다린다. 그러나 부질없다. 이런 열매는 익지 못하고 결국 떨어진다. 10월에 들어서면 토마토를 뽑아내고 양파나 마늘, 시금치 등을 심는 것이 텃밭 이용에 효율적이다. 다만 앞서 밝혔듯이 방울토마토는 10월 말까지도 계속 수확할 수 있다.

| 수확과 보관 |

직접 재배한 토마토는 시장에서 사 먹는 토마토와 맛이 확연히 다르다. 우리가 시중에서 사 먹는 토마토는 대부분 아직 열매가 푸를 때 따서 운송하는 과정에서 익으므로 빨갛게 잘 익은 토마토라도 거의 아무런 맛을 느낄 수 없다. 전업 농부는 토마토의 장거리 운송과 판매 기간, 신선도를 생각해야 하는 만큼 완전히 익은 토마토를 출하할 수는 없다. 그래서 빨간빛이 돌자마자 혹은 아직 연두색일 때 따서 포장하고 출하한다. 이렇게 시장에 나온 토마토는 햇빛 아래에서 익는 것이 아니라 운송 과정에서 빨갛게 숙성되는 셈이다.

토마토를 직접 길러 먹는 텃밭 농부는 토마토가 빨갛게 익을 때까지 기다렸다가 따 먹을 수 있다. 가지에 매달린 채 햇빛을 충분히 받아 빨갛게 익은 토마토는 새콤하고 약간 단맛에 짠맛까지 난다. 토마토 본래의 맛을 느낄 수 있다.

## TIP 세파농법(世波農法)이 주는 선물

나는 해마다 토마토를 재배할 때 물을 정기적으로 주지 않고, 오직 빗물에만 의지해 농사짓는다. 물론 모종을 심은 직후에 한 차례에 한해 흠뻑 물을 준다. 하지만 좀 많은 양을 심을 때는 일기예보를 살펴 비가 오기 직전에 모종을 낼 뿐 일부러 물을 주지 않는 경우도 많았다.

상추 재배에서도 언급했지만, 나는 이것을 '세파농법'이라고 이름 지었다. 파도처럼 거세게 밀려오는 어려움을 겪고 성장한 사람이 풍부한 이야깃거리를 갖고 있듯이, 작물 역시 때맞춰 물을 주고 거름을 주기보다는 세파에 시달리도록 내버려두면 훨씬 좋은 맛을 낸다. 때맞춰 물을 주고 거름을 준 작물은 모양과 크기는 좋지만 맛은 없다. 이에 반해 내가 키우는 작물은 조금 작지만 훨씬 맛있고 영양가도 높다. 판매를 목적으로 하는 전업 농부라면 이렇게 기를 수는 없을 것이다.

그러나 내가 말하는 세파농법이 손 놓고 있다는 말은 아니다. 작물 주변의 풀을 부지런히 뽑아주고, 어릴 때 속아주기도 해야 한다. 토마토는 곁가지 제거 작업도 부지런히 한다. 곁순을 제때 제거하지 않으면 나중에는 어느 것이 원줄기인지 아들 줄기인지 알 수 없고, 줄기가 이리저리 엉켜 통풍 불량, 일조 불량에 시달리기 마련이다. 또 농약을 일절 사용하지 않는 대신 벌레를 손으로 일일이 잡아내는 수고를 아끼지 않는다. 애써 키운 토마토를 벌레가 모조리 먹도록 내버려둘 수는 없는 노릇이니 말이다.

그러니 내가 말하는 세파농법이란 재배하는 작물에 비료와 물을 많이 주어 더 빨리, 더 크게 자라도록 돕지 않는다는 의미일 뿐 손 놓고 있어도 좋다는 의미는 아니다. 세파농법은 다소 힘들게, 또 더디게 자람으로써 작물 고유의 맛을 내고 햇빛을 더 많이 품도록 하자는 것이다.

동물은 햇빛을 직접 이용해 영양분을 만들 수 있는 것이 별로 없다. 사람이든 짐승이든 동물이 섭취하는 햇빛 에너지는 거의 식물이 받아서 저장한 것이다. 그러니 자신이 키우는 작물을 될 수 있으면 오랫동안 햇빛을 받게 하는 것은 가능한 한 많은 햇빛 에너지를 얻는 비결이기도 하다.

세파농법으로 기른 내 토마토를 맛본 사람들은 "이처럼 맛있는 토마토는 처음 먹어본다"라고 입을 모은다. 물론 그만큼 터진 토마토도 많이 나오고, 겉보기에 크기도 조금 작아 상품성은 아무래도 떨어진다. 하지만 터진 토마토 역시 냉장 보관하며 수시로 갈아서 주스로 먹으면 아무런 문제가 없다.

다만 일반 토마토는 빨갛게 익는 과정에서 터져버리는 경우가 자주 발생한다. 경험상 일반 토마토는 약 50% 이상이 빨갛게 익으면서 터지고 말았다. 그러나 판매용이 아니라 자신과 가족이 먹을 것인 만큼 맛과 영양을 생각한다면 터진 토마토라도 아무런 상관이 없다. 방울토마토는 별다른 조치를 취하지 않아도 터지는 비율이 20% 이내이므로 햇빛 아래에서 완전히 익도록 두었다가 수확한다. 그러나 장마를 맞아 비가 많이 내리면 일반 토마토와 방울토마토 구분 없이 열과 현상이 심하게 발생한다.

토마토 터짐을 줄이고자 달걀 껍데기를 식초에 녹여 만든 천연 칼슘액을 수시로 뿌려주면 상당한 효과가 있다. 비를 덜 맞게 하고 천연 칼슘액을 뿌려주면 과육이 터지는 비율을 약 30% 정도로 줄일 수 있다.

나는 일기예보를 살펴 비가 오기 전에 될 수 있으면 많이 따서 친구들에게 나눠주거나 냉장 보관한다. 토마토는 냉장 보관할 경우 거의 익지 않으므로 열흘 정도 지나도 단단한 식감을 그대로 유지한다. 때때로 다 자란 열매가 달린 열매가지를 꺾어 뿌리에서 흡수한 수분이 과일에 도달하지 못하도록 하는 방식을 택하기도 한다. 그러나 이 방법은 매우 성가시고, 같은 열매가지에 달린 열매라도 어떤 것은 아직 작고 어떤 것은 다 자란 것이 섞여 있어 딱히 추천할 방법은 아니다.

### 토마토 재배 일정

| 3월 | | | 4월 | | | 5월 | | | 6월 | | | 7월 | | | 8월 | | | 9월 | | | 10월 | | | 11월 | | | 12월 | | | 1월 | | | 2월 | | |
|---|---|---|---|---|---|---|---|---|---|---|---|---|---|---|---|---|---|---|---|---|---|---|---|---|---|---|---|---|---|---|---|---|---|---|---|
| 상 | 중 | 하 | 상 | 중 | 하 | 상 | 중 | 하 | 상 | 중 | 하 | 상 | 중 | 하 | 상 | 중 | 하 | 상 | 중 | 하 | 상 | 중 | 하 | 상 | 중 | 하 | 상 | 중 | 하 | 상 | 중 | 하 | 상 | 중 | 하 |

■ 아주 심기   ■ 수확

\* 일반 토마토는 8월 말~9월에서 초면 수확이 끝난다.
\* 방울토마토는 수확 기간이 다소 길어 남부 지방의 경우 10월 말까지도 소량이지만 수확할 수 있다.

재배난이도
★☆☆

# 고구마
메꽃과

| 재배 포인트 |

고구마는 씨고구마에서 나온 순을 심어 재배하는 작물이다. 순이 허약하면 뿌리 내리지 못하고 말라 죽거나, 생육이 부실해 수확량이 매우 감소한다. 따라서 좋은 모종용 순을 사는 것이 재배의 관건이다. 모종용 순만 잘 선택해 구입하면 초보자도 무농약으로 기르기 쉬운 작물이다.

집에서 씨고구마를 심어 순을 기를 수도 있지만, 시간이 오래 걸리고 온도 관리가 번거로워서 텃밭 농부는 고구마 순을 사서 심는 편이 유리하다. 모종용 순은 길이 25~30㎝ 정도에 마디가 여섯에서 여덟 개 정도 되는 것이 좋다.

농가에서는 모종용 순을 대량 생산, 대량 판매하기 위해 질소 비료를 듬뿍 뿌려 기르는 경우가 있다. 이렇게 하면 순이 무척 빨리 자라서 열흘에 한 번씩 순을 잘라서 판매할 수 있다. 그러나 질소 비료를 흠뻑 주고 재배한 고구마 순은 웃자

고구마 재배에서 가장 중요한 것이 순을 고르는 것이다. 모종용 순은 길이 25~30㎝ 정도에 마디가 여섯에서 여덟 개 정도 난 병들지 않은 것을 사도록 한다. 순을 심기 전에 물에 한 시간 이상 담갔다가 심으면 뿌리 내림이 더 좋다.

란 탓에 길이는 길지만 마디 수가 적다. 따라서 길이 30㎝에 마디가 다섯 개 이하인 고구마 순은 웃자랐다고 보면 된다. 웃자라 허약한 순을 밭에 심으면 활착률이 매우 떨어지거나 생육이 극히 부진하다. 고구마는 순을 자른 곳에서 대여섯 번째 마디에 덩이뿌리(우리가 먹는 고구마)가 많이 생성된다. 따라서 고구마 순을 살 때는 반드시 길이 25~30㎝ 기준에 마디가 여섯에서 여덟 개 정도 되는 것을 구입해야 한다. 다른 재배 관리는 쉬운 편이다.

재래시장에서 판매하는 고구마 순 한 단은 대부분 100개가 넘는다. 이를 모두 심으면 너무 많다. 텃밭 농부 입장에서는 세 집 정도가 한 단을 나눠 심어도 충분하다.

## 밭 만들기

고구마는 양분 흡수력이 뛰어난 작물로 토양을 특별히 가리지 않으며, 따로 거름을 내지 않아도 잘 자란다. 개간지의 붉은 밭에 심어야 고구마 품질이 더 좋다는 말이 있을 정도로 척박한 땅에서도 잘 자란다. 비료 성분이 많으면 덩굴만 무성하고 자라고, 뿌리는 비대해지지 않고, 맛도 덜하다.

척박한 땅에 심어도 상관없지만, 땅속에 돌이나 나뭇조각이 많으면 덩이뿌리 크기가 들쭉날쭉하고, 덩이뿌리 개수도 일정하지 않아진다. 따라서 땅속의 돌과 나무뿌리를 최대한 제거해주는 것이 좋다.

지난해 농사를 지었던 밭이라면 굳이 질소 비료를 넣지 않아도 된다. 질소 비료가 많으면 줄기와 잎만 무성해진다. 그러나 질소 성분이 전혀 없으면 잎과 줄기가 충분하게 자라지 못해 생산량이 떨어진다. 비료를 가급적 적게 준다고 생각하되, 상황을 봐가며 조절한다. 다만 덩이뿌리가 커지는 작물인 만큼 칼리 비료는 넉넉하게 넣어준다. 텃밭 농부가 칼리 비료를 따로 구입해서 넣어주기는 번거로우므로 3.3㎡(1평)당 유기질 비료 한두 줌을 넣어준다고 생각하면 편리하다.

고구마는 땅속의 덩이뿌리가 커지는 작물이다. 따라서 뿌리가 커질 수 있도록 두둑을 다소 높이는 것이 유리하다. 고구마를 두 줄로 심을 경우 두둑의 너비는 100㎝, 높이는 25~30㎝ 정도가 적당하다. 물 관리에 신경을 써야 하는 작물인 만큼 두둑에 한 줄로 고구마를 심기보다는 두둑 가운데를 비우고 두 줄로 심으면 물을 주기 편리하다. 두둑 가운데를 따라 홈을 길게 파고 물을 주면 물이 고랑으로 흘러내리는 것을 방지할 수 있어 효율적이다.

## 재배 방법

 4월 말경 씨고구마를 심어 순을 낸 다음 5월 중순 순을 잘라 심어도 되고, 5월 중순경 종묘상에서 순을 사서 심어도 된다. 직접 순을 내려면 씨고구마를 심을 때 병해충이 없는 씨앗용 고구마를 눕혀 심고, 물을 충분히 주고, 지온 확보를 위해 비닐 등으로 덮어준다. 씨고구마를 심기 전에 48℃ 정도의 따뜻한 물에 15분 정도 담갔다가 심으면 검은별무늬병을 예방할 수 있다. 그러나 고구마 순을 내는 데 상당한 기간과 온도가 필요해 소규모의 텃밭 농부라면 순을 사서 심는 편이 유리하다.

 5월 중순 고구마 순을 심고, 9월 중순에서 10월 초순에 수확한다. 텃밭 농부는 마음이 급해서 가능하면 일찍 작물을 심으려고 하는데, 고구마는 따뜻한 기후를 좋아하는 작물인 만큼 5월 상중순에 심는 것이 좋다. 심은 뒤에는 물을 주고, 풀을 뽑는 것 외에는 특별한 관리가 필요 없는 작물이다.

### 순 심기

 고구마 순은 비오기 전날 심는 것이 좋다. 옛날 농부들은 비오는 날 고구마 순을 심었고, 순이 모자라면 다시 비가 내리기를 기다렸다가 심었다. 그만큼 고구마 순을 심고 난 뒤 2주가량은 물 관리가 중요하다. 비 오는 시기를 맞출 수 없다면 이른 오전이나 해질녘에 심고 물을 듬뿍 주도록 한다. 순을 심은 뒤 2주가량은 매일 해질 무렵 물을 주는 것이 좋다.

 모종용 고구마 순은 보통 100개씩 묶음으로 판매한다. 5월 상중순, 재래시장에 나가보면 고구마 순을 많이 판매한다. 6~8천 원 정도에 한 묶음을 구입할 수 있다. 가족의 식성에 따라 연황미, 신황미 등 국내 품종과 안노베니, 안노이모 등 일본 품종을 중에서 골라서 구매할 수 있다. 대체로는 밤고구마, 물고구마, 호박고구마, 꿀고구마(황금고구마) 등으로 구분해서 잎줄기를 판매한다.

 고구마 순을 심을 때 줄기를 흙 속에 묻되 잎은 묻히지 않도록 한다. 잎이 달린 자리 아래 마디에서 뿌리가 나고 고구마가 달리므로 잎이 잘 성장해야 수확이 좋다. 잎이 달려 있는 잎자루는 땅에 묻어준다. 잎이 얼굴이고 줄기가 상체라고 가정할 때, 가슴 부위 정도까지 묻어주면 된다는 의미다. 보통 마디가 여덟아홉 개 정도 나와 있는 고구마 순을 샀다면 대여섯 개 마디 정도를 땅에 묻어주면 된다. 옛날 농부들은 두세 마디 정도만 묻고 농사짓기도 했다. 따라서 굳이 대여섯 개

## TIP 고구마 순이 다 말라 죽었어요!

고구마 순을 심고 나서 물을 충분히 주지 않으면 뜨거운 햇볕에 땅 위로 나와 있는 잎과 줄기가 형편없이 시들거나 완전히 말라 죽는 경우가 흔히 있다. 이때 초보 텃밭 농부 중에는 고구마 순이 죽은 줄 알고, 뽑아내고 새로 심는 경우가 있다. 그러나 어느 정도 물을 주었다면 지상부의 줄기는 말라 죽어도 흙 속에 묻힌 줄기는 살아서 마디마다 뿌리를 내리므로 성급하게 뽑아내지 말고 조금 기다리면 새잎과 새 줄기가 나온다. 물론 처음부터 물 관리를 잘해서 지상부에 나와 있는 줄기와 잎이 살아서 성장할 수 있다면 생육에 더 유리하다. 지온이 18℃ 이상이라면 이르면 이틀에서 사흘, 늦어도 열흘 이내에 뿌리가 나온다.

검은 비닐 멀칭을 하면 물 주기 부담에서 벗어날 수 있다. 심은 후 물을 전혀 주지 않았거나 겉흙이 마른 상태가 지속되었다면, 지상부 잎과 줄기뿐만 아니라 땅속줄기도 말라 죽을 수 있는 만큼 초기에 철저한 수분 관리가 필요하다.

고구마 순 심고 흙 덮기.

고구마 순을 심을 때 잎이 지상부로 나오도록 한다.

고구마 순을 심고 흙을 덮은 뒤에 물을 흠뻑 뿌려준다. 땅속에 묻힌 마디에서 뿌리가 나와 착근(着根)하기 전까지는 매일 물을 주어야 한다.

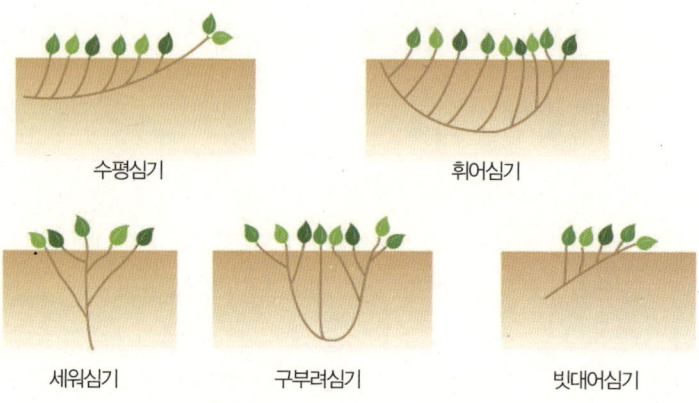

수평심기 휘어심기
세워심기 구부려심기 빗대어심기

'수평 심기'는 고구마 순을 심는 가장 일반적인 방법이다. '휘어심기'는 고구마 순 줄기가 길 때 쓰는 방법이고 '세워 심기'는 좁은 면적에 많이 심을 때 사용하는 방법이다. 세워 심으면 고구마 크기가 들쭉날쭉해진다. 아래 가운데 '구부려 심기'는 건조한 땅에 깊게 심을 때 주로 쓰는 방법이다. 물주기가 곤란한 곳, 물 빠짐이 심한 곳에 주로 적용한다. '빗대어 심기'는 좁은 면적에 심을 때 주로 사용하는 방법으로, 고구마 크기가 작아진다. 수직으로 세워 심거나 빗대어 심으면 다소 일찍 고구마를 수확할 수 있다.

마디를 묻어 주지 않아도 되지만, 가능하면 다섯 개 마디 정도를 묻어주고, 잎은 흙 밖으로 내놓도록 해주는 것이 좋다.

고구마는 심는 방법에 따라 열매가 달리는 모양과 열매의 모양이 달라진다. 고구마 순을 눕혀서 심으면 고구마가 일정한 크기로 열린다. 순을 세워서 심으면 불규칙한 크기의 고구마가 달린다. 이외에도 구부려 심기, 빗대어 심기 등의 방법이 있으나 텃밭 농부는 수평으로 심는다고 생각하면 편리하다. 다만 토양이 물 빠짐이 심한 사질토여서 건조 피해가 우려될 경우에는 휘어심기나 구부려 심기를 하는 편이 유리하다.

순을 심을 때는 큰 모는 큰 것끼리, 작은 모는 작은 것끼리 심어주어야 일정하게 자란다. 작은 모와 큰 모를 섞어 심으면 작은 모의 성장이 어려워진다.

### 멀칭 후 순 심기

고구마밭에 비닐 멀칭을 하고 싶다면, 멀칭을 먼저 하고 고구마를 심는다. 쇠막대기나 나무막대기로 길게 구멍 뚫고 고구마 순을 밀어 넣은 다음, 흙을 눌러주고 물을 주면 된다. 비닐 멀칭을 할 경우 옆으로 길게 구멍을 파기가 번거로워 아래로 막대기를 찌르고 고구마를 세워 심는 경우가 많다. 이렇게 하면 옆으로 구멍을 파서 밀어 넣기보다 심기 편하고 물 주기도 편하지만, 고구마 알의 크기가 들쭉날쭉

전문 농가에서는 주로 비닐 멀칭을 한 뒤 고구마 순을 찔러 심는다. 텃밭 농부는 굳이 비닐 멀칭을 하지 않아도 된다.

비닐 멀칭을 하지 않고 고구마 순을 심을 경우 여간 물을 주어도 지상부의 잎이 말라 죽는 경우가 흔하다. 초보 텃밭 농부 중에는 지상부의 잎이 말라 죽고 나면 뽑아내고 다시 새 순을 심는 경우가 있다. 그러나 순을 심고 물을 이틀에서 사흘 간격으로 주었다면 땅속 순은 대부분 살아 있다. 땅속 순의 마디에서 뿌리가 나와 착근하면 지상부에서 새잎이 나오므로 너무 염려하지 않아도 된다.

밭에 돌이나 이물질이 많을 때, 수직 심기 등을 했을 때, 마디마다 뿌리가 내리지 못하고 일부 마디에서만 뿌리를 내렸을 때, 고구마 크기가 들쭉날쭉해진다. 어떤 고구마는 어린아이 머리만큼 크고, 어떤 고구마는 손가락 굵기만큼 작아질 수도 있다.

고구마 순을 심고 2주 정도 지나면 죽은 줄 알았던 고구마 순이 뿌리를 내리고 새잎을 내기 시작한다. 일단 뿌리를 내리고 나면 무럭무럭 잘 자란다.

고구마 줄기는 덩굴을 뻗으면서 계속 뿌리를 내린다. 재래종 고구마는 뿌리마다 고구마 열매가 달리므로 작은 고구마가 많이 나온다. 그래서 덩굴 뒤집기를 해주어 작은 고구마가 달리지 않도록 함으로써 기르고자 하는 덩이뿌리에 영양분을 집중시킨다.

고구마 줄기를 뒤집을 때는 다소 걷어내는 기분으로 뒤집는 것이 좋다. 너무 무성하면 일부 잘라 내도 무방하다. 그냥 줄기를 들어 다른 잎 위에 얹어 버리면 밑에 잎은 햇빛을 받지 못한다.

해진다. 고구마는 순을 세워 심기보다 옆으로 눕혀 심어야 알 크기가 비슷해진다.

### 뿌리 내림

고구마 순을 심다 보면 마디에서 뿌리가 나와 있는 것을 발견할 수 있다. 어차피 내려야 할 뿌리이므로 그대로 심으면 된다. 단, 심고 물을 흠뻑 주어야 한다.

순을 심고 대략 열흘에서 보름 정도 지나면 뿌리가 내리고 새로운 성장을 시작한다. 이 시기에 물과 온도 관리가 무척 중요하다. 이 시기에 날씨가 춥거나 토양이 건조하면 고구마 순이 말라 죽는 경우가 많다. 지상부에 나와 있던 싹은 말라 죽어도 다시 싹이 나오지만 생육은 부실해진다. 따라서 고구마 순을 심을 때는 기온과 지온이 충분히 올라간 5월 10일을 기준으로 하되, 지역에 따라 그해 기온에 따라 시기를 조절한다. 고구마는 조금 늦게 심어도 무방하지만, 일찍 심으면 냉해를 받기 쉬운 작물이다. 뿌리 내림 기간에 비가 오지 않을 때는 하루에 한 번쯤 물을 흠뻑 주도록 한다. 물 빠짐이 잘 안 되는 밭이라면 이틀이나 사흘에 한 번쯤 물을 준다.

온도와 물 관리를 위해 고구마를 심는 밭에서는 흔히 비닐 멀칭을 하는데, 소규모 텃밭 농부는 비닐 멀칭보다는 충분히 기온이 올라갔을 때 심고, 이틀에 한 번 정도 물을 주는 것이 환경에도 좋고 보람도 있다고 생각한다.

## | 병해충과 처방 |

고구마는 병해충 피해가 거의 없는 작물이다. 그러나 고라니가 고구마 잎줄기를

### TIP 고구마 덩굴 뒤집을까, 말까?

고구마가 무성하게 자라기 시작하면서 땅 위로 난 마디마다 뿌리가 내린다. 옛날 농부들은 이 뿌리에 잔 고구마가 달리므로 충실한 고구마를 얻을 수 없다고 판단해, 지게 작대기 등으로 고구마 덩굴을 자주 뒤집어 주었다. 요즘 나오는 개량 고구마는 지상부에서 새로 나오는 뿌리에서는 고구마가 열리지 않는 것이 많다. 게다가 이들 뿌리에서 흡수한 영양분이 아래 덩이뿌리를 키우는 역할도 한다. 따라서 고구마 덩굴 뒤집기는 하지 않는 편이 오히려 유리하다. 그러나 뿌리마다 고구마가 달리는 재래종이라면 덩굴 뒤집기로 고구마 수를 제한해야 크기가 커진다. 잔 고구마가 많이 달리면 수확하기 불편할 뿐만 아니라 맛도 떨어진다. 고구마는 대체로 큰 것이 맛있다. 특히 구워 먹을 때는 큰 것이 좋다. 너무 작은 고구마는 구울 때 많이 타버린다. 덩굴을 뒤집어 주다가 오히려 피해를 불러오기도 한다. 이유야 어쨌든 덩굴을 뒤집기로 마음먹었다면 제대로 뒤집어야 한다. 뒤집은 덩굴을 기존의 덩굴 위에 마구 덮어버리면 아래에 깔린 잎이 광합성 작용을 하지 못한다. 그뿐만 아니라 통기성도 나빠져 아래 덮인 잎이 짓무르거나 썩어버릴 수도 있으므로, 뒤집은 덩굴을 다른 덩굴 위에 마구 덮지 않도록 유의한다.

### TIP 고구마는 텃밭이 없어도 키울 수 있다

고구마는 텃밭이 없어도 재배할 수 있다. 아파트라면 좀 곤란하지만, 일반 주택에서는 가마니나 마대 자루에 상당한 양의 고구마를 재배할 수 있다. 먼저 5월 초순쯤 흙과 잘 썩힌 퇴비를 조금 섞은 다음 가마니나 마대 자루에 채운다. 여기에 고구마 순을 꽂고 물을 주면 된다. 가마니나 마대 자루 크기에 따라 위쪽에 네다섯 개의 순을 꽂고, 옆으로도 사방을 돌아가며 예닐곱 개의 고구마 순을 꽂아보자. 얼마 지나지 않아 고구마 순이 사방에서 나와 가마니가 보이지 않을 정도로 뒤덮는다. 가뭄이 몹시 심할 때가 아니면 굳이 물을 주지 않아도 된다. 10월 초순쯤 고구마 줄기를 잘라내고 가마니를 엎으면, 그야말로 '흙 반 고구마 반'으로 많은 고구마를 얻을 수 있다. 주택에서 마당 한쪽에 가마니나 마대에 흙을 채워놓고 고구마를 재배하면 겨우내 한 식구가 먹을 만큼 충분한 고구마를 수확할 수 있다.

공기와 물이 통할 수 있는 포대에 흙을 채우고 고구마 순을 심었다. 지주대로 포대를 푹 찌른 다음 고구마 순을 넣고 발로 포대를 밟아주면 흙과 순이 밀착된다. 땅에 고구마 순을 심고 물을 한두 번 정도 주면 지상부의 순이 시들어 죽어도 아래 마디에서 뿌리가 나오면서 새순이 나온다. 그러나 초기 1~2주 동안은 지상부 순이 죽지 않게 물을 자주 주어야 한다. 지상부 순이 완전히 말라 죽을 경우 새로 나오는 순이 포대를 뚫고 나오지 못하기 때문이다.

무성하게 자라는 고구마 덩굴.

무척 좋아해서 산밭이나 산 근처 밭에 심을 때는 적절한 대책을 세워야 한다. 또 멧돼지 역시 고구마 알뿌리를 좋아하므로 철저히 대비해야 한다.

한때 산기슭 밭에 고구마를 심은 적이 있었는데, 잘 자라던 고구마 순이 어느 날 갑자기 모조리 싹둑 잘려 사라지고 없었다. 누군가 훔쳐갔다고 생각하고 원망하는 마음을 가졌는데, 알고 보니 고라니 소행이었다. 고라니나 멧돼지가 나타났다면 고구마는 거의 하나도 수확할 수 없게 된다. 미리 철저하게 대비하도록 한다.

병충해로 굼벵이와 뿌리혹선충이 발생하는 경우도 있다. 토양 속에 알 상태로 있던 굼벵이가 깨어나 고구마 덩이를 파먹는다. 고구마를 캐보면 여기저기 파먹은 자국이 있는 것들이 있는데, 보기에 다소 흉할 뿐 텃밭에서는 크게 걱정할 정도는 아니므로 굳이 토양살충제를 살포할 필요는 없다.

## 웃거름 주기

고구마는 특별히 웃거름이 필요하지 않다. 다만 거름분 유실이 심한 사질 토양이라면 장마가 끝난 뒤 약간의 웃거름을 주면 좋다. 이때 질소 비료는 주지 말고, 인산과 칼리 비료를 중심으로 주는 것이 좋다.

## 수확과 보관

고구마는 땅속에서 자라는 덩이뿌리뿐만 아니라 지상부의 줄기도 수확해 이용할

고구마를 수확할 때는 먼저 줄기를 걷어내고 뿌리를 조심스럽게 파내면 된다. 자칫하면 상처가 생기고 저장성이 떨어지므로 유의한다. 캐낸 뒤에는 반나절 정도 그늘에서 말린 다음 보관한다. 캐는 과정에서 부러지거나 상처 난 고구마를 먼저 먹도록 하고, 상처 난 고구마를 저장하고자 한다면 큐어링 과정을 거치도록 한다.

포대에 흙을 담아 심었던 고추가 8월을 맞이했다. 새끼 가마니가 아니라 얇은 포대를 사용했더니 잇달아 내린 비와 햇빛에 포대가 삭아 터지고 말았다. 두꺼운 포대나 삭지 않은 새끼 가마니를 사용할 경우 이런 문제를 해결할 수 있다.

수 있다. 잎이 무성해지는 여름부터 서리 내리기 전까지 지나치게 번무한 곳을 중심으로 줄기를 수확하면 된다.

굵고 긴 줄기를 걷어 잎을 따내고 줄기만 골라 껍질을 벗기고 소금, 마늘, 파, 들깻가루, 육수 등을 넣고 볶아 먹는다. 줄기를 많이 거둬들였을 때는 껍질을 벗겨 말려두었다가 겨울에 물에 불려 볶아 먹어도 된다.

고구마 덩이뿌리는 서리 내리기 전에 반드시 수확해야 한다. 서리를 맞으면 쉽게 썩는다. 10월 초부터 수확에 들어가는데 잎이 누렇게 변하고 쓰러지면 수확 적기다. 지온이 10℃ 이하로 내려가기 전에 거둬들인다.

우리가 먹는 고구마는 열매가 아니라 뿌리다. 열매는 꽃이 지고 나서 맺힌 것을 말하는데, 고구마도 꽃이 피고 열매를 맺기도 하지만, 대부분 열매를 잘 맺지 못해서 매우 보기 드물다. 고구마 꽃이 진 뒤에 맺히는 열매는 작고 동글동글하다.

수확할 때 호미나 괭이에 고구마에 상처가 나는 경우가 있다. 눈에 쉽게 띄는 상처도 있고, 작은 데다 흙이 묻어 잘 보이지 않는 상처도 있다. 그대로 상자나 봉지에 넣어 보관하면 쉽게 썩는다. 따라서 수확한 고구마를 온도 30~33℃, 습도 90~95%에서 나흘에서 닷새간 큐어링(curing)해서 저장해야 한다. 하지만 전문 시설을 갖추지 않은 텃밭 농부가 그렇게 하기는 힘들다. 햇볕이 잘 드는 베란다에 신문이나 헌 옷가지 등을 덮어 그늘을 만들고 나흘에서 닷새 정도 말려주면 된다.

무엇보다 고구마를 캘 때 상처가 나지 않도록 주의해야 한다. 땅을 충분히 파지 않고 잡아당기거나 옆으로 눕히면 고구마가 부러지기 일쑤다. 게다가 손으로 고구마를 잡아당기면 껍질이 쉽게 벗겨지기도 하므로 주의한다.

고구마는 밭에서 자랄 때나 집에서 보관할 때나 냉해를 쉽게 입는다. 수확 후 보관 역시 냉장고가 아니라 현관이나 창고, 북쪽 베란다 등 기온이 12~15℃ 정도 되는 곳에 보관하는 것이 좋다. 보관 장소의 온도가 10℃ 이하로 내려가면 냉해를 입어 쉽게 썩는다. 한겨울에는 너무 춥지 않은 부엌 한쪽에 보관하는 것이 좋다.

### 고구마 재배 일정

| 3월 | 4월 | 5월 | 6월 | 7월 | 8월 | 9월 | 10월 | 11월 | 12월 | 1월 | 2월 |
|---|---|---|---|---|---|---|---|---|---|---|---|
| 상 중 하 | 상 중 하 | 상 중 하 | 상 중 하 | 상 중 하 | 상 중 하 | 상 중 하 | 상 중 하 | 상 중 하 | 상 중 하 | 상 중 하 | 상 중 하 |

■ 씨고구마 심기   ■ 순 심기   ■ 수확

재배난이도
★★☆

# 호박
박과

| 재배 포인트 |

호박은 넓게 번지는 작물이라 작은 텃밭에서는 밭 이용 효율이 떨어지는 작물이다. 옆 밭에 피해를 줄 수 있으므로 특히 여러 사람과 공동으로 사용하는 텃밭에서라면 재배하지 않는 편이 좋다. 공동 텃밭이라도 내 밭이 한쪽 가장자리에 있어 다른 사람의 텃밭에 피해를 주지 않고 키울 수 있다면 한두 포기 심어보면 즐겁다. 주변에 나무가 있을 경우 나무를 타고 오르게 기르면 공간을 덜 차지해서 좋다. 작은 텃밭에 굳이 키우고자 한다면 덩굴을 벋지 않는 주키니호박이 적합하다.

| 밭 만들기 |

호박은 밭 가장자리 혹은 밭둑 근처에 심는다. 주변에 큰 나무, 쓰러져 죽은 나무

호박은 덩굴성 작물이다. 따라서 좁은 텃밭에서 기르기는 적합하지 않은 작물이다. 덩굴이 넓게 번지는 것은 고려해 밭 가장자리에 심거나 주변의 나무를 타고 올라가게 하면 좋다.

건물 바깥에 줄을 치고 호박을 기르는 모습. 한 여름 햇볕도 가려주고, 보기에도 좋다.

등이 있으면 타고 오르도록 한다. 호박은 거름 성분을 많이 필요한 작물이다. 예전에 시골에서는 구덩이를 깊이 파고 겨울에 인분을 넣어 충분히 삭힌 다음 봄에 호박을 파종하곤 했다.

호박 씨뿌리기 4주 전에 가로세로 50㎝ 정도 면적에 석회를 한 줌 정도 뿌리고 땅을 잘 갈아준다. 씨뿌리기 2주 전에 가로세로 50㎝ 면적에 유기질 비료 1㎏ 정도나 완숙된 퇴비 4~5㎏ 정도를 넣고 깊이 30㎝ 정도로 땅을 갈아준다.

호박은 거름 성분이 많이 필요한 작물이지만, 밑거름을 너무 많이 넣으면 잎과 줄기만 무성해지고 열매가 잘 맺히지 않으므로, 일부는 밑거름으로 넣고 성장을 봐가며 웃거름을 몇 차례 주는 것이 좋다.

호박은 사방으로 뻗는 작물인 데다 두세 포기를 기르는 만큼 굳이 고랑과 이랑을 만들지 않아도 된다. 다만 물 빠짐이 좋아야 하므로 물이 잘 안 빠지는 점질토 밭이라면, 석회와 퇴비를 충분히 넣어서 물 빠짐이 좋도록 해준다. 밭 전체를 갈아엎을 필요는 없고 파종할 구덩이 주변을 지름 50㎝로 갈아엎고 퇴비를 충분히 넣어주면 된다.

이렇게 갈아준 흙을 마치 낮은 모래성을 쌓듯이 돋워 올려주면 물 빠짐에 더욱 좋다. 이때 올리는 '모래성'의 높이는 10㎝ 정도면 되고, 지름은 1m 정도면 충분

호박은 씨앗이 두껍지만, 워낙 싹이 잘 트는 작물이라 직접 씨앗을 뿌려도 기르기 쉽다. 다만 처음 재배할 때는 씨앗을 구하기 어려우므로 모종을 사서 심는 것이 낫다. 종묘상에서 씨앗을 판매하지만, 값이 비싸다. 씨앗을 심을 때는 한 구멍에 서너 개를 넣되 씨앗이 서로 겹치지 않도록 한다.

하다. 사질토 밭이거나 토심이 깊고 흙이 부드러운 밭이라면, 굳이 구덩이를 깊게 파거나 모래성을 올릴 필요 없이 석회와 유기질 비료만 넣어주면 된다.

| 재배 방법 |

호박은 워낙 발아가 잘 되는 작물이므로, 직접 씨앗을 심어도 되고 모종으로 심어도 된다. 씨앗이 있다면 직파하고, 씨앗이 없다면 굳이 구매할 필요 없이 모종을 두세 포기 사서 심는 편이 유리하다.

곧뿌림할 경우 4월 하순쯤 하면 되고, 모종을 구입해서 심는다면 날씨가 충분히 따뜻해지고 난 뒤인 5월 중순경이 좋다. 씨앗의 경우 씨뿌리기 시기를 조금 탄력적으로 운용해도 무방하지만, 모종은 어떤 품종이든 충분히 따뜻해진 뒤에 심어야 한다는 점에 유의하자.

### 씨앗이냐 모종이냐

씨앗을 뿌려도 발아가 잘 되지만, 처음 재배한다면 모종이 좋다. 도시에서는 씨앗을 구하기 어려울 뿐만 아니라, 텃밭 농부는 두세 포기만 심어도 충분한데 종묘상에서는 극소량으로 포장된 씨앗을 판매하지 않기 때문이다. 게다가 씨앗 값도 비싼 편이다. 4월 중하순경 재래시장이나 종묘상에 가면 많은 종류의 모종이 나와 있다.

## TIP 미니단호박의 종류

미니단호박에는 보우짱, 꼬꼬마짱 등 여러 종류가 있는데, 이들 씨앗은 '에프원(F1) 종자'이어서 매년 씨앗을 따로 사서 심어야 한다. '에프원 종자'란 우수한 종자끼리 교배해서 만들어낸 종자로 그 우수한 형질이 유전되지 않아서 해마다 새로 씨앗을 구입해야 하는 종자를 말한다. 그래서 씨앗 값이 매우 비싸다. 씨앗 한 개에 300~500원씩 한다. 다이어트를 생각하는 농부라면 미니단호박 몇 포기를 길러보는 것도 좋겠다. 단맛이 일반 단호박보다 강하고, 크기가 작아 하루에 한 개씩 먹기 아주 좋다. 4월에 씨를 뿌려 7월 하순에 수확할 수 있으므로 청둥호박과 비교하면 재배 기간도 짧다.

일반 단호박보다 더 작은 미니단호박인 '꼬꼬마짱'. 　　　미니단호박 중에서도 가장 맛이 뛰어난 '보우짱'.

호박에는 크게 청둥호박(늙어서 겉이 굳고 씨가 잘 여문 호박)과 애호박 등 동양계 호박과 단호박, 미니단호박 등 서양계 호박을 비롯해 국수호박, 주키니호박 등이 있다.

산후조리, 호박죽, 호박즙, 호박전 등에 쓰고자 한다면 청둥호박 한두 포기를 키우고, 각종 찌개나 요리에 수시로 이용하고 싶다면 주키니호박, 식사 대용 혹은 다이어트용으로 이용하고 싶다면 단호박이나 미니단호박을 재배하면 된다. 미니단호박은 크기가 일반 단호박의 1/3 정도인데 씨앗 값이 매우 비싸다. 청둥호박과 주키니호박, 단호박 등은 모종으로도 많이 판매하지만, 미니단호박은 모종으로 판매하는 곳을 찾기 어렵다.

특히 미니단호박을 기르려면 그물망과 튼튼한 지주 등 시설이 필요하므로 텃밭 농부 입장에서는 덩굴을 뻗지 않는 주키니호박이 유리하다. 덩굴이 기어오를 나무가 주변에 있거나 밭 주변에 사용하지 않는 돌무더기나 쓰러진 나무 등이 있으면 청둥호박을 길러보는 것도 좋다.

청둥호박은 아직 어릴 때는 풋호박으로 된장찌개에 넣어 먹어도 좋고, 썰어서 전을 부쳐도 좋다. 눈에 띄는 대로 풋호박을 수확해서 먹어도 한두 개 정도는 찾지 못하는 것

미나단호박 '보우짱' 모종과 꽃. 미니단호박을 재배하려면 오이처럼 망을 쳐주어야 한다. 그냥 땅바닥에 기게 하면 호박 크기는 작은데 땅에 닿은 자국이 남아 보기 흉하다.

파종한 뒤 본잎이 두세 장쯤 나오면 차례로 솎아내 최종적으로 한 구멍에 한 포기만 자라도록 한다.

씨앗을 뿌리고 2주 뒤에 싹이 올라왔다.  싹이 나오고 1주일 뒤 본잎이 나왔다.  단호박 모종이다. 씨를 뿌려 모종을 키우다 보면 때때로 떡잎에 씨껍질이 붙어 있는 경우가 있는데, 저절로 떨어지도록 내버려둔다. 일부러 떼다가 떡잎에 상처를 주면 발육에 장애가 된다.

이 생기기 마련이고, 이것들은 나중에 청둥호박으로 자라 또 다른 기쁨을 준다.

청둥호박, 주키니호박, 단호박, 미니단호박 등 호박을 기르는 요령은 비슷하다. 여기에서는 청둥호박을 중심으로 설명하되, 특별한 차이가 있는 부분에서는 따로 설명을 덧붙인다.

### 재배 간격

호박은 넓게 번지며 자라는 작물이다. 주키니호박은 포기당 50~60㎝ 간격, 청

> **TIP** 호박에 꽃은 피는데 열매가 없다?
>
> 초보 텃밭 농부 중에는 호박이 너무 무성해지는 것을 예방한다는 이유로 아들 줄기와 손자 줄기가 나오는 대로 잘라버리는 경우가 있다.
>
> "꽃은 많이 피는데 열매가 맺히지 않는다."
>
> 초보 농부가 호박을 키우면서 털어놓은 푸념이다. 원인은 암꽃이 많이 피는 아들 줄기와 손자 줄기를 잘라버렸기 때문이다. 그런데도 꽃은 많이 피었다고 하는데, 이때 텃밭 농부가 본 꽃은 거의 수꽃일 가능성이 높다. 원줄기에는 수꽃이 많이 핀다.
>
> 앞서 밝혔듯이 대부분 박과 작물은 원줄기보다는 아들 줄기와 손자 줄기에 암꽃이 많이 피어서 이들을 잘라버리면 열매를 하나도 못 맺을 수가 있음에 유의하자. 그러나 수꽃이 없으면 암꽃이 수분할 수 없으므로, 수꽃 역시 따내면 안 된다.
>
> 물론 토마토나 참외, 호박 등에 열매가 맺히지 않는 데는 다양한 원인이 있다. 영양분이 너무 많을 경우에도 작물은 생식생장보다는 영양생장에 몰두하므로 열매가 잘 맺히지 않는다. 이런 현상을 방지하려면 반드시 첫 번째 열매가 맺힌 뒤에 웃거름을 주는 것이 좋다. 한번 열매를 맺기 시작하면 작물은 스스로 영양생장과 생식생장의 균형을 이룬다. 이런 현상은 호박뿐만 아니라 토마토, 오이 등에서도 흔히 나타난다.

둥호박은 2m 이상 간격을 유지하는 것이 좋다. 단호박과 미니단호박은 1m 이상의 간격을 유지하도록 한다. 미니단호박을 재배한다면 호박이 땅바닥을 기지 않고 타고 올라가도록 터널형 지주를 세우고 망을 둘러 덩굴이 타고 올라갈 수 있도록 해준다. 다른 호박은 땅바닥에 기어도 별 탈이 없지만, 크기가 매우 작은 미니단호박은 땅바닥에 열매가 닿으면 병해에 노출되기도 쉽고, 보기에도 흉하다.

### 씨뿌리기와 모종 심기

씨앗을 뿌릴 경우 2~3㎝ 깊이로 묻고 물을 흠뻑 뿌려주면 된다. 호박 씨앗은 암발아 종자이므로 씨뿌리기 후에 신문지나 짚을 덮어 주면 싹을 더 잘 틔운다. 기후와 지역에 따라 다소 차이가 있지만, 4월 말 이후에 파종하고 닷새에서 이레면 발아하는데, 싹이 트고 나면 덮어준 신문지나 짚을 걷어내야 한다.

모종을 심을 때는 다른 모든 모종과 마찬가지로 원래 흙이 덮여 있는 곳까지만 묻는다. 모종을 심은 뒤에는 포기 주변으로 원을 그리듯 홈을 파고 두세 차례에 걸쳐 물을 흠뻑 준다. 호박을 옮겨 심는 시기는 5월 초순인데, 낮에는 날씨가 상당히 따뜻하고 햇빛도 강하다. 따라서 옮겨 심고 나면 호박은 옮김 몸살을 하느라 축 늘어진다. 그러나 크게 염려할 것은 없다. 하루에 한 번 정도 사나흘만 물을 주면 금세 자리를 잡고 왕성하게 성장한다.

### 순지르기와 가지치기

호박은 줄기가지가 사방으로 마구 번지므로 초기부터 기를 줄기와 제거할 줄기를 결정해 관리해야 한다. 잠시 내버려두면 어느 것이 원줄기인지, 어느 것이 아들 줄기인지 구분할 수 없는 지경에 이르고, 이렇게 되면 그대로 방치하는 수밖에 없다. 내버려둬도 어느 정도 수확할 수 있지만, 호박의 크기가 작아지거나 병해에 시달릴 가능성이 있고, 다른 작물에 피해를 주게 된다.

곁가지를 제거할 때는 몇 가지 유의할 점이 있다. 무턱대고 제거했다가는 열매를 거의 못 얻는 경우가 발생할 수도 있다. 호박을 비롯해 오이, 참외 등 박과 작물은 암꽃과 수꽃이 한 포기에서 핀다. 사진에서 보는 것처럼 암꽃에는 꽃 아래에 탁구공처럼 볼록한 씨방이 있다. 수꽃에는 씨방이 없고 꽃 아래가 탁구공처럼 볼록하지도 않다. 우리가 먹는 열매는 암꽃의 씨방이 자란 것이다.

박과 작물은 원줄기보다 아들 줄기, 손자 줄기에 암꽃이 많이 핀다. 암꽃이 피어야 열매가 달린다. 따라서 호박은 원줄기를 무작정 키우기보다 아들 줄기와 손자 줄기를 적절하게 키워야 충실한 열매를 얻을 수 있다.

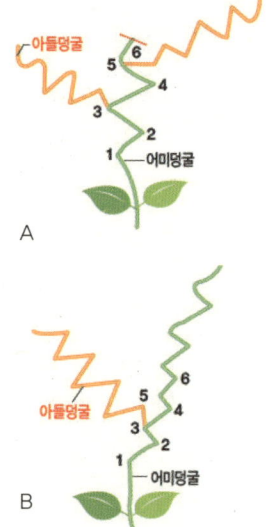

A는 어미덩굴을 순지르기 하고 아들 덩굴을 2개를 키우는 방법이고, B는 어미덩굴과 아들 덩굴 1개를 키우는 방법이다. 더 많은 열매를 얻고자 한다면 A방법이 적당하고, 다소 숫자가 적더라도 일찍부터 수확하고자 한다면 B방법이 적합하다.

호박 수꽃. 수꽃은 밑에 탁구공처럼 볼록하게 생긴 것이 없다. 또한, 꽃에는 수술이 있을 뿐 씨방이 없다.

암꽃은 꽃 아래 탁구공 같은 것이 달려 있다.

수정이 완료된 암꽃이다.

호박꽃은 주로 아침 일찍부터 오전에 수정한다. 여름에 꿀벌은 아침 여섯 시만 되어도 밭에 나와 꿀을 따면서 자연스럽게 호박꽃을 수정시켜준다.

### 아들 줄기와 손자 줄기 선택하기

호박은 원줄기가 여섯 마디쯤 나왔을 때, 다섯 마디를 남겨두고 원줄기를 순지르기 해야 한다. 그냥 두면 원줄기가 계속 자라면서 곁가지와 잎이 계속 나오고, 지나치게 무성해지면서 포기 자체는 물론이고 열매도 부실해진다. 원줄기를 자른 뒤 아래에 나오는 아들 줄기 중에서 두 개만 선택해 기르고 나머지는 제거한다. 아들 줄기에서 또 손자 줄기가 나오는데 손자 줄기 중에서도 두세 개만 남겨두고 모두 제거한다. 그래야 크고 충실한 열매를 얻을 수 있으며, 통풍 불량과 과습, 햇빛 차단에 따른 병해를 방지할 수 있다.

원줄기의 순지르기와, 키울 아들 줄기와 손자 줄기의 선택은 될 수 있으면 이를수록 좋다. 대체로 모종을 심고 1~2개월 안에 원줄기를 순지르기 하고 키울 아들 줄기와 손자 줄기를 선택해야 한다. 너무 늦으면 어느 것이 원줄기인지, 아들 줄기인지 구분할 수 없다. 만약 그런 상황이 되면 대충 판단해서 잘라주거나 그대로 키우는 수밖에 없다.

### 인공 가루받이

비닐하우스 안에서 호박을 키우는 전문 농가에서는 사람이 붓으로 수꽃과 암꽃을 번갈아 인공수분 하거나 수분용 꿀벌을 하우스 안에 방사해 인공수분 하는 경우가 많다. 그러나 노지에서 재배하는 텃밭 농부는 굳이 인위적으로 가루받이를 하지 않아도 된다. 꿀벌이 이른 아침부터 나와서 부지런히 수분 작업을 해준다.

암꽃은 주로 오전 네다섯 시경 피는데, 오전 열한 시쯤 되면 잎을 오므리므로 수분할 수 없다. 따라서 굳이 인공수분을 해주어야 할 형편이라면, 이른 아침에 그날 핀 수꽃을 따다가 암꽃에 묻혀 주면 된다. 수꽃 한 개에는 암꽃 세 개 정도를 가루받이할 수 있을 정도의 꽃가루가 있다.

### 열매 따기

청둥호박을 재배할 경우, 큰 호박을 얻고 싶다면 아들 덩굴의 세 번째 암꽃(대체로 열여덟 번째 마디)에 달린 호박을 키우는 것이 좋다. 여덟 번째 마디와 열세 번째 마디에 암꽃이 피고 여기에도 열매가 맺히는데, 아직 잎 수가 부족해서 이 열매는 키워도 크게 자라지 않는다. 따라서 여덟 번째 마디와 열세 번째 마디에 맺히는 호박은 아직 어릴 때 수확해서 풋호박으로 이용하면 좋다.

일일이 몇 번째 마디에서 맺힌 열매인지 분간하기 어려우므로 어미 줄기든 아

왼쪽 사진은 호박에 발생한 흰가루병이고, 오른쪽 사진은 맷돌호박 잎에 나타나는 고유의 흰무늬다. 흰가루병이 발생한 포기는 멀리 뽑아서 버리고, 주변 포기에는 난황유를 살포해 병 발생을 예방한다.

들 줄기든 각각 열 번째 마디 안의 열매를 모두 따낸다고 생각하면 쉽다. 일찍 따줄수록 좋다.

대과(袋果, 하나의 암술을 구성하는 앞으로 이뤄진 씨방이 익어서 생기는 과실)로 키울 열매인 세 번째 열매가 맺힌 뒤 보름 간격으로 키토산 및 칼슘 성분의 물거품을 300배 정도 물에 희석해서 뿌려주면, 과육이 잘 성장하고 단단해져서 오래 저장할 수 있다.

## | 병해충과 처방 |

호박은 건강한 작물이다. 그다지 심각한 질병은 발생하지 않는다. 다만 흰가루병이 발생하는 경우가 있는데, 잎에 흰색 분생포자(分生胞子)가 나타나다가 심하면 잎 전체가 밀가루를 뿌려놓은 것처럼 뿌옇게 변한다. 원인은 땅속 병원균 때문인데, 흰가루병이 발생한 잎은 즉시 따서 멀리 버리고, 근처의 포기에 마요네즈액(난황유)를 이레 간격으로 두세 차례 뿌려주면 상당한 효과가 있다.

착과된 열매가 성장하지 않거나 노랗게 변하면서 말라 버리는 경우도 있다. 질소 비료가 너무 많거나 장마철의 과습, 햇빛 부족 등이 원인이다. 이를 예방하려면 미리미리 곁가지를 제거해서 통풍이 잘 되게 하고 햇빛이 잘 들게 해야 한다. 이 같은 질병이 나타나지 않더라도 여름철 장마 때 보름 간격으로 마요네즈액을 살포해주면 흰가루병과 점박이응애를 예방할 수 있다.

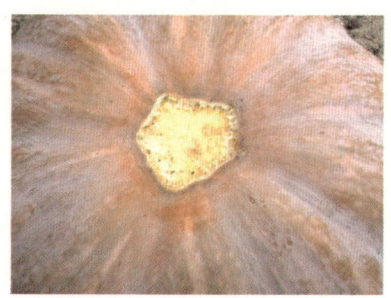

청동호박을 따서 꼭지를 잡고 들었을 때 꼭지가 쉽게 떨어지면 호박 안이 썩은 것이므로 버려야 한다. 건강한 호박은 꼭지를 잡고 마구 흔들어도 꼭지가 떨어지지 않는다.

꼭지가 떨어지거나 겉이 물컹한 호박을 쪼개보면 그 안에 호박과실파리 유충이 자라는 것을 볼 수 있다. 집 안에서 이처럼 호박과실파리가 자라는 호박을 쪼개면 유충이 스프링처럼 몸을 웅크렸다가 뛰어서 기겁한다. 호박과실파리 유충은 청동호박 뿐만 아니라 아직 풋호박에서도 자란다. 표면은 눌러봤을 때 물렁하다 싶으면 주의해서 잘라봐야 한다.

### 호박과실파리 피해

근래에 호박에 가장 큰 피해를 주는 것은 호박과실파리 애벌레다. 농가에서는 호박과실파리 때문에 호박 농사를 접는 경우도 있다고 한다.

호박과실파리는 호박, 수박, 오이 등 박과에 속하는 작물에 피해를 주는데, 주변 잡초 등에서 서식하다가 7~9월경 박과류 식물이 아직 어린 때 열매의 표피를 뚫고 과실 속에 알을 낳는다. 알은 곧 부화해서 유충이 열매 속에서 자란다. 호박과실파리 유충이 들어 있는 열매는 다 성장하기 전에 대부분 꼭지가 떨어져 버리는데, 일부는 꼭지가 떨어지지 않은 상태로 멀쩡하게 자라서 수확한 후 잘라보면 안에 엄청나게 많은 구더기가 꿈틀대는 것을 볼 수 있다.

집에서 호박을 쪼갰다가 구더기를 보면 주부는 기겁을 한다. 게다가 이 구더기는 몸을 접었다가 펴면서 용수철처럼 튀어서 움직인다. 그 모습이 몹시 징그러워 기절초풍할 정도다. 이런 난처한 경우를 맞이하지 않으려면, 꼭지가 저절로 떨어진 호박은 호박과실파리 유충이 아니더라도 건강하지 못한 호박이므로 땅속 깊이 묻거나 태워버리는 것이 좋다. 그냥 버리면 흙 속에서 잠복해 내년에 더 큰 피해를 준다.

호박과실파리 유충으로 생기는 난처함을 피하려면, 멀쩡하게 수확한 호박이라도 꼭지를 잡고 호박을 들어 올려서 한두 번 흔들어보면 좋다. 건강한 호박은 꼭지를 잡고 흔들어도 꼭지가 절대 빠지지 않는다. 병충해에 감염된 호박은 꼭지 힘이 약해서 잡고 흔들면 금방 빠져버린다.

호박과실파리 성충의 몸길이는 10㎜ 정도고, 날개 길이는 9㎜ 정도다. 이 파리는 1년에 한 번 발생하며, 성충은 7~9월경까지 출현해 산란한다. 호박과실파리는 주로 산 근처 밭에서 재배할 때 나타난다. 나도 산기슭 텃밭에서 기른 호박의 40% 이상에서 호박과실파리의 피해를 본 적이 있다. 도심의 텃밭에서는 아직 그런 적이 없다.

### 호박과실파리 예방

호박과실파리 피해를 예방하려고 전문 농가에서는 농약을 살포하기도 한다. 그러나 농약을 살포하면 꿀벌 역시 피해를 받아 열매가 잘 열리지 않는 경우가 발생하기도 한다. 일부 농가에서는 아예 호박과실파리 덫을 설치하고, 과실파리가 나타나는 무렵을 정확하게 포착해 약제를 살포하기도 한다.

주키니호박을 재배하는 농가에서는 호박이 열리자마자 주키니호박 전용 비닐을 씌워 호박과실파리 성충이 산란하지 못하도록 막는다. 비닐을 씌우는 것은 파리의 피해 방지하는 방법일 뿐만 아니라 더 품질 좋은 열매를 생산하기 위한 방책이기도 하다.

텃밭 농부가 살충제를 살포해가면서까지 호박 농사를 지을 필요는 없다고 본다. 도심의 작은 텃밭에서는 사실 과실파리 피해가 거의 나타나지 않는다. 그래도 걱정이 된다면 키울 호박을 선정한 다음 열매가 열리자마자 매실망이나 배추망 따위를 씌워주면 호박과실파리가 산란하지 못한다.

비가 내리는 날 주키니호박을 수확하면 잘린 부위가 감염돼 무름병이 발생할 수 있다. 너무 자라기 전에 조금 서둘러 거둬들여야 줄기가 지치지 않으므로 더 오래, 더 많이 수확할 수 있다.

## 웃거름 주기

호박은 비교적 거름이 많이 필요한 작물이다. 게다가 열매를 많이 맺고 오랫동안 밭에서 자라므로 웃거름을 주어야 한다. 첫 번째 열매가 달리고 그 열매가 테니스공 크기 정도 되었을 때, 포기 양쪽으로 약 30㎝ 정도 떨어진 곳에 호미로 홈을 파고 유기질 비료를 한 주먹씩 넣어주면 좋다. 두 번째와 세 번째 웃거름은 첫 번째 웃거름을 준 뒤 각각 20일, 40일 지난 후에 포기로부터 약 50㎝ 정도 떨어진 곳에 홈을 파고 유기질 비료를 한 주먹씩 넣어주면 된다.

## 수확과 저장

호박은 종류에 따라 수확 시기가 조금씩 다르다. 전업농가에서는 대량 재배하면서 일정한 주기를 정해 대량으로 거둬들이거나 일정한 시점에 한꺼번에 수확하기도 한다. 그러나 텃밭 농부는 조금씩 자주 거두는 것이 좋다.

### 청둥호박

청둥호박은 완전히 키워 누런 큰 덩어리 호박을 수확해도 되고, 키우는 중간에 사과나 배 크기만큼 성장했을 때 거둬 찌개나 국거리로 이용할 수도 있다. 누렇게 잘 익은 호박은 한두 개만 하면 충분하므로 텃밭 농부 입장에서는 수시로 풋호박을 수확해서 먹는 편이 낫다. 풋호박을 따서 먹다가 각 가지의 세 번째 암꽃에서 맺힌 청둥호박 두세 개를 길러 10월에 아주 큰 호박을 수확하면 된다.

청둥호박 중에는 8~9월에 이미 다 자라 누렇게 익는 것도 더러 나온다. 그러나 이때

주키니호박은 덩굴을 벋지 않으므로 좁은 텃밭에서 재배하기에 적합다. 주키니 호박 3,4포기만 심으면 한 가족이 여름 내내 호박을 먹을 수 있고, 남는 것은 말려서 겨울에 이용할 수 있다.

익어가는 청둥호박.

맷돌호박 등 큰 호박을 심어 모두 기르면 나중에 골칫거리가 된다. 열매가 어릴 때 풋호박으로 따서 먹는 것이 좋다. 풋호박은 너무 자라면 안에 씨가 생기므로 어른 주먹보다 조금 더 자랐을 때 수확하는 것이 낫다. 수확기를 놓쳤다면 그대로 길러 늙은호박이 돼도록 한다.

수확 적기의 애호박. 위 크기보다 조금 더 큰 것은 상관없으나 더 크면 씨가 생긴다.

수확하면 날씨가 더워 장기간 보관이 어렵다. 잘 익은 청둥호박을 이듬해 3~4월까지 보관하려면 다 익었더라도 그대로 밭에 두었다가 10월에 수확하는 것이 좋다. 충분히 잘 익은 청둥호박은 누런 겉 표피에 하얀 분가루가 맺힌다. 흰 분가루가 맺힌 뒤에 수확하면 장기간 싱싱한 상태로 저장할 수 있다. 그러나 산자락이나 산 근처에 밭이 있다면 멧돼지나 쥐를 조심해야 한다. 쥐는 잘 익은 청둥호박에 구멍을 내고 들어가 속살을 파먹고, 멧돼지는 호박을 깨트려 살을 발라 먹는다.

표피에 상처가 난 호박은 잘게 썰어 호박고지로 말려 보관할 수 있다. 썰기 전에 칼로 단단한 껍질을 벗겨내고 썰어 말려야 나중에 바로 이용할 수 있다.

### 주키니호박

굵은 오이 모양의 호박으로 덩굴을 벋지 않아서 밭의 규모가 작은 텃밭 농부가 재

미니단호박 보우짱. 미니단호박 중에서도 가장 인기 있는 품종이다. 다른 미니단호박에 비해 씨앗 값도 더 비싸다.

수확한 일반 단호박. 텃밭 농부는 굳이 미니단호박을 기르지 말고 일반 단호박을 기르는 편이 수확량 면에서 더 낫다. 일반 단호박은 지주를 세우거나 망을 치지 않아도 되므로 관리도 더 편하다.

배하기에 적당하다. 주키니호박은 개화 후 1주일 정도면 수확할 수 있다. 열매 길이가 15~20㎝ 정도로 어릴 때 거둬들여야 줄기에 부담을 덜 줘 계속 열매를 수확할 수 있다. 1주일에 한 번 텃밭에 가는 농부 입장에서는 다소 작더라도 기다리지 말고 수확하는 편이 유리하다.

주키니호박은 잎이 물크러지면 모자이크병이나 잿빛곰팡이병이 발생하기 쉬우므로 시든 잎, 물크러진 잎을 제때 정리해준다. 잎맥에 생기는 흰무늬는 병이 아니므로 신경 쓰지 않아도 된다.

## 단호박과 미니단호박

미니단호박은 품종에 따라 다소 차이가 있지만, 대체로 열매가 열린 후 40~45일경 수확한다. 늦게 수확하는 청둥호박과 달리 6월부터 8월까지 거둬들인다. 이후에도 열매가 달리고 익어가지만, 처음보다는 부실하다.

열매꼭지 부분이 갈색 코르크처럼 단단하게 굳어지고, 균열이 발생하며, 열매껍질의 색이 농녹색으로 변할 때가 수확 적기다. 이때 호박 과육을 손가락으로 눌러보면 돌처럼 단단한 느낌을 준다. 수확은 맑은 날에 하며 꼭지를 약 2㎝ 정도 붙여서 거둔다. 꼭지가 코르크처럼 단단해 보이지만 가위로 자르면 잘 잘린다.

단호박은 수확기가 되면 겉껍질이 녹색에서 농녹색으로 변하면서 표면이 다소 울퉁불퉁해진다. 대체로 열매가 맺히고 45일쯤 지났을 때 수확하면 적기다. 단호박은 충분히 잘 익은 것을 수확해야 한다. 그러나 수확이 너무 늦어지면 맛이 떨어지므로 주의한다. 열매가 열렸을 때 날짜를 기록해 꼬리표를 달아두면 수확 시기를 정확하게 계산할

우리가 흔히 먹는 일반 단호박 모종.

단호박이 공중에 매달린 채 자라고 있다. 꼭지가 아직 녹색이다. 이 시기의 단호박도 수확해서 먹을 수 있지만 당도가 약하다. 덜 익은 단호박을 수확했을 경우에는 그늘진 곳에서 3,4일 정도 숙성하면 당도가 올라간다. 또한 아직 제대로 익지 않은 단호박의 씨앗을 갈무리해 이듬해 심으면 발아율이 현저히 떨어진다. 씨앗이 아직 여물지 않았기 때문이다.

단호박이 다 익으면 과피는 농녹색으로 변하고 꼭지 부분은 목질화된다. 목질화된 꼭지는 코르크처럼 단단해 보이지만 가위로 자르면 잘 잘린다.

수 있다. 상처가 없는 단호박은 실내에서 장기간 보관할 수 있다.

풋호박으로 이용할 것이 아니라면, 모든 호박은 수확한 뒤 햇볕에서 서너 시간 말려 물기를 없애고, 그늘지고 통풍이 잘되는 곳에서 열흘 정도 말린 뒤 저장하면 좋다.

### 저장 환경

호박의 적정한 저장 온도는 12~14℃이며, 습도는 65~70% 정도다. 저장 중에 에틸렌 가스가 많이 발생해 부패율이 높은 만큼 환기가 중요하다. 특히 표피에 상처가 있는 호박은 곧 썩으므로 일찍 먹는다. 호박은 냉장 저장하면 냉해가 발생하므로 서늘한 베란다에서 보관하다가, 한겨울에는 거실로 옮겨 두면 비교적 오래 저장할 수 있다. 텃밭 농부가 가정에서 한두 개 저장하는 경우에는 거실에 두는 정도로 충분하다. 다만 겨울을 넘겨 오랫동안 저장하고자 한다면, 8월이나 9월에 거둬들이지 말고 밭에 그대로 두었다가 10월에 수확해야 한다. 늦게 수확한 호박이라도 껍질에 상처가 있으면 금세 썩는다.

### 호박 재배 일정

| 3월 | | | 4월 | | | 5월 | | | 6월 | | | 7월 | | | 8월 | | | 9월 | | | 10월 | | | 11월 | | | 12월 | | | 1월 | | | 2월 | | |
|---|---|---|---|---|---|---|---|---|---|---|---|---|---|---|---|---|---|---|---|---|---|---|---|---|---|---|---|---|---|---|---|---|---|---|---|
| 상 | 중 | 하 | 상 | 중 | 하 | 상 | 중 | 하 | 상 | 중 | 하 | 상 | 중 | 하 | 상 | 중 | 하 | 상 | 중 | 하 | 상 | 중 | 하 | 상 | 중 | 하 | 상 | 중 | 하 | 상 | 중 | 하 | 상 | 중 | 하 |

■ 파종　■ 아주 심기　■ 수확

재배난이도
★★☆

# 들깨
꿀풀과

| 재배 포인트 |

들깨는 토질과 재배법에 따라 다소 차이가 있으나, 최소한 33㎡(10평) 정도는 심어야 두 병(소주병) 정도의 들기름을 얻을 수 있다. 따라서 텃밭 농부는 기름을 짜기보다는 잎 수확을 목표로 서너 포기 정도 심는 것이 바람직하다. 씨앗을 직접 밭에 뿌려도 발아가 잘 되지만, 많이 심을 것이 아닐 때는 모종을 사서 심는 것이 유리하다.

| 밭 만들기 |

씨뿌리기나 모종 옮겨심기 4주 전에 3.3㎡(1평)당 두세 줌의 고토석회를 뿌려 토양을 중화하도록 한다. 석회를 뿌릴 때는 삽을 이용하거나 장갑을 끼도록 한다. 땀이 난 피부에 석회가 묻으면 열 반응을 일으켜 화상을 입기에 십상이므로 주의

한다. 비가 내리는 날에 석회를 뿌리는 것도 매우 위험하므로 주의한다.

석회를 뿌리고 2주일 뒤에 3.3㎡당 2~3kg 정도의 유기질 비료를 넣고 흙과 잘 섞어준다. 두둑의 너비는 1m, 높이는 10㎝ 정도로 하되, 밭의 사정을 봐가며 높이를 조절한다. 사질토 밭이라면 10㎝ 이내가 좋고, 물 빠짐이 나쁜 점질토 밭이라면 15㎝ 정도로 높이도록 한다.

## | 재배 방법 |

너무 일찍 심거나 너무 늦게 심지만 않으면 들깨는 재배하기 쉬운 작물이다. 씨앗을 직접 뿌려도 되고 모종을 사서 심어도 된다. 직파할 경우 4월 하순에서 5월 초 밭 한쪽에 줄뿌림해두었다가 6월 말에서 7월 중순경 감자나 총각무, 상추 등 이른 봄에 파종한 작물을 캐낸 자리에 심으면 밭의 이용 측면에서 유리하다.

### 씨뿌리기

씨앗을 밭 한쪽 구석에 뿌려 봄 작물 후속으로 옮겨 심으면 된다. 4월 하순에서 5월 초에 곧뿌림할 때는 10㎝ 정도 간격을 두고 한 구멍에 두세 개의 씨앗을 넣고 5㎜ 정도로 가볍게 흙을 덮고, 물을 흠뻑 뿌려주면 된다. 세차게 물을 뿌리면 씨앗이 쓸려갈 수 있으므로 물뿌리개 뚜껑을 덮고 주의해서 뿌린다. 짚이나 낙엽을 덮은 다음 물을 뿌리면 수분 유지에도 좋고, 씨앗이 한쪽으로 쓸려갈 염려도 없다.

씨앗을 뿌리고 사흘에서 엿새쯤 지나면 싹이 올라온다. 싹이 나오면 덮어두었던 짚이나 낙엽을 제거해주도록 한다. 피복물 제거가 늦거나 햇빛이 잘 들지 않으면 모종이 웃자라 키만 크고 매우 허약해진다.

1주일에 두세 차례 물을 주도록 하고, 아직 어린 들깨 싹이 풀에 치이지 않도록 옆에서 자라는 풀을 한두 번 정도 관리해주도록 한다. 이렇게 키운 모종을 6월 말에서 7월 초 본밭에 옮겨 심으면 잘 자란다.

### 모종 사기

들깨뿐만 아니라 모든 모종은 포트 한 개에 한 포기만 심긴 것을 구매해야 한다. 농사를 잘 모르는 텃밭 농부 중에는 때때로 포트 한 개에 두세 포기 이상이 심긴 모종을 구매하는 경우가 있는데, 작은 공간에 두세 포기가 심겨 있다는 것은 솎아내기를 게을리한 것으로 웃자라 연약한 작물이므로 사지 않도록 한다. 같은 돈을

파종하고 2주쯤 지나자 들깨 싹이 올라왔다. 들깨는 고온성 식물이다. 따라서 5월에 접어든 뒤 씨를 뿌리면 된다.

파종한 뒤 솎아내기를 하지 않으면 들깨 모종이 웃자라 허약해진다. 사진은 지나치게 빽빽하게 자라는 들깨 모종(5월 중순).

6월 하순 무성하게 자라는 들깨. 이때부터 수시로 잎을 수확해서 먹으면 된다.

6월이 되어 들깨 모종을 밭에 아주 심었다. 들깨 모종을 옮겨 심고 나면 축 늘어져 죽을 것 같지만 곧 생기를 되찾는다.

들깨 잎에 자주 나타나는 녹병. 병에 걸린 잎은 즉시 따서 멀리 버리도록 한다.

수확한 들깻잎. 깨를 얻고자 한다면 한 포기에서 너무 많은 잎을 수확하지 않도록 한다.

9월 중순, 들깨 꽃이 피기 시작했다.

주고 두세 포기를 구입하면 이익일 것 같지만 실은 손해다.

### 옮겨심기

종묘상에서 구입한 모종이라면 포트에 물을 흠뻑 뿌리고 한 시간쯤 뒤에 뽑아내 심으면 뿌리에 붙은 흙이 떨어지지 않아 뿌리 내림이 잘 된다. 밭 한쪽에 곧뿌림해서 기른 모종이라면 흙을 뿌리에 붙인 채 파내기가 쉽지 않다. 모종삽을 이용해 최대한 뿌리에 붙은 흙이 떨어지지 않도록 옮겨 심는 것이 좋지만, 실수로 흙이 떨어졌다고 해도 너무 염려할 것은 없다.

들깨는 생명력이 매우 강한 작물이다. 따라서 설령 모종 흙이 떨어졌다고 해도 옮겨 심은 뒤 물을 흠뻑 주면 된다. 흙이 떨어진 포기라고 해도 아주 심기하고 이틀이나 사흘 간격으로 2주 정도 물을 주면 잘 뿌리를 내린다. 우리나라는 6월 말에서 7월 말까지 장마가 오락가락하는 날씨가 이어진다. 장마가 잠시 멈춘 틈을 타서 들깨 모종을 옮겨 심으면 수시로 내리는 비를 맞고 잘 자란다.

일찍 씨를 뿌려서 키가 많이 자란 모종을 옮겨 심을 때에는 고구마를 심듯 땅을 가로로 길게 파고 모종을 눕혀 심으면 된다. 이때 잎은 땅 위로 나오도록 해야 한다. 잎을 땅 위로 나오도록 하자면 들깨 모종의 상단 부분을 휘어주어야 하는

데, 너무 휘면 모종이 꺾어지므로 조심해야 한다. 일부러 휘어주는 게 부담스럽다면 잎과 줄기의 상단 부분을 지상으로 나오도록 하고, 길게 자란 줄기 대부분을 흙 속에 심어두기만 해도 알아서 위를 향해 곧게 자란다.

### 풀 뽑기

들깨는 옮겨 심고 2~3주 안에 주변 풀을 한 번쯤 매주어야 한다. 이후에는 풀 걱정을 하지 않아도 된다. 심는 시기에 따라 다소 차이가 있지만, 들깨는 7월 말이 되면 키가 1m 이상 자라고, 8월이 되면 1.5m까지 자라 밭에 사람도 들어가기가 어려울 정도이기 때문이다.

여름에 비가 많이 내리고 바람이 불면 간혹 쓰러지는 포기가 발생하기도 한다. 쓰러진 포기는 세워주고 넘어지지 않도록 줄을 두르거나 북주기를 해주면 된다.

9월 중순이면 꽃대가 올라오고, 하얀 들깨 꽃이 피기 시작한다. 9월 하순이면 꽃망울 안에 들깨가 맺히기 시작하고, 10월 초순이면 들깨가 무거워지기 시작한다. 이때 비가 내리고 바람이 불면 넘어지는 들깨가 생긴다. 완전히 쓰러져 땅바닥에 드러누운 상태가 아니라면 일부러 일으켜 세우지 않아도 깨는 잘 익어간다.

## | 병해충과 처방 |

들깨는 특유의 향 덕분에 병해충이 많지 않다. 때때로 나방 애벌레가 생기기도 하지만 염려할 정도는 아니다.

간혹 쇠에 스는 녹처럼 불그스름한 녹병이 발생하기도 하는데, 녹병균이 식물에 붙어 발생하는 병해다. 녹병은 장마철에 비가 많이 내리는 데다가 잎이 많이 달려 통풍이 잘 안 될 때 흔히 발생한다. 처음 심을 때부터 포기 간격을 넓찍하게 잡아주고, 곁순을 제때 제거해 햇빛이 잎에 골고루 닿도록 하면 예방할 수 있다. 녹병은 발병해도 창궐하는 경우는 드물어서 소규모로 재배하는 텃밭 농부는 그다지 염려하지 않아도 된다. 녹병이 발생한 잎은 즉시 제거해야 한다. 심하게 발생할 경우에는 살균제를 뿌려 치료하도록 한다.

## | 웃거름 주기 |

밑거름을 충분히 넣었다면 따로 웃거름을 넣지 않아도 잘 자란다.

| 수확과 보관 |

일찍 심은 들깨는 10월 초에, 조금 늦게 심은 들깨는 10월 말에 수확할 수 있다. 지역마다 차이가 있으므로 일괄적으로 수확하기보다는 꽃이 피고 한 달쯤 뒤에 거둬들인다고 생각하면 적당하다.

들깨는 참깨나 콩류와 마찬가지로 일일이 말리고 털어서 수확하는 과정이 매우 번거롭다. 병해충에도 비교적 강해 재배하는 데 어려움이 없지만, 재배 난이도를 '보통'으로 한 것은 바로 들깨는 터는 과정이 매우 번거롭기 때문이다. 아마 우리나라 참기름과 들기름이 유난히 비싼 것은 이들 작물을 수확하는 과정이 기계화되어 있지 않고 모두 인력을 투입해 일일이 해야 하는 작업이기 때문일 것이다.

들깻잎이 누렇게 물들고 꼬투리가 검게 변색하기 시작하면 수확 시기가 온 것이다. 10월 상중순경 잎이 충분히 누렇게 변색했다고 판단되면 맑은 날 아침 일찍 깨를 베어서 햇빛이 잘 드는 곳에서 며칠 말리면 된다. 들깨, 참깨, 콩, 팥 등은 이른 아침 이슬이 마르기 전에 베어야 한다. 이슬이 다 마르고 난 다음 줄기를 베면 열매가 많이 떨어져 손실이 크다.

베어낸 줄기를 한쪽에 서로 기대어 세우고 1주일 정도 말려야 하는데, 중간에 비가 오면 낭패를 볼 수 있으므로 일기예보를 잘 살펴야 한다. 될 수 있으면 넓고 투명한 비닐을 덮어 이슬과 서리, 비 피해를 보지 않도록 하는 것이 좋다. 전업농가에서는 비닐하우스 안에서 베어낸 참깨와 들깨, 콩 등을 말리지만 텃밭 농부는 그와 같은 시설이 없으므로 비닐을 덮어 밤을 새우는 것이 좋다. 비닐을 덮은 뒤에는 끈으로 사방을 둘러 바람에 비닐이 날려가지 않도록 한다.

들깨는 잘 말려야 잘 털린다. 바닥에 포대나 비닐을 깔고 막대기로 두들겨 털면 된다. 털어낸 들깨 역시 햇볕에 며칠 말려야 오래 보관할 수 있다.

### 잎 수확

들깨는 옮겨 심고 2주쯤 지나면서부터 잎을 수시로 수확할 수 있다. 본잎이 네 장 이상 나왔을 때 먼저 나온 아래 잎부터 수확하면 된다. 잎이 워낙 많이 나오므로 수시로 거둬서 먹어야 한다. 그러나 한 포기에서 잎을 너무 많이 따버리면 자람이 더디므로 어른 손바닥 반 크기 이상 자란 잎을 따고, 그보다 작은 잎은 더 자라도록 두는 것이 좋다. 서너 포기 정도 심었다면 7월 중순부터 매일 스무 장씩 따낼 수 있으므로 한 가족이 먹기에 충분하다.

10월 초 잘라낸 들깨를 말리고 있다. 위 사진처럼 벽에 기대어 말리는 것이 좋다.

들깨를 털어낸 다음에도 다시 꼼꼼하게 말려야 오래 저장할 수 있다.

만약 들깨 기름을 얻고자 한다면 한 포기에서 두세 번 정도만 잎을 따고 그 뒤로는 잎을 따지 않아야 한다. 따라서 들깨를 많이 재배할 경우에는 잎을 수확할 포기와 깨를 수확할 포기를 구분해서 재배하도록 한다.

### 들깨 재배 일정

| 3월 | | | 4월 | | | 5월 | | | 6월 | | | 7월 | | | 8월 | | | 9월 | | | 10월 | | | 11월 | | | 12월 | | | 1월 | | | 2월 | | |
|---|---|---|---|---|---|---|---|---|---|---|---|---|---|---|---|---|---|---|---|---|---|---|---|---|---|---|---|---|---|---|---|---|---|---|---|
| 상 | 중 | 하 | 상 | 중 | 하 | 상 | 중 | 하 | 상 | 중 | 하 | 상 | 중 | 하 | 상 | 중 | 하 | 상 | 중 | 하 | 상 | 중 | 하 | 상 | 중 | 하 | 상 | 중 | 하 | 상 | 중 | 하 | 상 | 중 | 하 |

■ 파종　■ 아주 심기　■ 수확

봄 재배를 끝낸 밭은 한여름에 잠시 비어 있게 되는데, 그 사이에 비가 많이 내리고 더운 날씨가 이어지면서 텃밭에는 풀이 무성하게 자란다.

오랜만에 텃밭에 나간 텃밭 농부 중에는 쑥대밭이 돼버린 텃밭을 보고 기겁한 나머지 농사를 포기하는 경우도 많다. 그야말로 여름 햇살이 화살처럼 목덜미와 어깨로 쏟아지는데, 쪼그려 앉아서 풀을 뽑자니 땀은 비 오듯 흐르고, 이미 뿌리를 깊이 내린 풀은 잘 뽑히지도 않는다. 용기를 내 밭에 들어가 보지만 한 시간도 견디지 못하고 고개를 절레절레 흔들며 포기하기 일쑤다. 기대에 차서 텃밭 농사를 시작했지만, 한 해도 견디지 못하고 포기하고 마는 것이다.

텃밭 농부에게는 이 순간이 최대 고비다. 텃밭 농사 중에 가장 힘든 시기가 바로 이 무렵이다. 더불어 농사의 또 다른 재미를 느낄 기회이기도 하다. 이 시기만 잘 넘기면 텃밭 농사의 절반이라고 할 수 있는 김장 무, 김장 배추, 쪽파 등을 재배할 수 있다. 설령 봄 농사를 좀 망쳤다고 해도 김장 농사만 잘 지어도 뿌듯한 것이 텃밭 농사다.

차근차근 풀을 뽑다 보면 어느새 밭은 아름다운 속살을 보여준다. 풀이 우거진 밭을 정리하고 맨흙이 드러나는 밭을 발견하는 기쁨은 그 어떤 열매를 수확하는 기쁨에 못지않다. 도저히 엄두가 나지 않을 것 같지만, 앉아서 풀을 뽑다 보면 반나절, 길어도 한나절이면 밭은 깔끔하게 정리된다. 텃밭 농사를 지어오면서 나는 이때가 가장 힘든 동시에 가장 즐거웠다.

여름 장마와 뜨거운 햇볕으로 뿌리를 굳게 내린 풀은 잘 뽑히지 않는다. 다행인 것은 여름에 비가 자주 내린다는 점이다. 비가 충분히 내리고 난 다음 날 밭에 가서 풀을 뽑으면 훨씬 쉽다. 일단 젖은 땅에서 풀을 뽑은 다음 땅이 마르기를 기다렸다가 여름과 가을 농사를 준비하면 된다.

이즈음은 햇볕이 뜨거운 만큼 물을 많이 마시자. 챙 넓은 밀짚모자와 수건 두어 개쯤도 준비하면 좋다. 이 힘든 날을 견디지 못하면 내 손으로 기른 무와 배추로 김장을 할 수 없다. 텃밭에서 유기농으로 기른 김장 무와 배추는 시장에서 사온 상품과 전혀 다른 맛과 질감을 선사한다. 가을 농사를 위해 여름 텃밭에서 몇 바가지의 땀을 흘리고 시원한 물에 샤워하고 나면 몸이 날아갈 것처럼 가벼워진다.

또 한 가지. 봄 재배 작물을 수확한 뒤에 밭을 비워두지 말고 엇갈이배추나 열무, 총각무 등 재배 기간이 짧은 작물을 심어보자. 날씨가 좋아 작물은 금방 자라서 수확할 수 있기에 늦여름에 김장 무와 배추를 심는 데 아무런 문제가 없다. 게다가 밭을 비워두지 않으니 풀도 훨씬 덜 자란다. 한두 달 비워둔 바람에 풀이 무성하게 자란 밭에 도착했을 때와 같은 낭패감을 맛볼 이유도 없으니 일석이조다.

## 제2장
## 여름에 심는 작물

케일
김장무
김장배추
쪽파 등

재배난이도
★★☆

# 케일
십자화과

## | 재배 포인트 |

케일은 봄과 여름에 모두 재배할 수 있다. 그러나 봄에 심은 케일은 여름에 날씨가 더워지면 쉽게 상하는 데다 수확 기간도 짧다. 대량 재배를 하지 않는 텃밭 농부 입장에서는 봄 파종보다 여름에 씨를 뿌리고 가을에 늦게까지 수확하는 편이 유리하다. 케일을 여름에 심는 작물에 분류해놓은 것도 이 때문이다. 봄에 재배할 경우 벌레가 많이 꼬여서 무농약으로 재배하기가 무척 어렵다.

주의할 점은 봄에는 케일 모종이 많이 시판되나 가을 재배에 필요한 여름 모종은 시중에 잘 나오지 않는다는 점이다. 아마 수요가 적기 때문으로 보인다. 따라서 모종을 사서 심고자 한다면 불가피하게 봄 재배를 선택해야 한다. 그러나 여름에는 모종 기르기가 봄철보다 쉬우므로 가을 재배를 원한다면 밭 한쪽에 씨를 뿌리고 모종을 기르면 된다.

텃밭 농부는 케일을 많이 심을 필요가 없는 데다, 씨앗을 직접 꾸려서 육묘하는 데는 시간과 노력이 많이 들어서 종묘상이나 재래시장에서 모종을 사서 심는 편이 유리하다.

## 밭 만들기

씨뿌리기 2주 전에 3.3㎡(1평)당 2kg 정도의 유기질 비료를 넣고 밭을 잘 일군다. 두둑의 폭은 정해져 있지 않으나 대략 1m 정도로 하고, 높이는 10㎝ 정도로 해준다. 케일은 잎이 넓게 번지므로 40㎝ 이상 간격을 두고 심는 것이 좋다. 몇 포기를 심을 것인지 고려해 밭의 크기를 결정한다.

이어짓기 피해가 있으므로 지난해에 십자화과 작물을 심었던 밭에서는 재배하지 않는 것이 좋다. 사정상 지난해 십자화과 작물을 재배했던 밭에서 키워야 한다면 모기르기 때 한랭사를 치거나 씨뿌리기 전에 토양살충제를 뿌려 토양에 숨어 있는 해충을 퇴치해야 한다.

## 재배 방법

십자화과 작물이므로 전체적 관리 방식은 배추나 양배추와 비슷하다. 직접 씨를 뿌려도 되고, 모종을 길러 아주 심기해도 된다. 물론 4월 하순에서 5월 상순경 종묘상에서 모종을 구입해 심어도 된다. 곧뿌림한다면 처음부터 40㎝ 간격으로 살짝 구멍을 내고, 한 구멍에 서너 개씩 씨앗을 넣었다가 어느 정도 자란 뒤 솎아내면 된다. 모종을 심을 경우 40㎝ 간격으로 한 포기씩 심으면 된다. 육묘 관리가 힘든 작물인 데다가 두세 포기만 심어도 한 가족이 먹을 만하므로 직접 씨앗을 심기보다는 모종을 심는 편이 유리하다. 갈아서 즙으로 마실 생각이라면 조금 더 많은 양을 심도록 한다.

케일은 잎이 무성하게 자라므로 특별한 쓰임이 따로 없다면 한 가정에서 두세 포기만 심어도 충분하다.

왼쪽은 브로콜리 모종이고 오른쪽은 케일 모종이다. 매우 흡사하지만 잎 모양에 다소 차이가 있다. 브로콜리 잎은 허리가 잘린 것처럼 파고들어 가 있고, 케일은 잎에 파고들어 간 부분이 없다.

### 씨뿌리기

봄 파종은 3월 중순에서 4월 상순경에 하고, 여름 파종은 6월 하순에서 7월 상순에 한다. 여름 파종 때는 장마철을 피해야 한다. 씨앗을 뿌린 뒤에는 물 주기를 잘 해야 한다.

봄 재배의 경우 씨뿌리기 후 온도 관리에 특히 신경을 쓴다. 낮에는 햇빛이 잘 드는 곳에 두되 물이 마르지 않게 해야 하고, 밤에는 기온이 많이 내려가므로 보온에 신경을 써야 한다.

3월에는 기온이 무척 낮아서 밭에서 모기르기는 어렵다. 따라서 특별한 육묘 시설이 없는 텃밭 농부는 집에서 모종을 기르는 경우가 많은데, 아무리 남쪽으로 난 베란다라고 하더라도 노지보다 햇빛이 훨씬 적게 든다. 따라서 집에서 기를 때는 모종이 웃자랄 염려가 있으므로 주의한다. 반면 밭 한쪽 구석에서 모를 기른다면 기온이 내려가는 야간에 보온에 신경을 써야 한다.

봄 파종의 경우 모종을 키우기 어렵고 날씨가 따뜻해지면서 병해충이 많아지지만, 여름을 잘 넘기면 가을까지 수확을 계속할 수 있다는 장점이 있다.

5월 하순의 케일. 뿌리를 내리고 본격적으로 자랄 채비를 하고 있다. 케일은 날씨가 따뜻해지면 무서운 속도로 자란다.

### 옮겨심기

파종하고 5주쯤 지나 모종이 5㎝ 이상 자랐을 때 밭에 옮겨 심는다. 종묘상에서 모종을 구입하기로 했다면, 4월 중순경 본잎이 다섯에서 일곱 장 정도 되는 모종을 구입해 심는다. 가을 재배를 원한다면 7월 말에서 8월 상중순에 옮겨 심으면 된다.

옮겨 심은 다음에는 모종 주변에 호미로 원을 파고, 홈 안에 물을 흠뻑 준다. 첫 번째 물을 주고 물이 땅속으로 내려가기를 기다렸다가 두세 번 더 물을 주면 뿌리 내림이 좋아진다.

### 북주기와 풀 뽑기

케일은 키가 크게 자라는 작물이다. 아래 잎을 따 먹으면서 줄기를 기르면 60~70㎝ 이상 자란다. 키가 큰 만큼 줄기가 비바람에 쓰러질 수 있다. 김매기를 겸해 포기 밑동에 북주기를 해주면 쓰러짐을 방지할 수 있다.

케일은 수시로 잎을 수확해서 먹는 작물이므로, 작물에 붙어 있는 잎이 적어 그늘을 많이 만들지 않는다. 따라서 케일 주변에는 풀이 다른 작물에 비해 잘 자란다. 케일이 풀에 묻히지 않도록 풀 관리를 해준다.

봄에 케일을 재배하면 잎이 남지 않을 정도로 벌레가 많이 꼬인다. 잎에 구멍이 숭숭 뚫린다.

십자화과 작물에 흔히 나타나는 배추흰나비 애벌레가 많이 나타난다. 이 케일 잎 뒷면에 붙어 잎을 갉아 먹는데, 물로 웬만큼 씻어도 잘 떨어지지도 않는다.

### | 병해충과 처방 |

진딧물, 배추흰나비 애벌레 등이 나타난다. 물엿 희석액으로 진딧물을 방제하고, 손으로 배추흰나비 애벌레를 잡아주면 된다. 가을에는 봄보다 해충도 적고 병해도 적어 기르기 쉽다.

다만 장마철의 고온 다습한 기후에 약해서 뜨거운 여름철이 되면 무름병 등이 생길 수도 있다. 무름병은 십자화과 채소에 종종 나타나는 병으로 포기 전체가 물러지면서 부패한다. 썩으면서 악취가 심하게 난다. 흙이 오래 젖은 상태로 있지 않도록 하고, 통풍이 잘되도록 충분한 간격을 두고 심으면 그다지 염려하지 않아도 된다. 무름병이 발생한 케일은 포기째 뽑아 멀리 버린다.

지난해 십자화과 작물을 심었던 밭에서는 십자화과 작물에 자주 나타나는 벼룩잎벌레, 좁은가슴잎벌레 등이 많이 발생하므로 이어짓기를 피하는 것이 좋다.

### | 웃거름 주기 |

케일은 수확 기간이 비교적 긴 작물이다. 게다가 잎을 수시로 따 먹는 작물이라 반드시 웃거름을 주어야 한다. 봄에 심은 케일은 여름 장마가 끝날 무렵, 여름에 심은 케일은 10월 상중순경 웃거름을 주면 좋은 잎을 계속 수확할 수 있다. 케일은 키가 큰 작물이므로 뿌리도 깊이 내려간다. 포기에서 15㎝ 정도 떨어진 곳에 호미로 원을 그리듯 파고 퇴비를 한두 줌 넣고 흙과 잘 섞어주면 된다.

### | 수확과 보관 |

4월 하순경 모종을 심으면 6월 중순부터 7월 중순까지 수확할 수 있다. 이후 여름을 잘 넘기면 11월까지도 수

7~8월에 무성하게 자라는 케일. 이때는 하루가 다르게 잎이 커지므로 작을 때부터 자주 수확해 이용할 수 있다.

잎이 손바닥 크기 정도 되었을 때가 수확 적기다. 좀 작은 것을 거둬 먹는 것이 좋다.

케일은 포기째 수확하는 작물이 아니다. 상추처럼 아래의 잎부터 차례로 조금씩 수확하면 된다.

봄에 씨앗을 뿌려 여름 고온기를 무사히 넘긴 케일은 11월이면 결구한다. 케일이 결구하기 시작하면 잎으로 그냥 이용하기보다는 갈아서 즙으로 이용한다.

확할 수 있다. 다만 5~7월까지 벌레가 많이 꼬인다는 단점이 있다. 가을 재배로 7월 하순경 모종을 옮겨 심었다면 9월부터 11월까지 수확할 수 있다.

한 번에 뿌리째 뽑아 먹는 것이 아니라 필요할 때마다 수시로 잎을 따 먹으면 된다. 상추처럼 아래 잎부터 차례로 수확하면 줄기가 계속 자라는데, 줄기는 자라게 놔두고 잎을 거둬들이면 된다.

너무 큰 잎은 질기고 맛이 떨어지므로 잎이 손바닥만 할 때 수확하는 것이 좋다. 6월 중순 이후 날씨가 더워지면 하루가 다르게 자라므로 매일 몇 장씩 잎을 수확할 수 있다.

주의할 점은 한꺼번에 잎을 너무 많이 따버리면 안 되다는 점이다. 한 포기에 잎이 예닐곱 장 정도 남아 있도록 해주면서 수확해야 한다. 11월 말쯤에는 마지막 한 잎까지 따서 수확을 완료하면 된다. 날씨가 따뜻한 지역이라면 뿌리를 뽑아내지 말고 두면 월동 후 다음 해 봄에도 어느 정도 잎을 거둘 수 있다. 그러나 겨울을 난 작물은 4월 말이면 꽃이 피기 시작하면서 수확도 끝이 난다.

### 케일 재배 일정

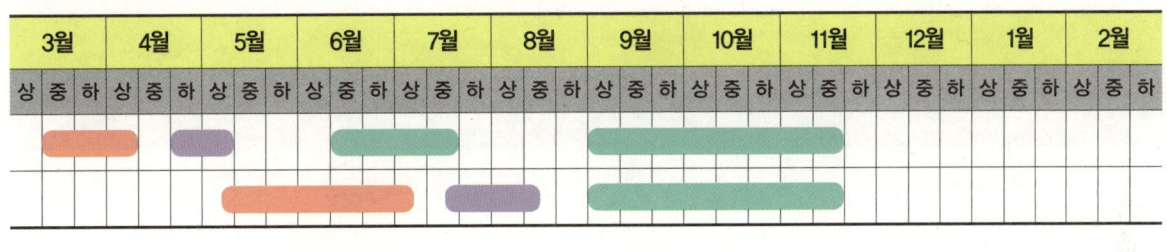

재배난이도
★★☆

# 김장 무
십자화과

## | 재배 포인트 |

무는 물을 자주, 많이 주는 것이 무척 중요하다. 김장용 가을무는 기온이 영하로 내려가기 전에 수확을 마쳐야 한다. 따라서 재배 기간이 짧지 않도록 8월 말에 씨를 뿌리는 것이 좋다. 김장 무는 11월 하순경부터 급속하게 크는 경향이 있는데, 더 키우려고 욕심을 내다가 무가 얼어버리기라도 하면 이용할 수 없게 된다. 따라서 크기가 다소 마음에 차지 않더라도 11월 말까지는 수확을 끝내도록 한다. 십자화과 작물과 이어짓기하지 않도록 한다.

무를 수확해보면 이처럼 갈라진 자국이 있거나 뿌리가 여러 개로 나눠진 것을 볼 수 있다. 무 뿌리가 자라는 과정에서 돌이나 나뭇가지에 부딪히는 바람에 곧게 뻗지 못하고 가지를 친 경우다. 사진은 무 뿌리가 자라면서 작은 돌에 부딪혀서 생긴 자국이다.

## | 밭 만들기 |

고토석회와 붕소를 꼭 넣어준다. 미량원소인 붕소는 많이 필요하지는 않지만, 부

무 흑변 현상. 붕소가 부족할 때 발생한다. 무나 배추는 밑거름을 넣을 때 반드시 붕소도 넣어주어야 한다.

무는 땅속으로 깊이 뿌리를 내리는 작물이다. 따라서 땅을 깊게 갈아주고 이물질도 철저하게 제거해야 한다. 사진은 고랑에 떨어진 씨앗이 자란 무다. 이물질이 많은 데다 땅이 딱딱해 뿌리가 여러 갈래로 갈라지고 말았다.

고랑에서 자라 뿌리가 갈라진 무와 달리 깊이 땅을 잘 갈아준 두둑에서 자란 무는 곧게 뿌리를 내리고 있다.

봄에 심은 무다. 초보 텃밭 농부에게는 봄 파종보다 여름에 파종해 가을에 재배하는 방식이 쉽다. 무농약으로 봄에 파종할 경우 각종 병해충에 시달릴 위험이 크다.

족하면 붕소 결핍을 일으켜 무 속이 검게 변하면서 텅 비는 현상이 발생하므로 꼭 넣어준다. 석회와 붕소는 함께 넣으면 안 된다. 석회가 많으면 붕소가 흡수되지 않기 때문이다. 따라서 먼저 석회를 넣고, 1주일 이상 지난 뒤에 붕소와 밑거름을 함께 넣고 밭을 잘 갈아준다. 밑거름으로 유기질 비료를 3.3㎡(1평)당 5kg 정도 넣어준다.

무는 뿌리를 깊이 내리는 동시에 많은 물이 필요한 작물이다. 따라서 밭을 깊게 갈고, 수분을 유지할 수 있도록 퇴비 등 유기질 비료를 넉넉하게 넣어주는 것이 매우 중요하다. 퇴비와 같은 유기질 비료를 충분히 넣어주면 토양이 쉽게 마르는 것을 방지할 수 있고, 공기 공급도 좋아 무가 튼실하게 자란다.

물이 잘 빠지는 사질토 밭이라면 두둑 높이를 10㎝ 이하로 낮추고, 점질토 밭이라면 두둑을 20㎝ 이상 높이도록 한다. 두둑의 너비는 90㎝ 정도로 하고 두 줄로 무 씨앗을 뿌리면 된다.

밭을 만들 때 돌이나 나뭇조각, 봄 재배 후 남은 작물의 뿌리나 줄기 등을 철저하게 제거해준다. 이물질이 있으면 무 뿌리가 갈라지는 현상이 발생한다.

## | 재배 방법 |

무는 서늘한 기후를 좋아해서 18~20℃에서 잘 자란다. 따라서 일반 무든 총각무든 열무든 봄 재배보다는 기온이 서늘하게 내려가는 가을 재배가 쉽다.

무는 예부터 씨앗을 뿌려 재배했다. 최근에는 무 모종도 시판되고 있으나 될 수 있으면 씨앗으로 파종하는 것이 좋다. 뿌리를 깊게 내리는 작물이므로 모종을 옮겨 심다가 자칫 잘못하면 무가 곧게 내려가지 않고 휘거나 뿌리가 잘려 자라지 않을 수도 있기 때문이다.

그러나 8월 말에서 9월 초의 씨뿌리기 시기를 놓쳤다면 부득이하게 모종을 심도록 한다. 재배 기간이 짧으면 무가 채 다 자라지도 못한 상태에서 영하의 추위를 만날 수 있기 때문이다.

### 씨뿌리기

25~30㎝ 간격으로 홈을 파고 한 구멍에 씨앗 네다섯 개를 점뿌림한다. 아직 어린 싹은 서로 경쟁하듯이 자랄 때 자람이 더 좋고, 벼룩잎벌레 등의 공격을 분산할 수 있기 때문에 씨앗이 아깝다고 생각하지 말고 한 구멍에 네다섯 개씩 넣도록

무는 발아율이 매우 높아 씨앗 보증 기간 안에 파종하면 거의 100% 발아한다. 사진은 파종 사흘 된 무 싹.

발아율이 높다고 해서 씨앗 한 개씩만 심는 것은 좋지 않다. 한 구멍에 서너 개씩 점뿌림했다가 자람을 봐가며 솎아내는 것이 좋다. 어릴 때 해충의 피해를 볼 가능성이 있기 때문이다.

8월 말에 김장 무를 파종하고 2주가 지나면 본잎이 서너 장 올라온다. 이때부터 솎음 수확해 먹을 수 있다.

파종 6주 된 김장 무. 벌써 밑동이 굵어지기 시작한다. 밑동이 굵어지는 것을 봐가며 간격이 좁다 싶으면 추가로 솎아서 무김치를 담그면 된다.

파종 8주가 된 무. 무청이 무성하게 자라고 있다.

한창 가물다가 갑자기 비가 내리거나 물을 주었을 때 열근 현상이 발생한다. 병이 아니므로 염려할 것은 없다. 물을 주기적으로 충분히 주면 예방할 수 있다. 위 사진 앞쪽에 보이는 흰 물질은 천일염이다. 무 뿌리가 굵어지기 시작할 무렵 천일염을 한두 차례 주면 무 맛이 좋아지고, 각종 미네랄을 공급함으로써 무가 건강해진다. 포기당 엄지와 검지로 조금씩만 집어서 주면 된다.

왼쪽 사진은 무 싹이 난 뒤부터 두세 차례에 걸쳐 제때 솎아주기를 해 간격을 넓혀준 것이고, 오른쪽 사진은 솎아주기를 제때 하지 못한 무다. 같은 날 씨앗을 뿌렸지만 성장 정도가 확연히 다르다. 솎아주기를 함으로써 남아 있는 무의 성장도 돕고, 차례로 수확해 이용하는 재미도 함께 누리도록 하자.

한다. 가볍게 흙을 덮어주고 물을 흠뻑 주면 나흘이나 닷새 안에 싹이 난다. 무는 발아가 아주 잘되는 작물로 거의 100% 싹을 틔운다.

### 솎아내기

발아하고 열흘쯤 지나 본잎이 한두 장일 때 1차 솎아내기를 해서 싹을 두세 개 정도 남긴다. 1차 솎아낸 무는 먹을 것이 아니므로 성장이 부실한 것, 벌레가 많이 먹은 것을 중점적으로 솎아낸다. 이어서 본잎이 대여섯 장쯤 됐을 때 2차 솎아내기를 해서 최종적으로 한 포기만 남긴다. 이때도 역시 가장 튼실한 포기를 남겨 기르도록 한다. 2차로 솎아낸 것은 무침 나물로 이용할 수 있다.

솎아낼 때는 남은 포기의 뿌리가 다치지 않도록 검지와 중지로 남길 포기 주위의 흙을 누르면서 솎아낸다. 솎아낸 뒤에는 손바닥으로 가볍게 눌러 밭에 남은 포기의 뿌리가 흙과 밀착되도록 해준다.

### 물 주기

무는 물 주기가 관건인 작물이다. 물만 잘 주어도 웬만한 질병을 이길 수 있을 뿐만 아니라 크기도 커지고 매운맛이 줄어들며 아삭한 맛이 강해진다. 물을 적게 준 무는 크기가 작을 뿐만 아니라 단단해서 생으로 먹기도 곤란하고, 아삭한 맛 역시 훨씬 떨어진다. 물을 적게 준 무는 이듬해 5~6월까지 장기 보관해도 상하지 않는 장점이 있었다. 그러나 이듬해 봄에는 또 봄무, 총각무, 열무 등을 재배할 수 있으므로 장기 보관에 목표를 두기보다는 시원하고 아삭한 맛에 중점을 두어 물을 듬뿍 주며 재배하는 것이 바람직하다고 생각한다. 씨앗을 뿌린 직후부터 매주 두 번

### TIP  부슬비가 효자

농부는 흔히 부슬비를 효자라고 부른다. 소나기처럼 한 번에 쏟아지는 비가 전체적으로 빗물양은 많겠지만, 이렇게 쏟아진 빗물은 고랑이나 계곡을 타고 아래로 금방 흘러가 버린다. 웬만큼 오래 내리지 않고는 작물 뿌리에 아예 도달하지 않는다. 이에 반해 부슬부슬 소리도 없이 내리는 비는 흘러가지 않고 조금씩 흙 속으로 스며든다. 이렇게 오래 내릴 때 작물은 뿌리까지 흠뻑 물을 흡수할 수 있다. 그래서 소나기처럼 와르르 순식간에 내리는 비보다 부슬비처럼 소리 없이 오래 내리는 비가 농부에게는 더 반가운 것이다. 밭에 물을 줄 때는 '부슬비'처럼 천천히 줘야 효과적이다.

### TIP  허브 식물로 나비 퇴치

김장 무, 김장 배추 등 십자화과 작물에는 나비가 많이 몰려온다. 이 나비의 유충은 작물의 잎을 엄청나게 갉아 먹는다. 타임이나 로즈메리 같은 강한 향을 가진 허브를 가까운 곳에 심어주면 나비가 근처에 오지 않는다.

이상 물을 흠뻑 주도록 한다.

텃밭 농부는 흔히 물뿌리개로 물을 줄줄 뿌린 다음, 겉흙이 젖으면 물을 충분히 주었다고 생각하기에 십상이다. 식물이 물을 흡수하는 방식은 사람이 짐작하는 것과 상당히 다르다. 작물을 파종한 뒤에 비가 한두 차례 내리거나 물을 한두 차례 주고 나면 겉흙은 마치 코팅한 것처럼 단단하게 굳어버린다. 이때 물을 주면 거의 대부분 고랑으로 흘러내리고 만다. 고랑에 물이 철철 넘치면 텃밭 농부는 물을 많이 주었다고 생각한다. 그러나 실상 두둑 아래로 뿌리를 뻗는 작물에는 물이 한 방울도 가지 않은 경우가 태반이다.

앞에서도 여러 차례 밝혔듯이 1차로 물을 주어 겉흙을 적시고, 5분쯤 뒤에 2차, 3차, 4차로 천천히 시간을 두고 물을 주어야 물이 두둑 안으로 충분히 흡수될 수 있다. 무는 뿌리가 깊게 내려가는 작물이므로 물 역시 깊숙이 스며들도록 해주어야 한다.

## 병해충과 처방

십자화과 작물인 무에는 배추와 마찬가지로 아직 잎이 어릴 때 벼룩잎벌레, 좁은가슴잎벌레 등이 나타난다. 특히 벼룩잎벌레가 많이 나타나 잎을 갉아 먹는다. 마늘액과 에틸알코올을 섞어 만든 천연 약제로 쫓을 수 있다.

해충의 유충이 땅속에서 무 뿌리를 갉아 먹은 흔적. 이를 예방하기 위해서는 이어짓기를 피하고, 토양 소독을 철저히 해야 한다. 올해 한두 뿌리에서 이 같은 피해가 발생했는데, 내년에 이 밭에 무를 연작한다면 밭 전체로 피해가 확산할 수 있다.

위황병이 발생한 무밭. 위황병이 발생한 포기는 뽑아서 멀리 버리도록 한다. 전업농가에 위황병이 발생하면 큰 타격을 입히지만, 소규모로 재배하는 텃밭에서는 좀처럼 크게 발생하지 않는다. 발생하더라도 곧 기온이 내려가면서 자연스럽게 사라진다.

아직 무 싹이 어릴 때는 벼룩잎벌레가 기승을 부린다. 이 벌레가 달라붙어 잎을 갉아 먹는데, 워낙 재빨리 움직여서 손으로 잡을 수도 없다. 무를 한 구멍에 네다섯 개씩 심는 것은 벼룩잎벌레의 공격을 분산하기 위해서다.

씨뿌리기 전에 토양 소독을 하거나 한랭사를 쳐서 아직 어린 싹이 피해를 보지 않도록 해야 한다. 잎이 어느 정도 자라 억세어지면 벼룩잎벌레는 더는 피해를 주지 않는다. 미약하게 벼룩잎벌레 피해를 받았다면 텃밭에는 큰 문제가 되지 않는다. 그러나 십자화과 작물과 이어짓기할 경우 벼룩잎벌레가 기승을 부리고, 무나 배춧잎이 그물망처럼 잎맥만 남고 모두 없어지는 피해를 볼 수도 있으므로 유의한다.

포기 주위의 흙부터 썩어 들어가는 무름병이 발생하기도 한다. 이어짓기할 때 많이 발생하므로 주의한다. 여름에 파종할 경우 뿌리를 갉아 먹는 해충이 발생하기 쉬우므로 이어짓기를 피하고, 씨를 뿌리기 전에 토양 소독을 하는 것이 좋다. 뿌리를 갉아 먹는 해충이 발생하면 무를 모두 못 쓰게 만들어버리기도 하는 만큼 이어짓기를 반드시 피해야 한다.

진딧물이 잎이 붙기도 하는데, 설탕물이나 요구르트를 희석해서 뿌리면 퇴치할 수 있다. 이밖에 무사마귀병, 시듦병, 노균병 등이 생기기도 하나 바람이 잘 통하도록 하고, 물 관리와 배수 관리를 철저히 하면 큰 문제는 없다.

텃밭에서는 드물기는 하지만, 무 위황병이 발생하기도 한다. 위황병은 곰팡이가 원인이 되어 전염되는 병으로 발아 초기에 감염되면 잎이 황색을 띠면서 위축되어 생육이 정지되고 결국 잎 전체가 말라 죽는다. 위황병에 걸린 무 뿌리를 잘라보면 물관부가 흑갈색으로 변해 있다. 병이 진행되면 뿌리의 중심부까지 변색한다. 생육이 한창일 때 위황병에 감염되면 잎 일부분이 황색을 띠면서 위축되는데, 잎 모양이 마치 부채와 비슷하다. 뿌리를 잘라보면 물관부가 흑갈색으로 변해 있음을 확인할 수 있다.

위황병은 지온이 17℃ 이하이거나 35℃ 이상이 되면 발생하지 않는다. 따라서 봄무에서는 지온이 올라가는 생육 후반에 발생하고, 가을 김장 무에서는 생육 초기에 많이 발생한다. 위황병에 걸린 무는 결국 말라 죽거나 살아 있다고 해도 먹을 수 없는 지경이 되고 만다.

무 위황병이 한 번 발생한 밭은 이듬해에도 발생하므로 4~5년 이상 돌려짓기를 해야 한다. 전문 농가에서는 위황병 예방을 위해서 무 씨앗을 베노람수화제 200배 희석액에 20분간 소독한 후 그늘에 완전히 말려 파종한다.

## 웃거름 주기

두 번째 솎아내기를 한 뒤에 포기 옆에서 약 10㎝ 정도 간격을 두고 유기질 비료 한 줌씩을 넣어준다. 이후에는 무의 자람을 봐가며 웃거름을 추가한다. 밑거름을 충분히 주었다면 굳이 웃거름을 주지 않아도 되나, 자람이 부진하다면 뿌리에서 10㎝ 정도 떨어진 곳에 홈을 파고 유기질 비료를 넣어준 다음 물을 흠뻑 뿌려준다.

## 수확과 보관

가을무는 얼기 전에 수확하는 것이 관건이다. 18~20℃의 서늘한 기후에서 잘 자라므로 11월 말경 부쩍 무 뿌리가 굵어진다는 느낌이 든다. 이때 하루만 더, 하루만 더 하는 식으로 버티다가 기온이 영하로 뚝 떨어져 뿌리가 얼면 못 쓰게 되므로 일기예보를 잘 살펴서 제때 수확해야 한다.

기온이 영하로 내려가더라도 지온이 곧 영하로 내려가는 것은 아니다. 따라서 무는 대체로 기온이 영하 1~2℃까지 내려가도 견딜 수는 있다. 그렇더라도 수확 시기를 놓치면 몇 달 동안 재배한 노력이 허사가 되므로 유의한다.

수확한 무는 신문지에 싸서 스티로폼 상자에 넣어 그늘진 베란다에 두면 이듬해 봄까지 아무런 이상 없이 보관할 수 있다. 자기만의 밭이 있다면 50㎝ 이상 깊이로 땅을 파고, 바닥에 짚을 깔고 무를 넣은 다음 위에 다시 짚을 깔고 흙을 덮어두면 오래 보관할 수 있다. 빗물이 스며들지 않도록 지상부에는 짚이나 비닐 등을 덮어두도록 한다. 짚을 덮을 때는 한쪽 끝을 묶어서 원뿔 모양이 되도록 세워야 물이 스며들지 않는다.

### 무청 갈무리

김장 무 재배의 또 다른 재미는 무청을 갈무리해 겨우내 시래기를 먹는 것이다. 무 뿌리와 무청을 잇는 부분을 잘라 옷걸이에 걸어 그늘에서 말리면 겨우내 맛있는 시래기 된장찌개를 즐길 수 있다. 햇빛 아래에서 말리면 빨리 마르기는 하나 무청의 잎이 바래지므로 그늘에서 말리는 것이 좋다. 그러나 자칫 아파트 발코니 등에서 말리다 보면 곰팡이가 스는 경우가 있다. 이를 예방하려면 그늘에서 말리되 통풍이 잘되는 곳에서 말려야 한다.

텃밭 농부가 무 뿌리와 무청을 동시에 수확하기 위해서는 씨앗을 뿌릴 때부터

수확한 무와 무청을 분리하려고 자를 때는 뿌리와 무청 어느 쪽에도 큰 상처가 나지 않도록 뿌리 바로 윗부분을 잘라야 오래 저장할 수 있다.

무를 수확한 다음 땅을 파서 묻어두면 이듬해 3월까지 싱싱한 무를 먹을 수 있다. 중간 정도 크기의 무가 저장성이 좋으므로 수확 당시 아주 큰 것은 먼저 먹고, 크기가 중간치 정도 되는 것을 저장하는 것이 좋다. 저장할 무의 양에 따라 땅을 파되, 위에는 흙을 20cm 이상 덮어야 겨울에 얼지 않는다. 미리 PVC 파이프 등을 꽂아 환기구멍을 내 준 다음 흙을 덮도록 한다.

11월 말 김장 무 모습(왼쪽)과 수확한 무(오른쪽). 무는 추위에 약해서 기온이 영하로 내려기 전에 수확해야 한다. 영하 1℃ 정도까지는 견디지만 그 이하로 내려가면 무 뿌리가 얼어서 못 쓰게 된다.

무 씨앗을 구입할 때, 포장지에 기입된 저장성 정도를 살펴보고 사자. 텃밭 농부는 대부분 자가소비하는 만큼 오래 저장할 수 있는 품종을 선택하는 것이 좋다. 저장성이 좋은 무는 대체로 뿌리가 크게 자라지는 않으며 잘 저장하면 이듬해 3월에도 싱싱한 무를 먹을 수 있다. 위 무는 수확해서 저장했다가 이듬해 3월에 꺼낸 것이다.

수확한 무청을 말리면 훌륭한 시래기가 된다. 바람이 잘 통하고 그늘진 곳에서 말려야 맛과 빛깔이 좋아진다. 햇빛이 드는 곳에서 말리면 무청이 누렇게 변색해 볼품없어진다.

'무와 무청'을 모두 이용할 수 있는 종자를 파종해야 한다. 전업 농부 중에는 무 뿌리 혹은 무청만을 목표로 재배하는 경우도 있다.

　　김장 무를 다소 많이 심어 무청을 말려두었다가 12월 말에서 1월 초쯤 이웃에 무시래기를 나눠주면 모두 큰 선물을 받은 듯 좋아한다. 내가 재배한 채소를 이웃과 나눠 먹는 것은 텃밭 농사의 각별한 즐거움이다.

## 김장무 재배 일정

| 3월 | | | 4월 | | | 5월 | | | 6월 | | | 7월 | | | 8월 | | | 9월 | | | 10월 | | | 11월 | | | 12월 | | | 1월 | | | 2월 | | |
|---|---|---|---|---|---|---|---|---|---|---|---|---|---|---|---|---|---|---|---|---|---|---|---|---|---|---|---|---|---|---|---|---|---|---|---|
| 상 | 중 | 하 | 상 | 중 | 하 | 상 | 중 | 하 | 상 | 중 | 하 | 상 | 중 | 하 | 상 | 중 | 하 | 상 | 중 | 하 | 상 | 중 | 하 | 상 | 중 | 하 | 상 | 중 | 하 | 상 | 중 | 하 | 상 | 중 | 하 |

■ 파종　■ 수확

# 김장 배추
십자화과

재배난이도 ★★☆

## | 재배 포인트 |

배추는 손이 비교적 많이 가는 작물이지만, 가을배추는 그다지 기르기 어렵지 않다. 텃밭 농부가 봄배추를 기르기에는 병해충 때문에 상당한 어려움이 따르므로, 김장용 가을배추를 재배할 것을 권한다. 50포기 미만의 김장용 배추를 재배하는 만큼 씨앗을 뿌리기보다는 8월 말쯤 모종을 사서 심는 편이 유리하다.

김장배추를 유기농으로 직접 재배해서 김장하면, 잎이 비교적 얇은데도 소금에 절여도 잎의 숨이 잘 죽지 않아 빳빳하다. 비료를 듬뿍 주어 기른 배추는 잎이 두껍지만 연해서 금방 잎의 숨이 죽고 김치를 담가놓으면 금세 맛이 나지만, 유기농으로 기른 배추는 질감이 딱딱하면서 고소하지만 숨이 잘 죽지 않아 맛이 덜하다.

그러나 비료를 듬뿍 주어 기른 배추는 겨울을 넘기면서 흐물흐물해지기 일쑤고 유기농으로 재배한 배추는 이듬해 3월부터 진짜 맛이 나기 시작한다. 좀처럼

김장배추 씨앗은 무 씨앗보다 작다. 따라서 모종이 아니라 씨앗을 직파할 때는 장갑을 벗고 맨손으로 집어야 세네 알씩 집을 수 있다.

흐물흐물해지지 않아서 일반 냉장고에 보관해도 이듬해 9~10월까지도 김장김치의 깊은 맛을 만끽할 수 있다.

배추에는 크게 봄배추, 가을에 심는 가을배추(김장 배추), 엇갈이배추가 있는데, 종자가 모두 다르므로 계절에 맞게 구별해서 심어야 한다. 엇갈이배추는 다른 작물을 재배하고 후속 작물을 재배하기 전에 잠시 기간이 남을 때 재배하면 된다.

초보자가 김장 배추를 직접 재배하면 아무래도 시장에서 구입하는 배추보다 통이 작고, 속도 덜 차기 마련이다. 속이 좀 덜 찼다고 실망할 것은 없다. 속을 꽉 채우고 싶다면 유기질 비료를 넉넉하게 주고 물을 자주 주어야 한다.

직접 기른 배추와 시장에서 구입한 일반 배추는 잎의 두께가 확연히 다르다. 시장에서 파는 일반 배추는 잎이 두껍고 물이 많은데, 그만큼 비료와 물이 많았다고 보면 된다.

배추는 잎을 주로 이용하는 채소지만 뿌리를 깊게 내리는 작물이다. 따라서 땅을 깊게 갈아 주어야 한다. 같은 날 심었는데도 땅을 갈아엎은 두둑에 심은 배추와 두둑 아래 고랑에 심은 배추는 뚜렷한 성장 차이를 보인다. 이처럼 밭을 깊이같이하지 않을 경우 배추는 제대로 성장하지 못하게 된다.

## | 밭 만들기 |

배추는 초기부터 성장이 좋아야 잎 수가 충분해지고, 잎이 충분해야 결구가 잘 된다. 따라서 초기부터 잘 성장할 수 있도록 퇴비와 닭똥, 나뭇재 등 밑거름을 충분히 넣고 깊이 갈아주어야 한다. 배추는 잎을 먹는 채소지만, 땅속으로 뿌리를 깊이 내리는 작물인 만큼 깊이갈이해주어야 한다. 조금 힘이 들더라도 삽으로 깊이 땅을 판 뒤 두둑을 올리고 흙을 부드럽게 갈아주면 좋다.

오래 농사지은 땅에 배추 농사를 지으면 석회 결핍증이 나타날 수 있다. 석회가 부족하면 배추 잎끝이 마르거나 배추통이 녹는 현상이 발생할 수 있다. 따라서 밑거름을 넣기 2주일 전에 석회를 3.3㎡(1평)당 한 줌 정도 뿌리고 흙과 잘 섞어주면 좋다.

씨앗을 직파할 때 꿇어앉아 호미로 구멍을 일일이 파고 씨앗을 넣을 경우 힘이 든다. 일어선 채 괭이자루로 구멍을 내고 씨앗을 구멍 안에 떨어뜨린 후 흙을 가볍게 덮어주면 힘들이지 않고 쉽게 파종할 수 있다. 사진은 구멍을 드러내기 위해 다소 깊이 찌른 것이다. 실제 파종할 때는 1~2cm 깊이면 충분하다.

석회를 뿌리고 2주 지난 뒤에 퇴비를 충분히 넣고 밭을 잘 갈아준다. 김장 배추와 무는 붕소 결핍 증세가 나타나기 쉬운 작물이다. 붕소는 미량원소이므로 조금만 넣어도 되지만, 넣지 않으면 문제가 될 수 있다. 유기질 퇴비를 충분히 넣었을 경우에는 붕소도 함께 공급되지만, 퇴비가 조금 부족하다 싶으면 밑거름을 넣을 때 3.3㎡당 3그램 정도(대략 반 숟가락 정도)를 함께 뿌려주면 좋다.

극히 소량만 뿌리면 되는 붕소를 텃밭에 골고루 뿌리기는 쉽지 않다. 손에 쥐고 뿌리면 처음 뿌리는 곳에는 붕소가 많이 가고, 뒤에는 조금도 안 가기 일쑤다. 3.3㎡당 3g 정도, 따라서 배추밭이 33㎡(10평)일 경우 30g 정도의 붕소를 물 2ℓ에 녹여 물뿌리개로 뿌리면 골고루 살포할 수 있다. 2주 정도 먼저 석회를 뿌리고 난 뒤, 붕소는 밑거름을 넣을 때 함께 넣도록 한다.

텃밭 농부 입장에서는 배추를 재배할 때 두둑 하나에 두 줄로 심는 것이 물 주기에도 유리하고, 비료분 손실도 막아준다. 따라서 두둑의 너비는 90㎝ 정도로 하고, 높이는 20㎝ 정도로 한다. 이때 두둑의 높이는 일괄적이지 않다. 물이 잘 빠지는 사질토라면 두둑의 높이를 낮추고, 물이 덜 빠지는 토양이라면 두둑의 높이를 조금 높이는 식으로 탄력 있게 조절한다.

배추는 물이 많이 필요한 작물인데, 사질토 밭은 물이 쉽게 빠져나가므로 두둑 높이를 5~10㎝ 정도로 낮춘다. 대신 뿌리가 깊이 내릴 수 있도록 땅을 조금 더 깊게 갈아준다. 반면에 점질토 밭은 물 빠짐이 좋지 않아 김장 배추 재배에는 사질토 밭보다 비교적 유리하다. 그러나 물이 너무 빠지지 않으면 배추 무름병이 생기기 쉽고, 물이 마르면서 흙이 단단해진다는 단점이 있다.

김장용 배추는 8월 말에 모종을 심어야 한다. 늦어도 9월 초에는 심어야 김장용으로 쓸 수 있다. 그러자면 8월 10일경부터 밭 만들기에 들어가야 한다. 무더운 날씨에 밭을 만들자면 여간 힘들지 않다. 게다가 봄 재배를 마친 뒤 여름 장마 기간에 밭 관리를 잘못했다면 잡초가 우거져 그야말로 밭이 엉망이 되어 있기 일쑤다. 텃밭 농부 중에는 봄 재배를 하다가도 이때 우거진 잡초를 보고 농사를 포기해버리는 경우가 많다.

그러나 텃밭 농사의 절반은 가을 김장 무와 배추를 재배하는 것이라고 해도 과언이 아니다. 조금 힘이 들고 막막하다 싶어도 막상 풀을 뽑아내기 시작하면 어느새 밭은 말끔해진다. 잡초가 우거져 있던 밭이 흙의 속살을 드러내는 것을 보면 설명하기 힘든 행복감을 느낄 수 있다. 풀이 우거져 있던 밭을 옥토로 가꿨다는 데서 오는 충만한 성취감 같은 것이다. 그러니 날씨는 덥고 힘이 들더라도 가을 농사에 꼭 도전해볼것을 권하고 싶다.

가을 재배는 이처럼 여름에 풀을 한 번 뽑아내고, 모종이나 씨앗을 뿌린 뒤에 한 번쯤만 더 풀을 관리해주면 더는 풀이 많이 나지 않아서 오히려 봄 재배보다 쉽다. 병해충이나 무더운 날씨 때문에 발생하는 피해도 훨씬 덜하다. 무, 배추, 양배추, 콜라비, 케일, 브로콜리 등은 그래서 봄 재배보다 가을 재배가 쉽다.

파종 4일만에 김장배추 싹이 났다. 4개의 싹이 나왔을 경우, 본잎이 나오면 3개 정도 남도록 솎아내고, 다시 본잎이 2개 정도 나왔을 때 한두 개 솎아낸다. 최종적으로 포기 간격이 40cm 정도 되도록 솎아낸다. 솎아내기는 두 번 혹은 세 번에 걸쳐 시행한다.

김장 배추 모종을 내고 물을 준 모습이다. 모종을 낼 때는 매우 약해서 곧 죽을 것 같지만, 1주일 안에 뿌리를 내리고 성장을 시작한다. 김장 배추 모종을 내는 시기는 8월 말에서 9월 초이므로 햇볕이 뜨겁다. 따라서 해질 무렵 모종을 옮겨 심고 물을 주는 것이 좋다. 김장 배추는 씨앗을 직접 뿌려도 되지만, 소규모 텃밭 농부는 모종을 사서 심는 것이 편리하다. 특히 이런저런 사정으로 씨뿌리기 좋은 시기를 놓쳐 9월 초순에 접어들었다면 생장 기간 확보를 위해서라도 곧뿌림보다 모종이 낫다.

왼쪽 사진은 배추 모종을 옮겨 심고 2주 지난 모습이고, 오른쪽 사진은 3주가 지난 모습이다.

배추 모종은 마른날 옮겨 심어야 한다. 비가 내리는 날이거나 비가 내려 땅이 젖은 날 심을 경우 호미질에 땅이 덩어리가 지고, 이대로 굳어서 뿌리가 제대로 뻗지 못한다. 왼쪽 사진은 비가 내린 다음 날 젖은 땅에 배추 모종을 옮겨 심은 초보 농부의 밭이다. 초기에는 별 차이를 느낄 수 없지만, 갈수록 생육이 불량해져 수확을 앞둔 11월이 되어도 배추는 거의 자라지 못한다(오른쪽).

왼쪽 사진은 배추 모종을 내고 6주가 지난 모습이고, 오른쪽 사진은 7주가 지난 모습이다. 날씨가 선선해지면서 배추는 하루가 다르게 자란다.

## | 재배 방법 |

### 모종 심기

배추 모종은 포기 간 간격을 40㎝ 정도로 충분히 유지해주는 것이 좋다. 모종을 심을 때는 모종이 너무나 작아서 공간이 너무 비는 것처럼 보이지만, 배추가 자라면 40㎝도 결코 넓은 간격이 아니다. 간격을 충분히 주어야 배추를 건강하게 기를 수 있다.

 90㎝ 너비의 두둑에 두 줄로 심되, 각 줄의 배추는 두둑의 양쪽 가장자리에서 15㎝ 정도 거리를 두고 심어야 수분 관리와 비료 성분 이용에 유리하다. 배추 모종을 심기 전에 90㎝ 두둑 가운데를 따라 두둑 끝까지 길게 홈을 파두면 나중에 물을 줄 때 편리하다. 두둑 가운데로 난 홈을 따라 물을 주면 물이 고랑으로 유실되지 않고 두둑 아래로 흘러내려가기 때문에 수분과 영양분 섭취에 유리하다.

 모종 심는 요령은 앞서 '모종 심기'에서 설명한 바와 같다. 먼저 모종 포트에 물을 흠뻑 주고 한 시간쯤 뒤에 모종을 빼낸 뒤 호미로 흙을 파고 모종을 심는다. 모든 모종이 그렇듯 원래 흙이 덮여 있던 높이만큼만 심는다. 모종을 심은 뒤에는 모종 주위에 원을 그리듯 홈을 파고 물을 흠뻑 주고 흙을 덮어주면 된다. 물 준 자리에 마른 흙을 덮어주면 물이 마르면서 겉흙이 단단해지는 것을 막을 수 있다.

### 물 주기

배추는 90% 이상이 물이다. 따라서 생육 기간 내내 물이 많이 필요하다. 물을 충분히 주지 않으면 성장이 부실해진다. 배추는 모종을 밭에 옮겨 심고 난 뒤 25일쯤부터 결구하기 시작한다. 이때는 그야말로 부지런히 물을 주어야 한다.

 배추는 물이 많이 필요하면서도 물 빠짐이 좋아야 하므로, 가능한 한 물이 잘 빠지게 밭을 만들고, 1주일에 한 번쯤 많은 물을 주는 것이 유리하다. 너무 자주 물을 주면 뿌리가 깊이 내려가지 않으므로 비가 오지 않을 때 1주일에 한 번 듬뿍 물을 준다.

 물 주기 요령은 앞에서 설명한 바와 같이, 먼저 코팅한 것처럼 바짝 말라 있는 겉흙을 적셔서 수분을 흡수할 수 있도록 한다. 그리고 두 번째 물을 주고 그 물이 땅속으로 충분히 흡수되기를 기다렸다가 세 번째, 네 번째 물을 준다.

 초보 농부는 흔히 겉흙이 젖으면 물을 충분히 주었다고 생각하기에 십상이다. 그러나 겉흙이 젖는 것과 배추 뿌리가 물을 충분히 흡수할 만큼 물을 주는 것은 차원이 다르다. 겉흙을 적신 다음 시간을 두고 서너 차례 물을 주어야 물이 두둑 아래로 흡수된다. 물이 충분히 흡수될 때까지 기다리지 않고 물을 주면 물이 두둑 아래 고랑으로

봄에 배추를 재배하면 병해충이 가을보다 더 많이 나타난다. 초보 텃밭 농부는 봄 재배보다는 가을 재배가 쉽다.

봄배추 5월 25일의 모습.

줄줄 흘러내리므로 물을 많이 준 것 같아도 실제로 작물에는 거의 흡수되지 않는다.

### 멀칭

텃밭 농부가 멀칭을 해야 하나, 말아야 하나, 많이 고민하는 작물이 감자와 김장 배추, 김장 무 등이다. 소규모 텃밭 농부가 굳이 멀칭을 할 필요는 없다고 생각한다. 다만 내 밭의 흙이 지나치게 사질토여서 물과 비료분이 쉽게 빠진다거나 지나치게 점질토여서 비가 내린 뒤 땅이 마르면서 흙이 매우 단단해진다면 멀칭을 하는 편이 유리하다.

멀칭을 하면 수분과 비료 성분 유지, 땅의 부슬부슬함 지속, 풀 예방 등 측면에서 상당히 유리하다. 가을 김장 배추나 무 재배에는 멀칭으로 땅 지온을 올릴 필요는 없으므로 투명 비닐이 아니라 반드시 검은 비닐을 써야 한다.

## | 병해충과 처방 |

배추는 이어짓기 피해가 심하게 나타나는 작물이다. 전년에 십자화과 채소를 심었던 장소라면 피하는 것이 좋다. 벼룩잎벌레, 배추흰나비 애벌레 등이 기승을 부려 배춧잎을 거의 모조리 갉아 먹어 버리는 경우도 있다.

불가피하게 이어짓기해야 한다면 모종을 심은 뒤 한랭사를 쳐서 벼룩잎벌레를 막아야 한다. 배추가 어느 정도 성장하고 나면 벼룩잎벌레는 확연히 줄어든다. 이때부터 한랭사를 걷고 배추흰나비 애벌레를 손으로 잡아야 한다. 불가피하게 이어짓기하면서도 이 모든 과정을 감당할 수 없다면, 밭을 만들 때 미리 토양살충제를 살포해 유충을 퇴치하는 것도 한 방법이다. 참고로 전업농가에서는 대부분 토양살충제, 살균제를 사용한다. 소규모 텃밭도 병해충에서 벗어날 수 없다. 몇몇 해충과 병해를 차단하지 못하면 농사를 완전히 망칠 수도 있으니 주의해야 한다. 텃밭에 자주 나타나는 병해충을 살펴본다.

벼룩잎벌레는 십자화과 작물이 아직 어릴 때 나타나 잎을 갉아 먹는다.

### 벼룩잎벌레

모종을 옮겨 심은 초기에는 벼룩잎벌레가 나타나 배춧잎을 갉아 먹는다. 특히 벼룩잎벌레는 어린싹을 집중적으로 갉아 먹는데, 심하면 잎의 그물맥만 남는 경우도 발생한다. 이를 예방하려면 이어짓기를 피해야 한다. 불가피하게 이어짓기한다면 한랭사를 씌워 벼룩잎벌레가 어린잎을 갉아 먹지 못하도록 방지해야 한다. 잎이 어느 정도 자라고 나면 벼룩잎벌레의 피해는 거의 없어진다. 벼룩잎벌레는 이동성이 좋고 높이 뛰어오르므로 손으로 잡기는 거의 불가능하다.

### 배추흰나비 애벌레

잎이 자라면서 결구가 시작될 무렵이면 배추흰나비 애벌레가 나타나 잎을 갉아 먹는다. 어찌나 먹성이 좋은지 벌레 한두 마리가 배춧잎 서너 장을 순식간에 먹어 치운다. 밭에 갈 때마다 잎을 한 장 한 장 잘 살펴 배추흰나비 애벌레를 잡아야 한다. 움직임이 거의 없어서 잡기는 쉽다.

배추흰나비 애벌레는 색깔이 배춧잎과 비슷해 쉽게 눈에 띄지 않는다. 그러나 이 벌레의 분비물은 검은색이라서 금방 눈에 띈다. 대충 배추를 살펴보다가 배추벌레의 검은 똥이 눈에 띄면 잎을 한 장씩 한 장씩 살살이 뒤져서 벌레를 잡아내도록 한다. 배추벌레의 검은 똥이 매우 많다면 한 포기에 한 마리 이상의 벌레가 숨어 있을 가능성이 많으므로 한 마리를 잡았다고 끝내지 말고, 포기 전체를 살살이 뒤져 보아야 한다.

### 좁은가슴잎벌레

성충은 마치 아주 작은 풍뎅이처럼 생겼는데, 등 껍데기는 검은색을 띠고 윤이 나며 검은색이면서도 약간 청색이 감돈다. 배춧잎을 갉아 먹는데 먹성이 매우 좋아 큰 피해를 준다. 움직임이 둔해서 손으로 잡을 수 있다. 좁은가슴잎벌레의 유충 역시 피해를 많이 주는 만큼 철저하게 잡아내야 한다. 유충은 배추흰나비 애벌레

배추흰나비 애벌레와 똥. 배추흰나비 애벌레의 유충은 녹색이라 배춧잎에 숨으면 잘 보이지 않는다. 잎에 검은 분비물이 보이면 애벌레가 있는 것이므로 잎 속을 샅샅이 뒤져 벌레를 잡아내도록 한다.

검게 반짝이는 것은 좁은가슴잎벌레 성충이고, 구멍은 이 벌레가 갉아 먹은 흔적이다. 심할 경우 그물망처럼 구멍이 숭숭 뚫리고 만다. 이를 예방하려면 십자화과 작물의 이어짓기를 피해야 하고, 불가피하다면 지난해 농사지은 땅에서 조금이라도 거리를 두는 게 유리하다. 전문 농가에서는 배추를 심기 전에 토양살충제를 이용해 토양을 소독해 벌레를 퇴치한다.

검은 점처럼 보이는 것은 배춧잎에 나타난 진딧물이고, 위의 검은 벌레는 좁은가슴잎벌레 유충이다.

보다 훨씬 작으면서 검은색을 띤다. 유충 역시 움직임이 둔해서 잡기는 쉽다.

### 진딧물

배추에는 진딧물도 자주 등장한다. 진딧물이 대거 달라붙어서 잎의 즙을 빨아 먹으면 잎이 오그라들면서 죽어버리므로 물엿이나 설탕물, 요구르트 등의 희석액을 뿌려 퇴치하면 된다. 몇 포기에만 진딧물이 나타났다면 굳이 천연 액제를 쓸 것 없이 테이프를 살짝 붙였다가 떼어내도 된다.

김장배추에 창궐한 진딧물. 성충과 유충이 뒤섞여 있다. 이 정도로 진딧물이 번지면 배추를 구할 수 없다. 나는 이 배추에 약을 치기보다는 뽑아서 배추 밭에서 조금 떨어진 곳에 두었다. 진딧물이 딴 포기로 옮겨 가지 않고 이미 피해를 입은 배추에 집중하기 위해서였는데, 다행히 그해 배추 진딧물은 이 포기에서만 확인되었다.

이 같은 해충을 막으려면 십자화과 작물과 이어짓기를 피해야 한다. 부득이 이어짓기해야 한다면 씨뿌리기 전에 토양살충제로 흙을 소독해야 한다. 물을 줄 때마다 잎을 잘 살펴 배추흰나비 애벌레를 잡고, 진딧물을 퇴치한다.

## | 생리 장해와 처방 |

생리 장해는 영양 요소의 결핍으로 나타나는 이상, 혹은 어떤 요소가 과잉 공급되면서 과잉 요소가 다른 요소의 흡수를 막아서 발생하는 이상을 말한다. 말하자면 비료 성분 간 균형이 안 맞아서 발생하는 현상이다. 텃밭 농부가 영양 요소를 엄밀하게 따

배추에 칼슘이 부족해 앞끝이 말라 들어가고 있다. 칼슘 결핍을 막기 위해서는 처음 밭을 만들 때 밑거름으로 석회를 넣어주어야 한다. 밭이 건조하면 석회가 충분한데도 칼슘 결핍 현상이 발생할 수 있다. 미량원소인 붕소가 부족해서 석회 흡수가 안 되는 경우도 있다. 배추 앞끝이 마르는 경우는 대체로 성장 후기이며, 이때 석회 비료를 뿌려도 별 효과가 없다. 이때는 천연 칼슘액제(달걀 껍데기 등을 식초에 녹여 만든 것)를 잎에 뿌려주면 된다.

마그네슘이 결핍되면 늙은 잎에서 황백화 현상이 일어나고 엽록소 함량이 줄어든다. 처음에는 잎끝에서부터 황화 현상이 발생해 나중에는 잎맥만 남기고 황색으로 변한다. 결국, 작물체 성장이 멈춘다. 마그네슘은 작물체 안에서 잘 이동하는 성질을 갖고 있는데, 마그네슘이 부족하면 늙은 잎의 마그네슘이 어린잎으로 빠르게 이동하므로 어린잎은 싱싱한데 늙은 잎에서 먼저 황백화가 발생한다.

배추의 자람이 더디다고 판단한 초보 텃밭 농부가 비료를 마구 뿌렸다. 비료를 주더라도 뿌리에서 10㎝ 이상 거리를 두고 주어야 한다. 잎에 비료 입자가 직접 닿는 바람에 잎이 하얗게 타들어가고 있다. 비료가 직접 닿아 잎이 비료 피해를 보았더라도 새로 나오는 잎은 상관없이 잘 자란다.

져서 재배하기는 어렵다. 전문 농가에서도 영양 요소 필요분을 정확하게 측정해서 재배하기는 어렵다. 따라서 석회와 붕소를 뿌리고 밑거름을 충분히 주어서 밭을 만들고 성장을 봐가며 웃거름을 주면, 소규모 텃밭에서 생리 장해는 거의 발생하지 않는다.

생리 장해가 발생하는 또 하나의 원인으로는 영양 요소는 충분하지만, 물이 제때 공급되지 않아 작물이 이를 흡수하지 못하는 경우가 있다. 따라서 밭을 만들 때부터 점질토냐 사질토냐에 따라 두둑 높이를 조절해서 수분이 부족하지 않도록 해야 한다. 심한 점질토나 사질토 밭이라면 멀칭을 고려해보는 것도 좋다. 이렇게 하면 영양 요소 결핍에 따른 생리 장해 현상은 거의 발생하지 않는다.

### 석회 결핍 증상

칼슘 결핍은 배추에 나타나는 대표적인 생리 장해로, 잎의 끝 부분이 마르거나 배추 속잎의 끝부터 녹는 현상이 발생한다. 초기 결핍 증상은 어린잎에 나타나는데, 어린잎의 기형화, 잎의 경화, 잎의 황화, 갈색 반점이 나타난다. 또 작물이 전체적으로 성장이 잘 안 되고 거칠어지며, 목화가 촉진된다. 성숙 전에 작물이 말라 죽기도 하고, 정상적으로 결구한 것처럼 보이지만 잘라보면 속이 썩어 비어 있는 경우도 발생한다.

일단 이런 현상이 발생했다면 신속한 처방을 위해 염화칼슘이나 계란 껍데기를 식초에 녹여 만든 천연 칼슘액제를 잎에 뿌리면 효과가 빠르다. 이틀이나 사흘 간격으로 잎의 앞뒷면에 골고루 살포하면 증상이 금방 호전된다. 비료를 흙에 뿌리는 경우에는 흡수하는 데 시간이 필요하므로 증상이 발생한 다음에는 효과적인 방법이 아니다.

### 붕소 결핍

미량 요소인 붕소가 결핍되면 배추는 결구가 잘 되지 않거나 속통이 검게 썩을 수 있다. 잎자루 부위의 안쪽에 진한 갈색 반점이 생기거나 증상이 심해서 흑갈색으로 변한다면 붕소가 부족하기 때문이다. 붕소가 부족하면 잎자루에 균열이 발생하고 조직이 코르크화하기도 하므로 잘 살펴서 관리한다. 붕소 결핍이 발생하면 0.2% 붕산액에 생석회 0.3%를 혼합해서 결구 초기에 두세 차례 정도 잎에 뿌리면 된다. 33㎡(10평)에 30g 정도가 적당하다.

### 깨씨무늬병

결구 초기에 배추에 깨알 같은 무늬의 검은 점이 나타나는 것으로 질소 성분이 지나치게 많을 때 발생한다. 질소가 지나치게 많으면 결구할 때 안쪽에 있는 어린잎들이 이를 전부 소화하지 못해 초산태질소(硝酸態窒素)의 농도가 높아지게 되고, 깨알 같은 작은 흑색 반점이 잎에 생긴다. 따라서 배추를 크게 키우겠다고 너무 지나치게 질소 비료를 주는 것은 바람직하지 않다. 질소, 즉 요소 비료는 한꺼번에 밑거름으로 과다하게 공급하지 말고, 성장을 봐가며 웃거름 위주로 적기에 적량을 주는 것이 좋다.

| 병해와 처방 |

배추에 자주 나타나는 병해로 바이러스병, 무름병, 검은무늬병, 무사마귀병, 노균병, 역병, 뿌리마름병, 탄저병, 흰무늬병 등이 있다. 소규모로 재배하는 텃밭 농부가 이 같은 병해에 대해 너무 고민할 필요는 없다. 설령 병해가 닥친다고 하더라도 작물 전체를 못 쓰게 하는 경우는 거의 없다.

병원균은 대부분 토양으로 전염되므로 십자화과 작물을 이어짓지하지 않도록 한다. 또 통풍이 잘되도록 하고, 충분한 퇴비로 작물을 건강하게 자라도록 하면 대부분 예방할 수 있다. 전년도에 이미 발병한 밭에서 불가피하게 재배할 경우에는 토양소독을 철저히 해야 한다.

### 무름병

배추에 가장 큰 피해를 주는 병해다. 초기에는 아래 잎의 잎자루 또는 줄기부터 발병하며 담갈색 병반이 급속도로 확산하고 다른 잎자루로 번지면서 결구 내부까지 무르고 부패하게 된다. 줄기와 직근(直根, 곧은뿌리)이 침해를 받으며 외엽이 심하게 부패하면서 식물체 전체가 시들고 무르는 증상을 보인다. 병든 잎에서 악취가 나는 것이 대표적인 특징이다.

무름병은 배추가 결구할 무렵 주로 발생하는데, 땅이 오랫동안 축축하면 지면에 닿은 잎부터 물러지면서 썩어 들어간다. 병원균은 주모성간상세균이며, 발병 적온은 32~33℃다. 조생종 배추 품종에 자주 발생하는데, 가을철에 고온 현상이 나타나면 자주 발생한다. 볏과나 콩과 작물을 2~3년 돌려짓기하면 대부분 예방할 수 있다.

무름병이 발병하면 텃밭에서는 포기째 뽑아서 전염을 막도록 한다. 무름병은 건조에 약하므로 배수와 통풍이 잘되도록 하면 대부분 예방할 수 있다. 전업농가에서는 무름병이 발병할 경우 살균제를 이레에서 열흘 간격으로 살포한다.

### 노균병

배춧잎에 발생하는 병으로 초기에는 연한 황색의 작은 부정형 병반이 생기고, 잎 뒷면에 하얀 곰팡이가 대량으로 형성된다. 병반의 형태는 잎맥에 불명확한 다각형으로 나타나는데 노균병 특유의 현상이다. 발병이 심한 잎은 불에 그은 것처럼 마르고, 오래된 종이처럼 고사한다. 발병한 포기는 더는 자라지 않는다.

무름병은 주로 생육 중·후반기에 잘 나타난다. 땅이 계속 축축할 경우 결구할 무렵 땅에 닿은 잎부터 물러지면서 썩어 들어간다. 약제로 예방할 수 있지만 굳이 농약을 쓸 필요는 없다. 발생한 포기를 뽑아서 멀리 버리고, 통풍이 잘 되게 하고, 토양 표면을 건조하게 하여 병 확산을 방지한다.

노균병이 발생한 배춧잎.

방제 방법으로 병든 잎을 곧바로 따서 소각 처리한다. 토양이 과습하지 않도록 관리해야 한다. 전업농가에서는 정기적으로 살균제를 살포해 방제하나, 소규모 텃밭 농부는 그렇게까지 신경 쓰지 않아도 된다. 토양 수분을 관리하고, 발병한 잎을 제거하는 정도로도 충분하다.

### 역병

아래 잎이 시들고 연한 적갈색을 띤다. 병이 진전되면 포기 전체가 심하게 시들고, 결국 말라 죽는다. 배추의 전 생육기에 걸쳐 발생하며, 생육 후기에 발병하면 뿌리 발달이 약해지고, 내부가 갈색으로 변하며, 아래 잎에 병반이 발생한다.

토양이 오랫동안 과습하거나 침수되면 발병하기 쉽다. 종자로 병원균이 감염되는 경우도 있으나 대부분 토양으로 감염되므로 물 빠짐이 잘되도록 밭을 관리하면 거의 예방할 수 있다. 혹 병든 포기가 발생하면 뿌리째 뽑아버리되, 뿌리 주변 흙도 함께 파서 버린다. 역병이 발생한 밭에서는 3년 이상 돌려짓기하거나 토양을 소독 처리해야 한다.

### 뿌리마름병

뿌리 부분이 마른 상태로 잘록하게 썩어 들어가고 잎은 푸른 상태로 시든다. 병이 진전되면 작물 성장이 점점 부진해지고, 생육 후기에는 결구가 불량해진다. 비바람이 불 때 쉽게 넘어지는 것도 발병의 특징이다.

이어짓기를 피하고, 밭을 만들 때 33㎡(10평)당 3kg 정도의 석회를 넣어주면 발병을 억제하는 효과가 있다. 토양 습도가 높아지지 않도록 배수 관리를 철저히 한다. 전업농가에서는 모종을 아주 심기 한 뒤에 토양에 전용 약제를 살포하기도 한다.

## | 웃거름 주기 |

배추의 자람을 봐가며 웃거름을 준다. 텃밭 농부가 밑거름으로 넣은 퇴비는 양이 부족할 가능성이 많고, 8~9월에 비가 내리면서 토양에 있던 거름 성분도 빗물에 쓸려 가버릴 수 있다. 자람을 봐가며 웃거름을 주는데, 10월 초부터 11월 중순까지 보름 간격으로 배추 뿌리에서 약 10㎝ 정도 떨어진 위치에 호미로 흙을 파고 유기질 비료 한 줌씩을 배추 뿌리 양쪽에 넣어주면 효과적이다. 웃거름을 주고 곧

결구하기 시작한 배추. 결구를 잘 되게 하려면 초기부터 잎 수를 충분히 확보할 수 있도록 질소 거름을 충분히 주어야 한다. 그리고 생육 후반기에는 칼리질 거름을 주어 속이 꽉 차도록 해야 한다.

초보 텃밭 농부는 흔히 배추가 어느 정도 자라면 묶어주어야 결구한다고 잘못 알고 있다. 그러나 결구와 묶어주기는 아무런 연관이 없다. 배추 결구 크기는 바깥 잎의 크기와 수에 비례한다. 따라서 성장 초기부터 잎을 크게 키우는 데 신경을 써야 한다. 배추를 묶는 바람에 오히려 통풍성이 나빠지고 햇빛이 들어가지 않아 배추의 자람이 늦어지고 영양가도 떨어진다. 결구의 단단함 정도는 칼리 비료 성분과 관련이 있으므로 생육 후기에는 칼리 비료를 웃거름으로 주도록 한다. 배추를 묶어주어서 얻는 이익이 있다면 어차피 버릴 바깥 잎으로 안쪽 잎을 감싸 서리 피해를 막을 수 있다는 정도다.

### TIP 김장배추, 묶을까 말까?

텃밭 농부가 흔히 하는 고민 중에 하나가 김장 배추를 묶어주어야 하는지, 안 묶어주어도 되는지 하는 것이다. 도시농부학교를 운영하면서 여러 차례 설명했지만 많은 농부, 특히 농사를 지어본 경험이 있는 농부는 단연코 배추를 묶어주어야 결구가 된다고 믿는다.

결론을 말하자면, 배추는 묶어준다고 결구가 되고 묶어주지 않는다고 결구가 안 되는 작물이 아니다. 종류에 따라 조금씩 다를 수 있지만 봄배추는 묶어주어도 결구하지 않는다. 가을배추는 묶어주지 않아도 결구한다. 그러니 일부러 묶어줄 필요는 없다.

가을배추가 결구하지 않는 경우는 초기 성장이 나빠 잎 수가 부족하거나 후기에 칼리 성분이 턱없이 부족해 결구할 힘이 없기 때문이다. 결구하지 않는 원인 중에 가장 큰 원인은 초기 성장이 나빠 잎이 부족한 경우다. 따라서 밭을 만들 때 밑거름을 충분히 주고, 성장을 봐가며 웃거름과 물을 충분히 주어 잎 수를 늘리고 크기를 키우면 충실하게 결구한다.

그런데도 가을배추를 묶어주는 경우가 있는데, 이는 동해(凍害)를 예방하기 위해서다. 더 충실한 배추를 기르기 위해 밭에서 조금 더 기르고 싶은데, 기온이 많이 내려가면 배추가 얼어버릴 수 있다. 이때 겉잎을 묶어 주면 속잎의 동해를 예방할 수 있다. 가을배추는 영하 5℃까지도 견디므로 별걱정이 없다. 그러나 속잎은 겉잎보다 낮은 기온에 견디는 힘이 약하므로 12월 초순 기온이 영하 5℃ 이하로 내려가는데도 밭에 조금 더 두고 싶다면 묶어주는 편이 좋다. 물론 배추를 운반할 때도 묶어주면 양손에 한 포기씩 들 수 있어 다소 편리하기도 하다.

그러나 텃밭 농부가 굳이 묶어줄 필요는 없다. 묶어주자면 따로 끈을 사야 하고, 또 쓰고 난 끈은 쓰레기가 된다. 추운 날씨 속에 밭에 배추를 놔두면서 끈으로 묶어주기보다는 영하 5℃ 아래로 기온이 떨어지기 전에 배추를 수확하는 편이 훨씬 실속 있다고 생각한다.

굳이 배추를 묶어주고 싶어서 끈을 구입한다면, 면적이 넓은 끈을 구입해야 한다. 가느다란 바인더 등으로 묶어주면 배춧잎에 상처가 생기기 때문이다. 종묘상에 가면 여러 가지 끈이 있다.

비가 내리지 않을 경우에는 반드시 물을 주어야 비료 성분이 뿌리로 공급된다.

만약 퇴비나 유기질 비료가 없어서 화학 비료를 주어야 한다면, 처음 한두 차례는 잎이 잘 자랄 수 있도록 요소 비료(질소 비료)를 포기당 한 숟가락 정도씩 주고, 결구가 시작하는 시기부터는 칼리 비료를 주어야 효과적으로 결구할 수 있다. 특히 질소 성분은 식물이 무한정 흡수하므로 한 번에 과하게 주지 말고, 성장을 봐 가며 조금씩 준다. 질소는 물에 잘 녹고 흡수가 빠르므로 필요할 때마다 주는 편이 흡수에도 좋고, 빗물에 유실되는 것을 막는 데도 좋다.

텃밭 농부가 기른 배추가 속이 헐렁한 경우가 많은 것은 밑거름이 부족하거나 물 주기가 부실해 잎 수가 모자랐기 때문이다. 또 결구가 잘 안 된다고 생각해 요소 비료를 후기에도 계속 준다고 해서 결구가 잘되지는 않는다. 따라서 초기에는 밑거름과 물 주기를 잘해서 잎 수를 늘리고, 후기에는 칼리 비료를 공급하고 물 관리를 잘해서 결구가 잘되도록 한다.

그러나 속이 헐렁하다고 해서 실망할 것은 없다. 대략 50포기 정도를 심었다면 헐렁한 배추가 많이 나와도 4~5인 가족의 김장용으로는 충분하다.

한 가지 주의할 점은 잎 수를 늘리겠다고 질소 비료를 많이 주면 배춧잎이 많아지고 통이 커지지만 그만큼 연해서 병충해에 시달릴 가능성도 많다는 것이다. 우리가 일반적으로 시중에서 사 먹는 배추는 통이 크고 잎 수도 아주 많은데, 이런 것은 화학 비료를 충분하게 준 덕분이다. 화학 비료를 충분하게 주면 작물의 성장이 좋아지고 맛도 연해서 필연적으로 벌레가 많이 달라붙는다. 전업농가에서는 이런 벌레를 퇴치하고자 농약을 사용한다. 따라서 시중에서 판매하는 통이 큰 배추는 비료와 농약을 듬뿍 준 배추라고 볼 수 있다.

## | 수확과 보관 |

배추는 비교적 추위에 강하다. 그러나 영하 5℃ 정도 되면 얼 수 있으므로 12월 초에는 수확하는 것이 낫다. 지방에 따라서는 조금 더 일찍 혹은 조금 더 늦게 수확할 수 있다. 남부 지방은 12월 초순경 수확하고, 중부 지방이라면 11월 말경 수확하는 것이 좋다.

수확은 마른 날씨가 이틀이나 사흘 정도 이어진 뒤 하는 게 좋다. 비가 내린 직후에 수확할 경우 저장 중에도 무름병이 발생할 수 있다.

전년도 여름에 파종해 겨울에 수확하지 않고 밭에서 겨울을 넘긴 봄동은 이듬해 봄 각별한 맛을 선사한다. 사진은 3월 28일로 날씨가 많이 따뜻해지면서 배추 꽃대가 올라오는 모습이다.

밭에서 겨울을 나고 2월을 맞이한 배추. 흔히 이것을 '봄동'이라고 부른다. 가을에 배추를 재배하다가 속이 덜 찼거나 생육이 부진한 포기를 그대로 두면 이듬해 초에 한겨울을 넘긴 싱싱한 배추를 얻을 수 있다. 봄동은 속이 꽉 차지는 않지만 한겨울을 넘긴 배추의 각별한 맛이 난다.

김장배추를 재배하다가 속이 차지 않아 김장용으로 쓸 수 없는 것들이 나오면 그대로 겨울을 넘겨 봄동으로 이용할 수 있다. 싱싱한 채소가 귀한 한겨울에 봄동은 별미다. 봄동은 겨우내 추위와 눈에 얼었다가 녹았다가를 반복하면서 겨울맛을 담는다.

유기농으로 재배한 배추는 속이 헐렁한 경우가 많다. 시장에서 파는 채소처럼 속이 꽉 찬 배추를 얻으려면 거름을 충분히 주어야 한다. 그래도 유기질 퇴비만으로 배춧속을 꽉 채우기는 매우 어렵다. 유기농으로 재배한 배추는 속은 다소 헐렁하지만 잎이 매우 단단하고 고소한 맛이 난다.

수확할 때는 배추를 옆으로 눕히고 밑동을 칼로 자른다. 밭에서 거친 겉잎을 떼어내고 집으로 가져가면 쓰레기가 덜 나오고, 밭에는 유기물이 공급되어서 좋다. 그렇다고 겉잎을 지나치게 뜯어내면 텃밭 재배의 재미가 적다. 김장할 때, 또 겉잎 몇 장을 뜯어서 말려두었다가 된장국을 끓일 때 넣어 먹으면 맛이 일품이다.

배추를 수확한 뒤에 바깥 잎이 붙은 채로 나흘에서 닷새 정도 통풍이 잘되는 그늘에서 말린 뒤 신문지로 싸서 얼지 않을 정도의 서늘하고 어두운 곳에 보관하면 2월까지도 저장할 수 있다.

수확하다 보면 아직 결구가 되지 않고, 잎도 많지 않아 김장용 배추로 쓰기 힘든 것들이 여기저기서 나온다. 거둬서 생것을 된장에 찍어 먹어도 되지만, 그대로 밭에 두어 겨울을 넘기게 하면 이듬해 봄에 훌륭한 쌈 배추가 된다. 이렇게 겨울을 넘긴 배추를 '봄동'이라고 하는데, 이른 봄 싱싱한 채소가 드물 때, 겨우내 찬 바람과 햇빛을 듬뿍 받은 채소라 맛이 각별하다. 시중에서 '봄동'이라고 판매하는 배추는 따로 품종이 있는 것이 아니라 이렇게 키운 배추를 말한다.

# 쪽파
#### 백합과

재배난이도
★☆☆

| 재배 포인트 |

쪽파는 가을이나 월동 재배라 병해충 피해가 거의 없다. 쪽파는 휴면성이 있는데, 한여름 더위를 지나야 휴면에서 깨어난다. 따라서 쪽파 씨뿌리기는 8월 중순쯤부터 9월 초까지 할 수 있다. 병이 없는 씨알을 사는 것이 중요하다.

감자나 열무, 총각무, 봄상추, 아욱, 강낭콩, 근대 등 봄 작물을 재배한 뒤에 여름 장마철 밭을 잘 관리해두었다가 심으면 제격이다. 김장 배추밭 한쪽에 조금 재배해서 김장용으로 함께 쓰면 좋다.

| 밭 만들기 |

쪽파는 산성 밭을 싫어한다. 소규모 텃밭 농부가 일일이 토양의 pH 검사를 의뢰하기는

번거로우므로 씨뿌리기 3주 전에 3.3㎡(1평)당 석회 한 줌을 골고루 뿌려준다. 석회를 뿌리고 2주 후에 3.3㎡당 유기질 비료 2kg 혹은 잘 썩힌 퇴비 5~6kg 정도를 넣고 밭을 잘 갈아준다. 퇴비를 넣고 2주 후에 파종한다. 두둑의 너비는 1m, 높이는 15㎝ 정도로 하되, 물 빠짐이 잘 되는 밭이라면 두둑의 높이를 5㎝ 정도로 낮게 한다.

## 재배 방법

쪽파는 씨앗을 뿌리는 것이 아니라 8월에 쪽파 씨알을 구해서 밭에 심어준다. 종묘상이나 재래시장에 가면 쪽파 씨알을 쉽게 구할 수 있다. 씨쪽파를 구입하면 싹이나 뿌리가 조금 난 것도 있고, 아직 나지 않은 것도 있다. 또 마른 뿌리가 붙어 있는 경우도 있다. 마른 뿌리와 새로 난 싹이나 뿌리 모두 가위로 제거해주면 쪽파가 고르게 자란다. 쪽파는 3.3㎡(1평)만 심어도 4~5인 가족의 김장용으로 충분하므로 너무 많이 심지 않도록 한다.

### 씨뿌리기

줄 간격 30㎝, 포기 간격 15㎝로 깊이 5㎝ 정도 홈을 파고, 쪽파 싹 부분이 위로 오도록 넣는다. 이때 씨알이 튼실한 쪽파는 한 구멍에 한 개씩 넣고, 씨알이 다소 작은 것은 두세 개씩 넣도록 한다. 흙은 대략 1㎝ 정도 덮어주면 된다.

쪽파를 동시에 수확하지 않고 먼저 자라는 것부터 조금씩 수확해서 이용할 생각이라면, 파종 간격을 5~10㎝ 정도로 하고, 이후 솎아내면서 최종 간격이 15㎝ 정도 되도록 해주는 것도 좋다. 쪽파는 씨알 하나가 스무 개 이상 늘어난다는 점을 고려해 솎음 간격을 지켜준다.

쪽파는 휴면성이 있어 한여름 더위를 지나야 휴면에서 깨어난다. 병이 없는 씨알을 구입해 심으면 재배하는 데 어려움이 거의 없다. 파종 3일 만에 싹이 올라왔다.

파종 15일 된 쪽파.

뿌리가 나 있는 쪽파 모종을 심을 때는 초록색 줄기 부분을 10㎝ 정도 남기고 가위로 자른 뒤 파종한다. 그러면 남은 포기에서 다시 잎이 자란다.

### 솎아내기
쪽파는 파종하고 닷새나 엿새쯤 지나면 싹이 올라온다. 싹이 나고 20~30일 정도 지나면 솎아서 이용할 수 있다.

### 아주 심기
쪽파를 조밀하게 심었다면, 포기 간격 15㎝ 정도로 옮겨심기한다. 옮겨 심을 때는 깊이 10㎝ 정도의 골을 파고, 모종을 두세 포기씩 모아 심으면 된다.

## | 병해충과 처방 |

노균병이나 흑반병(黑斑病, 검은별무늬병)이 발생하기도 하지만, 작은 텃밭에서는 염려할 정도는 아니다. 진딧물이 발생하면 설탕물이나 요구르트, 우유 등의 희석액을 뿌려 퇴치한다.

## | 웃거름 주기 |

파는 비교적 거름이 많이 필요한 작물이다. 그러나 8월에 심어 10월에 수확한다면 굳이 웃거름을 주지 않아도 된다. 일부를 남겨 두었다가 월동 후 이듬해 봄에 수확할 생각이라면, 2월 중순경에 3.3㎡(1평)당 유기질 비료 1kg을 뿌려준다. 쪽파 골 사이로 비료를 흩어준 다음 호미로 흙과 잘 섞어준다. 웃거름을 주고 1~2주 안에 비가 오지 않는다면 물을 흠뻑 뿌려준다.

## | 수확과 보관 |

8월에 파종한 쪽파는 9월 중하순부터 10월까지 수확할 수 있다. 키가 20~25㎝일 때 수확 적기다. 밀집한 곳을 중심으로 뿌리째 뽑아 수확하면 된다. 남부 지방의 경우에는 11월 중순까지도 수확할 수 있다. 조금씩 듬성듬성 거둬들이다가 11월 말에 한꺼번에 다 수확해 김장 때 파김치를 담그면 더 좋다. 그러나 수확 시기가 너무 늦어지면 쪽파가

파종 4주 만에 키가 20㎝ 이상으로 자랐다. 이때부터 솎음 수확해서 먹으면 된다. 뿌리 전체를 다 캐지 말고 조금씩 수확하면 계속 분구(分球)하기 때문에 더 많이 수확할 수 있다.

8월 30일 파종해 10월 1일 솎음 수확한 쪽파.

파종 8주가 되자 무성하게 자랐다.

여름에 파종해서 가을에 수확해 먹다가 나머지를 두면 이듬해 봄에 새롭게 잎이 올라온다.

전년도 늦여름에 종구를 심어 일부를 수확하고 밭에 남겨둔 쪽파가 겨울을 나고 있다. 사진은 2월 1일의 모습.

전년도 늦여름 심었다가 겨울을 나고 봄에 새롭게 줄기가 올라온 쪽파. 겨울을 밭에서 난 쪽파에서는 특유의 향이 진하게 난다.

겨울을 나고 3월에 수확한 쪽파. 전년도 8월 말에 쪽파 종구를 심으면, 10월부터 조금씩 수확해 12월까지 쪽파를 수확할 수 있다. 12월 김장에 쓸 쪽파를 대량으로 수확하고 남은 쪽파를 밭에 그대로 두면 겨울에 줄기가 시든다. 그러나 뿌리는 한겨울 추위에도 살아 있기 때문에 이듬해 봄이 오면 다시 싱싱한 쪽파를 수확할 수 있다. 이때도 일부를 남겨두면 5월에 다시 줄기가 시들고, 종구를 캐서 잘 말려두면 8월에 다시 심을 수 있다.

전년도 여름 종구 하나를 심었던 쪽파가 가을과 겨울을 넘어 봄에 새로 자라면서 포기가 많이 늘어났다. 이런 쪽파는 수확해서 먹어도 되고 일부를 남겨 두어도 좋다. 6월에 뿌리를 수확해 보관했다가 8월 말에 종구로 심어도 된다.

전년도 여름에 종구를 심은 쪽파는 이듬해 5월이 되면 조금씩 시들기 시작해 5월 말이면 완전히 시든다.

전년도 여름에 종구를 심은 쪽파가 이듬해 5월 말이 되자 줄기가 시들고 꽃이 피면서 생을 마감하고 있다. 잎줄기가 시든 후 땅 속의 종구를 갈무리했다가 8월에 다시 심으면 싱싱한 쪽파를 수확할 수 있다. 쪽파는 6월부터 8월 중순까지 휴면에 들어간다. 한여름 더위를 지난 다음에 종구를 심으면 금세 싹이 난다.

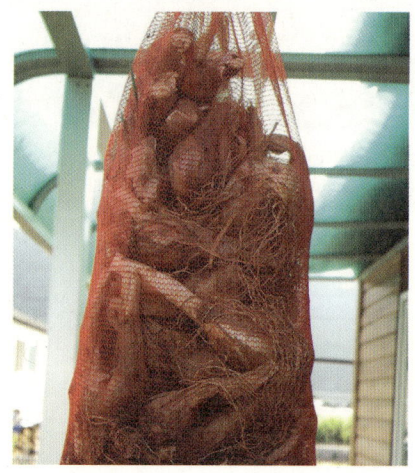

전년도 늦여름에 종구를 심은 쪽파를 그해 가을과 이듬해 봄 수확하고 일부를 남겨두면 5월부터 잎줄기가 시들고 6월이면 종구를 수확할 수 있다. 줄기를 잘라내고 종구를 양파 망에 넣어 바람이 잘 통하는 그늘에 보관하면 8월 말 다시 종구로 사용할 수 있다.

계속 자라서 쓰러진다. 특히 때 이른 추위가 닥치면 파 줄기가 축 늘어진다. 줄기가 늘어지고 난 뒤 수확하면 맛이 떨어지는 만큼 제때에 거둬들인다. 수확 시기를 놓쳤다면 그대로 월동한 후 이듬해 봄에 새로 올라오는 쪽파를 수확해도 된다.

이듬해 봄까지 쪽파를 그대로 밭에 남겨두었다면, 봄에 다 캐 먹지 말고 기른다. 한여름이 되기 전인 6월 초에 거둬 알뿌리를 손질해두면, 8월 말에 새로 싹이 나오므로 씨앗용 모구(母球, 번식의 기본이 되는 알뿌리)로 사용할 수 있다.

### 쪽파 재배 일정

| 3월 | | | 4월 | | | 5월 | | | 6월 | | | 7월 | | | 8월 | | | 9월 | | | 10월 | | | 11월 | | | 12월 | | | 1월 | | | 2월 | | |
|---|---|---|---|---|---|---|---|---|---|---|---|---|---|---|---|---|---|---|---|---|---|---|---|---|---|---|---|---|---|---|---|---|---|---|---|
| 상 | 중 | 하 | 상 | 중 | 하 | 상 | 중 | 하 | 상 | 중 | 하 | 상 | 중 | 하 | 상 | 중 | 하 | 상 | 중 | 하 | 상 | 중 | 하 | 상 | 중 | 하 | 상 | 중 | 하 | 상 | 중 | 하 | 상 | 중 | 하 |

■ 파종　■ 수확

\* 지역에 따라 수확 기간은 달라진다.

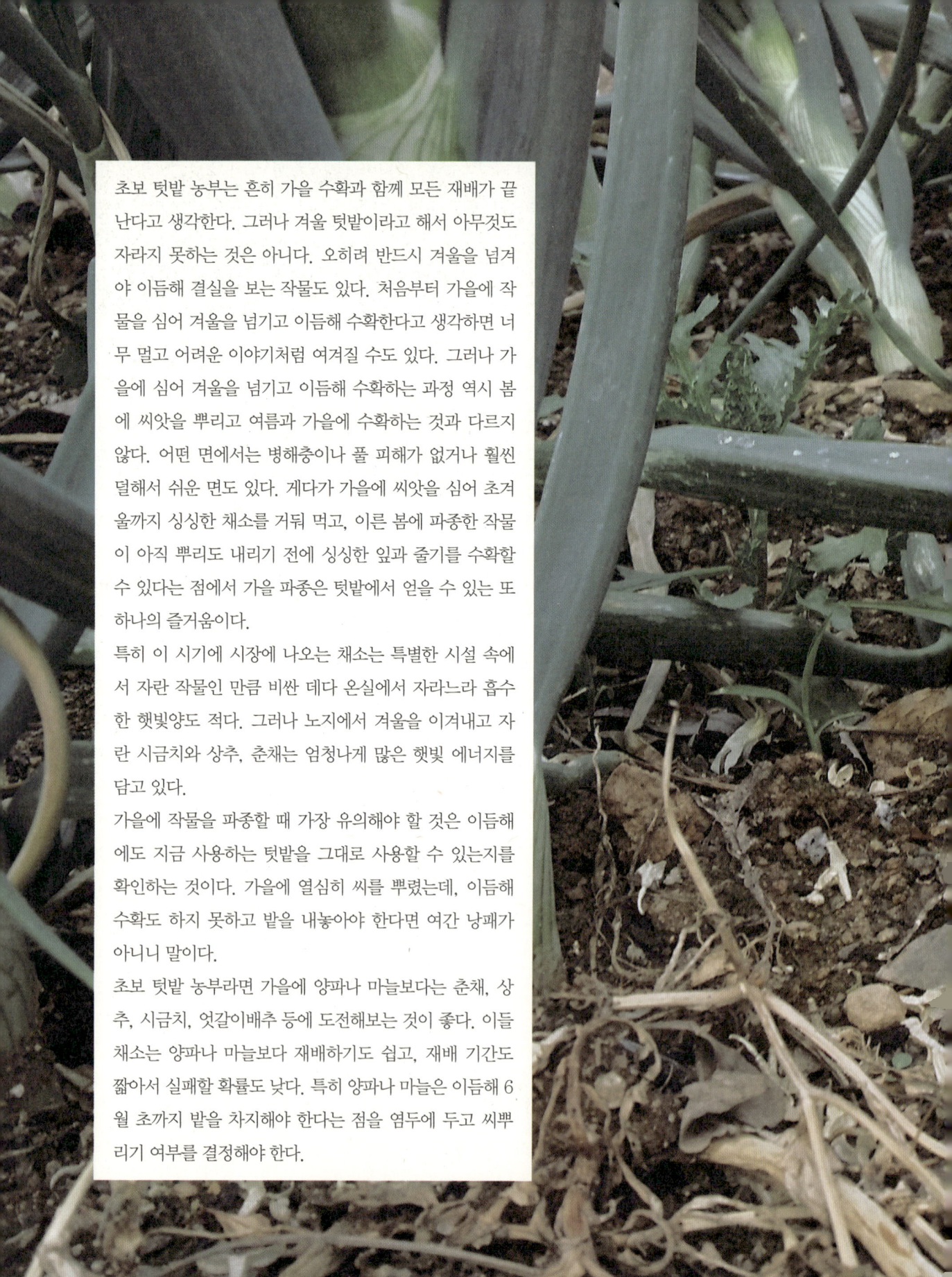

초보 텃밭 농부는 흔히 가을 수확과 함께 모든 재배가 끝난다고 생각한다. 그러나 겨울 텃밭이라고 해서 아무것도 자라지 못하는 것은 아니다. 오히려 반드시 겨울을 넘겨야 이듬해 결실을 보는 작물도 있다. 처음부터 가을에 작물을 심어 겨울을 넘기고 이듬해 수확한다고 생각하면 너무 멀고 어려운 이야기처럼 여겨질 수도 있다. 그러나 가을에 심어 겨울을 넘기고 이듬해 수확하는 과정 역시 봄에 씨앗을 뿌리고 여름과 가을에 수확하는 것과 다르지 않다. 어떤 면에서는 병해충이나 풀 피해가 없거나 훨씬 덜해서 쉬운 면도 있다. 게다가 가을에 씨앗을 심어 초겨울까지 싱싱한 채소를 거둬 먹고, 이른 봄에 파종한 작물이 아직 뿌리도 내리기 전에 싱싱한 잎과 줄기를 수확할 수 있다는 점에서 가을 파종은 텃밭에서 얻을 수 있는 또 하나의 즐거움이다.

특히 이 시기에 시장에 나오는 채소는 특별한 시설 속에서 자란 작물인 만큼 비싼 데다 온실에서 자라느라 흡수한 햇빛양도 적다. 그러나 노지에서 겨울을 이겨내고 자란 시금치와 상추, 춘채는 엄청나게 많은 햇빛 에너지를 담고 있다.

가을에 작물을 파종할 때 가장 유의해야 할 것은 이듬해에도 지금 사용하는 텃밭을 그대로 사용할 수 있는지를 확인하는 것이다. 가을에 열심히 씨를 뿌렸는데, 이듬해 수확도 하지 못하고 밭을 내놓아야 한다면 여간 낭패가 아니니 말이다.

초보 텃밭 농부라면 가을에 양파나 마늘보다는 춘채, 상추, 시금치, 엇갈이배추 등에 도전해보는 것이 좋다. 이들 채소는 양파나 마늘보다 재배하기도 쉽고, 재배 기간도 짧아서 실패할 확률도 낮다. 특히 양파나 마늘은 이듬해 6월 초까지 밭을 차지해야 한다는 점을 염두에 두고 씨뿌리기 여부를 결정해야 한다.

# 제3장 가을에 심는 작물

마늘
양파
춘재
상추와 시금치 등

# 마늘
### 백합과

재배난이도 ★★★

| 재배 포인트 |

마늘은 일반적으로 가을에 파종하고 해를 넘겨 봄에 수확한다. 마늘을 심고자 한다면 이듬해에도 그 텃밭을 이용할 수 있는지부터 살펴야 한다. 9월 하순 이후 심어 이듬해 6월 상중순에 수확하므로 밭 이용의 효율 면에서 불리하다. 따라서 분양받아 이용하는 좁은 텃밭에서는 재배하기 곤란하다.

6월경 마늘종 위에 달려서 익은 주아(主芽, 자라서 줄기가 되어 꽃을 피우거나 열매를 맺는 싹)를 수확해 가을에 심으면, 병충해를 예방할 수 있고, 조직이 치밀해 저장에도 유리하다. 그러나 주아를 심어 통마늘을 만들고, 통마늘을 다시 심어 육쪽마늘을 만들기까지는 3년이 걸리므로, 텃밭 농부는 병해충이 없는 튼실한 마늘 종자를 사서 심는 편이 유리하다. 전업 농부의 경우 병해충 예방과 재배 비용 등을 고려해 5~6년에 한 번씩 주아를 심어 종자로 쓸 씨마늘을 바꿔 주는 방식을 택한다.

씨마늘은 굵고 병해를 입지 않은 것을 택한다. 마늘은 지역성이 있으므로 해당 지역에서 나오는 씨마늘을 구해 심는 것이 좋다.

## 밭 만들기

고구마나 오이, 참깨, 들깨, 덩굴강낭콩 등을 수확한 뒤에 후작으로 심는 것이 좋다. 씨뿌리기 4주일 전에 석회를 밭에 골고루 뿌린 다음 흙과 잘 섞어준다. 이후 씨뿌리기 2주일 전에 3.3㎡(1평)당 유기질 비료 5kg 정도를 넣고 밭을 잘 일구어준다. 이후 씨뿌리기 하루나 이틀 전에 토양 살충제를 고루 뿌리고 땅을 고른다.

두둑의 높이는 15㎝, 너비는 1m 정도로 하되 밭의 형편을 봐가며 조절한다. 물 빠짐이 좋은 밭이라면 두둑을 조금 낮추고, 물 빠짐이 좋지 않은 밭이라면 두둑을 20㎝ 정도까지 높여주는 것이 좋다.

두둑에 비닐을 덮어씌우면 지온이 높아져서 생육이 빠르고, 잡초를 제거하고 물을 주는 노력을 줄일 수 있으나 작은 텃밭에서는 굳이 비닐 덮어씌우기보다는 낙엽이나 짚 등을 덮어주는 것이 좋다.

## 재배 방법

### 씨마늘 고르기

마늘을 처음 재배할 때 가장 신경 써야 할 것이 씨마늘 선택이다. 마늘은 특정 지역에서 지역화하는 경향이 있으므로, 될 수 있으면 해당 지역의 재래시장에서 건강한 씨마늘을 구입하는 것이 좋다. 다른 지역에서 잘 자라는 씨마늘을 사서 심었는데, 내 밭에서는 그만큼 잘 자라지 않는 경우가 발생하기도 한다.

상처가 있거나 병해충 피해를 본 마늘쪽은 싹트기 전에 병원균이 침입해서 썩기 쉽다. 뿌리가 돋아날 부분이 불량한 것은 뿌리의 신장이 좋지 않아 겨울을 지내는 동안 동해를 입을 가능성이 높고, 생육 역시 불량해진다. 따라서 씨마늘로 사용할 마늘쪽은 아래쪽의 뿌리가 발생할 부분이 건전한 것을 선택해야 한다.

### 씨뿌리기 간격

마늘 줄기는 곧게 자라므로 빽빽하게 심어도 견디는 힘이 강하다. 따라서 배게 심을수록 단위 면적당 수량은 증가한다. 그러나 너무 조밀하게 심으면 마늘통이 작아진다. 재식 거리는 마늘쪽의 크기에 따라 다소 다르나 5~7g짜리 씨마늘의 경우 줄 사이는 20㎝, 포기 사이는 10㎝가 알맞다.

### 씨뿌리기 방법

마늘 심을 골을 6~7㎝ 깊이로 파고 심는데, 뿌리 부분이 밑으로 가도록 심어야 하며, 옆으로 비스듬히 심거나 거꾸로 심으면 마늘통 모양이 비뚤어진다. 파종한 뒤 흙을 3㎝ 정도로 가볍게 덮어준다. 낙엽이나 짚 등으로 덮어씌울 생각이라면 흙을 덮어주지 않아도 된다. 얼어 죽을 것 같지만 너무 늦게 파종하지 않는 한 얼어 죽지 않는다.

너무 깊게 심으면 싹이 늦게 나오고, 또 너무 얕게 심으면 뿌리가 흙을 차고 땅 위로 올라와 겨울을 넘기는 동안 동해를 입거나 이듬해 김매기를 할 때 뿌리를 다치게 할 수 있으므로 유의한다.

9월 말이나 10월 초순 파종한 마늘 싹은 겨울을 지나고 이듬해 2월 말 혹은 3월 초가 되어야 올라온다. 마늘을 처음 재배하는 텃밭 농부는 파종하고 한 달이 지나도 싹이 나오지 않아 얼어 죽었다고 생각하며 뽑아버리고 11월에 다시 심는 경우도 있다. 그러나 11월에 심은 마늘이야말로 모두 얼어 죽고 만다. 9월 말이나 10월 초순 파종한 마늘은 마치 죽은 듯이 보이지만 뿌리를 내리고 잘 살아 있다.

### 멀칭

마늘은 밭에서 한겨울을 나는 작물이다. 따라서 파종 뒤에는 위에 짚이나 낙엽 등

마늘을 파종할 때는 눈이 위로 오도록 똑바로 놓는다. 위 사진은 마늘 놓는 모양을 보여주기 위해 얕게 심은 것이다. 실제로 심을 때는 마늘 길이의 두 배 정도 깊이로 땅을 파고 마늘을 놓고 2~3㎝ 정도 흙을 덮어주면 된다.

마늘을 넣고 흙 대신 톱밥을 덮었다. 흙이나 톱밥, 낙엽을 덮는 것은 겨우내 얼지 않고 봄에 일찍 싹이 나오도록 하기 위해서다. 흙이나 톱밥을 덮은 뒤 일부러 눌러줄 필요는 없다. 땅을 다지면 오히려 호흡에 지장을 준다.

전년도 10월에 종구를 심어 3월을 맞이한 마늘.

전년도 10월에 심어 3월 중순을 맞이한 마늘.

3월 하순을 앞둔 마늘. 3월 중순보다 훨씬 더 자랐다.

을 두툼하게 덮어주면 좋다. 덮어씌워 줘야 겨울을 나기도 쉽고 이듬해 봄에 싹도 일찍 돋는다. 들깨나 콩을 심었던 자리에 심을 경우 열매를 털고 난 들깨나 콩 줄기를 10㎝ 간격으로 잘라 덮어주면 매우 효과적이다. 들깨나 콩대는 습도와 온도를 유지할 뿐만 아니라 이듬해 썩어서 거름도 된다.

마늘 재배에서 비닐 멀칭은 하지 않는 것이 좋다. 전문 농가에서는 가장 적절한 시기에 비닐 피복을 하고, 가장 적절한 시기에 비닐을 벗겨준다. 텃밭 농부는 비닐을 덮는 시기와 벗겨내는 시기를 가늠하기 어려우므로 하지 않는 것이 좋다.

전문 농가에서는 마늘을 심은 뒤 땅이 얼기 직전, 또는 첫얼음이 이틀이나 사흘 동안 연속해서 얼 때 비닐 멀칭을 한다. 이 시기보다 빨리 비닐을 씌우면 지상부의 생육이 과다하게 되고 뿌리의 발육이 부진해져 겨울을 나는 동안 동해를 받기 쉽다. 게다가 비닐을 덮을 경우 비료나 덜 썩은 퇴비가 분해하면서 발생하는 유해가스의 피해를 볼 위험도 높다.

비닐을 제때 덮어씌웠다면 이듬해 2월경 마늘 싹이 나오는 부위를 일일이 찢어줘야 하고, 4월 하순경에는 모든 비닐을 제거해야 한다. 제거하지 않겠다면 비닐 위에 전체적으로 흙을 2㎝ 정도 덮어 햇빛을 막음으로써 지열이 지나치게 오르지 않도록 해주어야 한다. 일이 번거롭고 환경에도 좋지 않은 만큼 텃밭 농부는 될 수 있으면 비닐 멀칭을 하지 않는 것이 좋다.

월동 후 3월 하순의 마늘. 비닐 멀칭을 해준 밭이다. 마늘밭의 비닐 멀칭 작업은 시기와 방법이 까다롭다. 멀칭을 할 경우 이듬해 2월경 마늘 싹이 나오는 부위를 일일이 찢어줘야 하고, 4월 하순경에는 비닐을 제거해 지온이 너무 오르지 않도록 관리해야 한다. 소규모 텃밭 농부는 비닐 멀칭 대신 낙엽이나 톱밥을 두툼하게 덮어주는 것만으로 충분하다.

### 풀 뽑기

4~5월이 되면 마늘밭에 풀도 잘 자란다. 마늘이 풀보다 일찌감치 자라므로 짚이나 낙엽으로 덮어씌워 두었다면 크게 걱정할 것은 없다. 그러나 풀에 영양분을 빼앗기지 않도록 4월에 풀을 한 번쯤 매주면 좋다.

### 물 주기

마늘통이 비대하는 시기인 4~6월은 우리나라에서 한창 가

전년도에 파종한 마늘은 이듬해 2월이면 싹이 올라오고, 3월이면 무럭무럭 자란다. 대체로 이 무렵에는 비가 잦아 마늘이 잘 올라오지만, 가뭄이 심할 때는 물을 충분히 뿌려주도록 한다. 왕성하게 자라야 하는 시기인 만큼 비가 내리기 전 혹은 물을 뿌리기 전에 웃거름을 주도록 한다.

월동 마늘은 4월 말이면 이미 다 자란 것처럼 무성해진다.

5월 하순, 마늘잎이 시들기 시작한다. 수확기가 다가오는 것이다. 위 사진보다 조금 더 기다렸다가 전체 잎의 50~75% 정도 말라 누렇게 되었을 때, 날씨가 좋은 날을 골라 수확한다.

뭄이 이어질 무렵이다. 이때 물이 부족하면 마늘통이 커지지 않는다. 따라서 난지형 마늘(暖地型, 겨울철 따뜻한 지방에서 적응한 마늘)은 4월 하순에서 5월 중순, 한지형 마늘(寒地型, 겨울철 추운 지방에서 적응한 마늘)은 5월 중순에서 6월 중순까지 충분히 물을 주어 마늘통 비대가 잘 이루어지도록 한다.

| 병해충과 처방 |

마늘은 가을에 심어 이듬해 6월에 수확하는 작물로 병해충 피해가 거의 없다. 고자리파리 피해가 나타나기도 하지만, 소규모 텃밭에서 신경 쓸 정도는 아니다. 씨마늘을 잘 선택하기만 하면 기르기 쉽다.

| 웃거름 주기 |

마늘은 파종 이듬해 3월이 되면 빠르게 성장한다. 따라서 2월 중순경 웃거름을 뿌려주는 것이 좋다. 웃거름은 비가 내리기 전에 주는 것이 좋다. 우리나라는 봄에 비가 비교적 자주 내리므로 웃거름을 뿌려주기만 하면 된다. 그러나 비가 내리지 않는다면 물을 듬뿍 주어야 거름 성분이 흡수된다. 나뭇재나 깻묵 등을 웃거름으로 듬뿍 주면 매우 좋다.

| 수확과 보관 |

6월이 되면 마늘은 줄기가 마르기 시작한다. 수확 적기는 잎이 50~75% 정도 말라 누렇게 될 때다. 최근 며칠간 비가 내리지 않아 토양이 습하지 않고 맑은 날을 택해 마늘통에 상처가 나지 않도록 수확한다.

수확 후 이틀에서 사흘간 물기를 말려서 보관해야

부패를 막을 수 있다. 말릴 때 모래나 시멘트 위에서 말리면 마늘통이 벌어지므로 나무 평상이나 채반 위에서 말리도록 한다.

마늘 수확 시기가 늦어져 장마를 맞으면 줄기가 썩거나 연약해져 뽑아내다가 끊어지는 경우가 발생하므로 장마가 오기 전에 거둬들이도록 한다.

수확한 통마늘은 줄기째 20~30개씩 묶어 그늘에 매달아두면 된다. 이렇게 매달아두면 줄기도, 마늘도 잘 마른다.

### 풋마늘과 마늘종 수확

봄에 싹이 나고 30일 정도 지나면 잎줄기를 수확해 이용할 수 있다. 크게 자란 풋마늘을 뽑아서 반찬으로 이용하면 된다. 4월 말이 되면 알이 생기기 시작하고 줄기가 억세어지므로 풋마늘로 이용할 수 없다.

5월 말이 되면 마늘종이 생기고 꽃대가 올라온다. 주아를 얻을 것이 아니라면 마늘종을 일찍 제거해 줘야 크고 튼실한 통마늘을 수확할 수 있다. 전문 농가에서는 일부 꽃대를 남겨 주아를 얻고자 마늘종을 다 따내지 않지만, 텃밭 농부는 주아를 얻은 후 주아를 심어 한쪽 씨마늘을 얻는 과정이 길고 복잡하므로 마늘종을 모두 뽑아 반찬으로 이용하는 것이 유리하다. 특히 주아는 그대로 두면 주아의 발육과 마늘통의 비대가 경합하게 되므로, 양분 이동이 분산되어 마늘통 비대가 그만큼 어려워진다. 따라서 텃밭 농부는 마늘종이 올라오는 대로 뽑아서 이용하는 것이 좋다.

### 마늘 재배 일정

# 양파

백합과

재배난이도 ★★★

| 재배 포인트 |

양파는 10월에 모종을 아주 심기하고 이듬해 5월 말에서 6월 상중순에 수확하므로, 이듬해에도 현재 텃밭을 계속 사용할 수 있는지 확인하고 재배해야 한다. 이어짓기 피해가 심하게 발생하므로 양파, 파, 마늘을 심었던 장소에서는 재배하지 않는다. 봄여름에 벼를 심었던 곳에서 후작으로 재배하면 아주 좋다. 산성 토양에 약하므로 밭을 만들 때 석회로 토양을 중화해주어야 한다.

모기르기 장소와 아주 심기 장소를 따로 해야 잘록병을 예방할 수 있다. 양파에 자주 발생하는 잘록병을 예방하려면 씨뿌리기 전에 살충 처리 작업을 해야 한다. 이런 과정을 거치지 않고 양파를 기르면 30% 정도 수확도 어렵다. 특히 양파는 모기르기와 아주 심기 시기를 잘 지켜야 분구(分球) 발생과 추대를 예방할 수 있다. 텃밭 농부가 무농약으로 양파를 씨앗부터 뿌려 모종을 키우기는 어렵다. 재래시장이나 종묘상에서 양파 모종을 사서 심는 게 유리하다.

## | 밭 만들기 |

양파는 물 빠짐이 좋으면서도 수분을 잘 보존하는 밭에서 잘 자란다. 따라서 사질토나 점질토에서는 적합하지 않다. 만약 내 밭이 사질토여서 물 빠짐이 너무 좋거나 점질토여서 물 빠짐이 너무 나쁘다면 퇴비를 많이 넣어 물 빠짐과 수분 보존을 조절해야 한다.

양파는 거름이 많이 필요한 작물로 양파 재배지는 비옥해야 하며, 질소, 인산, 칼리 외에도 석회, 마그네슘, 유황 등 미량요소가 충분해야 결핍 증상이 나타나지 않는다. 그러나 거름을 지나치게 많이 주면 저장성이 떨어져 쉽게 부패해버릴 수 있다. 특히 질소 비료, 계분 위주의 유기질 비료가 많으면 부패가 빨리 된다. 양파에는 쌀겨와 재 등이 아주 좋은 거름이 된다.

양파는 산성에 약하다. pH6.3~7.3의 중성토양에서 잘 자라므로 모종을 심기 4주 전에 밭에 3.3㎡(1평)당 300g 정도의 석회를 뿌리고 흙과 섞어준다. 그리고 아주 심기 2주 전에 인산이 많이 포함된 유기질 비료를 뿌려주는 것으로 밑거름 주기를 끝낸다. 인산과 칼륨이 많은 나뭇재나 쌀겨 등이 좋다.

인산 비료가 충분해야 뿌리 내림과 내한성이 좋아지므로 인산 비료는 100% 밑거름으로 준다. 월동하는 동안 뿌리가 흡수해야 하는 만큼 비료를 너무 깊게 넣지 말고, 5~10㎝ 깊이로 분포하도록 하는 것이 좋다. 질소 비료는 1/3만 밑거름으로 주고, 월동 후 초봄에 웃거름으로 주어서 초기 자람이 잘되도록 한다. 봄에 잎이 빨리 자라야 후기에 알뿌리 비대가 왕성해진다.

양파는 비교적 많은 거름과 물이 필요하므로 두둑의 너비는 1m, 높이는 5~10㎝로 비교적 낮게 만든다.

텃밭 농부가 무농약으로 8월에 양파를 씨앗부터 뿌려 모종을 키우기는 무척 어렵다. 10월 중순쯤 재래시장이나 종묘상에서 양파 모종을 사서 심는 게 유리하다. 사진은 전년도에 심었던 양파가 월동하고 4월을 맞이한 모습이다. 양파는 물 빠짐이 좋으면서도 보습력이 뛰어난 밭을 좋아한다. 그래서 전업농가에서는 거의 비닐 멀칭을 이용한다.

## | 재배 방법 |

양파가 잘 자라는 환경 조건은 단계별로 다르다. 싹트기 단계에서는 15~25℃(최저 4℃, 최고 33℃)가 적당하고, 아주 심기 때는 15℃ 이상, 월동 후 성장 단계에서는 지상부 20~25℃, 지하부 12~20℃가 적당하다. 알의 비대 단계에서는 조생종은 15℃ 이상, 중만생종(中晚生種, 같은 작물 가운데서 성숙기가 이르지도 늦지도 아니한 중간 정도에 속하는 품종이나 다른 것보다 늦되는 품종)은 20℃ 이상, 지온 18~24℃ 정도가 적당하다.

### 모종 사기

양파 모종은 키가 크고 흰 뿌리가 잘 뻗어 있는 포기를 선택해야 한다. 아주 심기에 알맞은 크기는 줄기 굵기가 6~7mm고 키가 25~30cm며 잎 수가 네 장 정도인 것으로 병에 걸리지 않고 웃자라지 않은 모가 좋다. 그러나 너무 큰 모를 아주 심기할 경우 양파가 두 개 또는 그 이상으로 분화되는 분구 현상이 발생한다.

### 씨뿌리기와 모기르기

앞서 밝혔듯이 농약을 사용하지 않고 씨앗을 심어 양파 모종을 내기는 힘들다. 발아는 아주 잘 되지만 육묘 때부터 각종 질병이 발생해 농약을 치지 않고는 모종을 성공적으로 기르기 어렵다. 대량 재배가 아닌 텃밭 농부는 10월 중순쯤 모종을 구입해 아주 심기하는 것이 훨씬 쉽고 비용도 적게 든다. 굳이 파종하고 싶다면 8월 말에서 9월 상순 씨앗을 뿌려서 모종을 기른 다음, 10월 말경 밭에 심으면 된다. 중부 지방은 10월 중순까지 아주 심기를 완료해야 한다. 너무 늦게 아주 심기하면 양파 뿌리가 자리를 잡기도 전에 땅이 얼어 말라 죽는다.

### 아주 심기

양파의 아주 심기 시기는 육묘 일수와 깊은 관계가 있는데, 가장 좋은 시기는 평균 기온이 15℃일 때다. 모종은 15cm 정도 간격으로, 줄 간격은 25cm 정도로 심는다. 아주 심기하기 전에 모종 포트에 물을 흠뻑 주고 한 시간 이상 두었다가 모종을 빼야 흙이 부서져 떨어지는 것을 방지할 수 있다.

심는 깊이는 아주 심기 적기에는 2cm 정도로 얕게 심는 것이 좋고, 사질 토양이거나 아주 심기 적기보다 늦게 심거나 추위가 심한 지역에서는 3~5cm 정도 깊

양파는 전년도 여름에 씨 뿌리고, 가을에 옮겨 심은 뒤 이듬해 6월 경 거둬들인다. 사진은 10월 하순 모종을 옮겨 심고 2주째 접어드는 모습.

10월에 모종을 낸 양파가 1월 한겨울 추위를 맞아 축 늘어져 있다. 이렇게 겨울을 지내고 2월이 오면 양파는 다시 자라기 시작한다.

전년도 10월에 모종을 심었던 양파. 한겨울에 축 늘어져 죽은 듯 보였던 양파가 3월이 되자 무럭무럭 자라고 있다.

4월을 맞이한 양파. 3월 양파와 비교해볼 때 엄청나게 자랐음을 알 수 있다.

5월 초 양파. 밑동이 조금씩 굵어지기 시작한다.

5월 20일 양파. 5월에 접어들면서 양파 밑동은 빠르게 굵어진다.

게 심어야 겨울 동안 생육이 좋고 동해를 줄일 수 있다. 대체로 뿌리가 보이지 않을 정도로 흙을 덮어주면 된다.

겨울을 나는 동안 물이 부족하면 동해나 건조의 해를 받기 쉬우므로, 아주 심기 후 충분히 물을 주어야 한다. 양파와 마늘은 아주 심기 후 멀칭을 하지 않으면 월동기 겨울 가뭄이 지속되면서 토양 수분이 부족할 수 있다. 첫서리가 내리기 전에 비닐 멀칭을 하거나 낙엽과 짚 등을 충분히 덮어 습도를 유지해주어야 동해를 예방할 수 있고 뿌리 내림도 좋아진다.

양파를 심고 나면 곧 서리가 내리고, 이어 기온이 영하로 내려가기 시작한다. 기온이 영하로 내려가면 양파는 땅에 엎드려 겨울을 지낸다. 조금 자랐던 잎도 얼어 버리고 잎끝은 말라 버린다. 마치 죽은 것처럼 보이지만, 2월 중순이 되면 양파는 다시 생육 활동을 시작한다. 그러나 미처 뿌리가 내리지 못한 양파는 겨울에 얼어 죽을 수 있으므로, 아주 심기 시기를 잘 지키고, 비닐이나 짚, 낙엽 등을 두툼하게 덮어 동해를 예방해주어야 한다.

### 물 주기와 풀 뽑기

양파는 물이 많이 필요하다. 비가 오지 않을 경우 3월 중순부터 4월 말까지는 보름 간격으로 밭이 흠뻑 젖도록 물을 충분히 준다.

가을에 양파를 아주 심기한 뒤에는 풀 걱정이 없지만, 봄이 오면 양파 사이에

텃밭 농부는 굳이 비닐 멀칭을 하지 말고, 자주 밭에 들러 물을 주도록 한다.

다양한 풀이 돋아난다. 아직 양파가 덩치를 완전히 키우기 전이라 공간이 많아 풀이 쉽게 올라오는 것이다. 풀이 많이 자란 뒤에 풀을 뽑다 보면 양파까지 함께 뽑히는 경우가 있으므로 풀이 아직 작을 때 호미로 슬슬 긁어주면 된다.

| 웃거름 주기 |

겨울 동안 휴면 상태에 있던 양파는 2월 중순에서 하순이 되면 생육을 다시 시작한다. 이때 웃거름을 주어야 한다. 비료는 주는 시기와 양에 따라 품질과 수확에 큰 영향을 미치므로 한 번에 많이 주지 말고 적당한 시기에 알맞은 양을 준다. 33㎡(10평) 정도의 양파밭이라면 한 번에 유기질 비료를 열 줌 정도씩 주면 된다.

웃거름(질소 비료와 칼리 비료만 준다)은 겨울을 지나고 2월 중순 해빙기(1차 추비)와 3월 중순(2차 추비)에 준다. 염화칼리보다 황산칼리 비료를 주는 것이 저장에 유리하다.

봄 가뭄이 끝나기를 기다려 웃거름을 주면 너무 늦으므로, 비가 오지 않는다면 1차 추비는 해빙 이후(늦어도 2월 중순 안에) 질소와 칼리 비료를 물에 녹여서 뿌려 주면 된다. 비료를 준 뒤에 비가 오지 않으면 비료 성분이 토양 속으로 녹아들어 가지 않으므로 작물이 흡수할 수 없다. 봄 가뭄이 이어지면 비료를 준 뒤 물을 흠뻑 뿌려주어야 한다.

웃거름을 주고 비가 자주 내리면 양파는 무럭무럭 자란다. 3월을 지나 4월이 되면 왕성한 생명력을 자랑한다. 겨울을 이겨내고 일어나는 모습이 경이롭기까지 하다.

5월 중순 이후에는 비료를 주지 말아야 한다. 양파 비대 말기에 비료 성분이 많이 남아 있으면 양파 뿌리가 갈라지는 열구 현상이 발생한다. 양파 비대기에 건조한 날씨가 이어지다가 비가 많이 와도 열구 현상이 발생하므로 일정한 수분을 늘 유지하도록 한다.

## | 병해충과 처방 |

양파에 가장 먼저 나타나는 병은 잘록병이다. 파종하고부터 본잎이 두 장 정도 날 때까지 발생하는 병으로, 이 균은 토양 표면 0~5cm에 가장 많이 분포한다. 전업 농가에서는 파종 직후 다찌밀, 다찌가렌 등을 살포해서 예방한다. 또 발아한 뒤 본잎이 두 장 되기 전에 다코닐, 리도밀엠지 등을 살포해서 병원균의 밀도를 줄여준다. 질소 비료를 많이 주면 웃자라므로 주의한다.

노균병은 잎에 생긴 작은 반점이 큰 반점으로 변했다가 곰팡이가 피는 증상이다. 잎 전체에 퍼져서 잎이 구부러지고 뒤틀린다. 가을에 모를 기를 때부터 발생하는데, 모종을 옮겨 심더라도 이듬해 4월 중순경 평균 기온이 15℃가 되면 심각하게 번진다. 노균병을 예방하려면 이어짓기를 피하고, 병에 걸린 잎과 줄기는 모아서 불태워야 한다. 그냥 버리면 다음 해 발병 원인이 된다.

흑색썩음균핵병은 2~4월에 많이 발생하는데, 조직이 물러지고 줄기 전체가 회백색으로 변했다가 줄기와 뿌리가 모두 썩는다. 이어짓기를 피하고, 벼를 재배했던 곳에서 재배하면 효과적이다.

무름병은 고자리파리가 옮기는 병으로 질소 비료를 많이 주었을 때 자주 발생한다. 잎맥을 따라 작은 방추형 점무늬가 생겼다가 나쁜 냄새를 풍기며, 종구(알뿌리로 번식하는 작물의 씨)도 부패하며 악취가 난다. 아주 심기 전에 토양을 훈증 소독하고 고자리파리를 방제한다.

흑반병은 잎과 꽃자루에 작은 병반이 생겼다가 타원형 혹은 방추형으로 진행하는데, 4~5월에 비가 자주 오고 밭이 습하면 자주 발생한다. 비료분이 부족해 식물체가 쇠약해지면 더 많이 발생한다. 봄철에 비가 지나치게 많이 온다 싶으면

양파 줄기가 쓰러지고 있다. 지상부의 줄기가 80% 정도 쓰러졌을 때가 수확 적기다.

양파는 맑은 날 수확하고 이틀에서 사흘간 밭에서 건조한 뒤, 줄기를 자르고 구를 망에 담아 보관한다.

물빼기를 철저히 해준다. 비가 자주 올 경우 만코지, 베노밀을 열흘 간격으로 살포하면 효과적이다. 이미 흑반병이 발생한 잎이나 포기는 태워 없앤다.

| 수확과 보관 |

수확은 5월 말, 6월 초로 전체 포기의 줄기가 80% 정도 쓰러지면 수확 적기다. 너무 일찍 수확하면 통이 작고, 너무 늦게 수확하면 저장성이 떨어진다. 5월 중순이 되면 줄기가 하나둘 쓰러지기 시작한다. 전업 농부는 5월 말경 양파의 80% 정도가 쓰러졌을 때 한꺼번에 수확하지만, 텃밭 농부라면 5월 중순부터 먼저 쓰러지는 양파를 하나, 둘씩 수확해서 요리해 먹는 편이 좋다. 모두 수확한 뒤에는 공기가 잘 통하는 그늘에서 보관한다. 맑은 날을 택해 상처가 나지 않게 수확하고 이틀에서 사흘간 밭에서 건조한 후, 줄기를 자르고 알은 망에 넣어 보관한다.

**양파 재배 일정**

| 3월 | | | 4월 | | | 5월 | | | 6월 | | | 7월 | | | 8월 | | | 9월 | | | 10월 | | | 11월 | | | 12월 | | | 1월 | | | 2월 | | |
|---|---|---|---|---|---|---|---|---|---|---|---|---|---|---|---|---|---|---|---|---|---|---|---|---|---|---|---|---|---|---|---|---|---|---|---|
| 상 | 중 | 하 | 상 | 중 | 하 | 상 | 중 | 하 | 상 | 중 | 하 | 상 | 중 | 하 | 상 | 중 | 하 | 상 | 중 | 하 | 상 | 중 | 하 | 상 | 중 | 하 | 상 | 중 | 하 | 상 | 중 | 하 | 상 | 중 | 하 |

■ 파종　■ 아주 심기　■ 수확

# 춘채
### 십자화과

재배난이도 ★☆☆

| 재배 포인트 |

춘채는 병충해가 거의 없어 기르기 쉽다. 서늘한 기후를 좋아하는 작물이므로 지역에 따라 9월 중하순 혹은 10월 초순에 씨앗을 뿌리면 별 무리 없이 기를 수 있고, 늦가을과 이른 봄에 신선한 채소를 수확할 수 있다. 지역에 따라 '하루나' 또는 '시나난파'라고 부르기도 하고, 종묘상에서는 '춘채' 혹은 '월동춘채'라는 이름으로 씨앗을 판매한다.

| 밭 만들기 |

씨뿌리기 2주 전에 3.3㎡(1평)당 2kg 정도의 유기질 비료를 넣고 밭을 잘 갈아준다. 십자화과 작물이기는 하나 그다지 깊이갈이를 하지 않아도 된다. 배수가 잘되

가을에 씨앗을 뿌려 조금씩 수확해 먹다가 겨울을 난 뒤 이른 봄에 또 수확할 수 있다. 사진은 10월에 춘채를 파종하고 열흘 지난 모습이다.

가을에 파종한 춘채. 파종한 지 20일 지난 모습.

위 사진의 춘채는 10월 하순경에 파종한 것으로 씨뿌리기가 조금 늦었다. 10월 상순경 씨앗을 뿌리면 11월에 조금 거둬서 먹다가 이듬해 봄에 다시 많이 수확할 수 있다.

겨울 추위가 닥치면서 춘채가 고개를 숙이고 있다. 이렇게 겨울을 난 후 이른 봄에 왕성하게 자란다.

는 땅이라면 굳이 두둑을 만들지 않고 너비 1m 간격으로 물 빠짐 고랑을 만들어주는 것으로 충분하다.

## | 재배 방법 |

줄 간격 20㎝ 정도로 파종 골을 파고 줄뿌림하면 된다. 호미로 줄을 긋듯 홈을 파고 씨앗을 1~2㎝ 간격으로 겹치지 않도록 넣고 가볍게 흙을 덮어주면 된다. 빗자루로 쓸 듯이 흙을 덮어주는 정도면 충분하다.

씨앗을 뿌린 뒤에는 물을 흠뻑 뿌려준다. 흙을 가볍게 덮은 만큼 물뿌리개를 이용해 조심스럽게 물을 주어야 씨앗이 한쪽으로 쏠리지 않는다. 씨뿌리기가 너무 늦어지면 냉해를 입을 수 있으므로 늦어도 10월 초순에는 파종하도록 한다.

### 솎아내기

춘채는 씨앗을 뿌리고 이레 정도면 싹이 나고, 20일 정도면 본잎이 나온다. 본잎이 서너 장쯤 됐을 때 크게 자란 포기부터 솎음 수확해 겉절이나 쌈 채소로 이용하면 된다. 솎음 수확을 통해 포기 간격을 유지해주어야 잘 자란다.

### 성장

춘채는 10월 중순경부터 급속하게 자라는데 이때 조밀한 부분을 수확해서 먹고, 포기 간격을 넉넉하게 해준다. 12월 중순이 되면 잎이 축 늘어져 시들어 죽는 것처럼 보인다. 1~2월이 되면 지상부에 나와 있는 줄기와 잎이 완전히 말라버린다. 그러나 뿌리는 살아 있으므로 염려하지 않아도 된다. 이윽고 3월이면 새로 잎이 나는데, 뿌리를 땅속에 튼튼하게 내리고 있어서 줄기와 잎이 성장하는 속도가 무척 빠르다. 비라도 한 번 내리고 나면 몰라보게 자란다. 이때부터 부지런히 거둬서 먹어야 한다. 춘채는 4월이면 일제히 꽃대를 올리는데, 그러면 더 수확해서 먹을 수 없다.

춘채는 잘라서 수확하고 나면 다시 부드러운 잎줄기가 나온다. 거름을 조금 뿌려주면 더욱 좋다. 그러나 두 번 정도 수확하고 나면 생명을 다한다.

| 병해충과 처방 |

서늘한 기후에서 잘 자라므로 특별히 병해충 피해가 없다. 그러나 십자화과 작물과 이어짓기할 경우 십자화과 작물에 공통으로 나타나는 벼룩잎벌레, 좁은가슴잎벌레의 피해를 볼 수 있으므로 이어짓기를 피하도록 한다. 날씨가 서늘해지는 가을부터 이른 봄 날씨가 따뜻해지기 전에 자라는 작물이므로 피해가 크지는 않다.

| 웃거름 주기 |

이른 봄에 다시 새잎이 나면 빠르게 자라지만 생육 기간이 얼마 남지 않았으므로 특별히 웃거름을 주지 않아도 된다. 다만 3월에도 자람이 극히 부진하다고 판단되면 물거름을 잎과 줄기에 뿌려주면 좋다. 3월에 유기질 비료와 같은 효과가 나타나기까지 시간이 걸리는 비료를 뿌려주면 거름 성분이 작물이 미처 흡수되기도 전에 춘채의 생명 활동이 끝나므로 비료 성분을 물에 녹여 뿌려줌으로써 효과가 빨리 나타나도록 한다.

월동하고 3월을 맞이한 춘채. 아직 다른 봄 채소가 나오기 전에 춘채는 싱싱하고 연한 봄맛을 선사한다.

월동하고 봄을 맞이한 춘채는 4월초가 되면 억세어진다. 이때 줄기를 잘라주면 다시 부드러운 잎이 올라와서 한 번 더 수확할 수 있다.

4월에 꽃대가 올라오면서 수확도 끝난다.

## 수확과 보관

전년도 10월에 파종해 겨울을 밭에서 나고 3월을 맞이한 춘채.

남부 지방에서는 춘채를 10월에 파종하면 11월에 거둬서 먹고, 나머지를 남겨두면 월동한 후 이듬해 3월 상중순에 재차 수확할 수 있다. 3월이 오면 춘채는 빠르게 자라는데, 3월 하순이 되면 잎이 억세어져서 부드러운 맛이 떨어진다. 따라서 부지런히 수확해서 먹도록 한다. 그래도 잎이 너무 억세어졌다고 생각하면, 밑둥치에서 5~6cm 정도를 남기고 줄기를 잘라주면 다시 부드러운 잎이 새로 올라오는데, 이 잎을 수확하면 봄에 처음 올라왔을 때와 같은 부드러운 식감을 즐길 수 있다.

지역마다 다르지만 남부 지방은 4월 초면 꽃대가 거의 다 올라오고, 중부 지방 역시 4월 중순이면 꽃대가 올라오는 만큼 3월부터 부지런히 수확해서 먹도록 한다. 비린내와 쓴맛이 없는 데다 잎이 부드러워 김치나 나물로 무쳐 먹으면 참 맛있다.

### 춘채 재배 일정

| 3월 | | | 4월 | | | 5월 | | | 6월 | | | 7월 | | | 8월 | | | 9월 | | | 10월 | | | 11월 | | | 12월 | | | 1월 | | | 2월 | | |
|---|---|---|---|---|---|---|---|---|---|---|---|---|---|---|---|---|---|---|---|---|---|---|---|---|---|---|---|---|---|---|---|---|---|---|---|
| 상 | 중 | 하 | 상 | 중 | 하 | 상 | 중 | 하 | 상 | 중 | 하 | 상 | 중 | 하 | 상 | 중 | 하 | 상 | 중 | 하 | 상 | 중 | 하 | 상 | 중 | 하 | 상 | 중 | 하 | 상 | 중 | 하 | 상 | 중 | 하 |

■ 파종  ■ 수확

# 상추와 시금치

국화과와 명아줏과

**재배난이도** ★☆☆

 상추와 시금치를 가을 재배에 다시 언급하는 것이 다소 의아하게 보일 수도 있다. 텃밭 농부는 상추와 시금치를 주로 봄에 심는다. 그러나 앞서 시금치 편에서 언급했듯이 시금치와 상추는 8월 하순 이후부터 10월 중순까지 심어서 겨울을 노지에서 나게 하고, 봄에 수확하면 맛이 각별하고 영양분도 많다.

 작물은 햇빛을 받아 성장한다. 따라서 작물이 햇빛을 오래 받았다는 것은 그만큼 햇빛 에너지를 많이 함유한다는 말이다. 사람을 비롯한 동물은 햇빛 에너지를 직접 영양분으로 만드는 데 극히 제한적인 능력만 있지만, 식물은 그야말로 햇빛 에너지를 집적하는 훌륭한 장치인 셈이다. 밭에서 겨울을 지낸 상추와 시금치 맛은 그야말로 일품이다. 텃밭 농부에게 봄과 마찬가지로 가을에도 상추와 시금치를 심어볼 것을 권하고 싶다.

## 재배 방법

상추든 시금치든 재배 방법은 봄 재배와 마찬가지다. 다만 가을 재배는 더디 자라므로 성장하는 데 시간이 오래 걸린다. 물론 상추와 시금치의 가을 재배를 시작할 때 현재 이용 중인 텃밭을 내년에도 이용할 수 있는지 확인해야 한다.

## 상추와 마늘, 혹은 양파와 시금치

가을에 상추와 마늘을 재배할 때는 따로 밭을 할애하지 않아도 된다. 마늘쪽을 넣고 빈 간격 사이로 상추 씨앗을 뿌려두면 된다. 상추는 한겨울이 오기 전에 싹이 나고 어느 정도 자란다. 그리고 한겨울이 오면 상추는 더 성장하지 못하고 땅바닥에 붙은 채 거의 시든 것처럼 보인다. 그러나 이미 뿌리를 튼실하게 내렸으므로 봄이 오고 봄비가 내리면 다른 풀이 자라기 전에 상추가 먼저 쑥쑥 자란다. 이렇게 자란 상추가 그늘을 만들어줘서 다른 풀은 거의 자라지 못한다. 상추는 마늘밭에 넘쳐나는 잡풀을 예방하는 데 아주 제격인 것이다. 이처럼 마늘밭에 상추 씨를

가을 파종 3주 된 시금치

파종 후 3~4주가 지난 시금치

밭에서 겨울을 지난 월동 시금치. 2월과 4월의 모습이다.

뿌린다면 일부러 멀칭을 하지 않아도 된다. 다만 이듬해 이른 봄에 마늘 싹이 올라오기 시작할 때 마늘 포기 주변의 상추를 먼저 수확해 먹어야 한다. 그러면 마늘이 자라는 데 지장이 없다. 게다가 마늘은 키가 크게 자라는 작물이므로 일단 좀 자라고 나면 아무런 문제가 없다.

    양파를 심은 밭의 빈 곳에는 시금치 씨앗을 뿌려두자. 양파는 산성에 매우 약한 작물이므로 양파밭을 만들 때는 석회를 조금씩 넣어주는 것이 기본이다. 시금치 역시 산성에 매우 약한 작물이다. 따라서 텃밭 농부가 양파밭에 시금치를 심을 때는 별다른 작업을 더 할 것도 없이 그저 씨앗을 뿌려주기만 하면, 시금치가 알아서 싹을 틔우고 겨울을 넘기서 이른 봄에 풍성한 선물을 안겨준다. 밭에서 겨울을 난 시금치의 영양과 맛은 봄에 빠르게 키운 것과 확연히 다르다. 양파밭에 심어둔 시금치는 이른 봄에 풀을 예방하는 효과도 있다. 양파 역시 키가 큰 작물이므로 봄에 양파 곁의 시금치를 솎음 수확해주면 쑥쑥 잘 자란다. 9~10월 월동 시금치를 파종하면 10월 하순부터 조금씩 거둬들일 수 있고, 한겨울을 지나 이듬해 3월까지 수확할 수 있다.

월동 준비하는 시금치

　가을에 양파밭이나 마늘밭에 시금치나 상추를 함께 심는 재배 방법은 대량 생산을 목표로 하는 전업 농부에게는 작업 효율 면에서 비효율적이다. 그러나 대량 생산을 목표로 하지 않는 텃밭 농부에게는 더할 나위 없이 효율적인 재배법이 될 수 있다. 전업 농부는 풀을 예방하고 지온을 관리하려고 비닐 멀칭을 하지만, 텃밭 농부는 품질과 생산량, 속도 면에서 전업 농부보다 훨씬 자유롭다. 비닐 멀칭을 하지 않는 것만으로도 '푸드 마일리지'를 줄이는 데 일조하는 셈이 된다.

제3부

|  실내 텃밭 가꾸기  |

# 내 집 안에 작은 텃밭

# 준비물

밭이 없어도 내 손으로 채소를 재배해 먹을 수 있다. 마당이 있다면 햇볕이 잘 드는 한쪽에 작은 텃밭을 꾸밀 수 있다. 마당이 없는 집이라면 옥상이나 발코니, 혹은 거실에서 재배할 수도 있다. 집에서 채소를 가꿈으로써 얻는 가장 큰 장점은 필요할 때마다 조금씩 따서 먹을 수 있다는 점이다.

옥상이나 발코니, 거실 텃밭 역시 노지 텃밭에서와 마찬가지로 장갑, 물뿌리개, 분무기, 끌, 가위, 모종삽, 호미, 페트병에 꽂아 쓰는 '페트병용 분무기' 등이 필요하다. 여기에 더해 옥상이나 발코니에서 작물을 재배하고자 할 때 필요한 재배용 상자와 상자 안에 까는 작은 돌과 깔망, 계단식 사다리, 트렐리스(treillis) 등이 필요하다. 또 상자를 얹어 이동하는 데 필요한 컨테이터 캐스터(container castor) 등을 준비한다. 작은 상자라도 일단 흙을 넣고 나면 무척 무거워서 들어서 옮기기도 힘들고 자칫 몸을 다칠 수도 있다.

### 작물과 텃밭 상자 크기

텃밭 상자는 채소의 재배 기간이나 작물의 크기를 고려해 선택한다. 일반적으로 재배 기간이 짧거나 키가 별로 크지 않는 잎채소를 기르는 데는 용량이 8~15ℓ 정도 크기의 상자면 적당하다. 부추, 셀러리, 파슬리, 순무, 당근, 콜라비 등이 이에 해당한다.

잎이 넓은 채소나 키가 그다지 크지 않는 앉은뱅이강낭콩, 완두, 양상추, 바질, 브로콜리, 케일 등을 키우고자 한다면 용량이 16~25ℓ 정도 되는 상자를 준비한다.

여주나 오이처럼 지주를 세워 재배하는 작물, 키가 무척 큰 채소, 무나 우엉처럼 뿌리가 깊은 채소를 기르고자 한다면 25ℓ 이상 대형 상자를 준비하도록 한다.

오이, 우엉, 감자, 피망, 파프리카, 가지, 여주, 방울토마토 등이 이에 해당한다. 하지만 이 정도 크기의 상자라도 호박이나 고구마를 키우기에는 적합하지 않다.

### 채소 상자의 재질과 특징

채소 상자는 기본적으로 아래 배수 구멍이 나 있어야 한다. 배수 구멍이 없는 상자는 뚫어주어야 한다. 시중에 판매하는 채소 상자 중에는 네 모서리마다 구멍이 뚫려 있어 지주를 세울 수 있는 것이 있다. 구멍이 없는 것보다는 있는 것이 편리하다. 그리고 중형 이상 크기의 상자라면 손잡이가 달린 것이 운반할 때 편리하다.

　시중에 판매하는 텃밭 채소 상자는 크게 금속으로 만든 것, 플라스틱으로 만든 것, 나무로 만든 것, 토기 등이 있다. 금속으로 만든 것은 손잡이가 달려 있고, 가벼워서 사용하기 편하다. 그러나 통기성이 나쁘고, 여름에는 상자 자체가 고온이 되고 겨울에는 매우 차가워져 지온을 확보하기 어렵다는 단점이 있다.

　플라스틱으로 만든 것은 가벼워서 옮기기 편리하고 값이 싸다. 다양한 크기의 제품이 출시되어 있으며 구멍을 뚫기도 편리하다. 그러나 통기성이 나쁜 것이 많고, 쉽게 망가질 가능성이 높다. 통기성이 나쁘면 여름에는 안의 흙 온도가 올라간다.

　나무로 만든 상자는 구멍을 뚫는 등 가공하기 편리하고 통기성이 우수하다는 장점이 있다. 보기에도 금속이나 플라스틱보다 낫다. 그러나 잘 썩는다는 단점이 있다.

# 옥상 텃밭

우산 텃밭

텃밭이나 마당이 없는 집에서 채소를 재배하는 데 가장 적합한 장소는 옥상이다. 햇빛이 잘 들고 통풍이 잘되어서 재배하는 작물의 종류에 구애받지 않기 때문이다. 그러나 옥상으로 흙을 올리는 일이 무척 힘들다. 따라서 일단 옥상 재배를 결정했다면 가벼운 흙을 구하는 것이 우선이다.

흙을 무작정 옥상 바닥에 다 올리지 말고 텃밭 재배용 상자나 고무 대야, 혹은 나무 상자, 집 안에서 쓰고 남은 물품 등을 이용하면 좋다. 컵이나 여러 종류의 페트병도 텃밭 상자로 이용할 수 있다. 해진 청바지를 잘라 좀 긴 반바지로 만들고, 아랫부분을 질끈 묶은 다음 그 안에 흙을 넣어도 된다. 색깔이 있는 낡은 우산을 거꾸로 세운 뒤 그 안에 흙을 넣어 재배하면 운치를 더한다.

## 가벼운 흙을 만들기

가벼운 흙으로는 펄라이트(pearlite)를 많이 넣어 만든 것이 있다. 인터넷이나 종묘상 등에서 쉽게 살 수 있다. 그 외에 원예상이나 종묘상에서 판매하는 상토를 구입한 다음 여기에 일반 흙과 퇴비(부엽토)를 1:1:1 비율로 배합해서 직접 가벼운 흙을 제조할 수도 있다. 부엽토는 낙엽이 여러 해에 걸쳐 쌓여 썩은 것으로 커다란 활엽수 아

3단으로 텃밭을 만들면 옥상공간을 효율적으로 이용할 수 있다. 3단으로 만들 때는 단 간격을 충분히 확보해 햇빛을 잘 받을 수 있도록 하는 것이 중요하다.

상추

쑥갓

고추

고구마

파프리카

옥상 텃밭

베란다에서 기른 상추

옥상 텃밭

래에 많이 있다. 밟으면 푹신푹신할 정도 잘 썩은 것을 구해야 한다. 부엽토에는 유기질 거름분이 많은 데다 토양을 떼알구조로 만드는 데도 도움이 된다.

## 기를 작물 선정

옥상 텃밭에서는 비교적 다양한 작물을 재배할 수 있다. 상추, 배추, 잎들깨, 근대, 아욱, 부추, 시금치 등 잎채소뿐만 아니라 토마토, 오이, 가지 등 열매채소도 기를 수 있다. 다만 토마토나 오이, 가지 등 열매채소를 기를 때는 깊이가 50㎝ 정도 되는 화분이나 대야를 이용하는 것이 좋다. 잎채소는 상자의 깊이가 20㎝ 정도만 되어도 무방하다.

옥상 텃밭에서 가꿀 작물을 고를 때는 몇 가지 선정 기준을 염두에 두어야 한다. 우선 ① 재배하기 쉬운 채소, ② 물이 적게 필요한 채소, ③ 병해충이 적은 채소, ④ 비료에 대한 적응 폭이 넓은 채소, ⑤ 어릴 때부터 솎아서 이용할 수 있는 채소를 선택하는 것이 좋다.

기르기 손쉬운 채소로는 상추, 쑥갓, 아욱, 겨자채, 콜라비, 부추, 고추, 방울토마토, 가지, 애호박 등이 있다. 다소 기르기 까다로운 채소에는 곰취, 셀러리,

참나물　　　　　　　상추　　　　　　　아욱

콜리플라워, 오이, 꽈리고추 등이 있다.

### 병해충 예방
도심의 옥상이라고 해서 병해충에서 벗어날 수는 없다. 만약 병해충이 하나도 없다면 오히려 오염이 심각한 지역이라고 할 수 있다. 따라서 날아드는 벌레와 발생하는 해충과 병을 원망하기보다는 적절한 대비책을 세우는 것이 좋다.

옥상에서는 텃밭과 달리 농약 사용에 더욱 신중을 기해야 한다. 옥상 한쪽 구석에 천연 농약을 종류별로 만들어놓고 페트병에 끼워서 사용하는 '간편 분무기'로 필요할 때마다 조금씩 분사해서 병해충을 예방하도록 한다.

### 콘크리트 열기의 대책
한 여름 옥상의 콘크리트는 매우 뜨겁다. 여기에 작물 상자를 그대로 두면 한여름 열기에 작물이 죽거나 성장에 방해를 받는다. 따라서 작물 상자 밑에는 벽돌이나 발판, 부직포, 헌옷가지 등을 깔아 열이 올라오는 것을 막아주도록 한다.

쑥갓

### 강풍 대비
옥상에서 작물을 재배할 경우 강풍으로 식물이 넘어지거나, 빗물에 흙탕물이 튀어 병해충에 시달릴 수 있다. 비바람이 심할 때는 텃밭 상자를 비와 바람이 덜한 쪽으로 옮겨주도록 하고, 텃밭 상자의 흙탕물이 작물에 튀지 않도록 신문지를 두툼하게 구겨서 상자의 흙 표면을 덮어주도록 한다.

### 옥상 텃밭과 덩굴식물
옥상이 있는 집은 덩굴식물을 기르는 데 매우 유리하다. 5월경에 커다란 포대에 흙과 잘 썩은 부엽토를 충분히 넣고, 고구마 순을 포대 위와 옆에 푹푹 찔러 넣어두면 가을에 고구마를 풍성하게 수확할 수 있다. 단호박이나 일반 호박, 오이 등도 이처럼 포대를 이용해 기를 수 있다. 특히 옥상에 빨랫줄을 쳐서 작물 줄기가 감고 뻗어가게 해주면 통풍 관리에도 매우 유리하다.

옥상에서 덩굴식물을 기르면 여름 한낮의 더위를 식히는 데도 도움이 된다. 벌이 잉잉대며 날아다니는 모습을 볼 수 있어 야외로 나가지 않고도 멀리 시골에 나온 듯한 기분을 낼 수도 있다.

# 발코니와 거실 텃밭

거주하는 곳이 아파트일 경우 텃밭 농사를 지을 장소는 발코니와 거실 정도다. 거실은 장식을 위한 정도로 작물을 재배할 수 있을 뿐 수확해서 먹을 채소를 재배하기에는 적합하지 않다. 다만 발코니에서 재배하면서 예쁜 꽃이 피거나 예쁘게 색깔이 날 때, 혹은 콜라비처럼 모양이 이색적인 채소를 거실에 들여놓는다면 관상하는 재미는 얻을 수 있다.

### 문제는 햇빛과 통풍

발코니나 거실 재배에서 가장 큰 문제점은 햇빛과 통풍이다. 아무리 남향 아파트라고 하더라도 햇빛의 양은 노지에 비할 바가 못 된다. 작물 입장에서 이른 아침에 떠오르는 햇빛을 받을 수도 없고, 오후 늦게 지는 해를 받을 수도 없다. 게다가 여름의 해는 높아서 남쪽 발코니라고 해도 끝부분을 제외하면 해가 깊이 들어오지 않는다.

따라서 발코니에서 작물을 재배하고자 한다면 발코니 중에서도 어느 장소에 햇빛이 가장 잘 드는가를 살펴야 한다. 하지만 햇빛을 잘 받게 하려고 창밖으로 화분을 내거나 재배 상자를 내는 일은 매우 위험하므로 결코 해서는 안 된다. 특히 키가 큰 작물은 바람이 불면 쉽게 넘어질 수 있다.

또한 통풍도 고려해야 한다. 발코니 창문을 항상 닫아두면 통풍 장애로 식물체가 약해진다. 낮에는 발코니 창문을 열어두는 것이 좋고, 집을 비울 경우에는 외출 전에 창문을 활짝 열어 환기한 후 문을 닫고, 외출에서 돌아온 뒤에도 창문을 열어 환기해준다.

발코니 상자텃밭

발코니에 선반을 설치해서 만든 상자 텃밭

상자 텃밭의 흙높이

### 물 주기

발코니에서 작물을 재배하면 물이 가까운 곳에 있어서 편리하다. 그런 반면 주의점도 있다. 가장 흔한 것으로 너무 물을 자주 줘서 습해를 입을 수 있다. 따라서 물은 작물에 따라 사나흘에 한 번 혹은 1주일에 한 번 정도 주는 것이 가장 적합하다.

텃밭 상자의 흙이 항상 젖어 있는 상태라면 뿌리가 썩을 수 있다. 따라서 물은 겉흙이 마른 뒤에 주는 것이 좋다. 물은 한낮보다는 아침 일찍, 혹은 해가 진 뒤 저녁에 주는 것이 가장 좋다. 물을 줄 때는 흙탕물이 튀지 않도록 조심스럽게 천천히 준다.

### 편리와 안전을 함께

발코니 유리창 가까이 작물 상자를 놓을 경우, 평소 잘 사용하지 않는 창 쪽에 작물을 놓도록 한다. 피난용 비상구 앞에 작물 상자를 놓아서는 안 된다. 또 출입문이 아니더라도 아파트에 따라 화재 시 이웃집 발코니로 통할 수 있도록 간이 벽을 설치한 경우가 있다. 화분이나 상자가 이 피난 벽을 막지 않도록 해야 한다.

발코니 외부 창문 바로 앞에 놓을 때는 상자 아래 선반이나 컨테이너 랙(rack)을 놓아 작물이 햇빛을 더 잘 받도록 해준다. 발코니가 상당히 넓다면 중앙에 선반을 설치하고 작물 재배용 화분이나 상자를 놓으면 통행에도 불편이 없고, 보기에도 아주 좋다.

### 미관을 고려해 작물 선택

실내에서 작물을 재배할 때는 햇빛과 통풍 외에 미관도 함께 고려하는 것이 좋다. 같은 채소라도 노지 텃밭에 비해 더 지저분해보일 수 있기 때문이다. 수확해서 먹기도 하지만 화초처럼 아름다움까지 연출할 수 있는 채소로 콜라비, 겨자채, 방울토마토, 적치마 상추, 흑치마 상추, 근대, 순무 등을 들 수 있다.

### 상자는 큰 것으로

좁은 베란다에서 작물을 재배하려다 보니 대부분의 사람은 작은 상자를 여러 개 준비한다. 그러나 계단식 사다리 혹은 트렐리스와 같은 특별한 시설이 없다면 작은 상자 여러 개를 갖다 놓고 재배하기보다는 큰 상자 한 개를 관리하는 것이 여러모로 편리하다. 가령 작은 상자 세 개에 세 가지 작물을 키우기보다는 큰 상자

벽면 부착용 트렐리스

발코니의 그늘진 곳을 이용하여 상추를 상자 텃밭에서 재배하는 모습

하나에 세 가지 작물을 키우는 편이 관리하기도 쉽고, 공간 활용도도 높다.

상자는 작물이 충분히 뿌리를 뻗을 수 있게 되도록 깊은 것을 선택하는 것이 좋다. 작물마다 상자의 깊이는 달라야 하지만 대체로 잎채소의 경우 지상부에 올라오는 작물 키의 1.5배 이상은 되는 것이 좋다.

흙은 상자 높이의 70~80% 정도만 채우도록 한다. 노지 텃밭이든 상자 텃밭이든 물을 줄 때는 흠뻑 주어야 하는데, 너무 흙을 많이 채우면 물이 화분 밖으로 흘러내려 지저분해질 수 있기 때문이다.

또한 상자 바닥에는 깔망을 깔아 해충이 들어오지 못하게 막아야 한다. 깔망 위에 작은 돌을 상자 높이의 20~25% 정도로 넉넉하게 깔고, 그 위에 흙을 넣도록 한다.

### 상자 바닥 관리

텃밭 상자를 발코니 바닥에 바로 놓으면 병해충 발생이 많아질 뿐만 아니라 통기에도 나쁘다. 벽돌이나 받침대 등을 놓고, 그 위에 텃밭 상자나 화분 등을 놓도록 한다. 발이 달린 상자를 이용하면 굳이 받침대를 놓을 필요는 없다.

### 좁은 공간 넓게 쓰기

발코니에서 채소를 재배하면 공간이 부족함을 느끼게 된다. 그렇다고 바닥마다 모조리 채소 상자를 놓으면 통행이 불편하고, 작물 관리에도 어려움이 많다. 그렇다고 벽에 못을 박거나 화재 시 대피를 위해 이웃집과 연결된 벽 쪽에 작물 상자를 놓을 수도 없다.

가장 간편한 방법으로는 계단 모양의 사다리를 놓는 것이다. 비스듬하게 놓이기 때문에 넘어질 염려 없이 공간 활용도를 높일 수 있다. 계단식 사다리를 이용하면 햇빛도 잘 들고 통풍에도 좋다.

트렐리스를 이용해도 된다. 트렐리스는 정원 가꾸기용으로 제작된 격자형 스크린이다. 목재로 된 것도 있고, 철제로 된 것도 있다. 벽에 부착하는 종류도 있고, 바퀴가 달려 움직일 수 있는 것도 있다. 트렐리스에 재배 상자나 페트병이나 화분을 걸어서 사용할 수 있다.

종류에 따라 컨테이너 상자와 일체형으로 제작·판매하는 트렐리스도 있다. 트렐리스를 이용하면 좁은 발코니 텃밭으로 넓게 이용할 수 있으며, 작은 화분이나 페트병 등을 걸어놓을 경우 선 채로 작업할 수 있어 더욱 편리하다.

### 햇빛 잘 드는 곳과 그늘진 곳을 적절히 이용

발코니 창 전체가 유리창으로 된 아파트도 있지만, 하단부는 콘크리트 담이 있고, 그 위에 창문이 달린 아파트도 있다. 그늘진 곳에 받침대를 놓고 그 위에 작물 상자를 올리는 방법도 좋지만, 그늘을 이용해서 작물을 키우는 것도 좋은 방법이다.

상추는 한여름 더위에서 쉽게 꽃대를 올리거나 씨앗이 싹트지 않는다. 콘크리트 벽으로 그늘진 곳에서 상추를 재배하면 한여름에도 귀한 상추를 마음껏 먹을 수 있다. 또 생강이나 파드득나물처럼 다소 그늘진 곳을 좋아하는 작물도 재배할 수 있다. 그늘진 곳은 그늘진 곳대로, 햇빛이 잘 드는 곳은 잘 드는 대로 장단점을 적극적으로 이용하도록 하자.

### 발코니 텃밭에 어울리지 않는 채소

발코니 텃밭과 관련해 제공되는 정보 중에는 베란다에서 계단식 사다리나 트렐리스 등을 설치해 오이, 호박, 줄강낭콩 등을 길러보라는 권유가 있다. 그러나 베란다는 덩굴성 작물을 재배하기에 적합하지 않다. 노지와 달리 덩굴이 뻗어 나가면 관리가 힘들고 보기에도 흉하다. 게다가 아무래도 노지보다 통풍이 덜 되어서 병에 시달릴 위험도 커진다. 얼마 되지도 않는 수확을 위해 지나치게 많은 공간을 할애하는 작물보다는, 발코니에서는 자주 먹는 잎채소를 중심으로, 보기에도 좋은 콜라비, 순무 등을 재배하는 것이 좋다. 좀 더 욕심을 낸다면 아이들이 좋아하는 방울토마토 정도라고 할 수 있다.

또 가지나 고추, 들깨처럼 매우 강한 햇빛이 필요한 작물 역시 베란다에서 키우기는 적합하지 않다.

### 공생 식물과 함께 키우자

발코니에서 채소를 재배한다고 해서 병해충이 없는 것은 아니다. 진딧물도 꼬이고, 어쩐 일인지 달팽이도 생긴다. 열어놓은 창문으로 벌레가 날아와 알을 낳아서 다양한 병해충이 발생한다. 그렇다고 노지에서처럼 농약을 쓰기도 어렵다. 이를 때는 공생 식물을 함께 길러 병해충을 어느 정도 예방할 수 있다. 특히 공생 식물은 노지보다는 좁은 발코니에서 함께 재배할 때 더욱 효과적이다.

채소와 한련화를 함께 기르면 진딧물이 생기는 것을 막아준다. 강한 향을 가진 로즈메리나 타임과 같은 허브를 함께 기르면 배춧과 작물에 자주 등장하는 나비가 오지 않는다. 나비가 오지 않으면 자연스럽게 이들의 유충도 발생하지 않는다.

꽃으로도 예쁜 매리골드를 텃밭 상자 아래 몇 포기 심어두면 그 향 때문에 온실가루이가 발생하지 않는다. 방울토마토를 기를 때는 바질을 옆에 기르면 풍뎅이와 같은 벌레를 막아준다. 바질을 토마토 줄기 아래에 심어놓으면 토마토의 생육에도 도움이 된다고 한다.

### 반려동물 피해
집에서 기르는 반려동물이 작물에 해를 가하는 경우가 흔하다. 한랭사 등을 덮어 반려동물이 작물을 망치지 않도록 유의한다.

### 에어컨 실외기 주의
발코니에는 흔히 에어컨 실외기가 설치돼 있다. 실외기 앞에 작물 상자를 두면 그 바람 때문에 채소가 건조해지기 쉬우므로 실외기 방향을 바꾸거나 실외기에 커브를 씌워 바람이 작물에 바로 닿지 않도록 한다.

| 부록 |

# 꼭 알아야 할 농사 용어 찾아보기

# 꼭 알아야 할 농사 용어

농사 용어는 농사에 쓰이는 도구와 용어를 정리한 것이다. 농사 용어를 이해한다는 것은 농사를 이해한다는 말과 같다. 여기에서는 농사 용어를 알기 쉽게 설명함으로써 농사를 이해하는 데 초점을 둔다. 단순히 용어를 사전적으로 설명하는 것이 아니라 실제 사례를 덧붙여 설명함으로써 농사를 이해하도록 돕는다.

작물마다 구체적인 농사법을 다 알면 가장 좋다. 그러나 작물마다 일일이 재배법을 다 알기는 어렵다. 또 한 번 알았다고 해도 시간이 지나면 잊어버리기도 한다. 농사 용어를 이해하면 재배 작업의 전체적인 윤곽을 잡을 수 있고, 윤곽을 알면 처음 접하는 작물이라도 큰 무리 없이 재배할 수 있다. 여유 있을 때 이 부분만 잘 읽고 체화해도 상당한 수준의 텃밭 농부가 될 수 있다.

농사에는 수많은 용어가 있지만, 여기에서는 텃밭 농부에게 많이 필요한 핵심 용어를 중심으로 정리한다.

### 객토 客土

농경지 흙의 성질을 개량하고자 성질이 다른 흙을 가져와서 논밭에 섞는 일, 또는 그 흙을 말한다. 단일 품종을 계속해서 재배하면 땅속의 영양분이 부족해지기 마련이다. 설령 비료를 많이 넣어준다고 하더라도 작물에 필요한 모든 요소를 넣어줄 수는 없다. 객토와 퇴비는 사람이 인위적으로 만든 '비료'에서 부족한 미량원소를 보충하는 역할을 한다.

텃밭 농부가 일부러 대대적인 객토를 할 필요는 없다. 때때로 산의 부엽토나 잘 썩은 퇴비 혹은 톱밥 등을 넣어주는 것으로도 충분하다. 집에서 나오는 음식물 찌꺼기에서 염분을 뺀 다음 밭 한쪽에 묻어두기만 해도 좋은 객토 재료가 된다. 음식물 찌꺼기와 흙을 골고루 섞어 묻어주고 막걸리를 조금 부어주면 미생물 활동이 더욱 활발해져 더 좋은 객토 재료가 된다.

### 결구 結球

겨울 김장 배추나 양배추 등이 동그랗게 알이 차는 것을 말한다. 알이 차려면 잎 수가 충분해야 한다. 텃밭 농부 중에는 끈으로 배추나 양배추를 묶어야 결구한다고 생각하는 사람이 있다. 그러나 결구는 품종의 성질에 따른 것이다. 결구하는 품질인데도 결구하지 않는다면 결구에 필요한 충분한 잎 수가 확보되지 않았기 때문이다. 재배 초기에 잎을 많이 나지 않는다면 결구가 안 되거나 부실해진다. 따라서 결구하는 작물을 재배할 때에는 초기에 잎이 잘 자라도록 질소질 거름을 충분히 넣어주도록 한다.

### 곁순

식물의 잎겨드랑이에서 생기는 싹으로, 곁눈이라고도 한다. 자라서 새로운 가지가 된다. 고추나 토마토, 가지, 박과 식물 등에 많이 생기며, 이렇게 자란 가지를 곁가지라고 한다. 필요 없는 곁가지를 제거해 주어야 본줄기가 잘 자라고, 적당한 숫자의 열매를 맺어 열매가 크고 튼튼해진다. 곁순을 제때 제거하지 않으면 영양이 분산될 뿐만 아니라 통기성이 나빠져 병해충이 침입하기도 쉽다.

### 고사 枯死

생리 장해로 잎이나 줄기가 말라 죽는 것. 물이 너무 부족하거나 비료 성분을 너무 많이 주었을 때 자주 발생한다. 물 부족으로 죽어가는 것은 물을 대면 살릴 수 있지만, 비료 성분이 지나쳐서 죽어가는 것은 살릴 수 없다. 따라서 화학 비료를 한꺼번에 많이 주지 않도록 한다.

### 고정종자 固定種子

올해 수확한 작물에서 받은 씨앗을 내년에 심으면 똑같은 작물이 나오는 것을 말한다. 콩, 참깨, 들깨 등이 이에 해당한다.

상추나 배추, 쑥갓 등도 씨앗을 받아 심어도 되지만, 들여야 할 수고가 너무 많고 씨앗 자체도 저렴하므로, 씨앗을 받기보다 한 번 구입해서 3~4년 정도 나누어 쓰면 충분하다. 다만 해가 갈수록 발아율은 조금씩 떨어진다.

### 고토석회 苦土石灰

고토(마그네슘)와 석회(칼슘)를 함유한 비료로 산성이 강한 토양을 중화하는 효과를 낸다. 고토석회를 매년 뿌릴 필요는 없다. 다만 화학 비료를 사용해 2년 이상 농사를 지은 땅이라면, 고토석회로 땅을 중화해주는 것이 좋다. 산성토양을 싫어하는 작물을 재배할 경우에는 매년 조금씩 고토석회를 넣어주도록 한다. 땅이 지나치게 산성이 되면 비료 흡수율이 떨어지는데, 이때 고토석회로 토양을 중화함으로써 비료 흡수율을 높일 수 있다. 비료 흡수율이 떨어진다고 더 많은 비료를 살포하면 토양은 더욱 산성으로 변해버린다.

### 고형 비료 固形肥料

고체 상태의 비료. 대부분 화학 비료는 알갱이 모양의 고체 상태로 되어 있다.

### 과번무 過蕃茂
질소 비료 과용으로 잎이 지나치게 무성한 것을 말한다. 영양생장이 지나치게 일어나서 줄기나 잎이 수적으로나 양적으로나 늘어나 성해지는 것을 말하며, 식물체가 과번무할 경우 뿌리나 과일의 발달 또는 착색이 불량해진다.

### 관수 灌水
땅이나 작물에 물을 주는 것.

### 광발아종자 光發芽種子
빛을 봐야 발아하는 종자로 대개 씨앗이 작은 것들이다. 상추, 쑥갓, 들깨 등 작은 씨앗이 이에 속한다.

### 광합성 光合成
식물의 위대한 힘이 바로 광합성이다. 동물은 햇빛을 통해 겨우 비타민 D 정도를 만들어낼 뿐이다. 사실상 사람을 비롯한 모든 동물이 소비하는 영양분은 식물이 태양 에너지를 통해 만들어낸 것들이다.

식물이 광합성을 하려면 반드시 햇빛과 물, 공기가 필요하다. 식물 잎의 앞면은 햇빛을 받고, 뒷면은 기공을 통해 공기 중의 이산화탄소를 흡수하고, 뿌리는 물을 흡수한다. 물과 이산화탄소와 햇빛이 만나서 탄수화물이 되는 과정이 광합성이다. 이렇게 만들어진 탄수화물은 가지와 줄기를 따라 내려가 열매가 된다.

### 괴사 壞死
잎이나 줄기의 일부가 죽는 것. 말라 죽는 고사와 비슷하다. 괴사는 잎의 일부가 흐물흐물해지며 죽는 것을 말하고, 고사는 잎이나 줄기가 말라 죽는 것을 말한다.

### 김매기
잡초 발생을 억제하려고 작물 주위를 호미나 괭이로 슬근슬근 긁는 것을 말한다. 잡초 방지 효과 외에 땅속으로 산소가 잘 들어가게 하는 역할도 한다. 웃거름을 줄 때 김매기를 함께하면 비료 효과도 크고 잡초도 예방할 수 있다. 무작정 웃거름을 많이 주기보다 김매기를 자주 하는 편이 효과적이다.

### 깊이갈이
씨앗을 뿌리거나 모종을 내기 전에 땅을 깊이 갈아주는 것. 식물이 뿌리를 내리기 쉽도록 하고, 물 빠짐과 통기를 좋게 하고자 한다.

### 내병성 耐病性
병에 대한 저항력이 강한 성질.

### 내서성 耐暑性
더위에 견디는 힘.

### 내한성 耐寒性
추위에 견디는 힘.

### 노지 路地
지붕을 덮지 않는 바깥 땅. 비닐하우스나 비가림 시설, 해가림 시설, 아파트 베란다처럼 위가 덮여 있는 것과 대치되는 개념이다. 대부분 텃밭 농부는 노지 재배를 한다. 전문농가에서는 당도와 일조량, 수분 등을 고려해 비가림 재배를 하는 경우가 많다.

### 늦서리
겨울이 끝나갈 무렵, 봄에 늦게 내리는 서리.

### 단일식물 短日植物
햇빛이 들지 않는 시간이 일정 시간 이상 되어야 개화하는 성질을 가진 식물. 즉, 꽃이 피기 위해서는 일정 시간 이상의 암흑기가 필요한 식물을 말한다. 단일식물에 속하는 식물은 보통 낮이 열두 시간보다 짧아지면 꽃이 핀다. 경우에 따라 열네 시간을 경계로 장일식물과 단일식물을 나누기도 한다.

가을에 꽃이 피는 식물에 이런 성질을 가진 것이 많으며, 대표적으로 벼, 콩, 담배, 코스모스, 국화, 나팔꽃 등이 이에 속한다.

### 대목 臺木

접목할 때 접수가 붙여지는 쪽, 즉 뿌리가 있는 쪽을 가리킨다. 채소의 경우 토양감염병이나 이어짓기 장해가 나타나기 쉬운 작물을 재배할 때, 종류가 다른 식물을 대목으로 심는 경우가 많다. 나무의 경우 품질을 개량하거나 질병에 내성을 키우고자 대목을 사용한다.

### 도복 倒伏

비와 바람에 식물이 쓰러지는 것을 말한다. 콩, 고추, 토마토, 가지 등 비교적 무거운 열매를 달고 있거나 잎이 무성한 작물에서 자주 발생한다. 도복을 방지하려면 지주를 세우거나 줄을 쳐서 넘어지는 것을 막아야 한다.

### 도장 徒長

식물의 키가 지나치게 크게 자라는 것. 나무의 경우 여름철에 웃자란 가지를 말한다. 키가 너무 크게 자라면 바람에 쓰러지기 쉬울 뿐만 아니라 열매를 덜 맺게 된다.

### 떡잎

씨앗이 싹 터서 처음 나오는 잎. 될성부른 나무는 떡잎부터 다르다는 말이 있다. 떡잎이 약하거나 상처를 입으면 생육이 부진하다. 종종 떡잎에 씨앗을 싸고 있던 겉껍질이 붙어 있는 경우가 있으나 인위적으로 떼지 말아야 한다. 일부러 떼다가 떡잎이 상처를 입으면 생육이 부진해진다. 모종을 살 때는 떡잎이 균형을 잡고 튼실하게 잘 붙어 있는 것을 구입하는 것이 좋다. 외떡잎식물과 쌍떡잎식물이 있다.

### 떼알구조

흙의 구조를 말하는 것으로 흙의 단일 입자가 2차, 3차, 4차 등으로 집합해서 떼알을 형성하는 구조. 떼알을 형성하면 흙 입자가 커져서 공간이 많이 생겨 통기성이 좋아질 뿐만 아니라 비료 성분과 수분을 보유하는 힘이 강해지고, 뿌리를 잘 뻗을 수 있다. 따라서 작물을 잘 키우려면 땅을 떼알구조로 만들어야 한다. 퇴비 등 유기물을 많이 넣어 토질을 떼알구조로 개량할 수 있다.

### 만생종 晩生種

같은 품종 중에서도 비교적 수확까지 기간이 긴 것. 수확 기간도 대체로 길다. 반대로 수확까지 기간이 짧고, 수확 기간도 짧은 것을 '조생종(早生種)'이라고 한다.

### 멀칭 mulching

토양 표면을 인위적으로 덮는 것을 말한다. 비닐, 짚, 낙엽, 신문지, 부직포 등으로 작물이 자라는 두둑을 덮어 잡초 발생을 막고, 지온을 올리며, 수분 증발을 막고, 빗물에 땅이 젖고 마르는 과정을 막아주는 것을 일컫는다. 멀칭을 '농사의 혁명'이라고도 한다. 멀칭을 하면 노지보다 땅이 딱딱해지는 것을 막고, 비에 비료 성분이 쓸려가는 것을 막을 뿐만 아니라 봄에 지온을 올려 작물이 잘 자랄 수 있는 환경을 만들어준다. 한마디로 작물의 뿌리가 자라는 최적의 조건을 만들어주는 것이다. 게다가 키우고자 하는 작물의 줄기와 잎만 멀칭 위로 나오게 하고, 나머지 공간은 햇빛을 차단하므로 풀이 자랄 수 없도록 해준다. 또 장마 때 흙탕물이 작물에 튀는 것을 막아 병균 침입도 예방할 수 있다. 주로 작물이 자라는 두둑에는 비닐를 덮고, 사람이 다니는 고랑에는 부직포나 짚을 덮는다.

### 모종

옮겨 심으려고 가꾼 씨앗의 싹을 말한다.

소규모 텃밭 농부가 모든 씨앗을 처음부터 싹 틔워 심

기에는 많은 시간과 비용, 노력이 필요하다. 그래서 무나 상추, 쑥갓, 들깨, 콩, 총각무, 아욱, 근대, 호박 등을 제외한 나머지 대다수 작물은 모종을 구입해서 심는 편이 유리하다.

무나 상추, 총각무, 아욱, 근대, 쑥갓 등은 발아율이 높은 데다 파종량이 많아서 씨앗을 직접 파종하는 편이 유리하고, 들깨나 콩 등은 모종을 구입해서 심어서는 얻을 게 너무 적으므로 직접 모종을 길러 심거나 직접 밭에 씨앗을 기르는 편이 유리하다. 호박 역시 발아가 무척 잘되는 작물인 만큼 밭 한쪽 구석에 직파하는 편이 유리하다. 그러나 호박 씨앗을 서너 개만 따로 구하기 어려울 때는 종묘상에서 모종을 사는 편이 오히려 낫다. 호박 씨앗은 대량으로 팔고 값도 비싼 편이다.

### 목질화 木質化

식물의 줄기가 나무처럼 단단해지는 것으로 고추, 가지 등은 자라면서 줄기가 막대기처럼 단단해진다. 또, 박과 식물의 경우 성숙기가 되면 열매를 달고 있는 줄기가 목질화된다.

### 목초액 木醋液

나무를 태워 숯을 만들 때 나오는 연기가 외부 공기와 접촉해서 액화된 것을 말한다. 다양한 영양분과 독성이 있어 영양제나 농약으로 사용한다. 색깔은 초콜릿색에서 암갈색까지 다양하며, 성분은 대부분 수분이지만 목재성 유기산(초산 등)이 포함되어 약산성을 띤다. 그 외에 알코올, 카르보닐기, 페놀류, 퓨란류 등 방향성 화합물이 포함된다. 어떤 나무를 어떻게 태웠느냐에 따라 성분이 다르며, 이용 역시 다르다.

텃밭 농부 중에는 목초액이 만병통치약인 것처럼 생각하는 경우도 있으나 그렇지 않다. 목초액을 사용하고자 할 때는 사용하고자 하는 작물과 사용 범위 등을 잘 고려해야 한다. 분명한 것은 목초액을 뿌린다고 모든 병해충을 예방할 수 있는 것은 아니라는 점이다.

특히 텃밭 농부는 자신과 가족이 먹을 채소를 기른다는 생각에 값비싼 천연 영양제와 천연 농약을 지나치게 많이 구입하는 경우가 있다. 조금씩 구입해서 써본 다음 효과가 있다고 판단할 경우 조금씩 양을 늘려가는 것이 좋다. 한꺼번에 많은 양의 천연 영양제와 천연 농약을 구입한 농부가 거의 이용하지 못하고 버리거나 효과를 보지 못한 경우를 허다하게 보았다. 목초액 역시 제품마다 품질이 천차만별이다.

### 묶어주기

가지, 고추, 토마토 등 위로 자라는 작물을 재배할 경우 지주를 세우고 중간마다 지주와 줄기를 묶어주어 쓰러지지 않도록 하는 것을 말한다. 또 배추처럼 겉잎을 묶어 추위에 견디게 하는 것을 지칭하기도 한다.

### 미숙 퇴비 未熟堆肥

완전하게 발효되지 않은 퇴비. 미숙 퇴비를 뿌릴 경우 유해가스가 나와 작물을 말라 죽게 한다. 미숙 퇴비로 인한 피해를 막으려면 작물을 심기 2~3주 전에 퇴비를 넣어 유해가스가 완전히 사라진 뒤 작물을 심도록 한다. 초보 텃밭 농부가 미숙 퇴비, 완숙 퇴비를 구별하기는 어려우므로 언제나 작물을 심기 2~3주 전에 퇴비를 넣도록 한다. 또 웃거름으로 쓸 퇴비 역시 퇴비 봉지에 구멍을 뚫어 2~3주 이상 공기가 통하도록 한 다음 사용하는 것이 안전하다.

### 밑거름

씨앗을 뿌리거나 모종을 옮겨심기 전에 밭에 미리 뿌려두는 비료.

### 반결구 半結球

완전하게 결구하지 않고, 윗부분이 벌어져 자라는 것.

### 발아 發芽
씨눈에서 싹이 트는 것을 말한다. 씨앗이나 포자가 활동을 시작해 새로운 식물체가 껍질을 뚫고 나오는 현상이다.

### 방아다리
고추, 가지 등의 와이(Y)자로 갈라지는 가지에 첫 번째로 열리는 열매. 초세가 강하면 방아다리를 키워도 되지만, 초세가 그다지 강하지 않으면 방아다리를 제거해 작물의 세력을 키워주는 편이 유리하다.

### 배양토 培養土
작물 재배에 맞도록 혼합해 만든 흙이다. 보수력이 뛰어나고 영양분도 많다. '혼합토'라고 부르기도 하며, 분갈이용 흙으로 주로 사용한다.

### 보비력 保肥力
땅이 거름 성분을 오래 지니는 정도.

### 보수력 保水力
땅이 물을 오래 지니는 정도. 작물 재배에 좋은 흙이란 보수력과 보비력이 좋으면서 통기성도 좋은 흙을 말한다. 좋은 흙을 만들려면 퇴비를 많이 넣어 토양을 떼알구조로 만들어야 한다.

### 본잎
떡잎에 이어 나오는 정상적인 잎.

### 북주기
흙으로 작물의 뿌리 부분이나 줄기를 덮어 주는 것. 두둑을 높여 감자나 무 같은 작물이 자랄 수 있는 공간을 확보하고자, 혹은 대파의 흰색 부분을 넓히려고 흙은 덮는다. 콩과 식물은 북주기를 통해 넘어지는 것을 방지하고, 잡초를 예방한다. 김매기나 제초 작업 등을 하면서 북주기를 동시에 하면 힘이 덜 든다.

### 뿌리 갈라짐
땅속에 돌이나 단단한 이물질 때문에 무나 당근 등의 뿌리가 여러 개로 갈라지는 현상. 밭 만들기 단계에서 땅속의 이물질을 철저하게 가려내야 한다. 이때 지난해 농사를 지은 농부가 버린 멀칭비닐 등이 있다면 깨끗하게 제거해야 한다. 멀칭비닐 등에 뿌리가 닿으면 제대로 성장하지 못한다.

### 뿌리와 줄기
뿌리는 식물이 자리를 잡아서 서 있게 하고, 흙 속의 수분과 양분을 흡수한다. 이렇게 흡수한 양분과 수분을 이동시켜 잎의 광합성을 돕는다. 줄기에는 두 개의 통로가 있다. 하나는 잎에서 만든 양분을 운반하는 체관부이고, 다른 하나는 뿌리에서 흡수한 물을 운반하는 물관부다. 잎과 줄기와 뿌리가 모두 튼튼하게 자기 역할을 할 때 작물은 건강하며, 튼실한 열매를 맺는다.

식물의 뿌리는 땅속 수분을 빨아들이고, 호흡한다. 수분이 너무 많거나 너무 적으면 식물 뿌리는 숨을 쉴 수 없다. 작물을 심기 전에 두둑을 만드는 것도 흙 속에 물과 공기가 들어갈 수 있는 공간을 넓혀 주고, 뿌리를 잘 뻗게 하기 위해서다.

### 사양토 沙壤土
모래 참흙이라고 한다. 사토(모래흙)과 양토(참흙)의 중간쯤 되는 토양이다.

### 사이갈이
작물을 재배하는 중에 흙을 갈아 두둑이나 그 사이 골의 흙을 부드럽게 하는 작업. 제초나 김매기의 효과로 흙 속에 산소를 공급해 뿌리의 호흡을 돕는다.

### 사질토 沙質土
모래가 많이 섞인 땅. 통기성이 좋고 유기물 분해가 빠르다. 보수성이 약해서 물이 빨리 빠짐으로 물을 자주 주어야 한다. 두둑을 일반 재배 때보다 낮춤으로써 사질토의 단점을 만회할 수 있다.

### 상토 床土
육묘용 흙. 무균 상태의 촉촉한 흙으로 배수와 통기가 잘 되게 하여 씨앗을 안전하게 싹 틔울 때 사용한다. 흙이 가볍고 배수와 통기성이 우수하다. 상토에는 유기물이 풍부하고 영양분이 많아 모종을 키우기 적합하다. 그러나 여름에는 곰팡이가 필 수 있으므로 주의해야 한다.

### 새총
새를 쫓기 위한 약제로 파종할 옥수수나 콩에 바르는 조류기피제.
옥수수나 콩을 그냥 심으면 비둘기나 까치 등 새가 와서 모두 파먹어 버린다. 처음에는 한두 마리가 밭을 발견하고 종자를 파먹지만, 하루도 지나지 않아 수십 마리의 새가 달려들고, 콩은 하나도 싹을 틔우지 못하고 새의 먹이가 된다.
새 피해를 방지하려면 씨앗을 묻은 뒤 그물망을 치거나 한랭사 아래에서 모종을 키운 다음 옮겨 심어야 한다. 그러나 콩이나 옥수수를 옮겨 심는 일은 여간 고되지 않다. 그래서 나온 것이 조류기피제인 '치람(Thiram)' 약제(상표명 '새총')다.
씨앗에 조류기피제인 새총을 버무려서 한 시간쯤 말려서 심으면 새가 씨앗을 파먹지 않는다. 일반 종묘상 등에서 7천 원에 구입할 수 있으며, 소규모 텃밭 농부는 한 번 사면 몇 년 동안 쓸 수 있다.

### 생리 장해 生理障礙
식물체가 병해가 아니라 특정 미량원소가 너무 많거나 부족해서 뿌리의 역할이 저해되어 발생하는 증상. 가령 무 재배에는 석회와 붕사가 필수적으로 필요한데, 석회를 많이 주면 붕사 결핍이 발생하기 쉬워 속이 검게 썩거나 빈 무가 나오기 쉽다. 또 붕사를 주었어도 물이 부족해 흡수되지 않은 경우에도 결핍이 발생할 수 있다.

### 생식생장 生殖生長
식물의 생식기관이 분화, 발달하는 것으로 꽃을 피우거나 열매를 맺는 것을 말한다. 식물에 따라 일단 첫 꽃에 열매가 맺힌 다음 웃거름을 줘서 식물체도 키우고 열매도 맺게 하는 전략이 필요하다. 토마토, 가지, 호박, 고추, 대추 등이 대표적인 작물로 일단 첫 열매가 맺힌 뒤에 웃거름을 줘서 식물체가 생식생장을 잊어버리지 않도록 해야 한다.

### 생장점 生長點
대부분 식물은 개체 발생 초기를 제외하면 새 세포를 만들어내는 기능이 개체의 특정 부위에만 존재한다. 아이들의 키를 키우는 생장판이 특정 신체 부위에 존재하는 것과 비슷하다. 생장점은 뿌리 끝이나 줄기 끝에 존재한다. 생장점을 다치면 식물은 더는 자라지 않는다. 식물의 키를 더 키우지 않으려고 순지르기를 하는데, 이는 생장점을 자른다는 말이다. 마찬가지로 모종을 옮겨 심을 때 뿌리의 생장점을 다치면 성장이 안 되거나 둔화된다. 따라서 포트 밑구멍 밖으로 뿌리가 나와 있는 모종은 구입하지 않도록 한다.

### 속효성 비료 速效性肥料
효과가 빨리 나타나는 비료. 주로 웃거름으로 사용한다. 화학 비료, 액체 비료 등이 이에 해당한다.

### 솎아내기
심어놓은 작물을 조금씩 뽑아내 일정한 간격을 유지하는 것. 솎음 수확이라고도 한다. 열무, 총각무, 무, 상추, 쑥갓 등에 주로 적용한다. 솎아낸 작물은 버리지 않고 요리해서 먹을 수 있다. 이렇게 하면 수확도 늘어나지만, 파종 2~3주 뒤부터 작물을 수확해 이용할 수 있어서 텃밭 재배의 재미를 더한다. 솎아주기는 작물의 초기 성장과 밀집도를 봐가며 해야 한다.

솎음 수확에는 일정한 원칙이 있다. 가령 다 키워서 써야 할 배추나 무의 경우 좁은 곳을 위주로 수확하되 발육이 늦은 포기를 수확해서 먹는다. 상추나 쑥갓, 총각무, 열무 등은 큰 것부터 수확해서 먹는 것이 좋다. 큰 것을 수확하고 나면 그 빈자리를 파고들어 작은 것이 자란다. 간단히 말해 전체 생육 기간이 긴 채소는 발육이 느린 것을 수확해 어린 대로 이용하고, 발육이 좋은 채소는 충분한 기간을 갖고 완전히 자라도록 한다. 반대로 전체 생육 기간이 비교적 짧은 상추나 열무 등은 빨리 자라는 것부터 수확해서 먹음으로써 차례로 오랫동안 수확하도록 한다.

### 숙기 熟期
농작물이 익는 시기. 수확할 때가 되었음을 말한다.

### 순지르기
적심(摘心)이라고도 한다. 작물이 어느 정도 자랐을 때 줄기나 가지의 선단, 즉 생장점을 잘라 더는 작물이 자라지 못하도록 해주는 것.

토마토는 7월 말경 순지르기 해야 그때까지 열린 열매가 크고 잘 익을 수 있다. 박과 작물은 어미 줄기보다 아들 줄기, 혹은 아들 줄기보다 손자 줄기에 열매가 맺히는 암꽃이 더 많이 피므로 어미 줄기와 아들 줄기를 잘라주면 수확이 늘어난다. 그러나 너무 많은 열매를 맺지 않도록 아들 줄기와 손자 줄기 역시 선단을 잘라주어야 한다. 콩류는 꽃이 피기 전에 두세 차례에 걸쳐 순지르기를 해서 길이를 멈추고 더 많은 가지를 내게 해야 한다. 가지 겨드랑이에 열매가 맺히므로 가지가 많을수록 열매도 많다. 그러나 순지르기와 솎아내기 등은 작물의 초세를 봐가며 해야 한다.

### 시비 施肥
비료나 거름을 주는 것.

### 심경 深耕
깊이갈이. 뿌리가 잘 내려갈 수 있도록 땅을 깊게 갈아주는 것.

### 암발아와 광발아의 중간 종자.
너무 깊게 심어도 안 되고, 너무 얕게 심어도 안 되는 것. 파종 후 흙을 1~2㎝ 정도 덮는 종자로 무, 배추, 시금치 등이다.

### 암발아종자 暗發芽種子
어두워야 발아하는 종자로 대개 씨앗이 큰 것이다. 호박, 콩, 옥수수 등으로 파종한 뒤 흙을 3㎝ 정도 덮어 빛이 들어가지 않게 한다.

### 액비 液肥
물거름. 액체로 된 비료. 엽면시비 하고자 고체 비료를 물에 녹인 것 역시 액비에 해당한다.

### 얼갈이
늦가을이나 초겨울에 밭을 대충 갈고 씨를 뿌려 재배하는 채소.

### 엇갈이
어떤 작물을 수확한 뒤 다음 작물을 재배하기까지 2개월 정도 남았을 때, 밭을 놀리지 않으려고 심는 생육 기간이 비교적 짧은 작물. 주로 총각무, 열무, 엇갈이배추 등이다.

### 에프원 F1 종자
우수한 종자끼리 교배해서 만들어낸 종자로 우수한 형질이 다음 세대에 유전되지 않는다. 따라서 해마다 종자를 새로 구입해야 한다. 대학찰옥수수, 미니단호박 종류인 보우짱, 꼬꼬마짱 등은 에프원 종자다. 수확한 대학찰옥수수나 보우짱, 꼬꼬마짱의 씨앗을 내년에 심는다고 해서 같은 열매가 맺히지 않는다.

대부분 고추도 종자를 개량한 것이어서, 올해 수확한 고추 씨앗을 심어도 내년에 올해와 같은 고추가 열리지 않는다. 텃밭 농부라면 매년 새로 고추 모종을 사서 심는 편이 훨씬 유리하다. 고추 모종 스무 개만 잘 기르면, 풋고추는 물론이고 겨울에 김장용 고춧가루로 쓸 만큼 충분한 양을 수확할 수 있다.

전문 생산 농가가 아닌 만큼 비싼 에프원 종자를 사서 심는 것은 바람직하지 않다. 자칫 싹이 나지 않거나 싹이 나더라도 제대로 키우지 못하면 수확이 극히 적을 수 있어 비싼 종잣값만 버릴 위험도 간과할 수 없다. 이들 종자는 모종을 사서 심거나 생산된 열매를 사서 먹는 편이 낫다.

### 연백 재배 軟白栽培

빛을 차단해 녹색 잎줄기의 일부 혹은 전부를 희게 만드는 재배법. 대파 재배에 주로 사용한다.

### 이어짓기 피해

같은 작물을 한 곳에 이어서 지을 때 발생하는 피해를 말한다. 이어짓기 장애라고도 한다. 대표적인 것으로 가지, 토마토, 고추 등 가짓과 작물을 이어짓기할 경우 병해충이 늘어나는 것이 있다. 병해충 피해뿐만 아니라 특정 비료 성분이 빠져나가서 발생하는 피해를 지칭하기도 한다. 이어짓기 피해는 대부분 작물에서 발생하므로 텃밭에서는 이어짓기하지 않는 것이 중요하다. 텃밭을 분양받은 경우 앞 텃밭지기가 어떤 작물을 재배했는지 파악해두는 것이 좋다.

이어짓기 피해를 막는 가장 좋은 방법은 4~5년 돌려짓기를 하는 것이고, 그것이 여의치 않다면 토양소독을 철저히 해야 한다.

### 열근 裂根

뿌리가 갈라지거나 터지는 현상. 가뭄 끝에 비가 많이 내릴 경우에 자주 발생한다. 일반적으로 열근 현상은 뿌리의 겉껍질과 내부의 성장에 균형이 맞지 않아 발생하는데, 토양 수분과 뿌리 조직의 생리 상태와 관계가 깊다. 특히 생육 초기에 밭이 건조해서 잘 자라지 못하다가 후기에 다습한 환경이 되면 열근 현상이 심하게 발생한다. 1~2주 간격으로 충분히 물을 주면 대부분 예방할 수 있다. 또 재식거리가 너무 넓으면 뿌리의 비대가 좋아지고 무게도 무거워지는데, 이럴 경우에도 열근 현상이 발생하기 쉽다. 그렇다고 재식거리를 너무 좁히면 뿌리가 커지지 않으니 적당한 거리를 유지해야 한다. 비닐하우스에서 재배하면서 생육 후반기에 질소 비료를 많이 주는 데다 환기까지 나빠지면 열근 현상이 잘 발생한다.

### 엽면시비 葉面施肥

비료를 물에 녹여 액체 상태로 만든 다음 작물의 잎에 뿌려주는 것을 말한다. 흙에 퇴비나 비료를 주는 것보다 흡수가 훨씬 빠르다. 적은 양으로도 큰 효과를 볼 수 있다. 급하게 웃거름을 주어야 할 때 사용한다. 그러나 밑거름이나 정상적인 웃거름을 주지 않고 매번 엽면시비 할 경우 생장 불균형으로 작물이 허약해진다. 엽면시비 할 때는 기공이 많은 잎 뒷면에도 골고루 뿌려야 효과가 빠르다.

### 영양생장 營養生長

식물이 발아해서 잎과 줄기를 키우는 단계. 식물 재배 초기에는 영양생장이 필수다. 영양생장에는 질소가 많이 필요하다. 그러나 질소 비료를 너무 많이 주면 식물은 영양생장에만 치중하느라 생식생장을 게을리하게 된다. 영양생장이 과도하게 발생하여 줄기나 잎이 지나치게 무성해지면, 열매나 뿌리가 약해지고 통풍 불량으로 질병에 걸릴 위험이 커지므로 잎을 잘라주어야 한다.

### 영양종자 營養種子

감자나 토란, 쪽파, 돼지감자, 마늘, 야콘, 울금처럼 작물 일부나 관아가 씨앗 역할을 하는 종자를 말한다. 텃밭 농부가 영양종자로 재배하기에 적합한 품종은 돼지감자, 야콘, 울금, 쪽파, 토란 등이 있다. 감자는 바이러스 피해가 커서 고랭지에서 재배한 무바이러스 씨감자를 새로 구입하는 편이 좋고, 마늘은 한 쪽을 심어 제대로 키워도 여섯 쪽밖에 나오지 않으므로 소득이 낮다. 마늘종을 키워 씨를 받고, 말리고, 분리해서 심고, 다시 종자 마늘을 얻고, 이를 파종하는 일은 너무 번거로우므로 텃밭 농부가 도전하기에는 적합하지 않다. 굳이 마늘을 직접 재배해보고 싶다면, 마늘 한 쪽을 늦가을에 심어 내년 6월에 통마늘을 얻는 편이 좋다.

### 완숙 퇴비 完熟堆肥

열이나 수분을 가해 나뭇잎이나 짚 등 유기물을 완전히 썩혀서 만든 것. 미생물 발효가 종료되어 안정된 상태의 퇴비를 말한다. 작물에 바로 뿌려줄 수 있다.

### 완효성 비료 緩效性肥料

지효성(遲效性) 비료라고도 하며 토양 속에 있는 미생물의 작용으로 서서히 효과가 나타나는 비료를 말한다. 퇴비와 분뇨 같은 유기질 비료는 모두 이에 속한다. 완효성 비료는 식물체에 영양을 공급하면서 토양을 개량하는 효과도 있다. 그러나 부피나 무게에 비해 영양분이 적으므로 화학 비료보다 훨씬 많은 양을 요구한다.

화학 비료 중에도 완효성 비료가 있다. 유기질 비료처럼 미생물의 작용으로 효과가 천천히 나타나는 방식이 아니라 비료 알갱이에 아크릴수지 코팅이 되어 있어 물에 천천히 녹아서 땅에 흡수되도록 인위적으로 만든 것이다. 따라서 화학 비료는 속효성이든 완효성이든 토양 개량 효과는 없다.

### 용탈 溶脫

토양 속에 존재하는 물이 비료 성분을 용해해서 운반하거나 제거하는 현상. 물에 잘 녹는 질소는 비가 많이 내리면 경작지에 머무르지 않고 빗물을 따라 낮은 곳으로 흘러간다. 비료 성분이 흘러가버림으로써 토양이나 강물이 오염되고, 경작지에는 비료 성분이 부족해진다. 질소 용탈을 막으려면 한꺼번에 비료를 많이 주지 말고, 조금씩 나누어 주는 것이 좋다.

### 웃거름

추비(追肥)라고도 한다. 씨를 뿌리거나 옮겨 심고 난 다음 새로 생육이 시작된 이후에 추가로 주는 비료. 웃거름은 빨리 효과가 나타나야 하므로 퇴비와 같은 완효성 비료가 아니라 화학 비료와 같은 속효성 비료를 사용하는 경우가 일반적이다.

### 위조 萎凋

수분이 부족해 작물의 잎이나 줄기가 시드는 현상.

### 육묘 育苗

종자나 씨앗을 아주 심기에 앞서 미리 일정한 정도 키우는 것을 말한다. 모기르기락도 한다. 바깥 날씨가 생육에 적합하지 않거나 새나 동물의 피해가 우려될 때, 또 밭 이용 효율을 높이기 위해 밀집한 장소에서 어느 정도 키워서 본밭에 심는다. 콩이나 들깨는 밭 활용도를 높이고자 밭 한쪽에 미리 심어 기르다가 봄 작물을 수확한 자리에 옮겨 심고, 여주, 가지, 고추, 토마토 등은 날씨가 충분히 따뜻해질 때까지 적절한 시설에서 기른 다음 밭에 옮겨 심는다.

가지, 고추, 토마토 등을 밭에 바로 씨앗을 뿌리자면 날씨가 따뜻해질 때까지 기다려야 하는데, 그렇게 할 경우 생육 기간이 짧아 수확이 부실해지기에 십상이다. 따라서 인위적으로 적절한 조건을 만든 곳에서 모를 기른 다음 밭에 옮겨 심는다. 소규모 텃밭 농부는 온도와 습도 등을 조절할 수 있는 시설을 갖추기 어려운 만큼 직접 육묘하기보다는 종묘상에서 모종을 사서 심는 것이 유리하다. 이외에 옥수수 등 새 피해가 우려되는 작물도 포트에 육묘해서 밭에 옮겨심기도 한다.

## 잎의 역할

작물을 심는다고 처음부터 열매가 열리는 것이 아니다. 사람이 태어나서 처음부터 일을 하거나 돈을 벌지 않는 것과 같다. 식물은 줄기, 가지, 잎을 먼저 키운 다음 잎을 통해 광합성을 한다.

광합성은 햇빛 에너지를 탄수화물로 만드는 작업이다. 따라서 열매를 키우려면 반드시 일정한 숫자의 잎이 필요하다. 작물에 따라 열매 하나를 키우는 데 필요한 잎 수가 다르므로, 작물에 따라 유지해야 할 잎 수를 지켜야 한다. 작물 재배 초기에 질소 비료를 많이 주는 것은 잎을 키우기 위해서다. 질소 비료는 잎을 키우는 거름이기 때문이다. 그러나 무작정 질소를 많이 주면 잎만 무성해지고 열매를 맺는 생식생장은 하지 않고 자기 몸뚱이만 자꾸 키우는 영양생장만 한다.

## 잔류 농약

농작물을 수확할 때까지 작물에 남아 있는 농약의 양. 잔류 농약으로 인한 건강 장애를 방지하려고 식품위생법으로 허용량을 규정하고 있다.

## 장일식물 長日植物

해가 드는 시간이 일정 시간 이상 되어야 꽃이 피는 식물을 말한다. 일반적으로 열두 시간을 경계로 하지만, 때때로 열네 시간을 경계로 장일식물과 단일식물을 구분하기도 한다.

해는 동지 이후 조금씩 길어지기 시작한다. 따라서 장일식물에 속하는 작물은 봄에 꽃이 피는 식물을 말한다. 해는 하지까지 점점 길어지므로 작물에 따라 꽃대가 올라오기 전에 수확을 마쳐야 한다. 봄에 너무 늦게 심으면 얼마 수확하지도 못하고 꽃대가 올라와 생명 활동을 끝내는 작물이 있다. 시금치, 누에콩, 상추 등이 이에 속한다. 또 봄에 심는 잎채소도 대체로 여기에 속한다.

## 재식 간격 栽植間隔

작물을 파종하거나 옮겨 심는 간격. 재식거리라고도 한다. 초보 텃밭 농부는 흔히 재식 간격을 좁혀서 많이 심으려고 한다. 그러나 많이 심는 것이 곧 많은 수확으로 이어지는 것은 아니다. 작물마다 필요한 거리를 지킬 때 많은 수확을 얻을 수 있고, 통풍이 잘돼 질병도 예방할 수 있다. 너무 좁게 심어서 제대로 된 수확을 하나도 하지 못하는 경우도 있다. 반대로 너무 넓게 심으면 텃밭 이용 효율이 떨어질 뿐 아니라 풀이 많이 자라서 일손이 많이 간다. 작물마다 키와 너비를 고려해 심도록 한다. 소규모 텃밭 농부는 다소 좁게 심었다가 중간마다 솎음 수확으로 어린 채소부터 다 자란 채소까지 골고루 수확해서 먹는 것도 좋은 방법이다.

## 적엽 摘葉

불필요한 잎을 따주는 것. 토마토나 가지의 경우 시들거나 불필요한 잎을 따줌으로써 통풍을 좋게 하고, 영양이 분산되는 것을 막아준다. 노쇠한 잎은 광합성 능력이 떨어져서 생산보다 소비를 더 많이 하게 된다. 병든 잎, 시든 잎, 필요보다 너무 많은 잎을 제거해야 하는 이유다. 그러나 무작정 잎을 따내면 과일이 자라지 않거나 약해지므로 작물마다 간격을 잘 확인해서 잎을 따줘야 한다. 열매 그 자체는 광합성을 할 수 없다. 잎은 영양을 소비하는 부분이 아니라 생산하는 장치임을 명심해야 한다.

## 점뿌림

한 구멍에 씨앗을 서너 개씩 일정한 간격으로 뿌리는 파종법. 콩류, 무, 옥수수 등을 파종할 때 주로 쓰는 방식이다. 점뿌림한 후 싹이 나오면 두세 차례에 걸쳐 솎아내기를 해서 최종적으로 한 포기만 기른다.

### 점질토 粘質土
점토 함량이 50% 이상인 토양으로 물이 잘 빠지지 않으므로 이런 땅에서는 두둑을 높여야 한다.

### 점파 點播
씨앗을 점점이 뿌리는 것을 말한다. 무, 총각무 등을 이런 방식으로 주로 줄을 지어 파종한다. 줄을 지어 파종하면 나중에 김매기를 하는 데 편리하다.

### 정식 定植
플러그트레이 혹은 중대형 포트에 기른 모종을 본밭에 갖다 심는 것 아주 심기라고도 한다. 혹은 밭 이용률을 높이기 위해 밭의 한쪽 구석에 집단으로 파종해 기른 모종을 옮겨 심는 것. 감자를 심은 밭 한 귀퉁이에 들깨나 콩 모종을 길렀다가 감자를 수확한 뒤에 옮겨 심는 경우 등을 말한다.

### 지렁이 분변토
지렁이가 사는 흙이다. 영양분이 많아서 밑거름으로 사용해도 좋으며, 토질 개선용으로 많이 쓰인다.

### 지온 地溫
땅 온도를 말한다. 토양 분류에서는 토심 50㎝의 온도를 지온이라고 한다. 텃밭 농부라면 대기 온도만큼이나 지온의 중요성에 주목해야 한다. 날씨가 한 며칠 따뜻해졌다고 서둘러 모종을 내면 얼어 죽기에 십상이다. 지온이 아직 충분히 올라가지 않았기 때문이다. 지온이 올라가야 작물은 뿌리를 잘 내리고 잘 뻗는다. 대기 온도는 하루가 다르게 널뛰기를 하지만 봄이면 작물이 싹이 트고, 여름이면 무럭무럭 자라는 것은 계절에 따라 지온이 일정한 정도를 늘 유지하기 때문이다.

### 지주 支柱
작물이 쓰러지거나 줄기나 가지가 꺾이는 것을 방지하고자 작물 옆에 세우고 묶어줄 때 쓰는 막대기를 말한다. 오이나 여주, 호박 등 덩굴성 식물을 유인하고자 지주를 세우고 망을 둘러 이용하기도 한다. 길이에 따라 1m 지주, 1.5m 지주, 1.8m 지주, 2m 지주가 있다. 고추나 가지는 1m 지주를 세우면 되고, 토마토는 2m 지주를 세워야 한다.

지주는 세우는 방식에 따라 일(1)자형 지주와 합장식(A자형)으로 구분한다. 오이나 여주처럼 무게가 많이 나가는 작물을 재배한다면 합장식으로 지주를 세운다. 고추는 포기당 한 개씩 일자형 지주를 세우기도 하고, 두세 포기마다 지주를 세우고 줄을 둘러 쓰러지지 않도록 하기도 한다.

종묘상에 가면 알루미늄 지주를 판매하는데 길이에 따라 개당 500~800원 정도에 살 수 있다. 한번 사놓으면 여러 해 동안 쓸 수 있지만, 땅에 박을 때 돌에 부딪혀서 꺾이거나 부러져 못 쓰게 되는 경우도 흔하다.

### 착과 着果
열매가 달리는 것.

### 초세 草勢
식물의 세력 정도.

### 추대 抽臺
기온이 높아지거나 해가 길어지면서 꽃눈의 분화가 갑자기 빠르게 이루어져 꽃대가 올라오는 현상. 채소에 꽃대가 올라오면 수확해서 이용할 수 없으므로 추대가 쉬운 작물은 다소 어릴 때 수확하는 것이 유리하다.

일찍 심어 일찍 수확하고, 어느 정도 포기가 자라면 50% 차광막을 쳐서 그늘을 만들어 주면 추대를 어느 정도 늦출 수 있다. 같은 쑥갓이나 엇갈이배추라도 가을 재배용 품종을 봄에 파종하면 쉽게 추대한다. 종묘상에서 씨앗을 살 때 '추대가 늦은 종자'를 구입하는 것도 한 방법이다.

### 추파 秋播
가을에 파종하는 것.

### 춘파 春播
봄에 파종하는 것.

### 침종 浸種
씨앗이 싹 트는 데는 공통으로 수분과 온도가 필요하다. 침종은 씨앗을 같은 시기에 일제히 그리고 빨리 자라도록 하고자 수분을 종자에 공급하는 것을 말한다. 종자를 솜이나 면을 깐 그릇 등에 놓고 물을 뿌려주면 된다.

### 토양소독
이어짓기 피해를 예방하고자, 또는 흙 속에 있는 유해충과 유해균을 없애려고 토양을 소독하는 것. 전업농가에서는 토양살충제와 살균제를 뿌리거나 여름에 비닐하우스 등으로 지면을 밀폐해 토양을 고온 소독한다. 천연 농법으로 에탄올 희석액(2%)을 토양에 뿌리고 비닐을 열흘 정도 덮어 토양소독을 할 수도 있다.

### 퇴비 堆肥
낙엽, 풀, 짚, 가축의 분뇨 등 유기물을 썩힌 거름으로, 재료를 한자리에 쌓아 부숙한 것을 일컫는다. 유기질 원료에서 퇴비를 얻고자 할 경우 최소한 4~6개월간의 부숙 기간이 필요하다. 한적한 밭이 아닌 곳에서 퇴비를 만든다면 냄새가 많이 나므로 주의해야 한다.

### 파종 播種
씨앗이나 종자를 밭에 심는 것. 씨뿌리기라고도 한다.

### 플러그묘 plug seedling 苗
플러그에 종자를 파종해서 기른 모종.

### 플러그트레이 plug tray
씨앗을 뿌려 어린 모종을 육묘하는 작은 상자. 주로 전문 농사 재배업자가 생산한다. 텃밭 농부가 플러그트레이에 육묘할 일은 많지 않다. 플러그트레이에 육묘하는 이유는 급격한 기온 변화와 조류 등으로부터 어린싹을 보호하고, 날씨가 풀리기 전에 서둘러 일정 크기로 키우기 위해서다.

### 하우스 house
투명한 필름이나 비닐로 덮어 비를 차단하고 온도를 자유롭게 조절할 수 있는 장치로, 작물 재배에 적합한 환경을 만든 것이다. 텃밭 농부에게는 그다지 필요하지 않으며, 꼭 필요하다면 아주 작은 규모(1~2평)의 비닐하우스를 설치해 모종이나 아직 어린 작물을 키움으로써 새나 벌레의 피해를 방지할 수 있다.

### 한랭사 寒冷紗
병해충이나 거센 빗방울, 조류로부터 파종해둔 씨앗이나 어린 작물을 보호하고자 치는 망사로 된 막이다. 모기장과 비슷한 역할을 한다. 소형 비닐하우스처럼 작물을 둘러싸 피해를 방지한다. 더위와 추위, 바람과 해충 방제에 효과가 있다.

### 핫캡 hot cap
씨를 뿌리거나 모종을 옮겨 심은 후 포기 위에 씌우는 폴리에틸렌 텐트. 추운 외부 날씨나 서리, 건조, 조류 피해를 막기 위해 쓴다. 모종이 자라면 필름을 찢어서 조금씩 외기를 쏘이면서 적응시키고, 최종적으로는 핫캡을 벗겨준다. 굳이 전용 핫캡을 구입하지 않고 페트병을 잘라 이용할 수 있다. 비교적 큰 작물은 작물 사방에 작은 막대기를 꽂고 투명 비닐을 씌워도 된다.

### 활착 活着
뿌리 내림. 아주 심기를 통해 식물이 뿌리를 내려 순조롭게 생육을 시작하는 것을 말한다. 나무의 경우 접목, 삽목(揷木, 꺾꽂이)한 후 서로 잘 붙어 사는 것을 말한다.

### 황화 黃化
식물이 엽록소를 형성하지 못하고 잎이 누렇게 변하는 현상을 말한다. 새로 나온 가지나 도장지(徒長枝, 웃자란 가지)의 어린잎에서 주로 발생한다. 초기 증상은 잎 전체가 황백색을 띠고, 잎맥은 녹색을 띤다. 증상이 심해지면 새로 나오는 잎이 대부분 백색을 띠는 백화 현상을 보인다. 인산 비료 과잉이 주요 원인이다. 인산의 작용으로 철분이 녹지 않아 철분의 흡수와 활성이 억제된다. 또 토양의 배수가 불량해 뿌리 생육이 나빠지고 양분을 흡수하지 못할 때 자주 발생한다. 배수가 불량한 점질 토양에서 황화 현상 발생 빈도가 높다.
어린잎에 황화 현상이 발생하는 것은 대부분 철분 부족이며, 마그네슘 등 미량원소가 부족할 때도 잎의 가장자리부터 황화 현상이 발생한다. 또 망간, 아연 등 중금속이 많아지면 철분 흡수를 방해해 황화 현상을 일으킨다.
대책으로는 배수성을 확보하고, 토양에 유기물을 투여하며, 인산 시비를 줄여야 한다. 황산철 0.1% 수용액을 사나흘 간격으로 세 번 정도 잎에 뿌리면 효과적이다.

### 휴면 休眠
식물이나 종자가 활동하지 않고 수면에 들어가는 것을 말한다. 생리적으로 휴면이 필요한 작물이 있고, 사람이 인위적으로 강제 휴면을 시키는 것이 있다. 식물은 휴면을 통해 생명을 연장하고, 사람은 휴면 덕분에 장기간 식물을 보관할 수 있는 장점이 있다.
벼는 1주일에서 6개월 동안 휴면하고, 맥류 종자는 3개월까지 휴면한다. 텃밭에서 흔히 재배하는 감자는 수일에서 5개월가량 휴면한다.
쪽파는 밭에서 5월이 지나면 잎이 노랗게 변하며 쓰러지는데, 이때부터 알뿌리는 깊은 잠에 들어간다. 따라서 장마가 시작되기 전에 알뿌리를 모두 캐서 바람이 잘 통하는 곳에서 하루나 이틀 정도 말린 뒤 망에 넣어 매달아 보관한다. 30℃ 이상의 기온이 20일 이상 지속하면 쪽파는 잠에서 깨어나 싹을 내밀기 시작한다. 이때가 8월말 경이며, 8월 말부터 9월 중순 사이 알뿌리를 다시 심으면 무럭무럭 자라 10월에서 11월에 수확할 수 있고, 겨울을 지난 뒤 이듬해 4월부터 5월까지 잎을 수확할 수 있다.

### 휴면 타파
휴면 상태에 있다가 성장이나 활동을 재개하는 것을 말한다. 채종한 종자는 주로 겨울에 대비해 휴면에 들어가는데, 채종한 종자를 겨울을 거치지 않고 발아하게 하려면 종자를 냉장고나 냉동고에 넣어 강제로 휴면시킨 후 파종한다.

### 홑알구조
흙의 구조를 일컫는 말. 흙 입자가 뭉쳐서 떼알을 형성하지 못하고 단립(團粒)으로 흩어져 있는 형태. 낱알구조라고도 한다. 한 알 한 알 흩어져 있어 흙 속에 공간이 드물다. 따라서 보수력과 보비력이 약하고, 통기성도 나쁘며, 작물의 뿌리가 잘 뻗지 못한다. 작물 재배에 불리한 구조다. 홑알구조를 떼알구조로 만들려면 퇴비 등 유기물을 많이 넣어야 한다.

### 흩어 뿌림
산파(散播)라고도 한다. 씨앗을 균일한 간격으로 흩어 뿌리는 파종법. 상추, 시금치, 쑥갓, 총각무, 당근, 소송채, 열무, 순무 등을 뿌릴 때 흩어 뿌린 다음 싹이 난 후 속아냄으로써 일정한 간격을 유지해준다. 주로 작은 씨앗을 흩어 뿌리는데, 흩어 뿌리면 나중에 잡초를 매기가 힘들어진다. 흩어 뿌리더라도 일정한 줄을 지어 뿌리는 것이 관리에 유리하다.

# 찾아보기

## ㄱ

가지 32~35, 42~50, 58, 59, 67, 68, 74~77, 82, 88, 120, 171, 172, 183, 273, 401, 402~411, 418, 442, 450, 557, 562, 570, 578, 580, 582~584, 585

갈대 97

감자 32, 33, 35, 39, 42~44, 46, 47, 49, 54, 66, 67, 70, 72, 76, 77, 93, 110, 139, 171, 172, 235, 242, 273~284, 557, 579, 583, 585, 587

갓 46, 49, 251, 253

강낭콩 33~35, 44, 68, 172, 360~364, 522

갱신 전정 408

결구 57, 137, 168, 169, 182, 183, 185, 187, 188, 190, 191, 226, 227, 228, 575

곁가지 92, 216, 217, 240, 326, 349, 354, 355, 361, 366, 399, 406, 412, 428, 446, 450, 456, 474, 475, 476, 575

곁순 167, 168, 222, 303, 304, 329, 346, 368, 389, 390, 391, 406, 417, 446, 447, 450, 455, 456, 487, 575

고구마 32~35, 39, 42, 43, 46, 49, 50, 70, 110, 430, 458, 460, 461, 462, 463, 464, 465, 466, 467, 486, 557, 560, 564

고랑 40, 63, 64, 72, 75, 76, 78, 79, 89, 121, 124, 126, 127, 144, 183, 265, 281, 301, 371, 446, 459, 469, 499, 502, 507, 510, 547, 577

고정종자 575

고정핀 80

고추 32, 33, 42, 43, 45~50, 58, 59, 73, 76, 77, 82, 84, 110, 124, 155, 162, 169, 171, 172, 182, 183, 223, 273, 355, 386~397, 398, 399, 400, 401, 402, 405, 418, 434, 442, 445, 467, 560, 562, 570, 575, 577, 578, 579, 582, 583, 585

곰취 32, 45, 52, 88, 293~297, 562

관수 195, 393, 576

광발아 48, 52, 373, 576

광합성 65~70, 93, 131, 140, 145, 172, 381, 419, 465, 576

괴경 440

근대 34, 42, 43, 48, 49, 53, 62, 68, 135, 188, 192~197, 239, 240, 271, 562, 567, 578

## ㄴ

낙화생 312

낙엽 멀칭 76, 78

난황유 159, 173, 174, 333, 395, 407, 476

내서성 285, 286, 576

내한성 285, 538, 576

냉해 58~60, 136, 221, 227, 233, 347, 380, 382, 386, 387, 399, 402, 405, 415, 436, 444, 450, 464, 467, 481, 547

노균병 174, 200, 215, 221, 227, 341, 355, 503, 516, 517, 524, 543

노린재 355, 356, 357, 394, 395
노지 58, 72, 173, 189, 201, 202, 293, 340, 349, 379, 405, 407, 420, 426, 427, 449, 475, 494, 550, 556, 565, 567, 569, 570, 576
녹병 236, 363, 486, 487

## ㄷ

단일식물 576
단호박 33, 471, 480, 481, 564
단풍잎 78
당근 32, 33, 35, 42~46, 68, 98, 122, 185, 255~262, 264, 270, 556
덩굴 44, 45, 82, 84, 92, 315, 326, 329, 330, 347, 361, 362~367, 414, 417, 418, 464~469, 471, 473~475, 479, 570
덩이줄기 66, 70, 274, 280, 318, 319, 321, 426, 429~431, 435, 437, 439, 440
돌나물 298, 299
돌산갓 49, 62, 188, 249~254, 271, 272
돼지감자 44, 49, 88, 318~321, 430, 431, 435, 439, 440, 579, 580
두둑 63, 72, 78~79, 83, 118, 124~127, 230
들깨 34, 39, 49, 54, 378, 482~489, 531, 534, 570
땅콩 34, 46, 49, 312~316
떼알구조 114, 117, 118, 138, 143, 146, 562, 577
떡잎 50, 51, 68, 184, 351, 367, 373, 472, 577
뚱딴지 88, 319

## ㅁ

마늘 33, 44, 45, 49, 66, 70, 139, 159, 169, 296, 383, 455, 467, 530~541, 551, 552

머위 32, 45, 322~325
멀칭 72~80, 89, 94, 175, 379, 380, 383, 387, 388, 400, 406, 410, 511, 577
메주콩 48, 359, 360, 362
목초액 578
무 44, 46, 49, 52, 64, 68, 498~505
무한화(無限花) 382
미나리 32, 34
미니단호박 50, 82, 471, 472, 473, 480
미숙퇴비 578

## ㅂ

바랭이 68, 75, 94
방아다리 389, 399, 400, 406, 411, 579
방울토마토 42, 49, 110, 442, 443, 446, 448, 451, 452, 455, 457, 567, 570, 571, 557, 562
배추 32, 33, 35, 42~46, 48, 49, 57, 64, 77, 81, 110, 135, 140, 168, 169, 170, 506~521, 562
배추흰나비 애벌레 169, 335, 495, 511, 512, 513
벼룩잎벌레 81, 159, 169, 170, 221, 227, 251, 264, 266, 271, 495, 499, 503, 511, 512, 548
보비력 579
보수력 249, 579
본잎 183, 184, 188, 193, 204, 213, 215, 258, 270, 295, 300, 302, 327, 328, 334, 335, 340, 354, 355, 366, 367, 373, 380, 388, 403, 417, 422, 472, 488, 494, 500, 501, 508, 543, 547, 579
부숙 144, 147, 148~154, 586
부추 32, 33, 35, 44, 48, 49, 110, 242~248, 556, 562

부직포　72, 75, 78~80, 89, 94, 404, 563, 577
북주기　37, 40, 228, 229, 234, 235, 274, 275, 279, 280, 301, 304~306, 315, 355, 487, 494, 579
분구(分球)　525, 537, 539
분무기　38, 40, 133, 160, 333, 556, 563
분지　367, 389, 390, 391
브로콜리　32, 33, 42, 46, 169, 218~223, 238, 493, 508, 556,
비늘줄기　66, 70

## ㅅ

사질토　64, 115, 116, 124, 125, 580
산성　35, 136~139, 145, 146, 575
상토　580
상추　32, 42~46, 48~50, 52~54, 62, 77, 110, 135, 180~191, 240, 529, 550~553, 560~563, 567~570, 575, 576, 580, 584, 587
새총　38, 300~302, 351, 580
생강　32~34, 46, 49, 66, 432~436
생식생장　68, 134, 473, 352, 412, 581
서리태　48, 351~367
셀러리　33, 34, 44, 202~205, 556, 562
소형 분무기　37, 38, 40
속효성 비료　133, 581, 583
송진　78
순지르기　40, 304, 329, 347, 354, 355, 366~369, 382~385, 417, 447, 455, 474, 475, 581
시금치　32, 33, 35, 42~45, 49, 135, 174, 338~343, 455, 528, 550~553, 562
시나난파　546

시비　132, 137, 138, 139, 141, 581
실새삼　93
쑥갓　32, 33, 42, 46, 49, 53, 62, 185, 212~217, 560
씨감자　273, 274, 276~280

## ㅇ

아들덩굴　417, 418, 474, 475
아욱　43, 49, 188, 238~241, 271, 522, 562, 563, 578
알칼리성　35, 137, 191
암발아　48, 52, 473, 581
액비　144, 581
야콘　42, 44, 49, 50, 56, 110, 425~431, 435, 439, 440, 583
양배추　32, 33, 35, 46, 49, 50, 139, 168, 169, 170, 172, 173, 188, 218, 224~228, 332, 493, 508, 575
양상추　33, 35, 44, 181, 182~191, 556
양파　32~35, 44~46, 49, 52, 66, 70, 139, 174, 455, 526, 528, 537~545, 552, 553
어미덩굴　417, 418
억새　96, 97
얼갈이　263
엇갈이배추　42, 49, 110, 178, 185, 188, 271, 272, 285~287, 490, 504, 507, 529, 581, 585
에프원(F1)종자　50, 311, 471, 581, 582
역병　162, 276, 382, 383, 387, 392~395, 401, 407, 449, 516, 517
연백　229, 231, 234
열과　149, 392, 451, 452, 453, 457

열무 42, 43, 46, 49, 62, 169, 172, 188, 258, 265, 271, 272, 288~292, 490, 499, 501, 522, 580~581, 587

엽면시비 69, 130, 133, 134, 145, 152, 451, 453, 581, 582

영양생장 68, 134, 352, 412, 473, 576, 582, 584

오이 32~35, 41, 42, 44~46, 48~50, 52, 58, 59, 67, 68, 82, 171, 172, 174, 233, 330, 405, 412~420, 445, 455, 472~474, 477, 531, 556, 562~564, 585

옥수수 32, 33, 35, 38, 42, 44~46, 49, 62, 68, 81, 111, 300~311, 580~582, 584

온실가루이 171, 172, 429, 571

완숙 퇴비 121, 225, 256, 289, 315, 578, 583

완효성 비료 133, 583

우엉 33, 45, 46, 48, 370~377, 556

원줄기 98, 167, 216, 329, 346, 349, 389, 399, 400, 404, 406, 408, 411, 417, 418, 446~448, 456, 473~475

월동 171, 189, 217, 225, 228, 233, 236, 247, 339, 340, 343, 372, 376, 377, 497, 522, 524, 527, 534, 535, 538, 539, 541, 546, 549, 552, 553

육묘 50, 190, 202, 204, 205, 223, 224, 227, 257, 300, 302, 328, 337, 344, 366, 401, 427, 444, 492~494, 539, 580, 583, 584, 586

육쪽마늘 530

이랑 40, 52, 64, 79, 122, 124, 127, 200, 243, 294, 295, 327, 413, 426

이십팔점박이무당벌레 171, 281, 282, 355, 407, 419, 450

이어짓기 장해 46, 47, 225, 256, 269, 326, 360, 386, 394, 421, 432, 435, 449, 577

입고병 200, 382

## ㅈ

잘록병 200, 245, 341, 378~380, 382, 383, 537, 543

장일식물 340, 576, 584

재식 거리 532, 582, 584

적심 581

점뿌림 52, 53, 200, 203, 264, 334, 499, 500, 584

정식 54, 205, 244, 416, 585

조생종 345, 516, 539, 577

좁은가슴잎벌레 81, 159, 170, 221, 495, 503, 512, 513, 548

종강 433, 435, 436

종구 525, 526, 533, 543

주아 530, 536

줄뿌림 52, 53, 181, 183, 187, 192, 200, 207, 230, 239, 250, 258, 270, 483, 547

중화 35, 138, 182, 242, 269, 270, 338, 370, 371, 398, 426, 482, 537, 575

진딧물 159, 162, 167, 171, 172, 187, 200, 204, 205, 215, 221, 260, 271, 272, 281, 282, 308, 311, 315, 329, 333, 335, 355, 360, 363, 368, 374, 382, 394, 395, 407, 419, 429, 495, 503, 513, 524

쪽파 32, 33, 35, 43, 44, 46, 49, 236, 490, 522~527, 583, 587

## ㅊ

차광막 81, 180, 249, 269, 286, 287, 294, 349, 585

차면지웅애 407
착과 328, 331, 476, 585
참깨 34, 39, 49, 378~385, 488, 531
철근지주 82
청경채 46, 49, 188, 269~272
초세(草勢) 245, 248, 328, 330, 579, 581, 585
총각무 42, 43, 46, 49, 53, 188, 257, 258, 263~268, 483, 496, 499, 501, 522, 578, 580, 581, 585, 587
추대 51, 182, 198, 199, 203, 249, 272, 537, 585
취나물 206~211
치커리 178, 198~201
칠성무당벌레 171, 172, 281, 282, 407
침종 52, 365, 366, 586

### ㅋ

케일 46, 49, 169, 170, 172, 188, 218, 219, 220, 238, 492~497, 508, 556
커큐민 437

### ㅌ

탄저병 73, 162, 174, 175, 215, 355, 363, 391~395, 450, 516
토란 32~35, 42~46, 66, 70, 421~424, 430, 435, 583
토마토 32~35, 42~44, 46~50, 58, 67, 68, 77, 82, 84, 120, 137, 145, 153, 171, 172, 178, 183, 233, 242, 273, 402, 405, 442~457, 473, 562, 571, 577, 578, 580~585
토양살충제 47, 170, 221, 227, 266, 267, 272, 466, 493, 512, 531, 586
토양소독 349, 449, 503, 516, 582, 586

트레이포트 37

### ㅍ

파슬리 44, 556
페트병 38, 84, 150, 161, 162, 315, 383, 415, 556, 559, 563, 569, 586
표토 119
풀 멀칭 78, 338
플러그트레이 230, 231, 427, 585, 586

### ㅎ

한랭사 37, 47, 81, 170, 203, 204, 221, 226, 269, 286, 290, 302, 315, 334, 351, 493, 503, 511, 512, 571, 580, 586
합장식 지주 82, 366, 414, 415
해갈 32
호박 32, 34, 35, 43~45, 46~50, 54, 62, 68, 82, 88, 159, 162, 172, 185, 233, 417, 419, 445, 447, 468~481, 557, 564, 570, 578, 580, 581, 585
호박과실파리 162, 476~478
홑알구조 117, 587
환삼덩굴 92, 278
활착 57, 58, 70, 428, 459, 587
후작 531, 537
휘어심기 462
휴면 191, 207, 284, 294, 295, 299, 522, 523, 526, 542
흩어뿌림 52, 53, 54, 181, 187, 239, 250, 264, 270, 587
흰가루병 159, 173, 174, 200, 260, 329, 363, 382, 419, 450, 476
흰콩 359